清華大学 计算机系列教材

喻文健 编著

数值分析与算法

（第3版）

清華大学出版社
北 京

内容简介

本书是针对“数值分析”“计算方法”“数值分析与算法”等课程编写的教材，主要面向理工科大学信息科学与技术各专业，以及信息与计算科学专业的本科生。本书内容包括数值计算基础、非线性方程的数值解法、线性方程组的直接解法与迭代解法、矩阵特征值与特征向量的计算、数值逼近与插值、数值积分方法、常微分方程初值问题的解法，以及数值算法与应用的知识。本书涵盖数值分析、矩阵计算领域最基本、最常用的一些知识与方法，而且在算法及应用方面增加了一些较新的内容。在叙述上既注重理论的严谨性，又强调方法的应用背景、算法设计，以及不同方法的对比。为了增加实用性与可扩展性，每章都配备了应用实例、算法背后的历史、评述等子栏目，书末附有算法、术语索引。附录中包括 MATLAB 软件和 Python 软件的简介，便于读者快速掌握并进行编程实验。

本书适合作为高年级本科生或研究生的教材，也可供从事科学与工程计算的科研人员参考。

图书在版编目(CIP)数据

数值分析与算法/喻文健编著. —3版. —北京：清华大学出版社，2020.1（2024.8重印）
清华大学计算机系列教材
ISBN 978-7-302-54461-6

Ⅰ. ①数…　Ⅱ. ①喻…　Ⅲ. ①数值计算－高等学校－教材　Ⅳ. ①O241

中国版本图书馆 CIP 数据核字(2019)第 265416 号

责任编辑：白立军　常建丽
封面设计：常雪影
责任校对：时翠兰
责任印制：丛怀宇

出版发行：清华大学出版社
网　　址：https://www.tup.com.cn，https://www.wqxuetang.com
地　　址：北京清华大学学研大厦 A 座　　**邮　　编**：100084
社 总 机：010-83470000　　**邮　　购**：010-62786544
投稿与读者服务：010-62776969，c-service@tup.tsinghua.edu.cn
质量反馈：010-62772015，zhiliang@tup.tsinghua.edu.cn
课件下载：https://www.tup.com.cn，010-83470236
印 装 者：三河市龙大印装有限公司
经　　销：全国新华书店
开　　本：185mm×260mm　　**印　　张**：23.5　　**字　　数**：572 千字
版　　次：2012 年 1 月第 1 版　2020 年 3 月第 3 版　　**印　　次**：2024 年 8 月第 7 次印刷
定　　价：59.00 元

产品编号：086304-01

序

“清华大学计算机系列教材”已经出版发行了三十余种，包括计算机科学与技术专业的基础数学、专业技术基础和专业等课程的教材，覆盖计算机科学与技术专业本科生和研究生的主要教学内容。这是一批至今发行数量很大并赢得广大读者赞誉的书籍，是近年来出版的大学计算机专业教材中影响比较大的一批精品。

本系列教材的作者都是我熟悉的教授与同事，他们长期在第一线担任相关课程的教学工作，是一批很受本科生和研究生欢迎的任课教师。编写高质量的计算机专业本科生（和研究生）教材，不仅需要作者具备丰富的教学经验和科研实践，还需要对相关领域科技发展前沿的正确把握和了解。正因为本系列教材的作者具备了这些条件，才有了这批高质量优秀教材的产生。可以说，教材是他们长期辛勤工作的结晶。本系列教材出版发行以来，从其发行的数量、读者的反映、已经获得的国家级与省部级的奖励，以及在各个高等院校教学中所发挥的作用上，都可以看出本系列教材所产生的社会影响与效益。

计算机学科发展异常迅速，内容更新很快。作为教材，一方面要反映本领域基础性、普遍性的知识，保持内容的相对稳定性；另一方面又需要紧跟科技的发展，及时调整和更新内容。本系列教材都能按照自身的需要及时地做到这一点。如王爱英教授等编著的《计算机组成与结构》、戴梅萼教授等编著的《微型计算机技术及应用》都已经出版了4版，严蔚敏教授的《数据结构》也出版了3版，使教材既保持了稳定性，又达到了先进性的要求。

本系列教材内容丰富，体系结构严谨，概念清晰，易学易懂，符合学生的认知规律，适合教学与自学，深受广大读者的欢迎。系列教材中多数都配有丰富的习题集、习题解答、上机及实验指导和电子教案，便于学生理论联系实际地学习相关课程。

随着我国进一步的开放，我们需要扩大国际交流，加强学习国外的先进经验。在大学教材建设上，我们也应该注意学习和引进国外的先进教材。但是，“清华大学计算机系列教材”的出版发行实践以及它所取得的效果告诉我们，在当前形势下，编写符合国情的具有自主版权的高质量教材仍具有重大意义和价值。它与国外原版教材不仅不矛盾，而且是相辅相成的。本系列教材的出版还表明，针对某一学科培养的要求，在教育部等上级部门的指导下，有计划地组织任课教师编写系列教材，还能促进对该学科科学、合理的教学体系和内容的研究。

我希望今后有更多、更好的我国优秀教材出版。

清华大学计算机系教授，中国科学院院士
张钹

第3版前言

“数值分析”或“计算方法”是理工科大学各专业普遍开设的一门课程，其内容主要包括有关数值计算(numerical computing)的理论与方法。数值计算是计算数学、计算机科学与其他工程学科相结合的产物，随着计算技术的发展与普及，它正变得越来越重要。尤其是人工智能和机器学习正得到蓬勃发展与应用，作为它们基础的数值计算方法也受到更广泛的重视，其重要性不言而喻。

本书的主要内容与一般的“数值分析”教材基本一致，但还具有如下特点：

(1) 对数学理论的介绍简明扼要。尽量用形象的方式解释数学中的一些概念与理论，通过定理总结重要的结论。在不失严谨性的前提下，省略部分定理的证明，取而代之的是直观的解释、验证，并说明其意义与用途。

(2) 强调算法的实际应用与分析比较。对大多数算法，采用程序伪码的形式加以描述，同时分析其计算复杂度。说明算法应用中的细节问题，对几个较新的算法还给出了MATLAB源程序。通过“应用实例”和相关MATLAB命令，更详细地介绍算法的应用。

(3) 具有较强的可读性与实用性。尽量用图、表等形象的方式对概念、现象进行解释。每章都编写了“算法背后的历史”子栏目，以增强阅读的趣味性。书末附有算法、术语索引，便于查阅。为了便于读者动手实践，对MATLAB和Python软件的相关功能进行了简单介绍。

(4) 在内容编排上有利于教学。依据教学规律安排各章的顺序；每章的“评述”部分列出了主要知识点，除练习题外，还提供了上机实验题，附录中给出了部分习题的答案。

学习数值分析与算法，应重视通过计算机编程加深理解相关理论与算法。本书提倡使用MATLAB或Python语言进行编程实验，基于如下理由：①它们较易于学习、代码简洁，可节省编程实验时间。②MATLAB还具有功能强大的科学计算集成环境，便于程序调试和形象直观地展示程序运行结果。③它们包含丰富、先进的数值计算功能，已被广泛用于科学与工程实践。学习MATLAB与Python中使用的技术可作为课程学习的扩展与提高。

本书第1版于2012年年初出版、第2版于2015年年底出版，已作为“数值分析”课的教材使用多年，收到了较满意的效果。但通过教学实践也发现了书中的一些问题与错误，有必要进行更正与修订。本书第3版在保持全书结构不变的前提下对前7章做了全面细致的修订，主要修改的部分包括部分定理的表述和证明、数值计算网络资源信息的更新、增加与修订了一些插图、对一些扩展知识给出了更多的说明、删除了少量不实用的内容、增加了一节专门介绍矩阵的奇异值分解、增加了一个附录介绍Python中数值计算的功能。总之，在保持全书篇幅基本不变的情况下，对内容进行了增删，力求涵盖当下最重要的数值计算内容，并呈现出更高的品质和阅读体验。

本书体现了作者十多年来的相关教学和科研积累，参考、借鉴了十余种较新的国内外优秀教材，力争在理论与实践相结合、反映学科发展前沿，以及适应时代发展对学生培养的新要求等方面取得好的效果。本书内容由误差分析、非线性方程求根、数值线性代数、函数插值、数值积分、常微分方程数值解法等部分组成,包括数值计算领域中经典、应用较广泛的内容,也为学习最优化方法、大数据分析、机器学习等新兴领域中的一些高级算法提供了基础。使用本教材时,可用 48 学时讲授主要内容,几乎每章都包含一些简介性质或与 MATLAB 软件有关的内容,供感兴趣的学生选学或课后阅读。

下图显示了各章主要内容的知识依赖关系。总体上,建议教师按照从第 1～8 章的顺序开展教学,只是第 2.7 节依赖于线性方程组的有关知识,需在第 3 章讲完后介绍。

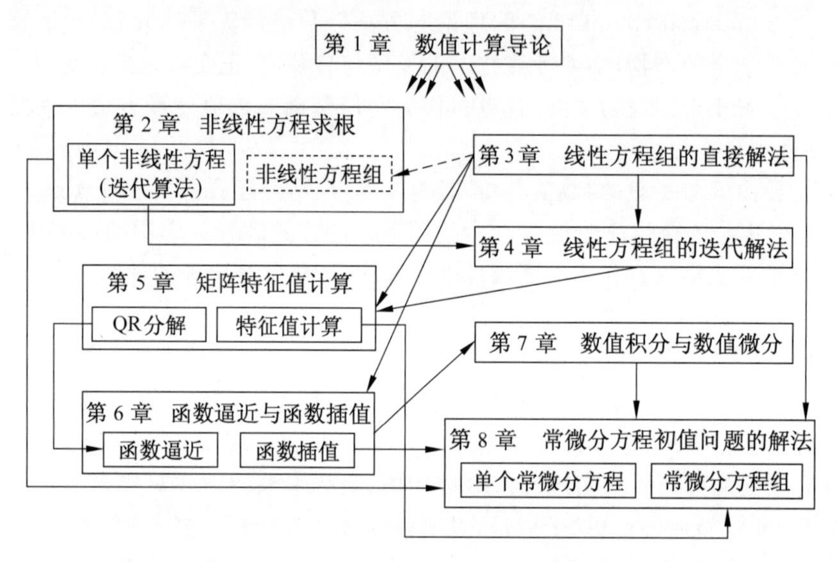

白如冰、朱臻垚参加了本书第 1 版部分内容的编写,刘志强参加了本书第 3 版部分内容的编写,选修作者讲授的“数值分析”课的同学指出了第 1 版、第 2 版中的很多错误,提供了积极反馈,在此致以诚挚的谢意! 此外,还要感谢清华大学王泽毅、殷人昆、边计年、蔡懿慈等教授给予的指导与帮助,以及清华大学出版社的编辑在出版本书过程中付出的辛勤劳动。

据不完全统计,本书已被 40 多所大学选作教材,使用的专业包括计算机专业、软件工程专业、电子信息专业、自动化专业等。在此,作者对广大读者的支持表示诚挚的感谢! 也希望广大读者提出宝贵的意见与建议。

喻文健
2019 年 9 月

目　　录

第 1 章　数值计算导论 …… 1

1.1　概述 …… 1

1.1.1　数值计算与数值算法 …… 1

1.1.2　数值计算的问题与策略 …… 2

1.1.3　数值计算软件 …… 4

1.2　误差分析基础 …… 6

1.2.1　数值计算的近似 …… 6

1.2.2　误差及其分类 …… 7

1.2.3　问题的敏感性与数据传递误差估算 …… 11

1.2.4　算法的稳定性 …… 14

1.3　计算机浮点数系统与舍入误差 …… 16

1.3.1　计算机浮点数系统 …… 16

1.3.2　舍入与机器精度 …… 18

1.3.3　浮点运算的舍入误差 …… 20

1.3.4　抵消现象 …… 21

1.4　保证数值计算的准确性 …… 22

1.4.1　减少舍入误差的几条建议 …… 22

1.4.2　影响结果准确性的主要因素 …… 25

评述 …… 26

算法背后的历史：浮点运算的先驱——威廉·卡亨 …… 27

练习题 …… 28

上机题 …… 29

第 2 章　非线性方程求根 …… 31

2.1　引言 …… 31

2.1.1　非线性方程的解 …… 31

2.1.2　问题的敏感性 …… 32

2.2　二分法 …… 32

2.2.1　方法原理 …… 32

2.2.2　算法稳定性和结果准确度 …… 34

2.3　不动点迭代法 …… 36

2.3.1　基本原理 …… 36

2.3.2　全局收敛的充分条件 …… 37

2.3.3　局部收敛性 …… 39

2.3.4　稳定性与收敛阶 …… 40

2.4 牛顿迭代法…… 41
2.4.1 方法原理 …… 42
2.4.2 重根的情况 …… 44
2.4.3 判停准则 …… 44
2.4.4 牛顿法的问题 …… 45
2.5 割线法与抛物线法…… 45
2.5.1 割线法 …… 46
2.5.2 抛物线法 …… 47
2.6 实用的方程求根技术…… 48
2.6.1 牛顿下山法 …… 48
2.6.2 多项式方程求根 …… 48
2.6.3 通用求根算法 zeroin …… 49
应用实例：城市水管应埋于地下多深 …… 52
2.7 非线性方程组和有关数值软件…… 53
2.7.1 非线性方程组 …… 53
2.7.2 非线性方程求根的相关软件 …… 55
评述 …… 56
算法背后的历史：牛顿与牛顿法 …… 57
练习题 …… 58
上机题 …… 59
第3章 线性方程组的直接解法 …… 61
3.1 基本概念与问题的敏感性…… 61
3.1.1 线性代数中的有关概念 …… 61
3.1.2 向量范数与矩阵范数 …… 64
3.1.3 问题的敏感性与矩阵条件数 …… 68
3.2 高斯消去法…… 71
3.2.1 基本的高斯消去法 …… 71
3.2.2 高斯-约当消去法…… 74
3.3 矩阵的 LU 分解…… 78
3.3.1 高斯消去过程的矩阵形式 …… 78
3.3.2 矩阵的直接 LU 分解算法 …… 81
3.3.3 LU 分解的用途 …… 84
3.4 选主元技术与算法稳定性…… 86
3.4.1 为什么要选主元 …… 86
3.4.2 使用部分主元技术的 LU 分解 …… 88
3.4.3 其他选主元技术 …… 92
3.4.4 算法的稳定性 …… 93
3.5 对称正定矩阵与带状矩阵的解法…… 94
3.5.1 对称正定矩阵的 Cholesky 分解…… 94

3.5.2　带状线性方程组的解法 …… 97
应用实例：稳态电路的求解 …… 100
3.6　有关稀疏线性方程组的实用技术 …… 101
3.6.1　稀疏矩阵的基本概念 …… 102
3.6.2　MATLAB 中的相关功能 …… 104
3.7　有关数值软件 …… 107
评述 …… 109
算法背后的历史：威尔金森与数值分析 …… 110
练习题 …… 111
上机题 …… 113
第 4 章　线性方程组的迭代解法 …… 114
4.1　迭代解法的基本理论 …… 114
4.1.1　基本概念 …… 114
4.1.2　1 阶定常迭代法的收敛性 …… 115
4.1.3　收敛阶与收敛速度 …… 118
4.2　经典迭代法 …… 120
4.2.1　雅可比迭代法 …… 120
4.2.2　高斯-赛德尔迭代法 …… 121
4.2.3　逐次超松弛迭代法 …… 123
4.2.4　3 种迭代法的收敛条件 …… 125
应用实例：桁架结构的应力分析 …… 128
4.3　共轭梯度法简介 …… 130
4.3.1　最速下降法 …… 130
4.3.2　共轭梯度法 …… 133
4.4　各种方法的比较 …… 137
4.4.1　迭代法之间的比较 …… 137
4.4.2　直接法与迭代法的对比 …… 140
4.5　有关数值软件 …… 141
评述 …… 142
算法背后的历史：雅可比 …… 144
练习题 …… 145
上机题 …… 146
第 5 章　矩阵特征值计算 …… 148
5.1　基本概念与特征值分布 …… 148
5.1.1　基本概念与性质 …… 148
5.1.2　特征值分布范围的估计 …… 152
5.2　幂法与反幂法 …… 154
5.2.1　幂法 …… 154
5.2.2　加速收敛的方法 …… 158

5.2.3 反幂法…… 160
应用实例:Google的PageRank算法…… 162
5.3 矩阵的正交三角化 …… 165
5.3.1 Householder变换 …… 165
5.3.2 Givens旋转变换 …… 167
5.3.3 矩阵的QR分解…… 168
5.4 所有特征值的计算与QR算法 …… 172
5.4.1 收缩技术…… 172
5.4.2 基本QR算法…… 173
5.4.3 实用QR算法的有关技术…… 176
5.5 奇异值分解简介 …… 179
5.5.1 基本概念与奇异值分解定理…… 179
5.5.2 有关性质与计算方法…… 182
5.6 有关数值软件 …… 184
评述…… 186
算法背后的历史:A. Householder与矩阵分解 …… 187
练习题…… 188
上机题…… 191
第6章 函数逼近与函数插值…… 193
6.1 函数逼近的基本概念 …… 193
6.1.1 函数空间…… 193
6.1.2 函数逼近的不同类型…… 196
6.2 连续函数的最佳平方逼近 …… 198
6.2.1 一般的法方程方法…… 198
6.2.2 用正交函数族进行逼近…… 202
6.3 曲线拟合与最小二乘法 …… 206
6.3.1 问题的矩阵形式与法方程法…… 206
6.3.2 用正交化方法求解最小二乘问题…… 209
应用实例:原子弹爆炸的能量估计…… 213
6.4 函数插值与拉格朗日插值法 …… 214
6.4.1 插值的基本概念…… 214
6.4.2 拉格朗日插值法…… 215
6.4.3 多项式插值的误差估计…… 218
6.5 牛顿插值法 …… 220
6.5.1 基本思想…… 220
6.5.2 差商与牛顿插值公式…… 221
6.6 分段多项式插值 …… 226
6.6.1 高次多项式插值的病态性质…… 226
6.6.2 分段线性插值…… 227

6.6.3　分段埃尔米特插值……228
6.6.4　保形分段插值……231
6.7　样条插值函数……233
6.7.1　三次样条插值……233
6.7.2　三次样条插值函数的构造……234
6.7.3　B-样条函数……236
评述……239
算法背后的历史：拉格朗日与插值法……240
练习题……242
上机题……244
第7章　数值积分与数值微分……246
7.1　数值积分概论……246
7.1.1　基本思想……246
7.1.2　求积公式的积分余项与代数精度……248
7.1.3　求积公式的收敛性与稳定性……249
7.2　牛顿-柯特斯公式……250
7.2.1　柯特斯系数与几个低阶公式……250
7.2.2　牛顿-柯特斯公式的代数精度……252
7.2.3　几个低阶公式的余项……253
7.3　复合求积公式……254
7.3.1　复合梯形公式……254
7.3.2　复合辛普森公式……255
7.3.3　步长折半的复合求积公式计算……257
7.4　龙贝格积分算法与理查森外推……258
7.4.1　复合梯形公式的余项展开式……258
7.4.2　理查森外推法……259
7.4.3　Romberg 算法……260
7.5　自适应积分算法……262
7.5.1　自适应积分的原理……262
7.5.2　一个具体的自适应积分算法……263
7.6　高斯求积公式……265
7.6.1　一般理论……266
7.6.2　高斯-勒让德积分公式及其他……269
应用实例：探月卫星轨道长度计算……270
7.7　数值微分……272
7.7.1　基本的有限差分公式……272
7.7.2　插值型求导公式……274
7.7.3　数值微分的外推算法……276
评述……277

算法背后的历史："数学王子"高斯 …… 279
练习题 …… 280
上机题 …… 281
第8章 常微分方程初值问题的解法 …… 283
8.1 引言 …… 283
8.1.1 问题分类与可解性 …… 283
8.1.2 问题的敏感性 …… 284
8.2 简单的数值解法与有关概念 …… 286
8.2.1 欧拉法 …… 286
8.2.2 数值解法的稳定性与准确度 …… 288
8.2.3 向后欧拉法与梯形法 …… 290
8.3 龙格-库塔方法 …… 292
8.3.1 基本思想 …… 292
8.3.2 几种显式R-K公式 …… 293
8.3.3 显式R-K公式的稳定性与收敛性 …… 297
8.3.4 自动变步长的R-K方法 …… 298
8.4 多步法 …… 300
8.4.1 多步法公式的推导 …… 300
8.4.2 Adams公式 …… 303
8.4.3 更多讨论 …… 307
8.5 常微分方程组与实用技术 …… 307
8.5.1 1阶常微分方程组 …… 308
8.5.2 MATLAB中的实用ODE求解器 …… 311
应用实例：洛伦兹吸引子 …… 314
评述 …… 316
算法背后的历史："数学家之英雄"欧拉 …… 317
练习题 …… 318
上机题 …… 320
附录A 有关数学记号的说明 …… 322
附录B MATLAB简介 …… 324
附录C Python数值计算简介 …… 344
附录D 部分习题答案 …… 348
算法索引 …… 352
术语索引 …… 354
参考文献 …… 362

第 1 章　数值计算导论

本章首先简单介绍数值计算的背景，接着讨论数值计算误差的有关概念，以及影响结果准确度的各种因素，然后结合计算机浮点运算系统分析舍入误差现象，最后给出减少舍入误差的若干建议。

1.1　概　　述

1.1.1　数值计算与数值算法

数值计算(numerical computing)是在理工类各学科专业中广泛运用的一项技术，多年来在我国高等教育培养体系中一直受到重视，讲授数值计算有关知识的“数值分析”“计算方法”课程也逐渐成为各专业的必修课或重要选修课。近些年来，计算机科学与技术发展迅速，计算机已成为日常工作、生活中不可缺少的工具。在这种情况下，数值计算与计算机的联系变得更为密切，其应用也日益广泛。

数值计算是横跨计算数学与计算机学科的交叉学科。图 1-1 显示了多个学科经过发展、融合，形成“数值计算”方向的过程。为了突出数值计算在各种科学与工程问题中的应用及其重要性，近年来也常称其为科学计算(scientific computing)。

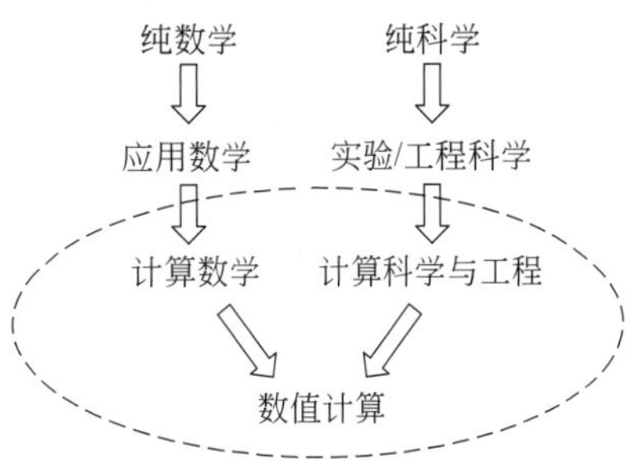

图 1-1　多个学科经过发展、融合，形成数值计算研究方向

与数值计算联系紧密的一个研究方向是高性能计算，它的研究对象是高性能的计算机硬件体系结构及其应用，包括并行计算机、并行算法等内容。事实上，在高性能计算的应用中，数值计算占有相当重要的地位。

与计算机学科的其他方向不同，数值计算中的问题和方法有其鲜明的特点。它主要处理连续物理量，如时间、距离、速度、温度、密度、电压、压强、应力等，而不是离散量。同时，数值计算涉及的问题很多都是连续数学问题(如涉及求导数、积分或非线性方程等)，理论上不可能通过有限步计算出准确的结果，因此求解过程往往需要做近似，并通过有限的迭代步得到“充分接近准确解”的近似解。由于计算机不能精确表示所有实数，数值计算的每一步几乎都存在近似，因此估计、分析计算结果的准确度非常重要。可以将数值计算的研究目标归纳为：寻找一个能迅速完成的(迭代)算法，同时估计计算结果的准确度。

数值计算研究的核心内容是数值算法的设计与分析。计算机界有句名言：“计算机程序＝数据结构＋算法”，从中可见算法的重要性。算法又可分为“数值算法”和“非数值算法”，两者有着明显的区别。数值算法用途广泛，发展迅速，具有跨学科的特点，而“非数值算法”的研究主要限于计算机科学的范围内。自从计算机问世以来，算法对科学与工程发展的推动作用有目共睹。IEEE[1] 主办的杂志 *Computing in Science & Engineering* 开展了一次评选,选出在20世纪对科学和工程的发展与实践影响最大的10个算法,它们按时间顺序依次如下。

(1) 1946年,美国Los Alamos国家实验室的John von Neumann(冯·诺依曼)、S. Ulam和N. Metropolis提出的Metropolis算法,属于蒙特卡洛(Monte Carlo)方法。

(2) 1947年,美国兰德(RAND)公司的G. Dantzig创造的解线性规划问题的单纯型算法(Simplex算法)。

(3) 1950年,美国国家标准局数值分析研究所的M. Hestenes、E. Stiefel和C. Lanczos开创的Krylov(克雷洛夫)子空间迭代法。

(4) 1951年,美国Oak Ridge(橡树岭)国家实验室的A. Householder(豪斯霍尔德)形式化的矩阵计算的分解方法。

(5) 1957年,美国IBM公司的J. Backus领导开发的FORTRAN最优编译器算法。

(6) 1959—1961年,英国伦敦Ferranti公司的J. Francis发现的计算矩阵特征值的稳定算法,即QR算法。

(7) 1962年,英国伦敦Elliott Brothers公司的T. Hoare提出快速排序算法,即Quicksort算法。

(8) 1965年,美国IBM公司Watson研究中心的J. Cooley和普林斯顿大学及AT&T公司贝尔实验室的J. Tukey共同提出的快速傅里叶变换算法,即FFT算法。

(9) 1977年,美国Brigham Young大学的H. Ferguson和R. Forcade提出的整数关系检测(integer relation detection)算法。

(10) 1987年,美国耶鲁大学的L. Greengard和V. Rokhlin发明的快速多极(fast multipole)算法。

虽然完全理解这十大算法不是一件容易的事情,但粗略看可以发现,除第5、7、9个算法外,其余算法都与数值计算关系密切。由此可见数值算法的重要性和普遍性。本书将讨论最基础、应用最广的一些数值算法,部分内容也涉及这十大算法。

1.1.2 数值计算的问题与策略

数值计算的问题来自各个科学和工程分支,可归纳为下述3种情况。

(1) 没有解析解的数学问题。一个简单的例子是五次或更高次一元代数方程的求解,例如:

$$x^5+2x^4-3x^3+4x^2+5x-6=0$$

根据阿贝尔定理[2]我们知道,五次以及更高次代数方程没有通用的求根公式,因此只能采用数值算法得到其近似解。

(2) 有解析解的数学问题,但解析公式的计算很复杂。容易想到的例子是涉及 e^x、$\sin x$ 等函数的计算问题[3],因为将这些函数的计算转换为加、减、乘、除运算时涉及无穷级数,因

① Institute of Electrical and Electronics Engineers:(美国)电气与电子工程师学会,是世界上最大的专业学术组织。

② 1824年,Abel(阿贝尔)证明了次数大于四的多项式并不都有用初等运算及系数表示的求根公式。

③ 在计算机高级编程语言中,已将常用函数的计算编制成库函数提供给用户,因此一般用户往往忽视了其内部的技术细节。

此须采用数值计算中的近似、截断等技术加以处理。

(3) 在科学与工程研究中模拟难以形成的实验条件。这是最常见,也是最贴近应用的情况,被称为数值模拟(simulation)或计算机仿真。例如,在天体物理学研究中,有些过程是不能直接或者通过实验再现的,因此只能用计算机建立有关物理方程的模型,然后通过数值求解这些方程进行模拟实验。除了处理这种用其他手段无法解决的问题外,数值计算还被大量用于解决“常规”实验可以解决的问题,其好处是降低时间和金钱成本,而且更安全。例如,用数值计算模拟汽车碰撞实验、集成电路芯片投产前的性能模拟等。

通过数值计算解决问题的过程通常包括以下 6 步。

(1) 根据相关学科的背景知识建立数学模型,通常是某种类型的方程。

(2) 研究数值求解这个方程的算法。

(3) 通过计算机程序或软件实现这个算法。

(4) 在计算机上运行软件进行数值模拟。

(5) 将计算结果用较直观的方式输出,如使用计算机可视化技术。

(6) 解释并确认计算结果,如果需要,则调整参数后重复上面的某些或全部步骤。

上述步骤中的第(2)(3)步是数值计算研究的主要内容,而数值计算的有关知识对设计好其他各步都有帮助。应该强调的是,上述各步骤相互间紧密关联,最终计算结果的准确性和效率受这些步骤整体的影响。此外,问题的实际背景和要求也左右着各步骤中方法的选择。

数值计算处理的问题还应当是适定的。如果一个数学问题的解存在、唯一,且连续地依赖于问题的数据,则称这个问题是*适定的*(well-posed,well-defined)。这里,“连续地依赖于问题的数据”指问题数据的微小改变不会造成问题解的剧烈变化。这个条件对于数值计算是极其重要的,因为数值计算以有限字长的计算机为工具,计算过程中数据的扰动是不可避免的。当然,绝大多数科学与工程问题也满足适定条件,只有少数例外情况,如地震问题的计算模型。在各种适定的数值计算问题中,仍有一些问题的解对数据扰动是比较敏感的。关于问题敏感性的定义和讨论,将在后面的 1.2.3 节详细介绍。

求解数值计算问题的一般策略是将复杂或困难的问题用解相同或相近的简单问题代替,这种近似过程通常包括下述 7 种。

(1) 用有限维空间代替无限维空间。

(2) 用有限的过程代替无限的过程。

(3) 用代数方程代替微分方程。

(4) 用线性问题代替非线性问题。

(5) 用低阶系统代替高阶系统。

(6) 用简单函数代替复杂函数。

(7) 用简单结构的矩阵代替一般的矩阵。

例如,在函数逼近问题中,就是用有限维子空间近似无限维的函数空间;在计算无穷级数或积分时,就是将无限的过程近似为有限的过程;求解微分方程的基本方法是,将其转换为代数方程;求解非线性方程,通常将它转换为一系列线性方程的求解;非线性方程的线性化也可看成将高阶系统变为低阶系统;任何复杂函数的计算都需近似为简单函数,因为计算机最终只能进行加、减、乘、除等基本运算;用简单结构的矩阵代替复杂结构的矩阵,往往能以很小的精度损失换取较大的计算效率提升。在本书后续章节中,对各种数值方法的介绍将充分体现这些策略。

实际的求解过程通常包括两步:在保证问题的解不变或变化不大的前提下,将给定问题转换为另一个容易求解的问题,以及对简化后得到的问题进行求解。因此,好的数值算法应具备两方面特点:一方面要计算效率高(如计算时间短、占用内存少等);另一方面还要尽可能地准确、可靠。也就是说,在出现各种近似的前提下,还能得到尽可能准确的结果。

1.1.3 数值计算软件

近几十年来,随着计算机软件、互联网等技术的发展,已涌现出一些高质量的数学软件或程序包,其中一些还可免费获得源代码。有效地借助这些软件、程序,可方便地求解一些典型问题,推进具体的科学与工程研究工作。使用数学软件的重要性已得到广泛认同,基于此种考虑,目前理工科大专院校基本上都开设了"数学实验"课程。本书在介绍数值计算软件的基础算法的同时,还希望读者重视数值算法程序的编写和数值计算软件的使用,加深对方法的理解,了解最新的进展,真正获得实践应用的能力。

在介绍一些具体的数值软件之前,先列出高质量数学软件应具有的特点[1]。

(1) 可靠。对一般的问题总能正确运行。

(2) 准确。根据问题和输入数据产生精确的结果,并能对达到的准确度进行评估。

(3) 高效率。求解问题所用的时间和存储空间尽可能小。

(4) 方便使用。具有方便、友好的用户界面。

(5) 可移植。在各种计算机平台下都(或经少量修改后)能使用。

(6) 可维护。程序易于理解和修改(开放源代码的软件)。

(7) 适用面广。可求解的问题广泛。

(8) 鲁棒。能解决大部分问题,偶尔失败的情况下能输出提示信息,及时终止。

事实上,满足所有这些特点的软件是不存在的。它们只是作为使用者挑选软件考虑的因素,同时也为数值算法软件开发者提出了努力的目标。

表1-1列出了一些重要的数值计算软件、程序包的来源,其中很多能通过互联网免费获得。这些免费程序代码通常由FORTRAN语言编写,也有使用C语言、C++语言编写的。GAMS、Netlib和NR是3个重要资源,它们都汇集了来自不同渠道的各种程序包,这些程序源代码可以被用户编写的程序调用,或者嵌入用户自己开发的应用程序中。另外,GAMS还具有方便的检索、查找功能。更多的数值软件资源参见文献[2],或通过互联网进行搜索。

表1-1 重要的数值计算软件、程序包的网络资源

名 称	内 容 说 明	商业/免费	网 址
GAMS	(美国)国家标准及技术协会(NIST)的数学与统计软件虚拟仓库和检索系统	免费	gams.nist.gov
Netlib	汇集各种数值计算程序的网站,包含ACM Transactions on Mathematical Software、Numerical Algorithms等期刊论文所附程序、本书参考文献[3]、[4]所附程序,以及PORT、SLATEC等程序集	免费	www.netlib.org

续表

名　称	内　容　说　明	商业/免费	网　址
HSL	英国 Science and Technology Facilities Council 提供的科学计算程序包	免费	www. hsl. rl. ac. uk
NAG	NAG 公司提供的数值算法程序集	商业	www. nag. com
NR	Numerical Recipes 系列书[5]所附软件	部分免费	www. nr. com
MATLAB	MathWorks 公司出品的数学软件	商业	www. matlab. com
SOL	最初由美国斯坦福大学系统优化实验室开发的优化算法软件与程序	免费	web. stanford. edu/group/SOL/, http://ccom. ucsd. edu/～optimizers/

除了包含源代码的程序包，另一种数值计算软件的形式是交互式集成环境，它能提供强大、丰富的数学工具，同时有较好的图形/图像显示功能和高级编程语言，使得在它的基础上能快速开发出用户所需的软件原型。当前应用最广泛的数值计算软件是 MathWorks 公司的 MATLAB 软件。MATLAB 是一个交互式系统，汇集了大量的数值算法，尤其是处理线性代数、矩阵计算问题的能力很强。MATLAB 本身也定义了一种高级编程语言，语法比较简洁，有利于快速编写程序，同时附带的其他功能形成了一个很好的集成开发环境。表 1-2 将 MATLAB 与其他高级编程语言进行了对比。

表 1-2　MATLAB 与其他高级编程语言的比较

比较项目	MATLAB(作为编程语言)	C,C++,FORTRAN
	第四代编程语言	第三代编程语言
编译方式	解释器，或 JIT 加速器(v 6.5 以后版本)	编译器
是否声明变量	不需要	需要
开发时间	较快	较慢
运行时间	较慢	较快
开发环境	集成环境(编辑器、调试器、命令历史、变量空间、profiler、编译器)	—

应说明的是，由于 MATLAB 中包含大量的内部算法函数，如果编程时主要使用的是这些内部函数，MATLAB 程序的运行速度并不会比其他高级语言实现的相同算法慢。此外，较新的 MATLAB 版本具有一些加速运行的机制，因此只要稍加注意，用 MATLAB 进行编程实验是非常便捷、高效的。

除集成了大量先进的数值算法，MATLAB 还提供了强大的计算可视化功能。通过 MATLAB 中的命令能很方便地分析计算的数据，以及将计算结果以图形的形式直观显示。MATLAB 中还包含了很多选项工具箱(Toolbox)，为信号处理、图像处理、控制、系统辨别、优化、统计、金融、通信等各种专业应用提供专门的工具。MATLAB 已成为广大科研人员首选的工具软件，其正式用户数目已超过 100 万，很多大学也采用 MATLAB 作为数值计算相关课程的教学辅助软件。关于 MATLAB 编程，读者可参考文献[7]、[46]，它们同时也是两种有关数值计算和算法入门的优秀教材。

MATLAB 是跨平台的软件，无论在 Windows 操作系统下，还是在 UNIX/Linux 操作系统下都能使用。与 MATLAB 功能类似的还有一些免费软件，其中比较著名的是 Octave。Octave 可从互联网上免费下载，它在 UNIX/Linux 操作系统下运行，界面和功能与 MATLAB 基本一致。另外两种类似于 MATLAB 的免费软件是 RLaB 和 Scilab。

本书讨论的算法基本上都能在表 1-1 中的数值软件资源中找到实现代码，或在 MATLAB 中找到相应的程序命令，后面介绍具体内容时将提及。

1.2 误差分析基础

1.2.1 数值计算的近似

前面提到，数值计算主要研究求解连续数学问题的算法和程序实现，但这并不意味着我们只需关心数值算法执行过程中的误差。为了对最终计算结果的准确度进行评价，必须知道一些在数值计算开始之前就存在的误差或近似。它们主要有以下 3 种情况。

(1) 建立数学模型时做的近似。这个过程中可能简化或忽略系统的一些不重要的物理特性(如摩擦、空气阻力等)。

(2) 经验或测量造成的数据误差。有些计算中用的数据(如重要的物理常数、普朗克常数、万有引力常数等)都是通过实验测量得到的，或多或少存在一些误差。

(3) 输入数据来自以前计算的结果。一个实际的科学或工程问题通常被分解为多个前后衔接的数值计算问题，因此当前问题的输入数据包括之前问题的计算结果，所以存在误差。

通过分析计算前主要的近似来源我们知道，为了使最终结果准确，应采取建立更精确数学物理模型、采用更准的测量值，以及改变前一步计算方案以减少输入数据误差等措施。

计算前的误差有时会超出我们的控制范围，而计算过程中的近似往往可以控制，采用不同的算法和编程实现技巧对其影响很大。计算过程中的近似主要有两种。

(1) *截断误差或方法误差*。求解一个数学方程可采用多种数值方法，各种数值方法往往都进行了一些简化处理。例如，函数 $f(x)$ 用其 n 阶泰勒展开 $f(0)+\frac{f'(0)}{1!}x+\frac{f''(0)}{2!}x^2+\cdots+\frac{f^{(n)}(0)}{n!}x^n$ 代替，则截断误差为 $\frac{f^{(n+1)}(\xi)}{(n+1)!}x^{(n+1)}$，$\xi\in(0,x)$。

(2) *舍入误差*。无论是手工计算、利用计算器，还是数字计算机，输入与结果数据都只能用有限位数字表示，即数据的“四舍五入”会产生误差。此外，常用的十进制数据输入计算机后需变成二进制数据，这个转换过程产生的误差通常也归为舍入误差。

由于计算过程中舍入误差总是存在，研究数值算法抵抗这种扰动的稳定性非常重要。关于算法稳定性的概念见 1.2.4 节。另外，在各种误差来源中，通常只有几方面的误差起主要作用，应对其重点考虑和分析。

例 1.1(数值计算的近似)：为了计算地球的表面积，可采用球体表面积计算公式：

$$A=4\pi r^2$$

其中，r 为球的半径。试分析哪几种近似影响计算的最后结果。

【解】 这个数值求解过程包含以下几种近似。

(1) 将地球近似看成球体,这是建立数学模型的近似。

(2) 取半径 $r \approx 6370\text{km}$,这可能是经验测量或前一步计算得到的,存在数据误差。

(3) π 的值只能截取到有限位,这是数据误差。

(4) 计算 $4\pi r^2$ 涉及浮点数的乘法,存在舍入误差(将步骤(2)(3)中的数据输入计算机也存在舍入误差)。

最终算出地球表面积的准确度与所有这些近似都有关。

1.2.2　误差及其分类

1. 误差与有效数字

误差用来表示计算值(近似值)接近真实值(准确值)的程度,一般有如下定义。

定义 1.1:设准确值 x 对应的近似值为 $\hat{x}$,则*误差*(error)

$$e(\hat{x}) = \hat{x} - x$$

它也被称为*绝对误差*(absolute error)。

应特别注意,误差表示的接近程度与真实值的大小有关。例如,统计全国人口时出现误差 1 的严重程度远小于统计教室中学生人数时出现误差 1,因此引入相对误差的概念。

定义 1.2:设准确值 x 对应的近似值为 $\hat{x}$,则其*相对误差*(relative error)为

$$e_r(\hat{x}) = \frac{\hat{x} - x}{x}$$

关于这两个概念,应注意以下几点。

(1) 绝对误差不是误差的绝对值,它可正,可负。

(2) 如果真实值为零,则相对误差没有定义。

(3) 相对误差通常用百分比的形式表示,如果相对误差超过 100%,一般认为其计算结果完全错误。

(4) 相对误差和近似值的关系也可表示为:近似值=真实值×(1+相对误差)。

在实际的问题中,不可能知道绝对误差和相对误差的准确值,一般只能估计或限定误差的范围。误差的绝对值的上限称为*误差限*,而相对误差绝对值的上限称为*相对误差限*,分别记为 $\varepsilon(\hat{x})$ 和 $\varepsilon_r(\hat{x})$。

也常使用如下公式计算相对误差:

$$e_r(\hat{x}) = \frac{\hat{x} - x}{\hat{x}} = \frac{e(\hat{x})}{\hat{x}}$$

这与相对误差的定义有一些差别,但当 $e_r(\hat{x})$ 较小时,可忽略这种差别。按照此公式,可以先估计出误差限,然后除以 $\hat{x}$ 得到相对误差限。

表示一个近似值时,常涉及有效数字(significant digit)的概念。

定义 1.3:一个数的*有效数字*指从左至右第一位非零数字开始的所有数字。

正确的有效数字的位数与这个近似值的相对误差有关,见定理 1.1。

定理 1.1:设 $\hat{x}$ 为 x 的近似值,若 $\hat{x}$ 前 p 位有效数字($p \geqslant 1$)正确,则其相对误差满足

$$|\ e_r(\hat{x})\ | < \frac{1}{d_0} \times 10^{-p+1}$$

其中 d_0 为 $\hat{x}$ 的第一位有效数字。

【证明】 根据已知条件,可设

$$\hat{x}=\pm 10^m\times\left(d_0+\frac{d_1}{10}+\frac{d_2}{10^2}+\cdots+\frac{d_{p-1}}{10^{p-1}}+\cdots\right)$$

其中,$d_i(i=0,1,2,\cdots)$为 0～9 的某个数字,且 $d_0\neq 0$。由于前 p 位有效数字正确,

$$|\hat{x}-x|<10^m\times\frac{1}{10^{p-1}}$$

而 x 的第一位有效数字也是 d_0,则

$$|x|\geqslant 10^m\times d_0$$

所以,

$$|e_r(\hat{x})|=\frac{|\hat{x}-x|}{|x|}<\frac{10^m\times\frac{1}{10^{p-1}}}{10^m\times d_0}=\frac{1}{d_0}\times 10^{-p+1}$$

原命题得证。 ■

注意另一个易混淆的说法:对某数 x“保留 p 位有效数字”得到近似值$\hat{x}$,此时需考虑生成最后一位有效数字时的四舍五入,有定理 1.2。

定理 1.2:设对 x 保留 p 位有效数字后得到近似值$\hat{x}$,则$\hat{x}$的相对误差满足:

$$|e_r(\hat{x})|\leqslant\frac{1}{2d_0}\times 10^{-p+1}$$

其中,d_0 为 x 的第一位有效数字。

【证明】 设

$$x=\pm 10^m\times\left(d_0+\frac{d_1}{10}+\cdots+\frac{d_{p-1}}{10^{p-1}}+\frac{d_p}{10^p}+\cdots\right)$$

保留 p 位有效数字时需考虑 d_p 的值进行四舍五入,得

$$|e(\hat{x})|\leqslant 10^m\times\frac{1}{2}\times 10^{-p+1}$$

而

$$|x|\geqslant 10^m\times d_0$$

所以,

$$|e_r(\hat{x})|=\frac{|e(\hat{x})|}{|x|}\leqslant\frac{1}{2d_0}\times 10^{-p+1}$$

原命题得证。 ■

定理 1.2 得到的误差限正好是定理 1.1 的一半,这是由于 x 与$\hat{x}$关系的不同造成的,应注意它们在表述上的细微差别。

例 1.2(保留 p 位有效数字):设 $x=\pi=3.141\,592\,65\cdots$,对它保留 3 位有效数字得到$\hat{x}$,求$\hat{x}$并利用定理 1.2 估计相对误差限。

【解】 利用四舍五入规则得 $\hat{x}=3.14$。根据定理 1.2,其相对误差限 $\varepsilon_r(\hat{x})=\frac{1}{2\times 3}\times 10^{-2}$。 ■

反过来,根据相对误差的大小也可以判断准确的有效数字位数,但结论要复杂一些。

定理 1.3:设 x 的第一位有效数字为 d_0,若近似值$\hat{x}$的相对误差满足

$$|e_r(\hat{x})| \leqslant \frac{1}{2(d_0+1)} \times 10^{-p+1}$$

则$\hat{x}$前 p 位有效数字正确，或者在保留 p 位有效数字后$\hat{x}$与 x 的结果相等。

【证明】 设

$$x = \pm 10^m \times \left(d_0 + \frac{d_1}{10} + \frac{d_2}{10^2} + \cdots + \frac{d_{p-1}}{10^{p-1}} + \frac{d_p}{10^p} + \cdots\right)$$

根据已知条件，

$$|x| < 10^m \times (d_0 + 1)$$

则

$$|e(\hat{x})| = |x| \cdot |e_r(\hat{x})| < 10^m \times \frac{1}{2} \times 10^{-p+1}$$

这说明$\hat{x}$与 x 的差别仅在 d_p 所在的数位及其之后的数位上，差值$<10^m \times 5 \times 10^{-p}$。若两者的第 p 位有效数字相同（均为 d_{p-1}），则前面的有效数字也一定相同，即$\hat{x}$具有 p 位正确的有效数字。否则，第 p 位有效数字不相同，则它们一定是相邻的两个数字（设 9 后面相邻的数字为 0），且保留 p 位有效数字后$\hat{x}$与 x 的结果将相等。原命题得证。 ■

考虑到 d_0 的取值范围是 1,2,…,9，由定理 1.3 得到如下的重要推论。

定理 1.4：若 x 的近似值$\hat{x}$的相对误差满足

$$|e_r(\hat{x})| \leqslant \frac{1}{2} \times 10^{-p}$$

则$\hat{x}$至少前 p 位有效数字正确，或者在保留 p 位有效数字后$\hat{x}$与 x 的结果相等。

例 1.3（相对误差限与有效数字）：设 $x=9.9993$，$\hat{x}_1=9.9997$，$\hat{x}_2=9.9989$。误差 $|e_r(\hat{x}_1)|=\frac{0.0004}{9.9993}\leqslant\frac{1}{2}\times10^{-4}$，满足定理 1.4 的条件（$p=4$），同时也发现$\hat{x}_1$ 至少有 4 位正确的有效数字。而$|e_r(\hat{x}_2)|=\frac{0.0004}{9.9993}\leqslant\frac{1}{2}\times10^{-4}$，$\hat{x}_2$ 没有 4 位正确的有效数字，但将$\hat{x}_2$ 和 x 都保留 4 位有效数字后，它们都等于 9.999。对于近似数 $\hat{x}_1$ 和$\hat{x}_2$，这就验证了定理 1.4 的结论。 ■

定理 1.4 的结论也可以说包括了“保留 p 位有效数字后正确”的两种含义，因此可笼统地说，若相对误差不超过$\frac{1}{2}\times10^{-p}$，则近似值保留 p 位有效数字后正确。甚至可以不很严格地说：若相对误差不超过 10^{-p}，则近似值大约有 p 位正确的有效数字。

近似数的精度（precision）和准确度（accuracy）含义接近，为了表达更严谨，应注意区分。精度与有效数字的位数有关，而准确度则与准确的有效数字位数有关（因为它与相对误差有联系）。例如，“双精度浮点数”指表示浮点数时采用了较多的二进制位数，但并不说明其准确程度。又如，可以说 3.141 111 11 是一个有 9 位（十进制）精度的数，但它作为 π 的近似值时准确度并不高，只有 4 位准确的有效数字。因此，仅采用较高精度的数进行数值计算并不能保证计算结果的准确度。

2. 数据传递误差与计算误差

考虑一个简单的计算问题：函数求值。假设有函数 f：$\mathbb{R} \to \mathbb{R}$，$x$ 为函数输入参数的准确值，则准确结果为 $f(x)$。由于数据误差，实际使用的输入值为$\hat{x}$，同时计算函数 f 的过程也存在近似,这使得计算结果为$\hat{f}(\hat{x})$,其中,$\hat{f}$函数代表计算过程中的近似。因此,总误差为

$$\hat{f}(\hat{x})-f(x)=[\hat{f}(\hat{x})-f(\hat{x})]+[f(\hat{x})-f(x)] \tag{1.1}$$

其中,第一项$\hat{f}(\hat{x})-f(\hat{x})$为输入同为$\hat{x}$时计算过程的误差,它是单纯的计算误差;第二项$f(\hat{x})-f(x)$是由输入数据误差经过精确的函数求值过程产生的误差,即数据误差传递到结果的误差。

与这个例子类似,对一般的数值计算问题,可定义数据传递误差和计算误差。

定义 1.4:一个数值计算过程的*数据传递误差*指单纯由问题输入数据误差引起的计算结果的误差(假设问题被快速求解)。

定义 1.5:一个数值计算过程的*计算误差*指计算过程中的近似引起的计算结果的误差。

最终结果的误差可分为数据传递误差和计算误差两部分。需要说明的是,数据传递误差由两方面因素决定:一个是输入数据误差;另一个是求解问题本身的特性。因此,算法的选择不会影响数据传递误差。

3. 截断误差与舍入误差

与计算过程中的两种近似对应,有截断误差和舍入误差的概念。

定义 1.6:*截断误差*(truncation error)是指实际输入对应的准确结果与用给定算法精确计算得到的结果之间的差,它反映了数值方法对原始数学问题的简化和近似。

定义 1.7:*舍入误差*(rounding error)是指给定算法经精确计算得到的结果与同样的算法经有限精度运算(即舍入计算)得到结果之间的差。

根据定义可知,分析截断误差时不应考虑计算机有限精度算术体系的影响,而舍入误差由对实数的不精确表示以及运算的舍入引起。计算误差是截断误差和舍入误差的和。在前面的函数求值问题中,计算误差$\hat{f}(\hat{x})-f(\hat{x})$就包含了截断误差和舍入误差两方面。

例 1.4(差商近似 1 阶导数):对于可微函数 $f: \mathbb{R}\rightarrow\mathbb{R}$,考虑 1 阶导数的差商近似[①]

$$f'(x)\approx\frac{f(x+h)-f(x)}{h}$$

其中,h 为步长,试分析按此公式计算 $f'(x)$的截断误差与舍入误差,以及它们与 h 值的关系。

【解】 由泰勒展开得

$$f(x+h)=f(x)+hf'(x)+\frac{h^2}{2}f''(\xi),\quad \xi\in[x,x+h]$$

所以,这个差商近似的截断误差估计为 $Mh/2$,其中,M 是$|f''(\xi)|$的上界。假设计算一次函数值的误差上界为 ε,则计算差商公式的舍入误差限为 $2\varepsilon/h$。总的计算误差限 ε_{tot} 为它们之和:

$$\varepsilon_{tot}=\frac{Mh}{2}+\frac{2\varepsilon}{h}$$

其中,第一项随 h 的减小而减小,第二项随 h 的减小而增大。选择合适的步长 h,可使总的

① 差商的严格定义见本书 6.5 节。这种近似也常称为有限差分近似。

计算误差最小。经推导可以看到，当 $h=2\sqrt{\varepsilon/M}$ 时总的计算误差达到最小。图 1-2 表示了用上述方法计算函数 $f(x)=\sin x$ 在 $x=1$ 点的导数值时总的计算误差与步长 h 的依赖关系，同时还画出了截断误差、舍入误差及总误差限与步长 h 的关系曲线，其中，取 $M=1$，$\varepsilon\approx 10^{-16}$（与双精度浮点数的机器精度有关，见 1.3.2 节）。从图 1-2 可以看出，总误差在 $h\approx 10^{-8}$ 处取最小值，与上述分析比较一致。 ■

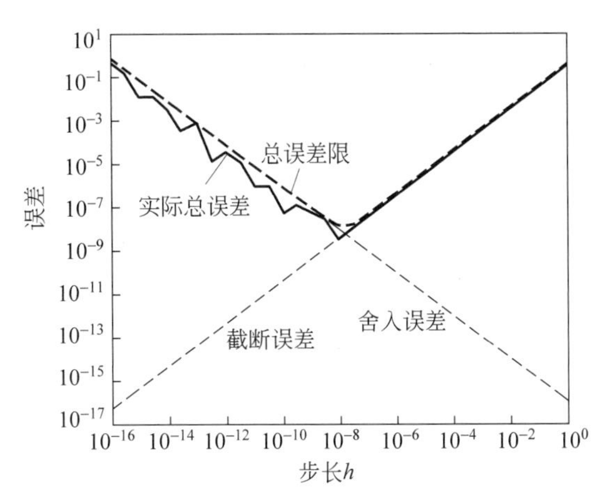

图 1-2　不同步长取值对应的差商近似导数的误差

对于一个给定的问题，有时只有截断误差和舍入误差中的某一个占主导地位。一般地，能在有限步之内求解的纯代数问题中，舍入误差往往占主导地位（如高斯消去法），而对于涉及积分、求导、非线性这类理论上是无限逼近过程的问题，截断误差往往占主导地位。因此，分析不同问题的计算误差时，应有所侧重。

1.2.3　问题的敏感性与数据传递误差估算

数据传递误差主要由问题的敏感性决定，与具体算法的选择无关，下面给出相关定义。

定义 1.8：问题的敏感性（sensitivity）是指输入数据的扰动对问题解的影响程度的大小，它也被称为问题的病态性。如果输入数据的相对变化引起解的相对变化不是很大，则称这个问题是不敏感的或良态的（well-conditioned）；反之，如果解的相对变化远远超过输入数据的变化，则称这个问题是敏感的或病态的（ill-conditioned）。

为了定量地分析问题的敏感性，下面引入问题的条件数（condition number）概念。

定义 1.9：问题的（相对）条件数

$$\text{cond}=\frac{\|\text{问题的解的相对变化量}\|}{\|\text{输入数据的相对变化量}\|} \tag{1.2}$$

其中，算符 $\|\cdot\|$ 表示范数，用于度量一个量的大小。

定义 1.9 中用到了范数的概念。对于一个实数（复数）量来说，范数就是其绝对值（模）。对于其他类型的量（如向量、矩阵、函数），本书的第 3、6 章将详细介绍它们的范数。

定义 1.9 表明，条件数为解的相对变化与输入数据相对变化的比值。如果一个问题的条件数远大于 1，则称这个问题是病态的。也可以将条件数理解为输入数据误差的“放大因子”，如果问题是病态的，则即使输入数据的相对误差很小，引起解的相对误差也可能很大。以前面的函数求值问题为例，其条件数有下面的计算公式：

$$\text{cond}=\left|\frac{[f(\hat{x})-f(x)]/f(x)}{(\hat{x}-x)/x}\right|$$

注意,条件数是针对问题而言的,不涉及求解的具体方法,因此计算条件数的公式中使用准确函数 f,而不是实际计算对应的近似函数 $\hat{f}$。

即便是同一个问题,条件数也会随输入数据而变化。在实际中,一般不能具体求出条件数的值,只能在输入数据的可能变化范围内对条件数进行粗略估计或给出其上限。这样,输入数据扰动和引起解的相对误差之间就满足以下近似的不等式:

$$\|\text{数据传递的相对误差}\| \lessapprox \text{cond}\times\|\text{输入数据的相对变化}\| \tag{1.3}$$

式(1.3)考虑了数据传递误差的最差情况。

进一步分析函数求值问题的条件数。假设函数 f 可微,则

$$f(\hat{x})-f(x)\approx f'(x)\cdot(\hat{x}-x)$$

所以,

$$\text{cond}=\left|\frac{[f(\hat{x})-f(x)]/f(x)}{(\hat{x}-x)/x}\right|\approx\left|\frac{xf'(x)}{f(x)}\right| \tag{1.4}$$

得到了函数求值问题条件数的估计式。

例 1.5(函数求值问题的敏感性):假设 $x\neq0$,且接近 $\pi/2$ 的整数倍,试用条件数估计式分析计算正切函数 $f(x)=\tan x$ 的问题敏感性。

【解】 由 $f'(x)=\sec^2 x=1+\tan^2 x$,有

$$\text{cond}\approx\left|\frac{xf'(x)}{f(x)}\right|=\left|\frac{x(1+\tan^2 x)}{\tan x}\right|=\left|x\left(\frac{1}{\tan x}+\tan x\right)\right|$$

当 x 接近 $\pi/2$ 的整数倍时(且 $x\neq0$),条件数趋于无穷大,此时计算 $\tan x$ 是高度敏感的。例如,对 $x=1.570\ 79$($\pi/2$ 附近的值,$\pi/2\approx1.570\ 796$),按这个公式算出的近似条件数为 $2.482\ 76\times10^5$。

作为比较,计算两个相邻点的函数值,

$$\tan(1.570\ 79)=1.580\ 58\times10^5$$
$$\tan(1.570\ 78)=6.124\ 90\times10^4$$

根据它们计算出 $x=1.570\ 79$ 处条件数为

$$\text{cond}=\frac{(15.8058-6.124\ 90)\times10^4/1.580\ 58\times10^5}{10^{-5}/1.570\ 79}\approx9.621\times10^4$$

与上面近似条件数的结果很接近。如此大的条件数说明,输入扰动经过计算过程在输出结果上放大了几十万倍,因此在 $x=\pi/2$ 点附近计算 $\tan x$ 是很敏感的问题。 ■

关于一元函数求值问题,可进一步讨论其反问题的敏感性。求函数值 $y=f(x)$ 的反问题是对给定的 y,确定满足 $y=f(x)$ 的 x,即计算 $x=f^{-1}(y)$。如果原问题中考虑的 x 值与反问题中考虑的 y 值满足 $y=f(x)$ 的关系,则根据条件数的定义知反问题的条件数为原问题条件数的倒数。如果条件数接近1,则原问题、反问题都是良态的,否则两个问题中必有一个是病态的。类似于计算函数 $y=f(x)$ 问题条件数的估计式(1.4),对于反函数 $g(y)=f^{-1}(y)$,有(假设 $f'(x)\neq0$,则 $g'(y)=1/f'(x)$)

$$\text{cond}\approx\left|\frac{yg'(y)}{g(y)}\right|=\left|\frac{f(x)\cdot1/f'(x)}{x}\right|=\left|\frac{f(x)}{xf'(x)}\right|$$

这个反函数的条件数估计式也正好与原函数的近似条件数(式(1.4))互为倒数。

例 1.6(函数求值问题及其反问题的条件数)：函数 $f(x)=\sqrt{x}$，分析该函数求值问题及其反问题的敏感性。

【解】 由 $f'(x)=1/(2\sqrt{x})$，有条件数

$$\text{cond}\approx\left|\frac{xf'(x)}{f(x)}\right|=\left|\frac{x/2\sqrt{x}}{\sqrt{x}}\right|=\frac{1}{2}$$

它说明计算结果的相对变化是输入数据相对变化的 1/2，所以求平方根问题是非常良态的。近似计算反问题 $g(y)=y^2$ 的条件数，得 $\left|\frac{yg'(y)}{g(y)}\right|=\left|\frac{y\cdot 2y}{y^2}\right|=2$，说明反问题也不太敏感。

■

关于条件数，再说明以下两点。

(1) 除了一些简单问题，大多数实际问题的条件数无法具体计算，只能对其上限进行估计，这时原问题与反问题的条件数上限将不会互为倒数。

(2) 式(1.2)定义的条件数也称为相对条件数，它要求输入和输出的准确值不为零，如果在某些特殊情况下不满足这个条件，可用绝对变化量代替公式中的相对变化量，得到的条件数称为绝对条件数。

除了通过条件数，还可以直接根据微分知识对一些简单运算的数据传递误差进行估计。假设计算结果与输入数据满足多元函数关系：$y=f(x_1,x_2,\cdots,x_n)$，设实际的数据相应地为 $\hat{x}_1,\hat{x}_2,\cdots,\hat{x}_n$，而 $\hat{y}=f(\hat{x}_1,\hat{x}_2,\cdots,\hat{x}_n)$，则利用多元函数的泰勒展开并取线性项得

$$y-\hat{y}\approx\sum_{i=1}^{n}\frac{\partial f}{\partial x_i}(\hat{x}_1,\hat{x}_2,\cdots,\hat{x}_n)\cdot(x_i-\hat{x}_i)$$

这里假设数据误差很小。因此，可得到数据传递误差限的估计：

$$\varepsilon(\hat{y})=\sum_{i=1}^{n}\left|\frac{\partial f}{\partial x_i}(\hat{x}_1,\hat{x}_2,\cdots,\hat{x}_n)\right|\varepsilon(\hat{x}_i)$$

考虑相对误差限，则有

$$\varepsilon_r(\hat{y})\approx\frac{\varepsilon(\hat{y})}{|\hat{y}|}=\sum_{i=1}^{n}\left|\frac{\partial f}{\partial x_i}(\hat{x}_1,\hat{x}_2,\cdots,\hat{x}_n)\right|\frac{\varepsilon(\hat{x}_i)}{|\hat{y}|}$$

利用上述结论，很容易得到加、减、乘、除等运算的误差限计算式。设 $\hat{x}_1$、$\hat{x}_2$ 的误差限分别为 ε_1 和 ε_2，则

$$\begin{cases}\varepsilon(\hat{x}_1\pm\hat{x}_2)=\varepsilon_1+\varepsilon_2\\ \varepsilon(\hat{x}_1\hat{x}_2)=|\hat{x}_2|\varepsilon_1+|\hat{x}_1|\varepsilon_2\\ \varepsilon(\hat{x}_1/\hat{x}_2)=\dfrac{|\hat{x}_2|\varepsilon_1+|\hat{x}_1|\varepsilon_2}{|\hat{x}_2|^2},\quad \hat{x}_2\neq 0\end{cases}\tag{1.5}$$

$$\begin{cases}\varepsilon_r(\hat{x}_1\pm\hat{x}_2)=\dfrac{\varepsilon_1+\varepsilon_2}{|\hat{x}_1\pm\hat{x}_2|}\\ \varepsilon_r(\hat{x}_1\hat{x}_2)=\dfrac{\varepsilon_1}{|\hat{x}_1|}+\dfrac{\varepsilon_2}{|\hat{x}_2|}\\ \varepsilon_r(\hat{x}_1/\hat{x}_2)=\dfrac{\varepsilon_1}{|\hat{x}_1|}+\dfrac{\varepsilon_2}{|\hat{x}_2|},\hat{x}_2\neq 0\end{cases}\tag{1.6}$$

更进一步，设 $\hat{x}_1,\hat{x}_2$ 的相对误差限分别为 $\varepsilon_{r1},\varepsilon_{r2}$，则

$$
\begin{cases}
\varepsilon_r(\hat{x}_1 \pm \hat{x}_2) = \dfrac{|\hat{x}_1|}{|\hat{x}_1 \pm \hat{x}_2|}\varepsilon_{r1} + \dfrac{|\hat{x}_2|}{|\hat{x}_1 \pm \hat{x}_2|}\varepsilon_{r2} \\
\varepsilon_r(\hat{x}_1 \hat{x}_2) = \varepsilon_{r1} + \varepsilon_{r2} \\
\varepsilon_r(\hat{x}_1 / \hat{x}_2) = \varepsilon_{r1} + \varepsilon_{r2}, \hat{x}_2 \neq 0
\end{cases}
\tag{1.7}
$$

其中,第一个公式表明,如果$\hat{x}_1$和$\hat{x}_2$符号相同,则$\hat{x}_1+\hat{x}_2$的相对误差不超过ε_{r1},ε_{r2}中较大的那个,但$\hat{x}_1-\hat{x}_2$的相对误差限可能很大。

注意,这些公式反映的是自变量误差较小时的近似。

1.2.4 算法的稳定性

与问题的敏感性对应,算法的*稳定性*(stability)反映了“计算过程中”的扰动对计算结果的影响程度。它也称为*数值稳定性*,是数值算法的一个重要属性。根据不同的问题和场合,算法稳定性的定义会有一些差别,它主要有两种含义。

(1) 若计算结果对计算过程中的舍入误差不敏感,则相应的算法为稳定的算法。

(2) 对于包含一系列步骤的计算过程,若计算中的小扰动不被放大(传播)或放大不严重,则相应的算法是稳定的算法。

下面借助两个例子进行说明。

例1.7(**对舍入误差不敏感的算法**):有长度为100的数组,每个数组元素都是仅有两位有效数字的实数,并且假设执行两位精度的浮点运算,求这些元素之和。

常规的算法是按数组存储顺序依次累加数值,但它可能导致结果有很大误差。例如,假设数组中的数依次为1.0,0.01,…,0.01(共99个相同的0.01),由于浮点计算的舍入误差,按常规算法将得到结果为1.0,大大偏离准确解。

另一种算法是先按元素绝对值递增的顺序对数组进行排序,然后再依次累加元素。对于上述数据,该算法的结果为2.0,非常接近准确值。显然,这个算法才是解决问题的稳定算法,因为它不太容易受计算过程中舍入误差的影响。 ■

例1.8(**造成误差恶性传播的算法**):计算“黄金分割”比例$\phi=(\sqrt{5}-1)/2$的前n个整数次幂(如$n=20$),假设ϕ的值取其近似值$x=0.618\,034$(保留6位有效数字)。

第一种算法是直接做乘法,则每次做一次乘法依次得到$\phi^2,\phi^3,\cdots$的计算值。第二种算法是利用下面的递推公式:

$$\phi^{n+1} = \phi^{n-1} - \phi^n$$

容易验证这个递推公式的正确性,而且采用这个算法每步仅计算一次减法,在运算量上较少一些。该递推算法的初始值为$x^0=1, x^1=0.618\,034$,采用它在双精度浮点数系统中算出的前20个幂见表1-3(使用MATLAB得到)。

表1-3 前20个幂

n	ϕ^n 的计算值	n	ϕ^n 的计算值	n	ϕ^n 的计算值
1	0.618 034	4	0.145 898	7	0.034 442
2	0.381 966	5	0.090 170	8	0.021 286
3	0.236 068	6	0.055 728	9	0.013 156

续表

n	ϕ^n 的计算值	n	ϕ^n 的计算值	n	ϕ^n 的计算值
10	0.008 130	14	0.001 182	18	0.000 144
11	0.005 026	15	0.000 740	19	0.000 154
12	0.003 104	16	0.000 442	20	−0.000 010
13	0.001 922	17	0.000 298		

从上述结果很容易看出，ϕ^{20} 的计算结果为负数，相对误差超过 100%，结果是完全错误的。

与直接做乘法的算法相比，第二种算法中误差的增长显然剧烈得多，可以假设计算 ϕ^n 的误差为 e_n，则有误差的递推式：

$$\begin{cases} e_{n+1} = e_{n-1} - e_n \\ e_0 = 0, \quad e_1 = x - \phi \end{cases}$$

据此，可推导出误差的传播趋势：

$$\begin{aligned} e_2 &= -e_1 \\ e_3 &= e_1 - e_2 = 2e_1 \\ e_4 &= e_2 - e_3 = -3e_1 \\ e_5 &= e_3 - e_4 = 5e_1 \\ &\vdots \end{aligned}$$

如此算下去可得 $|e_{20}| = c|e_1|$，其中 c 是斐波那契(Fibonacci)序列第 20 项的值，说明计算 ϕ^{20} 的误差已经比 ϕ 的误差放大了许多倍。

采用直接相乘的方法时，随着幂指数的增大，结果的误差是逐渐减小的(由于 $\phi<1$)，计算 ϕ^{20} 的误差大约是 ϕ 的误差乘以 ϕ^{19}($\approx 1\times 10^{-4}$)。对比两种算法，显然第二种算法非常不稳定。 ■

讨论这个问题时，我们没有考虑舍入误差，这是因为采用了双精度浮点数计算，舍入误差已经非常小。另外，由于 ϕ 的值是输入数据，实际上也可以用数据传递误差以及条件数分析两个算法优劣的区别，此时第二种算法可看成另一个等效的计算问题，具体的分析留给感兴趣的读者。

在算法稳定性的第 2 种含义中，考虑的扰动一般是指相对误差。如果相对误差随着计算过程放大很严重，则可认为这个算法是不太稳定的。

分析算法的稳定性时往往需考虑计算中的舍入误差对结果的影响，这对于计算步骤成千上万的实际问题非常困难。有一种方法称为*向后误差分析法*，对某些问题的算法稳定性分析有效。下面给出向后误差的定义。

定义 1.10：*向后误差*(backward error)是指假设计算过程没有近似时，将结果误差折算为初始数据上的扰动，即向后误差是等效的初始数据误差。

以函数求值问题为例，考虑函数 f: $\mathbb{R}\rightarrow\mathbb{R}$，$x$ 为函数输入参数的准确值，设 $y=f(x)$，计算得到的近似值为$\hat{y}$，那么向后误差为 $\Delta x=\hat{x}-x$，其中$\hat{x}$满足 $f(\hat{x})=\hat{y}$。向后误差Δx 的大小反映了算法的稳定性。如果向后误差小，则说明计算中的扰动仅等效为较小的输入数据扰动，则相应的算法是稳定的。

20世纪60年代,Wilkinson(威尔金森)利用向后误差分析法对高斯消去过程中的舍入误差进行了仔细分析,得出了关于高斯消去法稳定性的结论。这将在第3章具体介绍。

了解问题的病态性和算法的稳定性非常重要,本书的后续章节将结合具体的问题和算法加以讨论。实际的数值计算问题往往包括若干个前后衔接的子问题,只有每个子问题都是不敏感的问题,并采用稳定的算法求解,才能保证最终解的准确性。

1.3 计算机浮点数系统与舍入误差

计算机采用有限字长的浮点算术体系,使用它进行数值计算时会不可避免地产生舍入误差,本节对这方面进行详细讨论。

1.3.1 计算机浮点数系统

数值计算考虑的科学与工程问题都涉及实数的各种运算,而实际的计算机系统只能用有限字长的浮点数(floating-point number)近似表示实数。浮点数以及它们之间的运算构成了整个浮点算术体系。

设浮点数系统$\mathbb{F}$采用β进制,任意$x\in\mathbb{F}$的浮点数都采用类似于科学记数法的表示形式

$$x=\pm\left(d_0+\frac{d_1}{\beta}+\frac{d_2}{\beta^2}+\cdots+\frac{d_{p-1}}{\beta^{p-1}}\right)\cdot\beta^E \tag{1.7}$$

其中,整数d_i满足

$$0\leqslant d_i\leqslant\beta-1,\quad i=0,1,2,\cdots,p-1$$

整数E满足

$$L\leqslant E\leqslant U$$

式(1.6)括号中的部分可用一串p位β进制数字$d_0d_1d_2\cdots d_{p-1}$表示,称为*尾数*。其中,$d_1d_2\cdots d_{p-1}$部分称为*小数*。E称为浮点数x的*指数*。在计算机中,正负号、指数、尾数都存储在浮点数的不同域中,每个域都有固定的长度。浮点数系统中主要都是*规范化的数*,即除了$x=0$的其他情况下首位数字$d_0\neq0$,这使得尾数m满足$1\leqslant m<\beta$。对浮点数系统进行规范化具有下述好处。

(1) 使数的表示方法唯一。

(2) 使得p位尾数都是有效数字,因此数的表示精度最大化。

(3) 在二进制系统中($\beta=2$),一定有$d_0=1$,不需要存储,该位用于表示数的正负号,称为"符号位"。

根据式(1.6)以及规范化技术,一个规范化的浮点数系统由4个整数完全确定:基数(或底数)β、尾数长度(或精度)p、指数下限值L和上限值U。在不加说明的情况下,下面讨论的都是规范化浮点数系统。

理论上讲,不同的计算机可以给上述4个参数赋予不同的值,从而得到不同的浮点数系统。在计算机发展的早期,有的计算机使用二进制,有的计算机使用十进制,甚至还有一种苏联的计算机使用三进制。而在二进制计算机中,有些使用2为基数,有些使用8或16为基数,并且各自用不同的精度表示数。1985年,美国国家标准局和IEEE标准委员会为二进制浮点数体系共同颁布了ANSI/IEEE 754-1985标准。这个标准文件是大学、计算机制

造商、微处理器公司的 92 位数学家、计算机科学家和工程师组成的工作组历时 10 年工作的结晶。表 1-4 列出了包括早期的一些典型浮点数系统的参数，由这些参数的值或范围可以知道浮点数的二进制字长。

表 1-4　典型浮点数系统的参数

浮点数系统	β	p	L	U
IEEE 单精度	2	24	−126	127
IEEE 双精度	2	53	−1022	1023
Cray 计算机	2	48	−16 383	16 384
HP 计算器	10	12	−499	499
一种 IBM 大型机	16	6	−64	63

IEEE 标准定义了单精度和双精度两种浮点数系统。从表 1-4 可以看出，IEEE 单精度系统表示一个浮点数需 32 个二进制位，而一个双精度浮点数需 64 个二进制位，所以我们常说，一个单精度浮点数占 4B（字节）的存储空间，一个双精度浮点数占 8B 的存储空间。图 1-3 显示了一个双精度浮点数对应的二进制机器码。1985 年以后的计算机都使用 IEEE 标准的浮点算术体系，虽然在这个标准框架下还允许少量的变化，但它形成了一个与具体计算机类型无关的统一浮点数模型，有利于数值计算的研究和可靠、可移植软件的开发。此外，精心设计的 IEEE 标准还合理地处理了某些特殊情况。例如，它定义了下面两个特殊值。

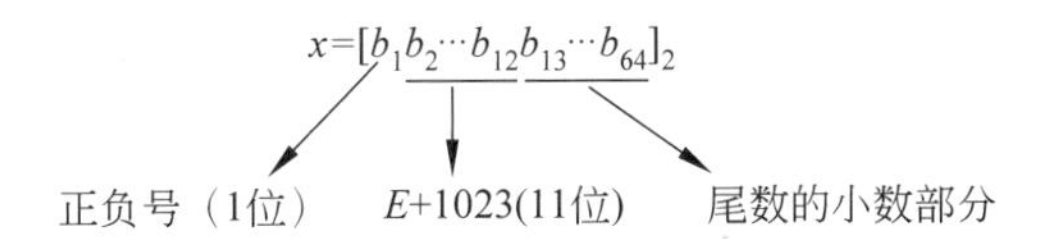

图 1-3　IEEE 双精度浮点数各个二进制位的含义（符号、指数和小数 3 部分）

(1) Inf：表示无穷，由有限数被零除产生，如 1/0。

(2) NaN：表示不是数（not a number），由没有定义或不确定的操作产生，如 0/0、0 * Inf、Inf/Inf。

这两个特殊值以及 0 都是通过特殊的指数域取值实现的。

任何一个浮点数系统中表示的数都是有限个离散的数，根据式(1.6)可计算出一个浮点数系统能表示的数的个数。正负号有两种选择，尾数的首位有 $\beta-1$ 种选择，其他 $p-1$ 位都有 β 种选择，指数可能取 $U-L+1$ 个值，最后加上 0，规范化浮点数的总个数为 $2(\beta-1)\beta^{p-1}(U-L+1)+1$。

定义 1.11：一个浮点数系统中，最小的正数称为下溢值（underflow level，UFL）。

定义 1.12：一个浮点数系统中，最大的正数称为上溢值（overflow level，OFL）。

显然，最小的正数为 β^L，它对应的尾数为 1，指数为最小值 L。因此，下溢值

$$\text{UFL}=\beta^L$$

若取尾数的每一位都为 $\beta-1$，且指数为最大值 U，则得到上溢值

$$\text{OFL}=\beta^{U+1}(1-\beta^{-p})$$

任何超过 OFL 的数都不能用浮点数表示,而小于 UFL 的正数也无法表示。对于 IEEE 单精度和双精度数,OFL 和 UFL 的值(取 4 位有效数字)列于表 1-5。

表 1-5 IEEE 浮点数系统中的几个关键数值

名 称	OFL	UFL	ε_{mach}
IEEE 单精度数	3.403×10^{38}	1.175×10^{-38}	5.960×10^{-8}
IEEE 双精度数	1.797×10^{308}	2.225×10^{-308}	1.110×10^{-16}

在浮点数系统中,这些离散的值并不是均匀间隔的,但在 β 的相邻幂之间(即 β^E 与 β^{E+1} 之间)是等间距的。下面举例说明这一点。

例 1.9(浮点数系统):考虑一个简单的浮点数系统,其中,$\beta=2,p=3,L=-1,U=1$,图 1-4 标出了这个系统中所有的 25 个浮点数。对这个系统,最大的浮点数 $\text{OFL}=(1.11)_2\times2^1=(3.5)_{10}$,最小的正浮点数为 $\text{UFL}=(1.00)_2\times2^{-1}=(0.5)_{10}$。这里,数的下标表示二进制或十进制。此外,可以观察到浮点数不是等间隔分布的,但在相邻的 2 的整数次幂之间,浮点数呈均匀分布。这是一般的浮点数系统都具有的特点。 ■

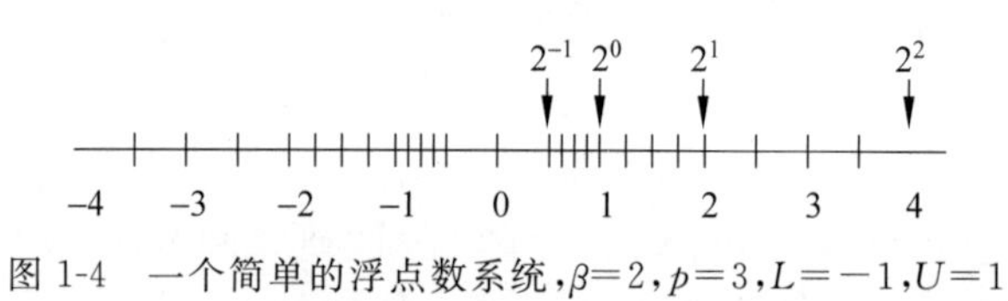

图 1-4 一个简单的浮点数系统,$\beta=2,p=3,L=-1,U=1$

在例 1.9 中,可以看到 0 与它附近的浮点数间隔较大,这是由规范化造成的。由于尾数最小为 1.00…,指数最小为 L,所以 0 和 β^L 之间不可能有浮点数。IEEE 标准中定义了一种次规范化规则,使得 0 和 β^L 之间的数得以表示。次规范化放松了规范化的限制,在指数域取一个特殊值的情况下允许尾数的首位为 0,这样 0 周围的间隔就可以被新增的浮点数填充。对于例 1.9 中的系统,采用次规范化得到新系统包含的浮点数,如图 1-5 所示。

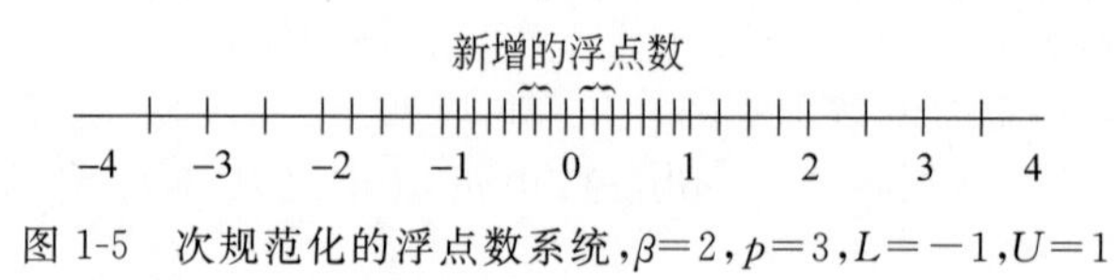

图 1-5 次规范化的浮点数系统,$\beta=2,p=3,L=-1,U=1$

IEEE 标准中的次规范化的机制使得下溢值变小,这种现象也称为渐进下溢。此外,次规范化虽然增加了所表示数的范围,但新增加的数的精度要低于其他浮点数,因为它们的有效数字较少。

1.3.2 舍入与机器精度

能在浮点数系统中精确表示的实数称为机器数。如果实数 x 不是机器数,则在计算机中须用某个邻近的浮点数近似它,这个近似数记为 $\text{fl}(x)$,而近似的过程称为舍入(rounding),所产生的误差称为舍入误差。有两种常用的舍入原则。

(1) 截断舍入:先将 x 表示成 β 进制数的形式(如式(1.6)),然后将第 d_{p-1} 之后的尾数截去。按这种舍入规则,在数轴上,$\text{fl}(x)$ 和 0 处于 x 的同一侧,并且 $\text{fl}(x)$ 是在该侧最接近 x 的浮点数,因此,这种舍入规则也称为“向零舍入法”。

(2) 最近舍入：$fl(x)$是与 x 最接近的浮点数。如果 x 左、右两侧最近的浮点数与 x 的距离都相同,则一般取最后一位数字为偶数的那个。出于这个原因,这种舍入规则也称为"偶数舍入法"。

例 1.10(最近舍入规则的特殊情况)：考虑例 1.9 中的简单浮点数系统,其中尾数为 3 位二进制数,按照最近舍入规则,$x=(1.625)_{10}$对应的机器数是多少?

【解】 由于$(1.11)_2=(1.75)_{10}$,$(1.10)_2=(1.5)_{10}$,两者与 x 的距离相同,根据最近舍入规则,$fl(x)=(1.10)_2$ 以符合最后一个存储位为偶数的规定。 ■

例 1.11(两种舍入规则)：用介绍的两种舍入规则将下列十进制数舍入到两位,结果见表 1-6。

表 1-6　两种舍入规则举例

数	截断舍入	最近舍入
5.04	5.0	5.0
5.05	5.0	5.0
5.14	5.1	5.1
5.15	5.1	5.2

从例 1.10 和例 1.11 可以看出,最近舍入规则与人们通常说的"四舍五入"差不多,它比截断舍入更准确。截断舍入主要在早期的浮点数系统中使用,目前的计算机几乎都采用最近舍入,它也是 IEEE 标准中的默认舍入规则。因此,在不加说明的情况下,本书后面的内容都遵循最近舍入规则,且为了方便,仅考虑"四舍五入"。

在数值计算中,与舍入类似的一种近似发生在数的输入和输出过程中。输入输出数据通常都是十进制形式,而有限位的十进制数表示成二进制时可能成为无限位循环小数,因此,将它转换为计算机内部使用的二进制浮点数时会产生误差。IEEE 标准没有对这种转换算法加以规定,但 Netlib 程序库中提供了一种有效的、可移植的二进制、十进制浮点数转换程序(dtoa 和 strtod)。

浮点运算系统的精度往往用机器精度(machine precision 或 machine epsilon)刻画。

定义 1.13：一个 β 进制浮点数系统的机器精度记为 ε_{mach},它是满足 $fl(1+\varepsilon)>1$ 的 ε 的下确界,即

$$\varepsilon_{mach}=\inf\{\varepsilon: fl(1+\varepsilon)>1\} \tag{1.8}$$

考虑最近舍入规则,有

$$\varepsilon_{mach}=\frac{1}{2}\beta^{1-p}$$

若采用截断舍入,则 $\varepsilon_{mach}=\beta^{1-p}$。

1.3.1 节的表 1-5 中也列出了 IEEE 单精度和双精度浮点数的 ε_{mach}。机器精度是一个非常重要的指标。考虑以式(1.6)的形式表示的非零实数 x,则 ε_{mach}为指数 $E=0$ 的实数 x 转换为浮点数 $fl(x)$的绝对误差上限。对一般的实数 x,则机器精度是将 x 用浮点数表示的相对误差上限。

定理 1.5：在规范化的浮点数系统中表示非零实数 x,其相对误差限是 ε_{mach},即

$$\left|\frac{\mathrm{fl}(x)-x}{x}\right| \leqslant \varepsilon_{\mathrm{mach}}$$

定理1.5可以通过定理1.2证明,只需将其中的十进制改为β进制。

有时,机器精度也定义为从1到下一个比它大的浮点数的距离(例如,MATLAB软件中的eps常数),它与定义式(1.7)的含义不完全相同,正好是最近舍入规则下$\varepsilon_{\mathrm{mach}}$值的两倍。无论如何,机器精度都是度量浮点数之间间隔大小的一个量。

IEEE单精度的$\varepsilon_{\mathrm{mach}}=\frac{1}{2}\times 2^{1-24}=2^{-24}\approx 0.6\times 10^{-7}$,它体现了用单精度浮点数表示实数的相对误差上限。根据定理1.4,单精度浮点数大约有7位正确的有效数字。对双精度浮点数也可做类似分析,双精度的$\varepsilon_{\mathrm{mach}}\approx 0.11\times 10^{-15}$,则双精度浮点数有15位正确的有效数字。

虽然机器精度和下溢值都是很小的量,但不能把它们混为一谈。机器精度的$\varepsilon_{\mathrm{mach}}$由浮点数系统尾数域的位数决定,而下溢值UFL主要由指数域的位数决定。在实用的浮点数系统中,UFL、OFL和$\varepsilon_{\mathrm{mach}}$这3个特征量的关系为

$$0<\mathrm{UFL}<\varepsilon_{\mathrm{mach}}<\mathrm{OFL}$$

1.3.3 浮点运算的舍入误差

两个浮点数加、减时,需要让它们的指数相等,然后用尾数进行加、减运算。如果指数不相等,必须将其中较小的数的尾数缩小,以使两个数的指数值匹配。缩小尾数相当于在存储字节内将数据右移,造成有效数字位数减少,使得计算结果不准确。考虑极端情况,若缩小后的尾数小于机器精度,则它对加、减运算结果将不再产生影响。下面的定理说明了这种情况,详细的证明留给感兴趣的读者思考(利用二进制版本的定理1.4,将x_2看成误差)。

定理1.6:考虑IEEE浮点数系统中的两个实数x_1、x_2,除特殊情况外[①],

(1) 若$\left|\frac{x_2}{x_1}\right|\leqslant\frac{1}{2}\varepsilon_{\mathrm{mach}}$,则$x_1+x_2$的计算结果一定等于$x_1$,即$x_2$对$x_1+x_2$的结果毫无影响。

(2) 若$\left|\frac{x_2}{x_1}\right|>\varepsilon_{\mathrm{mach}}$,则$x_1+x_2$的计算结果一定不等于$x_1$。

(3) 若$\frac{1}{2}\varepsilon_{\mathrm{mach}}<\left|\frac{x_2}{x_1}\right|\leqslant\varepsilon_{\mathrm{mach}}$,则$x_1+x_2$的计算结果等于$x_1$或与它相邻的浮点数。

例1.12(浮点运算):考虑6位尾数的十进制浮点数($\beta=10,p=6$),$x=1.235\,07\times 10^3$,$y=5.432\,19\times 10^{-1}$,则浮点加的结果为$x+y=1.235\,61\times 10^3$。这里,$y$的最后三位对结果没有影响。类似地,浮点乘的结果为$x\cdot y=6.709\,13\times 10^2$,这个结果将准确结果中后一半的位数都丢掉了。 ■

1和10都可以用二进制浮点数精确表示,但它们的商1/10是一个二进制的无限循环小数:

$$\frac{1}{10}=2^{-4}\times\left(1+\frac{1}{2}+\frac{1}{2^4}+\frac{1}{2^5}+\frac{1}{2^8}+\cdots\right)$$

---

① 特殊情况是:若$|x_1|$是2的整数次幂,且x_2与x_1的正负号相反,则需$\left|\frac{x_2}{x_1}\right|\leqslant\frac{1}{4}\varepsilon_{\mathrm{mach}}$,才能使$x_1+x_2$的计算结果等于$x_1$,而只要$\left|\frac{x_2}{x_1}\right|>\frac{1}{2}\varepsilon_{\mathrm{mach}}$,就能使$x_1+x_2$的计算结果一定不等于$x_1$。若$|x_1|$是2的整数次幂且$x_2$与$x_1$的正负号相同,则$\left|\frac{x_2}{x_1}\right|\leqslant\varepsilon_{\mathrm{mach}}$时$x_1+x_2$的计算结果等于$x_1$,$\left|\frac{x_2}{x_1}\right|>\varepsilon_{\mathrm{mach}}$时结果不等于$x_1$。

尾数中第 1 位是 1，后续位上的值是重复的 1，0，0，1。

在上面的这些情形中，由于浮点系统的有限精度使得准确的结果不能被完全表示，因此造成误差。另外一类情况是计算结果超出了系统的范围（上溢或下溢），相应的实数也不能被精确表示。由于非常小的数可以用零近似，因此上溢往往是比下溢更严重的问题。很多实际的计算机系统都会把上溢作为严重错误而中止程序，发生下溢时则直接把结果设为 0，不影响程序运行。

我们用 op 表示加、减、乘、除这样的实数运算，而 flop 代表在浮点算术体系下相同的运算。理想情况下，我们希望浮点运算满足

$$x \text{ flop } y = \text{fl}(x \text{ op } y) \tag{1.8}$$

即浮点运算的误差仅发生在将准确结果舍入为浮点数这一步。实际上，只要操作数 x 和 y 在浮点数表示范围内，在符合 IEEE 浮点数标准的计算机中一般都可以达到这种理想情况。在不至于发生混淆的情况下，下面用函数 fl(·)表示一个数学运算式在浮点运算体系中的计算结果。

注意，式(1.8)反映的仅仅是一次浮点运算的情况，实际问题中往往有成千上万次这样的计算，最终结果的误差情况绝不会这么理想。此外，浮点加和浮点乘满足交换律，但不满足结合律，因此运算顺序不同，计算结果的舍入误差也不同。

例 1.13（浮点运算不满足结合律）：假设 x 是一个略小于机器精度的正浮点数，则在浮点运算体系下 $\text{fl}((1+x)+x)=1$，但 $\text{fl}(1+(x+x))>1$。■

由于一般计算机都满足式(1.8)，而定理 1.5 说明用浮点数表示实数的相对误差上限是 $\varepsilon_{\text{mach}}$，所以单次加、减、乘、除运算满足

$$\text{fl}(x \text{ op } y) = (x \text{ op } y)(1+\delta)$$

其中，计算的相对误差满足 $|\delta| \leqslant \varepsilon_{\text{mach}}$。可以根据这个公式讨论一些简单问题的舍入误差。

例 1.14（舍入误差分析）：考虑 $x(y+z)$ 的舍入误差。$\text{fl}(y+z)=(y+z)(1+\delta_1)$，其中，$|\delta_1| \leqslant \varepsilon_{\text{mach}}$，因此，

$$\begin{aligned}
\text{fl}(x(y+z)) &= (x \cdot \text{fl}(y+z))(1+\delta_2) \quad \text{其中，}|\delta_2| \leqslant \varepsilon_{\text{mach}} \\
&= (x \cdot (y+z)(1+\delta_1))(1+\delta_2) \\
&= x(y+z)(1+\delta_1+\delta_2+\delta_1\delta_2) \\
&\approx x(y+z)(1+\delta_1+\delta_2) \\
&= x(y+z)(1+\delta),
\end{aligned}$$

其中，$\delta=\delta_1+\delta_2$，$|\delta| \leqslant 2\varepsilon_{\text{mach}}$（这里忽略了 $\delta_1\delta_2$ 这样的高阶小量）。因此，$x(y+z)$ 的舍入误差限为 $2\varepsilon_{\text{mach}}$。■

从例 1.14 可以看出，这种误差估计比较悲观。如果 δ_1 和 δ_2 的正负号正好相反，则整体误差不会超过 $\varepsilon_{\text{mach}}$。利用上述类似的方法可以分析更复杂的计算，当然最后估计结果中 $\varepsilon_{\text{mach}}$ 前的倍数会更大（这也是向前误差分析的缺点）。在实际计算中，考虑到 $\varepsilon_{\text{mach}}$ 的值非常小，步骤不是特别多的计算过程的舍入误差一般不会很大。

1.3.4　抵消现象

除了舍入，浮点算术系统的另一个重要问题是抵消（cancellation）。两个符号相同、值相近的 p 位数相减可能使结果的有效数字远少于 p 位，通常称这种现象为抵消。

例 1.15(抵消现象)：有两个十进制的6位精度数，$x=1.92305\times10^3$，$y=1.92137\times10^3$，则 $x-y=1.68$。这一步减法计算过程中未发生舍入，但它的结果却仅有3位有效数字。■

尽管发生抵消现象时的减法计算是精确的，但考虑到操作数本身带有误差，其计算结果必然有误差。在这种情况下，结果的有效数字位数很少意味着结果的相对误差可能非常大。换句话说，由于前面误差的积累操作数的后几位通常是不准确的，而抵消使得操作数前几位的信息丢失，因此计算结果中仅包含了不准确的操作数后几位所表示的信息。这将使得到的结果的相对误差很大，进而使后续计算更加不准确。因此，应将抵消现象看成发生信息丢失、计算数据误差变大的信号。

舍入是丢弃末尾数位上的数字，而抵消丢失的是高位数字包含的信息，从这个角度上看，抵消带来的影响比舍入大得多。因此，通常不用两个大数的差得到小数，因为抵消将使得操作数上的误差在结果中占主导地位。下面的实际例子进一步解释了抵消的数值危害。

例 1.16(计算 e^x 时出现的抵消)：当 $x<0$，且 $|x|$ 较大时，利用公式

$$e^x = 1 + x + \frac{x^2}{2!} + \frac{x^3}{3!} + \cdots$$

截断前 n 项计算 e^x，会发生严重的抵消，使数值结果误差很大。由于 $|x|$ 较大，则前若干项的求和式(部分和)中每一项的绝对值都远大于准确结果，当按自然顺序逐项累加到部分和上时，每次计算都是将两个较大但符号相反的数作加法(等价于符号相同的数相减)，因此造成抵消。随着舍入误差的逐渐积累，将可能远大于准确结果，使得结果完全错误。下面以MATLAB中的计算结果加以说明。

假设 $x=-20$，前 n 项求和的计算值为 $S_n(x)$。随着逐项累加的过程，发现 $S_{96}(x)=5.62188\times10^{-9}$，此时下一步加的项为 $x^{96}/96!=7.98930\times10^{-26}$，它与 $S_{96}(x)$的比值已经小于$\frac{1}{2}\varepsilon_{\text{mach}}$。根据定理1.6，后续的求和运算都不会改变部分和的计算值，因此 e^{-20} 的计算值为 5.62188×10^{-9}(仅显示6位有效数字)，而 e^{-20} 的准确值为 2.06115×10^{-9}，说明计算结果完全错误。

当 $x>0$ 时，上述求和式中每项都大于0，不会有抵消现象，计算是稳定的。例如，当 $x=20$ 时，计算前68项后结果将不再变化，部分和为 $S_{68}(x)=4.85165\times10^8$，与准确值完全一样。因此，对于 $x<0$ 的情况，通过式 $1/e^{-x}$ 计算 e^x 是有效、可行的算法。■

1.4 保证数值计算的准确性

本节先从减小舍入误差的角度给出几条建议，然后讨论如何保证计算结果的准确性。

1.4.1 减少舍入误差的几条建议

实际的数值计算中，浮点运算次数往往成千上万，通过分析每一步计算的舍入误差评价最终结果的舍入误差显然是不切实际的，而且简单地考虑每步的最坏情况会使对最终结果的估计过于悲观。下面给出几条减小舍入误差的建议，并通过具体实例加以说明。在数值算法设计和编写程序时，有意识地遵循它们，就有可能将舍入误差的影响降到最低。

1. 避免中间计算结果出现上溢或下溢

上溢和下溢主要在做乘、除法运算中出现。多个很大的数相乘可能导致上溢，很小的数相乘可能导致下溢，类似的极端情况在做除法运算时也可能发生。下面举一个简单的例子说明如何避免中间结果上溢。

例 1.17（避免中间结果上溢）：计算分式

$$y=\frac{x_1}{x_2\cdot x_3\cdot\cdots\cdot x_n}$$

其中 x_2 比 x_1 小很多，$|x_1/x_2|>3.403\times10^{38}$。采用单精度浮点数计算 x_1/x_2 会发生上溢。一般情况下，y 的准确结果不会超出上溢值。为避免上溢，应先计算分母的值 $z=x_2\cdot x_3\cdot\cdots\cdot x_n$，然后计算 $y=x_1/z$。 ■

在实际的计算中，首先应对各个操作数的大小有大体的了解，然后通过调整计算次序避免可能出现的上溢和下溢。

2. 避免“大数吃掉小数”

“大数吃掉小数”是一种形象的说法，它是指在做加、减运算时，若两个操作数大小相差悬殊，较小数的信息将被较大的数“淹没”。例 1.13 说明的就是这种情况，定理 1.6 也给出了相关的结论。一旦“大数吃掉小数”情况发生多了，必然造成很大的计算误差。下面再看一个例子。

例 1.18（级数求和）：在浮点算术系统中计算

$$\sum_{n=1}^{\infty}\frac{1}{n}$$

分析会得到什么结果。

如果精确计算，这个无穷级数的和是发散的，但在浮点算术系统中不是这样。粗略分析，进行有限精度计算可能会：①部分和非常大并发生上溢，即达到 OFL；②$1/n$ 逐渐变小并产生下溢，因此部分和结果不变化。但通过实验可以发现，在达到上述两种情形之前，计算结果就不再变化了。这是因为，一旦增加量 $1/n$ 与部分和 $\sum\limits_{k=1}^{n-1}\frac{1}{k}$ 的值相差悬殊，它们的和就停止变化了，因此得到的计算结果是有限值。根据定理 1.6 可粗略估计何时发生上述现象，当结果值停止变化时，

$$\frac{1}{n}\leqslant\frac{1}{2}\varepsilon_{\text{mach}}\sum_{k=1}^{n-1}\frac{1}{k}$$ ■

因此，在浮点数运算时，要尽量避免对数量级相差悬殊的两个数进行加减运算。解决此问题的办法主要是调整运算次序，避免发生“大数吃掉小数”情况。

3. 避免符号相同的两相近数相减

1.3.4 节详细介绍了抵消现象及其带来的数值危害，为防止出现抵消现象，应尽量避免符号相同的两相近数相减。下面再举两个例子。

例 1.19（二次方程求根公式）：一元二次方程

$$ax^2+bx+c=0$$

的两个根可由求根公式

$$x=\frac{-b\pm\sqrt{b^2-4ac}}{2a}$$

给出。如果 $4ac$ 相对于 b^2 很小,则 $-b+\sqrt{b^2-4ac}$ 会发生抵消现象(不妨设 $b>0$),此时可采用公式

$$x=\frac{2c}{-b-\sqrt{b^2-4ac}}$$

计算其中一个根,避免了 $-b+\sqrt{b^2-4ac}$ 的抵消现象。若 $b<0$,则 $-b-\sqrt{b^2-4ac}$ 会发生抵消现象,也可通过类似的改造公式加以避免。例如,用十进制计算二次方程的根,取4位有效数字,系数 $a=0.05010$,$b=-98.78$,$c=5.015$。为了比较,先给出具有10位有效数字的精确根

$$1971.605916 \quad 和 \quad 0.05077069387$$

用4位有效数字运算计算判别式,得

$$b^2-4ac=9757-1.005=9756$$

所以

$$\sqrt{b^2-4ac}=98.77$$

这样,由求根公式得到的两个根为

$$\frac{98.78\pm 98.77}{0.1002}=1972 及 0.0998$$

这个结果中,第一个根的4位数字都是正确的,但第二个根完全错了(误差约为100%)。第二个根出错的原因是发生了抵消,使得减法的结果只含舍入误差信息。用另一个求根公式重新算第二个根:

$$\frac{10.03}{98.78+98.77}=0.05077$$

它的4位数字都是准确的。 ■

此外,二次方程求根公式中平方根内的抵消是不容易避免的,此时只能采用更高的计算精度。

例1.20(标准差的计算):有限实数序列 $x_i(i=1,2,\cdots,n)$ 的均值由

$$\bar{x}=\frac{1}{n}\sum_{i=1}^{n}x_i$$

定义,抽样标准差由

$$\sigma=\left[\frac{1}{n-1}\sum_{i=1}^{n}(x_i-\bar{x})^2\right]^{1/2}$$

定义。直接利用以上公式计算标准差需要遍历数据两次,一次计算出均值,另一次计算出标准差。为了减少遍历数据次数,提高计算效率,可用等价的下述公式计算标准差:

$$\sigma=\left[\frac{1}{n-1}\left(\sum_{i=1}^{n}x_i^2-n\bar{x}^2\right)\right]^{1/2}$$

采用该公式,对离散数据只遍历一次就可以计算出数据的和以及平方和,进而算出标准差。然而,在采用遍历一次的公式时,发生抵消产生的危害往往比原始公式发生抵消的危害大,因为前者(只遍历一次的公式)相减的两个量一般比较大,而且很相近,从而使更多的有效数字丢失,使得结果的相对误差较大。 ■

4. 注意简化步骤,减少运算次数

求解一个问题通常有多种数学方法和具体算法,如果其中某种算法能减少计算次数,不

但可节省计算机的计算时间，而且通常也能减少舍入误差的影响。追求较小的算法计算复杂度实际上也是数值计算的重要研究内容。下面举一个例子。

例 1.21(多项式函数求值的算法)：计算多项式

$$P_n(x) = a_0x^n + a_1x^{n-1} + \cdots + a_{n-1}x + a_n$$

的值，若直接计算 a_ix^{n-i} 再逐项相加，一共需要 $\sum_{i=1}^{n} i = \frac{n(n+1)}{2}$ 次乘法和 n 次加法。一种简单的改进是采用下述算法。

算法 1.1：计算多项式 $P_n(x)$ 的算法

输入：x，多项式系数 $a_i(i=0,1,2,\cdots,n)$；输出：$P_n(x)$.

$b := a_0$;

For i=1,2,⋯,n

　　$b := xb + a_i$;

End

$P_n(x) := b$

在上述算法描述中，"：="表示赋值操作。这个改进算法只要 n 次乘法和 n 次加法即可算出 $P_n(x)$ 的值。此算法也称为秦九韶算法，最早由我国宋代数学家秦九韶于 1247 年提出[①]。 ■

1.4.2 影响结果准确性的主要因素

首先以函数求值问题为例回顾问题的敏感性、算法的稳定性和计算误差等主要概念，然后总结影响结果准确性的主要因素。

考虑计算函数值 $f(x)$ 的问题，输入数据和结果的准确值的对应关系为

$$x \rightarrow f(x)$$

由于初始数据的误差，实际计算时使用的输入为 $\hat{x}$，若假设计算过程完全精确，则得到函数值为 $f(\hat{x})$，它与准确值 $f(x)$ 的差别反映了问题的敏感性，通过条件数的概念定量刻画。

同样是这个问题，再进一步考虑实际计算采用的算法及计算过程中的误差。假设有两个算法，分别得到如下结果：

算法 1：$\hat{x} \xrightarrow{\hat{f}} \hat{f}(\hat{x})$，

算法 2：$\hat{x} \xrightarrow{\tilde{f}} \tilde{f}(\hat{x})$。

结果 $\hat{f}(\hat{x})$ 和 $\tilde{f}(\hat{x})$ 的差别是由于算法的不同造成的，而它们误差的大小反映了算法稳定性的不同。若初始数据误差较小且问题不敏感，采用稳定的算法得出的结果一定比较准确。

由于

$$\hat{f}(\hat{x}) - f(x) = [\hat{f}(\hat{x}) - f(\hat{x})] + [f(\hat{x}) - f(x)]$$

结果误差为计算误差与数据传递误差之和，前者又包括截断误差和舍入误差两种。截断误

① 该算法在国外称为 Hernor 算法，1819 年才被提出。

差由方法、公式的近似引起,需结合具体问题进行理论分析;舍入误差形成的原因包括有限位的初始数据、各个计算步的顺序,以及每步加、减、乘、除运算误差的累积。对于舍入误差,很难做有效的定量估计,只能做一些定性分析。

要保证一个数值计算问题结果的准确性,通常需按以下方面依次考虑。

(1) 病态性,是待求解数学问题的性质,与具体算法无关,最先考虑。

(2) 稳定性,是数值算法的性质,应选择稳定性好的算法,减少计算中误差的扩大。

(3) 通过定性分析控制舍入误差,遵循减小舍入误差的几条建议,若可能,尽量采用位数较多的双精度浮点数。

最后,通过表1-7总结计算结果中的各种误差分量,以及对其评估和减小的措施。

表1-7 数值计算的各种误差与减小误差的措施

评估方法与措施	总误差		
	计算误差		数据传递误差
	截断误差	舍入误差	
如何评估大小?	对不同类型问题进行理论分析	对某些问题采用向后误差分析等方法;很难定量分析	问题敏感性的概念,条件数
如何减小误差?	算法选择	选稳定的算法;减小舍入误差的建议;采用双精度或更高精度浮点数	变换问题形式,改善敏感性

评述

本书主题在传统上称为“数值分析”,但它的含义随着计算机的发展和应用已大大偏离了从字面理解的意思。英国牛津大学教授、Fox奖得主L. N. Trefethen写过一篇小品文*The definition of numerical analysis*(数值分析的定义)[1],其中给出如下定义:

数值分析是研究连续数学问题的算法的学科领域。

这个定义突出了算法在这个领域的关键地位。

数值计算领域的学术期刊非常多。例如,前面曾提到的IEEE的*Computing in Science & Engineering*、ACM[2]的*ACM Transactions on Mathematical Software*,其中SIAM出版的一系列期刊也值得关注。SIAM是美国工业与应用数学学会(Society for Industrial and Applied Mathematics)的名称缩写,该学会是应用数学、数值计算领域的权威学术组织,出版了大量有关书籍和期刊。

关于20世纪十大算法的介绍,见*Computing in Science & Engineering* 2000年第1期的一组文章,以及*SIAM News* (http://www.siam.org/news/)的评论文章:

- *Computing in Science & Engineering*, Vol. 2, No. 1, 2000.
- B. A. Cipra, “The best of the 20th century: Editors name top 10 algorithms,” *SIAM News*, Vol. 33, No. 4, 2000.

① 该文发表于1992年11月的SIAM News,以及Trefethen撰写的书*Numerical Linear Algebra*。在Trefethen的网站也有全文:http://www.comlab.ox.ac.uk/nick.trefethen/home.html。

② Association for Computing Machinery,美国计算机协会,计算机领域重要的学术组织之一。

关于舍入误差分析的经典著作为

J. H. Wilkinson, *Rounding Errors in Algebraic Processes*, Englewood Cliffs, NJ: Prentice Hall,1963.

其中也包括大量著名的“计算反例”,说明一些算法的不稳定性。这方面较新的专著有

- N. J. Higham, *Accuracy and Stability of Numerical Algorithms*, SIAM Press,2002.
- M. Overton, *Numerical Computing with IEEE Floating Point Arithmetic*, SIAM Press,2001.

关于数学软件,除了 MATLAB,目前比较流行,也比较成熟的还有 Mathematica 和 Maple。与其他软件相比,MATLAB 在数值计算方面功能更好一些。在 MATLAB 中,默认的变量类型是双精度浮点数,但可以使用 single 和 double 命令将变量的值在单精度浮点数和双精度浮点数之间转换。通过命令 eps、realmax、realmin 可方便地得到机器精度、上溢值、下溢值等浮点数系统的重要参数(针对单精度和双精度两种情况)。如果安装了符号数学工具箱(Symbolic Math Toolbox),还可以使用 vpa 命令设置任意的计算精度进行与误差有关的实验。关于它们的更多介绍,请看 MATLAB 的联机帮助。

【本章知识点】 误差与有效数字;正确的有效数字位数与相对误差的关系;误差的分类;数据传递误差的估算;问题的敏感性;条件数;算法的稳定性;浮点数系统的表示及其主要参数;机器精度;IEEE 单精度、双精度浮点数;抵消现象;“大数吃掉小数”现象;减小舍入误差的建议。

算法背后的历史:浮点运算的先驱——威廉·卡亨

威廉·卡亨(William M. Kahan,见图 1-6)1933 年 6 月 5 日生于加拿大多伦多。他大学就读于著名的多伦多大学,分别于 1954 年、1956 年和 1958 年在那里获得数学学士、硕士和博士学位。学成以后,卡亨既在大学从事过教学和科研,又在一些著名的计算机整机厂和元器件厂从事过重要的技术工作和产品开发工作。其中包括:1960—1968 年在多伦多大学任教,1972—1973 年在 IBM 公司工作,1974—1982 年任 HP 公司顾问,1976—1983 年在 Intel 公司工作,1983—1986 年重返 IBM 公司,1986 年以后在加州大学伯克利分校任教,同时在美国国家半导体公司兼职。这些经历使他积累了丰富的工程实践经验,并为计算机科学技术,尤其是在计算机运算技术的发展方面做出了重要贡献。由于卡亨对数值分析的基础性贡献,他获得了 1989 年图灵奖。他还于 1994 年当选 ACM Fellow,2000 年获 IEEE“Emanuel R. Piore”奖,2003 年当选美国艺术与科学院院士,2005 年当选美国工程院外籍院士。

图 1-6　威廉·卡亨

卡亨的主要贡献

大家知道,计算机中的“数”有“定点数”和“浮点数”之分,“定点数”的运算部件的设计与实现比较容易,而“浮点数”的运算部件的设计与实现却复杂得多,困难得多。因此,较早的计算机许多都不配备浮点运算部件。那么,需要浮点运算的时候怎么办呢?历史上曾经有

过两种解决方法:第一种方法是利用浮点运算子程序在定点运算部件上实现浮点运算。最早的浮点运算子程序是由1970年图灵奖获得者威尔金森(J. H. Wilkinson)[①]在图灵(Turing)所设计的ACE计算机上实现的;第二种方法是冯·诺依曼(von Neumann)提出来的,即对定点数附加"比例因子",使之成为实际上的浮点数。这种方法固然巧妙,但比例因子的设定成了令程序员伤脑筋的事,因为有时候运算的中间结果和最后结果的范围很难确切估计,比例因子选小了,造成运算溢出;比例因子选大了,影响运算精度。后来,IBM公司的J. Backus[②]和H. Herrick一起开发出了一个称为Speedcoding的软件,能根据问题自动设定和调整比例因子,成功解决了这个问题。这些办法都是通过软件实现浮点运算的,虽然可行,但在运行效率上和精度上都有很大限制,也难以满足某些应用的需要。正是卡亨,在Intel公司工作期间,主持设计与开发了8087芯片,成功实现了高速、高效的浮点运算硬件。很长一段时间以来,装有80x86系列CPU的计算机都需要配置8087这个数学协处理器,才能完成科学与工程方面的计算。

由于有这样的背景,IEEE在制定浮点运算标准的时候,很自然地任命卡亨为这个课题的负责人。在卡亨的主持下,二进制浮点运算标准IEEE 754以及与基数无关浮点运算标准IEEE 854相继出台。1985年,IEEE标准委员会和美国国家标准局共同采纳了IEEE 754标准,它目前已被绝大多数的计算机浮点算术体系所遵循。

除以上主要贡献外,卡亨在科学、工程、财会计算的数值算法的设计、误差分析、验证与自动诊断等方面也有卓越的贡献,是该领域中世界公认的权威之一,曾发表过许多有影响的论文。尤其是在矩阵计算方面,卡亨享有极高的学术造诣。目前,卡亨为加州大学伯克利分校EECS系的荣誉退休教授,下面是他的互联网主页地址:

http://www.eecs.berkeley.edu/Faculty/Homepages/kahan.html

练 习 题

注:本章练习题1、4~7的目的是为了掌握误差限,以及误差限传播的规律,因此在求解它们时均假设无法得到准确解。

1. 计算球体积要使相对误差限为1%,问度量半径R时允许的相对误差限是多少?

2. 考虑正弦函数$\sin x$的求值,特别是数据传递误差,即自变量x发生扰动h时函数值的误差(利用导函数估计误差)。

(1) 估计$\sin x$的绝对误差。

(2) 估计$\sin x$的相对误差。

(3) 估计这个问题的条件数。

(4) 自变量x为何值时,这个问题高度敏感?

3. (1) 采用4位有效数字的十进制运算(即每步计算结果只能保留4位十进制有效数字)及例1.1给出的公式计算地球表面积,取$r=6370\text{km}$。

(2) 如果半径增加1km,用同样的公式和精度计算表面积,两者之差是多少?

① 见第3章"算法背后的历史"。

② 他领导开发的FORTRAN最优编译器算法被选为"20世纪十大算法",他也是1977年图灵奖获得者。

(3) 由于 $\mathrm{d}A/\mathrm{d}r=8\pi r$，所以表面积的变化近似为 $8\pi rh$，其中 h 是半径的变化。用这个公式并仍采用 4 位有效数字的十进制计算，计算半径增加 1km 时表面积的差。用这个近似公式求得的值与(2) 中用“精确”公式得到的值有什么差别？

(4) 用更高的精度，例如 6 位有效数字，重复前面的计算，确定两个答案哪个更精确。

(5) 解释(1)～(4)得到的结果。

4. 设 $Y_0=28$，按递推公式

$$Y_n = Y_{n-1} - \frac{1}{100}\sqrt{783}, \quad (n=1,2,3,\cdots)$$

计算到 Y_{100}。若取 $\sqrt{783}\approx 27.982$(保留 5 位有效数字)，试问计算 Y_{100} 将有多大误差？

5. 正方形的边长大约为 100cm，问测量时允许多大的误差，才能使其面积误差不超过 1cm^2。

6. 序列$\{y_n\}$满足递推关系

$$y_n = 10y_{n-1} - 1 \quad (n=1,2,3,\cdots)$$

若 $y_0=\sqrt{2}\approx 1.41$(保留 3 位有效数字)，计算到 y_{10} 时误差有多大？这个计算过程稳定吗？

7. 计算 $f=(\sqrt{2}-1)^6$，取$\sqrt{2}\approx 1.4$，利用下列等式计算，哪一个得到的结果最好？并简单分析原因。

$$\frac{1}{(\sqrt{2}+1)^6}, \quad (3-2\sqrt{2})^3, \quad \frac{1}{(3+2\sqrt{2})^3}, \quad 99-70\sqrt{2}$$

8. 考虑 $f(x,y)=x-y$ 定义的函数 $f:\mathbb{R}^2\to\mathbb{R}$。用$|x|+|y|$度量二元值$(x,y)$的大小，并假定$|x|+|y|\approx 1$，$x-y\approx\varepsilon$($\varepsilon$ 为远小于 1 的量)，在考虑 x、y 分别发生扰动的情况下，证明均有条件数 $\text{cond}(f)\approx 1/\varepsilon$。将这个结论与减法的敏感性以及抵消现象联系起来，说明了什么？

9. (1) 证明在规范化浮点数系统中(如式(1.6))，上溢值 OFL 为

$$\text{OFL} = \beta^{U+1}(1-\beta^{-p})$$

(2) 若采用次规范化机制，问下溢值 UFL 的计算公式是什么？

10. 证明定理 1.6。

11. 十进制小数 0.1 对应的 IEEE 单精度浮点数二进制表示是什么？分别采用截断舍入和最近舍入，对它保留 4 位二进制有效数字的结果是什么？

12. 一个值为三千多的计算结果，已知其相对误差不超过 0.1%，则它前几位有效数字一定是正确的(含“四舍五入”后与准确值的结果相同)？

上　机　题

1. 用 MATLAB 编程实现例 1.4，绘出图 1-2，体会两种误差对结果的不同影响。

2. 假定用间距 $h=(b-a)/n$ 在区间$[a,b]$上产生 $n+1$ 个等距点。

(1) 在浮点运算中，下列方法哪个更好？为什么？

① $x_0=a, x_k=x_{k-1}+h, k=1,2,\cdots,n$。

② $x_k=a+kh, k=0,1,2,\cdots,n$。

(2) 编写程序，实现上述两种方法。设 $a=0, b=1$，举出两种方法有差别的例子。

3. 编程观察无穷级数

$$\sum_{n=1}^{\infty} \frac{1}{n}$$

的求和计算。

(1) 采用 IEEE 单精度浮点数,观察当 n 为何值时,求和结果不再变化,将它与理论分析的结论进行比较(注:在 MATLAB 中可用 single 命令将变量转成单精度浮点数)。

(2) 用 IEEE 双精度浮点数计算(1)中前 n 项的和,评估 IEEE 单精度浮点数计算结果的误差。

(3) 如果采用 IEEE 双精度浮点数,估计当 n 为何值时求和结果不再变化,这在当前做实验的计算机上大概需要多长的计算时间?注意:编程时用简单的 for 循环,并假设程序顺序运行,也没有任何编译或运行时优化技术。

4. 编写程序,按 $\mathrm{e}=\lim\limits_{n\to\infty}\left(1+\frac{1}{n}\right)^n$ 计算常数 e,即自然对数的底。具体地,对 $n=10^k$ ($k=1,2,\cdots,20$),计算 $(1+1/n)^n$。将结果与 MATLAB 语句 exp(1) 比较,确定近似值的误差。误差是否随 n 的增加而降低?用 MATLAB 画出误差的变化趋势曲线,并解释。

5. 编写程序,用无穷级数

$$\mathrm{e}^x = 1 + x + \frac{x^2}{2!} + \frac{x^3}{3!} + \cdots$$

计算指数函数 e^x。

(1) 若按自然顺序求和,应用什么判停标准?

(2) 用 $x=\pm 1, \pm 5, \pm 10, \pm 15, \pm 20$ 测试程序,将 MATLAB 内部函数 $\exp(x)$ 的结果作为准确值,评估程序计算结果的误差。

(3) 当 $x<0$ 时,能否用此程序得到准确的结果?若不能,设法改进程序。

(4) 当 $x<0$ 时,能否通过级数项的重新排列或分组得到较准确的结果?

第2章 非线性方程求根

线性方程是方程式中仅包含未知量的一次方项和常数项的方程，除此之外的方程都是非线性方程(nonlinear equation)。例如，大家熟知的“一元二次方程”就是一个非线性方程。多元线性方程组的求解是数值计算领域的一个重要问题，后续几章将专门讨论。本章介绍求解非线性方程的数值方法，主要针对实数域，重点是单个非线性方程的求根问题。

2.1 引 言

2.1.1 非线性方程的解

要求解的单变量非线性方程为

$$f(x)=0 \tag{2.1}$$

其中，函数 $f:\mathbb{R}\to\mathbb{R}$。一般而言，非线性方程的解的存在性和个数是很难确定的，它可能无解，也可能有一个或多个解。

例 2.1(非线性方程的解)：分析下列非线性方程的解是否存在以及解的个数。

(1) $e^x+1=0$，此方程无解。

(2) $e^{-x}-x=0$，此方程有一个解。

(3) $x^2-4\sin x=0$，此方程有两个解。

(4) $x^3-6x^2+5x=0$，此方程有3个解。

(5) $\cos x=0$，此方程有无穷多个解。 ■

在实际问题中，往往要求的是自变量在一定范围内的解，如限定 $x\in[a,b]$。函数 f 一般为连续函数，可记为 $f(x)\in C[a,b]$，$C[a,b]$表示区间$[a,b]$上所有连续实函数的集合。假设在区间$[a,b]$上方程(2.1)的根为 x^*，也称 x^* 为函数 $f(x)$的零点。方程的根可能不唯一，而且同一个根 x^* 也可能是方程(2.1)的多重根。

定义 2.1：对光滑函数 f，若 $f(x^*)=f'(x^*)=\cdots=f^{(m-1)}(x^*)=0$，$m>1$，但 $f^{(m)}(x^*)\neq 0$，则称 x^* 为方程(2.1)的 m 重根。若 $m=1$，即 $f(x^*)=0$，$f'(x^*)\neq 0$ 时，称 x^* 为单根。

对于多项式函数 $f(x)$，若 x^* 为 m 重根，则 $f(x)$可因式分解为

$$f(x)=(x-x^*)^m q(x)$$

其中，$q(x)$也是多项式函数，且 $q(x^*)\neq 0$。很容易验证，$f(x^*)=f'(x^*)=\cdots=f^{(m-1)}(x^*)=0$，但 $f^{(m)}(x^*)\neq 0$，即多项式方程重根的概念与定义2.1是一致的。对一般的函数 f，x^* 是方程(2.1)的重根的几何含义是，函数曲线在 x^* 处的斜率为0，且在该点处与 x 轴相交。

非线性方程的一个特例是 n 次多项式方程($n\geqslant 2$)，根据代数基本定理可知，n 次方程在复数域上有 n 个根(m 重根计为 m 个根)。当 $n=1,2$ 时，方程的求解方法是大家熟知的。当 $n=3,4$ 时，虽然也有求根公式，但已经很复杂，实际计算时并不一定适用。当 $n\geqslant 5$ 时，不存在一般的求根公式，只能借助数值求解方法求根。

2.1.2 问题的敏感性

根据问题敏感性的定义，这里需要考虑输入数据的扰动对方程的根有多大影响。要分析敏感性，首先应假设问题中的数据如何扰动，一种易于分析的情况是将非线性方程写成

$$f(x) = y$$

的形式，然后讨论 y 在0值附近的扰动造成的问题敏感性。此时，求根问题变成了函数求值问题 $y=f(x)$ 的反问题。若函数值 $f(x)$ 对输入参数 x 很不敏感(x 在解 x^* 附近变化)，则求根问题将很敏感；反之，若函数值对参数值很敏感，求根则不敏感。这两种情况如图2-1所示。

下面分析 y 发生扰动 Δy 引起的方程的根的扰动 Δx。由于当 $x=x^*$ 时，$y=0$，因此使用绝对(而不是相对)条件数

$$\text{cond} = \left|\frac{\Delta x}{\Delta y}\right| \approx \frac{1}{|f'(x^*)|}$$

条件数的大小反映方程求根问题(式2.1)的敏感程度，若 $|f'(x^*)|$ 很小，则问题很敏感，是一个病态问题；若 $|f'(x^*)|$ 很大，则问题不敏感。一种特殊情况是 $f'(x^*)=0$，即 x^* 为重根，此时求根问题很敏感，原问题的微小扰动将造成很大的解误差，甚至改变解的存在性和唯一性(如图2-2所示，问题的扰动可能使解不存在)。

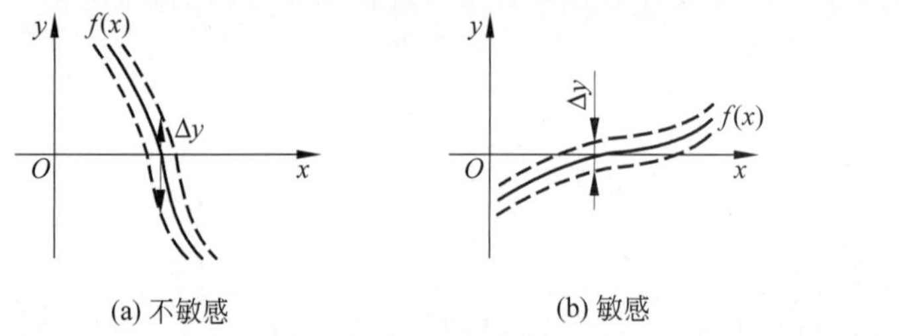

图2-1 方程求根问题的敏感性

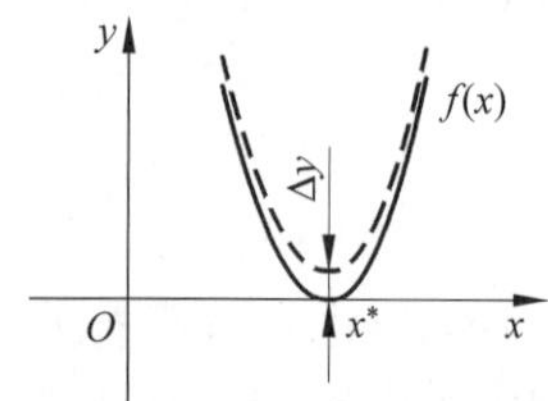

图2-2 $f'(x^*)=0$ 时，求根问题很敏感

对于敏感的非线性方程求根问题，$f(x)\approx 0$ 并不意味着 x 很接近 x^*，后面讨论迭代解法的判停准则时应注意这一点。

2.2 二 分 法

数值求解非线性方程通常是一个迭代的过程，迭代开始之前要先有一个初始的近似解，然后随着迭代步数的增多，近似解越来越接近准确解，当达到一定要求时即停止计算过程。本节先介绍一种最基本的方法——二分法(interval bisection method)。

2.2.1 方法原理

首先介绍有根区间的概念。有根区间就是包含至少一个根的区间，它限定了根存在的范围。如果能计算出一个非常小的有根区间，那么区间的中点就是一个很好的近似解。下面的定理给出了有根区间的充分条件。

定理 2.1：若 $f(x)\in C[a,b]$，且 $f(a)f(b)<0$，则区间 (a,b) 至少有一个实根。

这里省略定理证明过程，只给出图 2-3 作为一个解释。

定理 2.1 给出了一种获得有根区间的方法，即通过看 $f(a)$、$f(b)$ 两个值是否符号相反判断 (a,b) 是否为有根区间。实际操作时，可在一个较大的范围内取多个点计算 $f(x)$ 函数值，从而得到一个或多个有根区间。另外应注意，根据定理 2.1 得到的有根区间内不一定只有一个根，这从图 2-3 也可以看出。

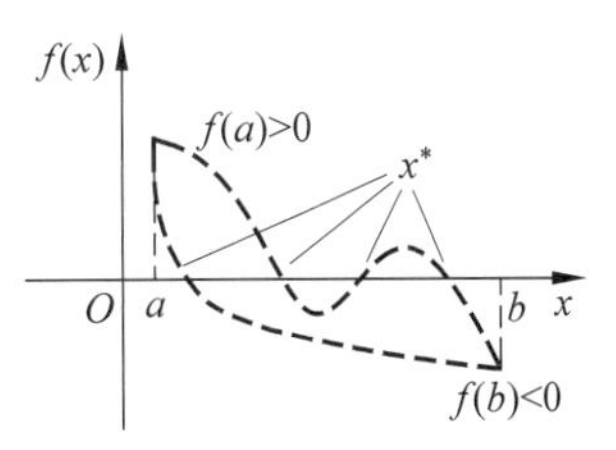

图 2-3　若 $f(a)f(b)<0$，则区间 (a,b) 至少有一个实根

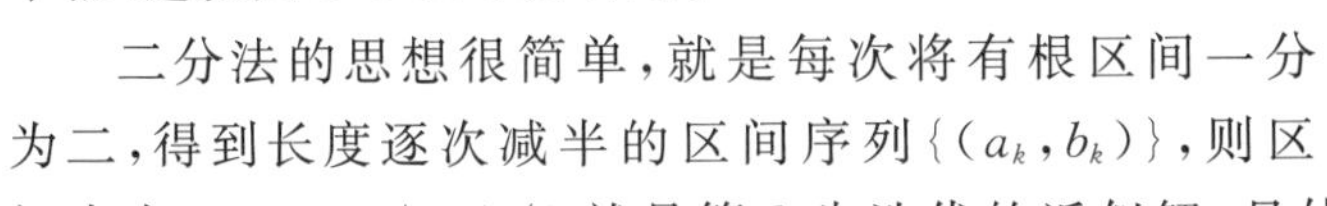

二分法的思想很简单，就是每次将有根区间一分为二，得到长度逐次减半的区间序列 $\{(a_k,b_k)\}$，则区间中点 $x_k=(a_k+b_k)/2$ 就是第 k 步迭代的近似解，具体算法如下。

算法 2.1：二分法

输入：a,b，函数 $f(x)$；输出：x.

While $(b-a)>\varepsilon$ **do**

　　$x:=a+(b-a)/2$;

　　If $\text{sign}(f(x))=\text{sign}(f(a))$ **then**

　　　　$a:=x$;

　　Else

　　　　$b:=x$;

　　End

End

$x:=a+(b-a)/2$

在算法 2.1 中，sign()表示取符号的函数，而二分迭代结束的条件为有根区间 (a,b) 的长度小于某个阈值 ε。注意，这里忽略了 $f(x)$ 或者 $f(a)$ 等于 0 的情况，如果出现这种情况，算法可成功结束.感兴趣的读者可以对算法 2.1 加以完善，写出更全面、更实用的二分法算法程序。

假设二分法得到的有根区间序列为 $\{(a_k,b_k),k=0,1,2,\cdots\}$，若取解 $x_k=(a_k+b_k)/2$，则误差为

$$|x_k-x^*|<(b_k-a_k)/2=(b_0-a_0)/2^{k+1},\quad k=0,1,2,\cdots \tag{2.2}$$

根据式(2.2)和对解的准确度的要求，也可以事先估算出二分迭代执行的次数以及相应的计算量。这里，每步迭代的计算量主要是计算一次函数 $f(x_k)$。

例 2.2(二分法)：求方程

$$f(x)=x^4-x-2=0$$

在区间[1.0,1.5]上的一个实根，要求准确到小数点后第二位(或四舍五入后准确)。

【解】　首先验证(1.0,1.5)是否是一个有根区间，易知 $f(1.0)<0$，$f(1.5)>0$。所以，将(1.0,1.5)作为二分法的初始区间。利用式(2.2)可以估计，若

$$(b-a)/2^{k+1}\leqslant 0.5\times 10^{-2} \tag{2.3}$$

则 $|x_k-x^*|<0.5\times 10^{-2}$，即结果准确到了小数点后第二位。代入 $a=1.0$，$b=1.5$，求解(2.3)得

$$k \geqslant \log_2 \frac{0.5}{0.5 \times 10^{-2}} - 1 = 5.6$$

取最小的整数值 $k=6$。只二分6次,就可得到满足精度要求的解。计算过程中的数据和结果列于表2-1。从表2-1中可看出,得到的近似解为 $x=1.356$(准确解为1.353 210)。

表2-1　采用二分法求解例2.2的过程和结果

k	a_k	b_k	x_k	$f(x_k)$
0	1.000	1.500	1.250	−0.808
1	1.250	1.500	1.375	0.199
2	1.250	1.375	1.313	−0.341
3	1.313	1.375	1.344	−0.081
4	1.344	1.375	1.360	0.061
5	1.344	1.360	1.352	−0.011
6	1.352	1.360	1.356	0.025

2.2.2　算法稳定性和结果准确度

算法的稳定性考查的是计算过程中的误差对结果的影响。对于二分法来说,主要的计算步骤是计算函数值,一般采用双精度浮点数计算函数值的误差很小,而其他计算是少量的加减法,因此不至于对有根区间以及最终结果的准确度造成多大影响。另外,在计算过程中解的误差限逐次减半,这也说明二分法是稳定的。

在实际的浮点算术体系中,二分法运行结果的准确度不可能随迭代过程一直提高。首先看一个例子。

例2.3(二分法准确度的极限):编写程序用二分法求解方程 $f(x)=x^2-2=0$,初始区间为[1,2]。

下面是用MATLAB语言编写的程序:

```
M=2; a=1; b=2; k=0;
while b-a>eps                  //MATLAB中的eps为2倍的机器精度ε_mach,即2^-52
    x=a+(b-a)/2;
    if x^2>M
        b=x                    //输出b
    else
        a=x                    //输出a
    end
    k=k+1;
end
```

这个程序执行52步就结束了,输出结果如下:

```
b=  1.50000000000000
a=  1.25000000000000
```

```
a=  1.37500000000000
b=  1.43750000000000
            ⋮
a=  1.41421356237309
a=  1.41421356237309
b=  1.41421356237310
b=  1.41421356237310
```

为了看得更清楚，输入 MATLAB 命令 format hex，使输出按十六进制格式显示，再运行一遍上述程序，最后的 4 个输出结果为

```
a=  3ff6a09e667f3bc8
a=  3ff6a09e667f3bcc
b=  3ff6a09e667f3bce
b=  3ff6a09e667f3bcd
```

可以看出，最终区间(a,b)的两个端点已经是两个相邻的浮点数，即使让二分过程继续执行下去，区间仍然不会改变(由于 a 和 b 平均值的计算结果就是其中的某一个)。也就是说，迭代再多的次数，结果的准确度也无法提高了。■

上述例子说明了二分法结果准确度的极限情况。一般地，二分法迭代过程中，有根区间缩小的极限情况是使它的端点 a_k、b_k 为两个相邻的机器浮点数。此时，

$$b_k - a_k = 2^{\lfloor \log_2 |x^*| \rfloor} \cdot 2\varepsilon_{\text{mach}}$$

其中，$\varepsilon_{\text{mach}}$为机器精度，$\lfloor \cdot \rfloor$为下取整符号，而 $2^{\lfloor \log_2 |x^*| \rfloor}$为 x^* 的二进制表示中的指数部分。在这种极端情况下，解的误差限就是区间长度，即

$$|e(x_k)| = |x_k - x^*| \leqslant 2^{\lfloor \log_2 |x^*| \rfloor} \cdot 2\varepsilon_{\text{mach}} \tag{2.4}$$

在 IEEE 双精度浮点数系统下，$\varepsilon_{\text{mach}} = 2^{-53}$，则

$$|e(x_k)| \leqslant 2^{\lfloor \log_2 |x^*| \rfloor} \cdot 2\varepsilon_{\text{mach}} \leqslant |x^*| \cdot 2^{-52} \approx |x^*| \cdot 2.22 \times 10^{-16}$$

根据式(2.4)也可得到相对误差的上限

$$|e_r(x_k)| = \frac{|x_k - x^*|}{|x^*|} \leqslant 2\varepsilon_{\text{mach}} \tag{2.5}$$

这个相对误差限正好是计算机中用浮点数表示实数的误差限(定理 1.5)的两倍。

式(2.4)给出了用二分法求解时绝对误差限可能达到的最小值，算法 2.1 中的误差阈值 ε 如果小于这个值，则会造成死循环。实际的二分法程序可以将 ε 设置为 $\max\{|a|,|b|\} \cdot 2\varepsilon_{\text{mach}}$，通常可采用二分法求到最准确的解，然后正常结束。综合上述讨论以及式(2.2)，得到定理 2.2。

定理 2.2：在实际的浮点算术体系下采用二分法解方程 $f(x)=0$，设初始有根区间为(a,b)，则

(1) 结果的误差限最小可达到 $2^{\lfloor \log_2 |x^*| \rfloor} \cdot 2\varepsilon_{\text{mach}}$，其中 x^* 为准确解，对应的相对误差限为 $2\varepsilon_{\text{mach}}$。

(2) 若算法 2.1 的 while 循环终止执行时，误差阈值 ε 大于或等于 $2^{\lfloor \log_2 |x^*| \rfloor} \cdot 2\varepsilon_{\text{mach}}$，需执行的迭代步数为

$$k = \left\lceil \log_2 \frac{b-a}{\varepsilon} \right\rceil \tag{2.6}$$

定理2.2的结论(2)的证明留给读者思考。

最后,对二分法说明几点。

(1) 二分法是求单变量方程 $f(x)=0$ 的实根的一种可靠算法,若存在函数值变号的初始有根区间,则一定能收敛。

(2) 二分法解的误差不一定随迭代次数增加一直减小,在实际的有限精度算术体系中,误差限存在最小值。

(3) 二分法的缺点是,有时不易确定合适的初始有根区间(甚至不存在)、收敛较慢,且无法求解偶数重的根。因此,实际应用中常将二分法与其他方法结合起来。

2.3 不动点迭代法

二分法的计算效率不够高,本章后续部分将介绍几种应用广泛、收敛较快的迭代法。本节介绍不动点迭代法及其收敛性理论,为后续其他方法的讨论建立基础。

2.3.1 基本原理

通过某种等价变换,可将非线性方程(2.1)改写为

$$x = g(x) \tag{2.7}$$

其中,$g(x)$为连续函数。给定初始值 x_0 后,可构造迭代计算公式

$$x_{k+1} = g(x_k) \quad (k = 0,1,2,\cdots) \tag{2.8}$$

从而得到近似解序列$\{x_k\}$。由于方程(2.1)和方程(2.7)的等价关系,很容易证明若序列$\{x_k\}$收敛,其极限必为原方程(2.1)的解 x^*。由于解 x^* 满足 $x^*=g(x^*)$,因此称它为函数 $g(x)$的不动点(fixed point),此方法为求解非线性方程(2.1)的不动点迭代法(fixed-point iterative method)。

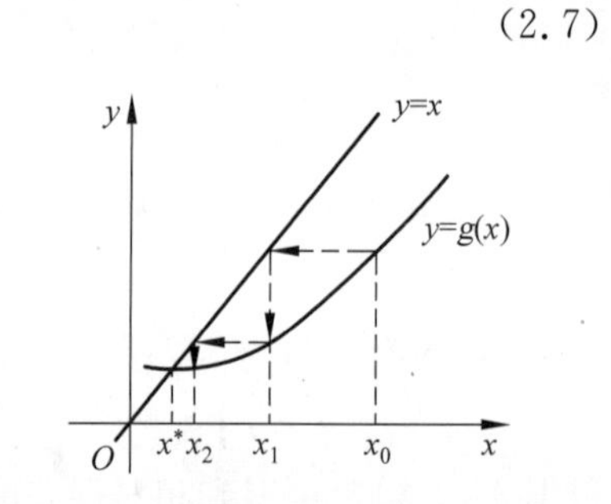

图2-4 采用不动点迭代法,近似解序列$\{x_k\}$收敛到 x^*

不动点迭代法的求解过程如图2-4所示,而算法描述在下面给出。

算法2.2: 基于函数 $g(x)$的不动点迭代法
输入: x_0,函数 $f(x)$,$g(x)$; 输出: x.
$k:=0$;
While $|f(x_k)|>\varepsilon_1$ 或 $|x_k-x_{k-1}|>\varepsilon_2$ **do**
    $x_{k+1}:=g(x_k)$;
    $k:=k+1$;
End
$x:=x_k$

其中，ε_1 和 ε_2 为用于判断迭代是否应停止的两个阈值。关于迭代的判停准则，2.4.3 节将会详细讨论。

例 2.4(不动点迭代法)：求 $f(x)=x^4-x-2=0$ 在 $x_0=1.5$ 附近的根。以不同的方式得到方程的等价形式，研究相应的不动点迭代法的收敛情况。

【解】 将原方程改为等价的(A)、(B)两种形式，得到下述两种不动点迭代法。

方法(A)：将方程改写为 $x=x^4-2$，得到的迭代法计算公式为 $x_0=1.5, x_{k+1}=x_k^4-2$，$(k=0,1,2,\cdots)$。计算出的结果如下：

$$x_1 = 1.5^4 - 2 = 3.0625$$

$$x_2 = 3.0625^4 - 2 = 85.9639$$

$$\cdots$$

从上述计算结果看，序列$\{x_k\}$有趋于无穷大的趋势，迭代法不收敛，无法求出近似解。

方法(B)：将方程改写为 $x=\sqrt[4]{x+2}$，得到的迭代法计算公式为 $x_0=1.5, x_{k+1}=\sqrt[4]{x_k+2}$，$(k=0,1,2,\cdots)$。计算出的结果如下：

$$x_1 = \sqrt[4]{1.5+2} = 1.3678$$

$$x_2 = \sqrt[4]{1.3678+2} = 1.3547$$

$$x_3 = \sqrt[4]{1.3547+2} = 1.3534$$

$$x_4 = \sqrt[4]{1.3534+2} = 1.3532$$

$$x_5 = \sqrt[4]{1.3532+2} = 1.3532$$

从上述计算结果看，x_4 和 x_5 前 5 位有效数字均为 1.3532，可认为迭代过程是收敛的，要求的根为 1.3532。 ■

通过例 2.4 可以看出，用不同的方式改造原方程，可得到多种不动点迭代法计算过程，其收敛性质也不同。因此，判断一个不动点迭代法是否收敛至关重要。

2.3.2　全局收敛的充分条件

定理 2.3 给出一个函数存在唯一不动点的充分条件。

定理 2.3：设 $g(x)\in C[a,b]$，若满足如下两个条件：

(1) 对任意 $x\in[a,b]$，有 $a\leqslant g(x)\leqslant b$。

(2) 存在正常数 $L\in(0,1)$，使对任意 $x_1, x_2\in[a,b]$，

$$|g(x_1)-g(x_2)|\leqslant L|x_1-x_2|$$

则 $g(x)$在$[a,b]$上存在不动点，且不动点是唯一的。

在证明定理之前，先理解定理中两个条件的含义。首先，采用不动点迭代法的计算公式为 $x_{k+1}=g(x_k)$，$k=0,1,2,\cdots$，因此要使后续迭代步的计算合法，必须要求 $g(x_k)$的值在函数的定义域内，(1)的条件保证了这一点。其次，(2)中新加的条件表明，$g(x)$曲线上任两点连线斜率的绝对值都不超过 L，当两点非常靠近时，它就是导数。因此，$g(x)$曲线上任意点的切线斜率的绝对值都小于 1，这说明 $g(x)$曲线变化很平缓，在曲线上任意点处的斜率都比 $y=x$ 和 $y=-x$ 两条直线小。这个条件也称为 $L<1$ 的利普希茨(Lipschitz)条件，L 为利普希茨系数。

【证明】 先证明不动点的存在性,分两种情况。

(1) 若 $g(a)=a$,或 $g(b)=b$,则 a 或 b 为不动点。

(2) 若 $g(a)\neq a$ 且 $g(b)\neq b$,则 $g(a)>a,g(b)<b$。令 $f(x)=g(x)-x$,则 $f(x)$ 为连续函数,且 $f(a)>0,f(b)<0$。根据连续函数性质,必有 $x^*\in(a,b)$,使 $f(x^*)=0$,即 $g(x^*)=x^*$,x^* 为不动点。

再证明唯一性,采用反证法。假设有两个不同的不动点 $x_1^*,x_2^*\in[a,b]$,它们满足

$$g(x_1^*)=x_1^*,\quad g(x_2^*)=x_2^*,\quad x_1^*\neq x_2^*$$

根据(2)中的条件推出

$$|x_1^*-x_2^*|=|g(x_1^*)-g(x_2^*)|\leqslant L|x_1^*-x_2^*|<|x_1^*-x_2^*|$$

产生矛盾。所以假设 $x_1^*\neq x_2^*$ 不成立,不动点是唯一的。 ■

应说明的是,上述证明不动点的存在性只使用了条件(1),而且条件(2)可以弱化为 $|g(x_1)-g(x_2)|<|x_1-x_2|$。事实上,通过画函数曲线图的方式也可以形象地说明不动点的存在性,如图 2-5 所示,在虚线正方形中曲线 $g(x)$必与正方形对角线相交。

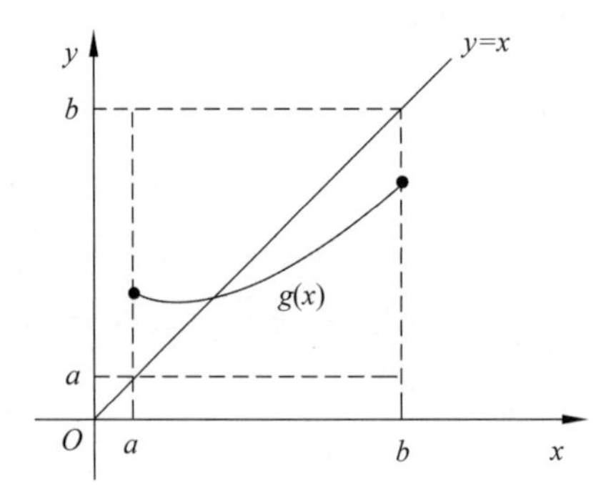

图 2-5 定理 2.3 的条件(1)保证了一定存在 x 使得 $x=g(x)$

定理 2.4 给出了不动点迭代法收敛的充分条件。

定理 2.4:设 $g(x)\in C[a,b]$满足定理 2.3 的两个条件,则对于任意初值 $x_0\in[a,b]$,由不动点迭代法得到的序列$\{x_k\}$收敛到 $g(x)$的不动点 x^*,并有误差估计

$$|x_k-x^*|\leqslant\frac{L^k}{1-L}|x_1-x_0|$$

【证明】 首先注意到定理条件保证了不动点唯一存在,而且条件(1)保证了不动点迭代法可执行下去,从而得到序列$\{x_k\}$。下面证明序列$\{x_k\}$收敛,其思路是考虑误差序列,证明其极限为 0。

$$|x_k-x^*|=|g(x_{k-1})-g(x^*)|\leqslant L|x_{k-1}-x^*|\leqslant\cdots\leqslant L^k|x_0-x^*|$$

由于 L 为小于 1 的正常数,则

$$\lim_{k\to\infty}L^k|x_0-x^*|=0,\quad\Rightarrow\quad\lim_{k\to\infty}|x_k-x^*|=0,\quad\Rightarrow\quad\lim_{k\to\infty}x_k=x^*$$

这证明了不动点迭代法是收敛的。剩下$|x_k-x^*|\leqslant\dfrac{L^k}{1-L}|x_1-x_0|$的证明,留给读者思考。 ■

定理 2.4 为判断不动点迭代法的收敛性提供了依据,这种收敛不依赖于初值 x_0 的选取,因此称为全局收敛。为了方便应用,也可将定理 2.3 和定理 2.4 中的第二个条件替换为:对任意 $x\in[a,b]$,有$|g'(x)|<1$,得到便于使用的定理 2.5。

定理 2.5:设 $g(x)\in C^1[a,b]$,且满足如下两个条件:

(1) 对任意 $x\in[a,b]$,有 $a\leqslant g(x)\leqslant b$。

(2) 对任意 $x\in[a,b]$,有 $|g'(x)|<1$。

则对于任意初值 $x_0\in[a,b]$,由不动点迭代法得到的序列$\{x_k\}$收敛到 $g(x)$的不动点 x^*,并有误差估计

$$|x_k-x^*|\leqslant\frac{L^k}{1-L}|x_1-x_0|,\quad \text{其中 } L \text{ 是 } |g'(x)| \text{ 的最大值。}$$

此定理可看成定理 2.4 的推论,其证明留给读者思考。注意,当考虑函数定义域为$\mathbb{R}$时,定理 2.5 中的条件(1)就不需要了。这可以看成应用定理 2.5 的一种特殊情况。

例 2.5(不动点迭代法的收敛性):对于求 $f(x)=x^4-x-2=0$ 在 $x_0=1.5$ 附近的根的问题,使用定理 2.5 考查例 2.4 中两种方法的全局收敛性。

【解】 在区间[1,2]上考查如下两种不动点迭代法的收敛性:

方法(A):$x_{k+1}=x_k^4-2,(k=0,1,2,\cdots)$。

方法(B):$x_{k+1}=\sqrt[4]{x_k+2},(k=0,1,2,\cdots)$。

很容易看出,方法(B)符合定理 2.5 中的条件(1),而 $g'(x)=\frac{1}{4}(x+2)^{-3/4}$也符合条件(2),因此方法(B)具有全局收敛性。方法(A)不符合定理中的条件(1),因此无法根据定理 2.5 说明其具有全局收敛性。 ■

关于全局收敛性,再说明以下两点。

(1) 定理 2.4 和定理 2.5 给出的都是不动点迭代法全局收敛的“充分条件”。也就是说,对一些满足条件的方法,可以证明其具有全局收敛性,但根据它们并不说明某个方法不具有全局收敛性。

(2) 全局收敛性要求初始值 x_0 为定义域内任意值时不动点迭代法都收敛,这常常是很难达到的要求。

2.3.3 局部收敛性

不同于全局收敛性,下面给出重要的局部收敛性的概念。

定义 2.2:设函数 $g(x)$存在不动点 x^*,若存在 x^* 的某个邻域 D:$[x^*-\delta,x^*+\delta]$,对于任意初值 $x_0\in D$,迭代法 $x_{k+1}=g(x_k)$产生的解序列$\{x_k\}$收敛到 x^*,则称迭代法*局部收敛*。

这个定义中的邻域是以 x^* 为中心点的一个对称区间,局部收敛性的定义要求的是存在这样一个邻域,而不关心它的大小。定理 2.6 给出迭代法局部收敛的充分条件。

定理 2.6:设 x^* 为函数 $g(x)$的不动点,若 $g'(x)$在 x^* 的某个邻域上连续,且$|g'(x^*)|<1$,则不动点迭代法 $x_{k+1}=g(x_k)$局部收敛。

【证明】 因为 $g'(x)$在 $x=x^*$ 附近连续且$|g'(x^*)|<1$,则存在 x^* 的某个邻域 D,使得对于任意 $x\in D$,$|g'(x)|\leqslant L$,其中 L 是某个介于$|g'(x^*)|$和 1 之间的数,如 $L=\frac{|g'(x^*)|+1}{2}$。显然,$L<1$,即满足定理 2.5 的条件(2)。另外,对 $\forall x\in D$,

$$g(x)-x^*=g(x)-g(x^*)=g'(\xi)(x-x^*),\quad \xi\in D,\quad\Rightarrow$$
$$|g(x)-x^*|\leqslant L|x-x^*|<|x-x^*|$$

即 $g(x)\in D$,满足定理 2.5 的条件(1)。

因此,根据定理 2.5,此迭代法对区间 D 内的任意初值都收敛,根据定义 2.2 知,此迭代

法局部收敛。 ■

对比定理2.6、定理2.4及定理2.5可以看出，定理2.6的条件较为宽松，它只需考查函数$g(x)$在x^*这一点上是否满足要求。因此，不动点迭代法较容易具有局部收敛性，对局部收敛的判断也相对简单。

最后说明一点，定理2.5说明利普希茨系数L越小，迭代收敛的速度越快，而定理2.6的证明过程说明了L与$|g'(x^*)|$的关系。因此，$|g'(x^*)|$越小，迭代收敛的速度越快。

2.3.4 稳定性与收敛阶

与二分法类似，不动点迭代法的每步计算都可以通过判停准则(包括考查$f(x_k)$是否接近0)评估解的准确度，因此解的误差容易被及时发现和纠正。只要迭代过程是收敛的，误差将随迭代步的增加逐渐趋于零，而不会像某些算法的舍入误差会随迭代过程逐渐累积。因此，收敛的不动点迭代法总是稳定的。在本章后续算法的讨论中，将不再关心稳定性，而将重点放在收敛性的讨论上。

对于收敛的迭代法，其收敛速度的快慢也很重要，它关系到达到特定的准确度需要多少步迭代，也就是需要多少计算量。下面先看一个例子，然后给出收敛阶的概念，用于衡量迭代收敛的速度。

例2.6(迭代收敛速度)：假设有(1)～(3) 3个迭代求解过程，其迭代解的误差$|e(x_k)|=|x_k-x^*|$随迭代步的变化情况分别为

(1) $10^{-1},10^{-2},10^{-3},10^{-4},\cdots$。

(2) $10^{-1},10^{-3},10^{-5},10^{-7},\cdots$。

(3) $10^{-1},10^{-2},10^{-4},10^{-8},\cdots$。

显然，迭代法(1)、(2)、(3)的收敛速度不同，方法(3)收敛得最快，而方法(1)收敛得最慢。再仔细观察，发现对于(1)和(2)，相邻步误差的比例为一常数：对于方法(1)，$|e(x_{k+1})/e(x_k)|=10^{-1}$；对于方法(2)，$|e(x_{k+1})/e(x_k)|=10^{-2}$。对于方法(3)，相邻步误差的比值逐步变小，因此，它表现出更快趋于0的收敛过程。 ■

定义2.3：设一个迭代解序列$\{x_0,x_1,x_2,\cdots,x_k\cdots\}$收敛于准确解$x^*$，若迭代解的误差$e(x_k)=x_k-x^*,k=1,2,\cdots$满足以下渐近关系：

$$\lim_{k\to\infty}\frac{|e(x_{k+1})|}{|e(x_k)|^p}=c,\quad (c\neq 0)$$

则称迭代过程是p阶收敛的，或称收敛阶为p。

关于这个定义要注意的是，对一个迭代法，其收敛阶p的值是唯一的，若取其他值，会使极限值c为0或无穷大。此外，这个定义也适合于非线性方程求解以外的其他迭代过程。

根据定义2.3，例2.6中3个迭代过程的收敛阶分别为

(1) 1阶收敛，$c=10^{-1}$。

(2) 1阶收敛，$c=10^{-2}$。

(3) 2阶收敛，$c=1$。

对于二分法来说，它大体上具有1阶收敛性，收敛常数$c=0.5$。

收敛阶为1的迭代法称为*线性收敛*；若收敛阶$p>1$，则称为*超线性收敛*；$p=2$对应的迭代法为*平方收敛*。收敛阶p越大，则k足够大以后，$|e(x_k)|<1$，解误差的衰减速度就越

快。因此，收敛阶越高，迭代法收敛得越快，计算量也越少，所以我们往往寻求收敛阶尽量高（如超线性收敛、2 阶收敛）的迭代法。

对于收敛阶为整数的迭代法，下面的定理给出了判断方法。

定理 2.7：对于不动点迭代法 $x_{k+1}=g(x_k)$，若在所求根 x^* 的邻域上函数 $g(x)$ 的 p 阶导数连续，$p\geqslant 2$，则该迭代法在 x^* 的邻域上 p 阶收敛的充分必要条件是：$g'(x^*)=g''(x^*)=\cdots=g^{(p-1)}(x^*)=0$，且 $g^{(p)}(x^*)\neq 0$。

【证明】 先证明充分性。根据定理 2.6 很容易看出该迭代法是局部收敛的，然后根据定义 2.3 考查其收敛阶。

$$
\begin{aligned}
e(x_{k+1}) &= x_{k+1}-x^* = g(x_k)-g(x^*) \\
&= g'(x^*)(x_k-x^*)+\frac{1}{2}g''(x^*)(x_k-x^*)^2+\cdots+ \\
&\quad \frac{1}{(p-1)!}g^{(p-1)}(x^*)(x_k-x^*)^{p-1}+\frac{1}{p!}g^{(p)}(\xi)(x_k-x^*)^p \\
&= \frac{1}{p!}g^{(p)}(\xi_k)(x_k-x^*)^p
\end{aligned}
\tag{2.9}
$$

其中 ξ_k 为 x_k 和 x^* 之间的某个数。因此，从式(2.9)可以推出

$$
\lim_{k\to\infty}\frac{|e(x_{k+1})|}{|e(x_k)|^p}=\lim_{k\to\infty}\frac{1}{p!}|g^{(p)}(\xi_k)|=\frac{1}{p!}|g^{(p)}(x^*)|\neq 0
$$

最后一个等式是由于 x_k 的极限是 x^*，所以 ξ_k 的极限也是 x^*，再根据定义 2.3，即证明该迭代法 p 阶收敛。

再证明必要性。采用反证法，若 $g'(x^*)$，$g''(x^*)$，…，$g^{(p)}(x^*)$的值不同于定理中描述的，即从 $g'(x^*)$开始的各阶导数中有连续 q 个为 $0(q\neq p-1)$，而第 $q+1$ 阶导数不为 0，则根据前面对充分性的证明可知，此方法为 $q+1$ 阶收敛，而 $q+1\neq p$，这与 p 阶收敛的条件矛盾，因此必要性得证。 ■

对于足够光滑的函数 $g(x)$，定理 2.7 给出了不动点迭代法 $x_{k+1}=g(x_k)$在 x^* 邻域内收敛性质的判定依据，即通过考查 x^* 处 $g'(x^*)$及更高阶导数值是否为 0，便可判断该方法的收敛阶。应当注意的是，这个判据得到的是局部收敛的有关性质，也称为局部收敛阶。

定理 2.7 涉及 x^* 这个不确定的值，有时为了方便，也可考查整个有根区间$[a,b]$上 $g(x)$的各阶导数的值。例如，若对于任意 $x\in[a,b]$，$g'(x)\neq 0$，则此迭代过程只可能线性收敛。

关于线性收敛有如下定理，它可以根据定理 2.6 和定义 2.3 证明。

定理 2.8：对于不动点迭代法$x_{k+1}=g(x_k)$，若在所求根x^* 的邻域上函数 $g(x)$的 1 阶导数连续，

(1) 如果$g'(x^*)\neq 0$，且$|g'(x^*)|<1$，则该迭代法在x^* 的邻域上线性收敛；

(2) 如果该迭代法在x^* 的邻域上线性收敛，则$g'(x^*)\neq 0$，且$|g'(x^*)|\leqslant 1$。

2.4 牛顿迭代法

前面介绍的不动点迭代法是一大类方法，实际应用时其形式多种多样，收敛性质也是好坏不一。本节介绍的牛顿迭代法[①]是一种被广泛使用的方法，它具有比较固定的公式，因此

① 又称为牛顿-拉弗森法(Newton-Raphson method)，简称牛顿法。

减少了构造不动点迭代法的盲目性,并且它具有局部收敛性和较高的收敛阶。

2.4.1 方法原理

下面结合图2-6介绍牛顿法的构造思想。图2-6中显示了函数$y=f(x)$的曲线,我们要求方程$f(x)=0$的根x^*,即求该曲线与横坐标轴的交点。假设已得到第k个近似解x_k,则可用如下方法得到下一个近似解x_{k+1}(希望它更接近x^*):先求出$f(x)$在$x=x_k$处的切线,设切线方程为$y=P(x)$,它是一次多项式函数,用$P(x)$近似$f(x)$,则$P(x)=0$的根就是新的近似解x_{k+1}。从几何的角度看,就是将切线与横轴交点处的x值作为下一步近似解。

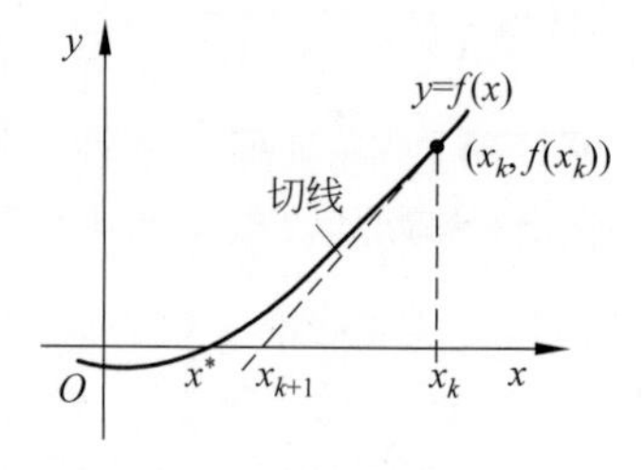

图2-6 牛顿法的构造思想

采用点斜式公式,切线方程为

$$P(x)=f(x_k)+(x-x_k)f'(x_k)$$

解方程$P(x)=0$,得到

$$x_{k+1}=x_k-\frac{f(x_k)}{f'(x_k)} \tag{2.10}$$

式(2.10)便是牛顿迭代法的迭代计算公式。

这样,任给一个非线性方程$f(x)=0$,即可得到牛顿迭代法。

算法 2.3:解单个非线性方程的牛顿迭代法

输入:x_0,函数$f(x)$;输出:x.

$k:=0$;

While $|f(x_k)|>\varepsilon_1$ 或 $|x_k-x_{k-1}|>\varepsilon_2$ **do**

$\quad x_{k+1}:=x_k-\dfrac{f(x_k)}{f'(x_k)}$;

$\quad k:=k+1$;

End

$x:=x_k$

牛顿迭代法也是一种不动点迭代法,相应的式(2.7)中的函数$g(x)=x-\dfrac{f(x)}{f'(x)}$。为了保证计算的可行性,应用牛顿迭代法时要求$f'(x_k)\neq0,k=0,1,2,\cdots$。

下面考查牛顿迭代法的局部收敛性和收敛阶。假设$f'(x^*)\neq0$,即x^*为方程$f(x)=0$的单根(根据定义2.1),我们来看$g'(x^*)$的值。

$$g'(x)=1-\frac{[f'(x)]^2-f(x)f''(x)}{[f'(x)]^2}=\frac{f(x)f''(x)}{[f'(x)]^2} \quad\Rightarrow\quad g'(x^*)=0$$

对$g'(x)$再求导一次,整理公式得到

$$g''(x^*)=\frac{f''(x^*)}{f'(x^*)} \tag{2.11}$$

一般情况下,$g''(x^*)\neq0$。根据定理2.6和定理2.7,得到如下关于牛顿迭代法收敛性的结论。

定理 2.9:设x^*是方程$f(x)=0$的单根,且$f(x)$在x^*附近有连续的3阶导数,则牛顿

法产生的解序列至少是局部 2 阶收敛的。

例 2.7(牛顿迭代法)：采用牛顿迭代法求方程

$$f(x)=x^4-x-2=0$$

在 1.5 附近的实根。

【解】 牛顿法的计算公式为

$$x_{k+1}=x_k-\frac{f(x_k)}{f'(x_k)}=\frac{3x_k^4+2}{4x_k^3-1},\quad k=0,1,2,\cdots \tag{2.12}$$

设初始值为 $x_0=1.5$，代入式(2.12)依次算出各个迭代解，列于表 2-2。从表 2-2 中的数据可以看出，到第四步迭代，解的前 5 位有效数字已经不变化了，迭代过程收敛得很快。

表 2-2　采用牛顿法求解例 2.7 的过程和结果

k	0	1	2	3	4
x_k	1.5	1.375	1.3538	1.3532	1.3532

此例与前面的例 2.2、例 2.4 求解的是同一个方程，将它们进行对比也可以看出，牛顿法比二分法和不动点迭代法收敛得都快，这体现了 2 阶收敛性的优势。

例 2.8(用牛顿法算平方根)：要求方程

$$f(x)=x^2-c=0,\quad c>0$$

的正根 x^*。试分析采用牛顿法求解过程的收敛性质。

【解】 列出牛顿法计算公式：

$$x_{k+1}=x_k-\frac{x_k^2-c}{2x_k}=\frac{1}{2}\left(x_k+\frac{c}{x_k}\right),\quad k=0,1,2,\cdots \tag{2.13}$$

由于 $f'(x^*)\neq 0$，且 $f''(x^*)\neq 0$，根据定理 2.8 知，式(2.13)局部 2 阶收敛。■

需要说明的是，迭代式(2.13)对任意 $x_0>0$ 都是收敛的。也就是说，在区间$(0,+\infty)$上是全局收敛的。要证明这一点，不能直接应用定理 2.4 或定理 2.5，但考虑到按式(2.13)迭代一次后解即满足$x_k\geqslant\sqrt{c}$，只需证明在区间$[\sqrt{c},+\infty)$上的全局收敛性，而这可根据定理 2.4 或 2.5 证明。下面从另一角度出发，直接证明迭代式(2.13)在区间$(0,+\infty)$上的全局收敛性。

对迭代计算式(2.13)进行配方处理，得到两个等式

$$x_{k+1}-\sqrt{c}=\frac{1}{2x_k}(x_k-\sqrt{c})^2 \tag{2.14}$$

$$x_{k+1}+\sqrt{c}=\frac{1}{2x_k}(x_k+\sqrt{c})^2 \tag{2.15}$$

将式(2.14)除以式(2.15)得

$$\frac{x_{k+1}-\sqrt{c}}{x_{k+1}+\sqrt{c}}=\left(\frac{x_k-\sqrt{c}}{x_k+\sqrt{c}}\right)^2 \tag{2.16}$$

反复推导可得

$$\frac{x_{k+1}-\sqrt{c}}{x_{k+1}+\sqrt{c}}=\left(\frac{x_0-\sqrt{c}}{x_0+\sqrt{c}}\right)^{2^{k+1}} \tag{2.17}$$

从式(2.17)可看出，对任意 $x_0>0$，都有$\left|\frac{x_0-\sqrt{c}}{x_0+\sqrt{c}}\right|<1$，因此等号右边的项随 k 的增大

极限为0。也就是说，$\frac{x_{k+1}-\sqrt{c}}{x_{k+1}+\sqrt{c}}$的极限为0，即 x_{k+1} 将收敛到$\sqrt{c}$。这便说明了求解此问题的牛顿法公式(2.13)在区间$(0,+\infty)$上是全局收敛的。

上述结论说明，式(2.13)是计算平方根$\sqrt{c}$的稳定算法，由于计算过程中只有加、减、乘、除等简单运算，因此也是计算机上实际使用的求平方根算法。

2.4.2 重根的情况

前面对 x^* 是方程 $f(x)=0$ 的单根的情况分析了牛顿法的收敛性，下面考虑 x^* 是 m 重根($m\geqslant 2$)的情况。根据定义2.1，$f^{(j)}(x^*)=0, j=1,2,\cdots,m-1$，而 $f^{(m)}(x^*)\neq 0$。此时$\varphi'(x)$的计算公式中分母为零，无法利用定理2.7判断牛顿法的收敛性。下面直接根据定义2.3进行分析。考查相邻迭代步误差的变化情况，由式(2.10)得出

$$
\begin{aligned}
e(x_{k+1}) &= x_{k+1}-x^* = e(x_k)-\frac{f(x_k)}{f'(x_k)} \\
\Rightarrow \frac{e(x_{k+1})}{e(x_k)} &= 1-\frac{f(x_k)-f(x^*)}{f'(x_k)(x_k-x^*)} \\
&= 1-\frac{\frac{1}{m!}f^{(m)}(\xi_k)(x_k-x^*)^m}{(x_k-x^*)\frac{1}{(m-1)!}f^{(m)}(\xi'_k)(x_k-x^*)^{m-1}} \\
&= 1-\frac{f^{(m)}(\xi_k)}{m f^{(m)}(\xi'_k)}
\end{aligned}
$$

其中ξ_k和ξ'_k均在以x_k和x^*为端点的开区间内。如果迭代法收敛，则当 $k\to\infty$时，ξ_k和ξ'_k的极限均为x^*。因此，

$$
\lim_{k\to\infty}\frac{e(x_{k+1})}{e(x_k)} = 1-\frac{1}{m} \tag{2.18}
$$

这表明牛顿法如果收敛，则为局部线性收敛，收敛常数 $c=1-\frac{1}{m}$，根的重数 $m\geqslant 2$，因此$0.5\leqslant c<1$。从这个角度看，如果用牛顿法求重根，则其收敛性并不比二分法更好。

2.4.3 判停准则

在迭代方法的实现中，使用合适的判停准则非常重要。它既影响迭代步数，即整体计算效率，也影响结果的准确度。对于二分法，我们可方便地计算结果的误差限，根据有根区间的长度，就可以确定迭代过程停止的条件。而对于一般的不动点迭代法(包括牛顿法)，较难直接估计误差限，迭代过程的判停准则主要有3种。

(1) *残差判据*，即要求$|f(x_k)|\leqslant\varepsilon_1$，其中 ε_1 为某个阈值。

(2) *误差判据*，即要求$|x_{k+1}-x_k|\leqslant\varepsilon_2$，其中 ε_2 为某个阈值。

(3) *相对误差判据*，即要求$|x_{k+1}-x_k|\leqslant\varepsilon_3|x_{k+1}|$，其中 ε_3 为某个阈值。

残差判据和误差判据都有一定道理，但也有缺陷。当问题比较敏感时(如求重根或$f'(x^*)$很小的情况)，$|f(x_k)|$很小并不意味着 x_k 很接近 x^*。而当近似解序列$\{x_k\}$收敛很慢时，$|x_{k+1}-x_k|$很小并不能说明$|x_{k+1}-x^*|$很小。因此，实际应用时往往将这3种判据组合起来使用，有时也需要根据问题特点和经验额外设置条件。

2.4.4　牛顿法的问题

当 $f(x)$满足 2 阶导数连续，且 x^* 为它的单根时，牛顿法在局部范围内 2 次收敛。然而，当这些假设不满足时，牛顿法可能变得非常不可靠。若 $f(x)$不具有连续的 2 阶导数，或者初始解不够靠近准确解，那么它可能收敛得很慢，或者根本不收敛。

下面构造一个极端的例子说明这个问题。在这种极端情况中，牛顿法的迭代解围绕 $x=a$这一点不断地来回跳动，要出现这种情况，则

$$x_{k+1}-a=-(x_k-a)$$

即

$$x_k-\frac{f(x_k)}{f'(x_k)}-a=-(x_k-a)$$

若有一个函数 $f(x)$满足

$$x-a-\frac{f(x)}{f'(x)}=-(x-a) \tag{2.19}$$

则用牛顿法求解 $f(x)=0$ 时，无论取什么初始值，后续的迭代解都将围绕点 a 不断地来回跳动，这样无限循环下去。方程(2.19)实际上是一个可分离的常微分方程

$$\frac{f'(x)}{f(x)}=\frac{1}{2(x-a)}$$

用微积分的知识，很容易求出

$$f(x)=\operatorname{sign}(x-a)\sqrt{|x-a|}$$

其中 sign()为正负号函数，$\operatorname{sign}(x)=\begin{cases}1, & x\geqslant 0\\ -1, & x<0\end{cases}$。显然，方程 $f(x)=0$ 的准确解为 $x^*=a$。采用牛顿法求解该方程的过程如图 2-7 所示，其中参数 $a=2$。

在图 2-7 中，画任何一点处的切线，它与 x 轴的交点都处于 $x=a$ 的另一侧。根据上面的推导我们知道，牛顿法求解该问题时的迭代解一直往返于 $x=a$ 的两侧，既不收敛，也不发散。

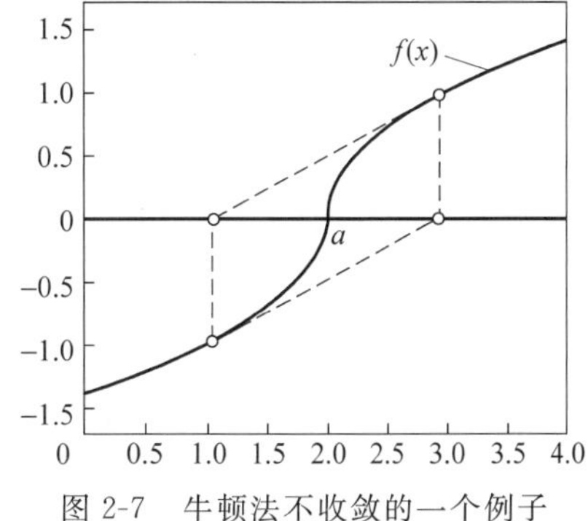

图 2-7　牛顿法不收敛的一个例子

进一步的分析表明，在这个例子中，$x\to a$ 时 $f'(x)$无界，因此 1 阶导数不连续，牛顿法的收敛理论不成立。

可见，牛顿法仍有如下 3 方面不足之处。

(1) 无法保证全局收敛性。也就是说，如果初始解 x_0 不在局部收敛的范围内，迭代过程可能发散。

(2) 对函数的连续性要求较高，需要 $f(x)$在 x^* 附近有连续的 2 阶导数。

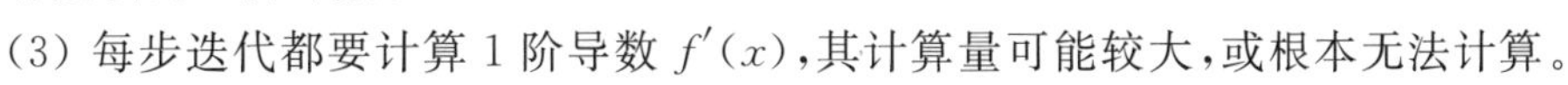

(3) 每步迭代都要计算 1 阶导数 $f'(x)$，其计算量可能较大，或根本无法计算。

2.5　割线法与抛物线法

本节和 2.6 节介绍的几种方法将试图对牛顿法的缺点进行弥补。

2.5.1 割线法

要避免计算导数,一种最简单的做法是仅在 x_0 对应的函数曲线处做切线,以后通过做平行弦得到后续的近似解,如图 2-8 所示。此方法称为平行弦法,它的迭代计算公式为

$$x_{k+1} = x_k - \frac{f(x_k)}{f'(x_0)}, \quad (k = 0,1,2,\cdots)$$

但是,此方法的明显缺点是收敛性较差,一般仅当 x_0 非常接近准确解时才有较好的收敛性。

割线法的基本思路是用差商[①]近似导数,从而避免复杂的导数计算,利用相邻两次迭代的函数值做差商,得

$$f'(x_k) \approx \frac{f(x_k) - f(x_{k-1})}{x_k - x_{k-1}}$$

这在几何图形上就是函数曲线的割线,那么割线与横轴的交点就是下一个近似解,如图 2-9 所示。割线方程为

$$P_1(x) = f(x_k) + \frac{f(x_k) - f(x_{k-1})}{x_k - x_{k-1}}(x - x_k)$$

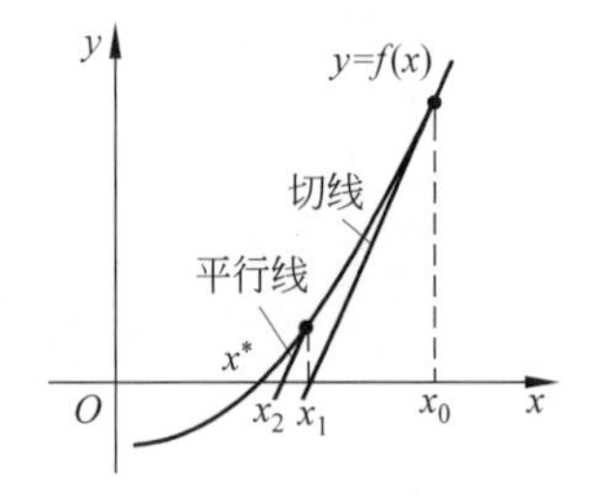

图 2-8 平行弦法

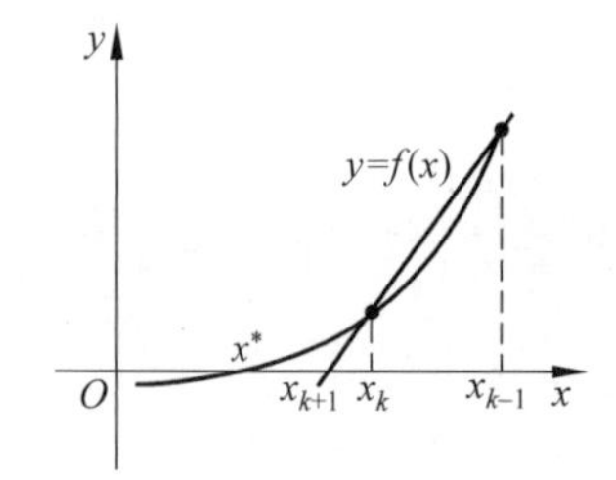

图 2-9 割线法

求解方程 $P_1(x)=0$,得到下一个近似解

$$x_{k+1} = x_k - \frac{f(x_k)}{f(x_k) - f(x_{k-1})}(x_k - x_{k-1})$$

下面给出割线法的算法描述。

算法 2.4: 解单个非线性方程的割线法
输入: x_0, x_1, 函数 $f(x)$; 输出: x.
$k := 1$;
While 不满足迭代停止条件 **do**
　　$x_{k+1} := x_k - \dfrac{f(x_k)}{f(x_k) - f(x_{k-1})}(x_k - x_{k-1})$;
　　$k := k+1$;
End
$x := x_k$

可将割线法看成是一种广义的不动点迭代法,定理 2.10 说明了它的收敛性。

① 关于差商的详细定义见 6.5 节。

定理 2.10：假设 $f(x)$在根 x^* 的邻域 $D:[x^*-\delta,x^*+\delta]$内具有 2 阶连续导数，且对任意$x\in D$，都有 $f'(x)\neq 0$，如果初值 $x_0,x_1\in D$ 充分接近 x^*，则割线法将按阶 $p=\frac{1+\sqrt{5}}{2}\approx 1.618$ 收敛。

这个定理的证明参见文献[6]。主要思路是：首先证明$\lim\limits_{k\to\infty}\{e(x_{k+1})/[e(x_k)e(x_{k-1})]\}$等于某个不为零的常数，这表明解序列是局部收敛的，而且速度超线性。假设$s_k=|e(x_{k+1})|/|e(x_k)|^r$，$r$ 为待求解的收敛阶数，则

$$|e(x_{k+1})|=s_k\,|e(x_k)|^r=s_k\,s_{k-1}^r\,|e(x_{k-1})|^{r^2}$$

因此，

$$\left|\frac{e(x_{k+1})}{e(x_k)e(x_{k-1})}\right|=\frac{s_k\,s_{k-1}^r\,|e(x_{k-1})|^{r^2}}{s_{k-1}\,|e(x_{k-1})|^{r+1}}=s_k\,s_{k-1}^{r-1}\,|e(x_{k-1})|^{r^2-r-1}$$

当 $k\to\infty$时，上式趋于一个非零常数，则必定有$r^2-r-1=0$，解方程得 $r=(1+\sqrt{5})/2\approx 1.618$。

应当注意，割线法避免了导数计算，且具有超线性的收敛速度，但它需要两个初始值。上面两种方法都将牛顿法中的导数计算替换成近似导数，因此也被称为*拟牛顿法*(quasi-Newton method)。

2.5.2　抛物线法

割线法使用前两个近似解得到下一个解，将此思路进行扩展，可考虑利用前 3 个近似解。一般地，前 3 个解 x_{k-2}、x_{k-1}和 x_k，及其对应的函数值 $f(x_{k-2})$、$f(x_{k-1})$和 $f(x_k)$可唯一确定一个二次多项式，若将它看成原函数 $y=f(x)$的近似，则求解这个一元二次方程得到的根就可作为迭代过程的下一个解。由于平面上通过 3 个点的曲线为抛物线，由此导出的方法称为*抛物线法*。

抛物线法又分两种：一种方法是根据 3 个已知点构造关于 x 的二次多项式(抛物线)，求这个抛物线与 x 轴的交点作为下一个迭代解。求二次多项式的方法一般用插值法，因此这种方法称为*二次插值法*。关于插值法的细节将在第 6 章介绍，这里不做讨论。

二次插值法得到的抛物线可能不与 x 轴相交，因为二次方程未必有实数根。所以，抛物线法的另一种方法是将这 3 个点插值为关于 y 的二次函数 $P_2(y)$，即得到通过这 3 点的“侧向抛物线”。这个二次函数 $P_2(y)$满足方程

$$\begin{cases}x_{k-2}=P_2(f(x_{k-2}))\\x_{k-1}=P_2(f(x_{k-1}))\\x_k=P_2(f(x_k))\end{cases}$$

只要 $f(x_{k-2})$、$f(x_{k-1})$和 $f(x_k)$这 3 个值互不相等，抛物线 $x=P_2(y)$就可以构造出来，并且它一定与 x 轴有交点(见图 2-10)。在交点处，$y=0$，对应的 x 值为下一步迭代解

$$x_{k+1}=P_2(0)。$$

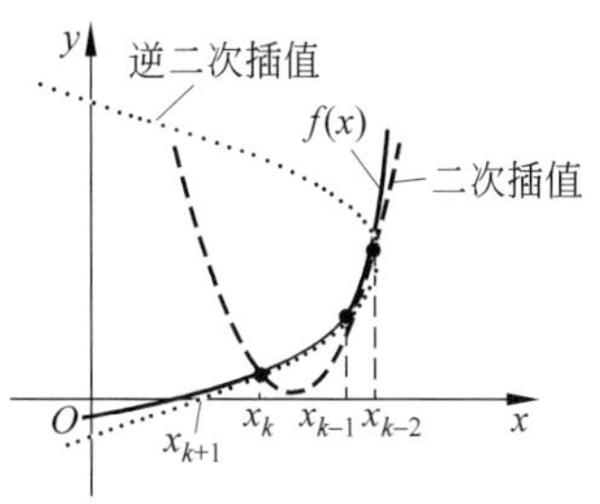

图 2-10　逆二次插值法求近似根

这种方法称为*逆二次插值法*(inverse quadratic interpolation)。

如果 $f(x_{k-2})$、$f(x_{k-1})$和 $f(x_k)$这 3 个值中有两个相等，逆二次插值法将退化为割线法。

理论上可以证明，两种抛物线法都具有超线性收敛速度，其共同的收敛阶 $p\approx 1.839$(参见文献[1])。此外，抛物线方法也是局部收敛的，因此迭代的初始值须尽量接近准确解。

虽然抛物线法不需要计算导数,且收敛很快,但它需要3个初始值,而且收敛性质不太稳定(局部收敛),因此往往与其他方法结合起来使用。实际应用中,二次插值法经过发展可用于求多项式方程的复数根,如Muller方法(参见文献[1])。而逆二次插值法与其他方法结合得到实用的zeroin算法(见2.6.3节)。

2.6 实用的方程求根技术

2.6.1 牛顿下山法

当初始值x_0偏离准确解x^*较远时,牛顿法可能发散。为了防止这种情况,在得到牛顿法的下一步解后,可引入一个比例因子缩小解的改变量,然后通过单调性要求

$$|f(x_{k+1})|<|f(x_k)|,\quad k=0,1,2,\cdots$$

判断新的解是否可接受。设该因子为λ_i,则迭代新解为

$$x_{k+1}=x_k-\lambda_i\frac{f(x_k)}{f'(x_k)}\tag{2.20}$$

这个方法称为*牛顿下山法*,算法描述如下。

算法 2.5:牛顿下山法
输入:x_0,函数$f(x)$;输出:x.
$k:=0$;
While 不满足迭代停止条件 **do**
  $s:=\dfrac{f(x_k)}{f'(x_k)}$;
  $x_{k+1}:=x_k-s$;
  $i:=0$;
  While $|f(x_{k+1})|\geqslant|f(x_k)|$ **do**
    $x_{k+1}:=x_k-\lambda_i s$;   { 使用下山因子序列$\{\lambda_i\}$ }
    $i:=i+1$;
  End
  $k:=k+1$;
End
$x:=x_k$

算法2.5使用了一个因子序列$\{\lambda_i\}$,其中每个值都在(0,1),并按递减顺序排列,因此也被称为下山因子。当迭代解充分靠近准确解时,则不再需要下山因子的调节。只有采用值接近1的下山因子,才能保证超线性的收敛速度。应指出,牛顿下山法并不能完全克服牛顿法的缺点,只是在有些情况下能取得较好的效果。

2.6.2 多项式方程求根

本章大部分内容讨论的都是求单个零点的问题,对某些情况,如多项式方程,有时我们要求它的所有根。假设n次多项式方程为

$$P(x)=x^n+a_1x^{n-1}+\cdots+a_{n-1}x+a_n=0$$

其中最高次项的系数为 1。注意,即使多项式系数都是实数,其零点也可能是复数。求其所有根的方法主要有如下 3 类。

(1) 使用前面讨论的任何一种方法,如牛顿法或抛物线法求出一个根 x_1,然后将原方程收缩得到低一次的多项式方程 $P(x)/(x-x_1)=0$,对它重复上述求根过程,直到求出所有根。收缩过程带来的舍入误差会降低解的准确度,因此可针对原方程 $P(x)=0$ 再次使用牛顿法等方法提高解的准确度。而对于复数根,采用抛物线法等技术求解。此外,在求解过程中往往需要计算多项式的值 $P(x)$和导数值 $P'(x)$,这可通过秦九韶算法(见算法 1.1)快速计算。

(2) 根据矩阵特征多项式的定义,将多项式方程求根问题转换为矩阵求特征值的问题。根据多项式系数,可定义矩阵

$$\boldsymbol{C}_n=\begin{bmatrix} -a_1 & -a_2 & \cdots & -a_{n-1} & -a_n \\ 1 & 0 & \cdots & 0 & 0 \\ 0 & 1 & \cdots & 0 & 0 \\ \vdots & \vdots & & \vdots & \vdots \\ 0 & 0 & \cdots & 1 & 0 \end{bmatrix}$$

矩阵 $\boldsymbol{C}_n$ 称为多项式 $P(x)$的*友阵*(companion matrix),可以验证矩阵 $\boldsymbol{C}_n$ 的特征多项式正是 $P(x)$。利用求矩阵特征值的算法可得到多项式的根。MATLAB 软件中的 roots 函数就是用此方法求多项式方程的根的。该方法非常稳定、可靠,但计算量和存储量较大。关于计算矩阵特征值的方法,见第 5 章。

(3) 利用求多项式全部零点的专门方法。这些方法中,有些采用技巧将多项式的根隔离在复平面的一个区域内,然后用类似二分法的方法对根进行改进,还有一些收敛更快的方法,包括拉盖尔(Laguerre)法、贝尔斯托(Bairstow)法等。在某些情况下,这些方法是求多项式全部零点的最有效的方法。

在上述三类方法中,前两类利用了已有的一些算法加以组合,因此较容易实现;第三类方法的算法比较复杂,但目前已有一些比较好的软件程序(见 2.7.2 节)。

2.6.3　通用求根算法 zeroin

本章前面讨论的各种方法都有各自的优缺点,对于一般的非线性方程,能否有一种通用的高效率的求根方法呢?下面介绍一个称为 zeroin 的算法,它由 Richard Brent 发表于 1973 年(因此也称为 Brent 算法)。该算法将二分法的稳定性和抛物线法、割线法的快速收敛性结合,是一种较通用、高效的求根算法,适合于求单根的情况。以此算法为基础,MATLAB 中实现了针对单变量连续函数求根问题的 fzero 命令。

zeroin 算法中定义了 a、b、c 3 个变量,变量 b 表示当前迭代步的近似解,变量 c 为上一步的 b,而变量 a 的作用则是与 b 构成有根区间。算法主要包括如下步骤:

(1) 选取初始值 a 和 b,使得 $f(a)$和 $f(b)$的正负号相反。

(2) 将 a 的值赋给 c。

(3) 重复下面的步骤,直到 $|f(b)|\leqslant\varepsilon_1$ 或者 $|a-b|\leqslant\varepsilon_2|b|$,$\varepsilon_1$、$\varepsilon_2$ 为误差控制阈值。

① 若 $f(b)$的正负号与 $f(a)$的正负号相同,则将 c 赋值给 a。

② 若 $|f(a)|<|f(b)|$,则将 b 的值赋给 c,然后对调 a、b 的值。

③ 如果 $c\neq a$,利用 a、b、c 以及它们的函数值做逆二次插值法的一步迭代,否则执行割线法中的一步。

④ 如果执行一步逆二次插值法或割线法得到的近似解"比较满意",将它赋值给 b,否则执行一步二分法得到 b,然后将上一步的 b 赋值给 c。

在上述算法步骤中,步骤①和②是对 a、b、c 3 个量的值进行调整,经过调整后使得:$f(a)$和 $f(b)$的正负号相反,$|f(b)|\leqslant|f(a)|$,c 为上一步的 b。因此,变量 b 总是存储最好的近似解,而 $f(x)$在 a 和 b 之间改变正负号。判断逆二次插值法或割线法得到的近似解是否满意,一方面要看它是否落在有根区间内,另一方面还要看相邻迭代解之差是否在缩小。此外,还有一些更复杂的、带有经验性质的判据。

以图 2-11 中的 $f(x)$函数为例,执行上述算法两步迭代,看看 a、b、c 3 个量如何变化。a_0、b_0 表示初始的 a 和 b 的值,而初始的 $c_0=a_0$。由于$|f(a)|<|f(b)|$,因此需要调换 a、b 的值,即得到新的 a_1、b_1,而令 $c_1=b_0$。由于 $c_1=a_1$,做一步割线法得到 b_2,可看出它是满意的近似解,因此更新 c 的值为 $c_2=b_1$,而 a 的值不变。进入下一步迭代,根据当前 a、b、c 的取值看出,不需要做①、②两步调整,而由于 $c_2\neq a_2$,可做逆二次插值,得到新解 b_3,它也是比较"好"的近似解,因此接受并更新 c 的值为 $c_3=b_2$。

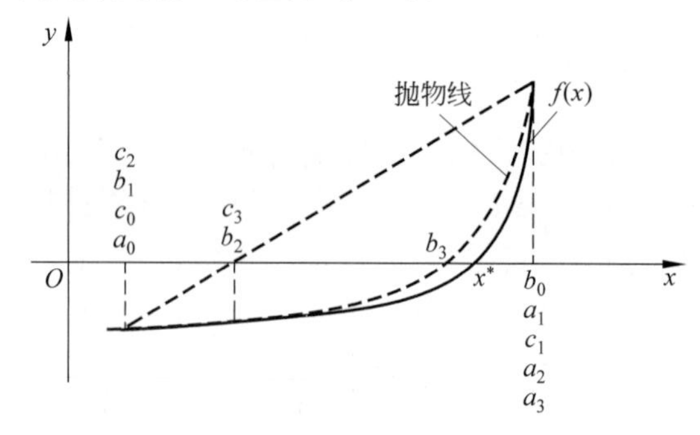

图 2-11 zeroin 算法示意图(a_i、b_i、c_i 表示每次经过调整或得到一个新解后 a、b、c 3 个量的值)

按上述过程可继续算法的执行,直到满足判停准则。注意,本算法的判停准则是残差判据和相对误差判据的组合。

zeroin 算法将方程的根困在不断缩小的区间中,很稳定,也兼顾了割线法、逆二次插值法收敛快的特点。它的主要优点如下。

(1) 本身不要求函数 $f(x)$具有光滑性。

(2) 不需要计算导数 $f'(x_k)$,只需要有办法算出任一 x_k 对应的 $f(x_k)$。

(3) 初始解只是包含准确解的区间,不需要和准确解很接近。

(4) 算法简单、稳定,每步迭代都使有根区间缩小。

最后给出实现 zeroin 算法的 MATLAB 语言程序代码[7],其中一些细节需要掌握逆二次插值的计算方法才能理解。感兴趣的读者可进一步研究,并进行有关的实验。

```
function b=fzerotx(F,ab,varargin)
%F为函数句柄或匿名函数,表示函数 f(x),ab为初始有根区间[a,b],要求 F(a)和 F(b)的符号相反
%varargin表示传给函数 F 的额外参数。返回值 b 为一个很小区间的端点
%例子: fzerotx(@(x) sin(x),[1,4])
a=ab(1);                                %检查输入的是否是有根区间
```

```
b=ab(2);                             %初始化搜索区间的变量 a、b、c
fa=F(a,varargin{:});                 %函数求值
fb=F(b,varargin{:});
if sign(fa)==sign(fb)
  error('Function must change sign on the interval')
end
c=a;
fc=fa;
d=b-c;
e=d;

while fb~ =0                         %主循环的开始
  if sign(fa)==sign(fb)              %调整 a、b 的值,使函数 f(x)在它们之间改变正负号
     a=c;  fa=fc;
     d=b-c;  e=d;
  end
  if abs(fa)<abs(fb)                 %交换 a、b 的值,因为 b 总是标记最优解
     c=b;   b=a;   a=c;
     fc=fb;  fb=fa;  fa=fc;
  end
  m=0.5*(a-b);
  tol=2.0*eps*max(abs(b),1.0);
  if (abs(m) < =tol) | (fb==0.0)               %收敛测试,可能从中退出
     break
  end
  if (abs(e)<tol) | (abs(fc) < =abs(fb)) %二分法
     d=m;
     e=m;
  else
     s=fb/fc;
     if (a==c)                                 %割线法
        p=2.0*m*s;
        q=1.0-s;
     else                                      %逆二次插值法
        q=fc/fa;
        r=fb/fa;
        p=s*(2.0*m*q*(q-r)-(b-c)*(r-1.0));
        q=(q-1.0)*(r-1.0)*(s-1.0);
     end;
     if p> 0,q=-q; else p=-p; end;
     if (2.0*p<3.0*m*q-abs(tol*q)) & (p<abs(0.5*e*q))
        e=d;                                   %判断逆二次插值/割线法的结果是否可接受
        d=p/q;
     else
        d=m;
        e=m;
```

```
        end;
    end

    c=b;%准备下一个迭代步,并计算 F 函数值
    fc=fb;
    if abs(d)> tol
        b=b+ d;
    else
        b=b-sign(b-a) * tol;
    end
    fb=F(b,varargin{:});
end
```

应用实例: 城市水管应埋于地下多深

1. 问题背景与建模

在冬季寒冷的大城市,必须保证埋于地下的水管干线不冻结。在寒冷季节,地面土壤的温度很低,但越深入地下温度越高,因此水管埋得越深越好,但相应的施工难度和代价也越大。那么,在保证水管不冻结的前提下,埋水管的深度该如何确定呢?

由于土壤的热传导作用,冬季寒流到来后地下土壤的温度会逐渐降低,因此它既是关于深度 x 的函数,也是关于时间 t 的函数。在越深的地方,土壤温度越不容易降低,其极限温度应该是一个常量,表示正常的土壤温度。寒流持续的时间越长,某一个深度的土壤的温度越低,其极限值是地面的温度。基于上述分析,可以假设土壤温度 $T(x,t)$满足如下方程:

$$\frac{T(x,t)-T_s}{T_i-T_s}=\operatorname{erf}\left(\frac{x}{2\sqrt{\alpha t}}\right)$$

其中,T_i 是寒流到来前的正常土壤温度(如 20℃);T_s 是寒冷季节的地面温度;比例 $\frac{T(x,t)-T_s}{T_i-T_s}$应该是一个 0～1 的数,$t=0$ 时其值为 1,$x=0$ 时其值为 0。上述方程中使用函数 erf()表示这个比例,其函数曲线如图 2-12 所示。深度 x、寒流持续时间 t,以及土壤的热传导系数 α 都包括在函数 erf(x)的自变量中,此函数被称为误差函数,表达式如下:

$$\operatorname{erf}(x)=\frac{2}{\sqrt{\pi}}\int_0^x \mathrm{e}^{-t^2}\,\mathrm{d}t$$

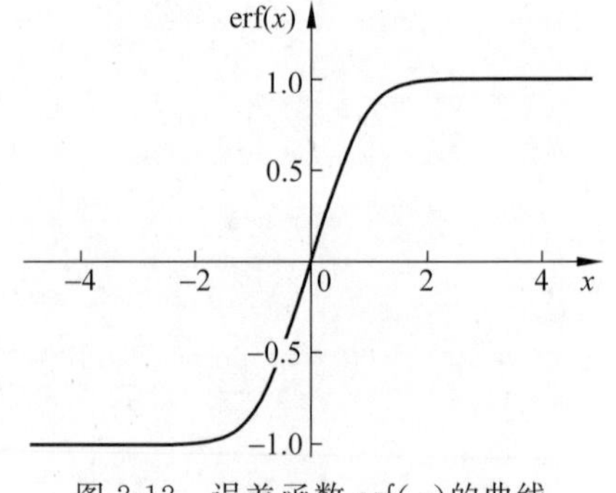

图 2-12　误差函数 erf(x)的曲线

它是均值为 0、方差为 1/2 的高斯(正态)随机分布的积分的两倍,当 $x\geqslant 0$ 时,其值域正好在 0～1。

基于上述模型,可得到土壤温度 $T(x,t)$的函数表达式,只不过其中包含一个复杂函数 erf(x)。要确定最合适的埋水管深度,可假设寒冷最长持续时间为 t_m,由于 0℃是水的结冰温度,那么 $T(x,t)=0$℃对应的 x 值就是所求的填埋深度,因此需求解非线性方程

$$T_{\text{pipe}}(x) \equiv T(x,t_m) = T_s + (T_i - T_s)\,\text{erf}\left(\frac{x}{2\sqrt{\alpha t_m}}\right) = 0$$

2. 方程求解与结果

如果 x 的单位是米(m),t 的单位是秒(s),则热传导系数 $\alpha=0.138 \cdot 10^{-6}\,\text{m}^2/\text{s}$。假设正常的土壤温度 $T_i=20℃$,寒冷季节地面温度 $T_s=-15℃$,寒流持续时间 t_m 为 60 天,则可求解上述非线性方程。由于这个非线性方程的解析表达式很复杂,因此计算导数比较困难,可用实用的 zeroin 算法求解。

在 MATLAB 中,函数 erf(x)有现成的命令实现,需自己定义一个函数 $T_{\text{pipe}}(x)$,然后利用 fzero 命令或者前面给出的 fzerotx 程序求解它。

定义函数 $T_{\text{pipe}}(x)$的程序如下:

```
function T=t_pipe(x)
%地下 x 米深处的土壤温度
Ti=20;                                  %正常土壤温度
Ts=-15;                                 %寒冷季节地面温度
tm=60;                                  %寒流持续天数
alpha=0.138e-6;
t=tm*24*60*60;                          %将时间单位换算为秒
c=2*sqrt(alpha*t);
T=Ts+(Ti-Ts)*erf(x/c);
```

然后执行如下命令,解出结果。

```
>>fzero(@t_pipe,[0 5])
ans=
  0.676961854481937
```

这说明将水管埋于地下大约 0.68m 深处最合适,它保证在上述假设条件下持续 60 天,水都不会结冰。实验中还发现,这个例子 zeroin 算法迭代了 7 步,各步中都使用了割线法和逆二次插值法。

2.7 非线性方程组和有关数值软件

2.7.1 非线性方程组

非线性方程组的求解要比单个非线性方程困难。一方面,对解的存在性、解的个数和收敛性的分析更加复杂;另一方面,随着方程数目增多,总的计算量也迅速增加。这里将单个方程的解法加以扩展,进行简单介绍。

记一般的非线性方程组为

$$\boldsymbol{f}(\boldsymbol{x}) = \boldsymbol{0} \tag{2.21}$$

其中,$\boldsymbol{x}\in\mathbb{R}^n$,函数 $\boldsymbol{f}$: $\mathbb{R}^n\to\mathbb{R}^n$,$\boldsymbol{0}$ 为 n 维零向量。对于这个求多维空间解向量的问题,不动点迭代法和牛顿法仍然是可行的办法。

假设方程(2.21)经过等价变换得到

$$x = g(x)$$

其中,函数 g: $\mathbb{R}^n \to \mathbb{R}^n$,则相应的不动点迭代法计算公式为

$$x_{k+1} = g(x_k) \tag{2.22}$$

对单个方程($n=1$ 的情况),不动点迭代法的(局部)收敛性主要由 $|g'(x^*)|$ 决定(定理2.6)。对于非线性方程组,收敛性与函数 g 的雅可比(Jacobi)矩阵有关。

定义 2.4: 令 $J_g(x)$ 表示 n 维多元函数 g: $\mathbb{R}^n \to \mathbb{R}^n$ 的雅可比矩阵,它是一个 $n\times n$ 维矩阵,它的元素值为

$$\{J_g(x)\}_{ij} = \frac{\partial g_i(x)}{\partial x_j}, \quad (i,j = 1,2,\cdots,n)$$

其中,$g_i(x)$ 为 n 维多元函数 g 的第 i 个分量。

从定义2.4可以看出,雅可比矩阵依赖于具体的 x 值。一般考查的都是 $x=x^*$,x^* 为方程(2.21)的准确解的情况。下面的定理说明了不动点迭代法的收敛性与雅可比矩阵 $J_g(x^*)$ 之间的关系。

定理 2.11: 对于求解非线性方程组的不动点迭代法 $x_{k+1}=g(x_k)$,若相应的雅可比矩阵 $J_g(x^*)$ 的任意特征值 λ 都满足 $|\lambda|<1$,则当初始解向量充分接近准确解时,不动点迭代法收敛(局部收敛)。

定理的证明超出了本书的范围,这里不做介绍。应用定理2.11时并不需要计算出所有的特征值,更多讨论见第5章。另外需要说明的是,与单个方程的情况一样,雅可比矩阵的特征值越小,迭代收敛的速度越快。

作为一种特殊的不动点迭代法,下面讨论牛顿法求解非线性方程组的计算公式。对于可微函数 f: $\mathbb{R}^n \to \mathbb{R}^n$,可在任意一点 x 处进行1阶泰勒展开的近似:

$$f(x + s) \approx f(x) + J_f(x)s$$

其中,$J_f(x)$ 是 f 的雅可比矩阵。考查 $x=x_k$ 的情况,则线性方程

$$f(x_k) + J_f(x_k)s = 0 \tag{2.23}$$

近似于方程 $f(x_k+s)=0$,由方程(2.23)的解可得到原方程(2.21)的近似解

$$x_{k+1} = x_k + s = x_k - [J_f(x_k)]^{-1} f(x_k)$$

这个过程重复进行,即可得到牛顿法求解非线性方程组的算法。

算法 2.6: 解非线性方程组的牛顿法

输入: x_0,n 维多元函数 $f(x)$; 输出: x.

$k := 0$;

While 不满足收敛条件 **do**

　　解线性方程组 $J_f(x_k)s_k = f(x_k)$,求 s_k;

　　$x_{k+1} := x_k - s_k$;

　　$k := k+1$;

End

$x := x_k$

例 2.9(牛顿法解非线性方程组): 用牛顿法解非线性方程组

$$\boldsymbol{f}(\boldsymbol{x})=\begin{bmatrix}x_1+2x_2-2\\x_1^2+4x_2^2-4\end{bmatrix}=\begin{bmatrix}0\\0\end{bmatrix}$$

【解】 方程组的雅可比矩阵为

$$\boldsymbol{J}_f(\boldsymbol{x})=\begin{bmatrix}1&2\\2x_1&8x_2\end{bmatrix}$$

取 $\boldsymbol{x}_0=[1,2]^{\mathrm{T}}$，则

$$\boldsymbol{f}(\boldsymbol{x}_0)=\begin{bmatrix}3\\13\end{bmatrix},\quad \boldsymbol{J}_f(\boldsymbol{x}_0)=\begin{bmatrix}1&2\\2&16\end{bmatrix}$$

解方程组

$$\boldsymbol{J}_f(\boldsymbol{x}_0)\boldsymbol{s}_0=\begin{bmatrix}1&2\\2&16\end{bmatrix}\boldsymbol{s}_0=\begin{bmatrix}3\\13\end{bmatrix}=\boldsymbol{f}(\boldsymbol{x}_0)$$

得 $\boldsymbol{s}_0=[1,83,0.58]^{\mathrm{T}}$，因此，

$$\boldsymbol{x}_1=\boldsymbol{x}_0-\boldsymbol{s}_0=\begin{bmatrix}-0.83\\1.42\end{bmatrix},\quad \boldsymbol{f}(\boldsymbol{x}_1)=\begin{bmatrix}0\\4.72\end{bmatrix},\quad \boldsymbol{J}_f(\boldsymbol{x}_1)=\begin{bmatrix}1&2\\-1.67&11.3\end{bmatrix}$$

解方程组 $\boldsymbol{J}_f(\boldsymbol{x}_1)\boldsymbol{s}_1=\boldsymbol{f}(\boldsymbol{x}_1)$，可得 $\boldsymbol{s}_1=[-0.64,0.32]^{\mathrm{T}}$，因此，

$$\boldsymbol{x}_2=\boldsymbol{x}_1-\boldsymbol{s}_1=\begin{bmatrix}-0.19\\1.10\end{bmatrix},\quad \boldsymbol{f}(\boldsymbol{x}_2)=\begin{bmatrix}0\\0.83\end{bmatrix},\quad \boldsymbol{J}_f(\boldsymbol{x}_2)=\begin{bmatrix}1&2\\-0.38&8.76\end{bmatrix}$$

继续这个迭代过程，有 $\boldsymbol{x}_3=[-0.02,1.01]^{\mathrm{T}}$，$\boldsymbol{x}_4=[-0.00,1.00]^{\mathrm{T}}$，已收敛到准确解 $\boldsymbol{x}^*=[0,1]^{\mathrm{T}}$。 ■

与单个方程的情况相比，求解非线性方程组的牛顿法也具有类似的优点，但它每步迭代，都需要求解线性方程组，当 n 较大时，计算量非常大。为了提高计算效率和保证稳定的收敛，可以将拟牛顿法、阻尼牛顿法等技术推广到多维情况，这里不再详细讨论。

另外应说明的是，求解单个非线性方程的方法并不都能推广到非线性方程组，因此牛顿法及其改进方法成为求解非线性方程组的主要方法。

2.7.2　非线性方程求根的相关软件

求解非线性方程 $f(x)=0$ 的软件一般需要使用者提供计算函数值 $f(x)$ 的程序、有根区间的端点值或解的初始值，以及迭代过程停止所需的控制阈值。程序执行后的输出数据除了解外，往往还包含一个说明状态信息(成功、警告或错误)的标志。在实际问题中，非线性方程组是常常遇到的，因此很多软件/程序包也支持对非线性方程组的求解。此时，输入数据还要包括方程组中方程和自变量的个数，有时还包括计算函数雅可比矩阵的程序。

表 2-3 列出了求解一般非线性方程(组)的程序，其中非线性方程组的求解程序根据是否需要用户提供雅可比矩阵计算程序分为两类。这些程序大多数都可以通过互联网免费获得，除了在第 1.1 节介绍过的，其他可在 Netlib 网站上找到。

表 2-4 列出了一些用于求解实系数或复系数多项式所有零点的特殊程序。

MATLAB 中求解一般非线性方程和方程组的命令是 fzero 和 fsolve，它们的输入都包括待求解的方程以及初始解。方程的信息通过函数 $f(x)$ 表示，MATLAB 中表示函数的方法有两种：m-文件和匿名函数@。使用@可方便地定义较简单、具有表达式的函数 $f(x)$，具体的使用方法请参考联机帮助文档。初始解可以是一个有根区间，也可以是单个解。另

表 2-3 求解非线性方程的程序

软件/程序包	单个方程	方程组	
	不需要导数	不需要雅可比矩阵	需要雅可比矩阵
HSL	nb01/nb02	ns11	
MATLAB	fzero	fsolve	
MINPACK		hybrd1	hybrj1
NR	zbrent	broydn	newt
TOMS	zerol (#631)	brentm (#554)	tensolve (#768)

表 2-4 求解多项式所有零点的程序

软件/程序包	实系数	复系数	软件/程序包	实系数	复系数
HSL	pal7		NUMERALGO		polzeros(nal0)
MATLAB	roots	roots	SLATEC	rpzero/rpqr79	cpzero/cpqr79
NAPACK		czero	TOMS	rpoly (#493)	cpoly (#419)
NR	zrhqr	zroots			

外,通过输入选项参数还可以控制输出的结果信息,了解迭代过程中每步的方法和近似解。MATLAB中求解多项式方程的命令是roots,它的输入比较简单,是用数组表示的降次排列的多项式系数,程序的输出结果就是多项式方程的所有根。

评　述

本章讨论的方法除二分法和zeroin算法外,都只具有局部收敛性。还有一些具有全局收敛保证的方法,如同伦算法或连续算法,它将问题空间参数化,跟踪从平凡的易求解问题到所求问题的解曲线,以达到所需的解。这些方法主要用于求解很难得到初始解的复杂非线性问题。感兴趣的读者可参考:

- W. Forster, "Homotopy methods," in *Handbooks of Global Optimization*, pp. 669-750, Boston: Kluwer, 1995.
- E. L. Allgower, and K. Georg, "Continuous and path following," *Acta Numerica*, Vol 2, pp. 1-64, 1993.

实现这些方法的软件包括TOMS #555 (fixpt)、#617 (defne)、#777 (hompack)。另一种方法是"广义二分法",它基于区间方法求解非线性方程组,实现的程序是TOMS的#666(chabis)和#681(intbis)。感兴趣的读者可参考:

- A. Neumaier, *Interval Methods for Systems of Equations*, New York: Cambridge University Press, 1990.

此外,zeroin 算法是求单个方程单根的有效方法,但对于求重根的情况,它或者找不到有根区间或者效率很低。对于求重根的问题,直接使用牛顿法(或割线法、抛物线法)只能取得线性收敛速度,因此需要一些特殊的技术。例如,文献[38]介绍了一种做变换的方法,它将求重根的问题转换为求另一个方程的单根的问题,然后再使用牛顿法求解,可大大提高收敛速度。

对于非线性方程组求解问题,为了避免牛顿法中的求导计算,往往采用类似割线法的思想进行偏导数的近似计算。另外,为了避免每个迭代步都求解雅可比矩阵为系数的线性方程组,只对近似雅可比矩阵的分解进行修改。这类方法称为割线修正法,其应用广泛。最简单、有效的割线修正法之一是 Broyden 方法。对它的详细介绍见下面的文献:

- C. G. Broyden, A class of methods for solving nonlinear simultaneous equations, *Mathematics of Computation*, Vol 19, No. 92, pp. 577-593, 1965.
- J. E. Dennis, and J. J. More, Quasi-Newtion methods, motivation and theory, *SIAM Review*, Vol 19, pp. 46-89, 1977.

非线性方程求根问题与最优化问题(非线性规划问题)在很多方面是类似的,它们的解法通常都采用迭代法,通过一系列迭代步使解迅速收敛到问题的准确解。因此,本章讨论的很多方法,如牛顿法、割线法等都被用于求解最优化问题。本书不讨论最优化问题的解法,感兴趣的读者可参考文献[1]以及其他专门讨论最优化方法的书籍。

【本章知识点】 二分法;二分法的迭代次数;二分法结果准确度的极限情况;不动点迭代法;不动点迭代法全局收敛的充分条件;局部收敛;局部收敛的充分条件;收敛阶的确定;牛顿法;迭代法的判停准则;割线法;抛物线法的思想;牛顿下山法;通用求根算法 zeroin 的思想;利用 MATLAB 求解非线性方程;非线性方程组的雅可比矩阵;解非线性方程组的牛顿法。

算法背后的历史:牛顿与牛顿法

艾萨克·牛顿(Isaac Newton,1643 年 1 月 4 日—1727 年 3 月 20 日,见图 2-13)是英国伟大的数学家、物理学家、天文学家和自然哲学家,其研究领域包括物理学、数学、天文学、神学、自然哲学和炼金术。牛顿被誉为人类历史上最伟大、最有影响力的科学家。为了纪念牛

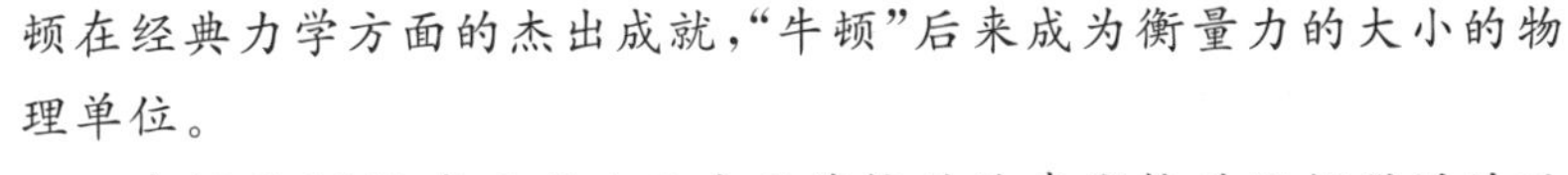
顿在经典力学方面的杰出成就,"牛顿"后来成为衡量力的大小的物理单位。

图 2-13　牛顿

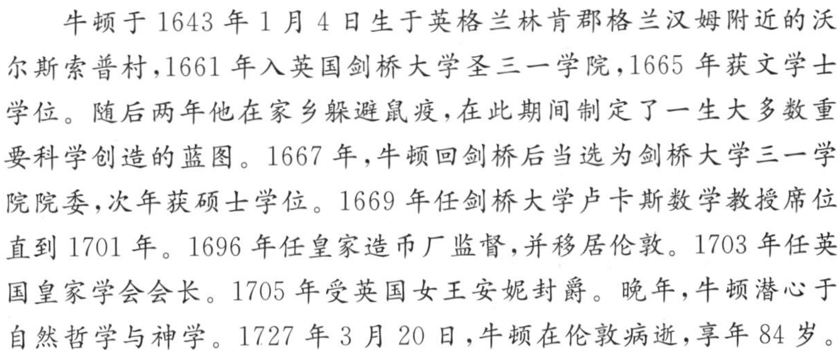
牛顿于 1643 年 1 月 4 日生于英格兰林肯郡格兰汉姆附近的沃尔斯索普村,1661 年入英国剑桥大学圣三一学院,1665 年获文学士学位。随后两年他在家乡躲避鼠疫,在此期间制定了一生大多数重要科学创造的蓝图。1667 年,牛顿回剑桥后当选为剑桥大学三一学院院委,次年获硕士学位。1669 年任剑桥大学卢卡斯数学教授席位直到 1701 年。1696 年任皇家造币厂监督,并移居伦敦。1703 年任英国皇家学会会长。1705 年受英国女王安妮封爵。晚年,牛顿潜心于自然哲学与神学。1727 年 3 月 20 日,牛顿在伦敦病逝,享年 84 岁。

牛顿的主要贡献:

- 二项式定理;
- 创建微积分;
- 方程论与变分法(牛顿法);
- 牛顿运动定律;
- 光学上的贡献;
- 构筑力学大厦。

关于牛顿法

早在1665年,牛顿就使用了与割线法等价的方法。1669年,他提出与现在的牛顿法类似的方法,但其中并没有使用导数,而是基于二项式展开,并且针对的是多项式方程。1690年,拉弗森(Raphson)对牛顿法作了简化和改进,因此该方法也常被称为牛顿-拉弗森方法。在牛顿法中使用导数是由辛普森(Simpson)于1740年提出的,他还将这种方法从单个方程问题推广到非线性方程组问题,这就是我们现在使用的牛顿法。后来,拉格朗日和傅里叶等人简化了牛顿法的表达式,也进行了一些推广,但将辛普森的贡献遗忘掉了,只留下与该方法有关的牛顿和拉弗森的名字。事实上,辛普森在牛顿法中的贡献可能要比他在数值积分方法辛普森公式(见第7章)中的贡献还大。

牛顿名言

- 如果说我比别人看得更远些,那是因为我站在巨人肩上的缘故。
- 无知识的热心,犹如在黑暗中远征。
- 我的成就,当归功于精微的思索。
- 你若想获得知识,你该下苦功;你若想获得食物,你该下苦功;你若想得到快乐,你也该下苦功,因为辛苦是获得一切的定律。
- 聪明人之所以不会成功,是由于他们缺乏坚韧的毅力。
- 胜利者往往是从坚持最后五分钟的时间中得来成功。
- 我不知道世人怎样看我,但我自己以为我不过像一个在海边玩耍的孩子,不时为发现比寻常更为美丽的贝壳而沾沾自喜。

练 习 题

1. 为求方程 $x^3-x^2-1=0$ 在 $x_0=1.5$ 附近的一个根,将方程改写成下列等价形式,并建立相应的迭代公式。

(1) $x=1+1/x^2$,迭代公式 $x_{k+1}=1+1/x_k^2$。

(2) $x^2=1/(x-1)$,迭代公式 $x_{k+1}=1/\sqrt{x_k-1}$。

(3) $x^3=1+x^2$,迭代公式 $x_{k+1}=\sqrt[3]{1+x_k^2}$。

试依据定理2.4与2.5分析每个迭代公式的全局收敛性,即是否存在某个定义域的区间其全局收敛,该定义区间是什么?选取一个公式求出具有4位有效数字的近似根。

2. 给定函数 $f(x)$,设对一切 x,$f'(x)$存在且 $0<m\leqslant f'(x)\leqslant M$,证明对于 $0<\lambda<\dfrac{2}{M}$ 的任意定数 λ,迭代过程 $x_{k+1}=x_k-\lambda f(x_k)$ 均收敛于 $f(x)=0$ 的根 x^*。

3. 研究求$\sqrt{a}$的牛顿迭代公式

$$x_{k+1}=\frac{1}{2}\left(x_k+\frac{a}{x_k}\right),\quad x_0>0$$

证明对一切 $k=1,2,\cdots,x_k\geqslant\sqrt{a}$且序列 $x_1,x_2,\cdots$是递减的。

4. 应用牛顿法解方程 $x^3-a=0(a\neq 0)$，导出求立方根$\sqrt[3]{a}$的迭代公式，并讨论其局部收敛性。

5. 证明迭代公式

$$x_{k+1}=\frac{x_k(x_k^2+3a)}{3x_k^2+a}$$

是计算$\sqrt{a}(a\neq 0)$的 3 阶方法。假定初值 x_0 充分靠近根 x^*，求

$$\lim_{k\to\infty}(\sqrt{a}-x_{k+1})/(\sqrt{a}-x_k)^3$$

6. 证明式(2.11)。

7. 若函数 $f(x)$满足 2 阶导数连续，证明牛顿法在局部收敛范围内的误差满足：

$$\lim_{n\to\infty}\frac{e(x_{n+1})}{e(x_n)^2}=\frac{f''(x^*)}{2f'(x^*)}$$

其中 x^* 为方程 $f(x)=0$ 的单根。

8. 证明定理 2.4 的结论：$|x_k-x^*|\leqslant\frac{L^k}{1-L}|x_1-x_0|$。

9. 用下列方法求 $f(x)=x^3-3x-1=0$ 在 $x_0=2$ 附近的根。根的准确值 $x^*=1.87938524\cdots$，要求计算结果有 4 位准确的有效数字。

(1) 用牛顿法。

(2) 用割线法，取 $x_0=2,x_1=1.9$。

10. 分别用二分法和牛顿法求 $x-\tan x=0$ 的最小正根，要求计算结果有 4 位准确的有效数字。

上　机　题

1. 对于方程

$$f(x)=x^2-3x+2=0$$

可以有以下多种不动点迭代方式：

$$\varphi_1(x)=\frac{x^2+2}{3}$$

$$\varphi_2(x)=\sqrt{3x-2}$$

$$\varphi_3(x)=3-\frac{2}{x}$$

$$\varphi_4(x)=\frac{x^2-2}{2x-3}$$

(1) 对于根 $x=2$，通过$|\varphi_i'(2)|$，$(i=1,2,3,4)$分析各个算法的收敛特性。

(2) 用程序验证分析的结果。

2. 编程实现牛顿法与牛顿下山法求解下面两个方程。要求：①设定合适的迭代判停准则；②设置合适的下山因子序列；③打印每个迭代步的近似解及下山因子；④请用其他较准确的方法(如 MATLAB 软件中的 fzero 函数)验证牛顿法与牛顿下山法结果的正确性。最后，总结哪个问题需要用牛顿下山法求解，以及采用它之后的效果。

(1) $x^3-2x+2=0$，取 $x_0=0$。

(2) $-x^3+5x=0$，取 $x_0=1.35$。

3. 利用 2.6.3 节给出的 fzerotx 程序，在 MATLAB 中编程求第一类的零阶贝塞尔函数 $J_0(x)$的零点。$J_0(x)$在 MATLAB 中通过命令 besselj(0,x)得到。试求 $J_0(x)$的前 10 个正的零点，并绘出函数曲线和零点的位置。

4. 编程求解非线性方程组

$$\begin{cases}(x_1+3)(x_2^3-7)+18=0\\ \sin(x_2e^{x_1}-1)=0\end{cases}$$

初始解 $\boldsymbol{x}_0=[-0.5,1.4]^{\mathrm{T}}$。

第3章　线性方程组的直接解法

线性方程组(linear equation system)可写成如下形式：

$$\begin{cases} a_{11}x_1 + a_{12}x_2 + \cdots + a_{1n}x_n = b_1 \\ a_{21}x_1 + a_{22}x_2 + \cdots + a_{2n}x_n = b_2 \\ \qquad\vdots \\ a_{m1}x_1 + a_{m2}x_2 + \cdots + a_{mn}x_n = b_m \end{cases}$$

其中包含 m 个方程、n 个未知量($x_1, x_2, \cdots, x_n$)。若 $m>n$，则这种线性方程组称为*超定方程组*，一般没有解，但可求出最小二乘解，详见第6章有关线性最小二乘的内容。若 $m<n$，则线性方程组一般有无穷多个解，实际应用中常将它与其他约束条件一起考虑，构成一个约束优化问题，它超出了本书的讨论范围。当 $m=n$ 时，这是常见的线性方程组求解问题，记为

$$\boldsymbol{A}\boldsymbol{x} = \boldsymbol{b} \tag{3.1}$$

其中，$\boldsymbol{A}$ 是一个 $n\times n$ 维矩阵，称为*系数矩阵*(coefficient matrix)；$\boldsymbol{x}$ 为 n 维向量，称为*解向量*；$\boldsymbol{b}$ 为 n 维向量，称为*右端向量*或*右端项*(right-hand side)。本章主要考虑 $m=n$ 的情况，并且假设矩阵 $\boldsymbol{A}$ 为实数矩阵、$\boldsymbol{b}$ 为实数向量，因此待求的 $\boldsymbol{x}$ 也是实向量。

除了很多应用问题可直接转换为线性方程组求解问题外，本书其他章节的数值计算问题也常归结为线性方程组的求解。例如，第2章讨论非线性方程组求解时，算法2.6就包含了对线性方程组求解的步骤。本章介绍线性方程组的直接解法以及有关的几种矩阵分解方法。所谓*直接解法*，就是理论上经过有限步计算能得到准确解的方法。第4章介绍线性方程组的迭代解法。

3.1　基本概念与问题的敏感性

线性方程组的求解问题与矩阵的关系密切，无论是理论分析，还是实际的算法设计，都需要使用矩阵这一工具。本节先对线性代数中的一些基本概念和结果进行复习，然后介绍向量与矩阵的范数，最后讨论线性方程组求解问题的敏感性。

3.1.1　线性代数中的有关概念

1. 解的存在性与唯一性

下面首先给出最基本的单位阵和零向量的定义，然后给出线性无关和线性相关的定义。

定义 3.1：(1) 分量都为0的向量称为*零向量*，记为 $\mathbf{0}$，分量都为0的矩阵称为*零矩阵*，记为 $\boldsymbol{O}$。

(2) 仅主对角线上元素均为1，其他元素均为0的矩阵称为*单位阵*(identity matrix)，通常记为 $\boldsymbol{I}$。

定义 3.2：设向量 $\boldsymbol{x}_1, \boldsymbol{x}_2, \cdots, \boldsymbol{x}_m \in \mathbb{R}^n$，如果存在不全为零的数 $\alpha_1, \alpha_2, \cdots, \alpha_m \in \mathbb{R}$，使得

$$\alpha_1 \boldsymbol{x}_1 + \alpha_2 \boldsymbol{x}_2 + \cdots + \alpha_m \boldsymbol{x}_m = \boldsymbol{0} \tag{3.2}$$

则称向量 $\boldsymbol{x}_1, \boldsymbol{x}_2, \cdots, \boldsymbol{x}_m$ 线性相关，否则，若式(3.2)只有当 $\alpha_1=\alpha_2=\cdots=\alpha_m=0$ 时成立，则称 $\boldsymbol{x}_1, \boldsymbol{x}_2, \cdots, \boldsymbol{x}_m$ 线性无关。

线性方程组 $\boldsymbol{Ax}=\boldsymbol{b}$ 的解的个数与系数矩阵 $\boldsymbol{A}$ 是否为奇异矩阵有关，下面的定理给出了判断矩阵奇异性的依据。

定理 3.1：设矩阵 $\boldsymbol{A}\in\mathbb{R}^{n\times n}$，若它满足下列等价条件之一：

(1) 存在逆矩阵 $\boldsymbol{A}^{-1}$，即存在一个矩阵，记为 $\boldsymbol{A}^{-1}$，满足 $\boldsymbol{AA}^{-1}=\boldsymbol{A}^{-1}\boldsymbol{A}=\boldsymbol{I}$。

(2) $\det(\boldsymbol{A})\neq 0$，其中，$\det(\boldsymbol{A})$表示 $\boldsymbol{A}$ 的行列式(determinant)。

(3) $\boldsymbol{A}$ 的秩 $\text{rank}(\boldsymbol{A})=n$ （矩阵的秩为其包含的线性无关的行或列的最多个数）。

(4) 对任意向量 $\boldsymbol{z}\neq\boldsymbol{0}$，有 $\boldsymbol{Az}\neq\boldsymbol{0}$。

则矩阵 $\boldsymbol{A}$ 为非奇异矩阵(nonsingular matrix)，否则为奇异矩阵(singular matrix)。

定理 3.2 说明了线性方程组解的存在性与唯一性。

定理 3.2：设矩阵 $\boldsymbol{A}\in\mathbb{R}^{n\times n}$，

(1) 若 $\boldsymbol{A}$ 为非奇异矩阵，则方程组 $\boldsymbol{Ax}=\boldsymbol{b}$ 有唯一的解 $\boldsymbol{x}=\boldsymbol{A}^{-1}\boldsymbol{b}$。

(2) 若 $\boldsymbol{A}$ 为奇异矩阵，且 $\boldsymbol{b}\in\text{span}(\boldsymbol{A})$，集合 $\text{span}(\boldsymbol{A})$表示 $\boldsymbol{A}$ 的各个列向量张成的线性空间，则方程组 $\boldsymbol{Ax}=\boldsymbol{b}$ 有无穷多个解。

(3) 若 $\boldsymbol{A}$ 为奇异矩阵，且 $\boldsymbol{b}\notin\text{span}(\boldsymbol{A})$，则方程组 $\boldsymbol{Ax}=\boldsymbol{b}$ 没有解。

2. 有关矩阵的基本知识

下面首先给出几种特殊类型矩阵的定义，然后给出顺序主子式的定义，并讨论对称正定矩阵的性质。

定义 3.3：设矩阵 $\boldsymbol{A}=(a_{ij})\in\mathbb{R}^{n\times n}$，则矩阵 $\boldsymbol{A}$ 为

(1) 对角矩阵(diagonal matrix)，当 $i\neq j$ 时，$a_{ij}=0$。

(2) 三对角矩阵(tridiagonal matrix)，当$|i-j|>1$ 时，$a_{ij}=0$。

(3) 上三角矩阵(upper triangle matrix)，当 $i>j$ 时，$a_{ij}=0$。

(4) 下三角矩阵(lower triangle matrix)，当 $i<j$ 时，$a_{ij}=0$。

(5) 对称矩阵(symmetric matrix)，如果 $\boldsymbol{A}^{\mathrm{T}}=\boldsymbol{A}$，则 $\boldsymbol{A}^{\mathrm{T}}$ 为矩阵 $\boldsymbol{A}$ 的转置(transpose)。

(6) 对称正定矩阵(symmetric positive definite matrix)，如果 $\boldsymbol{A}^{\mathrm{T}}=\boldsymbol{A}$，且对任意非零向量 $\boldsymbol{x}\in\mathbb{R}^n$，则二次型 $\boldsymbol{x}^{\mathrm{T}}\boldsymbol{Ax}>0$。

(7) 对称半正定矩阵(symmetric positive semidefinite matrix)，如果 $\boldsymbol{A}^{\mathrm{T}}=\boldsymbol{A}$，且对任意非零向量 $\boldsymbol{x}\in\mathbb{R}^n$，则二次型 $\boldsymbol{x}^{\mathrm{T}}\boldsymbol{Ax}\geqslant 0$。

(8) 正交矩阵(orthogonal matrix)，$\boldsymbol{A}^{-1}=\boldsymbol{A}^{\mathrm{T}}$。

定义 3.3 中，前 4 种矩阵中包含较多的零元素，属于稀疏矩阵(sparse matrix)，它们的非零元素分布情况如图 3-1 所示(假设 $n=4$)。在图 3-1 中，用“×”标记非零矩阵元素的位置，按此方式得到的矩阵图示也称为矩阵的威尔金森图(Wilkinson graph)。容易看出，对角矩阵的逆矩阵(inverse matrix)、若干对角矩阵的乘积仍为对角矩阵，上(下)三角矩阵的逆矩阵、若干上(下)三角矩阵的乘积仍为上(下)三角矩阵。另外，通常称对角线元素均为 1 的上(下)三角矩阵为单位上(下)三角矩阵。

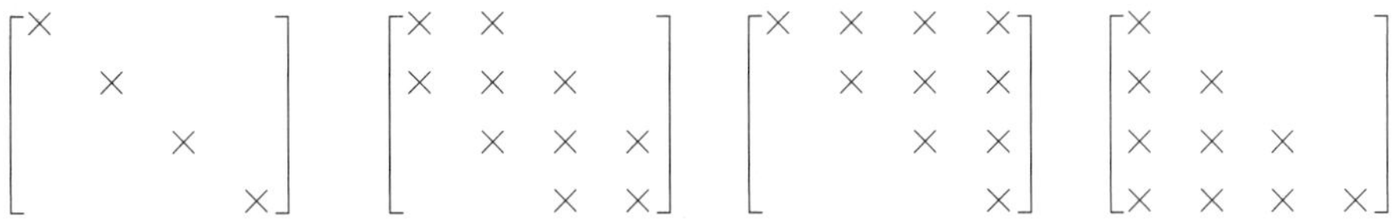

$$\begin{bmatrix} \times & & & \\ & \times & & \\ & & \times & \\ & & & \times \end{bmatrix} \quad \begin{bmatrix} \times & \times & & \\ \times & \times & \times & \\ & \times & \times & \times \\ & & \times & \times \end{bmatrix} \quad \begin{bmatrix} \times & \times & \times & \times \\ & \times & \times & \times \\ & & \times & \times \\ & & & \times \end{bmatrix} \quad \begin{bmatrix} \times & & & \\ \times & \times & & \\ \times & \times & \times & \\ \times & \times & \times & \times \end{bmatrix}$$

(a) 对角矩阵　(b) 三对角矩阵　(c) 上三角矩阵　(d) 下三角矩阵

图 3-1　矩阵的威尔金森图

定义 3.3 中的其余 4 种矩阵可能是稀疏矩阵，也可能是稠密矩阵。对于正交矩阵 $\boldsymbol{A}$，它的转置 $\boldsymbol{A}^{\mathrm{T}}$ 也是正交矩阵，并且它的行向量、列向量各自构成 n 维向量空间的一组单位正交基向量。

定义 3.4：设矩阵 $\boldsymbol{A}=(a_{ij})\in\mathbb{R}^{n\times n}$，则矩阵 $\boldsymbol{A}$ 的 k 阶顺序主子阵为

$$\boldsymbol{A}_k=\begin{bmatrix} a_{11} & \cdots & a_{1k} \\ \vdots & \ddots & \vdots \\ a_{k1} & \cdots & a_{kk} \end{bmatrix},\quad (k=1,2,\cdots,n)$$

并且顺序主子阵的行列式 $\det(\boldsymbol{A}_k)$，$(k=1,2,\cdots,n)$ 称为顺序主子式。

从定义 3.4 看出，n 阶顺序主子阵 $\boldsymbol{A}_n=\boldsymbol{A}$，而 1 阶顺序主子阵就是一个数——$a_{11}$。

定义 3.5：设矩阵 $\boldsymbol{A}=(a_{ij})\in\mathbb{R}^{n\times n}$，若存在数 λ（实数或复数）和非零向量 $\boldsymbol{x}=[x_1,x_2,\cdots,x_n]^{\mathrm{T}}$（实向量或复向量），使

$$\boldsymbol{Ax}=\lambda\boldsymbol{x}$$

则称 λ 为 $\boldsymbol{A}$ 的特征值(eigenvalue)，$\boldsymbol{x}$ 为 λ 对应的 $\boldsymbol{A}$ 的特征向量(eigenvector)。

由定义 3.5 知，矩阵 $\boldsymbol{A}$ 的特征值 λ 为特征方程

$$\det(\lambda\boldsymbol{I}-\boldsymbol{A})=0 \tag{3.3}$$

的解。由于式(3.3)为 n 次代数多项式方程，因此矩阵 $\boldsymbol{A}$ 一定有 n 个特征值（m 重特征值计为 m 个），并且特征值可能是复数。

定理 3.3：设 $\boldsymbol{A}\in\mathbb{R}^{n\times n}$ 为对称矩阵，则

(1) $\boldsymbol{A}$ 的特征值 λ_i，$(i=1,2,3,\cdots,n)$ 均为实数。

(2) 对于 $\boldsymbol{A}$，存在实特征向量 $\boldsymbol{q}_1,\boldsymbol{q}_2,\cdots,\boldsymbol{q}_n$ 为 $\mathbb{R}^n$ 空间的一组单位正交基，即

$$\boldsymbol{q}_i^{\mathrm{T}}\boldsymbol{q}_j=\begin{cases}0, & i\neq j\\ 1, & i=j\end{cases}$$

(3) 可将矩阵 $\boldsymbol{A}$ 做特征值分解：

$$\boldsymbol{A}=\boldsymbol{Q\Lambda Q}^{\mathrm{T}}$$

其中，$\boldsymbol{\Lambda}$ 为对角矩阵，对角线元素为 $\boldsymbol{A}$ 的 n 个特征值，$\boldsymbol{Q}$ 为正交矩阵，且它的列向量 $\boldsymbol{q}_1,\boldsymbol{q}_2,\cdots,\boldsymbol{q}_n$ 为 $\boldsymbol{A}$ 的 n 个特征向量（排列顺序与 $\boldsymbol{\Lambda}$ 中特征值的顺序对应）。

定理 3.4：设 $\boldsymbol{A}\in\mathbb{R}^{n\times n}$ 为对称半正定矩阵，则除了满足定理 3.3 的结论外，有特征值 $\lambda_i\geqslant 0$，$(i=1,2,3,\cdots,n)$。

定理 3.5：设 $\boldsymbol{A}\in\mathbb{R}^{n\times n}$ 为对称正定矩阵，则除了满足定理 3.3 的结论外，还满足

(1) $\boldsymbol{A}$ 为非奇异矩阵，且 $\boldsymbol{A}^{-1}$ 也是对称正定矩阵。

(2) $\boldsymbol{A}$ 的特征值 $\lambda_i>0$，$(i=1,2,\cdots,n)$。

(3) 记 $\boldsymbol{A}_k$，$(k=1,2,3,\cdots,n)$ 为 $\boldsymbol{A}$ 的顺序主子阵，则 $\boldsymbol{A}_k$ 也是对称正定矩阵，且 $\det(\boldsymbol{A}_k)>0$。

3.1.2 向量范数与矩阵范数

三维空间中向量的长度也称为向量的模或范数,将其进行推广,我们对一般的 n 维向量可以定义范数的概念。本节介绍的向量和矩阵范数的概念,对于分析线性方程组求解问题的误差非常重要。

定义 3.6:记 $\|\boldsymbol{x}\|$ 为向量 $\boldsymbol{x}\in\mathbb{R}^n$ 的某个实值函数,若它满足条件:

(1) 对 $\forall\boldsymbol{x}\in\mathbb{R}^n$, $\|\boldsymbol{x}\|\geqslant 0$,当且仅当 $\boldsymbol{x}=\boldsymbol{0}$ 时, $\|\boldsymbol{x}\|=0$; (正定条件)

(2) 对 $\forall\alpha\in\mathbb{R}$, $\|\alpha\boldsymbol{x}\|=|\alpha|\,\|\boldsymbol{x}\|$;

(3) 对 $\forall\boldsymbol{x},\boldsymbol{y}\in\mathbb{R}^n$, $\|\boldsymbol{x}+\boldsymbol{y}\|\leqslant\|\boldsymbol{x}\|+\|\boldsymbol{y}\|$, (三角不等式)

则 $\|\boldsymbol{x}\|$ 是 $\mathbb{R}^n$ 上的向量范数(vector norm)。

定义3.6中的3个条件实际上也是一般线性空间中范数定义的要求。对于某个数域 $\mathbb{K}$ 上的线性空间 S,将条件中的 $\mathbb{R}$ 替换为 $\mathbb{K}$, $\mathbb{R}^n$ 替换为 S,条件(1)～(3)即定义了线性空间 S 上的范数。定义了范数的线性空间被称为赋范线性空间。

对于实向量 $\boldsymbol{x}=[x_1,x_2,x_3,\cdots,x_n]^{\mathrm{T}}$,下面给出常用的几种范数,它们都满足定义3.6的条件。

(1) 1-范数: $\|\boldsymbol{x}\|_1=\sum_{i=1}^{n}|x_i|$。

(2) 2-范数: $\|\boldsymbol{x}\|_2=\left(\sum_{i=1}^{n}|x_i|^2\right)^{\frac{1}{2}}=(\boldsymbol{x}^{\mathrm{T}}\boldsymbol{x})^{\frac{1}{2}}$。

(3) ∞-范数: $\|\boldsymbol{x}\|_\infty=\max\limits_{1\leqslant i\leqslant n}|x_i|$。

1-范数也称为曼哈顿范数;2-范数也称为欧氏范数,是欧几里得几何空间中向量长度的直接推广。应当指出,对某个数域上的线性空间,还可以定义内积(inner product)的概念, $\boldsymbol{x}$ 和 $\boldsymbol{y}$ 的内积记为 $\langle\boldsymbol{x},\boldsymbol{y}\rangle$。内积为零,则说两个向量正交。在实向量空间中,内积的计算公式为

$$\langle\boldsymbol{x},\boldsymbol{y}\rangle=\sum_{i=1}^{n}x_iy_i=\boldsymbol{x}^{\mathrm{T}}\boldsymbol{y}$$

而在更一般的复向量空间中,内积的计算公式为

$$\langle\boldsymbol{x},\boldsymbol{y}\rangle=\sum_{i=1}^{n}x_i\,\overline{y_i}=\boldsymbol{x}^{\mathrm{T}}\bar{\boldsymbol{y}}$$

根据内积可以定义一种范数, $\|\boldsymbol{x}\|=\sqrt{\langle\boldsymbol{x},\boldsymbol{x}\rangle}$ 称为内积范数[①]。无论上述哪种情况,内积范数都与2-范数相同。

上面给出的3种向量范数都属于一大类范数,称为 p-范数。

定义 3.7:对于实向量 $\boldsymbol{x}=[x_1,x_2,x_3,\cdots,x_n]^{\mathrm{T}}\in\mathbb{R}^n$,它的 p-范数为

$$\|\boldsymbol{x}\|_p=\left(\sum_{i=1}^{n}|x_i|^p\right)^{\frac{1}{p}},\quad p\geqslant 1$$

可以证明, p-范数符合范数的定义3.6,并且1-范数、2-范数和∞-范数是 p-范数的3种特殊情况(分别对应 $p=1$, $p=2$, $p\to\infty$)。

---

① 关于内积的一般定义,请参考线性代数有关的书籍,本书第6章也会涉及。

例 3.1(3 种向量范数)：分别针对二维向量的 1-范数、2-范数和∞-范数度量，在二维坐标系中绘出单位长度向量的端点集合(即“单位圆”)，并计算向量 $\boldsymbol{x}=[-1.6,1.2]^{\mathrm{T}}$ 的这 3 种范数。

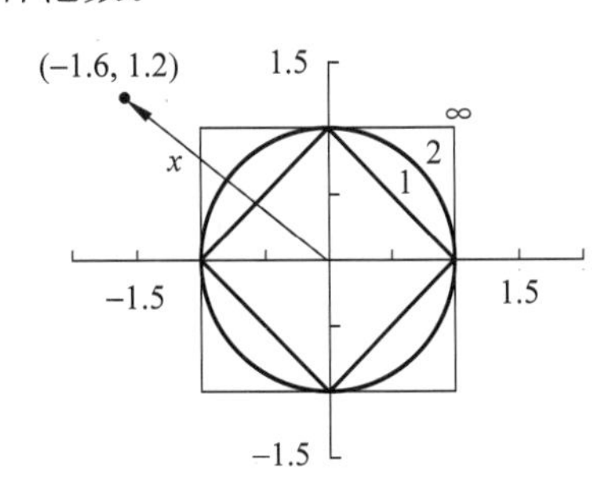

图 3-2　依据 3 种范数得到的二维空间“单位圆”的图形

【解】　不同范数定义下二维空间单位“圆”的图形如图 3-2 所示。$\boldsymbol{x}$ 的 3 种范数为 $\|\boldsymbol{x}\|_1=2.8$，$\|\boldsymbol{x}\|_2=2$，$\|\boldsymbol{x}\|_\infty=1.6$。 ■

感兴趣的读者可以思考，按照这 3 种范数，三维坐标系中的“单位球”分别是什么图形？

下面给出与向量范数有关的几个定义和定理。

定义 3.8：设 $\{\boldsymbol{x}^{(k)}\}$ 为 $\mathbb{R}^n$ 中一向量序列，$\boldsymbol{x}^*\in\mathbb{R}^n$，设 $\boldsymbol{x}^{(k)}=[x_1^{(k)},x_2^{(k)},\cdots,x_n^{(k)}]^{\mathrm{T}}$，$\boldsymbol{x}^*=[x_1^*,x_2^*,\cdots,x_n^*]^{\mathrm{T}}$。如果 $\lim\limits_{k\to\infty}x_i^{(k)}=x_i^*$，$(i=1,2,3,\cdots,n)$，则称序列 $\{\boldsymbol{x}^{(k)}\}$ 收敛于向量 $\boldsymbol{x}^*$，记为 $\lim\limits_{k\to\infty}\boldsymbol{x}^{(k)}=\boldsymbol{x}^*$。

定理 3.6：$\mathbb{R}^n$ 上的任一种向量范数 $\|\boldsymbol{x}\|$ 都是关于 $\boldsymbol{x}$ 分量 $x_1,x_2,\cdots,x_n$ 的连续函数。

定理 3.7：设 $\|\boldsymbol{x}\|_s$ 和 $\|\boldsymbol{x}\|_t$ 为 $\mathbb{R}^n$ 上的任意两种向量范数，则存在常数 $c_1,c_2>0$，使得对一切 $\boldsymbol{x}\in\mathbb{R}^n$，有

$$c_1\|\boldsymbol{x}\|_s\leqslant\|\boldsymbol{x}\|_t\leqslant c_2\|\boldsymbol{x}\|_s$$

定理 3.8：$\lim\limits_{k\to\infty}\boldsymbol{x}^{(k)}=\boldsymbol{x}^*$ 的充分必要条件是 $\lim\limits_{k\to\infty}\|\boldsymbol{x}^{(k)}-\boldsymbol{x}^*\|=0$，其中算符 $\|\cdot\|$ 表示任一种向量范数。

定义 3.8 给出了向量序列收敛的定义，即一个向量序列收敛等价于它的各分量形成的序列都收敛。定理 3.6 指出任意向量范数是关于向量分量的连续函数。定理 3.7 指出有限维向量空间中不同范数的等价性，根据它可得到一个推论：若在某种范数意义下向量序列的范数收敛到 0，则该向量序列的任一种范数都收敛到 0。定理 3.8 指出向量序列的收敛等价于向量与极限向量之差的范数收敛到 0。关于这 3 个定理的证明，感兴趣的读者可参考文献[8]。

关于向量范数，再补充说明以下两点。

(1) 在进行一些理论分析时，可利用不同范数的等价性，将按某一种范数得出的结论推广到所有范数情况下都成立。

(2) 除了常用的 p-范数，还可以定义其他形式的向量范数，如 $\|\boldsymbol{x}\|_A=\sqrt{\boldsymbol{x}^{\mathrm{T}}\boldsymbol{A}\boldsymbol{x}}$，其中 $\boldsymbol{A}$ 为对称正定矩阵，也是一种向量范数。

所有的矩阵 $\boldsymbol{A}\in\mathbb{R}^{n\times n}$，对于矩阵加法、矩阵与实数乘法运算，也构成一个线性空间，因此也可以在此空间中定义矩阵范数。与一般的线性空间不同，$\mathbb{R}^{n\times n}$ 空间还包括一个自我封闭的“矩阵乘”运算，因此有关的范数定义中一般也增加对矩阵乘运算的要求。

定义 3.9：记 $\|\boldsymbol{A}\|$ 为矩阵 $\boldsymbol{A}\in\mathbb{R}^{n\times n}$ 的某个实值函数，若它满足条件

(1) 对 $\forall\boldsymbol{A}\in\mathbb{R}^{n\times n}$，$\|\boldsymbol{A}\|\geqslant0$，当且仅当 $\boldsymbol{A}=\boldsymbol{O}$ 时，$\|\boldsymbol{A}\|=0$；　(正定条件)

(2) 对 $\forall\alpha\in\mathbb{R}$，$\|\alpha\boldsymbol{A}\|=|\alpha|\,\|\boldsymbol{A}\|$；

(3) 对 $\forall\boldsymbol{A},\boldsymbol{B}\in\mathbb{R}^{n\times n}$，$\|\boldsymbol{A}+\boldsymbol{B}\|\leqslant\|\boldsymbol{A}\|+\|\boldsymbol{B}\|$；　(三角不等式)

(4) $\|\boldsymbol{A}\boldsymbol{B}\|\leqslant\|\boldsymbol{A}\|\,\|\boldsymbol{B}\|$，

则 $\|A\|$ 是 $\mathbb{R}^{n\times n}$ 上的矩阵范数(matrix norm)。

在定义 3.9 中,条件(4)是对矩阵乘运算的要求。

与向量范数一样,满足定义 3.9 的矩阵范数并不是唯一的。由于常常需要进行矩阵与向量相乘的运算,还应将矩阵范数与向量范数联系起来。在定义 3.9 的基础上,实际使用的矩阵范数往往还满足如下相容性条件:

对 $\forall A\in\mathbb{R}^{n\times n}, x\in\mathbb{R}^n$ 都有

$$\|Ax\| \leqslant \|A\|\,\|x\| \tag{3.4}$$

下面定义的矩阵算子范数也称为向量范数诱导出的矩阵范数,就是满足相容性条件的矩阵范数。

定义 3.10:设 $x\in\mathbb{R}^n, A\in\mathbb{R}^{n\times n}$,对某种给定的向量范数 $\|x\|_v$,矩阵的算子范数为

$$\|A\|_v = \max_{x\neq 0}\frac{\|Ax\|_v}{\|x\|_v}$$

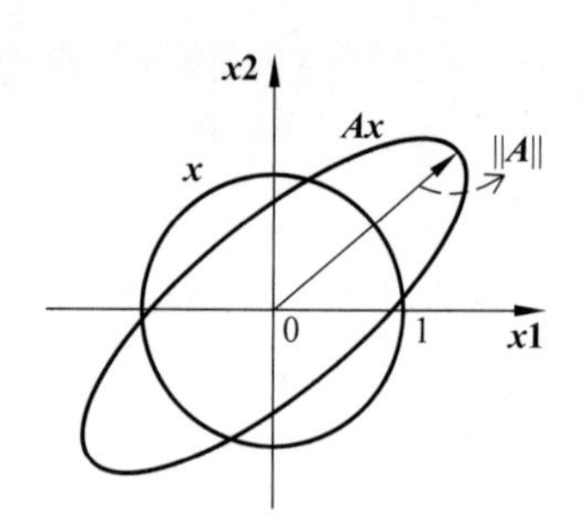

图 3-3　矩阵的算子范数表示线性变换 Ax 对向量 x 的最大"拉长"倍数

矩阵 A 代表了线性空间 $\mathbb{R}^n$ 中的一种线性变换,将它作用于向量 x 的结果是矩阵与向量的乘积 Ax。因此,从定义 3.10 看出,矩阵的算子范数就是这个线性变换对向量 x 的最大"拉长"倍数(可能小于 1)。图 3-3 中绘出了二维向量空间中所有长度为 1 的向量的端点轨迹(采用 2-范数),即单位圆,则经过某个矩阵 A 的作用,变换后向量端点的轨迹为椭圆,其长轴的一半长度就是矩阵 A 的算子范数。下面通过一个定理严格说明矩阵的算子范数是满足相容性条件的矩阵范数。

定理 3.9:定义 3.10 的算子范数是满足定义 3.9 以及相容性条件(3.4)的矩阵范数。

【证明】 此定理的条件是算子范数 $\|A\| = \max\limits_{x\neq 0}\frac{\|Ax\|}{\|x\|}$,要证明

(1) 是矩阵范数,即满足

(a) $\|A\|\geqslant 0$,当且仅当 $A=O$ 时,$\|A\|=0$;

(b) $\|\alpha A\| = |\alpha|\,\|A\|, \alpha\in\mathbb{R}$;

(c) $\|A+B\|\leqslant\|A\|+\|B\|$;

(d) $\|AB\|\leqslant\|A\|\,\|B\|$。

(2) 与向量范数有相容性,即

(e) $\|Ax\|\leqslant\|A\|\,\|x\|$

命题(a)、(b)、(c)的证明很简单,这里略去。下面证明(d)和(e)。先证明命题(e):

当 $x=0$ 时显然成立,然后设 $x\neq 0$,

$$\|A\| = \max_{x\neq 0}\frac{\|Ax\|}{\|x\|}\geqslant\frac{\|Ax\|}{\|x\|} \quad\Rightarrow\quad \|Ax\|\leqslant\|A\|\,\|x\|$$

再利用(e)的结论证明(d):

对 $\forall x\neq 0$, $\|ABx\| = \|A(Bx)\|\leqslant\|A\|\,\|Bx\|\leqslant\|A\|\,\|B\|\,\|x\| \quad\Rightarrow\quad \max\limits_{x\neq 0}\frac{\|ABx\|}{\|x\|}\leqslant$

$\max\limits_{x\neq 0}\frac{\|A\|\,\|B\|\,\|x\|}{\|x\|} = \|A\|\,\|B\|$,即 $\|AB\|\leqslant\|A\|\,\|B\|$。 ■

针对 3 种常用的向量范数，可以给出对应的矩阵算子范数。

定理 3.10：对应于向量的 1-范数、2-范数和∞-范数，矩阵 $\boldsymbol{A}=(a_{ij})\in\mathbb{R}^{n\times n}$ 的算子范数分别为

(1) 1-范数：$\|\boldsymbol{A}\|_1=\max\limits_{1\leqslant j\leqslant n}\sum\limits_{i=1}^{n}|a_{ij}|$。

(2) 2-范数：$\|\boldsymbol{A}\|_2=\sqrt{\lambda_{\max}(\boldsymbol{A}^{\mathrm{T}}\boldsymbol{A})}$，其中 $\lambda_{\max}(\cdot)$ 表示取矩阵最大特征值的函数。

(3) ∞-范数：$\|\boldsymbol{A}\|_\infty=\max\limits_{1\leqslant i\leqslant n}\sum\limits_{j=1}^{n}|a_{ij}|$。

【证明】 矩阵的 1-范数和∞-范数的公式很容易通过定义 3.10 进行推导，相关的证明留给读者思考。下面对 2-范数的公式进行证明。

对于任意 $\boldsymbol{x}\in\mathbb{R}^n$，$\boldsymbol{x}^{\mathrm{T}}\boldsymbol{A}^{\mathrm{T}}\boldsymbol{A}\boldsymbol{x}=(\boldsymbol{A}\boldsymbol{x})^{\mathrm{T}}\boldsymbol{A}\boldsymbol{x}=\|\boldsymbol{A}\boldsymbol{x}\|_2^2\geqslant 0$，又 $(\boldsymbol{A}^{\mathrm{T}}\boldsymbol{A})^{\mathrm{T}}=\boldsymbol{A}^{\mathrm{T}}\boldsymbol{A}$，所以矩阵 $\boldsymbol{A}^{\mathrm{T}}\boldsymbol{A}$ 为对称半正定矩阵。根据定理 3.3 和定理 3.4，$\boldsymbol{A}^{\mathrm{T}}\boldsymbol{A}$ 的特征值为非负实数，设它们为

$$\lambda_1\geqslant\lambda_2\geqslant\cdots\geqslant\lambda_n\geqslant 0$$

与之对应的特征向量 $\boldsymbol{q}_1,\boldsymbol{q}_2,\boldsymbol{q}_3,\cdots,\boldsymbol{q}_n$ 构成一组单位正交基，任一非零向量 $\boldsymbol{x}$ 可表示为这组基的线性组合：

$$\boldsymbol{x}=\sum_{i=1}^{n}c_i\boldsymbol{q}_i$$

其中，$c_i\in\mathbb{R}$ 为组合系数，则

$$\frac{\|\boldsymbol{A}\boldsymbol{x}\|_2^2}{\|\boldsymbol{x}\|_2^2}=\frac{\boldsymbol{x}^{\mathrm{T}}(\boldsymbol{A}^{\mathrm{T}}\boldsymbol{A}\boldsymbol{x})}{\boldsymbol{x}^{\mathrm{T}}\boldsymbol{x}}=\frac{\left(\sum\limits_{i=1}^{n}c_i\boldsymbol{q}_i\right)^{\mathrm{T}}\boldsymbol{A}^{\mathrm{T}}\boldsymbol{A}\sum\limits_{i=1}^{n}c_i\boldsymbol{q}_i}{\left(\sum\limits_{i=1}^{n}c_i\boldsymbol{q}_i\right)^{\mathrm{T}}\sum\limits_{i=1}^{n}c_i\boldsymbol{q}_i}=\frac{\left(\sum\limits_{i=1}^{n}c_i\boldsymbol{q}_i\right)^{\mathrm{T}}\sum\limits_{i=1}^{n}c_i\lambda_i\boldsymbol{q}_i}{\left(\sum\limits_{i=1}^{n}c_i\boldsymbol{q}_i\right)^{\mathrm{T}}\sum\limits_{i=1}^{n}c_i\boldsymbol{q}_i}$$

$$=\frac{\sum\limits_{i=1}^{n}(c_i^2\lambda_i)}{\sum\limits_{i=1}^{n}c_i^2}\leqslant\lambda_1$$

并且，当 $\boldsymbol{x}=\boldsymbol{q}_1$ 时，$\|\boldsymbol{A}\boldsymbol{x}\|_2^2/\|\boldsymbol{x}\|_2^2=\lambda_1$。因此，根据定义 3.10，有

$$\|\boldsymbol{A}\|_2=\max_{x\neq 0}\frac{\|\boldsymbol{A}\boldsymbol{x}\|_2}{\|\boldsymbol{x}\|_2}=\sqrt{\max_{x\neq 0}\frac{\|\boldsymbol{A}\boldsymbol{x}\|_2^2}{\|\boldsymbol{x}\|_2^2}}$$

$$=\sqrt{\lambda_1}=\sqrt{\lambda_{\max}(\boldsymbol{A}^{\mathrm{T}}\boldsymbol{A})}\qquad\blacksquare$$

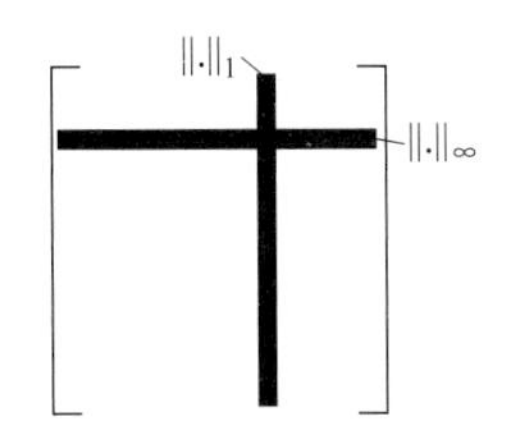

图 3-4　矩阵的 1-范数和∞-范数计算公式中涉及的元素

应当说明的是，矩阵 2-范数的计算涉及特征值，比其他两种范数要复杂得多。矩阵的 1-范数和∞-范数计算比较简便，应熟练掌握。图 3-4 是一个矩阵的示意图，可帮助记忆 1-范数和∞-范数的公式，据此也称 1-范数为列范数、∞-范数为行范数。在不加特殊说明的情况下，后面讨论的矩阵范数均为算子范数。

应当指出，这 3 种常用的矩阵范数并不局限于方阵。对于一般矩阵 $\boldsymbol{A}\in\mathbb{R}^{m\times n}$，根据定义 3.10 的条件也可以定义 1-范数、2-范数和∞-范数，它们同样满足定理 3.9 和定理 3.10 的结论。此外，很多场合也使用矩阵的 Frobenius 范数 $\|\boldsymbol{A}\|_{\mathrm{F}}=\left(\sum\limits_{i=1}^{m}\sum\limits_{j=1}^{n}a_{ij}^2\right)^{1/2}$，它相当于将矩阵元素排成一个向量，然后计算其 2- 范数。当 $\boldsymbol{A}$ 退化为一个

列向量时，Frobenius 范数与 2- 范数相等。此外还可以证明，Frobenius 范数也满足定理 3.9 结论中的各种范数性质。

3.1.3 问题的敏感性与矩阵条件数

有了向量范数、矩阵范数的概念，下面分析线性方程组求解问题的敏感性和条件数，研究初始数据误差对解的影响。先考虑方程(3.1)右端项发生扰动 $\Delta\boldsymbol{b}$ 的情况，相应的解变为 $\boldsymbol{x}+\Delta\boldsymbol{x}$，则

$$\boldsymbol{A}(\boldsymbol{x}+\Delta\boldsymbol{x})=\boldsymbol{b}+\Delta\boldsymbol{b}$$

可推导出如下两个不等式：

$$\boldsymbol{A}\Delta\boldsymbol{x}=\Delta\boldsymbol{b}\quad\Rightarrow\quad\Delta\boldsymbol{x}=\boldsymbol{A}^{-1}\Delta\boldsymbol{b}\quad\Rightarrow\quad\|\Delta\boldsymbol{x}\|\leqslant\|\boldsymbol{A}^{-1}\|\,\|\Delta\boldsymbol{b}\|$$

$$\boldsymbol{A}\boldsymbol{x}=\boldsymbol{b}\quad\Rightarrow\quad\|\boldsymbol{b}\|\leqslant\|\boldsymbol{A}\|\,\|\boldsymbol{x}\|$$

根据问题的条件数的定义 1.9，得

$$\begin{aligned}\text{cond}&=\frac{\|\Delta\boldsymbol{x}\|/\|\boldsymbol{x}\|}{\|\Delta\boldsymbol{b}\|/\|\boldsymbol{b}\|}=\frac{\|\Delta\boldsymbol{x}\|\,\|\boldsymbol{b}\|}{\|\Delta\boldsymbol{b}\|\,\|\boldsymbol{x}\|}\leqslant\frac{\|\boldsymbol{A}^{-1}\|\,\|\Delta\boldsymbol{b}\|\,\|\boldsymbol{A}\|\,\|\boldsymbol{x}\|}{\|\Delta\boldsymbol{b}\|\,\|\boldsymbol{x}\|}\\&=\|\boldsymbol{A}\|\,\|\boldsymbol{A}^{-1}\|\end{aligned}\tag{3.5}$$

条件数 cond 反映了问题对数据相对误差的放大倍数，它随具体问题和数据而变，但式(3.5)说明了条件数的一个上限，而且这个上限 $\|\boldsymbol{A}\|\,\|\boldsymbol{A}^{-1}\|$ 仅依赖于方程的系数矩阵，下面把它定义为矩阵的条件数。

定义 3.11：设 $\boldsymbol{A}$ 为非奇异矩阵，则称 $\text{cond}(\boldsymbol{A})_v=\|\boldsymbol{A}\|_v\,\|\boldsymbol{A}^{-1}\|_v$ 为矩阵的条件数，其中下标 v 用于标识某种矩阵的算子范数。

除了方程(3.1)右端项发生扰动的情况，下面再考虑系数矩阵发生扰动的情况。设扰动量为 $\Delta\boldsymbol{A}$，它使解由 $\boldsymbol{x}$ 变为 $\hat{\boldsymbol{x}}=\boldsymbol{x}+\Delta\boldsymbol{x}$，即

$$(\boldsymbol{A}+\Delta\boldsymbol{A})\hat{\boldsymbol{x}}=\boldsymbol{b}$$

忽略一些推导，直接给出如下不等式：

$$\frac{\|\Delta\boldsymbol{x}\|}{\|\hat{\boldsymbol{x}}\|}\leqslant\|\boldsymbol{A}\|\,\|\boldsymbol{A}^{-1}\|\,\frac{\|\Delta\boldsymbol{A}\|}{\|\boldsymbol{A}\|}\tag{3.6}$$

式(3.6)不等号左边的 $\frac{\|\Delta\boldsymbol{x}\|}{\|\hat{\boldsymbol{x}}\|}$ 是解的相对误差的近似值，因此有如下近似关系：

$$\text{cond}\approx\frac{\|\Delta\boldsymbol{x}\|/\|\hat{\boldsymbol{x}}\|}{\|\Delta\boldsymbol{A}\|/\|\boldsymbol{A}\|}\leqslant\|\boldsymbol{A}\|\,\|\boldsymbol{A}^{-1}\|\tag{3.7}$$

式(3.7)表明，在系数矩阵发生扰动的情况下，线性方程组求解问题的条件数的上限也近似为矩阵的条件数。

综上分析，系数矩阵的条件数对线性方程组求解问题的敏感性影响很大，它一般是线性方程组求解问题的条件数的上限。因此，了解系数矩阵条件数的大小非常重要。如果系数矩阵条件数很大，就称之为*病态矩阵*(ill-conditioned matrix)，对应的线性方程组求解问题是敏感(病态)问题；如果系数矩阵的条件数很小，就称之为*良态矩阵*(well-conditioned matrix)，相应的线性方程组求解问题不太敏感。

例 3.2(病态矩阵)：求解方程组 $\boldsymbol{A}\boldsymbol{x}=\boldsymbol{b}$：

$$\begin{bmatrix}1 & 1\\1 & 1.0001\end{bmatrix}\begin{bmatrix}x_1\\x_2\end{bmatrix}=\begin{bmatrix}2\\2\end{bmatrix}$$

考虑右端项扰动 $\Delta\boldsymbol{b}=\begin{bmatrix}0\\0.0001\end{bmatrix}$ 的情况，通过问题的条件数和矩阵条件数研究问题的敏感性。

【解】 原方程解 $\boldsymbol{x}=\begin{bmatrix}x_1\\x_2\end{bmatrix}=\begin{bmatrix}2\\0\end{bmatrix}$，扰动后方程为

$$\begin{bmatrix}1 & 1\\1 & 1.0001\end{bmatrix}\begin{bmatrix}y_1\\y_2\end{bmatrix}=\begin{bmatrix}2\\2.0001\end{bmatrix}$$

其解为 $\boldsymbol{y}=\begin{bmatrix}y_1\\y_2\end{bmatrix}=\begin{bmatrix}1\\1\end{bmatrix}$。右端项扰动造成解的误差 $\Delta\boldsymbol{x}=\boldsymbol{y}-\boldsymbol{x}=\begin{bmatrix}-1\\1\end{bmatrix}$，则在 ∞-范数意义下，$\text{cond}=\dfrac{\|\Delta\boldsymbol{x}\|/\|\boldsymbol{x}\|}{\|\Delta\boldsymbol{b}\|/\|\boldsymbol{b}\|}=\dfrac{1/2}{0.0001/2}=10\,000$，而

$$\begin{aligned}\text{cond}(\boldsymbol{A})_\infty &= \|\boldsymbol{A}\|_\infty\|\boldsymbol{A}^{-1}\|_\infty = 2.0001\times\left\|10^4\times\begin{bmatrix}1.0001 & -1.0000\\-1.0000 & 1.0000\end{bmatrix}\right\|_\infty\\&=2.0001\times10^4\times2.0001\approx 40\,000\end{aligned}$$

这说明这个线性方程组求解问题很敏感，也验证了矩阵条件数为问题条件数的上限。 ■

例 3.3(良态矩阵)：求解方程 $\boldsymbol{Ax}=\boldsymbol{b}$：

$$\begin{bmatrix}1 & -1\\1 & 1\end{bmatrix}\begin{bmatrix}x_1\\x_2\end{bmatrix}=\begin{bmatrix}0\\2\end{bmatrix}$$

考虑右端项扰动 $\Delta\boldsymbol{b}=\begin{bmatrix}0\\0.0001\end{bmatrix}$ 的情况，通过问题的条件数和矩阵条件数研究问题的敏感性。

【解】 原方程解 $\boldsymbol{x}=\begin{bmatrix}x_1\\x_2\end{bmatrix}=\begin{bmatrix}1\\1\end{bmatrix}$，扰动后方程为

$$\begin{bmatrix}1 & -1\\1 & 1\end{bmatrix}\begin{bmatrix}y_1\\y_2\end{bmatrix}=\begin{bmatrix}0\\2.0001\end{bmatrix}$$

其解为 $\boldsymbol{y}=\begin{bmatrix}y_1\\y_2\end{bmatrix}=\begin{bmatrix}1.000\,05\\1.000\,05\end{bmatrix}$。右端项扰动造成解的误差 $\Delta\boldsymbol{x}=\boldsymbol{y}-\boldsymbol{x}=\begin{bmatrix}0.000\,05\\0.000\,05\end{bmatrix}$。在 ∞-范数意义下，问题和矩阵 $\boldsymbol{A}$ 的条件数分别为

$$\text{cond}=\frac{\|\Delta\boldsymbol{x}\|/\|\boldsymbol{x}\|}{\|\Delta\boldsymbol{b}\|/\|\boldsymbol{b}\|}=\frac{0.000\,05}{0.0001/2}=1$$

$$\text{cond}(\boldsymbol{A})_\infty=\|\boldsymbol{A}\|_\infty\|\boldsymbol{A}^{-1}\|_\infty=2\times\left\|\begin{bmatrix}0.5 & 0.5\\-0.5 & 0.5\end{bmatrix}\right\|_\infty=2$$

这说明此问题是不敏感的，系数矩阵是良态矩阵。 ■

例 3.4(希尔伯特矩阵)：希尔伯特(Hilbert)矩阵 $\boldsymbol{H}_n$ 定义如下：

$$\boldsymbol{H}_n=\begin{bmatrix}1 & \frac{1}{2} & \cdots & \frac{1}{n}\\ \frac{1}{2} & \frac{1}{3} & \cdots & \frac{1}{n+1}\\ \vdots & \vdots & \ddots & \vdots\\ \frac{1}{n} & \frac{1}{n+1} & \cdots & \frac{1}{2n-1}\end{bmatrix}$$

试按∞-范数计算$\boldsymbol{H}_3$和$\boldsymbol{H}_4$的条件数。

【解】 $\boldsymbol{H}_3=\begin{bmatrix}1 & \frac{1}{2} & \frac{1}{3}\\ \frac{1}{2} & \frac{1}{3} & \frac{1}{4}\\ \frac{1}{3} & \frac{1}{4} & \frac{1}{5}\end{bmatrix}$, $\boldsymbol{H}_3^{-1}=\begin{bmatrix}9 & -36 & 30\\ -36 & 192 & -180\\ 30 & -180 & 180\end{bmatrix}$,

则$\|\boldsymbol{H}_3\|_\infty=\frac{11}{6}$, $\|\boldsymbol{H}_3^{-1}\|_\infty=408$,所以$\text{cond}(\boldsymbol{H}_3)_\infty=748$。

$$\boldsymbol{H}_4=\begin{bmatrix}1 & \frac{1}{2} & \frac{1}{3} & \frac{1}{4}\\ \frac{1}{2} & \frac{1}{3} & \frac{1}{4} & \frac{1}{5}\\ \frac{1}{3} & \frac{1}{4} & \frac{1}{5} & \frac{1}{6}\\ \frac{1}{4} & \frac{1}{5} & \frac{1}{6} & \frac{1}{7}\end{bmatrix},\quad \boldsymbol{H}_4^{-1}=\begin{bmatrix}16 & -120 & 240 & -140\\ -120 & 1200 & -2700 & 1680\\ 240 & -2700 & 6480 & -4200\\ -140 & 1680 & -4200 & 2800\end{bmatrix},$$

则$\|\boldsymbol{H}_4\|_\infty=\frac{25}{12}$, $\|\boldsymbol{H}_4^{-1}\|_\infty=13\,620$,所以$\text{cond}(\boldsymbol{H}_4)_\infty=28\,375$。 ■

从这个例子看出,随着阶数从3增大到4,希尔伯特矩阵的条件数增大了几十倍。事实上,希尔伯特矩阵$\boldsymbol{H}_n$是一种著名的病态矩阵,阶数n越大,其病态性越严重。

上面的分析和例子说明,矩阵的条件数是判断线性方程组求解问题敏感性的重要指标,是数据传递误差放大倍数的上限。下面给出有关矩阵条件数的一些重要性质。

定理3.11:在矩阵的算子范数意义下,矩阵$\boldsymbol{A}$的条件数满足

$$\text{cond}(\boldsymbol{A})=\max_{\boldsymbol{x}\neq\boldsymbol{0}}\frac{\|\boldsymbol{A}\boldsymbol{x}\|}{\|\boldsymbol{x}\|}\Big/\min_{\boldsymbol{x}\neq\boldsymbol{0}}\frac{\|\boldsymbol{A}\boldsymbol{x}\|}{\|\boldsymbol{x}\|}\tag{3.8}$$

【证明】 首先推导矩阵算子范数意义下$\boldsymbol{A}^{-1}$的公式

$$\|\boldsymbol{A}^{-1}\|=\max_{\boldsymbol{y}\neq\boldsymbol{0}}\frac{\|\boldsymbol{A}^{-1}\boldsymbol{y}\|}{\|\boldsymbol{y}\|}=\max_{\boldsymbol{x}\neq\boldsymbol{0}}\frac{\|\boldsymbol{x}\|}{\|\boldsymbol{A}\boldsymbol{x}\|}=\frac{1}{\min\limits_{\boldsymbol{x}\neq\boldsymbol{0}}\frac{\|\boldsymbol{A}\boldsymbol{x}\|}{\|\boldsymbol{x}\|}}\tag{3.9}$$

上述推导的第二步做了$\boldsymbol{y}=\boldsymbol{A}\boldsymbol{x}$的变量代换。再根据条件数的定义,便得到式(3.8)。 ■

式(3.9)说明,$\boldsymbol{A}^{-1}$的算子范数为矩阵$\boldsymbol{A}$对应的线性变换对向量的最小“拉长”倍数的倒数,或者说是最大“压缩”倍数。根据定理3.11可对矩阵条件数做出一个形象的解释,它反映了线性变换作用于n维空间的“单位球”后得到图形的扭曲程度。

可以将系数矩阵为奇异矩阵的情形看成最病态的线性方程组,因此规定奇异矩阵的条件数为无穷大。矩阵条件数越大,说明矩阵越接近奇异,其数值反映矩阵的近奇异程度[①]。与之对比,矩阵的行列式不能反映矩阵接近奇异的程度。

下面给出矩阵条件数的几条重要性质。

定理3.12:矩阵的条件数满足如下性质:

(1) 设$\boldsymbol{A}$为任意非奇异矩阵,则

① 在实际问题中很少遇到真正的奇异矩阵(由于误差),但会出现近奇异矩阵。

$$\mathrm{cond}(\boldsymbol{A}) \geqslant 1$$
$$\mathrm{cond}(\boldsymbol{A}^{-1}) = \mathrm{cond}(\boldsymbol{A})$$
$$\mathrm{cond}(c\boldsymbol{A}) = \mathrm{cond}(\boldsymbol{A}), \quad \forall c \neq 0$$

(2) $\mathrm{cond}(\boldsymbol{I})=1$，$\boldsymbol{I}$ 为单位矩阵。

(3) 设 $\boldsymbol{D}$ 为任意对角矩阵，则

$\mathrm{cond}(\boldsymbol{D}) \geqslant \dfrac{\max_i |d_{ii}|}{\min_i |d_{ii}|}$，其中 $d_{ii}(i=1,2,\cdots,n)$ 为 $\boldsymbol{D}$ 的对角线元素。特别地，若采用 p-范数，则等号成立。

(4) 若采用 2-范数，则

$\mathrm{cond}(\boldsymbol{A})_2 = \sqrt{\dfrac{\lambda_{\max}(\boldsymbol{A}^{\mathrm{T}}\boldsymbol{A})}{\lambda_{\min}(\boldsymbol{A}^{\mathrm{T}}\boldsymbol{A})}}$，其中 $\lambda_{\max}(\cdot)$、$\lambda_{\min}(\cdot)$ 分别为求矩阵最大、最小特征值的函数。

(5) 若 $\boldsymbol{Q}$ 为任意正交矩阵，则

$$\mathrm{cond}(\boldsymbol{Q})_2 = 1$$
$$\mathrm{cond}(\boldsymbol{QA})_2 = \mathrm{cond}(\boldsymbol{AQ})_2 = \mathrm{cond}(\boldsymbol{A})_2$$

定理 3.12 中(1)的各条结论是显然的。例如，从式(3.8)可得出 $\mathrm{cond}(\boldsymbol{A}) \geqslant 1$ 的结论。定理 3.12 的其他内容也可根据矩阵算子范数的定义和特殊矩阵的性质加以证明，感兴趣的读者可以思考。

3.2　高斯消去法

高斯消去法(Gaussian elimination method)是求解线性方程组的基本方法，各种直接解法基本上都是高斯消去法的变形，或者是针对特殊矩阵的改进。本节介绍一般的高斯消去法和高斯-约当消去法。另外，在本章的后续讨论中，若没有特殊说明，都假设系数矩阵非奇异。

3.2.1　基本的高斯消去法

先通过一个例子简要说明高斯消去法求解线性方程组的过程。

例 3.5(高斯消去法求解线性方程组)：求解线性方程组

$$\begin{cases} 10x_1 - 7x_2 = 7 \\ -3x_1 + 2x_2 + 6x_3 = 4 \\ 5x_1 - x_2 + 5x_3 = 6 \end{cases}$$

【解】 采用高斯消去法，求解过程分为消去和回代求解两个步骤。下面写出线性方程组对应的增广矩阵(包含系数矩阵和右端项)，根据它说明消去过程。

$$\left[\begin{array}{ccc:c} 10 & -7 & 0 & 7 \\ -3 & 2 & 6 & 4 \\ 5 & -1 & 5 & 6 \end{array}\right]$$

高斯消去过程就是对增广矩阵做初等行变换，将系数矩阵变换为上三角矩阵。具体步骤如下：

将第一个方程中的所有系数及右端项系数均除以 10(归一化操作),得

$$\left[\begin{array}{ccc|c} 1 & -0.7 & 0 & 0.7 \\ -3 & 2 & 6 & 4 \\ 5 & -1 & 5 & 6 \end{array}\right]$$

将第二个方程加上第一个方程的 3 倍,第三个方程减去第一个方程的 5 倍,得

$$\left[\begin{array}{ccc|c} 1 & -0.7 & 0 & 0.7 \\ 0 & -0.1 & 6 & 6.1 \\ 0 & 2.5 & 5 & 2.5 \end{array}\right]$$

将第二个方程中的所有系数及右端项系数均除以 −0.1,得

$$\left[\begin{array}{ccc|c} 1 & -0.7 & 0 & 0.7 \\ 0 & 1 & -60 & -61 \\ 0 & 2.5 & 5 & 2.5 \end{array}\right]$$

将第三个方程减去第二个方程的 2.5 倍,得

$$\left[\begin{array}{ccc|c} 1 & -0.7 & 0 & 0.7 \\ 0 & 1 & -60 & -61 \\ 0 & 0 & 155 & 155 \end{array}\right]$$

它对应于与原方程组等价的上三角形方程组

$$\begin{cases} x_1 - 0.7x_2 = 0.7 \\ x_2 - 60x_3 = -61 \\ 155x_3 = 155 \end{cases}$$

此时执行第二步:回代求解。先从第三个方程解出 $x_3=1$,将它代入第二个方程解出 $x_2=-1$,将它们再代入第一个方程解出 $x_1=0$。■

一般地,高斯消去过程对增广矩阵执行两种初等行变换:

(1) 某一行乘以非零常数 c(倍乘变换)。

(2) 将某一行乘以非零常数 c 后加到另一行(倍加变换)。

回代过程首先根据上三角形方程组的最后一个方程解出 x_n,然后将解依次代入上一个方程,按 $x_n, x_{n-1}, \cdots, x_1$ 的顺序解出所有的未知量。下面给出消去过程的算法描述。

算法 3.1:求解线性方程组的高斯消去过程

输入:$\boldsymbol{A}$, n, $\boldsymbol{b}$;输出:$\boldsymbol{A}$, $\boldsymbol{b}$.

For $k=1, 2, 3, \cdots, n-1$

　　If $a_{kk}=0$ **then** 停止;

　　For $i=k+1, k+2, \cdots, n$

　　　　$c := -a_{ik}/a_{kk}$;　　{计算倍乘因子}

　　　　For $j=k+1, k+2, \cdots, n$

　　　　　　$a_{ij} := a_{ij} + ca_{kj}$;　　{更新矩阵元素}

　　　　End

　　　　$b_i := b_i + cb_k$;　　{更新右端项}

```
    End
End
```

关于算法 3.1,说明两点:

(1) 这里省略了归一化操作,变量 c 记录了当前行应乘以的倍数,通过行倍加变换将系数矩阵对角线以下部分变为 0。

(2) 采用了“原地工作”的存储方式,即变换后的矩阵元素覆盖原来的值。最终,变换后得到的上三角矩阵存储在原始矩阵 **A** 的上三角部分,而对角线以下部分的值没有意义。

算法 3.2 给出了回代过程的算法描述,它求解上三角形方程组 $\boldsymbol{Ux}=\boldsymbol{b}$。

```
算法 3.2:求解上三角形方程组的回代过程
输入:U, n,b;输出:x.
For i=n, n-1, n-2, …, 1
    If u_ii=0 then 停止 ;
    x_i :=b_i;
    For j=n, n-1,…, i+1
        x_i :=x_i-u_ij x_j;
    End
    x_i :=x_i/u_ii;
End
```

求解一般的线性方程组时,算法 3.2 中的上三角矩阵 **U** 就是算法 3.1 执行后的结果。算法 3.2 是计算公式

$$x_n=\frac{b_n}{u_{nn}},\quad x_i=\frac{b_i-\sum\limits_{j=i+1}^{n}u_{ij}x_j}{u_{ii}},\quad i=n-1,n-2,\cdots,1$$

的直接实现,它对矩阵 **U** 的元素按一行一行的顺序读取,并且算法的执行不会更改矩阵 **U**。

需要注意的是,算法 3.1 要求当前消去步的矩阵对角元 $a_{kk}^{(k)}\neq0,(k=1,2,3,\cdots,n-1)$,这里用上标$(k)$表明它与原始矩阵 **A** 的对角元不同,而算法 3.2 要求矩阵 **U** 的对角元不为零(这是矩阵 **U** 非奇异的要求)。高斯消去过程中的元素 $a_{kk}^{(k)}$ 被称为*主元*(pivot)。关于主元为 0 情况的处理,将在第 3.4 节讨论。

下面对高斯消去法的复杂度进行分析,先分析时间复杂度,即统计算法中浮点数乘除法和加减法的运算次数。先看算法 3.1,最外层循环的第 k 步计算 $n-k$ 次除法、$(n-k)(n-k+1)$次乘法,因此乘法、除法的总次数如下。

除法:$(n-1)+(n-2)+\cdots+1=\dfrac{n(n-1)}{2}$次。

乘法:$n(n-1)+(n-1)(n-2)+\cdots+2\times1=\dfrac{(n+1)n(n-1)}{3}$次。

乘除法的总次数为$\dfrac{1}{3}n^3+\dfrac{1}{2}n^2-\dfrac{5}{6}n$。当 n 较大时,最高次项$\dfrac{1}{3}n^3$ 的值远大于其他低次

项，所以我们一般说，消去过程中浮点数乘除法的计算次数约为$\frac{1}{3}n^3$。从算法3.1可以看出，浮点数加减法的总次数与乘法次数一样多，大约为$\frac{1}{3}n^3$。

考虑算法3.2，乘除法的次数为$1+2+3+\cdots+n=\frac{1}{2}n^2+\frac{1}{2}n$，加减法的次数为$0+1+2+\cdots+n-1=\frac{1}{2}n^2-\frac{1}{2}n$。如果忽略低次项，回代过程中浮点数乘除法的计算次数约为$\frac{1}{2}n^2$，浮点数加减法的次数也与它差不多。

综上分析，用高斯消去法求解一个n阶线性方程组(依次执行算法3.1和算法3.2)大约需要做$n^3/3$次浮点数乘除法，以及$n^3/3$次浮点数加减法。至于空间复杂度，上述算法都采用原地工作方式，除了原始输入数据和结果，几乎不需要额外的存储空间。

3.2.2 高斯-约当消去法

前面讨论的高斯消去过程只将系数矩阵对角线下方的元素消为0，对此过程做一点修改，可以将对角线下方和上方的元素都消去。这样，系数矩阵就被变换为对角矩阵(甚至单位矩阵)。这种方法称为*高斯-约当*(Gauss-Jordan)*消去法*。下面以例3.5中的方程加以说明。

例3.6(高斯-约当消去法求解线性方程组)：求解线性方程组

$$\begin{cases} 10x_1-7x_2 \qquad\quad =7 \\ -3x_1+2x_2+6x_3=4 \\ 5x_1-x_2+5x_3=6 \end{cases}$$

【解】 将此线性方程组写成增广矩阵的形式

$$\left[\begin{array}{ccc:c} 10 & -7 & 0 & 7 \\ -3 & 2 & 6 & 4 \\ 5 & -1 & 5 & 6 \end{array}\right]$$

高斯-约当消去法的求解过程就是对增广矩阵做初等行变换，消去对角线下方和上方的元素。具体步骤如下。

首先将第二个方程加上第一个方程的0.3倍，第三个方程减去第一个方程的0.5倍，得

$$\left[\begin{array}{ccc:c} 10 & -7 & 0 & 7 \\ 0 & -0.1 & 6 & 6.1 \\ 0 & 2.5 & 5 & 2.5 \end{array}\right]$$

然后将第一个方程减去第二个方程的70倍，第三个方程加上第二个方程的25倍，得

$$\left[\begin{array}{ccc:c} 10 & 0 & -420 & -420 \\ 0 & -0.1 & 6 & 6.1 \\ 0 & 0 & 155 & 155 \end{array}\right]$$

最后将一个方程加上第三个方程的420/155倍，第二个方程减去第三个方程的6/155倍，得

$$\left[\begin{array}{ccc:c} 10 & 0 & 0 & 0 \\ 0 & -0.1 & 0 & 0.1 \\ 0 & 0 & 155 & 155 \end{array}\right]$$

此时系数矩阵变换为对角矩阵，每个方程可独立解出一个未知量，得到 $x_1=0, x_2=-1, x_3=1$。■

对一般的情况，下面给出高斯-约当消去法的算法描述。

算法 3.3：求解线性方程组的高斯-约当消去法

输入：$\boldsymbol{A}$, n, $\boldsymbol{b}$；输出：$\boldsymbol{x}$.

```
For k=1, 2,3,…, n
    If a_kk =0 then 停止 ；
    For i =1, 2,3,…, n 且 i≠k
        c :=a_ik/a_kk ;
        For j=k+1, k+2, …, n
            a_ij :=a_ij -c a_kj ;
        End
        b_i :=b_i -c b_k ;
    End
End
For i=1, 2,…, n
    x_i :=b_i/a_ii ;
End
```

与算法 3.1 一样，算法 3.3 也要求主元不等于 0。如图 3-5 所示，高斯-约当消去法将系数矩阵第 k 行的灰色部分乘以倍数后加到其他各行，使阴影区域对应的矩阵元素得以更新，最终执行 $k=n$ 对应的消去操作后，矩阵变为对角矩阵。

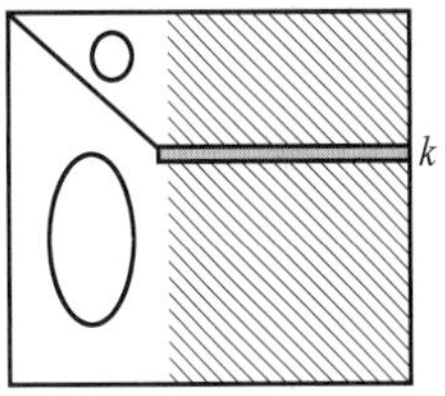

图 3-5　高斯-约当消去法对系数矩阵的操作示意图

下面分析高斯-约当消去法的算法复杂度。讨论时间复杂度时一般都忽略低次项，因此仅需考虑算法 3.3 中最内层 For 循环中执行的运算次数，乘法次数为

$$
\begin{aligned}
&(n-1)(n-1)+(n-1)(n-2)+\cdots+(n-1)\times 1 \\
=&(n-1)\frac{n(n-1)}{2}\approx\frac{1}{2}n^3
\end{aligned}
$$

加减法的次数也约为 $\frac{1}{2}n^3$。所以，高斯-约当消去法的计算量大约比标准的高斯消去法多 50%。在空间复杂度方面，由于采用原地工作方式，几乎不需要额外的存储空间，但它也修改了原来的系数矩阵。

上面分析表明，高斯-约当消去法并不比标准的高斯消去法具有优势，一般不用它求解线性方程组。但由于高斯-约当消去法的消去过程中工作量分布均匀，解的所有分量可以同步算出，因此可以在一些并行算法中使用。

高斯-约当消去法的一个主要用途是计算矩阵的逆。在高斯-约当消去过程的基础上，对各矩阵行执行归一化操作可将其化为单位阵。将矩阵 $\boldsymbol{A}$ 变为单位矩阵的一系列初等行变换对应初等变换矩阵 $\boldsymbol{E}_1, \boldsymbol{E}_2, E_3, \cdots, \boldsymbol{E}_m$，则

$$
\begin{aligned}
&\boldsymbol{E}_m \cdots \boldsymbol{E}_2 \boldsymbol{E}_1 \boldsymbol{A} = \boldsymbol{I} \\
\Rightarrow &\boldsymbol{E}_m \cdots \boldsymbol{E}_2 \boldsymbol{E}_1 = \boldsymbol{A}^{-1} \\
\Rightarrow &\boldsymbol{A}^{-1} = \boldsymbol{E}_m \cdots \boldsymbol{E}_2 \boldsymbol{E}_1 \boldsymbol{I}
\end{aligned} \tag{3.10}
$$

式(3.10)表明,如果将所有这些变换依次作用于单位矩阵,则得到矩阵 $\boldsymbol{A}$ 的逆矩阵 $\boldsymbol{A}^{-1}$。因此,得到如下的矩阵求逆算法。

算法 3.4: 矩阵求逆算法

输入: $\boldsymbol{A}$, n; 输出: $\boldsymbol{B}$.

```
B := I;
For k = 1, 2, 3, …, n
    If a_kk = 0 then 停止;
    For j = k+1, k+2, …, n
        a_kj := a_kj / a_kk;        {对当前行归一化}
    End
    For j = 1, 2, 3, …, k
        b_kj := b_kj / a_kk;
    End
    For i = 1, 2, 3, …, n 且 i ≠ k
        For j = k+1, k+2, …, n
            a_ij := a_ij − a_ik a_kj;
        End
        For j = 1, 2, 3, …, k
            b_ij := b_ij − a_ik b_kj;
        End
    End
End
```

在算法 3.4 中,矩阵 $\boldsymbol{B}$ 的初始值为单位矩阵,算法执行结束后,它变成 $\boldsymbol{A}^{-1}$。在算法最外层循环的第 k 步,初等变换对矩阵 $\boldsymbol{B}$ 的操作如图 3-6 所示,其中灰色区域和阴影区域为要更改的矩阵元素。对算法 3.4 分析计算复杂度(结合图 3-6),可知求矩阵的逆大约需要 n^3 次乘除法和 n^3 次加减法。与前面几个算法一样,这个求逆算法采用原地工作方式,修改了矩阵 $\boldsymbol{A}$(虽然逆矩阵存储于 $\boldsymbol{B}$ 中)。

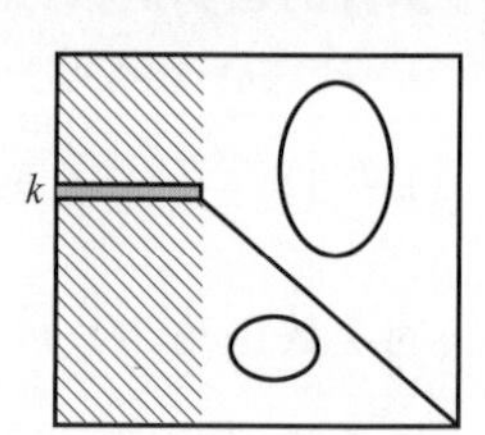

图 3-6　矩阵求逆过程中,对结果矩阵的操作示意图

例 3.7(矩阵求逆): 求矩阵

$$
\boldsymbol{A} = \begin{bmatrix} 10 & -7 & 0 \\ -3 & 2 & 6 \\ 5 & -1 & 5 \end{bmatrix}
$$

的逆矩阵。

【解】 使用算法 3.4 计算，为了表达方便，对增广矩阵$[\boldsymbol{A},\boldsymbol{I}]$

$$\left[\begin{array}{ccc:ccc} 10 & -7 & 0 & 1 & 0 & 0 \\ -3 & 2 & 6 & 0 & 1 & 0 \\ 5 & -1 & 5 & 0 & 0 & 1 \end{array}\right]$$

执行一系列初等行变换，使得矩阵 $\boldsymbol{A}$ 变换为单位矩阵。具体步骤如下。

首先，对第一行执行归一化，得

$$\left[\begin{array}{ccc:ccc} 1 & -0.7 & 0 & 0.1 & 0 & 0 \\ -3 & 2 & 6 & 0 & 1 & 0 \\ 5 & -1 & 5 & 0 & 0 & 1 \end{array}\right]$$

将第二行加上第一行的 3 倍，第三行减去第一行的 5 倍，得

$$\left[\begin{array}{ccc:ccc} 1 & -0.7 & 0 & 0.1 & 0 & 0 \\ 0 & -0.1 & 6 & 0.3 & 1 & 0 \\ 0 & 2.5 & 5 & -0.5 & 0 & 1 \end{array}\right]$$

然后，对第二行执行归一化，得

$$\left[\begin{array}{ccc:ccc} 1 & -0.7 & 0 & 0.1 & 0 & 0 \\ 0 & 1 & -60 & -3 & -10 & 0 \\ 0 & 2.5 & 5 & -0.5 & 0 & 1 \end{array}\right]$$

将第一行加上第二行的 0.7 倍，第三行减去第二行的 2.5 倍，得

$$\left[\begin{array}{ccc:ccc} 1 & 0 & -42 & -2 & -7 & 0 \\ 0 & 1 & -60 & -3 & -10 & 0 \\ 0 & 0 & 155 & 7 & 25 & 1 \end{array}\right]$$

最后，对第三行执行归一化，得

$$\left[\begin{array}{ccc:ccc} 1 & 0 & -42 & -2 & -7 & 0 \\ 0 & 1 & -60 & -3 & -10 & 0 \\ 0 & 0 & 1 & 0.0452 & 0.1613 & 0.0065 \end{array}\right]$$

将第一行加上第三行的 42 倍，第二行加上第三行的 60 倍，得

$$\left[\begin{array}{ccc:ccc} 1 & 0 & 0 & -0.1032 & -0.2258 & 0.2710 \\ 0 & 1 & 0 & -0.2903 & -0.3226 & 0.3871 \\ 0 & 0 & 1 & 0.0452 & 0.1613 & 0.0065 \end{array}\right]$$

为了简洁，这里只显示小数点后 4 位数字，最终得到

$$\boldsymbol{A}^{-1}=\begin{bmatrix} -0.1032 & -0.2258 & 0.2710 \\ -0.2903 & -0.3226 & 0.3871 \\ 0.0452 & 0.1613 & 0.0065 \end{bmatrix}$$

■

应当注意的是，由于计算复杂度较高，在实际应用中应尽量避免对矩阵求逆。事实上，很多数学表达式中虽然包含了矩阵的逆，如 $\boldsymbol{A}^{-1}\boldsymbol{b}$，但实际计算时并不需要真正计算 $\boldsymbol{A}^{-1}$，如求解方程 $\boldsymbol{Ax}=\boldsymbol{b}$ 即得到 $\boldsymbol{A}^{-1}\boldsymbol{b}$ 的结果，这比求出 $\boldsymbol{A}^{-1}$ 再做矩阵乘法更有效(矩阵乘法需要 n^3 次乘法运算)，也更准确。实际问题中真正需要 $\boldsymbol{A}$ 的逆的情况很少，因此一旦见到公式中的 $\boldsymbol{A}^{-1}$，首先应想到的是“解方程组”，而不是“求矩阵的逆”。

矩阵的条件数中包含了矩阵的逆,有时可以不精确计算条件数,而只是进行估计,相关的讨论见3.7节以及参考文献[1]。

3.3 矩阵的LU分解

本节首先讨论高斯消去过程的矩阵形式,引出矩阵的LU分解,然后给出一种直接计算LU分解的算法,最后介绍如何利用矩阵的LU分解求解线性方程组。

3.3.1 高斯消去过程的矩阵形式

高斯消去过程是通过一系列初等行变换将系数矩阵变为上三角矩阵的过程。根据线性代数知识,初等行变换可通过用初等变换矩阵左乘系数矩阵实现,而右乘初等变换矩阵则实现初等列变换。3种初等变换矩阵$\boldsymbol{E}^{(1)}$、$\boldsymbol{E}^{(2)}$和$\boldsymbol{E}^{(3)}$具有如下形式:

$$\boldsymbol{E}^{(1)}=\begin{bmatrix}1 & & & & \\ & \ddots & & & \\ & & c & & \\ & & & \ddots & \\ & & & & 1\end{bmatrix},\ \boldsymbol{E}^{(2)}=\begin{bmatrix}\ddots & & & & \\ & 1 & & & \\ & & \ddots & & \\ & c & & 1 & \\ & & & & \ddots\end{bmatrix},\ \boldsymbol{E}^{(3)}=\begin{bmatrix}\ddots & & & & \\ & 0 & & 1 & \\ & & \ddots & & \\ & 1 & & 0 & \\ & & & & \ddots\end{bmatrix}$$

其中,矩阵中空白区域的元素均为0,而对角线上"$\ddots$"处的元素均为1。$\boldsymbol{E}^{(1)}$、$\boldsymbol{E}^{(2)}$和$\boldsymbol{E}^{(3)}$分别对应倍乘变换、倍加变换和交换变换(交换两行或两列)。

对一般的n阶线性方程组,假设消去过程中的主元均不为0,则只需使用行倍加变换。消去当前列中对角线下方的所有元素需要多次行倍加变换,它们可以统一用一个消去矩阵表示。

定义3.12:若$n\times n$的矩阵$\boldsymbol{M}_k$具有如下形式:

$$\boldsymbol{M}_k=\begin{bmatrix}1 & & & & \\ & \ddots & & & \\ & & 1 & & \\ & & m_{k+1,k} & \ddots & \\ & & \vdots & & \ddots \\ & & m_{n,k} & & & 1\end{bmatrix} \tag{3.11}$$

其中,除主对角线上和第k列最后$n-k$个元素外的其他元素均为0,则称$\boldsymbol{M}_k$为第k类的n阶消去矩阵,下标k为类型数,m_{ik},$(i=k+1,k+2,\cdots,n)$为乘数(multiplier)。

根据这个定义,得到消去矩阵的一些性质。

定理3.13:$n\times n$的消去矩阵满足如下性质:

(1) 消去矩阵为单位下三角矩阵,因此它一定非奇异。

(2) 若$a_k\neq 0$,且第k类的n阶消去矩阵$\boldsymbol{M}_k$中的乘数$m_{ik}=-a_i/a_k$,$(i=k+1,k+2,\cdots,n)$,则

$$\boldsymbol{M}_k\boldsymbol{a}=\begin{bmatrix}1 & & & & \\ & \ddots & & & \\ & & 1 & & \\ & & m_{k+1,k} & \ddots & \\ & & \vdots & & \ddots \\ & & m_{n,k} & & & 1\end{bmatrix}\begin{bmatrix}a_1\\ \vdots\\ a_k\\ a_{k+1}\\ \vdots\\ a_n\end{bmatrix}=\begin{bmatrix}a_1\\ \vdots\\ a_k\\ 0\\ \vdots\\ 0\end{bmatrix} \tag{3.12}$$

即 $\boldsymbol{M}_k$ 可对向量 $\boldsymbol{a}$ 实施消元(使其第 $k+1$ 到第 n 个元素都变为 0)；若 $a_k=0$，则不存在能对 $\boldsymbol{a}$ 实施相同消元功能的第 k 类消去矩阵。

(3) 消去矩阵 $\boldsymbol{M}_k$ 的逆矩阵为

$$\boldsymbol{M}_k^{-1}=\begin{bmatrix}1 & & & & & \\ & \ddots & & & & \\ & & 1 & & & \\ & & -m_{k+1,k} & \ddots & & \\ & & \vdots & & \ddots & \\ & & -m_{n,k} & & & 1\end{bmatrix}$$

即它与 $\boldsymbol{M}_k$ 的区别只是乘数的符号相反。并且，$\boldsymbol{M}_k^{-1}$ 也是一个第 k 类消去矩阵(对应不同的向量 $\boldsymbol{a}$)。

(4) 如果 $\boldsymbol{M}_j$、$\boldsymbol{M}_k(j>k)$分别为第 j 类、第 k 类消去矩阵，则乘积 $\boldsymbol{M}_k\boldsymbol{M}_j$ 也是单位下三角矩阵，且它的非零元素为 $\boldsymbol{M}_k$ 和 $\boldsymbol{M}_j$ 中非零元素的并集。更一般地，对 m 个($m<n$)消去矩阵 $\boldsymbol{M}_{k_j}$，$1\leqslant j\leqslant m$，若类型数 $k_1<k_2<\cdots<k_m$，则乘积 $\boldsymbol{M}_{k_1}\boldsymbol{M}_{k_2}\cdots\boldsymbol{M}_{k_m}$ 必为单位下三角矩阵，且它的非零元素为各个因子矩阵非零元素的并集。

定理 3.13 的性质(1)～(3)比较简单，也很直观，这里不再解释。下面对性质(4)做一些说明。首先看两个不同类消去矩阵相乘的情况，以 4 阶方阵为例，设

$$\boldsymbol{M}_1=\begin{bmatrix}1 & 0 & 0 & 0\\ m_{21} & 1 & 0 & 0\\ m_{31} & 0 & 1 & 0\\ m_{41} & 0 & 0 & 1\end{bmatrix},\quad \boldsymbol{M}_2=\begin{bmatrix}1 & 0 & 0 & 0\\ 0 & 1 & 0 & 0\\ 0 & m_{32} & 1 & 0\\ 0 & m_{42} & 0 & 1\end{bmatrix}$$

显然，$\boldsymbol{M}_1$ 可看成是 3 个初等倍加变换依次作用于单位矩阵的结果，则计算 $\boldsymbol{M}_1\boldsymbol{M}_2$ 只需对 $\boldsymbol{M}_2$ 做相应的 3 次初等行倍加变换，得到

$$\boldsymbol{M}_1\boldsymbol{M}_2=\begin{bmatrix}1 & 0 & 0 & 0\\ m_{21} & 1 & 0 & 0\\ m_{31} & m_{32} & 1 & 0\\ m_{41} & m_{42} & 0 & 1\end{bmatrix}$$

即 $\boldsymbol{M}_1\boldsymbol{M}_2$ 的非零元素为 $\boldsymbol{M}_1$ 和 $\boldsymbol{M}_2$ 的“并”。改变两个消去矩阵相乘的顺序，易得到如下结果：

$$\boldsymbol{M}_2\boldsymbol{M}_1=\begin{bmatrix}1 & 0 & 0 & 0\\ m_{21} & 1 & 0 & 0\\ m_{31}+m_{21}m_{32} & m_{32} & 1 & 0\\ m_{41}+m_{21}m_{42} & m_{42} & 0 & 1\end{bmatrix}$$

$\boldsymbol{M}_2\boldsymbol{M}_1$ 仍是单位下三角矩阵，但不再是两个乘法因子矩阵的“并”了。基于类似的分析可证明上述性质(4)，即当消去矩阵的类型数互不相同，且按从左到右递增的顺序相乘，其结果将是各个因子矩阵的“并”。

根据定义 3.12，高斯消去过程相当于对矩阵 $\boldsymbol{A}$ 不断左乘消去矩阵得到上三角矩阵 $\boldsymbol{U}$，即

$$U = M_{n-1} \cdots M_2 M_1 A \tag{3.13}$$

其中,$M_i(i=1,2,\cdots,n-1)$为第 i 类消去矩阵。由于消去矩阵均非奇异,因此式(3.13)等价于

$$A = M_1^{-1} M_2^{-1} \cdots M_{n-1}^{-1} U \tag{3.14}$$

根据定理3.13的性质(3),M_1^{-1}、M_2^{-1}、…、M_{n-1}^{-1}也都是消去矩阵,且它们的类型数分别为1、2、…、$n-1$。令

$$L = M_1^{-1} M_2^{-1} \cdots M_{n-1}^{-1} \tag{3.15}$$

根据定理3.13的性质(4),L 为单位下三角矩阵,因此

$$A = LU \tag{3.16}$$

式(3.16)被称为矩阵 A 的LU分解(LU decomposition 或 LU factorization),也称为三角分解,其中 L 为单位下三角矩阵。U 为上三角矩阵。LU分解是一种重要的矩阵分解,也是高斯消去过程的矩阵形式表述。

定理3.14:对方程 $Ax=b$,其中 $A\in\mathbb{R}^{n\times n}$,则矩阵 A 存在唯一的LU分解的充分必要条件是执行高斯消去过程中的主元 $a_{kk}^{(k)}\neq 0(k=1,2,\cdots,n-1)$。

【证明】 只证明充分性,必要性的证明超出了本书的范围。前面的推导已说明LU分解的存在性,下面用反证法证明唯一性。

假设 L 和 U 是不唯一的,即存在两个单位下三角矩阵 $L_1\neq L_2$,或两个上三角矩阵 $U_1\neq U_2$,使得

$$A = L_1 U_1 = L_2 U_2$$

显然,L_1、L_2 均为非奇异阵。

先考虑矩阵 A 为非奇异的情况(这也是一般的情况)。由于 $U_1=L_1^{-1}A$,因此 U_1 为非奇异矩阵,上述方程等号两边左乘 L_2^{-1},然后右乘 U_1^{-1},得

$$L_2^{-1} L_1 = U_2 U_1^{-1} \tag{3.17}$$

由于 L_2^{-1} 是单位下三角矩阵,方程(3.17)的等号左边为单位下三角矩阵。类似地,等号右边为上三角矩阵。方程(3.17)成立的唯一可能是 $L_2^{-1}L_1=U_2U_1^{-1}=I$,此时 $L_1=L_2$,$U_1=U_2$,与假设矛盾。

若 A 为奇异矩阵,$U_{nn}=0$,可用分块矩阵的技巧证明充分性。关于必要性的证明,感兴趣的读者请参考文献[30]。 ■

消去过程的最终结果是矩阵 U,那么如何计算矩阵 L 呢?根据定理3.13以及式(3.15),矩阵 L 是 $n-1$ 个消去矩阵对角线下方元素取相反数再"合并"的结果,即

$$L = \begin{bmatrix} 1 & & & \\ -m_{21} & \ddots & & \\ \vdots & \ddots & 1 & \\ -m_{n1} & \cdots & -m_{n,n-1} & 1 \end{bmatrix}$$

其中,m_{ij} 为消去矩阵 M_j 中的乘数。设消去矩阵 $M_1,M_2,\cdots,M_{n-1}$ 作用的对象分别为 $A^{(1)}$,$A^{(2)},\cdots,A^{(n-1)}$,则 $m_{ij}=-a_{ij}^{(j)}/a_{jj}^{(j)}$,其中 $a_{jj}^{(j)}$ 为第 j 步消去步骤的主元。

综合上述讨论,得到用高斯消去过程进行矩阵LU分解的算法。

算法 3.5：用高斯消去过程进行 LU 分解

输入：$\boldsymbol{A}$，n；输出：$\boldsymbol{A}$.

```
For k= 1, 2, 3, …, n-1
    If a_kk =0 then 停止；
    For i=k+1, k+2, …, n
        a_ik :=a_ik /a_kk ；  {计算 L 矩阵的元素}
        For j=k+1, k+2, …, n
            a_ij :=a_ij -a_ik a_kj ;
        End
    End
End
```

算法 3.5 仍然采用原地工作的存储方式。算法执行结束后，$\boldsymbol{A}$ 的上三角部分即成为矩阵 $\boldsymbol{U}$ 的上三角部分，而对角线以下部分是矩阵 $\boldsymbol{L}$ 的对角线下方元素（对角线上的 1 不需要存储）。

算法 3.5 与算法 3.1 的计算过程差不多，只是少了对右端项的处理。简单分析后发现，算法 3.5 中浮点数乘除法的次数也大约是 $\frac{1}{3}n^3$，加减法的次数类似。

例 3.8(LU 分解)：用高斯消去法求矩阵

$$\boldsymbol{A} = \begin{bmatrix} 1 & 2 & 2 \\ 4 & 4 & 2 \\ 4 & 6 & 4 \end{bmatrix}$$

的 LU 分解。

【解】 根据算法 3.5，执行第一次消去过程，乘数 $m_{21} = -4$，$m_{31} = -4$ 用第一行消第二、三行，使得矩阵 $\boldsymbol{A}$ 变为

$$\boldsymbol{A}^{(2)} = \begin{bmatrix} 1 & 2 & 2 \\ 0 & -4 & -6 \\ 0 & -2 & -4 \end{bmatrix}$$

执行第二次消去过程，乘数 $m_{32} = -1/2$，用第二行消第三行，使得矩阵 $\boldsymbol{A}$ 变为

$$\boldsymbol{A}^{(3)} = \begin{bmatrix} 1 & 2 & 2 \\ 0 & -4 & -6 \\ 0 & 0 & -1 \end{bmatrix}$$

$\boldsymbol{A}^{(3)}$ 即矩阵 $\boldsymbol{U}$，而将乘数的相反数填入单位矩阵的下三角部分即得到 $\boldsymbol{L}$。

$$\boldsymbol{L} = \begin{bmatrix} 1 & 0 & 0 \\ 4 & 1 & 0 \\ 4 & 1/2 & 1 \end{bmatrix}, \quad \boldsymbol{U} = \begin{bmatrix} 1 & 2 & 2 \\ 0 & -4 & -6 \\ 0 & 0 & -1 \end{bmatrix}$$

通过矩阵相乘不难验证 $\boldsymbol{A}=\boldsymbol{LU}$。 ■

3.3.2　矩阵的直接 LU 分解算法

除了通过高斯消去过程推导 LU 分解外，还可直接根据矩阵乘法推导出 LU 分解的

算法。

例3.9(根据矩阵乘法推导LU分解)：将矩阵

$$\boldsymbol{A}=\begin{bmatrix}1&2&2\\4&4&2\\4&6&4\end{bmatrix}$$

分解为$\boldsymbol{A}=\boldsymbol{L}\boldsymbol{U}$的形式，其中$\boldsymbol{L}$为单位下三角矩阵，$\boldsymbol{U}$为单位上三角矩阵。

【解】 设矩阵$\boldsymbol{L}$的元素为l_{ij}，$\boldsymbol{U}$的元素为u_{ij}，则根据要求有如下方程：

$$\begin{bmatrix}1&0&0\\l_{21}&1&0\\l_{31}&l_{32}&1\end{bmatrix}\begin{bmatrix}u_{11}&u_{12}&u_{13}\\0&u_{22}&u_{23}\\0&0&u_{33}\end{bmatrix}=\begin{bmatrix}1&2&2\\4&4&2\\4&6&4\end{bmatrix}$$

上述方程中包含9个未知数，而等号两边的矩阵相等意味着3×3个矩阵元素对应相等，正好构成9个方程。先看等号两边矩阵第一行元素相等得到的方程，使用矩阵乘法得

$$\begin{cases}u_{11}=1\\u_{12}=2\\u_{13}=2\end{cases}\tag{3.18}$$

直接就得到了3个未知量的解。

再看等号两边矩阵第一列元素相等得到的方程，除去位置(1,1)的元素，有

$$\begin{cases}l_{21}u_{11}=4\\l_{31}u_{11}=4\end{cases}$$

将式(3.18)中的$u_{11}=1$代入其中，每个方程只有一个未知量，解出

$$\begin{cases}l_{21}=4\\l_{31}=4\end{cases}\tag{3.19}$$

根据等号两边矩阵(2,2)、(2,3)位置上元素相等列方程

$$\begin{cases}l_{21}u_{12}+u_{22}=4\\l_{21}u_{13}+u_{23}=2\end{cases}$$

同样，每个方程只有一个未知量，将式(3.18)、式(3.19)代入后解出

$$\begin{cases}u_{22}=-4\\u_{23}=-6\end{cases}$$

根据等号两边矩阵(3,2)位置上元素相等列方程

$$l_{31}u_{12}+l_{32}u_{22}=6$$

此方程中实际上只有一个未知量，将已解出的量代入其中，得到

$$l_{32}=\frac{1}{2}$$

最后比较(3,3)位置上的矩阵元素，列方程

$$l_{31}u_{13}+l_{32}u_{23}+u_{33}=6$$

解出$u_{33}=-1$。至此，通过依次比较等号两边矩阵的各个元素，解出了矩阵$\boldsymbol{L}$和$\boldsymbol{U}$中的所有未知量，得到$\boldsymbol{A}$的LU分解为

$$\boldsymbol{L}=\begin{bmatrix}1&0&0\\4&1&0\\4&1/2&1\end{bmatrix},\quad\boldsymbol{U}=\begin{bmatrix}1&2&2\\0&-4&-6\\0&0&-1\end{bmatrix}$$

■

通过此例子可以看出，若能按照一种合理的次序列出矩阵元素对应相等的方程，则矩阵 $\boldsymbol{L}$ 和 $\boldsymbol{U}$ 中的元素可以逐一解出。下面结合方程 $\boldsymbol{LU}=\boldsymbol{A}$ 的图示（见图 3-7）讨论一般的情况。

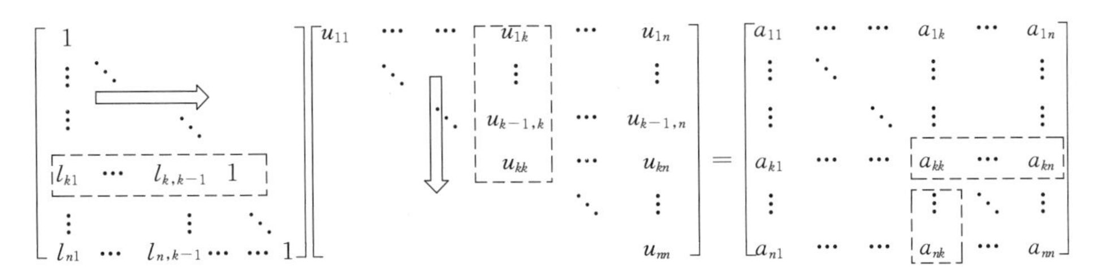

图 3-7　直接三角分解方法的解法示意图

首先考虑 $\boldsymbol{A}$ 的第一行元素的计算，它由 $\boldsymbol{L}$ 第一行乘以 $\boldsymbol{U}$ 各列得到。由于 $\boldsymbol{L}$ 第一行除 $\boldsymbol{L}_{11}=1$ 外，其余为 0，因此有

$$u_{1j}=a_{1j},\quad j=1,2,\cdots,n$$

即 $\boldsymbol{U}$ 的第一行元素等于 $\boldsymbol{A}$ 的第一行元素。

再考虑 $\boldsymbol{A}$ 的第一列其他元素的计算，它由 $\boldsymbol{L}$ 的对应行乘 $\boldsymbol{U}$ 的第一列得到。由于 $\boldsymbol{U}$ 的第一列只有 $u_{11}\neq 0$（$u_{11}=a_{11}$，假设不等于 0），因此可解出

$$l_{i1}=\frac{a_{i1}}{u_{11}},\quad i=2,3,\cdots,n$$

接下来可类似地计算出 $\boldsymbol{U}$ 的第二行元素、$\boldsymbol{L}$ 的第二列元素。一般地，假设 $\boldsymbol{U}$ 的第一行到第 $k-1$ 行已知，$\boldsymbol{L}$ 的第一列到第 $k-1$ 列已知，下面根据 $\boldsymbol{A}$ 第 k 行、第 k 列的余下元素列方程（图 3-7 矩阵 $\boldsymbol{A}$ 中的虚线框），求 $\boldsymbol{U}$ 的第 k 行、$\boldsymbol{L}$ 的第 k 列（图 3-7 中虚线箭头指示这种逐行、逐列求解顺序）。先看 $\boldsymbol{A}$ 第 k 行的后面 $n-k+1$ 个元素，它由 $\boldsymbol{L}$ 的第 k 行乘以 $\boldsymbol{U}$ 的第 k 列及其后各列得到（图 3-7 中矩阵 $\boldsymbol{L}$ 和 $\boldsymbol{U}$ 中的虚线框指示了计算 a_{kk} 所需的矩阵元素），列出的方程为

$$\sum_{i=1}^{k-1}l_{ki}u_{ij}+u_{kj}=a_{kj},\quad (j=k,k+1,\cdots,n)$$

其中 l_{ki}，u_{ij}（$i=1,2,\cdots,k-1$）均已知，可求出 u_{kj}，即得到 $\boldsymbol{U}$ 的第 k 行

$$u_{kj}=a_{kj}-\sum_{i=1}^{k-1}l_{ki}u_{ij},\quad (j=k,k+1,\cdots,n) \tag{3.20}$$

再看 $\boldsymbol{A}$ 的第 k 列的后面 $n-k$ 个元素，它由 $\boldsymbol{L}$ 的第 k 行后面各行乘以 $\boldsymbol{U}$ 的第 k 列得到，列出的方程为

$$\sum_{j=1}^{k-1}l_{ij}u_{jk}+l_{ik}u_{kk}=a_{ik},\quad (i=k+1,k+2,\cdots,n)$$

注意，l_{ij}，u_{jk}（$j=1,2,\cdots,k-1$）均已知，u_{kk} 在上一步已求出，假设 $u_{kk}\neq 0$，则可求出 $\boldsymbol{L}$ 的第 k 列

$$l_{ik}=\frac{a_{ik}-\sum_{j=1}^{k-1}l_{ij}u_{jk}}{u_{kk}},\quad (i=k+1,k+2,\cdots,n) \tag{3.21}$$

上述过程可一直重复，直至 $k=n$。注意，$\boldsymbol{L}$ 的第 n 列不需要计算。这种 LU 分解的方法

称为直接三角分解方法，算法描述如下。

```
算法 3.6：矩阵的直接 LU 分解算法
输入：A, n；输出：A.
For k=1, 2, …, n-1
    If a_kk=0 then 停止；
    For i=k+1, k+2, …, n          {计算 L 矩阵的第 k 列}
        For j=1, 2, …, k-1
            a_ik := a_ik - a_jk a_ij ;
        End
        a_ik := a_ik / a_kk ;
    End
    For j=k+1, k+2, …, n          {计算 U 矩阵的第 k+1 行}
        For i=1, 2, …, k
            a_{k+1,j} := a_{k+1,j} - a_{k+1,i} a_ij ;
        End
    End
End
```

与前面的算法一样，结果矩阵 $\boldsymbol{L}$ 和 $\boldsymbol{U}$ 的数据覆盖原始矩阵 $\boldsymbol{A}$。由于 $\boldsymbol{U}$ 的第一行、$\boldsymbol{L}$ 的最后一列不需要计算，算法中先求 $\boldsymbol{L}$ 的第 k 列，再求 $\boldsymbol{U}$ 的第 $k+1$ 行，依据的计算公式分别为式(3.21)和式(3.20)。算法 3.6 中乘除法的次数为

$$2\sum_{k=1}^{n-1}(n-k)k = 2\left(\sum_{k=1}^{n-1}nk - \sum_{k=1}^{n-1}k^2\right) \approx 2\left(\frac{n^3}{2}-\frac{n^3}{3}\right) = \frac{n^3}{3}$$

与算法 3.5 的计算量基本相同。

事实上，可以证明上述直接 LU 分解的计算结果与高斯消去过程的结果完全一样，它们的前提都是主元 $a_{kk}^{(k)} \neq 0(k=1,2,\cdots,n-1)$，因此它属于高斯消去法的一种变形[①]。算法 3.6 与算法 3.5 的不同之处在于，它比较直接地算出 $\boldsymbol{L}$ 和 $\boldsymbol{U}$ 中的元素，而不需要经过多次数值的更新。对于稠密矩阵(采用二维数组存储)的情况，不同高斯消去法的变形完全等价，计算量没有什么差别。但对于某些稀疏矩阵(采用特殊的方式存储矩阵，详见 3.6 节)或者并行计算环境，这些不同算法的效率可能差别很大。

最后说明一点，以上讨论的 LU 分解都称为杜利特尔(Doolittle)方法，由它得到 $\boldsymbol{L}$ 矩阵为单位下三角矩阵，$\boldsymbol{U}$ 为上三角矩阵。矩阵的另一种 LU 分解称为克劳特(Crout)方法，其中 $\boldsymbol{L}$ 矩阵为下三角矩阵，$\boldsymbol{U}$ 为单位上三角矩阵。

3.3.3 LU 分解的用途

采用矩阵的 LU 分解，不但得到简洁的数学表达式，而且便于高效率地解决实际遇到的线性方程组求解问题。假设已知矩阵的 LU 分解，即 $\boldsymbol{A}=\boldsymbol{LU}$，则方程(3.1)的解为

① 矩阵的 LU 分解可采用多种形式不同、但数学上等价的算法实现，它们都可看成是高斯消去法的变形。

$$x = A^{-1}b = U^{-1}L^{-1}b$$

它通过两步完成。先求解单位下三角方程组 $Ly=b$ 得到 $y=L^{-1}b$，再求解上三角方程组 $Ux=y$。求解上三角方程组的算法为算法 3.2，下面给出求解单位下三角方程组 $Lx=b$ 的算法。

> **算法 3.7**：求解单位下三角方程组的前代过程
> 输入：L，n，b；输出：x.
> **For** $i=1, 2, \cdots, n$
> 　　$x_i := b_i$；
> 　　**For** $j=1, 2, \cdots, i-1$
> 　　　　$x_i := x_i - l_{ij}x_j$；
> 　　**End**
> **End**

算法 3.7 利用了单位下三角矩阵对角线元素为 1 的特点，对应的计算公式为

$$x_1 = b_1, \quad x_i = b_i - \sum_{j=1}^{i-1} l_{ij}x_j, \quad (i = 2,3,\cdots,n) \tag{3.22}$$

该算法的计算复杂度与算法 3.2 一样，即需要大约$\frac{n^2}{2}$次浮点数乘除法。

实际应用中还经常遇到方程的右端项发生改变的情况，若直接用高斯消去过程(算法 3.1、3.2)求解，则要重复消去过程，整个计算量要翻倍。基于矩阵的 LU 分解，只对新的右端向量执行前代和回代过程即可。假设需要对 m 个不同的右端项求相应的解(称为多右端方程组问题)，则总计算量约为$\frac{n^3}{3}+mn^2$(乘除法次数或加减法次数)。下面给出求解多右端方程组

$$Ax_i = b_i, \quad (i = 1,2,\cdots,m) \tag{3.23}$$

的算法描述。

> **算法 3.8**：利用 LU 分解求解多右端方程组
> 输入：A，n，b_i，$i=1,2,\cdots,m$；输出：x_i，$i=1,2,\cdots,m$.
> 执行算法 3.5 或算法 3.6 对 A 进行 LU 分解；
> **For** $i=1, 2, \cdots, m$
> 　　执行算法 3.7 求解 $Ly_i=b_i$；
> 　　执行算法 3.2 求解 $Ux_i=y_i$；
> **End**

基于 LU 分解也可求矩阵 A 的逆矩阵，其基本思路是：采用算法 3.8，并令 n 个右端向量为单位矩阵 I 的各列，依次得到 A^{-1} 的各列。应注意的是，为了提高计算效率，需根据单位矩阵列向量的特点优化前代(算法 3.7)和回代过程(算法 3.2)，使总的计算量降为约 n^3 次乘除法，与利用高斯-约当消去法的算法 3.4 一样。

3.4 选主元技术与算法稳定性

本节首先讨论高斯消去过程需要选主元的情况和选主元带来的好处，然后介绍使用部分主元技术的LU分解以及其他选主元技术，最后讨论高斯消去法的稳定性。

3.4.1 为什么要选主元

在高斯消去过程和高斯-约当消去过程中，都做了主元 $a_{kk}^{(k)}\neq 0,(k=1,2,\cdots,n-1)$ 的假设，矩阵的直接LU分解(算法3.6)也有相同的要求。下面先给出一个定理，说明如何判断对一个矩阵实施高斯消去过程会不会出现零主元。

定理 3.15：对于矩阵 $\boldsymbol{A}\in\mathbb{R}^{n\times n}$，实施高斯消去过程时不出现零主元的充要条件是，$\boldsymbol{A}$ 的前 $n-1$ 个顺序主子式均不为零，即 $\det(\boldsymbol{A}_k)\neq 0,(k=1,2,\cdots,n-1)$。

【证明】 先证明必要性，即由主元均不为零推出前 $n-1$ 个顺序主子式不为零。假设矩阵 $\boldsymbol{A}$ 经过 $k-1$ 步消去过程后变为矩阵 $\boldsymbol{A}^{(k)}$，如图3-8所示，则

$$\begin{aligned}\boldsymbol{A}^{(k)} &= \boldsymbol{M}_{k-1}\cdots\boldsymbol{M}_2\boldsymbol{M}_1\boldsymbol{A}\\ \Rightarrow \boldsymbol{A} &= \boldsymbol{M}_1^{-1}\boldsymbol{M}_2^{-1}\cdots\boldsymbol{M}_{k-1}^{-1}\boldsymbol{A}^{(k)}\end{aligned}$$

$$\boldsymbol{A}^{(k)}=\begin{bmatrix} a_{11}^{(1)} & \cdots & a_{1,k}^{(1)} & \cdots & a_{1,n}^{(1)} \\ & \ddots & \vdots & \cdots & \vdots \\ & & a_{k,k}^{(k)} & \cdots & a_{k,n}^{(k)} \\ & \bigcirc & \vdots & \cdots & \vdots \\ & & a_{n,k}^{(k)} & \cdots & a_{n,n}^{(k)} \end{bmatrix}$$

图 3-8 高斯消去过程中的矩阵 $\boldsymbol{A}^{(k)}$

其中，$\boldsymbol{M}_1,\boldsymbol{M}_2,\cdots,\boldsymbol{M}_{k-1}$ 为 $k-1$ 个不同类型的消去矩阵，则 $\boldsymbol{M}=\boldsymbol{M}_1^{-1}\boldsymbol{M}_2^{-1}\cdots\boldsymbol{M}_{k-1}^{-1}$ 为单位下三角矩阵(根据定理3.13)，而 $\boldsymbol{A}=\boldsymbol{M}\boldsymbol{A}^{(k)}$。矩阵 $\boldsymbol{A}$ 的 k 阶主子矩阵 $\boldsymbol{A}_k$ 等于 $\boldsymbol{M}$ 与 $\boldsymbol{A}^{(k)}$ 的 k 阶主子矩阵之乘积，而它们分别为单位下三角矩阵与非奇异上三角矩阵(见图3-8)，所以 $\boldsymbol{A}_k$ 非奇异，$\det(\boldsymbol{A}_k)\neq 0,(k=1,2,\cdots,n-1)$。

再证明充分性，即由前 $n-1$ 个顺序主子式不为零推出主元均不为零。显然，第一个主元 $a_{kk}^{(1)}=a_{kk}\neq 0$，下面证明其他主元也不等于零。采用反证法，不妨设前 $k-1$ 个主元均不为零，而 $a_{kk}^{(k)}=0(2\leqslant k\leqslant n-1)$，因此可实施 $k-1$ 步消去得到如图3-8所示的 $\boldsymbol{A}^{(k)}$。应注意的是，$\boldsymbol{A}^{(k)}$ 的 k 阶主子矩阵对角线上有零元素，为奇异矩阵。而 $\boldsymbol{A}$ 的 k 阶主子矩阵 $\boldsymbol{A}_k$ 非奇异，它经过高斯消去变换变成 $\boldsymbol{A}^{(k)}$ 的 k 阶主子矩阵，也应该是非奇异矩阵，因此产生矛盾。所以，必有主元 $a_{kk}^{(k)}\neq 0,(k=1,2,\cdots,n-1)$。 ■

结合定理3.14和定理3.15可看出，矩阵 $\boldsymbol{A}$ 存在唯一的LU分解的充要条件是 $\boldsymbol{A}$ 的前 $n-1$ 个顺序主子式均不为零。应注意的是，若不满足前 $n-1$ 个顺序主子式均不为零的条件，矩阵 $\boldsymbol{A}$ 也可能有无穷多个LU分解。此外，即使矩阵 $\boldsymbol{A}$ 不存在LU分解，也不意味着 $\boldsymbol{A}$ 是奇异矩阵。

例 3.10(不能做LU分解的非奇异矩阵)：试求下述线性方程组系数矩阵的LU分解，并判断该线性方程组的可解性：

$$\begin{cases}2x_2 = 2\\ 3x_1 + x_2 = 4\end{cases}$$

【解】 系数矩阵为 $\boldsymbol{A}=\begin{bmatrix}0 & 2\\ 3 & 1\end{bmatrix}$，第一个主元 $a_{11}=0$，无法执行高斯消去过程，而且即使采用待定系数法，也无法求出 $\boldsymbol{L}$ 和 $\boldsymbol{U}$，因此矩阵 $\boldsymbol{A}$ 不能进行LU分解。另一方面，由于

$\det(\boldsymbol{A})=-6$，矩阵 $\boldsymbol{A}$ 非奇异，该方程有唯一的解：$x_1=1, x_2=1$。■

存在无穷多种 LU 分解的例子也很容易构造。例如，将例 3.10 中的系数矩阵改为$\begin{bmatrix}0 & 2\\0 & 1\end{bmatrix}$。

再说明一点，满足定理 3.15 的条件只表明矩阵 $\boldsymbol{A}$ 存在唯一的 LU 分解，并不说明它非奇异。例如，奇异矩阵 $\boldsymbol{A}=\begin{bmatrix}1 & 1\\1 & 1\end{bmatrix}$，它只有一个主元 $a_{11}=1$，易知 $\boldsymbol{A}=\begin{bmatrix}1 & 0\\1 & 1\end{bmatrix}\begin{bmatrix}1 & 1\\0 & 0\end{bmatrix}=\boldsymbol{LU}$。这种奇异矩阵做 LU 分解得到的 $\boldsymbol{U}$ 矩阵最后一个对角元为零，无法执行回代过程（算法 3.2）。

对于实际常遇到的非奇异线性方程组，可采用**选主元**（pivoting）的方法解决高斯消去过程中出现零主元的问题。假设第 k 步消去过程主元 $a_{kk}^{(k)}=0$，则可将方程组的第 k 行和它后面第 $i_k(i_k>k)$ 行交换，只要 $a_{i_k,k}^{(k)}\neq 0$，交换后得到矩阵的当前主元就不为零，可继续高斯消去过程。显然，实施这种交换变换不改变原方程的解，并且通过它一定能"选出"一个不为零的主元。这一点可以通过如图 3-8 所示的矩阵 $\boldsymbol{A}^{(k)}$ 说明，根据行列式 $\det(\boldsymbol{A}^{(k)})$ 的计算方法，可证明列元素 $a_{k,k}^{(k)},\cdots,a_{n,k}^{(k)}$ 中至少有一个不等于零。将这个结论归纳为如下定理。

定理 3.16：设矩阵 $\boldsymbol{A}\in\mathbb{R}^{n\times n}$，且非奇异，若对 $\boldsymbol{A}$ 实施高斯消去过程时主元 $a_{kk}^{(k)}=0$，则该列下方至少有一个元素不为零，即存在 $i_k>k$，$a_{i_k,k}^{(k)}\neq 0$。

上述选主元过程保证了高斯消去法的顺利进行。此外，选主元还有减小计算误差的作用。由于消去过程中的乘数 $m_{ik}=-a_{ik}^{(k)}/a_{kk}^{(k)}$，若使主元 $a_{kk}^{(k)}$ 的值尽可能大，则得到绝对值较小的 m_{ik}，用它乘以当前矩阵行加到其他行时可减小对操作数上数据误差的放大。

例 3.11（小主元的情况）：解线性方程组

$$\boldsymbol{Ax}=\begin{bmatrix}\varepsilon & 1\\1 & 1\end{bmatrix}\begin{bmatrix}x_1\\x_2\end{bmatrix}=\begin{bmatrix}1\\\varepsilon\end{bmatrix}$$

其中，ε 为一个很小的正数（小于浮点系统机器精度 $\varepsilon_{\text{mach}}$ 的一半），如果不做行交换，得到消去过程的乘数为 $-1/\varepsilon$，做一次消去后，增广矩阵为

$$\left[\begin{array}{cc:c}\varepsilon & 1 & 1\\0 & 1-1/\varepsilon & \varepsilon-1/\varepsilon\end{array}\right]$$

由于 1 和 $1/\varepsilon$ 的值相差悬殊，做浮点数加减时 1 会被 $1/\varepsilon$"吞没"（定理 1.6）。同理，ε 也会被 $1/\varepsilon$"吞没"。因此，在浮点计算中增广矩阵为

$$\left[\begin{array}{cc:c}\varepsilon & 1 & 1\\0 & -1/\varepsilon & -1/\varepsilon\end{array}\right]$$

解出 $x_2=1, x_1=(1-1)/\varepsilon=0$ 。

容易算出这个方程的准确解为 $x_2^*=1+\varepsilon\approx 1, x_1^*=-1$。可见，数值解 x_1 的误差非常大。上述高斯消去过程对应的 LU 分解为

$$\boldsymbol{L}=\begin{bmatrix}1 & 0\\1/\varepsilon & 1\end{bmatrix},\quad \boldsymbol{U}=\begin{bmatrix}\varepsilon & 1\\0 & 1-1/\varepsilon\end{bmatrix}=\begin{bmatrix}\varepsilon & 1\\0 & -1/\varepsilon\end{bmatrix}$$

最后一个等号是由于 1 和 $1/\varepsilon$ 的值相差悬殊。但是，

$$LU=\begin{bmatrix}1 & 0\\ 1/\varepsilon & 1\end{bmatrix}\begin{bmatrix}\varepsilon & 1\\ 0 & -1/\varepsilon\end{bmatrix}=\begin{bmatrix}\varepsilon & 1\\ 1 & 0\end{bmatrix}\neq A$$

这也说明小主元造成了不可恢复的信息损失。

如果交换行,主元变为较大的1,则对应得到增广矩阵

$$\left[\begin{array}{cc:c}1 & 1 & \varepsilon\\ \varepsilon & 1 & 1\end{array}\right]$$

利用乘数为ε做一次消去后,得到

$$\left[\begin{array}{cc:c}1 & 1 & \varepsilon\\ 0 & 1-\varepsilon & 1-\varepsilon^2\end{array}\right]$$

考虑浮点计算的舍入,实际计算的增广矩阵为

$$\left[\begin{array}{cc:c}1 & 1 & \varepsilon\\ 0 & 1 & 1\end{array}\right]$$

由此解出 $x_2=1, x_1=\varepsilon-1=-1$,它与准确解非常接近。 ■

例3.11当然是很极端的情况,但它说明了小主元带来的误差危害。综上所述,通过选主元,一方面可解决高斯消去过程算法中断的问题,另一方面也可减少小主元带来的误差危害。

3.4.2 使用部分主元技术的LU分解

基于3.4.1节的讨论,假设矩阵 $\boldsymbol{A}$ 非奇异,在高斯消去的第 k 步可选择 i_k,($i_k\geqslant k$),使得

$$\left|a_{i_k,k}^{(k)}\right|=\max_{k\leqslant i\leqslant n}\left|a_{i,k}^{(k)}\right|$$

即当前列未消去部分的最大元素,若 $i_k\neq k$,交换矩阵 $\boldsymbol{A}$ 的第 i_k 行与当前的第 k 行,实现选主元。这种做法称为*部分主元*(partial pivoting)*消去法*,或*列主元消去法*。采用它之后,既可保证主元不等于零,也可保证消去时的乘数不超过1,达到抑制数据误差放大、传播的作用。

下面推导部分主元高斯消去法对应的矩阵分解形式。先讨论初等交换矩阵的性质。

定理3.17:设初等交换矩阵 $\boldsymbol{P}_k$ 为交换单位矩阵 $\boldsymbol{I}$ 的第 k 行和第 i_k($i_k>k$)行得到的矩阵(见图3-9),则

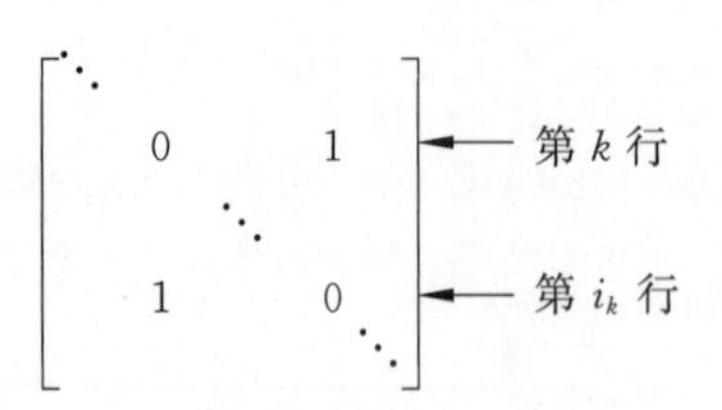

图3-9 初等交换矩阵 $\boldsymbol{P}_k$

(1) $\boldsymbol{P}_k$ 是对称矩阵,即 $\boldsymbol{P}_k^{\mathrm{T}}=\boldsymbol{P}_k$。

(2) $\boldsymbol{P}_k$ 的逆矩阵为自身,即 $\boldsymbol{P}_k^{-1}=\boldsymbol{P}_k$,$\boldsymbol{P}_k\boldsymbol{P}_k=\boldsymbol{I}$。

(3) 将 $\boldsymbol{P}_k$ 右乘某个矩阵实现矩阵列的交换,即 $\boldsymbol{M}\boldsymbol{P}_k$ 的结果为将矩阵 $\boldsymbol{M}$ 的第 k 列与第 i_k 列交换。

基于不选主元高斯消去过程的矩阵表示,部分主元消去过程可表示为

$$\boldsymbol{M}_{n-1}\boldsymbol{P}_{n-1}\cdots\boldsymbol{M}_2\boldsymbol{P}_2\boldsymbol{M}_1\boldsymbol{P}_1\boldsymbol{A}=\boldsymbol{U}\tag{3.24}$$

其中,矩阵 $\boldsymbol{P}_k$($k=1,2,\cdots,n-1$)为初等交换矩阵或单位矩阵,它使矩阵的第 k 行和第 i_k($i_k\geqslant k$)行交换(单位矩阵与 $i_k=k$ 的情况对应)。矩阵 $\boldsymbol{M}_k$($k=1,2,\cdots,n-1$)为第 k 类消去矩阵,$\boldsymbol{U}$ 为上三角矩阵。这里,将单位矩阵视为一种特殊的初等交换矩阵,它也满足定理3.17的前两条性质。

在方程(3.24)等号两边同时乘以 $\boldsymbol{M}_{n-1}^{-1}$,得

$$\boldsymbol{P}_{n-1}\boldsymbol{M}_{n-2}\boldsymbol{P}_{n-2}\cdots\boldsymbol{M}_1\boldsymbol{P}_1\boldsymbol{A}=\boldsymbol{M}_{n-1}^{-1}\boldsymbol{U} \tag{3.25}$$

根据初等交换矩阵的性质(2)，有

$$\boldsymbol{P}_{n-1}\boldsymbol{M}_{n-2}(\boldsymbol{P}_{n-1}\boldsymbol{P}_{n-1})\boldsymbol{P}_{n-2}\cdots\boldsymbol{M}_1\boldsymbol{P}_1\boldsymbol{A}=\boldsymbol{M}_{n-1}^{-1}\boldsymbol{U} \tag{3.26}$$

式(3.26)中，$\boldsymbol{P}_{n-1}\boldsymbol{M}_{n-2}\boldsymbol{P}_{n-1}$等价于将矩阵$\boldsymbol{M}_{n-2}$的第$n-1$行和某个第$i_{n-1}$($i_{n-1}\geqslant n-1$)行进行交换，然后再对结果矩阵实施第$n-1$列和第$i_{n-1}$列交换，由消去矩阵的结构特点(见式(3.11))，易知$\boldsymbol{P}_{n-1}\boldsymbol{M}_{n-2}\boldsymbol{P}_{n-1}$仍然是第$n-2$类消去矩阵，记为$\overline{\boldsymbol{M}}_{n-2}$(见图 3-10)。方程(3.26)可改写为

$$\overline{\boldsymbol{M}}_{n-2}\boldsymbol{P}_{n-1}\boldsymbol{P}_{n-2}\cdots\boldsymbol{M}_1\boldsymbol{P}_1\boldsymbol{A}=\boldsymbol{M}_{n-1}^{-1}\boldsymbol{U} \tag{3.27}$$

等号两边再乘以$\overline{\boldsymbol{M}}_{n-2}^{-1}$，得

$$\boldsymbol{P}_{n-1}\boldsymbol{P}_{n-2}\boldsymbol{M}_{n-3}\boldsymbol{P}_{n-3}\cdots\boldsymbol{M}_1\boldsymbol{P}_1\boldsymbol{A}=\overline{\boldsymbol{M}}_{n-2}^{-1}\boldsymbol{M}_{n-1}^{-1}\boldsymbol{U} \tag{3.28}$$

$$\begin{bmatrix}1 & & & & \\ & \ddots & & & \\ & & 1 & & \\ & & m_{n,n-2} & 1 & \\ & & m_{n-1,n-2} & & 1\end{bmatrix}$$

图 3-10　一种可能的$\overline{\boldsymbol{M}}_{n-2}$

类似地，在$\boldsymbol{M}_{n-3}$和$\boldsymbol{P}_{n-3}$之间插入$\boldsymbol{P}_{n-2}\boldsymbol{P}_{n-1}\boldsymbol{P}_{n-1}\boldsymbol{P}_{n-2}$，由于它等于单位矩阵，这将不改变等式，得到的方程为

$$\begin{aligned}&(\boldsymbol{P}_{n-1}\boldsymbol{P}_{n-2}\boldsymbol{M}_{n-3}\boldsymbol{P}_{n-2}\boldsymbol{P}_{n-1})\boldsymbol{P}_{n-1}\boldsymbol{P}_{n-2}\boldsymbol{P}_{n-3}\cdots\boldsymbol{M}_1\boldsymbol{P}_1\boldsymbol{A}\\&=\overline{\boldsymbol{M}}_{n-2}^{-1}\boldsymbol{M}_{n-1}^{-1}\boldsymbol{U}\end{aligned} \tag{3.29}$$

同样，可以证明$\overline{\boldsymbol{M}}_{n-3}=\boldsymbol{P}_{n-1}\boldsymbol{P}_{n-2}\boldsymbol{M}_{n-3}\boldsymbol{P}_{n-2}\boldsymbol{P}_{n-1}$为第$n-3$类消去矩阵，它只是在$\boldsymbol{M}_{n-3}$的基础上重新排列了对角线下方第$n-3$列元素的位置。由式(3.29)得

$$\boldsymbol{P}_{n-1}\boldsymbol{P}_{n-2}\boldsymbol{P}_{n-3}\boldsymbol{M}_{n-4}\boldsymbol{P}_{n-4}\cdots\boldsymbol{M}_1\boldsymbol{P}_1\boldsymbol{A}=\overline{\boldsymbol{M}}_{n-3}^{-1}\overline{\boldsymbol{M}}_{n-2}^{-1}\boldsymbol{M}_{n-1}^{-1}\boldsymbol{U}$$

这个过程一直重复，最后得到

$$\boldsymbol{P}_{n-1}\boldsymbol{P}_{n-2}\cdots\boldsymbol{P}_1\boldsymbol{A}=\overline{\boldsymbol{M}}_1^{-1}\cdots\overline{\boldsymbol{M}}_{n-2}^{-1}\boldsymbol{M}_{n-1}^{-1}\boldsymbol{U} \tag{3.30}$$

记$\boldsymbol{L}=\overline{\boldsymbol{M}}_1^{-1}\cdots\overline{\boldsymbol{M}}_{n-2}^{-1}\boldsymbol{M}_{n-1}^{-1}$，根据定理 3.13，矩阵$\boldsymbol{L}$为单位下三角矩阵。令$\boldsymbol{P}=\boldsymbol{P}_{n-1}\boldsymbol{P}_{n-2}\cdots\boldsymbol{P}_1$，则得到

$$\boldsymbol{PA}=\boldsymbol{LU} \tag{3.31}$$

式(3.31)为部分主元高斯消去法的矩阵形式，其中$\boldsymbol{L}$为单位下三角矩阵，$\boldsymbol{U}$为上三角矩阵，$\boldsymbol{P}$是一系列初等交换矩阵的乘积。$\boldsymbol{P}$是对单位矩阵做行交换得到的矩阵，因此它的每行及每列都只有一个元素为 1，可看成是由单位矩阵经行或列的重排而得到，这种矩阵称为排列矩阵(permutation matrix)或置换矩阵。容易证明，排列矩阵是一种特殊的正交矩阵，即$\boldsymbol{P}^{-1}=\boldsymbol{P}^{\mathrm{T}}$。由于排列矩阵的特殊性，可用一个长度为$n$的整型数组表示$n$阶排列矩阵$\boldsymbol{P}$，其第$i$个单元存储$\boldsymbol{P}$中第$i$行的 1 所在的列编号。

与高斯消去过程类似，上述矩阵$\boldsymbol{L}$的元素为$n-1$个消去矩阵$\overline{\boldsymbol{M}}_1^{-1},\overline{\boldsymbol{M}}_2^{-1},\cdots,\overline{\boldsymbol{M}}_{n-2}^{-1},\boldsymbol{M}_{n-1}^{-1}$的“合并”，它的严格下三角部分元素由乘数的相反数构成。值得注意的是，$\overline{\boldsymbol{M}}_k=\boldsymbol{P}_{n-1}\cdots\boldsymbol{P}_{k+1}\boldsymbol{M}_k\boldsymbol{P}_{k+1}\cdots\boldsymbol{P}_{n-1}$($k=1,2,\cdots,n-2$)，因此其第$k$列元素的顺序不同于原始的$\boldsymbol{M}_k$。它恰好反映了经过一系列后续行交换的结果(参考图 3-10)。所以，将这些乘数存于矩阵对角线下方(“原地工作”方案)时，对整个矩阵执行行交换即可。综合上述讨论，得到采用部分主元消去法的 LU 分解算法。

算法 3.9：部分主元高斯消去法进行 LU 分解

输入：$\boldsymbol{A}$，n；输出：$\boldsymbol{A}$，一维数组p.

$p:=[1,2,3,\cdots,n]$;

For $k=1,2,\cdots,n-1$

```
    确定满足|a_sk| = max_{k≤i≤n} |a_ik| 的 s 的值;
    If s≠k then
        交换矩阵 A 的第 k 行和第 s 行;
        交换 p[k]与 p[s];
    End
    For i=k+1, k+2, …, n
        a_ik := a_ik / a_kk ;
        For j=k+1, k+2,…, n
            a_ij := a_ij - a_ik a_kj ;
        End
    End
End
```

算法3.9中,采用原地工作的存储方案,矩阵$\boldsymbol{L}$和$\boldsymbol{U}$覆盖了原始的矩阵$\boldsymbol{A}$。算法中使用数组p记录行交换的结果,交换矩阵的第k行、第s行即相当于交换p的第k个、第s个存储单元的值。最终,数组p表示了一种新的行排列顺序,以它调整单位矩阵即得到矩阵$\boldsymbol{P}$。

例3.12 (部分主元高斯消去过程):用部分主元高斯消去法将矩阵

$$\boldsymbol{A}=\begin{bmatrix}1 & 2 & 2\\4 & 4 & 2\\4 & 6 & 4\end{bmatrix}$$

进行LU分解,求相应的矩阵$\boldsymbol{L}$、$\boldsymbol{U}$和$\boldsymbol{P}$。

【解】 将矩阵$\boldsymbol{A}$存储为二维数组$\boldsymbol{A}$,初始化数组$p=[1, 2, 3]$,下面说明$\boldsymbol{A}$和p中数据的变化过程。由于矩阵$\boldsymbol{A}$第一列最大元素为4,所以交换第一、第二行,得到

$$\boldsymbol{A}=\begin{bmatrix}4 & 4 & 2\\1 & 2 & 2\\4 & 6 & 4\end{bmatrix}$$

相应地,交换p的元素,得到$p=[2, 1, 3]$。消去矩阵$\boldsymbol{A}$第一列对角线下方的元素,得

$$\boldsymbol{A}=\begin{bmatrix}4 & 4 & 2\\0 & 1 & 3/2\\0 & 2 & 2\end{bmatrix}$$

使用的乘数为$m_{21}=-1/4$, $m_{31}=-1$,以其相反数填入数组$\boldsymbol{A}$,得

$$\boldsymbol{A}=\begin{bmatrix}4 & 4 & 2\\1/4 & 1 & 3/2\\1 & 2 & 2\end{bmatrix}$$

第二列对角线及其下方的最大元素为2,因此交换第二行、第三行,得

$$\boldsymbol{A}=\begin{bmatrix}4 & 4 & 2\\1 & 2 & 2\\1/4 & 1 & 3/2\end{bmatrix}$$

相应地，交换 p 的元素，得到 $p=[2, 3, 1]$。消去矩阵 **A** 第二列对角线下方的元素，得

$$\boldsymbol{A}=\begin{bmatrix}4 & 4 & 2\\1 & 2 & 2\\1/4 & 0 & 1/2\end{bmatrix}$$

使用的乘数为 $m_{32}=-1/2$，以其相反数填入数组 **A**，得

$$\boldsymbol{A}=\begin{bmatrix}4 & 4 & 2\\1 & 2 & 2\\1/4 & 1/2 & 1/2\end{bmatrix}$$

二维数组中同时存储了矩阵 **L** 和 **U**，它们分别是

$$\boldsymbol{L}=\begin{bmatrix}1 & 0 & 0\\1 & 1 & 0\\1/4 & 1/2 & 1\end{bmatrix},\quad \boldsymbol{U}=\begin{bmatrix}4 & 4 & 2\\0 & 2 & 2\\0 & 0 & 1/2\end{bmatrix}$$

数组 p 表示对单位矩阵的行重新排列的顺序，依此重新排列单位矩阵（取单位矩阵的第 $p[i]$ 行为新矩阵的第 i 行），则得到矩阵 **P**

$$\boldsymbol{P}=\begin{bmatrix}0 & 1 & 0\\0 & 0 & 1\\1 & 0 & 0\end{bmatrix}$$

不难验证，上面求出的 **L**、**U** 和 **P** 满足

$$\boldsymbol{PA}=\begin{bmatrix}0 & 1 & 0\\0 & 0 & 1\\1 & 0 & 0\end{bmatrix}\begin{bmatrix}1 & 2 & 2\\4 & 4 & 2\\4 & 6 & 4\end{bmatrix}=\begin{bmatrix}1 & 0 & 0\\1 & 1 & 0\\1/4 & 1/2 & 1\end{bmatrix}\begin{bmatrix}4 & 4 & 2\\0 & 2 & 2\\0 & 0 & 1/2\end{bmatrix}=\boldsymbol{LU}$$

■

例 3.12 中的矩阵 **A** 与例 3.8、例 3.9 中的相同，采用部分选主元技术进行消去时乘数（即矩阵 **L** 的对角线下方元素）都不超过 1，因此得到不同的 **L** 和 **U**。从这个例子看出，部分主元的 LU 分解比一般的 LU 分解增加了 $n-1$ 次求最大值的运算，以及若干次矩阵行的交换，而在存储量方面只增加了一个长度为 n 的整型数组。事实上，矩阵行的交换也可不显式地进行，也就是说，不交换二维数组的元素，而通过数组 p 跟踪新的行次序，将取矩阵第 i 行、第 j 列元素的操作由 $\boldsymbol{A}(i, j)$ 变为 $\boldsymbol{A}(p[i], j)$ 即可。最后，利用数组 p 得到所需的 **L** 和 **U**。

例 3.13（不显式进行行交换的部分主元消去过程）：不显式进行行交换，用部分主元高斯消去法分解矩阵

$$\boldsymbol{A}=\begin{bmatrix}1 & 2 & 2\\4 & 4 & 2\\4 & 6 & 4\end{bmatrix}$$

【解】 将 **A** 存储为二维数组 **A**。下面说明 **A** 中数据的变化过程。

第一步消去过程，$p=[2, 1, 3]$，乘数 $m_{21}=-A(p[2], 1)/A(p[1], 1)=-1/4$，$m_{31}=-A(p[3], 1)/A(p[1], 1)=-1$，这里利用 $p[i]$ 来索引行交换后矩阵的第 i 行，使用同样的方法更新其他元素，得到

$$\boldsymbol{A}=\begin{bmatrix}1/4 & 1 & 3/2\\4 & 4 & 2\\1 & 2 & 2\end{bmatrix}$$

第二步消去过程,考查 $A(p[2], 2)$ 和 $A(p[3], 2)$,需交换第二行、第三行,得到 $p=[2, 3, 1]$,乘数 $m_{32}=-A(p[3], 2)/A(p[2], 2)=-1/2$。类似地,更新 A 未消去部分的其他元素,得到

$$\boldsymbol{A}=\begin{bmatrix}1/4 & 1/2 & 1/2\\ 4 & 4 & 2\\ 1 & 2 & 2\end{bmatrix}$$

最后,根据 A 和 p 的值,可以得到矩阵 $\boldsymbol{L}$ 和 $\boldsymbol{U}$。

$$\boldsymbol{L}=\begin{bmatrix}1 & 0 & 0\\ 1 & 1 & 0\\ 1/4 & 1/2 & 1\end{bmatrix},\quad \boldsymbol{U}=\begin{bmatrix}4 & 4 & 2\\ 0 & 2 & 2\\ 0 & 0 & 1/2\end{bmatrix}$$

■

不显式进行矩阵的行交换使得数据移动量最小化,在某些情况下可能提高算法的执行效率。

与不选主元的高斯消去法一样,利用部分主元的 LU 分解(方程(3.31))可方便地求解线性方程组 $\boldsymbol{Ax}=\boldsymbol{b}$,得到

$$\boldsymbol{x}=\boldsymbol{A}^{-1}\boldsymbol{b}=\boldsymbol{U}^{-1}\boldsymbol{L}^{-1}\boldsymbol{Pb}$$

此公式表明,根据数组 p 对右端向量 $\boldsymbol{b}$ 进行重新排列后,再执行算法 3.7 和算法 3.2 便能得到线性方程组的解。该方法不会出现算法中断,且能有效减小数值误差,同样也适合于多右端线性方程组的求解。

3.4.3 其他选主元技术

除了部分主元,还可以采取全主元技术(complete pivoting)达到防止算法中断和减小数值误差的目的。全主元技术在未消去的子矩阵所有元素中选一个最大的(见图 3-11),通过行、列交换将其交换到当前对角元的位置。应当注意的是,为保证解的不变性,列交换后应相应地交换解向量中的对应分量。由于不仅要做行交换,也要做列交换,因此全主元方法对应形式为

$$\boldsymbol{PAQ}=\boldsymbol{LU} \tag{3.32}$$

的 LU 分解,其中 $\boldsymbol{P}$ 和 $\boldsymbol{Q}$ 分别为对 $\boldsymbol{A}$ 的行和列进行重排的排列矩阵。方程(3.32)的推导与部分主元技术中的有关内容非常类似,并且对算法 3.9 稍做修改(增加一个记录列交换的数组 q)就能得到全主元消去过程的算法,这里不再赘述。

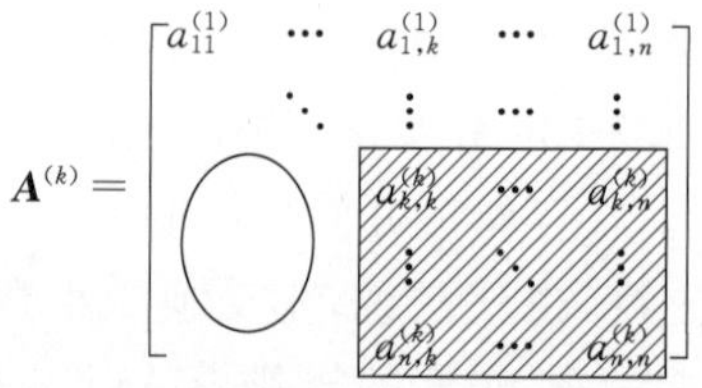

$$\boldsymbol{A}^{(k)}=\begin{bmatrix}a_{11}^{(1)} & \cdots & a_{1,k}^{(1)} & \cdots & a_{1,n}^{(1)}\\ & \ddots & \vdots & \cdots & \vdots\\ & & a_{k,k}^{(k)} & \cdots & a_{k,n}^{(k)}\\ & & \vdots & \ddots & \vdots\\ & & a_{n,k}^{(k)} & \cdots & a_{n,n}^{(k)}\end{bmatrix}$$

图 3-11 第 k 步消去过程的矩阵 $\boldsymbol{A}^{(k)}$
(其中阴影部分为未消去的子矩阵)

根据式(3.32),方程(3.10)的解为

$$\boldsymbol{x}=\boldsymbol{A}^{-1}\boldsymbol{b}=\boldsymbol{QU}^{-1}\boldsymbol{L}^{-1}\boldsymbol{Pb}$$

因此,使用全主元技术求解线性方程组时,比部分主元方法多一步解的重排:$\boldsymbol{x}=\boldsymbol{Qz}$,其中,$\boldsymbol{z}=\boldsymbol{U}^{-1}\boldsymbol{L}^{-1}\boldsymbol{Pb}$。全主元方法虽然理论上极为稳定,数值误差更小,但与部分主元方法相比,寻找主元的工作量大大增加。因此,在实际应用中,主要还是使用部分主元消去法求解线性方程组。

部分主元技术还可用于高斯-约当消去法,并且由此可得到数值稳定的矩阵求逆算法。相比不选主元的方法,部分主元技术只是对矩阵 $\boldsymbol{A}$ 增加一些初等行交换变换,因此

方程(3.10)依然成立，只需将带行交换的高斯-约当消去操作依次作用于单位矩阵，当矩阵 $\boldsymbol{A}$ 被约化为单位矩阵时，原来的单位矩阵即变为 $\boldsymbol{A}^{-1}$。采用全主元进行矩阵求逆的算法要稍微复杂一些，假设全主元高斯-约当消去法将 $\boldsymbol{A}$ 约化为单位矩阵的矩阵方程为

$$\boldsymbol{EAQ} = \boldsymbol{I}$$

其中，$\boldsymbol{E}$ 代表一系列初等行变换，排列矩阵 $\boldsymbol{Q}$ 代表所实施的所有列交换，则

$$\boldsymbol{A}^{-1} = \boldsymbol{QEI}$$

因此，将一系列行变换作用于单位矩阵，最后还要对结果矩阵的行进行重排才得到 $\boldsymbol{A}^{-1}$。值得注意的是，在高斯-约当消去过程中，无论采用哪种选主元技术，其乘数的绝对值仍可能超过 1。对有关算法感兴趣的读者可参考文献[9]。

算法 3.9 只是生成数值稳定的 LU 分解($\boldsymbol{PA}=\boldsymbol{LU}$)的一种算法，将直接三角分解算法 3.6 加以改造，也可得到选主元直接三角分解算法(参见文献[8])。它们在数学上都是等价的。

选主元是线性方程组直接解法中很重要的技术，对一般的问题，只有选主元才能得到可行、准确的算法。但对某些系数矩阵具有一定特点的问题，可能不需要选主元。例如，对称正定矩阵满足定理 3.15 的条件，因此不选主元的 LU 分解也不会中断，更详细的分析还说明它是数值稳定的。类似的情况还有对角占优矩阵，关于它们，将在 3.5 节讨论。

3.4.4　算法的稳定性

算法的稳定性反映计算过程中的误差对结果的影响，对于线性方程组的直接解法来说，计算中的误差主要是舍入误差。1960 年左右，威尔金森提出“向后误差分析法”，对高斯消去法及其变种的算法稳定性进行了详细分析，参考文献[10]。

假设求解方程 $\boldsymbol{Ax}=\boldsymbol{b}$ 得到的解为 $\hat{\boldsymbol{x}}$，由于计算过程中的舍入误差，因此它不等于精确解 $\boldsymbol{x}$。使用*向后误差分析法*，将 $\hat{\boldsymbol{x}}$ 看成是一个系数矩阵扰动了的方程的精确解，即

$$(\boldsymbol{A}+\Delta\boldsymbol{A})\hat{\boldsymbol{x}} = \boldsymbol{b}$$

则扰动量 $\Delta\boldsymbol{A}$ 便反映了舍入误差的影响，$\|\Delta\boldsymbol{A}\|/\|\boldsymbol{A}\|$ 的大小说明方程求解算法的稳定性。对各种高斯消去及 LU 分解算法的分析表明，向后误差大体上满足如下估计式(参见文献[1])

$$\frac{\|\Delta\boldsymbol{A}\|_\infty}{\|\boldsymbol{A}\|_\infty} \leqslant \rho n \varepsilon_{\text{mach}} \tag{3.33}$$

其中，ρ 称为增长因子，是消去过程中矩阵 $\boldsymbol{A}^{(k)}$ 中最大元素除以矩阵 $\boldsymbol{A}$ 中最大元素得到的比值，n 为矩阵的阶数，$\varepsilon_{\text{mach}}$ 为机器精度(对 IEEE 双精度浮点数，约为 10^{-16})。在最坏情况下，增长因子 ρ 也就是矩阵 $\boldsymbol{U}$ 最大元素与矩阵 $\boldsymbol{A}$ 最大元素的比值。

式(3.33)是对向后误差上限的估计，其中，增长因子 ρ 既与具体的矩阵 $\boldsymbol{A}$ 有关，也与求解算法有关。对不同的算法，可分析出矩阵 $\boldsymbol{A}$ 变化时 ρ 的上限，由此看出算法稳定性的不同。

对于不选主元的高斯消去法(以及 LU 分解)，ρ 可以任意大，因此算法是不稳定的。对于采用部分主元的 LU 分解，可证明 $\rho\leqslant 2^{n-1}$，而且大量的实践表明，ρ 的值通常很小。因此，一般认为部分主元高斯消去法是稳定的。对于全主元高斯消去法(以及相应的 LU 分解)，可证明 ρ 的上限比部分主元的情况更小，其算法的稳定性更好。

3.5 对称正定矩阵与带状矩阵的解法

针对特殊情况的线性方程组,高斯消去法还有一些变种,本节介绍比较常用的对称正定矩阵的楚列斯基(Cholesky)分解和带状线性方程组的解法。

3.5.1 对称正定矩阵的 Cholesky 分解

对称矩阵 $\boldsymbol{A}$ 的元素关于对角线对称($a_{ij}=a_{ji}$),因此可节省将近一半的存储空间。在求解系数矩阵为对称矩阵的线性方程组时,是否也能利用这种对称性减少计算量呢?

1. 对称矩阵的 $\boldsymbol{LDL}^{\mathrm{T}}$ 分解

对矩阵 $\boldsymbol{A}$,将其 LU 分解中的 $\boldsymbol{U}$ 矩阵写成对角矩阵乘以单位上三角矩阵的形式:

$$\boldsymbol{U}=\begin{bmatrix} u_{11} & & & \\ & u_{22} & & \\ & & \ddots & \\ & & & u_{nn} \end{bmatrix}\begin{bmatrix} 1 & u_{12}/u_{11} & \cdots & u_{1n}/u_{11} \\ & 1 & \cdots & u_{2n}/u_{22} \\ & & \ddots & \vdots \\ & & & 1 \end{bmatrix}=\boldsymbol{DU}_0$$

其中,$\boldsymbol{U}_0$ 为单位上三角矩阵,$\boldsymbol{D}$ 为对角矩阵,因此得到

$$\boldsymbol{A}=\boldsymbol{LDU}_0 \tag{3.34}$$

若 $\boldsymbol{A}$ 为对称矩阵,则

$$\boldsymbol{A}=\boldsymbol{A}^{\mathrm{T}}=\boldsymbol{U}_0^{\mathrm{T}}\boldsymbol{DL}^{\mathrm{T}} \tag{3.35}$$

其中,$\boldsymbol{U}_0^{\mathrm{T}}$ 为单位下三角矩阵,$\boldsymbol{DL}^{\mathrm{T}}$ 为上三角矩阵,根据 LU 分解的唯一性(设它成立),$\boldsymbol{U}_0^{\mathrm{T}}=\boldsymbol{L}$,方程(3.35)变为

$$\boldsymbol{A}=\boldsymbol{LDL}^{\mathrm{T}}$$

结合定理 3.14 和定理 3.15,得到如下定理。

定理 3.18:设 $\boldsymbol{A}$ 为 n 阶对称矩阵,且 $\boldsymbol{A}$ 的顺序主子式 $D_k\neq 0,(k=1,2,\cdots,n-1)$,则 $\boldsymbol{A}$ 可以唯一地分解为

$$\boldsymbol{A}=\boldsymbol{LDL}^{\mathrm{T}} \tag{3.36}$$

其中,$\boldsymbol{L}$ 为单位下三角矩阵,$\boldsymbol{D}$ 为对角矩阵。

注意:当矩阵 $\boldsymbol{A}$ 奇异时,$\boldsymbol{D}$ 的最后一个对角元素为零。

2. Cholesky 分解

设矩阵 $\boldsymbol{A}$ 为对称正定矩阵,显然满足定理 3.18 的条件,可分解为 $\boldsymbol{LDL}^{\mathrm{T}}$ 的形式。此外,易知对角矩阵 $\boldsymbol{D}$ 的对角线元素 $u_{ii}>0,(i=1,2,\cdots,n)$,这是因为 $\forall\,\boldsymbol{x}\neq\boldsymbol{0}$,设 $\boldsymbol{x}=\boldsymbol{L}^{\mathrm{T}}\boldsymbol{y}$,由 $\boldsymbol{L}^{\mathrm{T}}$ 的非奇异性可推出 $\boldsymbol{y}\neq\boldsymbol{0}$,则 $\boldsymbol{x}^{\mathrm{T}}\boldsymbol{D}\boldsymbol{x}=\boldsymbol{y}^{\mathrm{T}}\boldsymbol{LDL}^{\mathrm{T}}\boldsymbol{y}=\boldsymbol{y}^{\mathrm{T}}\boldsymbol{A}\boldsymbol{y}>0$,因此 $\boldsymbol{D}$ 为对称正定矩阵,其对角线元素一定大于 0。用 $\boldsymbol{D}^{\frac{1}{2}}$ 表示对角矩阵

$$\boldsymbol{D}^{\frac{1}{2}}=\begin{bmatrix} \sqrt{u_{11}} & & \\ & \ddots & \\ & & \sqrt{u_{nn}} \end{bmatrix}$$

则方程(3.36)变为

$$\boldsymbol{A}=\boldsymbol{LD}^{\frac{1}{2}}\boldsymbol{D}^{\frac{1}{2}}\boldsymbol{L}^{\mathrm{T}}=\boldsymbol{L}_1\boldsymbol{L}_1^{\mathrm{T}}$$

其中，$\boldsymbol{L}_1=\boldsymbol{L}\boldsymbol{D}^{\frac{1}{2}}$ 为下三角矩阵，且对角线元素为 $\sqrt{u_{11}},\cdots,\sqrt{u_{nn}}$，均大于 0。依据上述分析，得到下面的 Cholesky 分解定理。

定理 3.19：设 $\boldsymbol{A}$ 为实对称正定矩阵，则存在非奇异下三角矩阵 $\boldsymbol{L}$，使得 $\boldsymbol{A}=\boldsymbol{L}\boldsymbol{L}^{\mathrm{T}}$，其中，$\boldsymbol{L}$ 的对角线元素均大于零，这种分解称为 Cholesky 分解（Cholesky decomposition），且满足上述条件的分解是唯一的。

Cholesky 分解也常写成 $\boldsymbol{A}=\boldsymbol{R}^{\mathrm{T}}\boldsymbol{R}$ 的形式，其中 $\boldsymbol{R}$ 为上三角矩阵。

3. Cholesky 分解算法

上述推导过程实际上给出了一种计算 Cholesky 分解的方法。它首先对 $\boldsymbol{A}$ 做 LU 分解，再求对角矩阵 $\boldsymbol{D}$ 和 Cholesky 分解因子 $\boldsymbol{L}$。设 $\boldsymbol{A}$ 的 LU 分解写成 $\boldsymbol{A}=\boldsymbol{L}_0\boldsymbol{U}_0=\boldsymbol{L}_0\boldsymbol{D}\boldsymbol{L}_0^{\mathrm{T}}$ 的形式，则 $\boldsymbol{L}=\boldsymbol{L}_0\boldsymbol{D}^{\frac{1}{2}}$。这种方法并未利用矩阵的对称性从而减小计算量，仍然需要大约 $\frac{1}{3}n^3$ 次乘除法和差不多次数的加减法运算。下面介绍更有效的 Cholesky 分解算法，也称为平方根法，我们基于直接三角分解的思想推导。

将 Cholesky 分解的等式 $\boldsymbol{A}=\boldsymbol{L}\boldsymbol{L}^{\mathrm{T}}$ 写成如下形式：

$$\begin{bmatrix} a_{11} & a_{12} & \cdots & a_{1n} \\ a_{21} & a_{22} & \cdots & a_{2n} \\ \vdots & \vdots & \ddots & \vdots \\ a_{n1} & a_{n2} & \cdots & a_{nn} \end{bmatrix} = \begin{bmatrix} l_{11} & & & \\ l_{21} & l_{22} & & \\ \vdots & \vdots & \ddots & \\ l_{n1} & l_{n2} & \cdots & l_{nn} \end{bmatrix} \begin{bmatrix} l_{11} & l_{21} & \cdots & l_{n1} \\ & l_{22} & \cdots & l_{n2} \\ & & \ddots & \vdots \\ & & & l_{nn} \end{bmatrix}$$

利用矩阵乘法运算规则，按一定顺序逐个匹配等号两边的矩阵元素，可以逐一解出未知量。下面分 4 个步骤介绍计算过程。

(1) 求 l_{11}。

考虑 a_{11} 的计算，$a_{11}=l_{11}^2 \quad \Rightarrow \quad l_{11}=\sqrt{a_{11}}$。

(2) 求 $l_{i1}(i\geqslant 2)$。

考虑 a_{i1} 的计算，$a_{i1}=l_{i1}\cdot l_{11} \quad \Rightarrow \quad l_{i1}=a_{i1}/l_{11}$。

(3) 假设 $\boldsymbol{L}$ 矩阵中前 $j-1$ 列都已求出，即 $l_{ik}(k\leqslant j-1,i=1,2,\cdots,n)$ 都已知，考虑 a_{jj} 的计算，

$$a_{jj}=\sum_{k=1}^{j}l_{jk}^2 \tag{3.37}$$

$$\Rightarrow l_{jj}=\sqrt{a_{jj}-\sum_{k=1}^{j-1}l_{jk}^2}$$

其中，等号右边的量都已知。

(4) 求 $\boldsymbol{L}$ 矩阵中第 j 列的剩余元素，即 $l_{ij}(i>j)$，考虑 a_{ij} 的计算，

$$a_{ij}=\sum_{k=1}^{n}l_{ik}(\boldsymbol{L}^{\mathrm{T}})_{kj}=\sum_{k=1}^{n}l_{ik}l_{jk}=\sum_{k=1}^{j}l_{ik}l_{jk}=\sum_{k=1}^{j-1}l_{ik}l_{jk}+l_{ij}l_{jj}$$

$$\Rightarrow l_{ij}=\left(a_{ij}-\sum_{k=1}^{j-1}l_{ik}l_{jk}\right)\Big/l_{jj}$$

其中，等号右边的量都已知。

对 $j=2,3,\cdots,n$，重复执行上面的(3)、(4)步，则得到下面的 Cholesky 分解算法。

算法 3.10：对称正定矩阵的 Cholesky 分解算法

输入：$\mathbf{A}$, n；输出：$\mathbf{A}$.

```
For j=1, 2, …, n
    For k=1, 2, …, j-1
        a_jj := a_jj - a_jk^2;
    End
    a_jj := sqrt(a_jj);        { l_jj = sqrt(a_jj - Σ_{k=1}^{j-1} l_jk^2) }
    For i=j+1, j+2, …, n
        For k=1, 2, …, j-1
            a_ij := a_ij - a_ik a_jk;
        End
        a_ij := a_ij / a_jj;   { l_ij = (a_ij - Σ_{k=1}^{j-1} l_ik l_jk) / l_jj }
    End
End
```

其中：$a_{jj} := a_{jj} - a_{jk}^2$；$a_{jj} := \sqrt{a_{jj}}$；$\left\{ l_{jj} = \sqrt{a_{jj} - \sum_{k=1}^{j-1} l_{jk}^2} \right\}$；$a_{ij} := a_{ij} - a_{ik}a_{jk}$；$a_{ij} := a_{ij}/a_{jj}$；$\left\{ l_{ij} = \left(a_{ij} - \sum_{k=1}^{j-1} l_{ik} l_{jk} \right) \Big/ l_{jj} \right\}$

算法 3.10 仅用到 $\mathbf{A}$ 的下三角部分元素，因此 $\mathbf{A}$ 的上三角部分不必存储。并且，算法得到的结果 $\mathbf{L}$ 矩阵存放在原始矩阵 $\mathbf{A}$ 的位置上。经过简单的分析发现，这个算法仅需大约 $\frac{1}{6}n^3$ 次乘除法和差不多次数的加减法运算(忽略 n 次求平方根运算)，计算量是 LU 分解算法的一半。应当说明，要发挥存储上的优势，需将对称矩阵的下三角部分按一维数组或其他压缩格式存储(见 3.6 节)，这样比用二维数组存储增加了一些存取矩阵元素的额外开销。因此，实用的程序常提供压缩存储和标准二维数组两种存储方式，让用户自行选择。

例 3.14(Cholesky 分解)：计算下面这个对称正定矩阵的 Cholesky 分解：

$$\mathbf{A} = \begin{bmatrix} 5 & -1 & -1 \\ -1 & 3 & -1 \\ -1 & -1 & 5 \end{bmatrix}$$

【解】 根据算法 3.10 进行计算，由于只与矩阵的下三角部分元素有关，下面只列出矩阵下三角部分的变化情况。首先将第一列除以第一个对角元的平方根，$\sqrt{5} \approx 2.2361$，得

$$\begin{bmatrix} 2.2361 & 0 & 0 \\ -0.4472 & 3 & 0 \\ -0.4472 & -1 & 5 \end{bmatrix}$$

计算第二个对角元，$a_{22} = \sqrt{a_{22} - a_{21}^2} = \sqrt{3 - 0.4472^2} \approx 1.6733$。注意，这里的 a_{ij} 表示改变了的矩阵 $\mathbf{A}$ 的元素，下同。然后计算第二列余下部分，得

$$\begin{bmatrix} 2.2361 & 0 & 0 \\ -0.4472 & 1.6733 & 0 \\ -0.4472 & -0.7171 & 5 \end{bmatrix}$$

计算第三个对角元，$a_{33} = \sqrt{a_{33} - a_{31}^2 - a_{32}^2} = \sqrt{5 - 0.4472^2 - 0.7171^2} \approx 2.0702$，得到所要的矩阵 $\mathbf{L}$ 为

$$L=\begin{bmatrix} 2.2361 & 0 & 0 \\ -0.4472 & 1.6733 & 0 \\ -0.4472 & -0.7171 & 2.0702 \end{bmatrix}$$ ■

若要避免算法 3.10 中的开方运算，可根据 $\boldsymbol{LDL}^{\mathrm{T}}$ 分解的方程(3.36)进行推导，得到的算法称为改进的平方根法，它与算法 3.10 具有相同的计算复杂度。还应说明，根据定理 3.18，改进的平方根法适用于任意对称矩阵，除非出现主元为零的情况。因此，在用它求解一般的对称线性方程组时，要进行选主元，而为了保证对称性，需做相同的行、列交换，即使这样，仍然不能完全避免零主元。对于一般的对称线性方程组，需使用更复杂的稳定求解算法，感兴趣的读者可参考文献[1]。

4. 算法稳定性与 Cholesky 分解的应用

对于对称正定矩阵，算法 3.10 不会中断，不像一般的高斯消去法那样必须考虑选主元的问题。下面分析 Cholesky 分解算法的稳定性。为了方便，讨论根据 LU 分解得到 Cholesky 分解算法的数值稳定性，即根据式(3.33)分析对称正定矩阵 LU 分解的增长因子 ρ 的上限。将对称正定矩阵 $\boldsymbol{A}$ 进行 LU 分解和 $\boldsymbol{LDL}^{\mathrm{T}}$ 分解：

$$\boldsymbol{A}=\boldsymbol{L}_0\boldsymbol{U}=\boldsymbol{L}_0\boldsymbol{D}\boldsymbol{L}_0^{\mathrm{T}} \tag{3.38}$$

其中，$\boldsymbol{L}_0$ 表示单位下三角矩阵。若 $\boldsymbol{A}$ 的 Cholesky 分解为 $\boldsymbol{A}=\boldsymbol{L}\boldsymbol{L}^{\mathrm{T}}$，则 $\boldsymbol{L}=\boldsymbol{L}_0\boldsymbol{D}^{\frac{1}{2}}$，其中，$\boldsymbol{D}^{\frac{1}{2}}$ 的对角线元素与 $\boldsymbol{L}$ 的相同。根据式(3.38)得

$$\boldsymbol{U}=\boldsymbol{D}\boldsymbol{L}_0^{\mathrm{T}} \quad \Rightarrow \quad \boldsymbol{U}^{\mathrm{T}}=\boldsymbol{L}_0\boldsymbol{D}=\boldsymbol{L}\boldsymbol{D}^{\frac{1}{2}}$$

因此，增长因子

$$\rho=\frac{\max\limits_{i,j}|u_{ij}|}{\max\limits_{i,j}|a_{ij}|}=\frac{\max\limits_{i,j}|(\boldsymbol{U}^{\mathrm{T}})_{ij}|}{\max\limits_{i,j}|a_{ij}|}=\frac{\max\limits_{i,j}|(\boldsymbol{L}\boldsymbol{D}^{\frac{1}{2}})_{ij}|}{\max\limits_{i,j}|a_{ij}|}$$

由于对角矩阵 $\boldsymbol{D}^{\frac{1}{2}}$ 的对角线元素与 $\boldsymbol{L}$ 的相同，$\boldsymbol{L}\boldsymbol{D}^{\frac{1}{2}}$ 的第 i 行、第 j 列元素为 $l_{ij}l_{jj}$，因此

$$\rho=\frac{\max\limits_{i,j}|l_{ij}l_{jj}|}{\max\limits_{i,j}|a_{ij}|}\leqslant\frac{\max\limits_{i,j}l_{ij}^2}{\max\limits_{j}|a_{jj}|}\leqslant 1 \tag{3.39}$$

式(3.39)中最后一个不等式是根据式(3.37)得出的。式(3.39)说明，增长因子 ρ 的上限为 1，即高斯消去过程中矩阵元素数值不增大。所以，对称正定矩阵的 LU 分解和 Cholesky 分解都是数值稳定的。

有了矩阵 $\boldsymbol{A}$ 的 Cholesky 分解，求解 $\boldsymbol{Ax}=\boldsymbol{b}$ 只依次执行前代过程和回代过程(先求解 $\boldsymbol{Ly}=\boldsymbol{b}$，再求解 $\boldsymbol{L}^{\mathrm{T}}\boldsymbol{x}=\boldsymbol{y}$)即可。此外，根据算法 3.10 也很容易判断一个对称矩阵是否正定。如果算法 3.10 发生中断(被开方的数小于或等于零)，则对称矩阵 $\boldsymbol{A}$ 一定不是正定的；反过来，如果算法 3.10 顺利执行，并且最后的 $a_{nn}\neq 0$，则对称矩阵 $\boldsymbol{A}$ 一定正定。

下面小结一下 Cholesky 分解以及相应的算法。

(1) 对于对称正定矩阵，可做 Cholesky 分解。

(2) 相应算法的存储量、计算量都为一般的 LU 分解的一半。

(3) 算法简单而且稳定，不需要考虑选主元问题。

3.5.2　带状线性方程组的解法

定义 3.3 中介绍了三对角矩阵的概念，将它加以推广便得到带状矩阵(band matrix)。

定义 3.13：对于 n 阶方阵 $\boldsymbol{A}=(a_{ij})_{n\times n}$，若当 $|i-j|>\beta$ 时，$a_{ij}=0$，且至少有一个 k 值，使

$a_{k,k-\beta} \neq 0$ 或 $a_{k,k+\beta} \neq 0$ 成立，则称矩阵 $\boldsymbol{A}$ 为带状矩阵，$2\beta+1$ 为其带宽，β 为半带宽。

三对角矩阵是带状矩阵的特例，其半带宽 $\beta=1$。图 3-12 也显示了一个带状矩阵的例子，其 $\beta=3$。带状矩阵中的非零元仅存在于主对角线及其两侧的若干副对角线上，其他位置的元素均为零。易知，对带状矩阵作 LU 分解，其 $\boldsymbol{L}$、$\boldsymbol{U}$ 矩阵非零元仍然分布在原始带宽范围内，利用这一点可设计出高效率的方程求解算法。下面先看三对角矩阵的 LU 分解算法，假设不选主元。

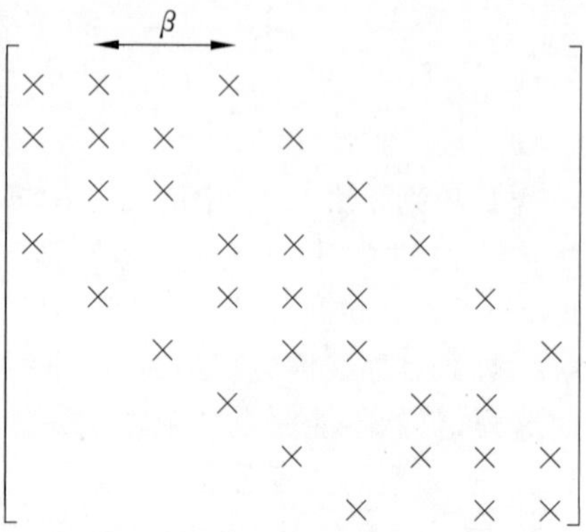

β

$$\begin{bmatrix} \times & \times & & \times & & & & & \\ \times & \times & \times & & \times & & & & \\ & \times & \times & & & \times & & & \\ \times & & & \times & \times & & \times & & \\ & \times & & \times & \times & \times & & \times & \\ & & \times & & \times & \times & & & \times \\ & & & \times & & & \times & \times & \\ & & & & \times & & \times & \times & \times \\ & & & & & \times & & \times & \times \end{bmatrix}$$

图 3-12　一个带状矩阵的威尔金森图

为了节约存储空间，一般用三个向量 $\boldsymbol{a}$、$\boldsymbol{b}$、$\boldsymbol{c}$ 表示三对角矩阵 $\mathbf{A}$，设

$$\mathbf{A} = \begin{bmatrix} b_1 & c_1 & & & \\ a_2 & b_2 & c_2 & & \\ & \ddots & \ddots & \ddots & \\ & & a_{n-1} & b_{n-1} & c_{n-1} \\ & & & a_n & b_n \end{bmatrix} \tag{3.40}$$

对它进行 LU 分解的结果为

$$\boldsymbol{L} = \begin{bmatrix} 1 & & & & \\ m_2 & 1 & & & \\ & \ddots & \ddots & & \\ & & m_{n-1} & 1 & \\ & & & m_n & 1 \end{bmatrix}, \quad \boldsymbol{U} = \begin{bmatrix} d_1 & c_1 & & & \\ & d_2 & c_2 & & \\ & & \ddots & \ddots & \\ & & & d_{n-1} & c_{n-1} \\ & & & & d_n \end{bmatrix} \tag{3.41}$$

根据高斯消去过程，很容易证明矩阵 $\boldsymbol{U}$ 的副对角线元素与 $\mathbf{A}$ 的相同。因此，只需计算待定系数 m_i、d_i，类似于直接 LU 分解算法的推导，得到如下算法。

算法 3.11：三对角矩阵的不选主元 LU 分解
输入：n，向量 $\boldsymbol{a},\boldsymbol{b},\boldsymbol{c}$；输出：向量 $\boldsymbol{m},\boldsymbol{d},\boldsymbol{c}$.
$d_1 := b_1$;
For $i=2, 3, \cdots, n$
　　$m_i := a_i / d_{i-1}$;
　　$d_i := b_i - m_i c_{i-1}$;
End

算法 3.11 只有 $O(n)$ 的计算复杂度[①]，远低于一般 LU 分解的复杂度 $O(n^3)$。容易看出，前代和回代过程的计算复杂度也是 $O(n)$，因此求解三对角线性方程组的效率很高。

不经过 LU 分解这一步，也可直接使用不选主元的高斯消去法求解三对角线性方程(类

① 关于 $O(\cdot)$ 记号的含义见附录 A。

似于在一般情况下使用算法 3.1 和算法 3.2 的组合)。下面针对方程

$$\boldsymbol{Ax}=\boldsymbol{f} \tag{3.42}$$

其中,三对角矩阵 $\boldsymbol{A}$ 如式(3.40)所示,给出求解算法。

算法 3.12：三对角线性方程组的"追赶法"解法

输入：n, 向量 $\boldsymbol{a}$、$\boldsymbol{b}$、$\boldsymbol{c}$、$\boldsymbol{f}$；输出：$\boldsymbol{x}$.

For $i=2, 3, \cdots, n$

$m_i := a_i/b_{i-1}$;

$b_i := b_i - m_i c_{i-1}$;

$f_i := f_i - m_i f_{i-1}$;

End

$x_n := f_n/b_n$;

For $i=n-1, n-2, \cdots, 1$

$x_i := (f_i - c_i x_{i+1})/b_i$;

End

在上述"追赶法"算法中,第一个 For 循环既包括了 LU 分解的过程(采用"原地工作"存储方式),又包括了对右端项的更新。与式(3.41)对比,这里的数组 b 成为了式(3.41)中的数组 d,这个依次计算出 $d_1, d_2, \cdots, d_n$ 的过程可形象地称为"追"的过程。算法 3.12 中第二个 For 循环依次算出 $x_n, x_{n-1}, \cdots, x_1$,称为"赶"的过程。

将算法 3.11 和算法 3.12 加以推广,即修改高斯消去过程中循环的取值范围,可得到针对一般带状矩阵的 LU 分解算法以及追赶法求解算法,其时间复杂度为 $O(\beta^2 n)$,空间复杂度为$O(\beta n)$。因此,当 $\beta \ll n$ 时,其求解效率远高于一般的情况。

上面讨论的带状矩阵分解算法都没选主元,算法稳定性和可靠性可能会存在问题。若采用部分主元技术,分解三对角矩阵和一般带状矩阵的算法要复杂一些,得到的 $\boldsymbol{L}$ 和 $\boldsymbol{U}$ 矩阵非零元位置将超出原始的带宽范围(但带宽的增长不会超过两倍),因此在存储矩阵的数据结构上要预留相应的存储空间。即便如此,对于原始的半带宽 $\beta \ll n$ 的情况,选主元的带状方程求解算法仍具有很高的效率。

由实际问题产生的带状方程组,其系数矩阵常常对称正定或者对角占优,因此不选主元也能达到数值稳定的要求。3.5.1 节已经讨论了对称正定的情况,下面介绍对角占优矩阵的概念,以及对它进行 LU 分解的稳定性的结论。

定义 3.14：对于 n 阶方阵 $\mathbf{A}=(a_{ij})_{n\times n}$,若

(1) $|a_{ii}| \geqslant \sum_{j=1, j\neq i}^{n} |a_{ij}|\ (i=1,2,\cdots,n)$,且至少有一个不等式严格成立,则矩阵 $\boldsymbol{A}$ 按行对角占优。

(2) $|a_{jj}| \geqslant \sum_{i=1, i\neq j}^{n} |a_{ij}|\ (j=1,2,\cdots,n)$,且至少有一个不等式严格成立,则矩阵 $\boldsymbol{A}$ 按列对角占优。

(3) $|a_{ii}| > \sum_{j=1, j\neq i}^{n} |a_{ij}|\ (i=1,2,\cdots,n)$,则矩阵 $\boldsymbol{A}$ 按行严格对角占优。

(4) $|a_{jj}| > \sum\limits_{i=1,i\neq j}^{n} |a_{ij}| \ (j=1,2,\cdots,n)$,则矩阵 $\boldsymbol{A}$ 按列严格对角占优。

一般将按行或按列对角占优的矩阵都称为对角占优矩阵(diagonally dominant matrix),也称弱对角占优矩阵,而将按行或按列严格对角占优矩阵都称为严格对角占优矩阵(strictly diagonally dominant matrix)。显然,严格对角占优矩阵一定也是对角占优矩阵。

下面给出与对角占优矩阵的 LU 分解有关的一个定理。

定理 3.20:设 n 阶方阵 $\boldsymbol{A}$ 为按列严格对角占优矩阵,则对 $\boldsymbol{A}$ 做部分主元 LU 分解时不需要交换行,即对其做不选主元的 LU 分解也是稳定的。

上述定理中的 LU 分解指的是 Doolittle 分解,而做矩阵的克劳特(Crout)LU 分解时,为保证稳定性,一般需做行选主元。与定理 3.20 对称的一个结论是,对按行严格对角占优的矩阵执行克劳特 LU 分解不需要选主元。因此,只要矩阵是严格对角占优的,不选主元的 LU 分解都是稳定的。

最后说明一点,对带状矩阵 $\boldsymbol{A}$ 做 LU 分解,结果矩阵 $\boldsymbol{L}$ 和 $\boldsymbol{U}$ 的非零元都分布在 $\boldsymbol{A}$ 的原始带宽范围内,因此在分解和回代求解过程中可得出高效率的算法。然而,矩阵的逆一般不保留原始矩阵的稀疏特点,$\boldsymbol{A}^{-1}$、$\boldsymbol{U}^{-1}$、$\boldsymbol{L}^{-1}$ 往往都为稠密矩阵,对带状矩阵(非常小的半带宽 β)求逆仍然有至少 $O(n^2)$ 的计算复杂度①。这再次说明了实际计算中要避免计算矩阵的逆,不能按照公式 $\boldsymbol{x}=\boldsymbol{A}^{-1}\boldsymbol{b}$ 的表面含义计算。

应用实例:稳态电路的求解

1. 问题背景

在科学与工程计算中,机械结构、大型输电网络、管道网络、经济规划、种群繁殖、集成电路等很多问题最终都要转换为求解线性方程组。本章和第 4 章的两个应用实例分别介绍稳态电路和桁架结构分析中的线性方程组求解问题。

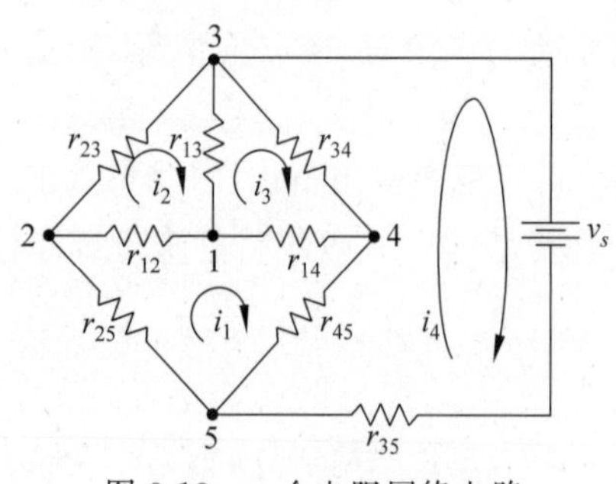

图 3-13　一个电阻网络电路

稳态电路是指电路中电流、电压处于恒定状态所对应的电路,也称为直流电路。求解稳态电路是求解动态电路响应、进行瞬时分析的基础。稳态电路中起主要作用的是电阻元件,以及稳恒电压源、电流源等。在实际应用的电网传输、集成电路供电网络分析等问题中,稳态电路求解都是很重要的一步。

图 3-13 显示了一个小的电阻网络的电路图,其中包含 8 个电阻和一个稳恒电压源。求解这个稳态电路,就需要计算电路节点的电压,以及每条支路上的电流。有多种方法构造线性方程组描述稳态电路,分为节点(电压)分析法和回路电流法两类。节点分析法是以节点电压作为方程组的未知量构造方程,求解之后再根据欧姆定律求出支路电流。图 3-13 所示的电路中有 5 个节点。回路电流法对每个回路定义沿顺时针方向的回路

① 带状矩阵快速求逆的算法参见文献[31]。

电流，如图 3-13 中的电流 i_1、i_2、i_3、i_4，然后以它们为未知量建立线性方程组，求解之后计算节点电压和支路电流。下面主要介绍节点分析法列方程的原理和方程的求解。

2. 节点分析方程的建立与求解

节点分析法(nodal analysis)以电路中节点的电压为变量，根据欧姆定律可得到支路电流的表达式：

$$i_{kj}=\frac{v_k-v_j}{r_{kj}}$$

其中，i_{kj} 为从节点 k 流到节点 j 的支路电流；r_{kj} 为支路电阻。定义电阻的倒数为电导(conductance)，$g_{kj}=1/r_{kj}$，则上述方程可改写为

$$i_{kj}=g_{kj}(v_k-v_j)$$

基尔霍夫电流定律(Kirchhoff's current law)指出，每个节点流出的电流之和为零。例如，对图 3-13 中的节点 1，

$$i_{12}+i_{13}+i_{14}=0$$

节合欧姆定律的电导形式，上述方程可写为

$$g_{12}(v_1-v_2)+g_{13}(v_1-v_3)+g_{14}(v_1-v_4)=0。$$

对其他节点，也可按上述方法类似地写出以节点电压为变量的方程。应注意的是，为保证解唯一，需设置一个“地”节点(其电压为 0)，对它不需要列基尔霍夫电流定律方程。对图 3-13 所示电路，设节点 5 为“地”节点，则得到下面的节点分析方程：

$$\begin{bmatrix} g_{12}+g_{13}+g_{14} & -g_{12} & -g_{13} & -g_{14} \\ -g_{12} & g_{12}+g_{23}+g_{25} & -g_{23} & 0 \\ -g_{13} & -g_{23} & g_{13}+g_{23}+g_{34}+g_{35} & -g_{34} \\ -g_{14} & 0 & -g_{34} & g_{14}+g_{34}+g_{45} \end{bmatrix}\begin{bmatrix} v_1 \\ v_2 \\ v_3 \\ v_4 \end{bmatrix}$$
$$=\begin{bmatrix} 0 \\ 0 \\ g_{35}v_s \\ 0 \end{bmatrix}$$

其中，v_s 是电压源的电压。

设上述节点分析方程的矩阵形式为

$$\boldsymbol{Gv}=\boldsymbol{c}$$

系数矩阵 $\boldsymbol{G}$ 称为电导矩阵。从上述例子可以看出 $\boldsymbol{G}$ 是对称矩阵，并且对角占优，因此做 LU 分解不需要选主元。事实上，假设 $\boldsymbol{v}$ 为任意设定的节点电压向量，可以证明 $\boldsymbol{v}^{\mathrm{T}}\boldsymbol{Gv}$ 为电路的总功率，因此矩阵 $\boldsymbol{G}$ 是对称正定的。对于节点数目不太多的情况，求解节点分析方程可以采用 Cholesky 分解算法。若节点数目很多(如大于 10 000)，将可以利用 $\boldsymbol{G}$ 的稀疏性，采用针对大型稀疏矩阵的直接解法或第 4 章介绍的迭代解法进行求解。

3.6　有关稀疏线性方程组的实用技术

实际问题中的线性方程组往往规模很大，系数矩阵常为稀疏矩阵，本节简单介绍稀疏矩阵的有关知识，以及 MATLAB 软件中的“反斜线”求解器。

3.6.1 稀疏矩阵的基本概念

稀疏矩阵(sparse matrix)一般指存在大量零元素的矩阵。实际应用中,稀疏矩阵也包含采用特殊存储结构的含义,即通过不存储矩阵中的零元素节省矩阵的存储空间。反过来,采用常规的二维数组存储的矩阵,即便其中有一些零元素,从数值计算的角度看也不是稀疏矩阵。与稀疏矩阵相对的概念是稠密矩阵(dense matrix),或称为满矩阵(full matrix)。

按照稀疏矩阵中非零元的分布特点,可将其分为两类:一类是非零元分布比较有规律的结构化稀疏矩阵;另一类是非零元分布无明显规律的非结构化稀疏矩阵。3.5.2节介绍的带状矩阵就是结构化稀疏矩阵。非零元的分布情况既影响稀疏矩阵的存储,又影响执行相关运算的计算效率,因此需要对它有一定的了解。前面介绍的威尔金森图是稀疏矩阵非零元分布的一种形象表示,更一般的非零元分布图采用点状或阴影区域表示矩阵非零元,如图3-14所示。

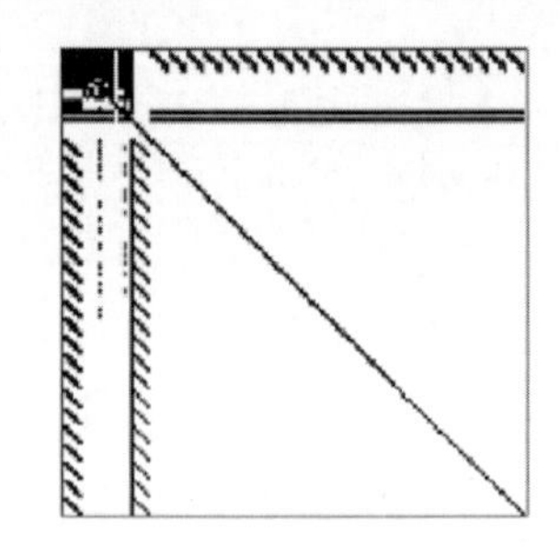

图3-14 一个2000阶稀疏矩阵的非零元分布图

假设稀疏矩阵 $\boldsymbol{A}\in\mathbb{R}^{n\times n}$ 中非零元的数目为 N_{nz},则比值

$$r_s=1-\frac{N_{\mathrm{nz}}}{n^2}$$

常被称为稀疏矩阵的稀疏度(sparsity)。显然,r_s 越接近1,矩阵越稀疏。

处理稀疏矩阵的基本技巧是不存储零元素,同时避免与零元素做加、减、乘、除运算。

例3.15(稀疏矩阵的运算):设有两个稀疏矩阵 $\boldsymbol{A},\boldsymbol{B}\in\mathbb{R}^{n\times n}$,它们的非零元数目分别为 $\mathrm{nnz}(\boldsymbol{A})$ 和 $\mathrm{nnz}(\boldsymbol{B})$,则计算 $\boldsymbol{A}+\boldsymbol{B}$ 需要 $O(\mathrm{nnz}(\boldsymbol{A})+\mathrm{nnz}(\boldsymbol{B}))$ 次操作,因为只需遍历所有非零元的位置,并做相应的运算。而对于两个稠密矩阵,计算 $\boldsymbol{A}+\boldsymbol{B}$ 则需要 $O(n^2)$ 次操作,其计算量可能远大于稀疏矩阵的情况。 ■

存储稀疏矩阵的数据结构多种多样,下面介绍两种常见的存储结构。

1. 三元组结构

三元组(triplet)结构也称为coordinate格式(COO),它包括三个一维数组:一个按任意顺序排列的非零矩阵元素值数组、一个非零元所在行编号的整型数组,以及一个非零元所在列编号的整型数组。三个数组的长度均为非零元的数目 N_{nz}。

例3.16(三元组存储结构):用三元组结构存储稀疏矩阵

$$\boldsymbol{A}=\begin{bmatrix}1&0&2&0&0\\3&4&0&5&0\\6&0&7&0&8\\0&9&0&10&0\\0&0&0&0&11\end{bmatrix}$$

试写出实际存储的三个一维数组的值。

【解】 设存储非零元素值、行编号、列编号的数组分别为aa、row、col,假设非零元按逐行顺序排列,则三个数组的内容见表3-1。

表 3-1　稀疏矩阵的三元组存储结构

aa	1	2	3	4	5	6	7	8	9	10	11
row	1	1	2	2	2	3	3	3	4	4	5
col	1	3	1	2	4	1	3	5	2	4	5

三元组结构非常简单、规整、易于理解，是最基本的稀疏矩阵表示方法，也常作为相关软件包的输入数据格式。在三元组格式中，非零元可以按任意顺序存储，不总是像例 3.16 中那样一行一行地依次排列。同时，从表 3-1 也可看出，三元组格式存在数据上的冗余，即很多连续存储位置上的非零元都有相同的行编号。基于这一点加以改进，可得到压缩稀疏行结构。

2. 压缩稀疏行结构

压缩稀疏行(compressed sparse row, CSR)结构规定非零元按第一行、第二行直到第 n 行这样的顺序存储，因此不需要对每个非零元存储其行号(参考表 3-1)，只需记录每行第一个非零元的位置即可，它形成一个行指针数组。压缩稀疏行结构也包含三个数组，非零元素值和列编号数组与三元组中的一样，而行指针数组为整型数组，其长度为 $n+1$，n 为矩阵的行数。

例 3.17(压缩稀疏行存储结构)：用压缩稀疏行结构存储例 3.16 中的稀疏矩阵 $\mathbf{A}$，则三个数组的内容见表 3-2。

表 3-2　稀疏矩阵的压缩稀疏行存储结构

aa	1	2	3	4	5	6	7	8	9	10	11
col	1	3	1	2	4	1	3	5	2	4	5
prow	1	3	6	9	11	12					

数组元素 prow[i]的值说明，矩阵第 i 行非零元的信息存储在数组 aa 和 col 的第 prow[i]个及以后的单元中。因此，prow[$i+1$]－prow[i]的值就是矩阵第 i 行非零元的数目。为了体现矩阵最后一行非零元的数目，prow 数组的长度应为 $n+1$，且 prow[$n+1$]$=N_{nz}+1$。另外，在压缩稀疏行格式中并没有规定同一行非零元的排列顺序。

压缩稀疏行格式还有很多变种，如压缩稀疏列(CSC)格式，即按逐列顺序存储非零元，其中使用列指针数组。还可以利用高级编程语言中“指针”的概念直接存储“指针”类型的数据，而不是整数编号。无论是压缩稀疏行格式，还是它的变种，它们与三元组相比，都使用更少的存储空间，因此是处理大规模稀疏矩阵的首选数据结构。

上述两种存储结构都适合于任意稀疏矩阵，而对于非零元分布特征明显的结构化稀疏矩阵，还可以设计出更特殊的存储结构。例如，对于带状矩阵或非零元集中分布在若干条主、副对角线上的稀疏矩阵，可以将每条对角线元素按一维数组存储，采用若干个一维数组(可能还需少量辅助信息指示对角线的位置)即可表示相应的稀疏矩阵(如算法 3.11 中)。或者，对分块特征明显的矩阵(见图 3-15)，可设计出分块压缩稀疏行存储结构。

$$
\begin{bmatrix}
1 & 2 & 0 & 0 & 3 & 4 \\
5 & 6 & 0 & 0 & 7 & 8 \\
0 & 0 & 9 & 10 & 11 & 12 \\
0 & 0 & 13 & 14 & 15 & 16 \\
17 & 18 & 0 & 0 & 20 & 21 \\
22 & 23 & 0 & 0 & 24 & 25
\end{bmatrix}
$$

图 3-15　一个分块稀疏矩阵，每个块均为 2×2 的矩阵

对于大规模稀疏线性方程组求解问题，采用稀疏矩

阵存储结构非常必要。

例 3.18(稀疏矩阵的存储量)：假设一个十万(10^5)阶矩阵 $\boldsymbol{A}$ 包含一百万(10^6)个非零元素(平均每行 10 个非零元)，矩阵元素采用 IEEE 双精度浮点数存储，试分析使用稠密矩阵存储和压缩稀疏行存储分别需要多少内存量。

【解】 一个 IEEE 双精度浮点数占 8B(字节)，一个 IEEE 整型数据占 4B。因此，采用稠密矩阵格式，矩阵 $\boldsymbol{A}$ 的存储量为 $8\times10^5\times10^5=8\times10^{10}\approx80$(GB)；而采用 CSR 格式，三个数组的长度分别为 10^6、10^6 和 10^5，而且后两个数组为整型数组，因此总存储量为 $8\times10^6+4\times10^6+4\times10^5=12.4\times10^6\approx12.4$(MB)。 ■

采用针对稀疏矩阵的数据结构能节省很大的存储量，也是处理很多大规模稀疏矩阵的唯一办法，但基于它的矩阵运算比基于二维数组结构的复杂一些。例如，已知行、列位置不能直接访问到某个矩阵元素。不过，单独访问一个矩阵元素的操作很少遇到，常见的矩阵加法、矩阵向量乘法、高斯消去过程等运算都涉及访问一系列矩阵元素，因此基于稀疏矩阵数据结构仍可能设计出高效率的算法。

例 3.19 (高斯消去过程的填入)：假设稀疏矩阵 $\boldsymbol{A}$ 的威尔金森图如图 3-16 所示，试分析用高斯消去过程对 $\boldsymbol{A}$ 进行"原地工作"的 LU 分解，$\boldsymbol{A}$ 的非零元分布会有什么变化。

【解】 按高斯消去过程的步骤，矩阵非零元分布图的变化情况如下：

$$\begin{bmatrix}\times&\times&\times&\times\\\times&\times&&\\&\times&\times&\\&\times&&\end{bmatrix}\rightarrow\begin{bmatrix}\times&\times&\times&\times\\\times&\times&\otimes&\otimes\\&\times&\times&\\&\times&&\end{bmatrix}\rightarrow\begin{bmatrix}\times&\times&\times&\times\\\times&\times&\otimes&\otimes\\&\times&\times&\otimes\\&\times&&\end{bmatrix}\rightarrow\begin{bmatrix}\times&\times&\times&\times\\\times&\times&\otimes&\otimes\\&\times&\times&\otimes\\&\times&\otimes&\otimes\end{bmatrix}$$

最终增加了 5 个非零元，在图中用圆圈标示出来。 ■

从例 3.19 看出，对于稀疏矩阵进行高斯消去过程，会新增加一些非零元，它们被称为填入元(fill-in)，这种现象称为填入现象。由于稀疏矩阵一般只存非零元，填入元必然造成稀疏矩阵存储结构的更改。而且，填入使得矩阵的稀疏度降低，进而增大线性方程组求解的计算量。针对稀疏线性方程组的直接解法，一方面要改编一般的求解算法，使之适应稀疏矩阵的存储结构(避免与零元素有关的运算)；另一方面要尽量减少填入元，避免随着消去过程的进展，存储量和计算量增长太多。最后，为了保证数值稳定性，一般还要进行选主元。

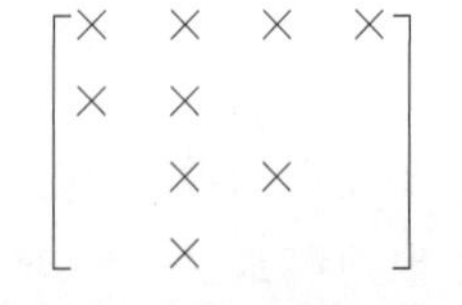

图 3-16 一个稀疏矩阵的威尔金森图

针对稀疏矩阵数据结构的算法设计以及稀疏线性方程组直接解法的各种技术超出了本书的范围，其中一些内容仍是当今的研究前沿。对此感兴趣的读者可参考文献[11]。

3.6.2 MATLAB 中的相关功能

MATLAB 软件以矩阵计算的功能见长，其中实现了很多线性方程组求解算法，也包括针对稀疏矩阵的直接解法。在 MATLAB 中，矩阵有稠密和稀疏两种存储方式，稠密存储方式使用二维数组的数据结构，而稀疏存储方式则使用压缩稀疏列格式。两种存储方式的矩阵可通过命令相互转换，它们以相同的方式支持一般的矩阵操作与运算，只是内部算法会对两种情况区别对待。

下面列出一些与稀疏矩阵有关的常用命令。

(1) 命令 whos 显示系统中所有变量的信息，可区分出采用稀疏矩阵存储方式的矩阵。例如：

```
>>whos
Name      Size      Bytes Class     Attributes
A         2x3          48 double
sA        2x3          52 double    sparse
```

执行结果表示 sA 为使用稀疏矩阵存储方式的矩阵，而 A 使用的是稠密矩阵存储方式。

(2) 命令 nnz 统计矩阵中非零元的数目。例如：

```
>>nnz(A)
ans=
    3
```

(3) 命令 find 给出所有非零元的信息。例如：

```
>>[i j s]=find(A)
```

输出的三个向量 i、j、s 分别表示非零元的行编号、列编号和数值，反映了稀疏矩阵的三元组表示方式。

(4) 命令 spy 显示矩阵的非零元分布图，显示的结果类似于图 3-14。

(5) 命令 sparse 将一个矩阵转换为稀疏矩阵表示。例如：

```
>>S=sparse(A)
```

而命令 full 则进行相反的操作：

```
>>A=full(S)
```

(6) 命令 sparse 还可创建大规模的稀疏矩阵。例如，执行命令

```
>>S=sparse(i, j, x, m, n)
```

它生成一个 $m\times n$ 的稀疏矩阵，而 i、j、x 分别为矩阵非零元的行号、列号和数值组成的向量。它体现了用三元组结构作为稀疏矩阵输入格式。

(7) 命令 spdiags 专门生成非零元分布在主对角线及其平行线上的稀疏矩阵。例如：

```
>>S=spdiags([a b c], [-1 0 1], n, n);
```

它生成一个 $n\times n$ 的带状矩阵，向量 a、b、c 包含三条对角线上的元素值，[−1 0 1]则相应地指示了这三条对角线离主对角线的距离。

(8) 命令 speye(m,n)生成一个 $m\times n$ 的单位矩阵，采用稀疏矩阵存储方式。

(9) 命令 sprand 生成随机的稀疏矩阵。如果输入参数为一个稀疏矩阵，如 sprand(S)，则返回值为非零元分布与 S 相同的一个矩阵，矩阵非零元的数值为 0～1 的均匀分布随机数。如果输入参数中指定稠密度(density)，如 sprand(m, n, density)，则生成一个 $m\times n$ 的矩阵，其非零元随机分布，但非零元数目大约为 density$\times m\times n$。

(10) 要计算一个稀疏矩阵 **A** 的稀疏度(sparsity)，可执行下面两行命令：

```
>>density=nnz(A)/prod(size(A));
```

```
>>sparsity=1-density
```

(11) 判断稀疏带状矩阵 **A** 的半带宽(β),即求矩阵中非零元素到主对角线的最大距离,可执行下面两行命令:

```
>>[i, j]=find(A);
>>half_bandwidth=max(abs(i-j))
```

其中,find 命令返回两个向量,分别记录非零元的行编号和列编号。

在 MATLAB 中,将多种线性方程组直接解法集成在一起,提供了一个简单的反斜线运算符"\"(同命令 mldivide)实现线性方程组的求解。例如,要解方程 $\boldsymbol{Ax}=\boldsymbol{b}$,执行命令

```
>>x=A\b;
```

即可。其中,$\boldsymbol{b}$ 可以是一个矩阵,这时反斜线运算符会将 $\boldsymbol{b}$ 的各列作为右端项依次求解。为了达到最高的计算效率,反斜线运算符的内部算法会自动判断矩阵的类型,然后采用不同的算法求解。表 3-3 列出了"反斜线"求解器针对各种类型矩阵采用的不同算法。

表 3-3 "反斜线"求解器的内部算法框架

矩阵 **A**(按如下优先顺序)	求 解 算 法
稀疏矩阵,且为对角矩阵	右端项元素除以矩阵对角元
较稠密的带状矩阵	部分选主元的带状矩阵 LU 分解与回代(LAPACK 软件包)
上三角或下三角矩阵	回代法或前代法
对三角矩阵作行排列形成的矩阵	重排序后用回代或前代法
对称矩阵,且对角线元素大于零	通过 Cholesky 分解算法检查正定性,对稠密矩阵和稀疏矩阵分别用 LAPACK 软件包和 CHOLMOD 软件包。若成功,则再回代求解;若稠密且不正定,则使用选主元的对称矩阵求解算法(LAPACK 软件包)
稠密的上黑森伯格(Hessenberg)矩阵	执行高斯消去变为上三角矩阵再回代求解
一般的稀疏方阵	针对稀疏矩阵的直接解法(UMFPACK 软件包)
一般的稠密方阵	部分主元 LU 分解(LAPACK 软件包)
不是方阵	通过矩阵 QR 分解得到最小二乘解,分稠密矩阵与稀疏矩阵两种情况

在表 3-3 中,LAPACK 软件包是著名的线性方程组求解软件包,其中有稠密矩阵相关算法的高效率实现。CHOLMOD 和 UMFPACK 是美国佛罗里达大学的 T. Davis 教授[①]于 2004 年左右开发出的稀疏矩阵直接解法软件包。关于上黑森伯格矩阵、QR 分解,以及最小二乘,见第 5 章和第 6 章的相关内容。

在 MATLAB 中还有一个命令 linsolve,它的功能与算符"\"几乎一样,但不支持稀疏矩阵。命令 lu 和 chol 分别进行矩阵的 LU 分解与 Cholesky 分解,它们都能处理稠密矩阵和稀疏矩阵两种情况。当处理稠密矩阵时,lu 的内部算法主要是算法 3.9,chol 的内部算法是

① 现供职于美国德州农机大学(Taxes A&M University)。

算法 3.10；对于稀疏矩阵，它们分别使用 UMFPACK 和 CHOLMOD 软件包的算法。

3.7　有关数值软件

几乎所有的数值计算软件和程序包都具有求解线性方程组的功能。最基本的功能是求解一般的实系数稠密线性方程组，有些还支持稀疏线性方程组的求解（如 MATLAB）。在这些软件中，求解线性方程组 $\boldsymbol{Ax}=\boldsymbol{b}$ 有的由一个命令或程序模块完成，有的分为两个程序模块，一个进行矩阵的 LU 分解，另一个求解上/下三角方程组。无论哪种情况，其内部算法都包括矩阵分解和回代两个过程。对于只用一个命令实现方程求解的软件，输入数据中的右端项 $\boldsymbol{b}$ 一般都允许为矩阵（二维数组），以便对含多右端向量的问题进行高效率的求解。表 3-4 列出了一些广泛使用的软件中进行矩阵 LU 分解和回代求解的程序。

表 3-4　数值软件中求解线性方程组的程序或命令

软件/程序包	矩阵的 LU 分解	方程求解	条件数估计
HSL	ma21	ma21	
LAPACK	sgetrf	sgetrs	sgecon
LINPACK	sgefa	sgesl	sgeco
MATLAB	lu	\	rcond/condest
NAG	f07adf	f07aef	f07agf
NR	ludcmp	lubksb	

其中，LAPACK 和 LINPACK 是求解线性方程组有关问题的标准软件包，可从程序库 Netlib 中获得。这些程序基本上都采用了部分选主元技术，其输出结果除了解向量（通常存于右端项 $\boldsymbol{b}$ 中）和矩阵分解因子（通常存于矩阵 $\boldsymbol{A}$ 中），还可能包括一些指示错误或警告的状态标志，以及部分选主元的信息。有些矩阵分解程序还同时计算矩阵的行列式。在 LAPACK 和 LINPACK 等开源程序包中，针对不同的矩阵元素类型有不同的方程求解程序，通过程序名的前缀加以区分。s 表示单精度浮点数实数，d 表示双精度浮点数实数，c 表示单精度复数，z 表示双精度复数（这些包中的其他程序也遵循这一命名规则，本书其他各章介绍时不再赘述）。

此外，这些程序包往往还提供矩阵条件数（或其倒数）的估计，相应的程序也列于表 3-4 中。应注意的是，条件数的准确计算涉及矩阵的逆，MATLAB 中使用命令 cond 计算矩阵的2-范数、1-范数以及∞-范数条件数，但它只适合于较小规模的矩阵。

表 3-5 列出一些针对特殊类型线性方程组的求解程序。对于一般的大规模稀疏线性方程组，成熟的程序包或软件并不多，除了 3.6.2 节提到的 UMFPACK 和 CHOLMOD（已被 MATLAB 使用），更多的相关资料见文献[12]。

表 3-5　求解特殊线性方程组的程序

程序包	对称正定矩阵	对称不定矩阵	带状矩阵
HSL	ma22	ma29	ma35
LAPACK	spotrf/spotrs	ssytrf/ssytrs	sgbtrf/sgbtrs
LINPACK	spofa/sposl	ssifa/ssisl	sgbfa/sgbsl
NAG	sfact/sslove	ifact/isolve	bfact/bsolve
NR	choldc/cholsl		bandec/bandks

程序包 LAPACK 和 LINPACK 以及更底层的 BLAS 子程序，在科学计算领域是非常重要和基本的。LINPACK 是 20 世纪 70 年代用 FORTRAN 语言编写的标准软件包，已成为比较计算机性能的一个基准程序。LAPACK 于 1992 年开始开发并不断更新，是 LINPACK 的替代程序，它考虑了包括并行计算机在内的现代计算机多级存储结构，一般情况下比 LINPACK 更精确、更稳定、更功能化，目前的许多数值计算软件都以 LAPACK 为基础。

BLAS 是基本代数子程序(basic linear algebra subprograms)的英文缩写，它的目的是针对计算机体系结构设计性能最优的向量、矩阵基本运算，从而使调用它们的高级程序具有最优的性能和可移植性。LAPACK 中的程序基于 BLAS 子程序，在 Netlib 中可获得 BLAS 的普通版本，许多计算机制造商也提供针对自己系统进行优化的独特 BLAS 版本。随着计算机体系结构的发展，BLAS 也在发展，它逐渐包括 3 个级别、具有不同计算复杂度的各种矩阵相关运算。BLAS 子程序设计的关键是考虑计算机层次化存储结构中高速缓存、向量寄存器和虚拟内存等的不同特点，尽量使高速存储设备中的数据得到充分的再利用。表 3-6 列出了不同级别的一些重要 BLAS 例程。

表 3-6　基本代数子程序 BLAS

级别	计算复杂度	例　程	功　能	程序来源
1	$O(n)$	saxpy sdot snrm2	数乘向量再加向量 两个向量作内积 向量的 2-范数	TOMS ＃539
2	$O(n^2)$	sgemv strsv sger	矩阵—向量乘积 三角方程组的解法 矩阵的秩 1 修改	TOMS ＃656
3	$O(n^3)$	sgemm strsm ssyrk	矩阵—矩阵乘积 多个三角方程求解 矩阵的秩 k 修改	TOMS ＃679

表 3-6 中，“TOMS ＃ xxx”表示发表于期刊 *ACM Transactions on Mathematical Software* 的算法程序(见 1.1.3 节)。在各个 BLAS 程序中，3 级 BLAS 子程序的数据复用情况最好，它对 $O(n^2)$的数据项完成了 $O(n^3)$次浮点运算，因此调用它能获得最好的程序性能。

评　　述

线性代数方程组的求解是一个古老而经典的问题，甚至可以说是数值计算中永恒的研究课题。

高斯消去法的思想最早出现在我国，公元二世纪成书的《九章算术》中就已将它用于求解线性方程组。在西方，高斯(Gauss)于 1810 年提出的简化二次型计算的公式是高斯消去法的雏形，严格来说，它对应对称正定矩阵的 $\boldsymbol{LDL}^{\mathrm{T}}$ 分解。矩阵的 LU 分解的雏形是由雅可比(Jacobi)提出的双线性型的化简公式，而 Cholesky 分解算法在 20 世纪才被提出，由 Benoit 于 1924 年发表。20 世纪上半叶，研究高斯消去法求解线性方程组时的舍入误差是一个重要的课题。对此做出贡献的有冯·诺依曼(von Neumann)、图灵(Turing)、豪斯霍尔德(Householder)和威尔金森(Wilkinson)等人。图灵提出了矩阵条件数的概念，威尔金森系统地分析了线性方程组直接解法中舍入误差的影响。

关于选主元高斯消去法稳定性的争论也持续了多年。理论分析表明，部分主元方法可能是不稳定的，甚至可以举出一些例证。但大量的实践表明了它的有效性，甚至可以将它用于并行计算。目前，部分主元方法已被广泛用于科学与工程计算中，它的稳定性和有效性经受住了实践的检验。

很多科学与工程问题的数学模型都是常微分方程组或偏微分方程，而能够解析求解的问题非常少。在绝大多数情况下，这些微分方程的数值求解又归结为线性方程组的求解。实际应用的需求从一维、二维简化问题逐渐发展到真实的三维模拟，因此待求解的线性方程组的规模也越来越大，常包含几千个甚至更多的未知量。值得注意的是，这些大规模的线性方程组一般具有非常稀疏的系数矩阵，如何求解它们是一个挑战性问题。对于稀疏的大型线性方程组，直接解法的基本思想依然是高斯消去法，但关键在于控制系数矩阵填入元的数量，以及利用稀疏性减小计算量。在这些算法中，往往涉及精巧的数据结构和算法技巧，还要使用图论的知识和算法。事实上，现有的稀疏线性方程组直接解法还不能满足所有应用问题的需要，但与求解线性方程组的迭代法(将在第 4 章介绍)相比，在准确度和鲁棒性方面直接解法一般还是具有优势的。关于稀疏线性方程组的直接解法，可参考下面两本专著：

- I. S. Duff, et al, *Direct Method for Sparse Matrices*, Clarendon Press, 1986.
- T. Davis, *Direct Methods for Sparse Linear Systems*, SIAM Press, 2006.

感兴趣的读者可访问 T. Davis 的个人网站 http://faculty.cse.tamu.edu/davis/，了解稀疏矩阵线性方程组直接解法较新的研究成果。

对于真正具有挑战性的大规模稀疏线性方程组的求解，需要结合直接解法和迭代解法两者的优势(例如，使用直接解法构造迭代法的预条件件)，这已逐渐成为一种趋势。

【本章知识点】 向量范数；三种向量范数的计算；矩阵的算子范数；三种矩阵范数的计算；矩阵的条件数及其性质；病态矩阵；用高斯消去法解线性方程组；高斯-约当消去法；矩阵求逆算法；消去矩阵；矩阵的 LU 分解；LU 分解的充分条件与唯一性；直接 LU 分解算法；LU 分解的计算复杂度；基于 LU 分解的线性方程组求解；选主元的作用与策略；部分主元高斯消去法；部分主元的 LU 分解；高斯消去法的稳定性；Cholesky 分解算法；Cholesky 分解的应用；三对角线性方程组的解法；对角占优矩阵；稀疏矩阵及其存储结构；MATLAB 中

有关线性方程组求解的命令。

算法背后的历史：威尔金森与数值分析

詹姆斯·威尔金森(James Hardy Wilkinson，1919年9月27日—1986年10月5日，见图3-17)是英国皇家学会院士、著名的数学家、数值分析专家。威尔金森的成就主要在数值分析，尤其是数值线性代数方面，他是数值计算早期理论和数学软件的开拓者和奠基人，也是建造图灵(Turing)设计的ACE计算机的功臣。威尔金森于1970年获得“计算机界的诺贝尔奖”——图灵奖。

图3-17　威尔金森

威尔金森于1919年9月27日生于英国肯特郡的斯特洛特(Strood, Kent)，在剑桥最负盛名的“三圣学院”(Trinity College)接受了严格的教育，成绩出众，16岁的他获得三圣学院的最高荣誉——Trinity Major Scholarship，随后免试进入剑桥大学。1939年，19岁的威尔金森获得一等荣誉奖章从剑桥毕业。由于第二次世界大战的原因，他随后进入剑桥数学实验室的军械研究所(Armament Research Department)工作，研究有关弹道的数学模型和数值计算。1946年，他进入英国最著名的学术机构之一——国家物理实验室(NPL)的数学部，协助图灵设计ACE计算机，在图灵离开NPL后，他负责该项目，于1950年研制成功ACE计算机，处于当时的世界领先水平。威尔金森长期担任NPL的学术长官，在NPL营造了一个浓厚而民主的学术氛围，被授予“有特殊贡献的首席科学长官”荣誉称号。1980年，他从NPL退休后担任美国斯坦福大学客座教授，1986年不幸病逝。

威尔金森的主要贡献

矩阵的概念是在1858年由凯莱(Cayley)提出的，将高斯消去法表示成矩阵分解是在20世纪40年代由冯·诺依曼(von Neumann)、H. H. Goldstine、豪斯霍尔德(Householder)等人提出的。计算机的早期开创者冯·诺依曼和图灵等，主要关心的是用高斯消去法求解大规模线性方程组时舍入误差的累积是否会使结果误差很大。在这一点上，开始的研究结果是非常悲观的，但不久后计算实践惊人地表明了此方法的稳定性和准确性。

威尔金森提出了“向后误差分析法”，系统地研究了矩阵计算的误差问题，对(选主元)高斯消去法的这种良好特性做出了解释和证明。威尔金森还较早关注稀疏线性方程组的求解问题，采用一种形象的方式表示矩阵非零元的分布情况，这种表示被称为“威尔金森图”。威尔金森的学术思想和贡献主要体现在三本专著中，至今仍有很大的影响：

- J. H. Wilkinson, *Rounding Errors in Algebraic Processes*, Prentice-Hall Press, 1964.
- J. H. Wilkinson, *The Algebraic Eigenvalue Problem*, Clarendon Press, 1965.(中译本为：石钟慈，邓健新，译.《代数特征值问题》. 北京：科学出版社，2001)
- J. H. Wilkinson, C. Reinsch, *Handbook for Automatic Computations*, *Vol. II*, *Linear Algebra*, Springer-Verlag Press, 1971.

威尔金森还是数学软件的开拓者。20世纪70年代，他参与并推动成立了一个非营利的名为NAG(Numerical Algorithms Group Ltd.)的公司，目的是开发和推广数值分析和统计分析软件包。当时，NAG的大部分线性方程求解和矩阵特征值计算方面的程序都由威尔金森主持编写。他还积极参与美国阿尔贡(Argonne)国家实验室NATS小组的EISPACK软件项目，并贡献力量，后来EISPACK软件成为计算矩阵特征值的著名软件。

由于威尔金森在发展数值计算技术和方法上的杰出贡献，他在1970年被授予图灵奖。他在图灵奖颁奖大会上作了题为“一个数值分析家的若干意见”(Some comments from a numerical analyst)的演讲，全文刊登于1971年4月的*Journal of ACM*杂志上。

练　习　题

1. 设

$$\boldsymbol{A}=\begin{bmatrix}0.6 & 0.5\\ 0.1 & 0.3\end{bmatrix}$$

计算$\boldsymbol{A}$的∞-范数、1-范数及2-范数。

2. 设$\boldsymbol{x}\in\mathbb{R}^n$，求证：$\|\boldsymbol{x}\|_\infty\leqslant\|\boldsymbol{x}\|_1\leqslant n\|\boldsymbol{x}\|_\infty$。

3. 设$\boldsymbol{P}\in\mathbb{R}^{n\times n}$且非奇异，又设$\|\boldsymbol{x}\|$为$\mathbb{R}^n$上一向量范数，定义

$$\|\boldsymbol{x}\|_P\equiv\|\boldsymbol{Px}\|$$

试证明$\|\boldsymbol{x}\|_P$是$\mathbb{R}^n$上向量的一种范数。

4. 设矩阵

$$\boldsymbol{A}=\begin{bmatrix}2\lambda & \lambda\\ 1 & 1\end{bmatrix}$$

其中，$\lambda\in\mathbb{R}$，证明当$\lambda=\pm\frac{2}{3}$时，$\mathrm{cond}(\boldsymbol{A})_\infty$有最小值。

5. 试证明：如果$\boldsymbol{A}$是正交矩阵，则$\mathrm{cond}(\boldsymbol{A})_2=1$。

6. 设$\boldsymbol{A},\boldsymbol{B}\in\mathbb{R}^{n\times n}$，证明：

$$\mathrm{cond}(\boldsymbol{AB})\leqslant\mathrm{cond}(\boldsymbol{A})\mathrm{cond}(\boldsymbol{B})$$

7. 设$\boldsymbol{A}=(a_{ij})_{n\times n}$是对称矩阵，且$a_{11}\neq 0$，经过高斯消去法一步后，$\boldsymbol{A}$约化为

$$\begin{bmatrix}a_{11} & \boldsymbol{a}_1^{\mathrm{T}}\\ \boldsymbol{0} & \boldsymbol{A}_2\end{bmatrix}$$

证明$\boldsymbol{A}_2$是对称矩阵。

8. 设$\boldsymbol{A}=(a_{ij})_{n\times n}$是对称正定矩阵，经过高斯消去法一步后，$\boldsymbol{A}$约化为

$$\begin{bmatrix}a_{11} & \boldsymbol{a}_1^{\mathrm{T}}\\ \boldsymbol{0} & \boldsymbol{A}_2\end{bmatrix}$$

试证明：

(1) $\boldsymbol{A}$的对角元素$a_{ii}>0(i=1,2,\cdots,n)$。

(2) $\boldsymbol{A}_2$是对称正定矩阵。

9. 设$\boldsymbol{M}_k$为第k类初等消去矩阵，即

$$M_k = \begin{bmatrix} 1 & & & & & \\ & \ddots & & & & \\ & & 1 & & & \\ & & m_{k+1,k} & 1 & & \\ & & \vdots & & \ddots & \\ & & m_{n,k} & & & 1 \end{bmatrix}$$

试证明：当 $i,j>k$ 时，$\widetilde{M}_k = I_{i,j}M_kI_{i,j}$ 也是第 k 类的初等消去矩阵，其中 $I_{i,j}$ 为交换第 i 行和第 j 行的初等交换矩阵。

10. 试推导矩阵 $\boldsymbol{A}$ 的 Crout 分解 $\boldsymbol{A}=\boldsymbol{LU}$ 的算法，其中 $\boldsymbol{L}$ 为下三角矩阵，$\boldsymbol{U}$ 为单位上三角矩阵。

11. 考虑线性方程组 $\boldsymbol{Ux}=\boldsymbol{d}$，其中 $\boldsymbol{U}$ 为 $n\times n$ 的上三角矩阵。试分析求解它所需的乘除法次数。

12. 分别采用高斯消去法和直接 LU 分解法对下述矩阵进行 LU 分解，写出矩阵 $\boldsymbol{L}$ 和 $\boldsymbol{U}$：

$$\boldsymbol{A} = \begin{bmatrix} 1 & 1 & 1 \\ 0 & 4 & -1 \\ 2 & -2 & 1 \end{bmatrix},\quad \boldsymbol{B} = \begin{bmatrix} 1 & 2 & 3 \\ 2 & 5 & 2 \\ 3 & 1 & 5 \end{bmatrix},\quad \boldsymbol{C} = \begin{bmatrix} 1 & 1 & 1 & 1 \\ 1 & 2 & 2 & 2 \\ 1 & 1 & 2 & 2 \\ 1 & 2 & 3 & 4 \end{bmatrix},\quad \boldsymbol{D} = \begin{bmatrix} 2 & 1 & 1 & 2 \\ 2 & 2 & 2 & 3 \\ 4 & 2 & 4 & 3 \\ 0 & 0 & 6 & -1 \end{bmatrix}$$

13. 采用部分主元高斯消去法对矩阵

$$\boldsymbol{A} = \begin{bmatrix} 1 & 2 & 3 \\ 2 & 4 & 5 \\ 3 & 5 & 6 \end{bmatrix},\quad \boldsymbol{B} = \begin{bmatrix} 2 & 1 & 1 & 2 \\ 2 & 2 & 2 & 3 \\ 4 & 2 & 4 & 3 \\ 0 & 0 & 6 & -1 \end{bmatrix}$$

进行 LU 分解，写出得到的矩阵 $\boldsymbol{L}$、$\boldsymbol{U}$ 和 $\boldsymbol{P}$。

14. 设 $\boldsymbol{A}$、$\boldsymbol{B}$、$\boldsymbol{C}$ 均为 $n\times n$ 矩阵，且 $\boldsymbol{B}$、$\boldsymbol{C}$ 非奇异，$\boldsymbol{b}$ 是 n 维向量，要计算

$$\boldsymbol{x} = \boldsymbol{B}^{-1}(2\boldsymbol{A}+\boldsymbol{I})(\boldsymbol{C}^{-1}+\boldsymbol{A})\boldsymbol{b}$$

请给出一个合理、高效率的算法流程。

15. 分别计算矩阵

$$\boldsymbol{A} = \begin{bmatrix} 3 & 1 & 0 \\ 1 & 3 & 1 \\ 0 & 1 & 3 \end{bmatrix},\quad \boldsymbol{B} = \begin{bmatrix} 4 & 2 & 4 & 2 \\ 2 & 10 & 8 & 1 \\ 4 & 8 & 9 & 5 \\ 2 & 1 & 5 & 19 \end{bmatrix}$$

的 Cholesky 分解。

16. 用追赶法解三对角方程组 $\boldsymbol{Ax}=\boldsymbol{b}$，其中

$$\boldsymbol{A} = \begin{bmatrix} 2 & -1 & 0 & 0 & 0 \\ -1 & 2 & -1 & 0 & 0 \\ 0 & -1 & 2 & -1 & 0 \\ 0 & 0 & -1 & 2 & -1 \\ 0 & 0 & 0 & -1 & 2 \end{bmatrix},\quad \boldsymbol{b} = \begin{bmatrix} 1 \\ 0 \\ 0 \\ 0 \\ 0 \end{bmatrix}$$

17. 下述矩阵能否进行 LU 分解(其中,$\boldsymbol{L}$ 为单位下三角矩阵,$\boldsymbol{U}$ 为上三角矩阵)? 若能分解,分解是否唯一?

$$\boldsymbol{A}=\begin{bmatrix}1&2&3\\2&4&1\\4&6&7\end{bmatrix},\quad \boldsymbol{B}=\begin{bmatrix}1&1&1\\2&2&1\\3&3&1\end{bmatrix}$$

18. 设矩阵 $\boldsymbol{A}\in\mathbb{R}^{n\times n}$ 按列严格对角占优,试证明:

(1) 对矩阵 $\boldsymbol{A}$ 做部分主元高斯消去时,不需要交换行,即假设经过 $k-1$ 步消去后矩阵 $\boldsymbol{A}$ 变为 $\boldsymbol{A}^{(k)}=(a_{ij}^{(k)})_{n\times n}(k=1,2,\cdots,n-1)$, 则

$$|a_{kk}^{(k)}|>|a_{sk}^{(k)}|,\quad (s>k)$$

(2) 矩阵 $\boldsymbol{A}$ 非奇异。

上　机　题

1. 编程实现矩阵的 LU 分解(算法 3.5 或算法 3.6),以及回代和前代过程(算法 3.2、算法 3.7)。自行构造几个矩阵和已知解的特殊右端向量进行测试,验证程序的正确性。

2. 编写部分选主元的 LU 分解和高斯消去法程序(算法 3.9),自行构造几个矩阵和已知解的特殊右端向量进行测试,验证程序的正确性。

3. 用随机矩阵(即随机数发生器产生矩阵元素)生成几个线性方程组,取已知解的特殊右端向量,比较不选主元和部分选主元高斯消去法程序的解的准确度、残差和运行效率。

4. 编写矩阵的 Cholesky 分解程序(算法 3.10),想办法构造对称正定矩阵和对称不定矩阵,对该算法进行测试,观察现象。

5. 将一般矩阵的 LU 分解算法(算法 3.5)加以修改,得到一种不同于算法 3.10 的 Cholesky 分解算法,写出算法伪码并编程实现,构造对称正定矩阵验证该算法的正确性。

6. 编程生成 Hilbert 矩阵 $\boldsymbol{H}_n$(见例 3.4),以及 n 维向量 $\boldsymbol{b}=\boldsymbol{H}_n\boldsymbol{x}$,其中 $\boldsymbol{x}$ 为所有分量都是 1 的向量。实现 Cholesky 分解算法并用它求解方程 $\boldsymbol{H}_n\boldsymbol{x}=\boldsymbol{b}$,得到近似解 $\hat{x}$,计算残差 $\boldsymbol{r}=\boldsymbol{b}-\boldsymbol{H}_n\hat{\boldsymbol{x}}$ 和误差 $\Delta\boldsymbol{x}=\hat{\boldsymbol{x}}-\boldsymbol{x}$ 的∞-范数。

(1) 设 $n=10$, 计算 $\|\boldsymbol{r}\|_\infty$、$\|\Delta\boldsymbol{x}\|_\infty$。

(2) 在右端项上施加 10^{-7} 的扰动(相对变化量,用∞-范数度量)然后解方程组,观察残差和误差的变化情况。

(3) 改变 n 的值为 8、12 和 14,求解相应的方程,观察 $\|\boldsymbol{r}\|_\infty$、$\|\Delta\boldsymbol{x}\|_\infty$的变化情况。通过这个实验说明了什么问题?

7. 根据算法 3.11 编写一个求解三对角线性方程组的程序,用几个方程进行测试。如果进行部分选主元,程序应如何修改? 构造例子,说明部分选主元得到的解更加准确。

8. 根据 3.6.2 节,熟悉 MATLAB 软件的有关命令。

9. 从下述网站下载 2~3 个较大规模的稀疏矩阵数据,自己编写 MATLAB 读入程序,然后使用 MATLAB 求解线性方程组,报告求解的计算时间。

(1) https://sparse.tamu.edu/。

(2) http://math.nist.gov/MatrixMarket/。

第4章　线性方程组的迭代解法

第3章讨论了线性方程组的直接解法，包括部分主元高斯消去法、直接LU分解法、楚列斯基分解法、追赶法等，这些方法适合于系数矩阵为稠密矩阵或特殊结构稀疏矩阵（如带状矩阵）的情况。对于较一般的大规模稀疏矩阵，直接解法需考虑填入现象，相应的算法设计非常复杂，而且由于填入往往使矩阵随求解过程逐渐变得稠密，导致巨大的计算时间与空间开销。另一方面，采用直接解法能得到比较准确的解，但它并不适合某些对计算时间要求高，而对准确度要求不高的场合。

本章介绍求解线性方程组的迭代解法，它在某些情况下能弥补直接解法的上述不足。首先讨论3种基本的1阶定常迭代法，然后简单介绍一种非固定格式迭代法——共轭梯度法，最后将各种迭代法进行比较，主要关注它们的收敛性及收敛速度。

4.1　迭代解法的基本理论

本节首先介绍求解线性方程组的迭代法的基本概念，然后针对1阶定常迭代法对收敛性和收敛速度进行讨论。

4.1.1　基本概念

与求解非线性方程的迭代法一样，这里讨论的迭代法也是通过一个近似解序列（每个近似解为一个向量）

$$\boldsymbol{x}^{(0)},\boldsymbol{x}^{(1)},\boldsymbol{x}^{(2)},\cdots,\boldsymbol{x}^{(k)},\cdots$$

逐渐逼近准确解 $\boldsymbol{x}^*$。如果相邻的近似解之间满足某种固定的函数关系，这种方法称为固定格式迭代法（stationary iterative method）。类似于不动点迭代法，考虑到与原始线性方程组的等价关系及每一步迭代的计算量，解线性方程组的固定格式迭代法一般具有如下较简单的形式：

$$\boldsymbol{x}^{(k+1)}=\boldsymbol{B}\boldsymbol{x}^{(k)}+\boldsymbol{f},\quad (k=0,1,2,\cdots) \tag{4.1}$$

其中，$\boldsymbol{B}$ 为常矩阵，称为迭代矩阵，$\boldsymbol{f}$ 为常向量。一旦给定初始解，根据式(4.1)可逐个计算出近似解，相应的迭代法称为1阶定常迭代法。"1阶"指 $\boldsymbol{x}^{(k+1)}$ 仅依赖于前一个近似解 $\boldsymbol{x}^{(k)}$，"定常"指迭代计算公式中的矩阵与向量在迭代过程中保持不变。下面给出算法描述。

算法 4.1：1阶定常迭代法

输入：$\boldsymbol{x}^{(0)},\boldsymbol{B},\boldsymbol{f}$；输出：$\boldsymbol{x}$.

$\boldsymbol{x}:=\boldsymbol{x}^{(0)}$；

While 不满足收敛条件 **do**

　　$\boldsymbol{x}:=\boldsymbol{B}\boldsymbol{x}+\boldsymbol{f}$；

End

4.1.2　1 阶定常迭代法的收敛性

对于 1 阶定常迭代法(见式(4.1)),要使其迭代收敛的解是原方程 $\boldsymbol{Ax}=\boldsymbol{b}$ 的解,必须满足如下等价关系:

$$\boldsymbol{Ax}=\boldsymbol{b} \quad \Leftrightarrow \quad \boldsymbol{x}=\boldsymbol{Bx}+\boldsymbol{f} \tag{4.2}$$

这里考虑的系数矩阵 $\boldsymbol{A}\in\mathbb{R}^{n\times n}$,且为非奇异矩阵。我们关心的问题是:由迭代法(4.1)得到的近似解序列$\{\boldsymbol{x}^{(k)}\}$是否收敛?如果收敛,它的收敛速度如何?

设准确解为 $\boldsymbol{x}^*$,近似解的误差为

$$\boldsymbol{e}^{(k)}=\boldsymbol{x}^{(k)}-\boldsymbol{x}^*, \quad (k=0,1,2,\cdots)$$

考虑到 $\boldsymbol{x}^*$ 满足方程 $\boldsymbol{x}^*=\boldsymbol{Bx}^*+\boldsymbol{f}$,则

$$\boldsymbol{e}^{(k+1)}=\boldsymbol{x}^{(k+1)}-\boldsymbol{x}^*=\boldsymbol{Bx}^{(k)}-\boldsymbol{Bx}^*=\boldsymbol{Be}^{(k)}, \quad (k=0,1,2,\cdots) \tag{4.3}$$

式(4.3)是误差的递推关系式。因此,

$$\boldsymbol{e}^{(k)}=\boldsymbol{B}^k\boldsymbol{e}^{(0)} \tag{4.4}$$

一般初始误差 $\boldsymbol{e}^{(0)}\neq\boldsymbol{0}$,要保证 1 阶定常迭代法收敛,需要迭代矩阵的幂序列$\{\boldsymbol{B}^k\}$的极限为零矩阵,即 $\boldsymbol{B}^k\xrightarrow{k\to\infty}\boldsymbol{O}$。

为了严格讨论这个问题,先补充有关矩阵序列极限与谱半径的一些知识。

1. 预备知识

定义 4.1:设矩阵 $\boldsymbol{A}^{(k)}=(a_{ij}^{(k)})\in\mathbb{R}^{n\times n}$,$k=0,1,2,\cdots$形成一个矩阵序列,矩阵 $\boldsymbol{A}=(a_{ij})\in\mathbb{R}^{n\times n}$,若有

$$\lim_{k\to\infty}a_{ij}^{(k)}=a_{ij}, \quad (i,j=1,2,\cdots,n)$$

则称序列$\{\boldsymbol{A}^{(k)}\}$收敛于 $\boldsymbol{A}$,记作$\lim\limits_{k\to\infty}\boldsymbol{A}^{(k)}=\boldsymbol{A}$。

从定义看出,矩阵序列的极限是通过各矩阵元素的极限定义的。这与第 3 章对向量极限的定义(定义 3.8)完全相似。

下面通过几个定理说明用矩阵的算子范数判断矩阵序列收敛性的重要结论。首先介绍矩阵范数的等价性,它与向量的范数等价性(定理 3.7)类似。

定理 4.1:存在常数 c_1、$c_2>0$,使对任意 $\boldsymbol{A}\in\mathbb{R}^{n\times n}$和任意一种算子范数 $\|\cdot\|_t$,都有

$$c_1\|\boldsymbol{A}\|_\infty\leqslant\|\boldsymbol{A}\|_t\leqslant c_2\|\boldsymbol{A}\|_\infty$$

【证明】 由定理 3.7 知,存在常数 d_1、$d_2>0$,使对 $\forall\boldsymbol{x}\in\mathbb{R}^n$, 有 $d_1\|\boldsymbol{x}\|_\infty\leqslant\|\boldsymbol{x}\|_t\leqslant d_2\|\boldsymbol{x}\|_\infty$,则

$$d_1\|\boldsymbol{Ax}\|_\infty\leqslant\|\boldsymbol{Ax}\|_t\leqslant d_2\|\boldsymbol{Ax}\|_\infty \quad\Rightarrow\quad \frac{d_1\|\boldsymbol{Ax}\|_\infty}{d_2\|\boldsymbol{x}\|_\infty}\leqslant\frac{\|\boldsymbol{Ax}\|_t}{\|\boldsymbol{x}\|_t}\leqslant\frac{d_2\|\boldsymbol{Ax}\|_\infty}{d_1\|\boldsymbol{x}\|_\infty}$$

取 $\boldsymbol{x}$ 为使$\dfrac{\|\boldsymbol{Ax}\|_t}{\|\boldsymbol{x}\|_t}$达到最大值的那个向量,这个最大值就是$\|\boldsymbol{A}\|_t$,则

$$\|\boldsymbol{A}\|_t\leqslant\frac{d_2}{d_1}\frac{\|\boldsymbol{Ax}\|_\infty}{\|\boldsymbol{x}\|_\infty}\leqslant\frac{d_2}{d_1}\|\boldsymbol{A}\|_\infty$$

类似地,可证明$\|\boldsymbol{A}\|_t\geqslant\dfrac{d_1}{d_2}\|\boldsymbol{A}\|_\infty$,记 $c_1=\dfrac{d_1}{d_2}$,$c_2=\dfrac{d_2}{d_1}$,则有

$$c_1\|\boldsymbol{A}\|_\infty\leqslant\|\boldsymbol{A}\|_t\leqslant c_2\|\boldsymbol{A}\|_\infty$$

■

定理 4.2:设 $\boldsymbol{A}^{(k)}=(a_{ij}^{(k)})\in\mathbb{R}^{n\times n}$,$k=0,1,2,\cdots$,$\boldsymbol{A}=(a_{ij})\in\mathbb{R}^{n\times n}$, 则$\lim\limits_{k\to\infty}\boldsymbol{A}^{(k)}=\boldsymbol{A}\Leftrightarrow$

$\lim\limits_{k\to\infty}\|\boldsymbol{A}^{(k)}-\boldsymbol{A}\|_t=0$，$\|\cdot\|_t$表示任意一种算子范数。

【证明】 思路是先证明在∞-范数情况下成立，再利用矩阵范数的等价性。

先证⇒方向的命题：已知$\lim\limits_{k\to\infty}\boldsymbol{A}^{(k)}=\boldsymbol{A}$，要证明$\lim\limits_{k\to\infty}\|\boldsymbol{A}^{(k)}-\boldsymbol{A}\|_\infty=0$。

因为$\lim\limits_{k\to\infty}\boldsymbol{A}^{(k)}=\boldsymbol{A}$，所以$\forall\varepsilon>0$或$\dfrac{\varepsilon}{n}>0$，$\exists N_{ij}$，使得对所有$k>N_{ij}$，

$$|a_{ij}^{(k)}-a_{ij}|<\frac{\varepsilon}{n},\quad(i,j=1,2,\cdots,n)$$

那么，取$N=\max\limits_{i,j}N_{ij}$，则对所有$k>N$有$|a_{ij}^{(k)}-a_{ij}|<\dfrac{\varepsilon}{n}$。

$$\Rightarrow\quad\sum_j|a_{ij}^{(k)}-a_{ij}|<\varepsilon,\quad(i=1,2,\cdots,n)$$

$$\Rightarrow\quad\max_i\sum_j|a_{ij}^{(k)}-a_{ij}|<\varepsilon,\quad\text{即}\ \|\boldsymbol{A}^{(k)}-\boldsymbol{A}\|_\infty<\varepsilon。$$

根据这个ε-N命题，说明$\lim\limits_{k\to\infty}\|\boldsymbol{A}^{(k)}-\boldsymbol{A}\|_\infty=0$。

⇐方向命题的证明，即已知$\lim\limits_{k\to\infty}\|\boldsymbol{A}^{(k)}-\boldsymbol{A}\|_\infty=0$，要证$\lim\limits_{k\to\infty}\boldsymbol{A}^{(k)}=\boldsymbol{A}$，作为思考题留给读者。

根据矩阵范数的等价性(定理4.1)，有

$$c_1\|\boldsymbol{A}^{(k)}-\boldsymbol{A}\|_\infty\leqslant\|\boldsymbol{A}^{(k)}-\boldsymbol{A}\|_t\leqslant c_2\|\boldsymbol{A}^{(k)}-\boldsymbol{A}\|_\infty,\quad(c_1,c_2>0)$$

若$\lim\limits_{k\to\infty}\|\boldsymbol{A}^{(k)}-\boldsymbol{A}\|_\infty=0$，则$k\to\infty$时，$c_1\|\boldsymbol{A}^{(k)}-\boldsymbol{A}\|_\infty$和$c_2\|\boldsymbol{A}^{(k)}-\boldsymbol{A}\|_\infty$的极限均为0，根据序列极限的知识，可推出$\lim\limits_{k\to\infty}\|\boldsymbol{A}^{(k)}-\boldsymbol{A}\|_t=0$。反过来，

$$\frac{1}{c_2}\|\boldsymbol{A}^{(k)}-\boldsymbol{A}\|_t\leqslant\|\boldsymbol{A}^{(k)}-\boldsymbol{A}\|_\infty\leqslant\frac{1}{c_1}\|\boldsymbol{A}^{(k)}-\boldsymbol{A}\|_t$$

若$\lim\limits_{k\to\infty}\|\boldsymbol{A}^{(k)}-\boldsymbol{A}\|_t=0$，同样可证明$\lim\limits_{k\to\infty}\|\boldsymbol{A}^{(k)}-\boldsymbol{A}\|_\infty=0$，即两者存在等价关系。综上所述，定理4.2得证。 ■

关于定理4.2，可将它与第3章的定理3.8做比较，后者讨论的是向量序列收敛的等价条件，两者的结论一致。

定理4.3：设$\boldsymbol{A}^{(k)}=(a_{ij}^{(k)})\in\mathbb{R}^{n\times n}$，$k=0,1,2,\cdots$，$\lim\limits_{k\to\infty}\boldsymbol{A}^{(k)}=\boldsymbol{A}\ \Leftrightarrow$ 对任意向量$\boldsymbol{x}\in\mathbb{R}^n$，都有$\lim\limits_{k\to\infty}\boldsymbol{A}^{(k)}\boldsymbol{x}=\boldsymbol{A}\boldsymbol{x}$。

这个定理的证明思路是根据矩阵序列、向量序列收敛的定义(即各分量对应的实数序列的收敛性)，然后选取合适的$\boldsymbol{x}$可简化证明过程，详细过程留给感兴趣的读者思考。应注意的是，定理4.3给出了矩阵序列收敛的另一个等价条件，它对向量序列来说没有意义。

下面介绍矩阵谱半径$\rho(\mathbf{A})$的定义。

定义4.2：设矩阵$\boldsymbol{A}\in\mathbb{R}^{n\times n}$的特征值为$\lambda_i$，$(i=1,2,\cdots,n)$，则称

$$\rho(\mathbf{A})=\max_{1\leqslant i\leqslant n}|\lambda_i|$$

为$\boldsymbol{A}$的谱半径(spectral radius)。

例4.1(矩阵的谱半径)：求下述矩阵的谱半径：

$$\boldsymbol{A}=\begin{bmatrix}1&0&0\\0&1&1\\0&-1&1\end{bmatrix}$$

【解】 先根据行列式 $\det(\lambda \boldsymbol{I}-\boldsymbol{A})=0$ 列出特征方程为

$$(\lambda-1)[(\lambda-1)^2+1]=0$$

因此,矩阵特征值为 $\lambda_1=1,\lambda_2=1+i,\lambda_3=1-i$,这里 i 表示虚数单位。根据谱半径的定义,得 $\rho(\boldsymbol{A})=\sqrt{2}$。■

下面的定理给出谱半径的性质。

定理 4.4:若矩阵 $\boldsymbol{A}\in\mathbb{R}^{n\times n}$,则

(1) 矩阵 $\boldsymbol{A}$ 的谱半径不超过 $\boldsymbol{A}$ 的任一种算子范数,即 $\rho(\boldsymbol{A})\leqslant\|\boldsymbol{A}\|$。

(2) 若 $\boldsymbol{A}$ 为实对称矩阵,则 $\|\boldsymbol{A}\|_2=\rho(\boldsymbol{A})$。

结论(1)的证明很简单,只需考虑矩阵算子范数的几何意义与特征值的含义。结论(2)的证明需利用定理 3.10,具体过程留给感兴趣的读者思考。

定理 4.5:设 $\boldsymbol{B}=(b_{ij})\in\mathbb{R}^{n\times n}$,则 $\lim\limits_{k\to\infty}\boldsymbol{B}^k=\boldsymbol{O}\iff\rho(\boldsymbol{B})<1$。

此定理的严格证明需使用矩阵的约当标准型,下面仅考虑矩阵 $\boldsymbol{B}$ 可对角化的简化情况。设 $\boldsymbol{B}=\boldsymbol{X\Lambda X}^{-1}$,其中 $\boldsymbol{\Lambda}$ 为 $\boldsymbol{B}$ 的特征值组成的对角矩阵,则 $\boldsymbol{B}^k=\boldsymbol{X\Lambda}^k\boldsymbol{X}^{-1}$,很容易理解 $\{\boldsymbol{B}^k\}$ 的极限为零矩阵,等价于 $\boldsymbol{\Lambda}^k\xrightarrow{k\to\infty}\boldsymbol{O}$,而它的等价条件是 $\boldsymbol{\Lambda}$ 的每个对角元的模都小于 1,即 $\rho(\boldsymbol{B})<1$。完整的证明过程留给感兴趣的读者补充,也可以参考文献[8]。

2. 1 阶定常迭代法基本定理

定理 4.6(1 阶定常迭代法基本定理):设有 1 阶定常迭代法

$$\boldsymbol{x}^{(k+1)}=\boldsymbol{B}\boldsymbol{x}^{(k)}+\boldsymbol{f},\quad (k=0,1,2,\cdots)$$

其中,$\boldsymbol{I}-\boldsymbol{B}$ 为非奇异矩阵,对任意初始向量 $\boldsymbol{x}^{(0)}$ 迭代法得到的解序列 $\{\boldsymbol{x}^{(k)}\}$ 都收敛的充要条件是谱半径 $\rho(\boldsymbol{B})<1$。并且,序列 $\{\boldsymbol{x}^{(k)}\}$ 的极限 $\boldsymbol{x}^*$ 必定是方程 $\boldsymbol{x}=\boldsymbol{Bx}+\boldsymbol{f}$ 的唯一解。

【证明】 先证明充分性,即根据 $\rho(\boldsymbol{B})<1$,证明对任意 $\boldsymbol{x}^{(0)}$,1 阶定常迭代法得到的近似解序列 $\{\boldsymbol{x}^{(k)}\}$ 收敛。

由于 $\boldsymbol{I}-\boldsymbol{B}$ 为非奇异矩阵,方程 $\boldsymbol{x}=\boldsymbol{Bx}+\boldsymbol{f}$ 有唯一解 $\boldsymbol{x}^*$(实际上,这也可以由 $\rho(\boldsymbol{B})<1$ 的条件推出)。设

$$\boldsymbol{e}^{(k)}=\boldsymbol{x}^{(k)}-\boldsymbol{x}^*,\quad (k=0,1,2,\cdots)$$

则 $\boldsymbol{e}^{(k)}=\boldsymbol{B}^k\boldsymbol{e}^{(0)}$,由定理 4.5 知,$\lim\limits_{k\to\infty}\boldsymbol{B}^k=\boldsymbol{O}$,结合定理 4.3 推出 $\lim\limits_{k\to\infty}\boldsymbol{e}^{(k)}=\boldsymbol{0}$,即向量序列 $\{\boldsymbol{x}^{(k)}\}$ 收敛到 $\boldsymbol{x}^*$。

再证必要性,即根据向量序列 $\{\boldsymbol{x}^{(k)}\}$ 对任意 $\boldsymbol{x}^{(0)}$ 都收敛,证明 $\rho(\boldsymbol{B})<1$。

设 $\lim\limits_{k\to\infty}\boldsymbol{x}^{(k)}=\boldsymbol{x}^*$,易知 $\boldsymbol{x}^*$ 是方程 $\boldsymbol{x}=\boldsymbol{Bx}+\boldsymbol{f}$ 的唯一解(由于 $\boldsymbol{I}-\boldsymbol{B}$ 非奇异),因此对任意 $\boldsymbol{x}^{(0)}$ 及其对应的误差 $\boldsymbol{e}^{(0)}$,都有 $\boldsymbol{e}^{(k)}=\boldsymbol{B}^k\boldsymbol{e}^{(0)}\to\boldsymbol{0}$,$(k\to\infty)$。根据定理 4.3 得出 $\lim\limits_{k\to\infty}\boldsymbol{B}^k=\boldsymbol{O}$,再根据定理 4.5 得 $\rho(\boldsymbol{B})<1$。

关于 $\boldsymbol{x}^*$ 是方程 $\boldsymbol{x}=\boldsymbol{Bx}+\boldsymbol{f}$ 的唯一解的证明已包含在上述证明中,这里不再重复。■

对这个定理说明以下 3 点。

(1) 定理的结论是对任意的初值 $\boldsymbol{x}^{(0)}$ 迭代法都收敛,它是一种全局收敛的概念。

(2) 定理的一个前提条件是 $\boldsymbol{I}-\boldsymbol{B}$ 为非奇异矩阵,这很自然,也很重要,它反映了迭代法是通过对方程 $\boldsymbol{Ax}=\boldsymbol{b}$ 等价变换得到的,而 $\boldsymbol{A}$ 非奇异。而且,若这个条件不满足,则无法证明必要性(考虑 $\boldsymbol{B}=\boldsymbol{I}$、$\boldsymbol{f}=\boldsymbol{0}$ 的情况)。

(3) 注意定理给出了充要条件,因此可通过迭代矩阵的特征值(谱半径)判断 1 阶定常

迭代法的收敛性。

例4.2(迭代法的收敛性)：迭代法解线性方程组的递推公式为

$$\boldsymbol{x}^{(k+1)}=\boldsymbol{B}\boldsymbol{x}^{(k)}+\boldsymbol{f},\quad (k=0,1,2,\cdots)$$

其中，$\boldsymbol{B}=\begin{bmatrix}0 & 2\\3 & 0\end{bmatrix}$，$\boldsymbol{f}=\begin{bmatrix}5\\5\end{bmatrix}$，试判断该迭代法的收敛性。

【解】 首先，$\boldsymbol{I}-\boldsymbol{B}$ 为非奇异矩阵，再看矩阵 $\boldsymbol{B}$ 的特征方程 $\det(\lambda\boldsymbol{I}-\boldsymbol{B})=\lambda^2-6=0$，因此 $\rho(\boldsymbol{B})=\sqrt{6}>1$。根据定理4.6知，该迭代法对任意的初始值不一定收敛。 ■

下面的定理给出了迭代法收敛的充分条件。

定理4.7：设待求解的线性方程组为 $\boldsymbol{x}=\boldsymbol{B}\boldsymbol{x}+\boldsymbol{f}$，对应的1阶定常迭代法的计算公式为

$$\boldsymbol{x}^{(k+1)}=\boldsymbol{B}\boldsymbol{x}^{(k)}+\boldsymbol{f},\quad (k=0,1,2,\cdots)$$

若 $\boldsymbol{B}$ 的某种算子范数 $\|\boldsymbol{B}\|=q<1$，则

(1) 此1阶定常迭代法对于任意的初始解 $\boldsymbol{x}^{(0)}$ 都收敛。

(2) $\|\boldsymbol{x}^{(k)}-\boldsymbol{x}^*\|\leqslant q^k\|\boldsymbol{x}^{(0)}-\boldsymbol{x}^*\|$，其中 $\boldsymbol{x}^*$ 为原方程的准确解。

(3) $\|\boldsymbol{x}^{(k)}-\boldsymbol{x}^*\|\leqslant\dfrac{q}{1-q}\|\boldsymbol{x}^{(k)}-\boldsymbol{x}^{(k-1)}\|$。

(4) $\|\boldsymbol{x}^{(k)}-\boldsymbol{x}^*\|\leqslant\dfrac{q^k}{1-q}\|\boldsymbol{x}^{(1)}-\boldsymbol{x}^{(0)}\|$。

利用定理4.6以及谱半径与算子范数的关系，很容易证明出结论(1)。而对结论(2)～(4)，利用算子范数的性质也不难证明，其中结论(4)与定理2.4的结论非常类似，可通过类比一同记忆。具体的证明过程留给感兴趣的读者思考。

定理4.7的结论(3)说明相邻解之差的若干倍是迭代解误差的上限。相邻解之差构成了2.4.3节讨论过的所谓的“误差判据”，这里的不同之处只是用向量范数代替了标量的绝对值。当然，实际应用中为了处理 $\|\boldsymbol{x}^{(k)}\|\approx0$ 情况，常使用相邻迭代解之差的相对量作为迭代的判停准则，例如：

$$\frac{\|\boldsymbol{x}^{(k)}-\boldsymbol{x}^{(k-1)}\|}{\|\boldsymbol{x}^{(k)}\|}\leqslant\varepsilon_1\tag{4.5}$$

但是，当 $q\approx1$ 时，定理4.7结论(3)中的 $\dfrac{q}{1-q}\gg1$，上述判据变得不可靠。与求解非线性方程一样，还可以使用残差判据，应考虑*相对残差*(relative residual)的大小，得到相对残差判据：

$$\frac{\|\boldsymbol{b}-\boldsymbol{A}\boldsymbol{x}^{(k)}\|}{\|\boldsymbol{b}\|}\leqslant\varepsilon_2\tag{4.6}$$

相比式(4.5)，式(4.6)的计算量大一些。在线性方程组的迭代解法中使用何种判停准则，应考虑算法效率、待求解问题的特点等因素，而且还常指定最大迭代次数，防止算法不收敛造成“死循环”。

4.1.3 收敛阶与收敛速度

从数学理论上看，本章讨论的迭代法与求解非线性方程、非线性方程组的迭代法有很多相同之处，1阶定常迭代式(4.1)实际上是不动点迭代式(2.8)、式(2.22)的特例。这里讨论的迭代矩阵 $\boldsymbol{B}$ 就是不动点迭代式(2.22)的雅可比矩阵，因此定理4.6和定理2.10保持一致。2.3.4节介绍了不动点迭代法的收敛阶，其概念可应用于求解线性方程

组的迭代法，只需将近似解由标量变为向量，并且通过向量范数计算误差的大小。

定义 4.3：设迭代解序列为$\{\boldsymbol{x}^{(k)}\}$，$\boldsymbol{x}^{(k)} \in \mathbb{R}^n$，它收敛到向量 $\boldsymbol{x}^*$。若在某种向量范数意义下，

$$\lim_{k\to\infty}\frac{\|\boldsymbol{e}^{(k+1)}\|}{\|\boldsymbol{e}^{(k)}\|^p}=\lim_{k\to\infty}\frac{\|\boldsymbol{x}^{(k+1)}-\boldsymbol{x}^*\|}{\|\boldsymbol{x}^{(k)}-\boldsymbol{x}^*\|^p}=c$$

常数 $c\neq 0$，则称迭代过程是 p 阶收敛的，或收敛阶为 p。

下面讨论 1 阶定常迭代法的收敛阶，并定义一种具有直观意义的收敛速度的概念。假设迭代矩阵 $\boldsymbol{B}$ 的 n 个特征值按模从大到小依次为

$$1>|\lambda_1|\geqslant|\lambda_2|\geqslant\cdots\geqslant|\lambda_n|$$

这里，$1>|\lambda_1|$是为了保证迭代法收敛。为了简化讨论，假设矩阵 $\boldsymbol{B}$ 可对角化，则上述特征值对应 n 个线性无关的特征向量 $\boldsymbol{u}_1,\boldsymbol{u}_2,\cdots,\boldsymbol{u}_n$，则

$$\boldsymbol{B}\boldsymbol{u}_i=\lambda_i\boldsymbol{u}_i \quad\Rightarrow\quad \boldsymbol{B}^k\boldsymbol{u}_i=\lambda_i^k\boldsymbol{u}_i,\quad (i=1,2,\cdots,n)$$

将初始误差 $\boldsymbol{e}^{(0)}$ 用特征向量 $\boldsymbol{u}_1,\boldsymbol{u}_2,\cdots,\boldsymbol{u}_n$ 的线性组合表示，$\boldsymbol{e}^{(0)}=\sum_{i=1}^{n}\alpha_i\boldsymbol{u}_i$，根据式(4.3)，第 k 次迭代解的误差为

$$\boldsymbol{e}^{(k)}=\boldsymbol{B}^k\boldsymbol{e}^{(0)}=\sum_{i=1}^{n}\alpha_i\boldsymbol{B}^k\boldsymbol{u}_i=\sum_{i=1}^{n}\alpha_i\lambda_i^k\boldsymbol{u}_i \tag{4.7}$$

随着迭代步的增加，上述组合中各成分的衰减情况见表 4-1。

表 4-1　$\boldsymbol{e}^{(k)}$ 中各成分随迭代过程的衰减情况

误　差	成　　　分			
	第一个成分	第二个成分	$\cdots$	第 n 个成分
$\boldsymbol{e}^{(0)}$	$\alpha_1\boldsymbol{u}_1$	$\alpha_2\boldsymbol{u}_2$	$\cdots$	$\alpha_n\boldsymbol{u}_n$
$\vdots$	$\vdots$	$\vdots$	$\vdots$	$\vdots$
$\boldsymbol{e}^{(k)}$	$\lambda_1^k\alpha_1\boldsymbol{u}_1$	$\lambda_2^k\alpha_2\boldsymbol{u}_2$	$\cdots$	$\lambda_n^k\alpha_n\boldsymbol{u}_n$

第一个成分衰减得最慢，每迭代一步，它的大小变化比例为$|\lambda_1|=\rho(\boldsymbol{B})$。

根据式(4.7)，容易推出$\lim_{k\to\infty}\frac{\|\boldsymbol{e}^{(k+1)}\|}{\|\boldsymbol{e}^{(k)}\|}=\rho(\boldsymbol{B})$，即 1 阶定常迭代法为 1 阶收敛。这里省略详细的推导过程，以及对矩阵 $\boldsymbol{B}$ 不可对角化情形的讨论，后者的结论与矩阵 $\boldsymbol{B}$ 可对角化时的一样。根据表 4-1，考虑如何使衰减最慢的误差成分缩小 1/10，所需的迭代步数 k 满足

$$[\rho(\boldsymbol{B})]^k\leqslant\frac{1}{10}$$

推出

$$k\geqslant\frac{-1}{\lg\rho(\boldsymbol{B})}=\frac{1}{-\lg\rho(\boldsymbol{B})} \tag{4.8}$$

它说明 $\rho(\boldsymbol{B})$越小，$-\lg\rho(\boldsymbol{B})$越大，k 就越小。因此，$-\lg\rho(\boldsymbol{B})$可作为刻画 1 阶定常迭代法收敛速度的一个量。

定义 4.4：称 $R=-\lg\rho(\boldsymbol{B})$为迭代法 $\boldsymbol{x}^{(k+1)}=\boldsymbol{B}\boldsymbol{x}^{(k)}+\boldsymbol{f}$ 的渐进收敛速度，简称收敛速度。

从式(4.8)还可以看出，$\frac{1}{-\lg\rho(\boldsymbol{B})}$为衰减最慢的误差成分缩小为$\frac{1}{10}$所需的迭代步数，或

者说在极限情况下近似解取得1位十进制精度所需的迭代步数。因此，收敛速度$R=-\lg\rho(\boldsymbol{B})$就是极限情况下一步迭代所取得的十进制精度位数，这是它的直观含义。

最后强调的是，$\rho(\boldsymbol{B})$是衡量1阶定常迭代法收敛性的关键参数，既判断是否收敛，又决定收敛速度。

4.2 经典迭代法

设待求解的线性方程组为

$$\boldsymbol{Ax}=\boldsymbol{b} \tag{4.9}$$

其中，$\boldsymbol{A}\in\mathbb{R}^{n\times n}$，为非奇异矩阵。构造求解方程(4.9)的1阶定常迭代法时，需首先满足等价条件(4.2)。具体的构造方法基本上都可归纳为“分裂法”(splitting method)。

分裂法的基本思想是将矩阵$\boldsymbol{A}$分裂为两个矩阵之差的形式：

$$\boldsymbol{A}=\boldsymbol{M}-\boldsymbol{N}$$

其中，矩阵$\boldsymbol{M}$非奇异。那么

$$\boldsymbol{Ax}=\boldsymbol{b}\quad\Leftrightarrow\quad\boldsymbol{Mx}-\boldsymbol{Nx}=\boldsymbol{b}\quad\Leftrightarrow\quad\boldsymbol{x}=\boldsymbol{M}^{-1}\boldsymbol{Nx}+\boldsymbol{M}^{-1}\boldsymbol{b}$$

令$\boldsymbol{B}=\boldsymbol{M}^{-1}\boldsymbol{N}$，$\boldsymbol{f}=\boldsymbol{M}^{-1}\boldsymbol{b}$，则得到1阶定常迭代法公式(4.1)。

选取不同的矩阵$\boldsymbol{M}$，可得到不同的迭代法。要获得计算效率较高的迭代法，可从收敛速度和计算量两个方面进行分析。考查迭代矩阵

$$\boldsymbol{B}=\boldsymbol{M}^{-1}\boldsymbol{N}=\boldsymbol{M}^{-1}(\boldsymbol{M}-\boldsymbol{A})=\boldsymbol{I}-\boldsymbol{M}^{-1}\boldsymbol{A}$$

要得到较高的收敛速度，就要使$\rho(\boldsymbol{B})$尽量小，或者说希望$\boldsymbol{B}$接近零矩阵，在某种意义上$\boldsymbol{M}\approx\boldsymbol{A}$。另一方面，迭代的每一步需计算$\boldsymbol{M}^{-1}(\boldsymbol{Nx}^{(k)}+\boldsymbol{b})$，因此希望以$\boldsymbol{M}$为系数矩阵的方程易于求解(一般用高斯消去法)，即在某种意义上$\boldsymbol{M}$为很简单的矩阵，这样才能保证每步的计算量很小。上述两方面的要求往往是相互抵触的，因此选取合适的矩阵$\boldsymbol{M}$实际上是很困难的问题。

下面介绍3种经典的1阶定常迭代法公式，通过它们说明算法的具体细节。

4.2.1 雅可比迭代法

为了描述方便，先以3阶方程为例给出雅可比迭代法的计算公式。考虑如下线性方程组：

$$\begin{cases}a_{11}x_1+a_{12}x_2+a_{13}x_3=b_1\\a_{21}x_1+a_{22}x_2+a_{23}x_3=b_2\\a_{31}x_1+a_{32}x_2+a_{33}x_3=b_3\end{cases} \tag{4.10}$$

设系数矩阵的主对角元均不等于零，即$a_{ii}\neq0$，$i=1,2,3$。那么，可改写上述方程为如下等价形式：

$$\begin{cases}x_1=-\dfrac{1}{a_{11}}(\qquad\quad a_{12}x_2+a_{13}x_3)+\dfrac{b_1}{a_{11}}\\[2ex]x_2=-\dfrac{1}{a_{22}}(a_{21}x_1\qquad\quad+a_{23}x_3)+\dfrac{b_2}{a_{22}}\\[2ex]x_3=-\dfrac{1}{a_{33}}(a_{31}x_1+a_{32}x_2\qquad\quad)+\dfrac{b_3}{a_{33}}\end{cases} \tag{4.11}$$

根据方程组(4.11)可得到一种迭代计算公式，即将“=”右边的未知量看成当前迭代步的近似解，而“=”左边的量为下一步的迭代解，

$$\begin{cases} x_1^{(k+1)} = -\dfrac{1}{a_{11}}(\qquad\qquad a_{12}x_2^{(k)} + a_{13}x_3^{(k)}) + \dfrac{b_1}{a_{11}} \\ x_2^{(k+1)} = -\dfrac{1}{a_{22}}(a_{21}x_1^{(k)} \qquad\qquad + a_{23}x_3^{(k)}) + \dfrac{b_2}{a_{22}} \\ x_3^{(k+1)} = -\dfrac{1}{a_{33}}(a_{31}x_1^{(k)} + a_{32}x_2^{(k)} \qquad\qquad) + \dfrac{b_3}{a_{33}} \end{cases} \tag{4.12}$$

这样得到的迭代法就是雅可比(Jacobi)迭代法。式(4.12)为雅可比迭代法的分量迭代公式。

下面将上述 3 阶方程的解法推广到一般情况，先把系数矩阵 $\boldsymbol{A}$ 写成如下形式：

$$\boldsymbol{A} = \boldsymbol{D} - \boldsymbol{L} - \boldsymbol{U} \tag{4.13}$$

其中，$\boldsymbol{D}$、$\boldsymbol{L}$、$\boldsymbol{U}$ 分别为对角矩阵、严格下三角矩阵和严格上三角矩阵。例如，对于 3 阶矩阵，有

$$\boldsymbol{D} = \begin{bmatrix} a_{11} & 0 & 0 \\ 0 & a_{22} & 0 \\ 0 & 0 & a_{33} \end{bmatrix}, \quad \boldsymbol{L} = \begin{bmatrix} 0 & 0 & 0 \\ -a_{21} & 0 & 0 \\ -a_{31} & -a_{32} & 0 \end{bmatrix}, \quad \boldsymbol{U} = \begin{bmatrix} 0 & -a_{12} & -a_{13} \\ 0 & 0 & -a_{23} \\ 0 & 0 & 0 \end{bmatrix}$$

假设 $a_{ii} \neq 0$，则 $\boldsymbol{D}^{-1}$ 存在，与分量表达式(4.12)对应，雅可比迭代法的计算公式为

$$\boldsymbol{x}^{(k+1)} = \boldsymbol{D}^{-1}(\boldsymbol{L} + \boldsymbol{U})\boldsymbol{x}^{(k)} + \boldsymbol{D}^{-1}\boldsymbol{b} \tag{4.14}$$

显然，式(4.14)符合 1 阶定常迭代法的一般形式(4.1)，即 $\boldsymbol{x}^{(k+1)} = \boldsymbol{B}\boldsymbol{x}^{(k)} + \boldsymbol{f}$，对应的 $\boldsymbol{B} = \boldsymbol{D}^{-1}(\boldsymbol{L} + \boldsymbol{U})$，$\boldsymbol{f} = \boldsymbol{D}^{-1}\boldsymbol{b}$。雅可比迭代法也是一种分裂法，设 $\boldsymbol{A} = \boldsymbol{M} - \boldsymbol{N}$，则它对应的 $\boldsymbol{M} = \boldsymbol{D}$，$\boldsymbol{N} = \boldsymbol{L} + \boldsymbol{U}$。下面给出雅可比迭代法的算法描述。

算法 4.2：雅可比迭代法

输入：$\boldsymbol{x}, \boldsymbol{A}, \boldsymbol{b}$；输出：$\boldsymbol{x}$.

While 不满足判停准则 **do**

　　$\boldsymbol{y} := \boldsymbol{x}$;

　　For $i = 1, 2, \cdots, n$

$$x_i := \left(b_i - \sum_{j=1}^{i-1} a_{ij}y_j - \sum_{j=i+1}^{n} a_{ij}y_j\right) \Big/ a_{ii};$$

　　End

End

为了表达方便，算法 4.2 中假设矩阵 $\boldsymbol{A}$ 按稠密矩阵方式存储(即二维数组)，其中，计算公式与分量迭代式(4.12)对应，一维数组 $\boldsymbol{y}$ 记录上一步的迭代解向量，而 $\boldsymbol{x}$ 为当前解向量。相比含有矩阵的式(4.14)，根据分量计算公式推导算法要容易得多。若 $\boldsymbol{A}$ 为稀疏矩阵，计算 x_i 的公式应修改，只需按行遍历矩阵第 i 行的非零元。无论哪种情况，每步迭代的计算量都相当于计算一次矩阵与向量的乘法，并且计算中不改变矩阵 $\boldsymbol{A}$ 。

4.2.2 高斯-赛德尔迭代法

下面仍以方程(4.10)为例介绍高斯-赛德尔(Gauss-Seidel)迭代法，简称 G-S 迭代法。

假设矩阵对角元 $a_{ii}\neq 0, i=1,2,3$，先将原方程改写为式(4.11)的形式，则 G-S 迭代法的分量迭代计算公式为

$$\begin{cases} x_1^{(k+1)} = -\dfrac{1}{a_{11}}(\qquad\qquad a_{12}x_2^{(k)}+a_{13}x_3^{(k)})+\dfrac{b_1}{a_{11}} \\ x_2^{(k+1)} = -\dfrac{1}{a_{22}}(a_{21}x_1^{(k+1)}\qquad\qquad +a_{23}x_3^{(k)})+\dfrac{b_2}{a_{22}} \\ x_3^{(k+1)} = -\dfrac{1}{a_{33}}(a_{31}x_1^{(k+1)}+a_{32}x_2^{(k+1)}\qquad\qquad)+\dfrac{b_3}{a_{33}} \end{cases} \tag{4.15}$$

式(4.15)与雅可比迭代法的式(4.12)非常类似，只是在计算下一步迭代解的第二、第三个分量时使用了刚刚计算出的前几个分量，而不是用前一步迭代解中的值。这种在计算第 $k+1$ 步近似解的第 i 个分量时使用它的前 $i-1$ 个分量的做法正是 G-S 迭代法的关键之处，它也说明使用 G-S 迭代法需按从 1 到 n 的顺序依次算出迭代解的各个分量。

推广到一般的情况，仍将矩阵 $\boldsymbol{A}$ 写成

$$\boldsymbol{A}=\boldsymbol{D}-\boldsymbol{L}-\boldsymbol{U}$$

则与分量迭代格式(4.15)对应，G-S 迭代法的迭代计算公式为

$$\boldsymbol{x}^{(k+1)}=\boldsymbol{D}^{-1}(\boldsymbol{L}\boldsymbol{x}^{(k+1)}+\boldsymbol{U}\boldsymbol{x}^{(k)})+\boldsymbol{D}^{-1}\boldsymbol{b} \tag{4.16}$$

为了得到迭代法的一般形式(4.1)，将式(4.16)等号两边同时乘以 $\boldsymbol{D}$，有

$$\boldsymbol{D}\boldsymbol{x}^{(k+1)}=\boldsymbol{L}\boldsymbol{x}^{(k+1)}+\boldsymbol{U}\boldsymbol{x}^{(k)}+\boldsymbol{b} \quad\Rightarrow\quad (\boldsymbol{D}-\boldsymbol{L})\boldsymbol{x}^{(k+1)}=\boldsymbol{U}\boldsymbol{x}^{(k)}+\boldsymbol{b}$$

由于 $\boldsymbol{D}-\boldsymbol{L}$ 为对角元不为零的下三角矩阵，必定非奇异，则有

$$\boldsymbol{x}^{(k+1)}=(\boldsymbol{D}-\boldsymbol{L})^{-1}\boldsymbol{U}\boldsymbol{x}^{(k)}+(\boldsymbol{D}-\boldsymbol{L})^{-1}\boldsymbol{b} \tag{4.17}$$

这就是高斯-赛德尔迭代法的矩阵计算公式，它对应的迭代矩阵 $\boldsymbol{B}=(\boldsymbol{D}-\boldsymbol{L})^{-1}\boldsymbol{U}$，常数向量 $\boldsymbol{f}=(\boldsymbol{D}-\boldsymbol{L})^{-1}\boldsymbol{b}$。G-S 迭代法也可以通过分裂法构造，设 $\boldsymbol{A}=\boldsymbol{M}-\boldsymbol{N}$，则对应的 $\boldsymbol{M}=\boldsymbol{D}-\boldsymbol{L}, \boldsymbol{N}=\boldsymbol{U}$。

下面给出高斯-赛德尔迭代法的算法描述。

算法 4.3：高斯-赛德尔迭代法
输入：$\boldsymbol{x}, \boldsymbol{A}, \boldsymbol{b}$；输出：$\boldsymbol{x}$.
While 不满足判停准则 **do**
    For $i=1,2,\cdots,n$

$$x_i := \left(b_i-\sum_{j=1}^{i-1}a_{ij}x_j-\sum_{j=i+1}^{n}a_{ij}x_j\right)\Big/a_{ii};$$

    End
End

算法 4.3 仍然只考虑了 $\boldsymbol{A}$ 为稠密矩阵的简单情况，对于稀疏矩阵，与算法 4.2 一样，只需遍历 $\boldsymbol{A}$ 的非零元。与雅可比迭代法相比，G-S 迭代法不再需要使用额外变量保存上一步的迭代解，而在计算量上两种方法几乎一样，每步计算都相当于做一次矩阵与向量的乘法。对照矩阵迭代式(4.17)还可以看出，按照分量迭代公式得出的算法 4.3 要简洁得多。

例 4.3(Jacobi 迭代法与 G-S 迭代法)：用雅可比迭代法与高斯-赛德尔迭代法求解线性方程组

$$\begin{bmatrix} 10 & 3 & 1 \\ 2 & -10 & 3 \\ 1 & 3 & 10 \end{bmatrix} \begin{bmatrix} x_1 \\ x_2 \\ x_3 \end{bmatrix} = \begin{bmatrix} 14 \\ -5 \\ 14 \end{bmatrix}$$

其准确解为$[1,1,1]^T$，设定迭代初始值为$[0,0,0]^T$，要求解分量的误差小于10^{-3}。

【解】 对本例，雅可比迭代法的计算公式为

$$\begin{cases} x_1^{(k+1)} = -\dfrac{1}{10}(\qquad 3x_2^{(k)} + x_3^{(k)}) + \dfrac{14}{10} \\ x_2^{(k+1)} = -\dfrac{1}{-10}(2x_1^{(k)} \qquad + 3x_3^{(k)}) + \dfrac{-5}{-10} \\ x_3^{(k+1)} = -\dfrac{1}{10}(x_1^{(k)} + 3x_2^{(k)} \qquad) + \dfrac{14}{10} \end{cases}$$

经过8次迭代算法收敛，近似解为$[1.0001, 0.9991, 1.0001]^T$，它符合题目中的误差要求。

采用高斯-赛德尔迭代法，计算公式为

$$\begin{cases} x_1^{(k+1)} = -\dfrac{1}{10}(\qquad 3x_2^{(k)} + x_3^{(k)}) + \dfrac{14}{10} \\ x_2^{(k+1)} = -\dfrac{1}{-10}(2x_1^{(k+1)} \qquad + 3x_3^{(k)}) + \dfrac{-5}{-10} \\ x_3^{(k+1)} = -\dfrac{1}{10}(x_1^{(k+1)} + 3x_2^{(k+1)} \qquad) + \dfrac{14}{10} \end{cases}$$

经过5次迭代算法收敛，近似解为$[0.9998, 0.9998, 1.0001]^T$。

对于这个例子，两种迭代法均收敛，而且从结果可以看出，高斯-赛德尔迭代法比雅可比迭代法收敛快。 ■

最后再说明以下两点：

(1) 如果改变高斯-赛德尔迭代法的分量计算顺序(如改为从 n 到 1)，则可推导出另一种迭代法。特别地，若在每个迭代步中先按从 1 到 n 的顺序计算一遍解分量，再用同样的方法按从 n 到 1 的顺序计算一遍，则得到的迭代法称为对称高斯-赛德尔方法(简称 SGS 方法)。若矩阵 $\boldsymbol{A}$ 对称，则这种方法对应的 $\boldsymbol{M}$ 矩阵也是对称矩阵。

(2) 与高斯-赛德尔迭代法不同，雅可比迭代法在计算下一个近似解的各个分量时没有先后顺序之分，比较适合并行计算。

4.2.3 逐次超松弛迭代法

逐次超松弛迭代法(successive over relaxation method，SOR *迭代法*)是高斯-赛德尔迭代法的推广。下面仍然以方程(4.10)为例介绍其分量计算公式。

首先看 G-S 迭代法的分量计算公式。例如，式(4.12)中的第一个式子

$$\tilde{x}_1^{(k+1)} = -\frac{1}{a_{11}}(a_{12}x_2^{(k)} + a_{13}x_3^{(k)}) + \frac{b_1}{a_{11}}$$

这里使用符号$\tilde{x}_1^{(k+1)}$，以便与后面将给出的 SOR 迭代公式中的符号相区别。SOR 迭代法的做法是计算$\tilde{x}_1^{(k+1)}$ 与前一步迭代解 $x_1^{(k)}$ 的加权平均，得到下一步迭代解

$$x_1^{(k+1)} = (1-\omega)x_1^{(k)} + \omega\tilde{x}_1^{(k+1)} \tag{4.18}$$

其中，ω 称为*松弛因子*(relaxation factor)。类似地，SOR 方法的分量计算公式如下：

$$\begin{cases} x_1^{(k+1)} = (1-\omega)x_1^{(k)} + \omega\left(-\dfrac{a_{12}}{a_{11}}x_2^{(k)} - \dfrac{a_{13}}{a_{11}}x_3^{(k)} + \dfrac{b_1}{a_{11}}\right) \\ x_2^{(k+1)} = (1-\omega)x_2^{(k)} + \omega\left(-\dfrac{a_{21}}{a_{22}}x_1^{(k+1)} - \dfrac{a_{23}}{a_{22}}x_3^{(k)} + \dfrac{b_2}{a_{22}}\right) \\ x_3^{(k+1)} = (1-\omega)x_3^{(k)} + \omega\left(-\dfrac{a_{31}}{a_{33}}x_1^{(k+1)} - \dfrac{a_{32}}{a_{33}}x_2^{(k+1)} + \dfrac{b_3}{a_{33}}\right) \end{cases} \tag{4.19}$$

从式(4.19)看出,若松弛因子 $\omega=1$,SOR 迭代法就是 G-S 迭代法,而当 $\omega=0$ 时,SOR 迭代法变得没有意义(迭代解不会变化)。

下面推导一般情况下 SOR 迭代法的公式,仍使用 $\boldsymbol{A}$ 的分解式(4.13),与分量迭代式(4.19)对照,得到以下公式:

$$\boldsymbol{x}^{(k+1)} = (1-\omega)\boldsymbol{x}^{(k)} + \omega[\boldsymbol{D}^{-1}\boldsymbol{L}\boldsymbol{x}^{(k+1)} + \boldsymbol{D}^{-1}\boldsymbol{U}\boldsymbol{x}^{(k)} + \boldsymbol{D}^{-1}\boldsymbol{b}]$$

等号两边同时左乘 $\boldsymbol{D}$,得到

$$\begin{aligned} \boldsymbol{D}\boldsymbol{x}^{(k+1)} &= (1-\omega)\boldsymbol{D}\boldsymbol{x}^{(k)} + \omega\boldsymbol{L}\boldsymbol{x}^{(k+1)} + \omega\boldsymbol{U}\boldsymbol{x}^{(k)} + \omega\boldsymbol{b} \\ &\Rightarrow (\boldsymbol{D}-\omega\boldsymbol{L})\boldsymbol{x}^{(k+1)} = [(1-\omega)\boldsymbol{D}+\omega\boldsymbol{U}]\boldsymbol{x}^{(k)} + \omega\boldsymbol{b} \end{aligned}$$

由于 $\boldsymbol{D}-\omega\boldsymbol{L}$ 为对角线元素不为零的下三角矩阵,必定非奇异,则有

$$\boldsymbol{x}^{(k+1)} = (\boldsymbol{D}-\omega\boldsymbol{L})^{-1}[(1-\omega)\boldsymbol{D}+\omega\boldsymbol{U}]\boldsymbol{x}^{(k)} + (\boldsymbol{D}-\omega\boldsymbol{L})^{-1}\omega\boldsymbol{b} \tag{4.20}$$

根据式(4.20)可以写出 SOR 迭代法对应的迭代矩阵 $\boldsymbol{B}$ 和向量 $\boldsymbol{f}$。SOR 迭代法也可以通过分裂法构造,先改写式(4.20)为

$$\boldsymbol{x}^{(k+1)} = \left(\frac{1}{\omega}\boldsymbol{D}-\boldsymbol{L}\right)^{-1}\left[\left(\frac{1}{\omega}-1\right)\boldsymbol{D}+\boldsymbol{U}\right]\boldsymbol{x}^{(k)} + \left(\frac{1}{\omega}\boldsymbol{D}-\boldsymbol{L}\right)^{-1}\boldsymbol{b}$$

设 $\boldsymbol{A}=\boldsymbol{M}-\boldsymbol{N}$,则 SOR 迭代法对应的 $\boldsymbol{M}=\dfrac{1}{\omega}\boldsymbol{D}-\boldsymbol{L}$,$\boldsymbol{N}=\left(\dfrac{1}{\omega}-1\right)\boldsymbol{D}+\boldsymbol{U}$ 。

下面给出 SOR 迭代法的算法描述。

算法 4.4:SOR 迭代法
输入:$\boldsymbol{x},\boldsymbol{A},\boldsymbol{b},\omega$; 输出:$\boldsymbol{x}$.
While 不满足判停准则 **do**
  For $i=1,2,\cdots,n$

$$x_i := (1-\omega)x_i + \omega\left(b_i - \sum_{j=1}^{i-1}a_{ij}x_j - \sum_{j=i+1}^{n}a_{ij}x_j\right)\Big/a_{ii};$$

  End
End

算法 4.4 与算法 4.3 几乎一样,只是增加了松弛因子 ω 的有关计算,增加的计算量非常小。另外注意,SOR 迭代法的前提条件与前两种方法一样,都是矩阵 $\boldsymbol{A}$ 的对角元不能为零。而且 SOR 方法也需要按从 1 到 n 的顺序计算解的各个分量。如果在每个迭代步中先按从 1 到 n 的顺序计算解分量,再按从 n 到 1 的顺序更新一遍解分量,将得到对称 SOR 方法(简称 SSOR 方法)。对于对称的矩阵 $\boldsymbol{A}$,它对应的 $\boldsymbol{M}$ 矩阵也为对称矩阵。

高斯-赛德尔迭代法是 SOR 迭代法的一个特例(对应于 $\omega=1$),其计算过程也可以解释为对近似解的逐次修正,即

$$\tilde{x}_i^{(k+1)} = x_i^{(k)} + (\text{校正值})_i, \quad (i=1,2,\cdots,n)$$

下面根据式(4.15)说明这个“(校正值)$_i$”的含义，看第二个分量的计算公式，则

$$\begin{aligned}(\text{校正值})_2 &= -\frac{a_{21}}{a_{22}}x_1^{(k+1)} - x_2^{(k)} - \frac{a_{23}}{a_{22}}x_3^{(k)} + \frac{b_2}{a_{22}} \\ &= \frac{1}{a_{22}}[b_2 - a_{21}x_1^{(k+1)} - a_{22}x_2^{(k)} - a_{23}x_3^{(k)}]\end{aligned}$$

对比原始方程中的第二个方程 $a_{21}x_1+a_{22}x_2+a_{23}x_3=b_2$，它与当前解对应的残差向量 $\boldsymbol{r}$ 有关：

$$(\text{校正值})_2 = \frac{1}{a_{22}}[b_2 - a_{21}x_1^{(k+1)} - a_{22}x_2^{(k)} - a_{23}x_3^{(k)}] = \frac{r_2}{a_{22}}$$

进一步研究发现，通常(校正值)$_i=r_i/a_{ii}$。

对于 SOR 迭代法，它只是在上述公式中的“校正值”前乘了一个参数 ω，即

$$\begin{aligned}x_i^{(k+1)} &= x_i^{(k)} + \omega(\text{校正值})_i = x_i^{(k)} + \omega(\tilde{x}_i^{(k+1)} - x_i^{(k)}) \\ &= (1-\omega)x_i^{(k)} + \omega\tilde{x}_i^{(k+1)}\end{aligned}$$

最后这个等式与式(4.18)一致。

根据 ω 的不同取值，有时对 SOR 方法有不同的称呼。例如，$\omega<1$ 对应低松弛迭代法，而 $\omega>1$ 对应的是超松弛迭代法。

例 4.4(SOR 迭代法)：用 SOR 迭代法求解例 4.3 中的方程组，要求解分量误差小于 10^{-3}。

【解】 SOR 迭代法的计算公式为

$$\begin{cases}x_1^{(k+1)} = (1-\omega)x_1^{(k)} + \omega\left(-\dfrac{3}{10}x_2^{(k)} - \dfrac{1}{10}x_3^{(k)} + \dfrac{14}{10}\right) \\ x_2^{(k+1)} = (1-\omega)x_2^{(k)} + \omega\left(-\dfrac{2}{-10}x_1^{(k+1)} - \dfrac{3}{-10}x_3^{(k)} + \dfrac{-5}{-10}\right) \\ x_3^{(k+1)} = (1-\omega)x_3^{(k)} + \omega\left(-\dfrac{1}{10}x_1^{(k+1)} - \dfrac{3}{10}x_2^{(k+1)} + \dfrac{14}{10}\right)\end{cases}$$

测试几种 ω 取值的情况，分别如下：

(1) 当 $\omega=1.1$ 时，迭代 6 次方法收敛，得到满足要求的解为 $[1.0005, 1.0005, 0.9997]^{\mathrm{T}}$。

(2) 当 $\omega=0.95$ 时，迭代 4 次方法收敛，得到满足要求的解为 $[1.0008, 0.9999, 0.9999]^{\mathrm{T}}$。

(3) 当 $\omega=0.6$ 时，迭代 9 次方法收敛，得到满足要求的解为 $[1.0010, 1.0001, 0.9998]^{\mathrm{T}}$。 ■

由此例可以看出，选取不同的 ω 值，SOR 迭代法的收敛速度不同。对有些 ω 值，SOR 迭代法比雅可比法和高斯-赛德尔法收敛得更快，但如果 ω 的值不合适，则收敛速度可能更慢。因此，如何针对一类应用问题求出最佳的松弛因子是一个重要问题。

4.2.4 3 种迭代法的收敛条件

根据定理 4.6 可知，迭代法是否收敛由迭代矩阵的谱半径决定，而谱半径又不大于矩阵的任意范数，因此，若迭代矩阵 $\boldsymbol{B}$ 满足 $\|\boldsymbol{B}\|<1$，则迭代法一定收敛。在 3 种迭代法中，雅可比迭代法的迭代矩阵容易求出，因此可计算 $\|\boldsymbol{B}\|$，若 $\|\boldsymbol{B}\|<1$，则可以断定雅可比迭代法收敛。另外，对于对角线元大于零的实对称矩阵，下面的定理给出了雅可比迭代法收敛的

充要条件。

定理 4.8：若 $\boldsymbol{A}$ 为 n 阶实对称矩阵，且对角线元素 $a_{ii}>0,(i=1,2,\cdots,n)$，则求解线性方程组 $\boldsymbol{Ax}=\boldsymbol{b}$ 的雅可比迭代法收敛的充要条件是 $\boldsymbol{A}$ 和 $2\boldsymbol{D}-\boldsymbol{A}$ 都正定，其中 $\boldsymbol{D}$ 为取出 $\boldsymbol{A}$ 的对角线元素得到的对角矩阵。

【证明】 先证明充分性。由于 $\boldsymbol{A}$ 的对角元均大于 0，将这些对角元开算术平方根，然后取出形成对角矩阵 $\boldsymbol{D}^{\frac{1}{2}}$，则 $\boldsymbol{D}=\boldsymbol{D}^{\frac{1}{2}}\boldsymbol{D}^{\frac{1}{2}}$。考查雅可比迭代法的迭代矩阵

$$
\begin{aligned}
\boldsymbol{B} &= \boldsymbol{D}^{-1}(\boldsymbol{L}+\boldsymbol{U}) = \boldsymbol{D}^{-1}(\boldsymbol{D}-\boldsymbol{A}) = \boldsymbol{D}^{-\frac{1}{2}}(\boldsymbol{D}^{\frac{1}{2}}-\boldsymbol{D}^{-\frac{1}{2}}\boldsymbol{A}) \\
&= \boldsymbol{D}^{-\frac{1}{2}}(\boldsymbol{I}-\boldsymbol{D}^{-\frac{1}{2}}\boldsymbol{A}\boldsymbol{D}^{-\frac{1}{2}})\boldsymbol{D}^{\frac{1}{2}}
\end{aligned}
$$

上式说明矩阵 $\boldsymbol{I}-\boldsymbol{D}^{-\frac{1}{2}}\boldsymbol{A}\boldsymbol{D}^{-\frac{1}{2}}$ 与矩阵 $\boldsymbol{B}$ 相似，有相同的特征值。由于 $\boldsymbol{A}$ 为实对称正定矩阵，$\boldsymbol{D}^{-\frac{1}{2}}\boldsymbol{A}\boldsymbol{D}^{-\frac{1}{2}}$ 也是实对称正定矩阵，它的特征值均为实数且都大于 0，因此 $\boldsymbol{I}-\boldsymbol{D}^{-\frac{1}{2}}\boldsymbol{A}\boldsymbol{D}^{-\frac{1}{2}}$ 的特征值都小于 1。基于矩阵相似关系，$\boldsymbol{B}$ 的特征值 $\lambda_i<1\ (i=1,2,\cdots,n)$。

另一方面，

$$
\boldsymbol{B} = \boldsymbol{D}^{-1}(\boldsymbol{D}-\boldsymbol{A}) = \boldsymbol{D}^{-1}[(2\boldsymbol{D}-\boldsymbol{A})-\boldsymbol{D}] = \boldsymbol{D}^{-\frac{1}{2}}[\boldsymbol{D}^{-\frac{1}{2}}(2\boldsymbol{D}-\boldsymbol{A})\boldsymbol{D}^{-\frac{1}{2}}-\boldsymbol{I}]\boldsymbol{D}^{\frac{1}{2}}
$$

通过类似的分析得出，$\boldsymbol{D}^{-\frac{1}{2}}(2\boldsymbol{D}-\boldsymbol{A})\boldsymbol{D}^{-\frac{1}{2}}$ 的特征值均为实数且都大于 0，而 $\boldsymbol{B}$ 的特征值与 $\boldsymbol{D}^{-\frac{1}{2}}(2\boldsymbol{D}-\boldsymbol{A})\boldsymbol{D}^{-\frac{1}{2}}-\boldsymbol{I}$ 的一样，它们满足 $\lambda_i>-1\ (i=1,2,\cdots,n)$。综合两方面，$|\lambda_i|<1$，谱半径 $\rho(\boldsymbol{B})<1$，雅可比迭代法收敛。

必要性的证明也是利用上述两个矩阵等式，具体细节留给读者思考，这里不再赘述。■

对于高斯-赛德尔和 SOR 迭代法，迭代矩阵的计算量很大(与用高斯消去法解原方程差不多)，因此不能直接考查迭代矩阵判断它们的收敛性。下面给出一个定理，通过考查雅可比迭代法迭代矩阵的特点断定高斯-赛德尔迭代法是收敛的，它的详细证明参见文献[16]。

定理 4.9：设 $\boldsymbol{B}$ 是雅可比迭代法的迭代矩阵，若 $\|\boldsymbol{B}\|_\infty<1$ 或 $\|\boldsymbol{B}\|_1<1$，则高斯-赛德尔迭代法收敛。

实际应用中，待求解的线性方程组 $\boldsymbol{Ax}=\boldsymbol{b}$ 的系数矩阵常常具有对角占优或对称正定等性质，接下来讨论解这些方程组时迭代法的收敛性。先给出可约与不可约矩阵的概念。

定义 4.5：设 $\boldsymbol{A}=(a_{ij})\in\mathbb{R}^{n\times n}(n\geqslant 2)$，若存在排列阵 $\boldsymbol{P}$ 使

$$
\boldsymbol{P}^{\mathrm{T}}\boldsymbol{A}\boldsymbol{P} = \begin{bmatrix} \boldsymbol{A}_{11} & \boldsymbol{A}_{12} \\ \boldsymbol{O} & \boldsymbol{A}_{22} \end{bmatrix}
$$

其中，$\boldsymbol{A}_{11}$、$\boldsymbol{A}_{22}$ 均为阶数不等于 0 的方阵，则 $\boldsymbol{A}$ 为可约矩阵(reducible matrix)，否则为不可约矩阵。

例 4.5(不可约矩阵)：设 $\boldsymbol{A}$ 为如下的三对角矩阵：

$$
\boldsymbol{A} = \begin{bmatrix} b_1 & c_1 & & & \\ a_2 & b_2 & c_2 & & \\ & \ddots & \ddots & \ddots & \\ & & a_{n-1} & b_{n-1} & c_{n-1} \\ & & & a_n & b_n \end{bmatrix}
$$

其中，a_i、b_i、c_i 均不为零，而

$$B = \begin{bmatrix} 4 & -1 & -1 & 0 \\ -1 & 4 & 0 & -1 \\ -1 & 0 & 4 & -1 \\ 0 & -1 & -1 & 4 \end{bmatrix}$$

则 A 和 B 都是不可约矩阵。■

根据分块矩阵的知识可看出，求解可约矩阵为系数矩阵的方程组可化为依次求解两个低阶方程组的问题。下面的定理说明不可约的对角占优矩阵（其定义见 3.5.2 节）是非奇异的。

定理 4.10（对角占优定理）：若矩阵 A 为严格对角占优矩阵，或者不可约的弱对角占优矩阵，则 A 非奇异。

本定理的证明留给读者思考。注意，对角占优包括按列和按行对角占优两种情况。另外，这个定理中的条件“不可约”很重要。例如，矩阵

$$A = \begin{bmatrix} 2 & 0 & 0 \\ 0 & 2 & 2 \\ 0 & 2 & 2 \end{bmatrix}$$

是弱对角占优矩阵，但它是奇异的。

下面的定理讨论矩阵 A 对角占优时迭代法收敛的充分条件。

定理 4.11：待求解的线性方程组为 $Ax=b$，

(1) 若矩阵 A 严格对角占优，或者是不可约的弱对角占优矩阵，则雅可比迭代法和高斯-赛德尔迭代法均收敛。

(2) 若矩阵 A 严格对角占优，或者是不可约的弱对角占优矩阵，且松弛因子 $0<\omega\leqslant 1$，则相应的 SOR 迭代法收敛。

【证明】　只证明(1)的一部分结论，即当矩阵 A 为严格对角占优时，高斯-赛德尔迭代法收敛。其他情况的证明参见文献[16]。

高斯-赛德尔迭代法的迭代矩阵为 $B=(D-L)^{-1}U$，其中 D、L、U 分别为对角矩阵、严格下三角矩阵和严格上三角矩阵，并且 $A=D-L-U$。矩阵 B 的特征值 λ 满足特征方程

$$\det(\lambda I - B) = \det(\lambda I - (D-L)^{-1}U) = \det((D-L)^{-1})\det(\lambda(D-L)-U) = 0。$$

由矩阵 A 的特点，易知其对角元 $a_{ii}\neq 0,(i=1,2,\cdots,n)$，则 $\det((D-L)^{-1})\neq 0$，特征值 λ 为方程

$$\det(\lambda(D-L)-U) = 0$$

的根。设 $C=\lambda(D-L)-U$，则

$$C = \begin{bmatrix} \lambda a_{11} & a_{12} & \cdots & a_{1n} \\ \lambda a_{21} & \lambda a_{22} & \cdots & a_{2n} \\ \vdots & \vdots & \ddots & \vdots \\ \lambda a_{n1} & \lambda a_{n2} & \cdots & \lambda a_{nn} \end{bmatrix}$$

对任意特征值 λ，都有 $\det(C)=0$。

下面证明高斯-赛德尔迭代法收敛。采用反证法，假设高斯-赛德尔迭代法不收敛，则由定理 4.6 知，至少存在一个矩阵 B 的特征值 λ，$|\lambda|\geqslant 1$，不妨设 A 为按行严格对角占优矩阵，考查 λ 对应的矩阵 C 中的元素，

$$|\lambda a_{ii}| > |\lambda| \left(\sum_{j=1, j\neq i}^{n} |a_{ij}|\right) \geqslant \sum_{j=1}^{i-1} |\lambda a_{ij}| + \sum_{j=i+1}^{n} |a_{ij}|, \quad (i=1,2,\cdots,n)$$

上式表明 $\boldsymbol{C}$ 也是按行严格对角占优矩阵,再根据"对角占优定理"(定理 4.10),必有 $\det(\boldsymbol{C})\neq 0$,从而产生矛盾,即证明了高斯-赛德尔迭代法收敛。 ■

下面的定理讨论矩阵 $\boldsymbol{A}$ 对称正定时迭代法收敛的充分条件,对它的证明参见文献[8]、[16]。

定理 4.12:待求解的线性方程组为 $\boldsymbol{Ax}=\boldsymbol{b}$,

(1) 若 $\boldsymbol{A}$ 对称正定,则高斯-赛德尔迭代法收敛。

(2) 若 $\boldsymbol{A}$ 对称正定,且 $0<\omega<2$,则相应的 SOR 迭代法收敛。

最后给出一个定理说明 SOR 迭代法收敛的必要条件。

定理 4.13:若求解线性方程组 $\boldsymbol{Ax}=\boldsymbol{b}$ 的 SOR 迭代法收敛,则松弛因子 ω 满足 $0<\omega<2$。

【证明】 首先根据式(4.20)写出 SOR 迭代法的迭代矩阵 $\boldsymbol{B}=(\boldsymbol{D}-\omega\boldsymbol{L})^{-1}[(1-\omega)\boldsymbol{D}+\omega\boldsymbol{U}]$,设其特征值为 λ_i,$(i=1,2,\cdots,n)$,则

$$|\det(\boldsymbol{B})| = |\lambda_1\lambda_2\cdots\lambda_n| \leqslant [\rho(\boldsymbol{B})]^n$$

由于 SOR 迭代法收敛,则谱半径 $\rho(\boldsymbol{B})<1$,再结合上式得到 $|\det(\boldsymbol{B})|<1$ 。

另一方面,矩阵 $\boldsymbol{D}-\omega\boldsymbol{L}$ 与 $(1-\omega)\boldsymbol{D}+\omega\boldsymbol{U}$ 分别为下三角矩阵和上三角矩阵,其行列式为对角线元素的乘积,则

$$\det(\boldsymbol{B}) = \det((\boldsymbol{D}-\omega\boldsymbol{L})^{-1})\det((1-\omega)\boldsymbol{D}+\omega\boldsymbol{U}) = (1-\omega)^n$$

因此得出

$$|(1-\omega)^n| < 1 \quad \Rightarrow \quad 0<\omega<2$$

原命题得证。 ■

最后补充说明两点。

(1) 高斯-赛德尔迭代法是 SOR 迭代法的一个特例,上述定理说明两种迭代法收敛有相同的充分条件。对比定理 4.11 和定理 4.12 看出,这两种迭代法比雅可比迭代法的适用范围更大。

(2) 除了考虑收敛性,在实际应用中还应关注迭代法的收敛速度,它受具体问题、具体方法的影响非常大。大多数情况下,SOR 迭代法比前两种有明显的优势;而对于较大规模的问题,3 种迭代法往往都收敛得非常慢。

应用实例:桁架结构的应力分析

1. 问题背景与数学模型

桁架是由刚性杆通过结点连接而成的力学结构,它通常出现在桥梁和其他需要力学支撑的结构中。在桁架的某些结点上施加负荷力,各个刚性杆上将分配到一定的应力。图 4-1 是一个简单的平面静力桁架结构,其中 5 个刚性杆通过结点 A、B、C、D 相连。桁架的结点 A 为固定支撑点,结点 D 由滑轮支撑,在结点 B 和 C 施加外部负荷(g_1、g_2),需要确定各个杆上的应力大小。一般地,相对于负荷来说,杆自身的重量可以忽略不计。

要进行桁架的应力分析,可考虑在静力平衡的条件下,每个结点处的水平合力和竖直合力均为零。假设各个杆上的应力对结点产生拉力,由此定义应力的正方向,然后根据结点处

合力为零列出线性方程组，求解出应力。若解为负数，表明相应的杆对结点产生推力。这个线性方程组的阶数与桁架结点的数目有关，最多不超过结点数的两倍，而每个方程仅含少数几个变量(当前结点连接的杆上的变量)。因此，整个线性方程组的系数矩阵是非常稀疏的，而且系数矩阵一般是非结构化的稀疏矩阵，适合采用迭代法求解。

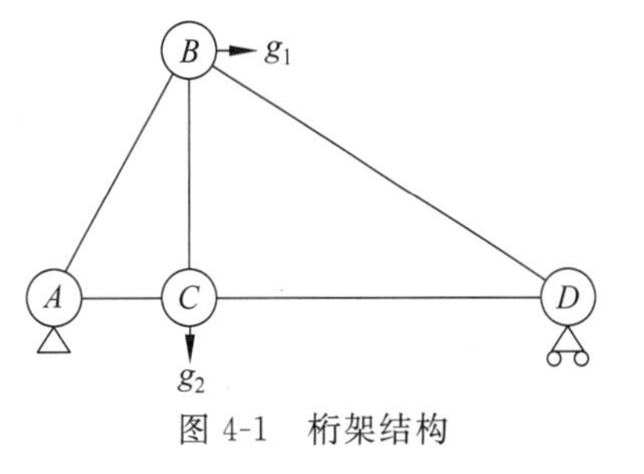

图 4-1　桁架结构

2. 计算实例与结果

图 4-2 显示了一个二维桁架结构，其中斜杆与水平方向的夹角均为 45°，3 个负载均为向下的力，其值在图中标出，单位为吨。假定结点 1 在水平和竖直方向均严格固定，而结点 8 在垂直方向加以固定，求各个杆上的应力大小。

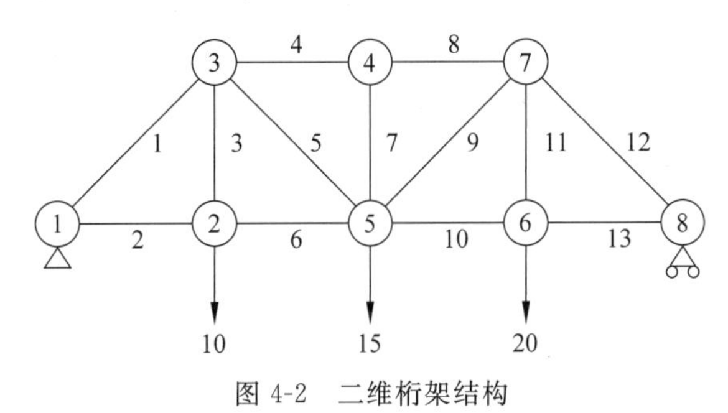

图 4-2　二维桁架结构

按图 4-2 对杆进行编号，相应地设第 i 个杆上的应力为 x_i，这样一共有 13 个未知量。由于只需求解杆的应力，不需要对结点 1 列静力平衡方程，也不需要对结点 8 的竖直方向列方程，因此总共可列 13 个方程，正好可得到唯一解。定义参数 $\alpha=\sqrt{2}/2$，对结点 2～8 依次列方程，得到如下的线性方程组：

$$
\begin{bmatrix}
0 & 1 & 0 & 0 & 0 & -1 & 0 & 0 & 0 & 0 & 0 & 0 & 0 \\
0 & 0 & 1 & 0 & 0 & 0 & 0 & 0 & 0 & 0 & 0 & 0 & 0 \\
\alpha & 0 & 0 & -1 & -\alpha & 0 & 0 & 0 & 0 & 0 & 0 & 0 & 0 \\
\alpha & 0 & 1 & 0 & \alpha & 0 & 0 & 0 & 0 & 0 & 0 & 0 & 0 \\
0 & 0 & 0 & 1 & 0 & 0 & 0 & -1 & 0 & 0 & 0 & 0 & 0 \\
0 & 0 & 0 & 0 & 0 & 0 & 1 & 0 & 0 & 0 & 0 & 0 & 0 \\
0 & 0 & 0 & 0 & \alpha & 1 & 0 & 0 & -\alpha & -1 & 0 & 0 & 0 \\
0 & 0 & 0 & 0 & \alpha & 1 & 0 & \alpha & 0 & 0 & 0 & 0 & 0 \\
0 & 0 & 0 & 0 & 0 & 0 & 0 & 0 & 0 & 1 & 0 & 0 & -1 \\
0 & 0 & 0 & 0 & 0 & 0 & 0 & 0 & 0 & 0 & 1 & 0 & 0 \\
0 & 0 & 0 & 0 & 0 & 0 & 0 & 1 & \alpha & 0 & 0 & -\alpha & 0 \\
0 & 0 & 0 & 0 & 0 & 0 & 0 & 0 & \alpha & 0 & 1 & \alpha & 0 \\
0 & 0 & 0 & 0 & 0 & 0 & 0 & 0 & 0 & 0 & 0 & \alpha & 1
\end{bmatrix}
\begin{bmatrix} x_1 \\ x_2 \\ x_3 \\ x_4 \\ x_5 \\ x_6 \\ x_7 \\ x_8 \\ x_9 \\ x_{10} \\ x_{11} \\ x_{12} \\ x_{13} \end{bmatrix}
=
\begin{bmatrix} 0 \\ 10 \\ 0 \\ 0 \\ 0 \\ 0 \\ 0 \\ 15 \\ 0 \\ 20 \\ 0 \\ 0 \\ 0 \end{bmatrix}
$$

求解出解向量 $\boldsymbol{x}$ 后，将各个杆的应力标于图中，如图 4-3 所示。

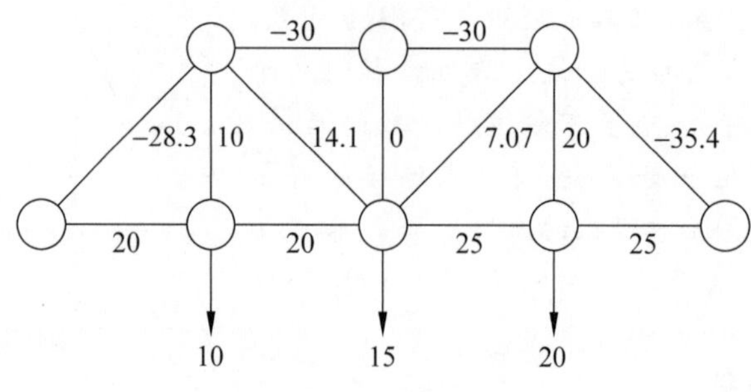

图 4-3　各个杆的应力

4.3　共轭梯度法简介

4.2节介绍的经典迭代法都是通过对矩阵的简单分裂得到1阶定常迭代公式，它们对一般的矩阵无法保证收敛性，即使收敛，其收敛速度也可能很慢。从20世纪70年代开始迅速发展起来的Krylov(克雷洛夫)子空间迭代法一定程度上弥补了经典迭代法的不足，在当前的科学和工程计算中被广泛应用。本节介绍由变分原理导出的共轭梯度法，它是一种重要的Krylov子空间迭代法。

4.3.1　最速下降法

首先介绍最速下降法，它是共轭梯度法的基础。考虑线性方程组

$$\boldsymbol{A}\boldsymbol{x} = \boldsymbol{b} \tag{4.21}$$

的求解问题，其中$\boldsymbol{A}$为n阶实对称正定矩阵。求解线性方程组(4.21)的一种思路是将它转换为在n维向量空间求函数最小值点的问题，这个函数是下面的n元二次函数：

$$\varphi(\boldsymbol{x}) = \frac{1}{2}\boldsymbol{x}^{\mathrm{T}}\boldsymbol{A}\boldsymbol{x} - \boldsymbol{b}^{\mathrm{T}}\boldsymbol{x} \tag{4.22}$$

根据多元微积分知识，这个最小值点$\boldsymbol{x}$必定满足条件$\frac{\partial\varphi(\boldsymbol{x})}{\partial x_i}=0$，$(i=1,2,\cdots,n)$，不难证明这样得到的$n$个方程就是线性方程组

$$\boldsymbol{A}\boldsymbol{x} - \boldsymbol{b} = \boldsymbol{0}$$

这说明方程组(4.21)的解是n元二次函数$\varphi(\boldsymbol{x})$的极小点。还可以证明当$\boldsymbol{A}$对称正定时，这个极小点就是$\varphi(\boldsymbol{x})$唯一的最小值点。这种将对称正定线性方程组的求解问题转换为求多元二次函数最小值问题的方法称为变分原理。

图4-4显示了多元二次函数$\varphi(\boldsymbol{x})$的一个例子，它对应于$\boldsymbol{A}=\begin{bmatrix}3 & 2\\ 2 & 6\end{bmatrix}$、$\boldsymbol{b}=\begin{bmatrix}2\\ -8\end{bmatrix}$的情况。一般的求多元函数最小值问题属于无约束优化问题，往往通过多维向量空间的逐次搜索求解，下面介绍其基本思路。先任意给定一个点(向量)

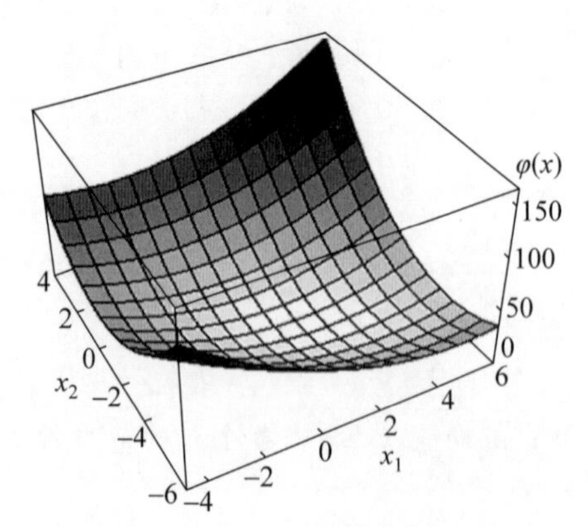

图 4-4　一个多元二次函数$\varphi(\boldsymbol{x})$的图形

$\boldsymbol{x}_0$，假设沿方向向量 $\boldsymbol{p}_0$ 搜索下一个点[①]

$$\boldsymbol{x}_1=\boldsymbol{x}_0+\alpha_0\boldsymbol{p}_0$$

使得 $\boldsymbol{x}_1$ 为这个方向上的最小值点，即对 $\forall\alpha\in\mathbb{R}$，

$$\varphi(\boldsymbol{x}_0+\alpha_0\boldsymbol{p}_0)\leqslant\varphi(\boldsymbol{x}_0+\alpha\boldsymbol{p}_0)$$

然后从 $\boldsymbol{x}_1$ 出发，选定一个搜索方向 $\boldsymbol{p}_1$，沿直线 $\boldsymbol{x}=\boldsymbol{x}_1+\alpha\boldsymbol{p}_1$ 再跨一步，即找到 α_1，使得

$$\varphi(\boldsymbol{x}_1+\alpha_1\boldsymbol{p}_1)\leqslant\varphi(\boldsymbol{x}_1+\alpha\boldsymbol{p}_1),\quad\forall\alpha\in\mathbb{R}$$

也就是说，在当前搜索方向上使 $\varphi(\boldsymbol{x})$ 达到极小。按相同的方法一步步做下去，可得到一系列多维空间的点 $\boldsymbol{x}_0,\boldsymbol{x}_1,\boldsymbol{x}_2,\cdots$，它们逐渐逼近 $\varphi(\boldsymbol{x})$ 在全空间上的最小值点，也就是方程组(4.21)的解。这个搜索过程是一个迭代计算过程，其关键问题是确定搜索方向 $\boldsymbol{p}_k$ 和搜索步长 α_k，$(k=0,1,2,\cdots)$。

先分析如何确定搜索步长。假设从 $\boldsymbol{x}_k$ 出发，已选定搜索方向为 $\boldsymbol{p}_k$，令

$$f(\alpha)=\varphi(\boldsymbol{x}_k+\alpha\boldsymbol{p}_k)\tag{4.23}$$

则搜索步长 α_k 是使一元函数(4.23)取最小值的 α 值。将式(4.22)代入式(4.23)，得

$$\begin{aligned}f(\alpha)&=\frac{1}{2}(\boldsymbol{x}_k+\alpha\boldsymbol{p}_k)^{\mathrm{T}}\boldsymbol{A}(\boldsymbol{x}_k+\alpha\boldsymbol{p}_k)-\boldsymbol{b}^{\mathrm{T}}(\boldsymbol{x}_k+\alpha\boldsymbol{p}_k)\\&=\frac{1}{2}\alpha^2\boldsymbol{p}_k^{\mathrm{T}}\boldsymbol{A}\boldsymbol{p}_k-\alpha\boldsymbol{r}_k^{\mathrm{T}}\boldsymbol{p}_k+\varphi(\boldsymbol{x}_k)\end{aligned}$$

其中，$\boldsymbol{r}_k=\boldsymbol{b}-\boldsymbol{A}\boldsymbol{x}_k$，为方程组(4.21)的残差。函数 $f(\alpha)$ 为简单的一元二次函数，且矩阵 $\boldsymbol{A}$ 对称正定保证了 $\boldsymbol{p}_k^{\mathrm{T}}\boldsymbol{A}\boldsymbol{p}_k>0$。易知，$f(\alpha)$ 有唯一的最小值，对应的 α 值为

$$\alpha=\frac{\boldsymbol{r}_k^{\mathrm{T}}\boldsymbol{p}_k}{\boldsymbol{p}_k^{\mathrm{T}}\boldsymbol{A}\boldsymbol{p}_k}\tag{4.24}$$

不同的方法采用不同的策略确定搜索方向 $\boldsymbol{p}_k$。最速下降法(steepest descent method)的策略是：考虑到多元函数 $\varphi(\boldsymbol{x})$ 增加最快的方向是其梯度方向，

$$\nabla\varphi(\boldsymbol{x})=\left[\frac{\partial\varphi}{\partial x_1},\frac{\partial\varphi}{\partial x_2},\cdots,\frac{\partial\varphi}{\partial x_n}\right]^{\mathrm{T}}$$

因此，负梯度方向就是 $\varphi(\boldsymbol{x})$ 减小最快、最明显的方向，每次都把它选为搜索方向。按此思路，

$$\boldsymbol{p}_k=-\nabla\varphi(\boldsymbol{x}_k)=-(\boldsymbol{A}\boldsymbol{x}-\boldsymbol{b})\mid_{\boldsymbol{x}=\boldsymbol{x}_k}=\boldsymbol{b}-\boldsymbol{A}\boldsymbol{x}_k=\boldsymbol{r}_k\tag{4.25}$$

上述推导中利用了矩阵 $\boldsymbol{A}$ 对称正定的性质，详细过程留给感兴趣的读者思考。

例 4.6(最速下降法原理)：用最速下降法求解方程 $\boldsymbol{A}\boldsymbol{x}=\boldsymbol{b}$，其中，

$$\boldsymbol{A}=\begin{bmatrix}3&2\\2&6\end{bmatrix},\quad\boldsymbol{b}=\begin{bmatrix}2\\-8\end{bmatrix}$$

首先将它转换为求函数 $\varphi(\boldsymbol{x})=\frac{1}{2}\boldsymbol{x}^{\mathrm{T}}\boldsymbol{A}\boldsymbol{x}-\boldsymbol{b}^{\mathrm{T}}\boldsymbol{x}=\frac{3}{2}x_1^2+2x_1x_2+3x_2^2-2x_1+8x_2$ 的最小值问题。假设初值 $\boldsymbol{x}_0=[-2,-2]^{\mathrm{T}}$，则在二维向量空间中经过如图 4-2 所示的搜索步逼近 $\varphi(\boldsymbol{x})$ 的最小值点 $\boldsymbol{x}=[2,-2]^{\mathrm{T}}$，它是方程 $\boldsymbol{A}\boldsymbol{x}=\boldsymbol{b}$ 的准确解。

---

① 为了记号的简洁，在本节中使用下标标记向量序列中的序号。例如，用 $\boldsymbol{x}_k$ 表示第 k 个迭代解，而不用 $\boldsymbol{x}^{(k)}$。

在图 4-5 中,$\varphi(\boldsymbol{x})$的负梯度方向($\boldsymbol{r}_k$)就是等值线的法向。并且还可看出,在每步搜索的终点处,搜索方向垂直于等值线的法向,即 $\boldsymbol{p}_k \perp \boldsymbol{r}_{k+1}$,这其实可根据式(4.24)加以证明,留给感兴趣的读者思考。由于最速下降法的搜索方向沿着当前点处的等值线法向,因此其搜索过程中相邻两步的搜索方向总是相互垂直的。

将式(4.25)代入式(4.24)可得到最速下降法中 α 的计算公式:

$$\alpha = \frac{\boldsymbol{r}_k^{\mathrm{T}} \boldsymbol{r}_k}{\boldsymbol{r}_k^{\mathrm{T}} \boldsymbol{A} \boldsymbol{r}_k} \tag{4.26}$$

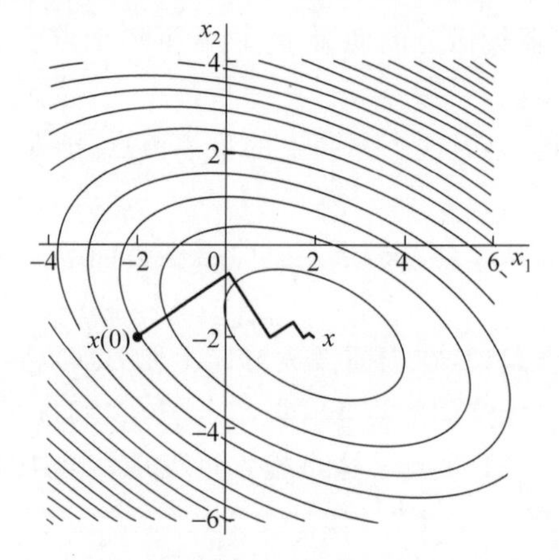

图 4-5　二维向量空间中函数 $\varphi(\boldsymbol{x})$的等值线图,以及最速下降法的搜索过程

下面给出解线性方程的最速下降法的算法描述。

> **算法 4.5**:解对称正定方程组的最速下降法
> 输入:$\boldsymbol{x}, \boldsymbol{A}, \boldsymbol{b}$;输出:$\boldsymbol{x}$.
> $\boldsymbol{r} := \boldsymbol{b} - \boldsymbol{A}\boldsymbol{x}$;
> **While** 不满足判停准则 **do**
> 　　$\alpha := \boldsymbol{r}^{\mathrm{T}}\boldsymbol{r} / \boldsymbol{r}^{\mathrm{T}}\boldsymbol{A}\boldsymbol{r}$;
> 　　$\boldsymbol{x} := \boldsymbol{x} + \alpha\boldsymbol{r}$;
> 　　$\boldsymbol{r} := \boldsymbol{r} - \alpha\boldsymbol{A}\boldsymbol{r}$;　　　　$\{\boldsymbol{r}_{k+1} = \boldsymbol{b} - \boldsymbol{A}\boldsymbol{x}_{k+1}$, 且 $\boldsymbol{x}_{k+1} = \boldsymbol{x}_k + \alpha\boldsymbol{r}_k\}$
> **End**

在算法 4.5 中,主要计算是做矩阵 $\boldsymbol{A}$ 与向量 $\boldsymbol{r}$ 的乘法,若 $\boldsymbol{A}$ 为稀疏矩阵,则只需遍历矩阵非零元,并且算法不改变原始矩阵 $\boldsymbol{A}$。另外,迭代过程中 α 和 $\boldsymbol{r}$ 的值不断变化,因此前后两个迭代解之间不满足一种固定的递推公式,这一点不同于经典的 1 阶定常迭代法。另外,由于多元二次函数 $\varphi(\boldsymbol{x})$是凸函数,因此一定存在唯一的最小值点。也就是说,当矩阵 $\boldsymbol{A}$ 对称正定时,算法 4.5 一定收敛。

例 4.7(最速下降法):根据算法 4.5 写出最速下降法,求解例 4.6 中线性方程组的过程。

【解】　与例 4.6 一致,取初始解 $\boldsymbol{x}_0 = \begin{bmatrix} -2 \\ -2 \end{bmatrix}$,然后计算

$$\boldsymbol{r}_0 = \boldsymbol{b} - \boldsymbol{A}\boldsymbol{x}_0 = \begin{bmatrix} 2 \\ -8 \end{bmatrix} - \begin{bmatrix} 3 & 2 \\ 2 & 6 \end{bmatrix}\begin{bmatrix} -2 \\ -2 \end{bmatrix} = \begin{bmatrix} 12 \\ 8 \end{bmatrix}$$

迭代第一步,为了计算 α_0,先计算 $\boldsymbol{A}\boldsymbol{r}_0 = \begin{bmatrix} 3 & 2 \\ 2 & 6 \end{bmatrix}\begin{bmatrix} 12 \\ 8 \end{bmatrix} = \begin{bmatrix} 52 \\ 72 \end{bmatrix}$,则 $\alpha_0 = \frac{\boldsymbol{r}_0^{\mathrm{T}}\boldsymbol{r}_0}{\boldsymbol{r}_0^{\mathrm{T}}\boldsymbol{A}\boldsymbol{r}_0} = \frac{144+64}{624+576} = 0.1733$,因此,$\boldsymbol{x}_1 = \boldsymbol{x}_0 + \alpha_0\boldsymbol{r}_0 = \begin{bmatrix} -2 \\ -2 \end{bmatrix} + 0.173 \times \begin{bmatrix} 12 \\ 8 \end{bmatrix} = \begin{bmatrix} 0.08 \\ -0.6133 \end{bmatrix}$。

类似地,计算后续的迭代解,依次得到

$$\boldsymbol{x}_2 = \begin{bmatrix} 1.0044 \\ -2.0000 \end{bmatrix},\quad \boldsymbol{x}_3 = \begin{bmatrix} 1.5221 \\ -1.6549 \end{bmatrix},\quad \boldsymbol{x}_4 = \begin{bmatrix} 1.7522 \\ -2.0000 \end{bmatrix}$$

$$\boldsymbol{x}_5=\begin{bmatrix}1.8811\\-1.9141\end{bmatrix},\quad \boldsymbol{x}_6=\begin{bmatrix}1.9383\\-2.0000\end{bmatrix},\quad \boldsymbol{x}_7=\begin{bmatrix}1.9704\\-1.9786\end{bmatrix}$$

$$\boldsymbol{x}_8=\begin{bmatrix}1.9847\\-2.0000\end{bmatrix},\quad \boldsymbol{x}_9=\begin{bmatrix}1.9926\\-1.9947\end{bmatrix},\quad \boldsymbol{x}_{10}=\begin{bmatrix}1.9962\\-2.0000\end{bmatrix},\quad \cdots$$

■

4.3.2 共轭梯度法

在最速下降法中，负梯度方向虽从局部看是最佳的搜索方向，而且每步都在该方向上使 $\varphi(\boldsymbol{x})$ 达到最小，但并没有在全局上使 $\varphi(\boldsymbol{x})$ 最小化。从图 4-5 就可以看出，最速下降法总是搜索重复的方向，收敛特别慢。将最速下降法加以改进，便得到共轭梯度法(conjugate gradient method，CG 法)。下面介绍它的主要思想与计算过程。

给定初始向量 $\boldsymbol{x}_0$，第一步仍选负梯度方向为搜索方向，即 $\boldsymbol{p}_0=\boldsymbol{r}_0$，于是有

$$\alpha_0=\frac{\boldsymbol{r}_0^{\mathrm{T}}\boldsymbol{r}_0}{\boldsymbol{p}_0^{\mathrm{T}}\boldsymbol{A}\boldsymbol{p}_0},\quad \boldsymbol{x}_1=\boldsymbol{x}_0+\alpha_0\boldsymbol{p}_0,\quad \boldsymbol{r}_1=\boldsymbol{b}-\boldsymbol{A}\boldsymbol{x}_1$$

对以后各步，例如，第 $k+1$ 步($k\geqslant1$)，搜索方向不仅考虑 $\boldsymbol{r}_k$，而是在过点 $\boldsymbol{x}_k$ 由向量 $\boldsymbol{r}_k$ 和 $\boldsymbol{p}_{k-1}$ 所张成的平面 $\{\boldsymbol{x}=\boldsymbol{x}_k+\xi\boldsymbol{r}_k+\eta\boldsymbol{p}_{k-1},\xi,\eta\in\mathbb{R}\}$ 内找函数 $\varphi(\boldsymbol{x})$ 的最小值(见图 4-6)。记

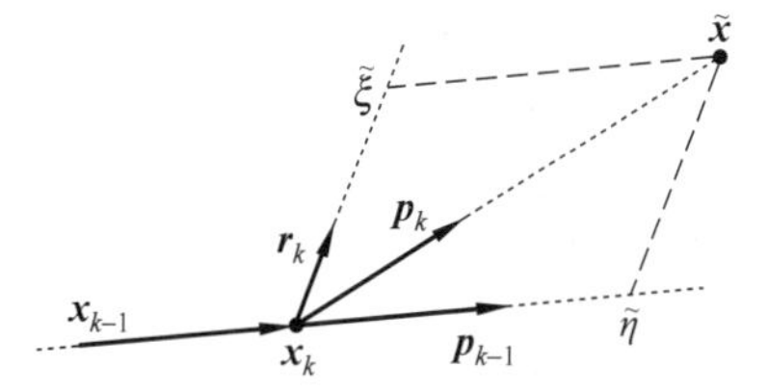

图 4-6 在向量 $\boldsymbol{r}_k$ 和 $\boldsymbol{p}_{k-1}$ 所张成的二维平面上搜索最小值的示意图

$$\begin{aligned}f(\xi,\eta)&=\varphi(\boldsymbol{x}_k+\xi\boldsymbol{r}_k+\eta\boldsymbol{p}_{k-1})\\&=\frac{1}{2}(\boldsymbol{x}_k+\xi\boldsymbol{r}_k+\eta\boldsymbol{p}_{k-1})^{\mathrm{T}}\boldsymbol{A}(\boldsymbol{x}_k+\xi\boldsymbol{r}_k+\eta\boldsymbol{p}_{k-1})-\\&\quad\ \boldsymbol{b}^{\mathrm{T}}(\boldsymbol{x}_k+\xi\boldsymbol{r}_k+\eta\boldsymbol{p}_{k-1})\end{aligned}$$

计算偏导数可得

$$\frac{\partial f}{\partial\xi}=\xi\boldsymbol{r}_k^{\mathrm{T}}\boldsymbol{A}\boldsymbol{r}_k+\eta\boldsymbol{r}_k^{\mathrm{T}}\boldsymbol{A}\boldsymbol{p}_{k-1}-\boldsymbol{r}_k^{\mathrm{T}}\boldsymbol{r}_k$$

$$\frac{\partial f}{\partial\eta}=\xi\boldsymbol{r}_k^{\mathrm{T}}\boldsymbol{A}\boldsymbol{p}_{k-1}+\eta\boldsymbol{p}_{k-1}^{\mathrm{T}}\boldsymbol{A}\boldsymbol{p}_{k-1}$$

其中，第二个式子用到了图 4-5 展示的 $\boldsymbol{r}_k^{\mathrm{T}}\boldsymbol{p}_{k-1}=0$ 的结论。

为了求 $f(\xi,\eta)$ 的极小值以及它对应的 ξ、η 取值，可根据下式列方程

$$\frac{\partial f}{\partial\xi}=\frac{\partial f}{\partial\eta}=0$$

设要求的极小值点为 $\tilde{\boldsymbol{x}}$，则

$$\tilde{\boldsymbol{x}}=\boldsymbol{x}_k+\tilde{\xi}\boldsymbol{r}_k+\tilde{\eta}\boldsymbol{p}_{k-1}$$

且 $\tilde{\xi}$ 和 $\tilde{\eta}$ 满足

$$\begin{cases}\tilde{\xi}\boldsymbol{r}_k^{\mathrm{T}}\boldsymbol{A}\boldsymbol{r}_k+\tilde{\eta}\boldsymbol{r}_k^{\mathrm{T}}\boldsymbol{A}\boldsymbol{p}_{k-1}=\boldsymbol{r}_k^{\mathrm{T}}\boldsymbol{r}_k & (4.27)\\ \tilde{\xi}\boldsymbol{r}_k^{\mathrm{T}}\boldsymbol{A}\boldsymbol{p}_{k-1}+\tilde{\eta}\boldsymbol{p}_{k-1}^{\mathrm{T}}\boldsymbol{A}\boldsymbol{p}_{k-1}=0 & (4.28)\end{cases}$$

根据上述方程易证明，若 $\boldsymbol{r}_k\neq\boldsymbol{0}$，则必有 $\tilde{\xi}\neq0$，因此可取新的搜索方向为(见图 4-6)

$$\boldsymbol{p}_k=\frac{1}{\tilde{\xi}}(\tilde{\boldsymbol{x}}-\boldsymbol{x}_k)=\boldsymbol{r}_k+\frac{\tilde{\eta}}{\tilde{\xi}}\boldsymbol{p}_{k-1}$$

它是在上述二维平面内的最佳搜索方向，并且搜索步长为 $\tilde{\xi}$。这里不直接推导 $\tilde{\xi}$ 的计算公式，而是关心如何计算搜索方向 $\boldsymbol{p}_k$，因为一旦搜索方向确定了，步长就可根据 4.3.1 节的公

式(4.24)得出。

令 $\beta_{k-1}=\tilde{\eta}/\tilde{\xi}$,则由方程(4.28)得

$$\beta_{k-1}=-\frac{\boldsymbol{r}_k^{\mathrm{T}}\boldsymbol{A}\boldsymbol{p}_{k-1}}{\boldsymbol{p}_{k-1}^{\mathrm{T}}\boldsymbol{A}\boldsymbol{p}_{k-1}} \tag{4.29}$$

而

$$\boldsymbol{p}_k=\boldsymbol{r}_k+\beta_{k-1}\boldsymbol{p}_{k-1} \tag{4.30}$$

并且容易证明 $\boldsymbol{p}_k^{\mathrm{T}}\boldsymbol{A}\boldsymbol{p}_{k-1}=0$,即搜索方向 $\boldsymbol{p}_k$ 与 $\boldsymbol{p}_{k-1}$ 是 $\boldsymbol{A}$ 正交的[①](也称为"共轭正交")。

式(4.29)和式(4.30)就是计算 $\boldsymbol{p}_k$ 的递推公式,然后使用前面的式(4.24)确定搜索步长 α_k(就是前面的 $\tilde{\xi}$),就可计算下一个迭代解 $\boldsymbol{x}_{k+1}=\boldsymbol{x}_k+\alpha_k\boldsymbol{p}_k$。总结上面的讨论,得如下的算法描述。

算法 4.6:解对称正定方程组的共轭梯度法

输入:$\boldsymbol{x}_0,\boldsymbol{A},\boldsymbol{b}$;输出:$\boldsymbol{x}_k$.

$\boldsymbol{r}_0:=\boldsymbol{b}-\boldsymbol{A}\boldsymbol{x}_0$;

$\boldsymbol{p}_0:=\boldsymbol{r}_0$;

$k:=0$;

While 不满足判停准则 **do**

  $\alpha_k:=\boldsymbol{r}_k^{\mathrm{T}}\boldsymbol{p}_k/\boldsymbol{p}_k^{\mathrm{T}}\boldsymbol{A}\boldsymbol{p}_k$; {计算搜索步长}

  $\boldsymbol{x}_{k+1}:=\boldsymbol{x}_k+\alpha_k\boldsymbol{p}_k$; {更新解}

  $\boldsymbol{r}_{k+1}:=\boldsymbol{r}_k-\alpha_k\boldsymbol{A}\boldsymbol{p}_k$; {计算新残差向量}

  $\beta_k:=-\boldsymbol{r}_{k+1}^{\mathrm{T}}\boldsymbol{A}\boldsymbol{p}_k/\boldsymbol{p}_k^{\mathrm{T}}\boldsymbol{A}\boldsymbol{p}_k$;

  $\boldsymbol{p}_{k+1}:=\boldsymbol{r}_{k+1}+\beta_k\boldsymbol{p}_k$; {计算新的搜索方向}

  $k:=k+1$;

End

算法 4.6 采用了不同于算法 4.5 的另一种描述方式,实际上应去掉变量的下标(如算法 4.5),只保留当前迭代步的搜索步长、近似解、残差、搜索方向。从这个算法看出,每个迭代步的主要计算仍然是做一次矩阵与向量的乘法。

例 4.8 (共轭梯度法):根据算法 4.6 写出共轭梯度法求解例 4.6 中线性方程组的过程。

【解】 与例 4.6 一致,取初始解 $\boldsymbol{x}_0=\begin{bmatrix}-2\\-2\end{bmatrix}$,然后计算出 $\boldsymbol{r}_0=\boldsymbol{p}_0=\begin{bmatrix}12\\8\end{bmatrix}$,算法执行过程见表 4-2。

表 4-2 算法执行过程

k	$\boldsymbol{A}\boldsymbol{p}_k$	α_k	$\boldsymbol{x}_{k+1}$	$\boldsymbol{r}_{k+1}$	β_k	$\boldsymbol{p}_{k+1}$
0	$[52,72]^{\mathrm{T}}$	0.1733	$[0.08,-0.6133]^{\mathrm{T}}$	$[2.9867,-4.48]^{\mathrm{T}}$	0.1394	$[4.6592,-3.365]^{\mathrm{T}}$
1	$[7.2476,-10.8715]^{\mathrm{T}}$	0.4121	$[2,-2]^{\mathrm{T}}$			

① 当矩阵 $\boldsymbol{A}$ 对称正定时,可定义内积 $\langle \boldsymbol{x},\boldsymbol{y}\rangle_{\boldsymbol{A}}=\boldsymbol{x}^{\mathrm{T}}\boldsymbol{A}\boldsymbol{y}$。相应地,若 $\langle \boldsymbol{x},\boldsymbol{y}\rangle_{\boldsymbol{A}}=0$,则称向量 $\boldsymbol{x}$ 和 $\boldsymbol{y}$ 是 $\boldsymbol{A}$ 正交的。

此例说明，经过两步迭代，共轭梯度法就得到了准确解。事实上，由于 $\boldsymbol{x}_2$ 是在 $\boldsymbol{p}_1$ 和 $\boldsymbol{r}_1$ 所张成的二维平面上的 $\varphi(\boldsymbol{x})$ 的最小值点，而本题的向量空间就是二维的，因此 $\boldsymbol{x}_2$ 就是全局的最小值，当然是方程 $\boldsymbol{Ax}=\boldsymbol{b}$ 的准确解了。

共轭梯度法每迭代一步产生 3 个向量 $\boldsymbol{x}_k$、$\boldsymbol{r}_k$、$\boldsymbol{p}_k$，分别称为近似解向量、残差向量和搜索方向向量。更深入的理论分析表明(详细证明见文献[14]、[33])，这些向量具有如下性质。

(1) $\boldsymbol{x}_{k+1}\in\boldsymbol{x}_0+\text{span}\{\boldsymbol{r}_0,\boldsymbol{Ar}_0,\cdots,\boldsymbol{A}^k\boldsymbol{r}_0\}$，其中 $\text{span}\{\boldsymbol{r}_0,\boldsymbol{Ar}_0,\cdots,\boldsymbol{A}^k\boldsymbol{r}_0\}$ 一般称为 Krylov 子空间，记为 $\mathscr{K}(\boldsymbol{A},\boldsymbol{r}_0)$。

(2) $\boldsymbol{x}_{k+1}$ 不但在向量 $\boldsymbol{r}_k$ 和 $\boldsymbol{p}_{k-1}$ 所张成的平面上使 $\varphi(\boldsymbol{x})$ 最小，而且在超平面 $\boldsymbol{x}_0+\mathscr{K}(\boldsymbol{A},\boldsymbol{r}_0)$ 上使 $\varphi(\boldsymbol{x})$ 最小。

(3) 搜索方向向量相互 $\boldsymbol{A}$ 正交(共轭)，即 $\boldsymbol{p}_i^{\mathrm{T}}\boldsymbol{A}\boldsymbol{p}_j=0, i\neq j$ 。

(4) 残差向量相互正交，即 $\boldsymbol{r}_i^{\mathrm{T}}\boldsymbol{r}_j=0, i\neq j$。

(5) 搜索方向向量与残差向量相互正交，即 $\boldsymbol{p}_j^{\mathrm{T}}\boldsymbol{r}_k=0, 0\leqslant j<k$ 。

(6) 在超平面 $\boldsymbol{x}_0+\mathscr{K}(\boldsymbol{A},\boldsymbol{r}_0)$ 上的所有点中，近似解 $\boldsymbol{x}_k$ 的范数误差最小：

$$\|\boldsymbol{x}_k-\boldsymbol{x}^*\|_{\boldsymbol{A}}=\min_{\boldsymbol{x}\in\boldsymbol{x}_0+\mathscr{K}(\boldsymbol{A},\boldsymbol{r}_0)}\|\boldsymbol{x}-\boldsymbol{x}^*\|_{\boldsymbol{A}}$$

这里，$\boldsymbol{x}^*$ 表示方程 $\boldsymbol{Ax}=\boldsymbol{b}$ 的准确解，而 $\|\cdot\|_{\boldsymbol{A}}$ 是由矩阵 $\boldsymbol{A}$ 定义的向量范数，$\|\boldsymbol{x}\|_{\boldsymbol{A}}=\sqrt{\boldsymbol{x}^{\mathrm{T}}\boldsymbol{Ax}}$。

性质(1)、(2)说明，共轭梯度法的迭代解可看成是在 Krylov 子空间寻找的某种最优向量。应指出，还有其他通过搜索 Krylov 子空间得到线性方程组近似解的方法，它们都称为 Krylov 子空间迭代法(参见文献[14])。第(2)条性质还说明，若不考虑数值误差，$\boldsymbol{x}_n$ 即准确解(因为此时的 $\mathscr{K}(\boldsymbol{A},\boldsymbol{r}_0)$ 为全空间 $\mathbb{R}^n$)。第(3)条性质反映了共轭梯度法名字的由来。基于这些性质，还可以改写式(4.24)和式(4.29)，得到

$$\alpha_k=\frac{\boldsymbol{r}_k^{\mathrm{T}}\boldsymbol{r}_k}{\boldsymbol{p}_k^{\mathrm{T}}\boldsymbol{A}\boldsymbol{p}_k},\quad \beta_k=\frac{\boldsymbol{r}_{k+1}^{\mathrm{T}}\boldsymbol{r}_{k+1}}{\boldsymbol{r}_k^{\mathrm{T}}\boldsymbol{r}_k}\tag{4.31}$$

这样，利用式(4.31)并考虑一些技巧可得出更实用的共轭梯度法算法描述。

算法 4.7：解对称正定方程组的实用共轭梯度法

输入：$\boldsymbol{x},\boldsymbol{A},\boldsymbol{b}$；输出：$\boldsymbol{x}$.

$\boldsymbol{r}:=\boldsymbol{b}-\boldsymbol{Ax}$;

$\boldsymbol{p}:=\boldsymbol{r}$;

While 不满足判停准则 **do**

　　$\alpha:=\boldsymbol{r}^{\mathrm{T}}\boldsymbol{r}/\boldsymbol{p}^{\mathrm{T}}\boldsymbol{Ap}$;　　{计算搜索步长}

　　$\boldsymbol{x}:=\boldsymbol{x}+\alpha\boldsymbol{p}$;　　{更新解}

　　$\tilde{\boldsymbol{r}}:=\boldsymbol{r}$;　　{保存上一个残差向量}

　　$\boldsymbol{r}:=\boldsymbol{r}-\alpha\boldsymbol{Ap}$;　　{更新残差向量}

　　$\beta:=\boldsymbol{r}^{\mathrm{T}}\boldsymbol{r}/\tilde{\boldsymbol{r}}^{\mathrm{T}}\tilde{\boldsymbol{r}}$;

　　$\boldsymbol{p}:=\boldsymbol{r}+\beta\boldsymbol{p}$;　　{计算新的搜索方向}

End

从算法 4.7 看出，共轭梯度法的每个迭代步只需做一次矩阵向量乘法(计算 $\boldsymbol{Ap}$)以及两

次向量内积(计算 $\boldsymbol{p}^{\mathrm{T}}\boldsymbol{A}\boldsymbol{p}$ 与 $\boldsymbol{r}^{\mathrm{T}}\boldsymbol{r}$),这比算法 4.6 还少一次。而从存储量上看,共轭梯度法也是非常节省的。另外,由于迭代中已计算出当前迭代解的残差 $\boldsymbol{r}$,因此不需要额外的计算量就可以使用残差判据式(4.6)作为迭代的判停准则。

对于 n 阶对称正定线性方程组,理论上共轭梯度法经过 n 次迭代必定收敛到准确解,它克服了最速下降法和其他迭代法收敛速度可能很慢的缺点,是一种"具有迭代法形式的直接解法"。实际上,随着迭代步数增多,共轭梯度法中的舍入误差很严重,而且相比高斯消去法,作为直接解法的共轭梯度法没有任何优势。

理论分析表明,共轭梯度法的近似解误差满足如下不等式(注意,$\boldsymbol{A}$ 为对称正定矩阵):

$$\frac{\|\boldsymbol{e}_{k+1}\|_A}{\|\boldsymbol{e}_k\|_A} \leqslant \frac{\sqrt{\kappa}-1}{\sqrt{\kappa}+1} \tag{4.32}$$

其中,$\kappa=\mathrm{cond}(\boldsymbol{A})_2=\lambda_{\max}(\boldsymbol{A})/\lambda_{\min}(\boldsymbol{A})$。若矩阵 $\boldsymbol{A}$ 比较良态($\kappa\approx1$),则收敛会很迅速;若 $\boldsymbol{A}$ 非常病态($\kappa\gg1$),则收敛可能非常慢,甚至不收敛。所以,对较大规模的实际问题,一般需要预条件技术(preconditioning)与共轭梯度法结合起来使用。

预条件技术的一种基本做法是用矩阵 $\boldsymbol{M}^{-1}$ 去乘 $\boldsymbol{A}$,然后求解与原问题等价的方程

$$\boldsymbol{M}^{-1}\boldsymbol{A}\boldsymbol{x} = \boldsymbol{M}^{-1}\boldsymbol{b} \tag{4.33}$$

其中,$\boldsymbol{M}$ 是使方程组 $\boldsymbol{M}\boldsymbol{z}=\boldsymbol{y}$ 易于求解的矩阵,如果它的逆近似于 $\boldsymbol{A}$ 的逆,则 $\boldsymbol{M}^{-1}\boldsymbol{A}$ 就会比较良态,从而提高共轭梯度法的收敛速度。从技术上讲,为了保持系数矩阵的对称性和正定性(共轭梯度法应用的前提),应该做分解 $\boldsymbol{M}=\boldsymbol{L}\boldsymbol{L}^{\mathrm{T}}$,然后对 $\boldsymbol{L}^{-1}\boldsymbol{A}\boldsymbol{L}^{-\mathrm{T}}$ 应用共轭梯度法。具体设计算法时还有一些技巧,可使算法中只用到 $\boldsymbol{M}$,而不直接出现 $\boldsymbol{L}$。省略这些细节的讨论,下面直接给出预条件共轭梯度法的算法描述。

算法 4.8:解对称正定方程组的预条件共轭梯度法

输入:$\boldsymbol{x},\boldsymbol{A},\boldsymbol{b},\boldsymbol{M}$; 输出:$\boldsymbol{x}$.

$\boldsymbol{r}:=\boldsymbol{b}-\boldsymbol{A}\boldsymbol{x}$;

$\boldsymbol{p}:=\boldsymbol{M}^{-1}\boldsymbol{r}$;

$\boldsymbol{z}:=\boldsymbol{p}$; {$\boldsymbol{z}=\boldsymbol{M}^{-1}\boldsymbol{r}$}

While 不满足判停准则 **do**

  $\alpha:=\boldsymbol{r}^{\mathrm{T}}\boldsymbol{z}/\boldsymbol{p}^{\mathrm{T}}\boldsymbol{A}\boldsymbol{p}$; {计算搜索步长}

  $\boldsymbol{x}:=\boldsymbol{x}+\alpha\boldsymbol{p}$; {更新解}

  $\delta:=\boldsymbol{r}^{\mathrm{T}}\boldsymbol{z}$; {保存上一个残差向量的有关计算结果}

  $\boldsymbol{r}:=\boldsymbol{r}-\alpha\boldsymbol{A}\boldsymbol{p}$; {更新残差向量}

  $\boldsymbol{z}:=\boldsymbol{M}^{-1}\boldsymbol{r}$;

  $\beta:=\boldsymbol{r}^{\mathrm{T}}\boldsymbol{z}/\delta$;

  $\boldsymbol{p}:=\boldsymbol{z}+\beta\boldsymbol{p}$; {计算新的搜索方向}

End

算法 4.8 的每步迭代中,除一次矩阵与向量乘积 $\boldsymbol{A}\boldsymbol{p}$ 外,再额外做一次预处理 $\boldsymbol{M}^{-1}\boldsymbol{r}$ 即可。

在构造预条件矩阵 $\boldsymbol{M}^{-1}$ 时,要权衡收敛速度的增长与预处理给每步迭代带来的额外开销。目前已出现了各种预条件技术,相关的研究也成为当今一个非常活跃的研究课题。关于这方

面的讨论超出了本书的范围，感兴趣的读者可参阅文献[6]、[13]、[14]和[32]。

4.4　各种方法的比较

本节首先介绍一个模型问题，针对它详细比较本章介绍的各种迭代法，然后将求解线性方程组的直接法和迭代法进行对比。

4.4.1　迭代法之间的比较

为了更好地将前面介绍的各种迭代法进行对比，下面先看一个模型问题。

例 4.9(正方形区域的拉普拉斯方程)：考虑定义在单位正方形上的拉普拉斯方程(Laplace equation)

$$\frac{\partial^2 u}{\partial x^2}+\frac{\partial^2 u}{\partial y^2}=0,\quad 0\leqslant x\leqslant 1,0\leqslant y\leqslant 1 \tag{4.34}$$

待求函数 $u(x,y)$ 在边界上的值如图 4-7 所示，要求解正方形内部点上的 $u(x,y)$ 函数值。通常把要求解区域划分成很多的网格，求解各个网格节点的值。网格节点上的 2 阶导数可以根据泰勒(Taylor)展开公式做差商计算近似(更深入的用差商近似导数的理论和方法见后面的 7.7 节)。

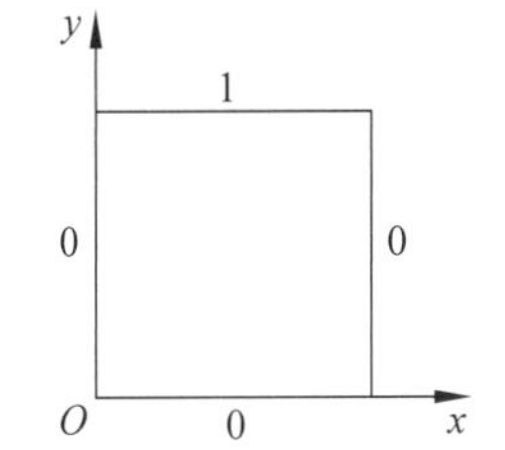

(a) 单位正方形区域及边界条件

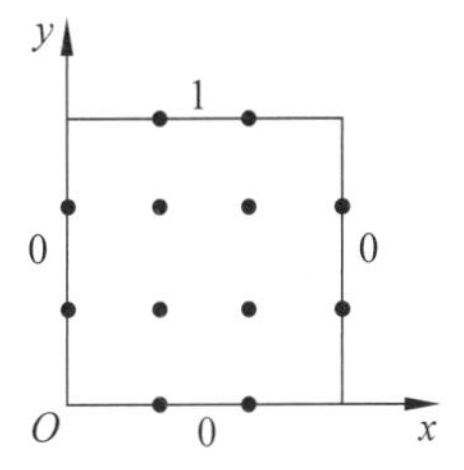

(b) 求解拉普拉斯方程取的离散网格点

图 4-7　模型问题网络划分与边界条件

例如，对本题的正方形区域，划分的内部节点为 $(x_i,y_j)=(ih,jh)$，$(i,j=1,2,\cdots,k)$，h 为步长。具体地，这里取 $k=2$，$h=1/(k+1)=1/3$。然后在每个内部节点用 2 阶中心差商近似方程中的 2 阶导数，得到方程

$$\frac{u_{i+1,j}-2u_{i,j}+u_{i-1,j}}{h^2}+\frac{u_{i,j+1}-2u_{i,j}+u_{i,j-1}}{h^2}=0,\quad i,j=1,2,\cdots,k$$

其中，$u_{i,j}$ 是函数值 $u(x_i,y_j)$ 的近似，并且如果 i、j 等于 0 或 $k+1$，则 $u_{i,j}$ 为已知的边界值。采用这种方法，导出 4 阶线性方程组

$$\begin{cases}4u_{1,1}-u_{0,1}-u_{2,1}-u_{1,0}-u_{1,2}=0\\4u_{2,1}-u_{1,1}-u_{3,1}-u_{2,0}-u_{2,2}=0\\4u_{1,2}-u_{0,2}-u_{2,2}-u_{1,1}-u_{1,3}=0\\4u_{2,2}-u_{1,2}-u_{3,2}-u_{2,1}-u_{2,3}=0\end{cases}$$

代入边界值，得到矩阵形式的方程

$$Ax=\begin{bmatrix}4&-1&-1&0\\-1&4&0&-1\\-1&0&4&-1\\0&-1&-1&4\end{bmatrix}\begin{bmatrix}u_{1,1}\\u_{2,1}\\u_{1,2}\\u_{2,2}\end{bmatrix}=\begin{bmatrix}u_{0,1}+u_{1,0}\\u_{3,1}+u_{2,0}\\u_{0,2}+u_{1,3}\\u_{3,2}+u_{2,3}\end{bmatrix}=\begin{bmatrix}0\\0\\1\\1\end{bmatrix}=b$$

这是一个对称正定的线性方程组,可以通过直接解法(Cholesky 分解算法)得到精确解

$$x=\begin{bmatrix}u_{1,1}\\u_{2,1}\\u_{1,2}\\u_{2,2}\end{bmatrix}=\begin{bmatrix}0.125\\0.125\\0.375\\0.375\end{bmatrix}$$

以这个模型问题为例(单位正方形区域上拉普拉斯方程生成的 4×4 方程组),下面比较几种迭代法的收敛效果。以 $x^{(0)}=\mathbf{0}$ 作为初始值,雅可比方法得到的迭代解序列见表 4-3。

表 4-3 用雅可比方法求解模型问题得到的迭代解序列

迭代步	x_1	x_2	x_3	x_4
0	0.000	0.000	0.000	0.000
1	0.000	0.000	0.250	0.250
2	0.062	0.062	0.312	0.312
3	0.094	0.094	0.344	0.344
4	0.109	0.109	0.359	0.359
5	0.117	0.117	0.367	0.367
6	0.121	0.121	0.371	0.371
7	0.123	0.123	0.373	0.373
8	0.124	0.124	0.374	0.374
9	0.125	0.125	0.375	0.375

表 4-3 显示,雅可比方法经过 9 步迭代收敛到准确解(假设保留 3 位有效数字)。采用高斯-赛德尔方法、SOR 方法和共轭梯度法的结果见表 4-4～表 4-6[1]。

表 4-4 用高斯-赛德尔方法求解模型问题得到的迭代解序列

迭代步	x_1	x_2	x_3	x_4
0	0.000	0.000	0.000	0.000
1	0.000	0.000	0.250	0.312
2	0.062	0.094	0.344	0.359
3	0.109	0.117	0.367	0.371
4	0.121	0.123	0.373	0.374
5	0.124	0.125	0.375	0.375
6	0.125	0.125	0.375	0.375

表 4-5　用 SOR 方法($\omega=1.072$)求解模型问题得到的迭代解序列

迭代步	x_1	x_2	x_3	x_4
0	0.000	0.000	0.000	0.000
1	0.000	0.000	0.268	0.335
2	0.072	0.108	0.356	0.365
3	0.119	0.121	0.371	0.373
4	0.123	0.124	0.374	0.375
5	0.125	0.125	0.375	0.375

表 4-6　用共轭梯度法求解模型问题得到的迭代解序列

迭代步	x_1	x_2	x_3	x_4
0	0.000	0.000	0.000	0.000
1	0.000	0.000	0.333	0.333
2	0.125	0.125	0.375	0.375

可以看出，高斯-赛德尔方法比雅可比方法收敛得快一些。对这个问题，SOR 方法的最佳松弛因子为 $\omega=1.072$，由于它非常接近 1，所以 SOR 方法的收敛速度比高斯-赛德尔方法稍快。最后，采用共轭梯度法只需两步迭代就可以收敛。■

如果对前面例子中单位正方形上的拉普拉斯方程改变差分的步长，则可得到一系列不同规模的线性方程组。设步长 $h=1/(k+1)$，在 $k\times k$ 个内部网格节点上设置变量，可得到线性方程组的阶数为 k^2。对于这种模型问题，理论上可以分析出各种经典迭代法的迭代矩阵谱半径 $\rho(\boldsymbol{B})$，而 SOR 方法的最佳松弛因子也可求出 $\omega=2/[1+\sin(\pi h)]$。表 4-7 列出了理论分析得到的迭代矩阵谱半径以及渐进收敛速度 R 的近似值($R=-\lg\rho(\boldsymbol{B})$)。

表 4-7　求解含 $k\times k$ 个内部网格点的模型问题的迭代矩阵谱半径和收敛速度

方　　法	$\rho(\boldsymbol{B})$	R^*
雅可比	$\cos(\pi h)$	$(\pi^2/\ln 10)h^2/2$
高斯-赛德尔	$\cos^2(\pi h)$	$(\pi^2/\ln 10)h^2$
最佳 SOR	$[1-\sin(\pi h)]/[1+\sin(\pi h)]$	$(2\pi/\ln 10)h$

* 计算 R 时考虑 $\pi^2h^2\to 0$，进行了近似，ln 为自然对数。

从表 4-7 看出，在离散网格点很密的情况下，雅可比方法和高斯-赛德尔方法的收敛速度与步长的平方成正比，或等价地，每增加一位精度所需的迭代次数与设置网格点的个数成正比(回顾定义 4.4)，而高斯-赛德尔方法的渐进收敛速度是雅可比方法的两倍。另一方面，选最佳松弛因子的 SOR 方法比其他两种方法的收敛速度快很多，由于它的近似收敛速度与步长成正比，对网格很密的问题每增加一位精度，所需的迭代次数与正方形一条边上的节点数成正比。

为了让 3 种方法的比较更直观，对 k 取不同的值，将它们的结果列于表 4-8 中。可以看到,当k值比较大时,谱半径非常接近1,3种方法收敛得都非常慢。从收敛速度R看,当$k=10$时(对应阶数为100的线性方程组),每增加一位十进制精度,雅可比方法的迭代次数要超过50次,高斯-赛德尔方法要超过25次,而最佳的SOR方法大约要4次。当$k=100$时(对应阶数为10 000的线性方程组),每增加一位十进制精度,雅可比方法需要5000次迭代,高斯-赛德尔方法大约需要2500次,最佳的SOR方法大约需要37次。所以,对大规模的方程组,雅可比方法和高斯-赛德尔方法一般是不适用的,而最佳SOR方法也往往收敛很慢。

表4-8 不同k值情况下求解模型问题的迭代矩阵谱半径和收敛速度

k	雅可比		高斯-赛德尔		最佳SOR	
	$\rho(\boldsymbol{B})$	R	$\rho(\boldsymbol{B})$	R	$\rho(\boldsymbol{B})$	R
10	0.9595	0.018	0.9206	0.036	0.5604	0.252
50	0.9981	0.0008	0.9962	0.0016	0.8840	0.0535
100	0.9995	0.0002	0.9990	0.0004	0.9397	0.0270
500	0.999 98	0.000 008 5	0.999 96	0.000 017	0.987 54	0.005 447

共轭梯度法不是1阶定常迭代法,对它的收敛情况的分析更加复杂,4.3.2节给出的迭代误差减小的比例上限(式(4.32))是一种保守估计,实际情况可能远好于它。例如,若矩阵$\boldsymbol{A}$只有m个互异的特征值,则理论上共轭梯度法最多需m次迭代就可收敛。共轭梯度法的收敛性还依赖于详细的矩阵特征值分布,若使用合适的预条件技术,在一些应用问题中可达到超线性的收敛阶。

4.4.2 直接法与迭代法的对比

最后总结求解线性方程组的直接法和迭代法的优缺点如下。

(1) 直接法不需要给出解的初值,所以如果已经有了某个近似解,它们并不能加以利用。

(2) 直接法通常能得到很准确的结果,但如果不需要特别准确时,它们不占优势。

(3) 迭代法的收敛性依赖于系数矩阵的某些特性,如矩阵的对称正定性和特征值的分布,当方程组的性态不是很好时,它可能不收敛或收敛得很慢。因此,直接法更稳健、通用。

(4) 迭代法能很好地利用矩阵的稀疏性,有时甚至不需要显式存储矩阵的非零元素,只需按某种计算过程得到矩阵与向量的乘法结果。因此,迭代法能更方便地处理实际的大规模稀疏线性方程组。

(5) 高效率的迭代法往往需要与预条件技术结合,因此,如何平衡预条件带来的额外代价和收敛速度的提高是重要问题。

(6) 由于针对不同的实际问题,稀疏矩阵的存储方法和有效的预条件技术多种多样,不容易将迭代法开发成通用的标准软件包。而直接法的算法、存储结构较固定,较易形成面向稠密矩阵、稀疏矩阵的实用软件包。

下面再针对二维、三维空间的模型问题(单位正方形或正方体区域的拉普拉斯方程),比较直接法和迭代法的计算复杂度。假设进行步长为$h=1/(k+1)$的均匀有限差分网格划分，内部网格点数分别为 k^2 和 k^3（二维问题的方程阶数为 k^2，三维问题的方程阶数为 k^3）。此问题得到的矩阵是对称、正定、稀疏的，每行的非零元素的个数一定，且条件数为 $O(1/h^2)$。对处理带状矩阵的 Cholesky 算法，二维时矩阵带宽为 $O(k)$，三维时矩阵带宽为 $O(k^2)$。对预条件共轭梯度法，假定预处理可以将条件数降至 $O(1/h)$。迭代法的终止判据是误差达到离散化的截断误差范围内，即直到误差降至初始误差的 h^2 倍。基于这些前提，表 4-9 列出了各种直接解法和迭代解法求解二维、三维模型问题的最佳计算复杂度。其中，“Cholesky 算法（稀疏矩阵）”是一种针对较一般稀疏矩阵的 Cholesky 算法的改进。

表 4-9　求解二维、三维模型问题，各种直接法和迭代法的计算量

方　法	二　维	三　维
Cholesky 算法（稠密矩阵）	$O(k^6)$	$O(k^9)$
雅可比迭代法	$O(k^4 \log k)$	$O(k^5 \log k)$
高斯-赛德尔迭代法	$O(k^4 \log k)$	$O(k^5 \log k)$
Cholesky 算法（带状矩阵）	$O(k^4)$	$O(k^7)$
最佳 SOR	$O(k^3 \log k)$	$O(k^4 \log k)$
Cholesky 算法（稀疏矩阵）	$O(k^3)$	$O(k^6)$
共轭梯度法	$O(k^3)$	$O(k^4)$
最佳 SSOR（对称 SOR）	$O(k^{2.5} \log k)$	$O(k^{3.5} \log k)$
预条件共轭梯度法	$O(k^{2.5})$	$O(k^{3.5})$

从表 4-9 看出，对于三维、大规模问题，迭代法在计算效率上的优势非常明显。尤其是预条件共轭梯度法，用其求解线性方程组的时间复杂度已很接近最优的线性复杂度 $O(n)$（对二维问题 $n=k^2$，对三维问题 $n=k^3$）。

4.5　有关数值软件

与求解线性方程组的直接法相比，迭代法的软件/程序资源比较少，功能也不够完善。主要原因是：各种迭代法的收敛性都需要一定的条件，即便是收敛性较好的共轭梯度法，其有效性还依赖于构造适当的预条件，因此不存在一个通用的、高效率迭代求解算法。

本章介绍的 3 种经典迭代法非常容易编程实现，因此各种软件包往往不将它们纳入其中。实用价值较大的迭代法是 Krylov 子空间迭代法，它们是一大类方法，近年来仍有新的进展。关于这类迭代法，重要的软件/程序资源如下。

(1) MATLAB。MATLAB 中实现了带预条件的共轭梯度法等 Krylov 子空间迭代法，它们的源代码也以 M-文件形式公开。这些方法对应的 MATLAB 命令有 bicg、bicgstab、bicgstabl、cgs、gmres、lsqr、minres、pcg、qmr、symmlq、tfqmr 等，详细介绍可通过 MATLAB 的帮助文档进行查询。

(2) 程序模板库(Template)(参见文献[13])。这是由多位著名数值计算专家共同编撰的一本介绍各种线性方程组迭代解法的书,于1994年出版。随书附带了这些迭代法的程序代码,包括用FORTRAN、C、C++和MATLAB实现的版本,在Netlib中可以下载它们以及该书的电子版:http://www.netlib.org/templates/index.html。

(3) SPARSKIT。这是由Y. Saad开发的关于稀疏线性方程组迭代法和稀疏矩阵处理的程序包,用FORTRAN语言编写。Y. Saad是GMRES算法的发明者,他出版了关于Krylov子空间迭代法的重要专著(参见文献[14])。近年来,他还开发了C语言的程序包ITSOL,其中实现了一些最新的预条件技术,作为SPARSKIT程序包的补充。这些程序均共享在Saad的个人主页上(http://www-users.cs.umn.edu/~saad/software/),上面还有一些相关程序包的链接。

(4) 其他的软件库。还有一些较新的软件库包括Krylov子空间迭代法,比较值得关注的是一些美国国家实验室开发的软件包。例如,PETSc是一个不断更新的程序库,它的线性方程组求解器模块包括针对稀疏矩阵的迭代解法和预条件件构造算法,还包括面向并行计算的一套数据结构和子程序。PETSc的网址是http://www.mcs.anl.gov/petsc/petsc-as/。

下面对MATLAB中的pcg命令进行说明,它对应预条件共轭梯度法(算法4.8)。pcg命令的基本格式为

[x,flag,relres,iter,resvec]=pcg (A,b,tol,maxit,M1,M2,x0)

其中,输入参数tol是迭代停止阈值,控制相对残差的大小;maxit是迭代步的上限值;M1、M2是预条件矩阵,需保证$M=M1M2$为对称正定矩阵,在pcg命令的另一种格式中,这两个参数合并为一个,即预条件矩阵$\boldsymbol{M}$。输出结果中很多是可选的,relres表示相对残差,iter表示迭代步数,flag为求解状态信息。MATLAB中还提供了实现不完全楚列斯基分解的命令ichol,用它处理矩阵$\boldsymbol{A}$往往得到高效率的预条件矩阵。关于命令ichol的使用,请查看MATLAB的帮助文档。

应当说明的是,线性方程组迭代解法的有效应用依赖于方法选择、预条件技术、数据结构、循环判停准则等多方面因素。因此,上述资源仅提供了一些程序实现的参考,面对实际问题时如何有效地使用它们是一个现实问题。这需要了解一些Krylov子空间迭代算法和编程实现的详细知识,并通过多次试验才能找到有效的解决方法。这些内容已超出本书的范畴,读者可通过一些后续课程或实际科研工作加以探索。

评　述

线性方程组迭代解法的研究可追溯到19世纪初,但由于早期迭代法的稳定性、收敛性较差,所以20世纪60年代之前的主流方法都是直接解法。20世纪初,Liebmann、Richardson、Southwell等发展了更多的迭代法(也称为松弛法)。1950年左右,D. Young提出了逐次超松弛法(SOR),并成为历史上首个成功应用的迭代法。

文献[15]使用了如下数据说明各个年代的“大规模”线性方程组求解问题,见表4-10。

表 4-10　各个时代"大规模"线性方程组求解问题

年　　代	矩阵规模	代表人物或软件
1950	$n=20$	Wilkinson
1965	$n=200$	Forsythe 和 Moler
1980	$n=2000$	LINPACK
1995	$n=20\,000$	LAPACK

例如，在 1995 年，20 000 阶矩阵的 LU 分解在当时的计算机上几乎达到计算的极限了。超出表中所列规模的问题，将主要依赖迭代求解算法。

Krylov 子空间迭代法的研究始于 20 世纪 50 年代。Lanczos 首先针对对称矩阵提出了为 Krylov 子空间 $\mathscr{K}(\boldsymbol{A},\boldsymbol{r}_0)\equiv \text{span}\{\boldsymbol{r}_0,\boldsymbol{A}\boldsymbol{r}_0,\cdots,\boldsymbol{A}^{k-1}\boldsymbol{r}_0\}$ 构造正交基的有效算法：

- C. Lanczos, Solution of systems of linear equations by minimized iterations, *J. Research National Bureau of Standards*, Vol. 49, pp. 33-53, 1952.

1954 年，Hestenes 和 Stiefel 发表了共轭梯度法。随后的 50 多年，人们提出了各种各样的 Krylov 子空间迭代法及相关技术，大大推进了大规模线性方程组求解算法的研究。Krylov 子空间迭代法也因此入选"20 世纪十大算法"。

共轭梯度法最初被看成是直接法，由于舍入误差的原因，它被证明是不实用的，因此很长一段时间内被人们抛弃。直到 20 世纪 70 年代，Reid、Golub 等将它作为迭代法加以推广，后来再结合预条件技术，它已成为求解大型对称正定稀疏线性方程组的重要方法。1980 年后，Krylov 子空间迭代法的重要研究成果有 GMRES 算法和 Bi-CGSTAB 算法等，它们都针对一般的非对称线性方程组：

- Y. Saad, M. H. Schultz, GMRES: A generalized minimal residual algorithm for solving nonsymmetric linear systems, *SIAM J*。*Scientific and Statistical Computing*, Vol. 7, pp. 856-869, 1986.
- H. A. van der Vorst, Bi-CGSTAB: A fast and smoothly converging variant of Bi-CG for the solution of nonsymmetric linear systems, *SIAM J. Scientific and Statistical Computing*, Vol. 13, No. 2, pp. 631-644, 1992.

当前，在迭代法的应用研究中，预条件技术是一个重要课题，预条件矩阵的构造往往使用稀疏矩阵的直接求解技术。因此，针对包含大规模稀疏矩阵的方程求解问题，在算法设计和编程实现的各个层次上将直接法与迭代法结合，是重要的研究方向。此外，较新的迭代解法还包括多级方法(multi-level method)、多重网格方法(multigrid method)，它们都是针对偏微分方程的求解而提出的快速解法，并发展出处理一般的线性方程组的方法(如代数多重网格法)。在有些应用中，多级方法、多重网格法能取得比 Krylov 子空间迭代法更高的计算效率。

【本章知识点】 1 阶定常迭代法；矩阵的谱半径；1 阶定常迭代法的基本定理(迭代法的收敛判据)；1 阶定常迭代法的收敛速度；分裂法；雅可比迭代法；高斯-赛德尔迭代法；SOR 迭代法；松弛因子；可约矩阵(不可约矩阵)；雅可比迭代法收敛性的判断；系数矩阵对角占优时 3 种迭代法的收敛性；系数矩阵对称正定时 3 种迭代法的收敛性；SOR 迭代法收敛的必

要条件;求解线性方程组的变分原理;最速下降法;共轭梯度法的主要思路与计算过程;预条件技术的基本概念;直接法与迭代法的优缺点对比。

算法背后的历史：雅可比

卡尔·雅可比(Jacobi,Carl Gustav Jacob,1804年12月10日—1851年2月18日,见图4-8),德国数学家,生于普鲁士的波茨坦,卒于柏林。他出生于一个富裕的犹太人家庭。雅可比被广泛认为是历史上最伟大的数学家之一。

雅可比于1816—1820年在波茨坦的中学学习,他掌握的数学知识远远超过学校讲授的内容。1821年4月进入柏林大学,1825年获柏林大学哲学博士学位。随后,他在柯尼斯堡大学任教。雅可比由于善于将自己的新观点贯穿在教学之中,并启发学生独立思考,因此成为学校最受欢迎的数学教师之一。1827年,其被任命为教授,并于1836年当选柏林(普鲁士)科学院院士。他还是瑞典皇家科学院的外籍院士。1842年,其由于健康问题而移居柏林,1851年因患天花而去世。

图4-8 雅可比

雅可比的主要贡献

雅可比在数学上最突出的贡献是和挪威数学家阿贝尔(Abel)各自独立地奠定了椭圆函数论。雅可比在行列式理论方面也做了奠基性的工作,引入了雅可比行列式,提出了它们在多重积分的变量代换和解偏微分方程中的作用。雅可比在数值计算方面的贡献主要有：1845年,他提出了求解线性方程组的雅可比迭代法;他还提出了雅可比算法,用于准确计算正定矩阵的特征值分解;另外,雅可比在研究双线性型计算的化简时,提出了与矩阵的LU分解等价的算法。雅可比的其他工作还包括数论、变分法、复变函数论、微分方程等方面。顺便提一下,高斯-赛德尔迭代法的雏形早在1823年就被高斯提出,而对它的系统表述和收敛性分析则由雅可比的学生赛德尔于1847年完成。

心灵纯洁的数学家——雅可比

雅可比是一个品德高尚的人,他与阿贝尔各自独立发现了椭圆函数,却并没有互相抨击,反而客观真诚相待,相互欣赏。椭圆函数可以看成三角函数的推广,但它具有特别的性质：三角函数只有一个实周期,指数函数只有一个虚周期,可是椭圆函数具有双周期性。1827至1828年,阿贝尔发表了这方面的工作成果,同时年轻的雅可比也在另一个杂志上发表了同样的结果。1829年6月,法国科学院把著名的Grand Prix奖颁给阿贝尔和雅可比,他们被看成是当时最有成就的两个数学家。阿贝尔死后,勒让德准备将他生前研究的椭圆函数方面的成果发表,并命名为“椭圆函数论”,却遭到雅可比的反对,他认为应该叫“阿贝尔函数论”,因为这类函数是阿贝尔第一次引进数学分析里来的。本来阿贝尔已死,雅可本可以借此提高自己在椭圆函数方面的威望,结果他却力挺阿贝尔,并且为阿贝尔的作品被当时的柯西雪藏了15年而愤愤不平。这种对科学务实、对他人尊重的品质,值得后世所有数学家向他学习。

雅可比名言

- 上帝总在使世界算术化。

- 数学如同音乐或诗一样显然地确实具有美学价值。
- 在奥林匹斯山上统治着的上帝，乃是永恒的数。
- 科学的唯一目的是为人类的精神增光。
- 逆向，要经常逆向。

练　习　题

1. 试证明$\lim\limits_{k\to\infty}\boldsymbol{A}^{(k)}=\boldsymbol{A}$的充要条件是对任何向量$\boldsymbol{x}$，都有

$$\lim_{k\to\infty}\boldsymbol{A}^{(k)}\boldsymbol{x}=\boldsymbol{A}\boldsymbol{x}$$

2. 设有方程组$\boldsymbol{A}\boldsymbol{x}=\boldsymbol{b}$，其中$\boldsymbol{A}$为实对称正定矩阵，试证明当$0<\omega<\dfrac{2}{\beta}$，$\beta\geqslant\rho(\boldsymbol{A})$时，迭代法

$$\boldsymbol{x}^{(k+1)}=\boldsymbol{x}^{(k)}+\omega(\boldsymbol{b}-\boldsymbol{A}\boldsymbol{x}^{(k)}),\quad(k=0,1,2,\cdots)$$

收敛。

3. 设方程组

$$\begin{cases}5x_1+2x_2+x_3=-12\\-x_1+4x_2+2x_3=20\\2x_1-3x_2+10x_3=3\end{cases}$$

(1) 考查用雅可比迭代法、高斯-塞德尔迭代法解此方程组的收敛性。

(2) 取初始解为$[0,0,0]^{\mathrm{T}}$，用雅可比迭代法及高斯-赛德尔迭代法解此方程组，要求当$\|\boldsymbol{x}^{(k+1)}-\boldsymbol{x}^{(k)}\|_{\infty}<10^{-2}$时终止迭代。

4. 用 SOR 方法解方程组(取$\omega=0.9$，初始解为$[0,0,0]^{\mathrm{T}}$)

$$\begin{cases}5x_1+2x_2+x_3=-12\\-x_1+4x_2+2x_3=20\\2x_1-3x_2+10x_3=3\end{cases}$$

要求当$\|\boldsymbol{x}^{(k+1)}-\boldsymbol{x}^{(k)}\|_{\infty}<10^{-2}$时终止迭代。

5. 基于高斯-赛德尔迭代法可得到一种新的迭代法。在第k步迭代中($k=0,1,2,\cdots$)，先由高斯-赛德尔迭代公式根据$\boldsymbol{x}^{(k)}$算出$\tilde{\boldsymbol{x}}^{(k)}$，然后将分量的更新顺序改为从$n$到 1。类似地，再计算一遍根据$\tilde{\boldsymbol{x}}^{(k)}$得到$\boldsymbol{x}^{(k+1)}$。这种迭代法称为对称高斯-赛德尔(SGS)方法。试推导 SGS 方法的迭代计算公式，并证明它也属于分裂法，且当矩阵$\boldsymbol{A}$对称时，矩阵$\boldsymbol{M}$也是对称的。

6. 考虑线性代数方程组

$$\boldsymbol{A}\boldsymbol{x}=\boldsymbol{b}$$

其中

$$\boldsymbol{A}=\begin{bmatrix}1&0&\alpha\\0&1&0\\\alpha&0&1\end{bmatrix}$$

(1) α为何值时，$\boldsymbol{A}$是正定的?

(2) α 为何值时,雅可比迭代收敛?

(3) α 为何值时,G-S 迭代收敛?

7. 试证明定理 4.8 中的必要性部分。

8. 对雅可比方法引进迭代参数 $\omega>0$,即

$$x^{(k+1)}=x^{(k)}-\omega D^{-1}(Ax^{(k)}-b)$$

或者

$$x^{(k+1)}=(I-\omega D^{-1}A)x^{(k)}+\omega D^{-1}b$$

称为雅可比松弛法(简称JOR 方法)。试证明:当求解 $Ax=b$ 的雅可比方法收敛且 $0<\omega\leqslant1$ 时,JOR 方法也收敛。

9. 设矩阵 A 按行严格对角占优,试证明求解线性方程组 $Ax=b$ 的雅可比迭代法收敛(提示:利用定理 4.4 和定理 4.6 证明)。

10. 设矩阵 A 为实对称正定矩阵,x^* 为方程 $Ax=b$ 的解,试证明 x^* 为 $\varphi(x)=\frac{1}{2}x^{\mathrm{T}}Ax-b^{\mathrm{T}}x$ 的唯一最小值点,即对 $\forall x\in\mathbb{R}^n, x\neq x^*, \varphi(x)>\varphi(x^*)$。

11. 设 $A\in\mathbb{R}^{n\times n}$ 是对称正定矩阵,从方程组 $Ax=b$ 的近似解 $y_0=x_k$ 出发,依次求 y_i,使得

$$\varphi(y_i)=\min_t\varphi(y_{i-1}+te_i),\quad(i=1,2,\cdots,n)$$

其中,e_i 是 n 阶单位矩阵的第 i 列,$\varphi(y_i)$ 是式(4.22)定义的函数。然后令 $x_{k+1}=y_n$,验证这样得到的迭代算法就是 G-S 迭代法。

12. 试证明在共轭梯度法中,迭代解 $x_{k+1}\in x_0+\mathrm{span}\{r_0,Ar_0,\cdots,A^kr_0\}$,其中 A 为原方程的系数矩阵,r_0 为初始的残差向量。

13. 设 $A\in\mathbb{R}^{n\times n}$ 是对称正定矩阵,非零向量 $p_1,p_2,\cdots,p_k\in\mathbb{R}^n$ 相互共轭,即 $p_i^{\mathrm{T}}Ap_j=0(i\neq j)$。试证明向量 $p_1,p_2,\cdots,p_k$ 是线性无关的。

14. 设 A 是一个只有 k 个互不相同的特征值的 $n\times n$ 实对称矩阵($k<n$),r 是任一 n 维实向量。证明:子空间

$$\mathrm{span}\{r,Ar,\cdots,A^{n-1}r\}$$

的维数至多是 k。

上 机 题

1. 考虑 10 阶 Hilbert 矩阵作为系数矩阵的方程组

$$Ax=b$$

其中,A 的元素 $a_{ij}=\frac{1}{i+j-1}$,$b=\left[1,\frac{1}{2},\cdots,\frac{1}{10}\right]^{\mathrm{T}}$。取初始解 $x^{(0)}=0$,编写程序用雅可比迭代法与 SOR 迭代法求解该方程组,将 $\|x^{(k+1)}-x^{(k)}\|_\infty<10^{-4}$ 作为终止迭代的判据。

(1) 分别用雅可比迭代法与 SOR($\omega=1.25$)迭代法求解,观察收敛情况。

(2) 改变 ω 的值,试验 SOR 迭代法的效果,考查解的准确度。

2. 考虑常微分方程的两点边值问题:

$$\begin{cases}\varepsilon\dfrac{\mathrm{d}^2y}{\mathrm{d}x^2}+\dfrac{\mathrm{d}y}{\mathrm{d}x}=a,\quad(0<a<1)\\ y(0)=0,\quad y(1)=1\end{cases}$$

它的精确解为

$$y(x)=\frac{1-a}{1-e^{-1/\varepsilon}}(1-e^{-\frac{x}{\varepsilon}})+ax$$

为了把微分方程离散，把[0,1]区间 n 等分，令 $h=\frac{1}{n}$，

$$x_i=ih,\quad (i=1,2,\cdots,n-1)$$

得到对应的 $y(x)$ 函数值近似值(y_i)满足的有限差分方程

$$\varepsilon\frac{y_{i-1}-2y_i+y_{i+1}}{h^2}+\frac{y_{i+1}-y_{i-1}}{2h}=a$$

简化为

$$(\varepsilon+h/2)y_{i+1}-2\varepsilon y_i+(\varepsilon-h/2)y_{i-1}=ah^2$$

联立后得到线性方程组 $\boldsymbol{A}\boldsymbol{y}=\boldsymbol{b}$，其中

$$\boldsymbol{A}=\begin{bmatrix}-2\varepsilon & \varepsilon+h/2 & & & \\ \varepsilon-h/2 & -2\varepsilon & \varepsilon+h/2 & & \\ & \varepsilon-h/2 & -2\varepsilon & \ddots & \\ & & \ddots & \ddots & \varepsilon+h/2 \\ & & & \varepsilon-h/2 & -2\varepsilon\end{bmatrix},\quad \boldsymbol{y}=\begin{bmatrix}y_1\\ \vdots\\ y_{n-1}\end{bmatrix},\quad \boldsymbol{b}=\begin{bmatrix}ah^2\\ \vdots\\ ah^2-\varepsilon-h/2\end{bmatrix}$$

(1) 对 $\varepsilon=1, a=\frac{1}{2}, n=1000$，分别用雅可比、G-S 和 SOR 方法(自己编写程序)求上述线性方程组的解，要求相邻迭代解的差的无穷范数不超过 10^{-5} 时停止迭代，然后比较与精确解的误差。在编程时，尽量采用稀疏矩阵的格式表示矩阵 $\boldsymbol{A}$，并在算法实现中利用稀疏矩阵的特点。

(2) 对 $\varepsilon=0.1, \varepsilon=0.01, \varepsilon=0.001$ 考虑上述同样的问题。同时，观察变化 n 的值对解的准确度有何影响。

第5章　矩阵特征值计算

与线性方程组的求解问题一样,矩阵特征值与特征向量的计算也是数值线性代数的重要内容。理论上,矩阵的特征值是特征多项式方程的根,因此特征值的计算可转换为单个多项式方程的求解。然而,对于高阶矩阵,这种转换并不能使问题得到简化,而且在实际应用中还会引入严重的数值误差。因此,正如第2章指出的,人们一般将多项式方程求解转换为矩阵特征值计算问题,而不是反过来。

本章介绍有关矩阵特征值计算问题的基本理论和算法。与非线性方程求根问题类似,计算矩阵特征值的算法也是迭代方法①。

5.1　基本概念与特征值分布

本节首先介绍矩阵特征值、特征向量的基本概念和性质,然后讨论对特征值分布范围的简单估计方法。

5.1.1　基本概念与性质

定义5.1: 矩阵 $\boldsymbol{A}=(a_{kj})\in\mathbb{C}^{n\times n}$,

(1) 称

$$\varphi(\lambda)=\det(\lambda\boldsymbol{I}-\boldsymbol{A})=\lambda^n+c_1\lambda^{n-1}+\cdots+c_{n-1}\lambda+c_n$$

为 $\boldsymbol{A}$ 的特征多项式(characteristic polynomial);n 次代数方程

$$\varphi(\lambda)=0$$

为 $\boldsymbol{A}$ 的特征方程(characteristic equation),它的 n 个根 $\lambda_1,\lambda_2,\cdots,\lambda_n$ 被称为 $\boldsymbol{A}$ 的特征值(eigenvalue)。此外,常用 $\lambda(\boldsymbol{A})$ 表示 $\boldsymbol{A}$ 的全体特征值的集合,也称为特征值谱(spectrum of eigenvalue)。

(2) 对于矩阵 $\boldsymbol{A}$ 的一个给定特征值 λ,相应的齐次线性方程组

$$(\lambda\boldsymbol{I}-\boldsymbol{A})\boldsymbol{x}=\boldsymbol{0} \tag{5.1}$$

有非零解(因为系数矩阵奇异),其解向量 $\boldsymbol{x}$ 称为矩阵 $\boldsymbol{A}$ 对应于 λ 的特征向量(eigenvector)。

根据式(5.1)得出矩阵特征值与特征向量的关系,即

$$\boldsymbol{A}\boldsymbol{x}=\lambda\boldsymbol{x} \tag{5.2}$$

第3章的定义3.5就利用式(5.2)对矩阵特征值和特征向量进行了定义,它与定义5.1等价。另外,同一个特征值对应的特征向量一定不唯一,它们构成线性子空间,称为特征子空间(eigenspace)。

我们一般讨论实矩阵的特征值问题。注意,实矩阵的特征值和特征向量不一定是实数

---

① 如果用有限次运算能求得一般矩阵的特征值,则多项式方程求根问题也可用有限次运算解决,这与阿贝尔证明的"高于4次的多项式并不都有用初等运算表示的求根公式"的理论矛盾。

和实向量，但实特征值一定对应于实特征向量（式(5.1)的解），而一般的复特征值对应的特征向量一定不是实向量。此外，若特征值不是实数，则其复共轭也一定是特征值（由于特征方程为实系数方程）。定理 3.3 表明，实对称矩阵 $\boldsymbol{A}\in\mathbb{R}^{n\times n}$ 的特征值均为实数，存在 n 个线性无关且正交的实特征向量，即存在由特征值组成的对角阵 $\boldsymbol{\Lambda}$ 和由特征向量组成的正交阵 $\boldsymbol{Q}$，使得

$$\boldsymbol{A}=\boldsymbol{Q}\boldsymbol{\Lambda}\boldsymbol{Q}^{\mathrm{T}} \tag{5.3}$$

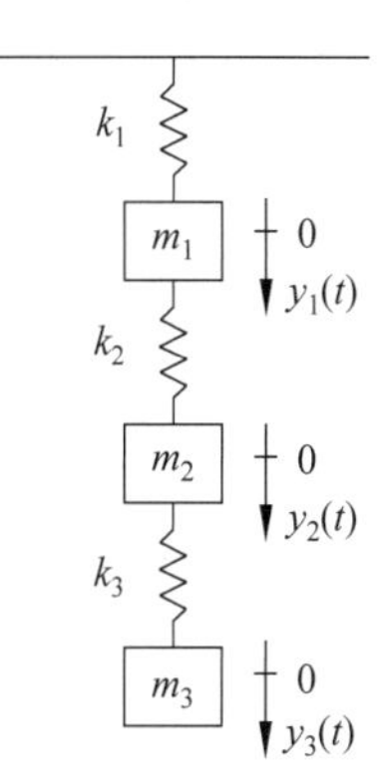

图 5-1　弹簧-质点系统

例 5.1（弹簧-质点系统）：考虑图 5-1 的弹簧-质点系统，其中包括 3 个质量分别为 m_1、m_2、m_3 的物体，由 3 个弹性系数分别为 k_1、k_2、k_3 的弹簧相连，3 个物体的位置均为时间的函数，这里考查 3 个物体偏离平衡位置的位移，分别记为 $y_1(t)$、$y_2(t)$、$y_3(t)$。因为物体在平衡状态所受的重力已经和弹簧伸长的弹力平衡，所以物体的加速度只和偏离平衡位置引起的弹簧伸长相关。根据牛顿第二定律以及胡克定律（即弹簧的弹力与拉伸长度成正比）可列出如下微分方程组[①]：

$$\boldsymbol{M}\boldsymbol{y}''(t)+\boldsymbol{K}\boldsymbol{y}(t)=\boldsymbol{0}$$

其中 $\boldsymbol{y}(t)=[y_1(t)\quad y_2(t)\quad y_3(t)]^{\mathrm{T}}$，

$$\boldsymbol{M}=\begin{bmatrix} m_1 & 0 & 0\\ 0 & m_2 & 0\\ 0 & 0 & m_3\end{bmatrix},\quad \boldsymbol{K}=\begin{bmatrix} k_1+k_2 & -k_2 & 0\\ -k_2 & k_2+k_3 & -k_3\\ 0 & -k_3 & k_3\end{bmatrix}$$

一般情况下，这个系统会以自然频率 ω 做谐波振动，而 $\boldsymbol{y}$ 的通解包含如下分量：

$$y_j(t)=x_j e^{\mathrm{i}\omega t},\quad (j=1,2,3)$$

其中，$\mathrm{i}=\sqrt{-1}$，根据它可求解振动的频率 ω 及振幅 x_j。由这个式子可得出

$$y_j''(t)=-\omega^2 x_j e^{\mathrm{i}\omega t},\quad (j=1,2,3)$$

代入微分方程，可得代数方程

$$-\omega^2\boldsymbol{M}\boldsymbol{x}+\boldsymbol{K}\boldsymbol{x}=\boldsymbol{0}$$

或

$$\boldsymbol{A}\boldsymbol{x}=\lambda\boldsymbol{x}$$

其中，$\boldsymbol{A}=\boldsymbol{M}^{-1}\boldsymbol{K}$，$\lambda=\omega^2$。通过求解矩阵 $\boldsymbol{A}$ 的特征值可求出这个弹簧-质点系统的自然频率（有多个）。再结合初始条件可确定这 3 个位移函数，它们可能按某个自然频率振动（简正振动），也可能是若干个简正振动的线性叠加。■

例 5.2（根据定义计算特征值、特征向量）：求矩阵

$$\boldsymbol{A}=\begin{bmatrix} 5 & -1 & -1\\ 3 & 1 & -1\\ 4 & -2 & 1\end{bmatrix}$$

的特征值和特征向量。

【解】　矩阵 $\boldsymbol{A}$ 的特征方程为

① 本书第 8 章将介绍这种常微分方程组的数值求解方法。

$$\det(\lambda \boldsymbol{I}-\boldsymbol{A})=\begin{vmatrix}\lambda-5 & 1 & 1\\ -3 & \lambda-1 & 1\\ -4 & 2 & \lambda-1\end{vmatrix}=(\lambda-3)(\lambda-2)^2=0$$

故 $\boldsymbol{A}$ 的特征值为 $\lambda_1=3,\lambda_2=2$(二重特征值)。

当 $\lambda=\lambda_1=3$ 时,由 $(\lambda\boldsymbol{I}-\boldsymbol{A})\boldsymbol{x}=\boldsymbol{0}$,得到方程

$$\begin{bmatrix}-2 & 1 & 1\\ -3 & 2 & 1\\ -4 & 2 & 2\end{bmatrix}\begin{bmatrix}x_1\\ x_2\\ x_3\end{bmatrix}=\begin{bmatrix}0\\ 0\\ 0\end{bmatrix}$$

它有无穷多个解,若假设 $x_1=1$,则求出解为 $\boldsymbol{x}=[1,1,1]^{\mathrm{T}}$,记为 $\boldsymbol{x}_1$,则 $\boldsymbol{x}_1$ 是 λ_1 对应的一个特征向量。

当 $\lambda=\lambda_2=2$ 时,由 $(\lambda\boldsymbol{I}-\boldsymbol{A})\boldsymbol{x}=\boldsymbol{0}$,得到方程

$$\begin{bmatrix}-3 & 1 & 1\\ -3 & 1 & 1\\ -4 & 2 & 1\end{bmatrix}\begin{bmatrix}x_1\\ x_2\\ x_3\end{bmatrix}=\begin{bmatrix}0\\ 0\\ 0\end{bmatrix}$$

它有无穷多个解,若假设 $x_1=1$,则求出解为 $\boldsymbol{x}=[1,1,2]^{\mathrm{T}}$,记为 $\boldsymbol{x}_2$,则 $\boldsymbol{x}_2$ 是 λ_2 对应的一个特征向量。 ■

下面概括地介绍有关矩阵特征值、特征向量的一些性质,它们可根据定义5.1以及式(5.2)证明。

定理5.1:设 $\lambda_j(j=1,2,\cdots,n)$ 为 n 阶矩阵 $\boldsymbol{A}$ 的特征值,则

(1) $\sum_{j=1}^{n}\lambda_j=\sum_{j=1}^{n}a_{jj}=\mathrm{tr}(\boldsymbol{A})$。

(2) $\prod_{j=1}^{n}\lambda_j=\det(\boldsymbol{A})$。

这里,$\mathrm{tr}(\boldsymbol{A})$ 表示矩阵对角线上元素之和,称为矩阵的迹(trace)。

从上述结论(2)也可以看出,非奇异矩阵特征值均不为0,而0一定是奇异矩阵的特征值。

定理5.2:矩阵转置不改变特征值,即 $\lambda(\boldsymbol{A})=\lambda(\boldsymbol{A}^{\mathrm{T}})$。

定理5.3:若矩阵 $\boldsymbol{A}$ 为对角阵或上(下)三角阵,则其对角线元素即矩阵的特征值。

定理5.4:若矩阵 $\boldsymbol{A}$ 为分块对角阵,或分块上(下)三角阵,例如

$$\boldsymbol{A}=\begin{bmatrix}\boldsymbol{A}_{11} & \boldsymbol{A}_{12} & \cdots & \boldsymbol{A}_{1m}\\ & \boldsymbol{A}_{22} & \cdots & \boldsymbol{A}_{2m}\\ & & \ddots & \vdots\\ & & & \boldsymbol{A}_{mm}\end{bmatrix}$$

其中,每个对角块 $\boldsymbol{A}_{jj}$ 均为方阵,则矩阵 $\boldsymbol{A}$ 的特征值为各对角块矩阵特征值的合并,即 $\lambda(\boldsymbol{A})=\bigcup_{j=1}^{m}\lambda(\boldsymbol{A}_{jj})$。

定理5.5:矩阵的相似变换(similarity transformation)不改变特征值。设矩阵 $\boldsymbol{A}$ 和 $\boldsymbol{B}$ 为相似矩阵,即存在非奇异矩阵 $\boldsymbol{X}$ 使得 $\boldsymbol{B}=\boldsymbol{X}^{-1}\boldsymbol{A}\boldsymbol{X}$,则

(1) 矩阵 $\boldsymbol{A}$ 和 $\boldsymbol{B}$ 的特征值相等,即 $\lambda(\boldsymbol{A})=\lambda(\boldsymbol{B})$。

(2) 若 $\boldsymbol{y}$ 为 $\boldsymbol{B}$ 的特征向量,则相应地,$\boldsymbol{Xy}$ 为 $\boldsymbol{A}$ 的特征向量。

通过相似变换并不总能把矩阵转换为对角阵,或者说矩阵 $\boldsymbol{A}$ 并不总是可对角化的(diagonalizable)。下面给出特征值的代数重数、几何重数和亏损矩阵的概念,以及几个定理。

定义 5.2:设矩阵 $\boldsymbol{A}\in\mathbb{R}^{n\times n}$有 m 个($m\leqslant n$)不同的特征值$\tilde{\lambda}_1,\tilde{\lambda}_2,\cdots,\tilde{\lambda}_m$,若$\tilde{\lambda}_j$ 是特征方程的 n_j 重根,则称 n_j 为$\tilde{\lambda}_j$ 的代数重数(algebraic multiplicity),并称$\tilde{\lambda}_j$ 对应的特征子空间($\mathbb{C}^n$的子空间)的维数为$\tilde{\lambda}_j$ 的几何重数(geometric multiplicity)。

定理 5.6:设矩阵 $\boldsymbol{A}\in\mathbb{R}^{n\times n}$的 m 个不同的特征值为$\tilde{\lambda}_1,\tilde{\lambda}_2,\cdots,\tilde{\lambda}_m$,特征值$\tilde{\lambda}_j(j=1,2,\cdots,m)$的代数重数为 n_j,几何重数为 k_j,则

(1) $\sum_{j=1}^{m}n_j=n$,且任一个特征值的几何重数都不大于代数重数,即 $\forall j,n_j\geqslant k_j$。

(2) 不同特征值的特征向量线性无关,并且将所有特征子空间的 $\sum_{j=1}^{m}k_j$ 个基(特征向量)放在一起,它们构成一组线性无关向量。

(3) 若每个特征值的代数重数等于几何重数,则总共可得 n 个线性无关的特征向量,它们是全空间$\mathbb{C}^n$的基。

定义 5.3:若矩阵 $\boldsymbol{A}\in\mathbb{R}^{n\times n}$的某个代数重数为 k 的特征值对应的线性无关特征向量数目少于 k(即几何重数小于代数重数),则称 $\boldsymbol{A}$ 为亏损矩阵(defective matrix),否则称其为非亏损矩阵(nondefective matrix)。

定理 5.7:矩阵 $\boldsymbol{A}\in\mathbb{R}^{n\times n}$可对角化的充要条件是 $\boldsymbol{A}$ 为非亏损矩阵。若 $\boldsymbol{A}$ 可对角化,即存在非奇异矩阵 $\boldsymbol{X}\in\mathbb{C}^{n\times n}$使得

$$\boldsymbol{X}^{-1}\boldsymbol{AX}=\boldsymbol{\Lambda}$$

其中,$\boldsymbol{\Lambda}\in\mathbb{C}^{n\times n}$为对角矩阵,则$\boldsymbol{\Lambda}$ 的对角线元素为矩阵 $\boldsymbol{A}$ 的特征值,而矩阵 $\boldsymbol{X}$ 的列向量为 n 个线性无关的特征向量。

定理 5.7 中方程的等价形式为 $\boldsymbol{A}=\boldsymbol{X\Lambda X}^{-1}$,它被称为特征值分解,也被称为谱分解(spectrum decomposition)。特征值分解存在的充要条件是 $\boldsymbol{A}$ 为非亏损矩阵。但现实中还有很多矩阵是亏损矩阵,如例 5.2 中的矩阵,它的特征值 2 的代数重数为 2,而几何重数仅为 1。这种矩阵不能相似变换为对角矩阵,但存在下面的约当分解(Jordan decomposition)。

定理 5.8:设矩阵 $\boldsymbol{A}\in\mathbb{R}^{n\times n}$,存在非奇异矩阵 $\boldsymbol{X}\in\mathbb{C}^{n\times n}$使得

$$\boldsymbol{A}=\boldsymbol{XJX}^{-1}$$

矩阵 $\boldsymbol{J}$ 为形如$\begin{bmatrix}\boldsymbol{J}_1 & & \\ & \ddots & \\ & & \boldsymbol{J}_d\end{bmatrix}$的分块对角矩阵(称为约当标准型),其中 $\boldsymbol{J}_l=\begin{bmatrix}\lambda_l & 1 & & \\ & \lambda_l & \ddots & \\ & & \ddots & 1 \\ & & & \lambda_l\end{bmatrix}$,$1\leqslant l\leqslant d$,称为约当块,其对角线元素为矩阵 $\boldsymbol{A}$ 的特征值。设矩阵 $\boldsymbol{A}$ 有 m 个不同的特征值为$\tilde{\lambda}_1,\tilde{\lambda}_2,\cdots,\tilde{\lambda}_m$,特征值$\tilde{\lambda}_j(j=1,2,\cdots,m)$的代数重数为 n_j,几何重数为 k_j,则 $p=\sum_{j=1}^{m}k_j$,$\tilde{\lambda}_j$ 对应 k_j 个约当块(对角元均为$\tilde{\lambda}_j$),其阶数之和等于 n_j。

在约当分解中,如果所有约当块都是 1 阶的,则 $\boldsymbol{J}$ 为对角矩阵,这种分解就是特征值分

解,相应的矩阵为非亏损矩阵。约当分解是很有用的理论工具,利用它还可证明下面关于矩阵运算结果的特征值的定理。

定理 5.9: 设 $\lambda_j(j=1,2,\cdots,n)$ 为 n 阶矩阵 $\boldsymbol{A}$ 的特征值,则

(1) 矩阵 $c\boldsymbol{A}$(c 为常数)的特征值为 $c\lambda_1, c\lambda_2, \cdots, c\lambda_n$ 。

(2) 矩阵 $\boldsymbol{A}+c\boldsymbol{I}$($c$ 为常数)的特征值为 $\lambda_1+c, \lambda_2+c, \cdots, \lambda_n+c$ 。

(3) 矩阵 $\boldsymbol{A}^k$(k 为正整数)的特征值为 $\lambda_1^k, \lambda_2^k, \cdots, \lambda_n^k$ 。

(4) 设 $p(t)$ 为一多项式函数,则矩阵 $p(\boldsymbol{A})$ 的特征值为 $p(\lambda_1), p(\lambda_2), \cdots, p(\lambda_n)$ 。

(5) 若 $\boldsymbol{A}$ 为非奇异矩阵,则 $\lambda_j \neq 0(j=1,2,\cdots,n)$,且矩阵 $\boldsymbol{A}^{-1}$ 的特征值为 $\lambda_1^{-1}, \lambda_2^{-1}, \cdots, \lambda_n^{-1}$。

5.1.2 特征值分布范围的估计

估计特征值的分布范围或它们的界,无论在理论上或实际应用上,都有重要意义。例如,本书前面的内容曾涉及两个问题。

(1) 计算矩阵的 2-条件数: $\mathrm{cond}(\boldsymbol{A})_2=\sqrt{\dfrac{\lambda_{\max}(\boldsymbol{A}^{\mathrm{T}}\boldsymbol{A})}{\lambda_{\min}(\boldsymbol{A}^{\mathrm{T}}\boldsymbol{A})}}$ 。

(2) 考查1阶定常迭代法 $\boldsymbol{x}^{(k+1)}=\boldsymbol{B}\boldsymbol{x}^{(k)}+\boldsymbol{f}$ 的收敛性、收敛速度,收敛的判据是谱半径 $\rho(\boldsymbol{B})=\max\limits_{1\leqslant j\leqslant n}|\lambda_j(\boldsymbol{B})|<1$,收敛速度为 $R=-\lg\rho(\boldsymbol{B})$ 。

其中,都需要了解矩阵特征值的分布范围。

第4章的定理4.4说明谱半径的大小不超过任何一种算子范数,即

$$\rho(\boldsymbol{A}) \leqslant \|\boldsymbol{A}\|$$

这是关于特征值的上界的一个重要结论。

下面先给出定义5.4,再介绍有关特征值的界的另一个重要结论。

定义 5.4: 设 $\boldsymbol{A}=(a_{kj})\in\mathbb{C}^{n\times n}$,记 $r_k=\sum\limits_{\substack{j=1\\ j\neq k}}^{n}|a_{kj}|\ (k=1,2,\cdots,n)$,则集合 $D_k=\{z:|z-a_{kk}|\leqslant r_k, z\in\mathbb{C}\}(k=1,2,\cdots,n)$ 在复平面为以 a_{kk} 为圆心、r_k 为半径的圆盘,称为 $\boldsymbol{A}$ 的 Gerschgorin(格什戈林)圆盘。

图5-2显示了一个 3×3 复矩阵的格什戈林圆盘。

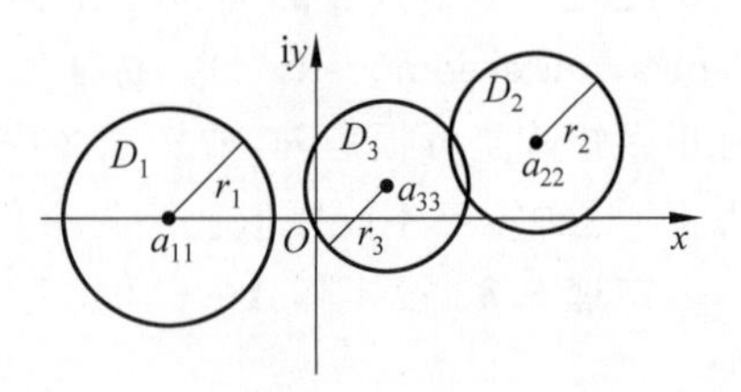

图 5-2 复坐标平面,以及 3×3 矩阵 $\boldsymbol{A}$ 的格什戈林圆盘

定理 5.10(圆盘定理): 设 $\boldsymbol{A}=(a_{kj})\in\mathbb{C}^{n\times n}$,则

(1) $\boldsymbol{A}$ 的每个特征值必属于 $\boldsymbol{A}$ 的格什戈林圆盘中,即对任一特征值 λ,必定存在 $k(1\leqslant k\leqslant n)$,使得

$$|\lambda-a_{kk}|\leqslant\sum_{\substack{j=1\\ j\neq k}}^{n}|a_{kj}| \tag{5.4}$$

用集合的关系说明,这意味着 $\lambda(\boldsymbol{A})\subseteq\bigcup\limits_{k=1}^{n}D_k$ 。

(2) 若 $\boldsymbol{A}$ 的格什戈林圆盘中有 m 个圆盘组成一连通并集 S,且 S 与余下的 $n-m$ 个圆盘分离,则 S 内恰好包含 $\boldsymbol{A}$ 的 m 个特征值(重特征值按重数计)。

对如图5-2所示的例子,定理5.10的第(2)个结论的含义是: D_1 中只包含一个特征

值，而另外两个特征值在 D_2、D_3 的并集中。下面对定理 5.10 的结论(1)进行证明，结论(2)的证明超出了本书的范围。

【证明】 设 λ 为 $\boldsymbol{A}$ 的任一特征值，则有 $\boldsymbol{Ax}=\lambda\boldsymbol{x}$，$\boldsymbol{x}$ 为非零向量。设 $\boldsymbol{x}$ 中第 k 个分量最大，即

$$|x_k|=\max_{1\leqslant j\leqslant n}|x_j|>0$$

考虑式(5.2)中第 k 个方程

$$\sum_{j=1}^{n}a_{kj}x_j=\lambda x_k$$

将其中与 x_k 有关的项移到等号左边，其余项移到右边，再两边取模得

$$|\lambda-a_{kk}||x_k|=\left|\sum_{\substack{j=1\\j\neq k}}^{n}a_{kj}x_j\right|\leqslant\sum_{\substack{j=1\\j\neq k}}^{n}|a_{kj}||x_j|\leqslant|x_k|\sum_{\substack{j=1\\j\neq k}}^{n}|a_{kj}| \tag{5.5}$$

最后一个不等式的推导利用了"$\boldsymbol{x}$ 中第 k 个分量最大"的假设。将不等式(5.5)除以 $|x_k|$，得到式(5.4)，因此证明了定理 5.10 的结论(1)。上述证明过程还说明，若某个特征向量的第 k 个分量的模最大，则相应的特征值必属于第 k 个圆盘。 ■

根据定理 5.2，还可以按照矩阵的每列元素定义 n 个圆盘，对于它们定理 5.10 仍然成立。下面的定理是圆盘定理的重要推论，其证明留给感兴趣的读者。

定理 5.11：设 $\boldsymbol{A}\in\mathbb{R}^{n\times n}$，且 $\boldsymbol{A}$ 的对角元均大于 0，则

(1) 若 $\boldsymbol{A}$ 严格对角占优，则 $\boldsymbol{A}$ 的特征值的实部都大于 0。

(2) 若 $\boldsymbol{A}$ 为对角占优的对称矩阵，则 $\boldsymbol{A}$ 一定是对称半正定矩阵。若同时 $\boldsymbol{A}$ 非奇异，则 $\boldsymbol{A}$ 为对称正定矩阵。

例 5.3(圆盘定理的应用)：试估计矩阵

$$\boldsymbol{A}=\begin{bmatrix}4 & 1 & 0\\ 1 & 0 & -1\\ 1 & 1 & -4\end{bmatrix}$$

的特征值范围。

【解】 直接应用圆盘定理，该矩阵的 3 个圆盘如下：

$$D_1:|\lambda-4|\leqslant 1,\quad D_2:|\lambda|\leqslant 2,\quad D_3:|\lambda+4|\leqslant 2$$

D_1 与其他圆盘分离，则它仅含一个特征值，且必定为实数(若为虚数，则其共轭也是特征值，这与 D_1 仅含一个特征值矛盾)。所以，对矩阵特征值的范围的估计是

$$3\leqslant\lambda_1\leqslant 5,\quad \lambda_2,\lambda_3\in D_2\cup D_3$$

再对矩阵 $\boldsymbol{A}^{\mathrm{T}}$ 应用圆盘定理，则可以进一步优化上述结果。矩阵 $\boldsymbol{A}^{\mathrm{T}}$ 对应的 3 个圆盘为

$$D_1':|\lambda-4|\leqslant 2,\quad D_2':|\lambda|\leqslant 2,\quad D_3':|\lambda+4|\leqslant 1$$

这说明 D_3' 中存在一个特征值，且为实数，它属于区间$[-5,-3]$，经过综合分析可知 3 个特征值均为实数，它们的范围是

$$\lambda_1\in[3,5],\quad \lambda_2\in[-2,2],\quad \lambda_3\in[-5,-3]$$

事实上，使用 MATLAB 的 eig 命令可求出矩阵 $\boldsymbol{A}$ 的特征值为 4.2030，−0.4429，−3.7601。 ■

根据定理 5.5，还可以对矩阵 $\boldsymbol{A}$ 做简单的相似变换，如取 $\boldsymbol{X}$ 为对角阵，然后再应用圆盘定理估计特征值的范围。

例 5.4(特征值范围的估计)：选取适当的矩阵 $\boldsymbol{X}$，应用定理 5.5 和定理 5.10 估计例 5.3 中矩阵的特征值范围。

【解】 取

$$\boldsymbol{X}^{-1}=\begin{bmatrix}8/10 & 0 & 0\\ 0 & 9/10 & 0\\ 0 & 0 & 1\end{bmatrix}$$

则

$$\boldsymbol{A}_1=\boldsymbol{X}^{-1}\boldsymbol{A}\boldsymbol{X}=\begin{bmatrix}4 & 8/9 & 0\\ 9/8 & 0 & -9/10\\ 5/4 & 10/9 & -4\end{bmatrix}$$

的特征值与 $\boldsymbol{A}$ 的相同。对 $\boldsymbol{A}_1$ 应用圆盘定理，得到 3 个分离的圆盘，它们分别包含一个实特征值，由此得到特征值的范围估计

$$\lambda_1\in\left[\frac{28}{9},\frac{44}{9}\right],\quad \lambda_2\in\left[-2,\frac{81}{40}\right],\quad \lambda_3\in[-4.9,-3.1]$$

此外，还可进一步估计 $\rho(\boldsymbol{A})$ 的范围，即 $28/9\leqslant\rho(\boldsymbol{A})\leqslant 4.9$ 。 ■

例 5.4 表明，综合运用圆盘定理和矩阵特征值的性质(如定理 5.2、定理 5.5)，可对特征值的范围进行一定的估计。对具体例子，可适当设置相似变换矩阵，尽可能让圆盘相互分离，从而提高估计的有效性。

5.2 幂法与反幂法

幂法是一种计算矩阵最大的特征值及其对应特征向量的方法。本节介绍幂法、反幂法以及加快幂法迭代收敛的技术。

5.2.1 幂法

定义 5.5：在矩阵 $\boldsymbol{A}$ 的特征值中，模最大的特征值称为*主特征值*，也称为"第一特征值"，它对应的特征向量称为*主特征向量*。

应注意的是，主特征值有可能**不唯一**，因为模相同的复数可以有很多。例如，模为 5 的特征值可能是 $5,-5,3+4i,3-4i$，等等。另外，请注意谱半径和主特征值的区别。

如果矩阵 $\boldsymbol{A}$ 有**唯一**的主特征值，则通过幂法能方便地计算出主特征值及其对应的特征向量。对于实矩阵，这个唯一的主特征值显然是实数，但不排除它是重特征值的情况。*幂法*(power iteration)的计算过程是：首先随机选一非零向量 $\boldsymbol{v}_0\in\mathbb{R}^n$，然后进行迭代计算

$$\boldsymbol{v}_k=\boldsymbol{A}\boldsymbol{v}_{k-1},\quad (k=1,2,\cdots)$$

得到向量序列 $\{\boldsymbol{v}_k\}$，根据它即可求出主特征与特征向量。下面用定理说明。

定理 5.12：设 $\boldsymbol{A}\in\mathbb{R}^{n\times n}$，其主特征值唯一，记为 λ_1，随机选一非零向量 $\boldsymbol{v}_0\in\mathbb{R}^n$ 按迭代公式进行计算：

$$\boldsymbol{v}_k=\boldsymbol{A}\boldsymbol{v}_{k-1},\quad (k=1,2,\cdots)$$

则有

(1) 当 $k\to\infty$ 时，$\boldsymbol{v}_k$ 趋近于 λ_1 的特征向量。

(2)
$$\lim_{k\to\infty}\frac{(\boldsymbol{v}_{k+1})_j}{(\boldsymbol{v}_k)_j}=\lambda_1 \tag{5.6}$$

其中$(\boldsymbol{v}_k)_j$表示向量$\boldsymbol{v}_k$的第 j 个分量，且 j 为$\boldsymbol{v}_k$、$\boldsymbol{v}_{k+1}$绝对值最大元素的下标。

【证明】 这里只考虑矩阵 $\boldsymbol{A}$ 为非亏损矩阵的情况。设 $\boldsymbol{A}$ 的主特征值为$t-1$ 重特征值，全部 n 个特征值按模从大到小排列为：$|\lambda_1|=\cdots=|\lambda_{t-1}|>|\lambda_t|\geqslant\cdots\geqslant|\lambda_n|$，它们对应于一组线性无关的单位特征向量$\hat{\boldsymbol{x}}_1,\hat{\boldsymbol{x}}_2,\cdots,\hat{\boldsymbol{x}}_n$。向量$\boldsymbol{v}_0$可写成这些特征向量的线性组合：

$$\boldsymbol{v}_0=\alpha_1\hat{\boldsymbol{x}}_1+\cdots+\alpha_n\hat{\boldsymbol{x}}_n$$

一般地，$\alpha_1\neq 0$，则

$$\begin{aligned}\boldsymbol{v}_k&=\boldsymbol{A}\,\boldsymbol{v}_{k-1}=\boldsymbol{A}^k\,\boldsymbol{v}_0=\alpha_1\lambda_1^k\hat{\boldsymbol{x}}_1+\alpha_2\lambda_2^k\hat{\boldsymbol{x}}_2+\cdots+\alpha_n\lambda_n^k\hat{\boldsymbol{x}}_n\\&=\lambda_1^k\left[\sum_{j=1}^{t-1}\alpha_j\hat{\boldsymbol{x}}_j+\sum_{j=t}^{n}\alpha_j\left(\frac{\lambda_j}{\lambda_1}\right)^k\hat{\boldsymbol{x}}_j\right]\\&=\lambda_1^k\left(\sum_{j=1}^{t-1}\alpha_j\hat{\boldsymbol{x}}_j+\boldsymbol{\varepsilon}_k\right)\end{aligned} \tag{5.7}$$

其中$\boldsymbol{\varepsilon}_k=\sum_{j=t}^{n}\alpha_j\left(\frac{\lambda_j}{\lambda_1}\right)^k\hat{\boldsymbol{x}}_j$。由于$\left|\frac{\lambda_j}{\lambda_1}\right|<1,(j=t,t+1,\cdots,n)$，则

$$\lim_{k\to\infty}\boldsymbol{\varepsilon}_k=\boldsymbol{0}\quad\Rightarrow\quad\lim_{k\to\infty}\frac{\boldsymbol{v}_k}{\lambda_1^k}=\sum_{j=1}^{p-1}\alpha_j\hat{\boldsymbol{x}}_j$$

式(5.7)中，$\sum_{j=1}^{t-1}\alpha_j\hat{\boldsymbol{x}}_j$ 是主特征值λ_1 的一个特征向量。由于特征向量放大、缩小任意倍数后仍是特征向量，则随 k 的增大，$\boldsymbol{v}_k$ 越来越趋近于λ_1 的特征向量。

更进一步，特征向量为非零向量，其绝对值最大元素一定不为 0，所以当 k 足够大时，$(\boldsymbol{v}_k)_j\neq 0$，$(\boldsymbol{v}_{k+1})_j\neq 0$。因此，根据式(5.7)，有

$$\frac{(\boldsymbol{v}_{k+1})_j}{(\boldsymbol{v}_k)_j}=\lambda_1\frac{\left(\sum_{j=1}^{t-1}\alpha_j\hat{\boldsymbol{x}}_j+\boldsymbol{\varepsilon}_{k+1}\right)_j}{\left(\sum_{j=1}^{t-1}\alpha_j\hat{\boldsymbol{x}}_j+\boldsymbol{\varepsilon}_k\right)_j}$$

由于$\lim_{k\to\infty}\boldsymbol{\varepsilon}_k=\boldsymbol{0}$，随 k 的增大，上式等号右边趋于一个常数λ_1，这就证明了定理的结论。■

若矩阵 $\boldsymbol{A}$ 为亏损矩阵，则可利用矩阵的约当分解证明式(5.6)，这里略去。在这种情况下，式(5.6)的收敛速度可能很慢。

关于定理 5.12，再说明下列两点。

(1) 理论上讲，定理 5.12 成立的前提条件应包括 $\alpha_1\neq 0$。特别地，若初始向量$\boldsymbol{v}_0$ 为某个非主特征值对应的特征向量，则式(5.6)求出的就是那个特征值。然而，在实践中，若随机选取$\boldsymbol{v}_0$，且由于计算的舍入误差，就不会出现此情况。

(2) 式(5.6)的含义是相邻迭代向量分量的比值收敛到主特征值。其中 j 在实际计算时取$\boldsymbol{v}_k$ 中最大的分量对应的 j。

直接使用幂法，还存在如下两方面问题。

(1) 溢出：由于$\boldsymbol{v}_k\approx\lambda_1^k\boldsymbol{x}_1$，则

$|\lambda_1|>1$ 时，实际计算$\boldsymbol{v}_k$ 会出现上溢出(当 k 很大时)。

$|\lambda_1|<1$ 时，实际计算$\boldsymbol{v}_k$ 会出现下溢出(当 k 很大时)。

(2) 可能收敛速度很慢。由于$\boldsymbol{\varepsilon}_k=\sum_{j=t}^{n}\alpha_j\left(\frac{\lambda_j}{\lambda_1}\right)^k\boldsymbol{x}_j$,因此$\boldsymbol{\varepsilon}_k\to\boldsymbol{0}$的速度取决于求和式中衰减最慢的因子$\left|\frac{\lambda_t}{\lambda_1}\right|$,也就是说,当绝对值第 2 大的特征值其绝对值接近主特征值的绝对值时,幂法的收敛速度就会很慢。

下面采用规格化向量的技术防止溢出,导出实用的幂法。关于加速收敛技术的讨论,见 5.2.2 节。

定义 5.6:记$\overline{\max}(\boldsymbol{v})$为向量$\boldsymbol{v}\in\mathbb{R}^n$的绝对值最大的分量,即$\overline{\max}(\boldsymbol{v})=v_j$,其中 j 满足$|v_j|=\max\limits_{1\leqslant k\leqslant n}|v_k|$,若 j 的值不唯一,则取最小的那个,并且称$\boldsymbol{u}=\boldsymbol{v}/\overline{\max}(\boldsymbol{v})$为向量$\boldsymbol{v}$的规格化向量(normalized vector)。

例 5.5(规格化向量):设$\boldsymbol{v}=[3,-5,0]^{\mathrm{T}}$,$\overline{\max}(\boldsymbol{v})=-5$,对应的规格化向量为$\boldsymbol{u}=\left[-\frac{3}{5},1,0\right]^{\mathrm{T}}$。

根据定义 5.6,容易得出规格化向量的两条性质。

定理 5.13:定义 5.6 中的规格化向量满足如下两条性质。

(1) 若 $\boldsymbol{u}$ 为规格化向量,则$\|\boldsymbol{u}\|_\infty=1$,并且$\overline{\max}(\boldsymbol{u})=1$。

(2) 设向量$\boldsymbol{v}_1$和$\boldsymbol{v}_2$的规格化向量分别为$\boldsymbol{u}_1$和$\boldsymbol{u}_2$,若$\boldsymbol{v}_1=\alpha\boldsymbol{v}_2$,实数$\alpha\neq 0$,则$\boldsymbol{u}_1=\boldsymbol{u}_2$。

在幂法的每一步增加向量规格化的操作可解决溢出问题。先看第一步,$\boldsymbol{v}_1=\boldsymbol{A}\boldsymbol{v}_0$,此时计算$\boldsymbol{v}_1$的规格化向量

$$\boldsymbol{u}_1=\frac{\boldsymbol{v}_1}{\overline{\max}(\boldsymbol{v}_1)}=\frac{\boldsymbol{A}\boldsymbol{v}_0}{\overline{\max}(\boldsymbol{A}\boldsymbol{v}_0)}$$

然后使用规格化向量计算$\boldsymbol{v}_2$

$$\boldsymbol{v}_2=\boldsymbol{A}\boldsymbol{u}_1=\frac{\boldsymbol{A}^2\boldsymbol{v}_0}{\overline{\max}(\boldsymbol{A}\boldsymbol{v}_0)}\tag{5.8}$$

再进行向量规格化操作,

$$\boldsymbol{u}_2=\frac{\boldsymbol{v}_2}{\overline{\max}(\boldsymbol{v}_2)}=\frac{\boldsymbol{A}^2\boldsymbol{v}_0}{\overline{\max}(\boldsymbol{A}^2\boldsymbol{v}_0)}\tag{5.9}$$

式(5.9)的推导利用了式(5.8)和定理 5.13 的结论(2)。依此类推,得到

$$\begin{cases}\boldsymbol{v}_k=\boldsymbol{A}\boldsymbol{u}_{k-1}=\dfrac{\boldsymbol{A}^k\boldsymbol{v}_0}{\overline{\max}(\boldsymbol{A}^{k-1}\boldsymbol{v}_0)}\\[2ex]\boldsymbol{u}_k=\dfrac{\boldsymbol{v}_k}{\overline{\max}(\boldsymbol{v}_k)}=\dfrac{\boldsymbol{A}^k\boldsymbol{v}_0}{\overline{\max}(\boldsymbol{A}^k\boldsymbol{v}_0)}\end{cases},\quad(k=1,2,\cdots)\tag{5.10}$$

根据定理 5.12 的证明过程(为了表述简单,这里不妨设主特征值λ_1不是重特征值),

$$\boldsymbol{A}^k\boldsymbol{v}_0=\lambda_1^k\left[\alpha_1\hat{\boldsymbol{x}}_1+\sum_{j=2}^{n}\alpha_j\left(\frac{\lambda_j}{\lambda_1}\right)^k\hat{\boldsymbol{x}}_j\right]$$

$$\Rightarrow\boldsymbol{u}_k=\frac{\boldsymbol{A}^k\boldsymbol{v}_0}{\overline{\max}(\boldsymbol{A}^k\boldsymbol{v}_0)}=\frac{\alpha_1\hat{\boldsymbol{x}}_1+\sum\limits_{j=2}^{n}\alpha_j\left(\frac{\lambda_j}{\lambda_1}\right)^k\hat{\boldsymbol{x}}_j}{\overline{\max}\left[\alpha_1\hat{\boldsymbol{x}}_1+\sum\limits_{j=2}^{n}\alpha_j\left(\frac{\lambda_j}{\lambda_1}\right)^k\hat{\boldsymbol{x}}_j\right]}\xrightarrow{k\to\infty}\frac{\boldsymbol{x}_1}{\overline{\max}(\boldsymbol{x}_1)}$$

即$\boldsymbol{u}_k$逐渐逼近规格化的主特征向量。同理,

$$v_k = Au_{k-1} = \frac{A^k v_0}{\overline{\max}(A^{k-1} v_0)} = \frac{\lambda_1^k \left[\alpha_1 \hat{x}_1 + \sum_{j=2}^{n} \alpha_j \left(\frac{\lambda_j}{\lambda_1}\right)^k \hat{x}_j\right]}{\overline{\max}\left\{\lambda_1^{k-1}\left[\alpha_1 \hat{x}_1 + \sum_{j=2}^{n} \alpha_j \left(\frac{\lambda_j}{\lambda_1}\right)^{k-1} \hat{x}_j\right]\right\}}$$

$$= \lambda_1 \frac{\alpha_1 \hat{x}_1 + \sum_{j=2}^{n} \alpha_j \left(\frac{\lambda_j}{\lambda_1}\right)^k \hat{x}_j}{\overline{\max}\left[\alpha_1 \hat{x}_1 + \sum_{j=2}^{n} \alpha_j \left(\frac{\lambda_j}{\lambda_1}\right)^{k-1} \hat{x}_j\right]}$$

因此，根据定理5.13的结论(1)，有

$$\lim_{k\to\infty} v_k = \lambda_1 \frac{x_1}{\overline{\max}(x_1)} \quad \Rightarrow \quad \lim_{k\to\infty} \overline{\max}(v_k) = \lambda_1$$

基于上述推导，得到如下定理，以及如算法5.1描述的实用幂法。应注意的是，由于 $x_1 \neq \mathbf{0}$，则 $\overline{\max}(x_1) \neq 0$。

定理5.14：设 $A \in \mathbb{R}^{n\times n}$，其主特征值唯一，记为 λ_1，随机取一非零初始向量 v_0，设 $u_0 = v_0$，按迭代式(5.10)计算，则

$$\lim_{k\to\infty} u_k = \frac{x_1}{\overline{\max}(x_1)} \tag{5.11}$$

$$\lim_{k\to\infty} \overline{\max}(v_k) = \lambda_1 \tag{5.12}$$

其中，x_1 为主特征向量。

算法5.1：计算主特征值 λ_1 和主特征向量 x_1 的实用幂法

```
输入：A；输出：x1，λ1.
u :=随机向量；
While 不满足判停准则 do
    v :=Au；
    λ1 :=max(v)；          {主特征值近似值}
    u :=v/λ1；             {规格化}
End
x1 :=u                     {规格化的主特征向量}
```

在算法5.1中，可根据相邻两步迭代得到的主特征值近似值之差判断是否停止迭代。每个迭代步的主要计算是算一次矩阵与向量乘法，若 A 为稀疏矩阵，则可利用它的稀疏性提高计算效率。实用的幂法保证了向量序列 $\{v_k\}$、$\{u_k\}$ 不溢出，并且向量 v_k 的最大分量的极限就是主特征值。

最后针对幂法的适用范围再说明两点。

(1) 若实矩阵 A 对称半正定或对称半负定，则其主特征值必唯一（而且是非亏损矩阵）。有时也可以估计特征值的分布范围，从而说明主特征值的唯一性。只有满足此条件，才能保证幂法的收敛性。

(2) 对一般的矩阵，幂法的迭代过程有可能不收敛，此时序列 $\{u_k\}$ 有可能包括多个收敛于不同向量的子序列，它趋向于成为多个特征向量的线性组合。但是，一旦幂法的迭代过程

收敛,向量序列的收敛值就一定是特征向量,并可求出相应的特征值。

例 5.6(实用的幂法):用实用的幂法求如下矩阵的主特征值:

$$\boldsymbol{A}=\begin{bmatrix}3 & 1\\ 1 & 3\end{bmatrix}$$

【解】 取初始向量为 $\boldsymbol{v}_0=\boldsymbol{u}_0=[0\quad 1]^{\mathrm{T}}$。按算法 5.1 的迭代过程,计算结果列于表 5-1 中。

表 5-1 实用幂法的迭代计算过程

k	$\boldsymbol{v}_k^{\mathrm{T}}$		$\overline{\max}(\boldsymbol{v}_k)$	$\boldsymbol{u}_k^{\mathrm{T}}$	
0				0.000	1.0
1	1.0	3.000	3.000	0.333	1.0
2	2.0	3.333	3.333	0.600	1.0
3	2.800	3.600	3.600	0.778	1.0
4	3.333	3.778	3.778	0.882	1.0
5	3.647	3.882	3.882	0.939	1.0
6	3.818	3.939	3.939	0.969	1.0
7	3.908	3.969	3.969	0.984	1.0
8	3.953	3.984	3.984	0.992	1.0
9	3.977	3.992	3.992	0.996	1.0

从结果可以看出,在每次迭代步中做的规格化操作避免了分量的指数增大或缩小。经过9步迭代,特征值$\overline{\max}(\boldsymbol{v}_k)$已非常接近主特征值的准确值4,特征向量也非常接近$[1\quad 1]^{\mathrm{T}}$。■

5.2.2 加速收敛的方法

加速幂法迭代收敛过程的方法主要有两种:原点位移技术和瑞利商(Rayleigh quotient)加速。下面做一些简略的介绍。

1. 原点位移技术

原点位移技术也称为原点平移技术,它利用定理 5.9 的结论(2),即矩阵 $\boldsymbol{A}-s\boldsymbol{I}$ 的特征值为 $\boldsymbol{A}$ 的特征值减去 s 的结果。对矩阵 $\boldsymbol{B}=\boldsymbol{A}-s\boldsymbol{I}$ 应用幂法有可能得到矩阵 $\boldsymbol{A}$ 的某个特征值 λ_j 和相应的特征向量。要使原点位移达到理想的效果,首先要求 λ_j-s 是 $\boldsymbol{B}$ 的主特征值,其次还要使幂法尽快收敛,即比例 $\left|\dfrac{\lambda_2(\boldsymbol{B})}{\lambda_j-s}\right|$ 要尽量小,这里的 $\lambda_2(\boldsymbol{B})$ 表示矩阵 $\boldsymbol{B}$ 的(按模)第二大的特征值。

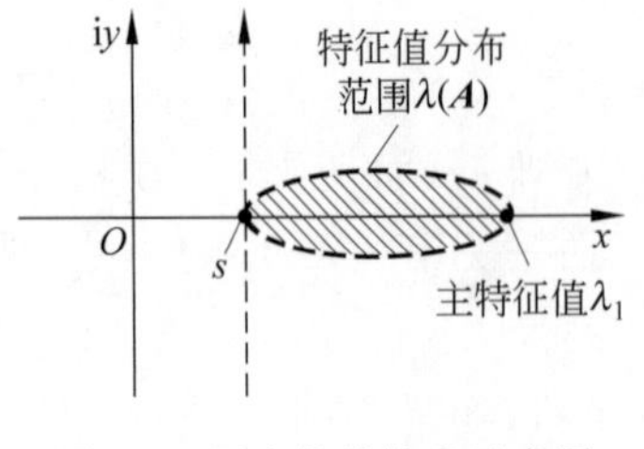

图 5-3 原点位移技术示意图

在某种情况下设置合适的 s 值,矩阵 $\boldsymbol{A}$、$\boldsymbol{B}$ 可同时取到主特征值。图 5-3 显示了这样一个例子,矩阵 $\boldsymbol{A}$ 的特征值分布在阴影区域覆盖的实数轴上,λ_1 为其主特征值。按图 5-3 所示选取的 s 值将使得 λ_1-s 是矩阵 $\boldsymbol{B}=\boldsymbol{A}-s\boldsymbol{I}$ 的主特征值,并且显然有

$$\left|\frac{\lambda_2(\boldsymbol{B})}{\lambda_1-s}\right|<\left|\frac{\lambda_2(\boldsymbol{A})}{\lambda_1}\right|。$$

此时用幂法计算 $\boldsymbol{B}$ 的主特征值能更快地收敛，进而得到矩阵 $\boldsymbol{A}$ 的主特征值。图 5-3 也解释了原点位移法名字的由来，即将原点（或虚数坐标轴）移到 s 的位置上，原始矩阵 $\boldsymbol{A}$ 的特征值分布变成了矩阵 $\boldsymbol{B}$ 的特征值分布。

采用原点位移技术后，执行幂法仅带来很少的额外运算，而且仍然能利用矩阵 $\boldsymbol{A}$ 的稀疏性。它的关键问题是，如何选择合适的参数 s，以达到较好的效果？这依赖于具体矩阵的情况，以及对其特征值分布的了解。后面还会看到原点位移技术的其他用途。

2. 瑞利商加速

首先给出瑞利商的定义，以及它与特征值的关系，然后介绍瑞利商加速技术。

定义 5.7：设 $\boldsymbol{A}\in\mathbb{R}^{n\times n}$，且为对称矩阵，对任一非零向量 $\boldsymbol{x}\neq\boldsymbol{0}$，称

$$R(\boldsymbol{x})=\frac{\langle \boldsymbol{Ax},\boldsymbol{x}\rangle}{\langle \boldsymbol{x},\boldsymbol{x}\rangle}$$

为对应于向量 $\boldsymbol{x}$ 的瑞利商。这里，符号 $\langle,\rangle$ 代表向量内积。

定理 5.15：设 $\boldsymbol{A}\in\mathbb{R}^{n\times n}$，且为对称矩阵，其 n 个特征值依次为 $\lambda_1\geqslant\lambda_2\geqslant\cdots\geqslant\lambda_n$，则矩阵 $\boldsymbol{A}$ 有关的瑞利商的上下确界分别为 λ_1 和 λ_n。即 $\forall\boldsymbol{x}\neq\boldsymbol{0}$，

$$\lambda_n\leqslant R(\boldsymbol{x})\leqslant\lambda_1$$

且当 $\boldsymbol{x}$ 为 λ_1 对应的特征向量时，$R(\boldsymbol{x})=\lambda_1$，当 $\boldsymbol{x}$ 为 λ_n 对应的特征向量时，$R(\boldsymbol{x})=\lambda_n$。

【证明】 根据实对称矩阵的特点，即可正交对角化（定理 3.3），设特征值 $\lambda_1,\lambda_2,\cdots,\lambda_n$ 对应的单位特征向量为 $\boldsymbol{x}_1,\boldsymbol{x}_2,\cdots,\boldsymbol{x}_n$，设 $\boldsymbol{x}=\sum_{j=1}^{n}\alpha_j\boldsymbol{x}_j$，则 $\langle\boldsymbol{x},\boldsymbol{x}\rangle=\left\langle\sum_{j=1}^{n}\alpha_j\boldsymbol{x}_j,\sum_{j=1}^{n}\alpha_j\boldsymbol{x}_j\right\rangle=\sum_{j=1}^{n}\alpha_j^2$，而

$$\langle\boldsymbol{Ax},\boldsymbol{x}\rangle=\left\langle\sum_{j=1}^{n}\alpha_j\boldsymbol{Ax}_j,\sum_{j=1}^{n}\alpha_j\boldsymbol{x}_j\right\rangle=\left\langle\sum_{j=1}^{n}\lambda_j\alpha_j\boldsymbol{x}_j,\sum_{j=1}^{n}\alpha_j\boldsymbol{x}_j\right\rangle=\sum_{j=1}^{n}\lambda_j\alpha_j^2$$

$$\Rightarrow\frac{\langle\boldsymbol{Ax},\boldsymbol{x}\rangle}{\langle\boldsymbol{x},\boldsymbol{x}\rangle}=\frac{\sum_{j=1}^{n}\lambda_j\alpha_j^2}{\sum_{j=1}^{n}\alpha_j^2}\leqslant\frac{\sum_{j=1}^{n}\lambda_1\alpha_j^2}{\sum_{j=1}^{n}\alpha_j^2}=\lambda_1$$

类似地，可以推出 $\frac{\langle\boldsymbol{Ax},\boldsymbol{x}\rangle}{\langle\boldsymbol{x},\boldsymbol{x}\rangle}\geqslant\lambda_n$。

更进一步，若 $\boldsymbol{x}=\boldsymbol{x}_1$，则 $\frac{\langle\boldsymbol{Ax},\boldsymbol{x}\rangle}{\langle\boldsymbol{x},\boldsymbol{x}\rangle}=\lambda_1$；若 $\boldsymbol{x}=\boldsymbol{x}_n$，则 $\frac{\langle\boldsymbol{Ax},\boldsymbol{x}\rangle}{\langle\boldsymbol{x},\boldsymbol{x}\rangle}=\lambda_n$。因此，原命题得证。■

应当注意，瑞利商与矩阵算子范数定义中的 $\frac{\|\boldsymbol{Ax}\|}{\|\boldsymbol{x}\|}$ 虽很相似，但不一样。在 2-范数意义下，矩阵范数 $\|\boldsymbol{A}\|_2$ 是矩阵 $\boldsymbol{A}^{\mathrm{T}}\boldsymbol{A}$ 的瑞利商最大值的算术平方根。

定理 5.15 表明，实对称矩阵的瑞利商 $R(\boldsymbol{x})$ 取值在特征值谱范围内，且与特征向量 $\boldsymbol{x}$ 对应的 $R(\boldsymbol{x})$ 等于相应的特征值。在实用的幂法中，$\boldsymbol{u}_k$ 逐渐趋近于主特征向量 $\boldsymbol{x}_1$，那么 $R(\boldsymbol{u}_k)\approx\lambda_1$，计算瑞利商能否更好地逼近 λ_1？

定理 5.16：设 $\boldsymbol{A}$ 为实对称矩阵，且主特征值唯一，记为 λ_1，应用幂法（算法 5.1），则式(5.10)中规格化向量 $\boldsymbol{u}_k$ 的瑞利商 $R(\boldsymbol{u}_k)$ 满足

$$R(\boldsymbol{u}_k)=\frac{\langle\boldsymbol{Au}_k,\boldsymbol{u}_k\rangle}{\langle\boldsymbol{u}_k,\boldsymbol{u}_k\rangle}=\lambda_1+O\left(\left(\frac{\lambda_2}{\lambda_1}\right)^{2k}\right)$$

其中,λ_2 为(按模)第二大的特征值。

对于此定理的证明,感兴趣的读者可参考文献[8]。下面解释一下结论。

在实用的幂法中,

$$\boldsymbol{v}_k = \lambda_1 \frac{\alpha_1 \boldsymbol{x}_1 + \sum_{j=2}^{n} \alpha_j \left(\frac{\lambda_j}{\lambda_1}\right)^k \boldsymbol{x}_j}{\overline{\max}\left[\alpha_1 \boldsymbol{x}_1 + \sum_{j=2}^{n} \alpha_j \left(\frac{\lambda_j}{\lambda_1}\right)^{k-1} \boldsymbol{x}_j\right]}$$

$$\overline{\max}(\boldsymbol{v}_k) = \lambda_1 \frac{\overline{\max}\left[\alpha_1 \boldsymbol{x}_1 + \sum_{j=2}^{n} \alpha_j \left(\frac{\lambda_j}{\lambda_1}\right)^k \boldsymbol{x}_j\right]}{\overline{\max}\left[\alpha_1 \boldsymbol{x}_1 + \sum_{j=2}^{n} \alpha_j \left(\frac{\lambda_j}{\lambda_1}\right)^{k-1} \boldsymbol{x}_j\right]} \approx \lambda_1 \frac{\overline{\max}\left[\alpha_1 \boldsymbol{x}_1 + \alpha_2 \left(\frac{\lambda_2}{\lambda_1}\right)^k \boldsymbol{x}_2\right]}{\overline{\max}\left[\alpha_1 \boldsymbol{x}_1 + \alpha_2 \left(\frac{\lambda_2}{\lambda_1}\right)^{k-1} \boldsymbol{x}_2\right]}$$

$$= \lambda_1 \frac{a + b\left(\frac{\lambda_2}{\lambda_1}\right)^k}{a + b\left(\frac{\lambda_2}{\lambda_1}\right)^{k-1}} = \frac{a\lambda_1^k + b\lambda_2^k}{a\lambda_1^{k-1} + b\lambda_2^{k-1}} = \lambda_1 + O\left(\left(\frac{\lambda_2}{\lambda_1}\right)^{k-1}\right)$$

其中,a、b 为与 k 无关的量,上述推导在 $k \gg 1$ 的情况下近似成立,其结论说明 $\overline{\max}(\boldsymbol{v}_k)$ 逼近 λ_1 的误差为 $O\left(\left(\frac{\lambda_2}{\lambda_1}\right)^{k-1}\right)$。对比定理 5.16 的结论,$R(\boldsymbol{u}_k)$ 逼近 λ_1 的误差为 $O\left(\left(\frac{\lambda_2}{\lambda_1}\right)^{2k}\right)$,显然后者能更快地收敛。因此,在幂法的每一步计算瑞利商可加速收敛,仅需要多做两次向量内积($\boldsymbol{u}_k^{\mathrm{T}} \boldsymbol{v}_{k+1}$ 和 $\boldsymbol{u}_k^{\mathrm{T}} \boldsymbol{u}_k$),增加的计算量几乎可以忽略。

例 5.7(瑞利商加速的幂法):对于例 5.6 中的问题,采用瑞利商加速技术的幂法计算主特征值。瑞利商加速的效果见表 5-2。

表 5-2 瑞利商加速的效果

k	$\overline{\max}(\boldsymbol{v}_k)$	$\boldsymbol{u}_k^{\mathrm{T}}$		$\boldsymbol{u}_k^{\mathrm{T}} \boldsymbol{A} \boldsymbol{u}_k / \boldsymbol{u}_k^{\mathrm{T}} \boldsymbol{u}_k$
0		0.000	1.0	3.000
1	3.000	0.333	1.0	3.600
2	3.333	0.600	1.0	3.882
3	3.600	0.778	1.0	3.969
4	3.778	0.882	1.0	3.992
5	3.882	0.939	1.0	3.998
6	3.939	0.969	1.0	4.000

与表 5-1 比较后发现,瑞利商收敛到主特征值 $\lambda_1 = 4$ 的速度要比原始的幂法快得多。

5.2.3 反幂法

反幂法(inverse iteration)基于幂法,可看成是幂法的一种应用,它能够求矩阵 $\boldsymbol{A}$ 按模最小的特征值及其特征向量。根据定理 5.9 的结论(5),即对非奇异矩阵 $\boldsymbol{A}$,$\boldsymbol{A}^{-1}$ 的特征值为矩阵 $\boldsymbol{A}$ 特征值的倒数,$\boldsymbol{A}^{-1}$ 的主特征值便是 $\boldsymbol{A}$ 按模最小的特征值的倒数。因此,可对 $\boldsymbol{A}^{-1}$ 应用幂法求出矩阵 $\boldsymbol{A}$ 的最小特征值。这就是反幂法的基本思想。

与幂法对应，反幂法的适用条件是：矩阵 $\boldsymbol{A}$ 按模最小的特征值唯一。对于实矩阵，满足此条件时这个最小特征值一定是实数，相应的特征向量也为实向量。算法描述如下。

算法 5.2：计算最小特征值 λ_n 和特征向量 $\boldsymbol{x}_n$ 的反幂法
输入：$\boldsymbol{A}$；输出：$\boldsymbol{x}_n, \lambda_n$.
$\boldsymbol{u} := $ 随机向量；
While 不满足判停准则 **do**
    $\boldsymbol{v} := \boldsymbol{A}^{-1}\boldsymbol{u}$;   {求解线性方程组}
    $\lambda_n := 1/\overline{\max}(\boldsymbol{v})$;   {最小特征值的近似值}
    $\boldsymbol{u} := \lambda_n \boldsymbol{v}$;   {规格化}
End
$\boldsymbol{x}_n := \boldsymbol{u}$ {规格化的特征向量}

此算法同样使用了规格化向量的技术，其理论证明类似于对实用的幂法的讨论，这里不再赘述。反幂法算法与幂法的区别在于主要计算步为 $\boldsymbol{v}=\boldsymbol{A}^{-1}\boldsymbol{u}$，这需要用到线性方程组求解的方法，其计算量可能比计算矩阵向量乘法 $\boldsymbol{Au}$ 大很多。

例 5.8(反幂法)：用反幂法求例 5.6 中矩阵的按模最小特征值。反幂法的迭代计算过程见表 5-3。

表 5-3 反幂法的迭代计算过程

k	$\boldsymbol{u}_k^{\mathrm{T}}$		$\overline{\max}(\boldsymbol{v}_k)$
0	0.000	1.0	
1	−0.333	1.0	0.375
2	−0.600	1.0	0.417
3	−0.778	1.0	0.450
4	−0.882	1.0	0.472
5	−0.939	1.0	0.485
6	−0.969	1.0	0.492
7	−0.984	1.0	0.496
8	−0.992	1.0	0.498
9	−0.996	1.0	0.499

从表 5-3 中看出，$1/\overline{\max}(\boldsymbol{v}_k)$ 大约收敛于 $1/0.5=2$，因此原始矩阵 $\boldsymbol{A}$ 的最小特征值为 2，而对应的特征向量约为 $[-1,1]^{\mathrm{T}}$。 ■

在实际应用中，若知道某个特征值的估计值，常用反幂法结合原点位移技术求其精确值和对应的特征向量。假设已知某个特征值 λ_j 的估计值为 p，则 $\lambda_j - p$ 是矩阵 $\boldsymbol{B}=\boldsymbol{A}-p\boldsymbol{I}$ 的特征值，且其值非常小(往往是 $\boldsymbol{B}$ 的按模最小特征值)。因此，对 $\boldsymbol{A}-p\boldsymbol{I}$ 应用反幂法可求出准确的 λ_j 以及它对应的矩阵 $\boldsymbol{A}$ 的特征向量。当估计值 p 与 λ_i 很接近时，反幂法只迭代很少的次数即可收敛。与 5.2.2 节介绍的原点平移法加速幂法不同，这里 p 值的选取原则比较明确,只要它接近特征值,既可以加速反幂法的收敛,又可适合于任意特征值的计算。另外,若已知一个近似的特征向量,根据瑞利商可估计其对应的特征值,从而取它为 p 值。这样,可得到一种结合上述3种技术的算法,它不但加速特征值的收敛,也加速特征向量的收敛,限于篇幅,这里不详细介绍,感兴趣的读者可参考文献[1]。

本节的最后指出,幂法、反幂法都只能求出矩阵的某一个特征值,是否能将它们推广来计算矩阵的多个特征值或者所有特征值呢?答案是肯定的,这将用到"收缩"技术,5.4节会详细介绍。

应用实例:Google 的 PageRank 算法

1. 问题背景

互联网(Internet)的使用已经深入人们的日常生活中,其巨大的信息量和强大的功能给人们的生产、生活带来了很大便利。随着网络信息量越来越庞大,如何有效地搜索出用户真正需要的信息变得十分重要。自1998年搜索引擎网站 Google 创立以来,网络搜索引擎[①]成为解决上述问题的主要手段。

1998年,美国斯坦福大学的博士生 Larry Page 和 Sergey Brin 创立了 Google 公司,他们的核心技术就是通过 PageRank 技术对海量的网页进行重要性分析。该技术利用网页相互链接的关系对网页进行组织,确定出每个网页的重要级别(PageRank)。当用户进行搜索时,Google 找出符合搜索要求的网页,并按它们的 PageRank 大小依次列出。这样,用户一般在显示结果的第一页或者前几页就能找到真正有用的结果。

形象地解释,PageRank 技术的基本原理是:如果网页 A 链接到网页 B,则认为"网页 A 投了网页 B"一票,而且如果网页 A 是级别高的网页,则网页 B 的级别也相应地高。

2. 数学问题建模

假设 n 是 Internet 中所有可访问网页的数目,此数值非常大,2010年已接近100亿。定义 $n\times n$ 的网页链接矩阵 $\boldsymbol{G}=(g_{ij})\in\mathbb{R}^{n\times n}$,若网页 j 有一个链接到网页 i,则 $g_{ij}=1$,否则 $g_{ij}=0$。$\boldsymbol{G}$ 矩阵有如下特点。

(1) $\boldsymbol{G}$ 矩阵是大规模稀疏矩阵。

(2) 第 j 列非零元素的位置表示了从网页 j 链接出去的所有网页。

(3) 第 i 行非零元素的位置表示了所有链接到网页 i 的网页。

(4) $\boldsymbol{G}$ 矩阵中非零元的数目为整个 Internet 中存在的超链接的数量。

(5) 记 $\boldsymbol{G}$ 矩阵行元素之和 $r_i=\sum\limits_j g_{ij}$,它表示第 i 个网页的"入度"。

(6) 记 $\boldsymbol{G}$ 矩阵列元素之和 $c_j=\sum\limits_i g_{ij}$,它表示第 j 个网页的"出度"。

要计算 PageRank,可假设一个随机上网"冲浪"的过程,即每次看完当前网页后,有两种选择。

(1) 在当前网页中随机选一个超链接进入下一个网页。

---

① 主要的搜索引擎网站:谷歌(Google)——http://www.google.com,百度(Baidu)——http://www.baidu.com。

(2) 随机新开一个网页。

这在数学上称为马尔可夫过程(Markov process)。若这样的随机“冲浪”一直进行下去,某个网页被访问到的极限概率就是它的 PageRank。

设 p 为选择当前网页上链接的概率(如 $p=0.85$),则 $1-p$ 为不选当前网页的链接而随机打开一个网页的概率。若当前网页是网页 j,则如何计算下一步浏览到达网页 i 的概率(网页 j 到 i 的转移概率)? 它有两种可能性。

(1) 若网页 i 在网页 j 的链接上,则其概率为 $p\times 1/c_j+(1-p)\times 1/n$。

(2) 若网页 i 不在网页 j 的链接上,则其概率为$(1-p)\times 1/n$。

由于网页 i 是否在网页 j 的链接上由 g_{ij} 决定,因此网页 j 到 i 的转移概率为

$$a_{ij}=g_{ij}\left[p\times\frac{1}{c_j}+(1-p)\times\frac{1}{n}\right]+(1-g_{ij})\left[(1-p)\times\frac{1}{n}\right]=\frac{pg_{ij}}{c_j}+\frac{1-p}{n}$$

应注意的是,若 $c_j=0$ 意味着 $g_{ij}=0$,上式改为 $a_{ij}=1/n$。任意两个网页之间的转移概率形成一个转移矩阵 $\boldsymbol{A}=(a_{ij})_{n\times n}$。设矩阵 $\boldsymbol{D}$ 为各个网页出度的倒数(若没有出度,设为 1)构成的 n 阶对角矩阵,$\boldsymbol{e}$ 为全是 1 的 n 维向量,则

$$\boldsymbol{A}=p\boldsymbol{G}\boldsymbol{D}+\boldsymbol{e}\boldsymbol{f}^{\mathrm{T}}$$

其中向量 $\boldsymbol{f}$ 的元素为

$$f_j=\begin{cases}(1-p)/n, & c_j\neq 0\\ 1/n, & c_j=0\end{cases},\quad j=1,2,\cdots,n$$

设 $x_i^{(k)},i=1,2,\cdots,n$ 表示某时刻 k 浏览网页 i 的概率 $\left(\sum_i x_i^{(k)}=1\right)$,向量 $\boldsymbol{x}^{(k)}$ 表示当前时刻浏览各网页的概率分布,那么下一时刻浏览到网页 i 的概率为 $\sum_{j=1}^{n}a_{ij}x_j^{(k)}$,此时浏览各网页的概率分布为 $\boldsymbol{x}^{(k+1)}=\boldsymbol{A}\boldsymbol{x}^{(k)}$。

当这个过程无限进行下去,达到极限情况,即网页访问概率 $\boldsymbol{x}^{(k)}$ 收敛到一个极限值,这个极限向量 $\boldsymbol{x}$ 为各网页的 PageRank,它满足 $\boldsymbol{A}\boldsymbol{x}=\boldsymbol{x}$,且 $\sum_{i=1}^{n}x_i=1$。

3. 用幂法计算 PageRank

给定 $n\times n$ 的网页链接矩阵 $\boldsymbol{G}$,以及选择当前网页链接的概率 p,计算特征值 1 对应的特征向量 $\boldsymbol{x}$

$$\begin{cases}\boldsymbol{A}\boldsymbol{x}=\boldsymbol{x}\\ \sum_{i=1}^{n}x_i=1\end{cases}$$

易知 $\|\boldsymbol{A}\|_1=1$,所以 $\rho(\boldsymbol{A})\leqslant 1$。又考虑矩阵 $\boldsymbol{L}=\boldsymbol{I}-\boldsymbol{A}$,容易验证它的各列元素和均为 0,则为奇异矩阵,所以 $\det(\boldsymbol{I}-\boldsymbol{A})=0$,1 是 $\boldsymbol{A}$ 的特征值、主特征值。更进一步,用圆盘定理考查矩阵 $\boldsymbol{A}^{\mathrm{T}}$ 的特征值分布,图 5-4 显示了第 j 个圆盘 D_j,$(j=1,2,\cdots,n)$,显然其圆心 $a_{jj}>0$,半径 r_j 满足 $a_{jj}+r_j=1$,因此除了 1 这一点,圆盘上任何一点到圆心的距离(即复数的模)都小于 1。这就说明,1 是矩阵 $\boldsymbol{A}^{\mathrm{T}}$ 和 $\boldsymbol{A}$ 的唯一主特征值。对于实际的大规模稀疏矩阵 $\boldsymbol{A}$,幂法是求其主特征向量的可靠的、唯一的选择。

网页的 PageRank 完全由所有网页的超链接结构决定,隔一段时间重新算一次

PageRank,以反映 Internet 的发展变化,此时将上一次计算的结果作为幂法的迭代初值可提高收敛速度。由于迭代向量以及矩阵 $\boldsymbol{A}$ 的物理意义,使用幂法时并不需要对向量进行规格化,而且不需要形成矩阵 $\boldsymbol{A}$,通过遍历整个网页的数据库,根据网页间的超链接关系即可得到 $\boldsymbol{A}\boldsymbol{x}^{(k)}$ 的结果。

4. 实验结果

用一个只有 6 个网页的微型网络作为例子,其网页链接关系如图 5-5 所示。通过下述 MATLAB 命令可生成矩阵 $\boldsymbol{G}$。

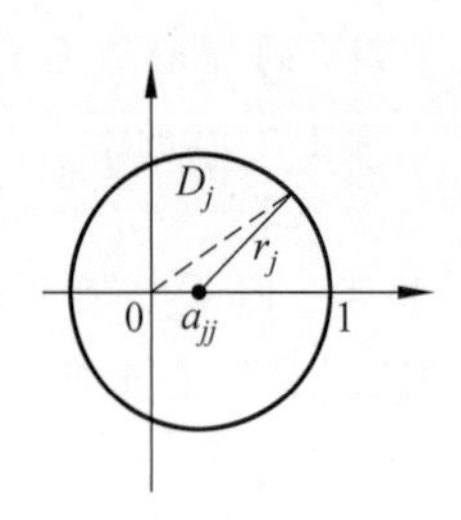

图 5-4　矩阵 $\boldsymbol{A}^{\mathrm{T}}$ 的第 j 个圆盘

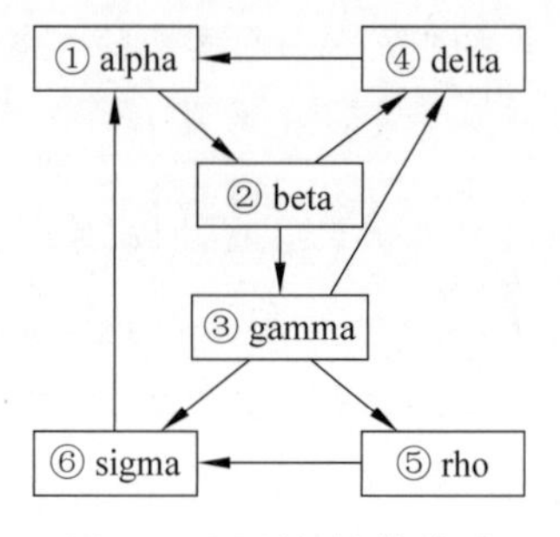

图 5-5　网页超链接关系

```
>>i=[2 3 4 4 5 6 1 6 1];
>>j=[1 2 2 3 3 3 4 5 6];
>>n=6;
>>G=sparse(i, j, 1, n, n);
```

再使用下述命令得到矩阵 $\boldsymbol{A}$。

```
>>c=full(sum(G));
>>D=spdiags(1./c', 0, n, n);
>>e=ones(n, 1);
>>p=。85; delta=(1-p)/n;
>>A=p*G*D+delta*e*e';
```

得到的矩阵 $\boldsymbol{A}$ 为

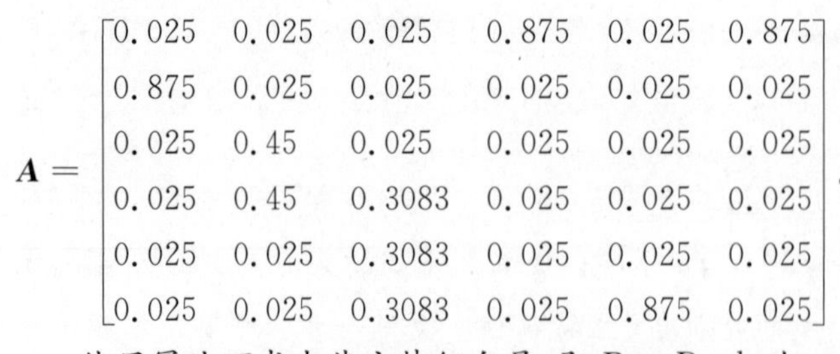

$$\boldsymbol{A}=\begin{bmatrix}0.025 & 0.025 & 0.025 & 0.875 & 0.025 & 0.875\\ 0.875 & 0.025 & 0.025 & 0.025 & 0.025 & 0.025\\ 0.025 & 0.45 & 0.025 & 0.025 & 0.025 & 0.025\\ 0.025 & 0.45 & 0.3083 & 0.025 & 0.025 & 0.025\\ 0.025 & 0.025 & 0.3083 & 0.025 & 0.025 & 0.025\\ 0.025 & 0.025 & 0.3083 & 0.025 & 0.875 & 0.025\end{bmatrix}。$$

图 5-6　计算出的 PageRank 数值

使用幂法可求出其主特征向量,即 PageRank 为

$$\boldsymbol{x}=[0.2675\quad 0.2524\quad 0.1323\quad 0.1697\quad 0.0625\quad 0.1156]^{\mathrm{T}}。$$

使用 MATLAB 的 bar 命令,显示 $\boldsymbol{x}$ 的各分量值,如图 5-6 所示,从中可看出各个网页的级别高低。虽然链接数目一样,但网页 alpha①的级别比 delta④和 sigma⑥都高,而 beta②的级别第二高,因为高级别的 alpha①链接到它上面,它沾了 alpha①的光。

5.3 矩阵的正交三角化

为了介绍计算矩阵所有特征值的方法，本节先介绍矩阵的正交三角化技术与矩阵的 QR 分解。前面的高斯消去过程相当于用消去矩阵逐次左乘矩阵 $\boldsymbol{A}$，最终将它转换成上三角矩阵。所谓正交三角化技术，就是用正交矩阵左乘 $\boldsymbol{A}$ 实现消元，从而将它化为上三角矩阵。

实现矩阵的正交三角化的主要手段有 Householder(豪斯霍尔德)变换、Givens(吉文斯)旋转变换、Gram-Schmidt(格拉姆-施密特)正交化过程 3 种。这里介绍 Householder 变换和 Givens 旋转变换技术。

5.3.1 Householder 变换

Householder 变换也称为初等反射变换，下面先定义 Householder 矩阵。用 Householder 矩阵左乘一个向量(或矩阵)，即实现 Householder 变换。

定义 5.8：设向量 $\boldsymbol{w}\in\mathbb{R}^n$ 且 $\boldsymbol{w}^{\mathrm{T}}\boldsymbol{w}=1$，称矩阵

$$\boldsymbol{H}(\boldsymbol{w}) = \boldsymbol{I} - 2\boldsymbol{w}\boldsymbol{w}^{\mathrm{T}} \tag{5.13}$$

为 Householder 矩阵，或初等反射矩阵。

设 $\boldsymbol{w}=\begin{bmatrix} w_1 \\ w_2 \\ \vdots \\ w_n \end{bmatrix}$，则根据定义得

$$\boldsymbol{H}(\boldsymbol{w}) = \begin{bmatrix} 1-2w_1^2 & -2w_1w_2 & \cdots & -2w_1w_n \\ -2w_2w_1 & 1-2w_2^2 & \cdots & -2w_2w_n \\ \vdots & \vdots & \ddots & \vdots \\ -2w_nw_1 & -2w_nw_2 & \cdots & 1-2w_n^2 \end{bmatrix}$$

另外，$\boldsymbol{H}(\boldsymbol{w})=\boldsymbol{H}(-\boldsymbol{w})$，即用 $-\boldsymbol{w}$ 可构造出相同的矩阵 $\boldsymbol{H}$。

下面用一个定理总结 Householder 矩阵和 Householder 变换的性质。

定理 5.17：设 $\boldsymbol{H}$ 为定义 5.8 中的 Householder 矩阵，则

(1) 矩阵 $\boldsymbol{H}$ 为对称矩阵，即 $\boldsymbol{H}^{\mathrm{T}}=\boldsymbol{H}$。

(2) 矩阵 $\boldsymbol{H}$ 为正交矩阵，即 $\boldsymbol{H}^{\mathrm{T}}\boldsymbol{H}=\boldsymbol{I}$。

(3) Householder 变换实现向量在线性空间中的“镜面反射”，即 $\boldsymbol{Hx}$ 是向量 $\boldsymbol{x}$ 相对于法向为 $\boldsymbol{w}$ 的超平面的镜像，这里的 $\boldsymbol{w}$ 为构造矩阵 $\boldsymbol{H}$ 所用的向量(式(5.13))。

定理的证明很简单，留给读者思考。应注意的是，结论(1)、(2)说明 Householder 矩阵是一种特殊的非奇异阵，它的逆矩阵是自身，即 $\boldsymbol{H}^2=\boldsymbol{I}$。下面以三维实向量空间为例，对结论(3)，即 Householder 变换的几何意义作一些直观的说明。

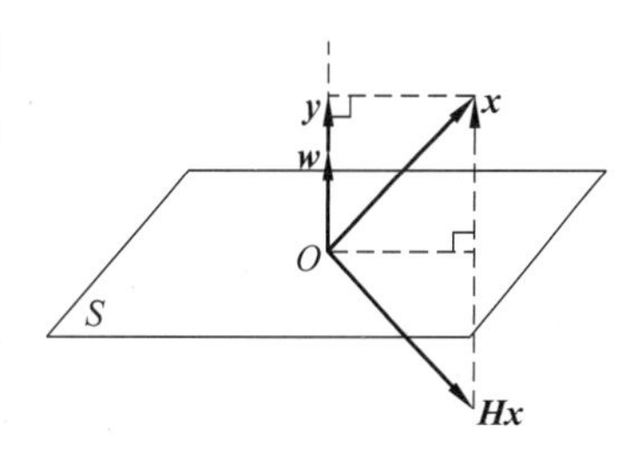

图 5-7　Householder 变换实现向量的镜面反射

如图 5-7 所示，设向量 $\boldsymbol{w}$ 和 $\boldsymbol{x}$ 的起点都在三维坐标系

原点,以 $\boldsymbol{w}$ 为法向做一平面 S,$\boldsymbol{w}$ 为单位长度向量,$\boldsymbol{x}$ 为不在平面 S 内的任意向量,

$$\begin{aligned}\boldsymbol{Hx} &= (\boldsymbol{I}-2\boldsymbol{w}\boldsymbol{w}^{\mathrm{T}})\boldsymbol{x} = \boldsymbol{x}-2\boldsymbol{w}\boldsymbol{w}^{\mathrm{T}}\boldsymbol{x} \\ &= \boldsymbol{x}-2(\boldsymbol{w}^{\mathrm{T}}\boldsymbol{x})\boldsymbol{w}\end{aligned} \tag{5.14}$$

考查图中向量 $\boldsymbol{x}$ 在 $\boldsymbol{w}$ 方向的投影向量 $\boldsymbol{y}$,根据向量内积的定义知,

$$\begin{aligned}\langle \boldsymbol{x},\boldsymbol{w}\rangle &= \|\boldsymbol{w}\|_2\|\boldsymbol{y}\|_2 = \|\boldsymbol{y}\|_2 \\ \Rightarrow \|\boldsymbol{y}\|_2 &= \langle \boldsymbol{x},\boldsymbol{w}\rangle = \boldsymbol{x}^{\mathrm{T}}\boldsymbol{w} = \boldsymbol{w}^{\mathrm{T}}\boldsymbol{x}\end{aligned}$$

又由于向量 $\boldsymbol{y}$ 和 $\boldsymbol{w}$ 方向相同,则$(\boldsymbol{w}^{\mathrm{T}}\boldsymbol{x})\boldsymbol{w}=\boldsymbol{y}$,于是

$$\boldsymbol{Hx} = \boldsymbol{x}-2\boldsymbol{y}$$

结合图 5-4,$2\boldsymbol{y}$ 为虚线表示的向量,由此得到 $\boldsymbol{Hx}$ 与 $\boldsymbol{x}$ 关于平面 S 镜像对称。

下面给出两个定理,它们是通过 Householder 变换实现矩阵的正交三角化的基础。

定理 5.18:设 $\boldsymbol{x},\boldsymbol{y}\in\mathbb{R}^n$,$\boldsymbol{x}\neq\boldsymbol{y}$,$\|\boldsymbol{x}\|_2=\|\boldsymbol{y}\|_2$,则存在 Householder 矩阵 $\boldsymbol{H}$,使 $\boldsymbol{Hx}=\boldsymbol{y}$。

定理 5.19:设 $\boldsymbol{x}=[x_1,x_2,\cdots,x_n]^{\mathrm{T}}\neq\boldsymbol{0}$,则存在 Householder 矩阵 $\boldsymbol{H}$,使 $\boldsymbol{Hx}=-\sigma\boldsymbol{e}_1$,其中,

$$\sigma=\mathrm{sign}(x_1)\|\boldsymbol{x}\|_2,\quad \boldsymbol{e}_1=[1,0,\cdots,0]^{\mathrm{T}},\quad \mathrm{sign}(x_1)=\begin{cases}1, & x_1\geqslant 0\\ -1, & x_1<0\end{cases}$$

定理 5.18 的证明是构造性的,假设单位长度向量 $\boldsymbol{w}=(\boldsymbol{x}-\boldsymbol{y})/\|\boldsymbol{x}-\boldsymbol{y}\|_2$,则可证明由它生成的 $\boldsymbol{H}=\boldsymbol{I}-2\boldsymbol{w}\boldsymbol{w}^{\mathrm{T}}$ 能使 $\boldsymbol{Hx}=\boldsymbol{y}$。这通过 Householder 变换的几何意义很容易理解。Householder 变换实现镜面反射,向量 $\boldsymbol{x}$ 和 $\boldsymbol{y}$ 关于镜面是对称的,则镜面的法向必然是沿 $\boldsymbol{x}-\boldsymbol{y}$ 的方向,或其反方向,据此可构造出向量 $\boldsymbol{w}$ 和相应的矩阵 $\boldsymbol{H}$ 满足要求。此外,还可以证明满足要求的 Householder 矩阵是唯一的。

定理 5.19 实际上是定理 5.18 的推论,因为 $\|-\sigma\boldsymbol{e}_1\|_2=|\sigma|=\|\boldsymbol{x}\|_2$。因此,构造满足定理要求的 Householder 矩阵时,可取向量 $\boldsymbol{w}=(\boldsymbol{x}+\sigma\boldsymbol{e}_1)/\|\boldsymbol{x}+\sigma\boldsymbol{e}_1\|_2$。对定理 5.19 再说明以下两点。

(1) 该定理的意义为,采用 Householder 变换可将向量 $\boldsymbol{x}$ 中除第一个分量外的其他分量均变成 0,这是一种消元操作。

(2) 公式 $\boldsymbol{Hx}=-\sigma\boldsymbol{e}_1$ 等号右边的"−"号可保证计算的稳定性,它使得求 $\boldsymbol{w}$ 的第一个向量分量时,计算的是 $x_1+\mathrm{sign}(x_1)\|\boldsymbol{x}\|_2$,为两个同符号的数相加,不会发生"抵消"现象。同时注意,变换后向量的第一个分量改变了符号。

例 5.9(Householder 变换):确定一个 Householder 变换,用以消去下面向量中除第一个分量以外的分量

$$\boldsymbol{a}=\begin{bmatrix}2\\1\\2\end{bmatrix}$$

【解】 根据定理 5.19,令 $\sigma=\mathrm{sign}(a_1)\|\boldsymbol{a}\|_2=3$,则构造向量

$$\boldsymbol{v}=\boldsymbol{a}+\sigma\boldsymbol{e}_1=\begin{bmatrix}2\\1\\2\end{bmatrix}+\begin{bmatrix}3\\0\\0\end{bmatrix}=\begin{bmatrix}5\\1\\2\end{bmatrix}$$

取 $\boldsymbol{w}=\boldsymbol{v}/\|\boldsymbol{v}\|_2$ 可根据定义构造 Householder 矩阵 $\boldsymbol{H}$。此时,

$$\boldsymbol{Ha} = \boldsymbol{a} - 2(\boldsymbol{w}^{\mathrm{T}}\boldsymbol{a}) \cdot \boldsymbol{w} = \boldsymbol{a} - 2\frac{\boldsymbol{v}^{\mathrm{T}}\boldsymbol{a}}{\boldsymbol{v}^{\mathrm{T}}\boldsymbol{v}}\boldsymbol{v} = \begin{bmatrix} 2 \\ 1 \\ 2 \end{bmatrix} - 2 \times \frac{15}{30} \times \begin{bmatrix} 5 \\ 1 \\ 2 \end{bmatrix} = \begin{bmatrix} -3 \\ 0 \\ 0 \end{bmatrix}$$

这验证了 Householder 变换的效果。注意,这里没有生成矩阵 $\boldsymbol{H}$ 和向量 $\boldsymbol{w}$,而是利用一个与 $\boldsymbol{w}$ 同方向的向量 $\boldsymbol{v}$ 表示 Householder 变换。这给计算 Householder 变换的结果带来方便,因为

$$\boldsymbol{Hx} = \left(\boldsymbol{I} - 2\frac{\boldsymbol{v}\boldsymbol{v}^{\mathrm{T}}}{\boldsymbol{v}^{\mathrm{T}}\boldsymbol{v}}\right)\boldsymbol{x} = \boldsymbol{x} - 2\frac{\boldsymbol{v}^{\mathrm{T}}\boldsymbol{x}}{\boldsymbol{v}^{\mathrm{T}}\boldsymbol{v}}\boldsymbol{v} \tag{5.15}$$

只需计算向量 $\boldsymbol{v}$ 与 $\boldsymbol{x}$ 的内积,而不需要计算矩阵与向量的乘法。

5.3.2　Givens 旋转变换

Givens 旋转变换也称为平面旋转变换,它能够消去给定向量的某一个分量(使其为零),这不同于 Householder 变换消去向量中的多个分量。处理已经有很多零元素的稀疏向量、稀疏矩阵时,Givens 旋转变换非常有效。

下面先给出 2×2 的 Givens 旋转矩阵的定义。

定义 5.9:矩阵 $\boldsymbol{G} \in \mathbb{R}^{2\times 2}$,若

$$\boldsymbol{G} = \begin{bmatrix} c & s \\ -s & c \end{bmatrix} \tag{5.16}$$

其中,$c=\cos\theta, s=\sin\theta, \theta \in \mathbb{R}$,则称矩阵 $\boldsymbol{G}$ 为 2 阶 *Givens 旋转矩阵*。

从定义可以看出,在二维几何空间中,Givens 旋转矩阵实现向量的旋转变换,即 $\boldsymbol{Gx}$ 为向量 $\boldsymbol{x}$ 顺时针旋转 θ 角度后得到的向量,并且矩阵 $\boldsymbol{G}$ 是正交矩阵。因此,

$$\boldsymbol{G}^{-1} = \begin{bmatrix} c & -s \\ s & c \end{bmatrix}$$

合适地选择 θ 值,或者实际的参数 c 和 s(它们满足 $c^2+s^2=1$),构造 Givens 旋转矩阵可消去任意向量的分量。例如,要使

$$\boldsymbol{Gx} = \begin{bmatrix} c & s \\ -s & c \end{bmatrix}\begin{bmatrix} x_1 \\ x_2 \end{bmatrix} = \begin{bmatrix} \alpha \\ 0 \end{bmatrix}$$

其中,$\alpha = \sqrt{x_1^2+x_2^2}$(由于 $\boldsymbol{G}$ 为正交矩阵,必有 $|\alpha| = \|\boldsymbol{x}\|_2$),则

$$c = \frac{x_1}{\sqrt{x_1^2+x_2^2}}, \quad s = \frac{x_2}{\sqrt{x_1^2+x_2^2}} \tag{5.17}$$

为避免数值上溢,有时也对公式进行调整。若 $|x_1| \geqslant |x_2|$,则可按如下公式计算:

$$t = \frac{x_2}{x_1}, \quad c = \frac{1}{\sqrt{1+t^2}}, \quad s = ct$$

若 $|x_1| < |x_2|$,则类似地,

$$t = \frac{x_1}{x_2}, \quad s = \frac{1}{\sqrt{1+t^2}}, \quad c = st$$

上述消去二维向量一个分量的技术可用于处理一般的 n 维向量,若对目标第 k 个分量和另一个第 j 个分量进行"旋转",可以将第 k 个分量变为 0,而将其原有值"添加"到第 j 个分量中。要达到这个目的,先构造一个 2×2 的 Givens 旋转矩阵,再将其"嵌入"到 n 阶单位矩阵的第 j、k 行和第 j、k 列中,便得到实际的 n 阶旋转矩阵。以 $n=5$, $j=2$, $k=4$ 的情形为例,旋转变换为

$$\boldsymbol{G}\boldsymbol{x}=\begin{bmatrix}1&0&0&0&0\\0&c&0&s&0\\0&0&1&0&0\\0&-s&0&c&0\\0&0&0&0&1\end{bmatrix}\begin{bmatrix}x_1\\x_2\\x_3\\x_4\\x_5\end{bmatrix}=\begin{bmatrix}x_1\\\alpha\\x_3\\0\\x_5\end{bmatrix}$$

其中

$$c=\frac{x_2}{\sqrt{x_2^2+x_4^2}},\quad s=\frac{x_4}{\sqrt{x_2^2+x_4^2}},\quad \alpha=\sqrt{x_2^2+x_4^2}$$

很容易看出,这种一般的 Givens 旋转变换矩阵仍然是正交矩阵。利用一系列这样的 Givens 旋转,可依次消去向量中的非零元素,使其最终成为 $\sigma\boldsymbol{e}_1$ 的形式(达到与定理 5.19 中 Householder 变换同样的效果)。

例 5.10(Givens 旋转变换):通过一系列 Givens 旋转变换,消去下面向量中除第 1 个分量以外的分量

$$\boldsymbol{a}=\begin{bmatrix}2\\0\\1\\2\end{bmatrix}$$

【解】 首先针对向量的第一、三分量构造旋转变换矩阵 $\boldsymbol{G}_1'=\begin{bmatrix}c_1&s_1\\-s_1&c_1\end{bmatrix}$,利用式(5.17)求出 $c_1=2/\sqrt{5}$,$s_1=1/\sqrt{5}$,则

$$\boldsymbol{G}_1=\begin{bmatrix}c_1&0&s_1&0\\0&1&0&0\\-s_1&0&c_1&0\\0&0&0&1\end{bmatrix},\quad \boldsymbol{G}_1\boldsymbol{a}=\begin{bmatrix}\sqrt{5}\\0\\0\\2\end{bmatrix}$$

然后,针对向量的第一、四分量构造旋转变换矩阵 $\boldsymbol{G}_2'=\begin{bmatrix}c_2&s_2\\-s_2&c_2\end{bmatrix}$,利用式(5.17)求出 $c_2=\sqrt{5}/3$,$s_2=2/3$,则

$$\boldsymbol{G}_2=\begin{bmatrix}c_2&0&0&s_2\\0&1&0&0\\0&0&1&0\\-s_2&0&0&c_2\end{bmatrix},\quad \boldsymbol{G}_2\boldsymbol{G}_1\boldsymbol{a}=\begin{bmatrix}c_2&0&0&s_2\\0&1&0&0\\0&0&1&0\\-s_2&0&0&c_2\end{bmatrix}\begin{bmatrix}\sqrt{5}\\0\\0\\2\end{bmatrix}=\begin{bmatrix}3\\0\\0\\0\end{bmatrix}$$ ■

从例 5.10 可以看出,一般的 Givens 旋转矩阵都只有 4 个需计算的元素,而它们的值仅由两个参数 c、s 确定。并且,Givens 旋转矩阵与任意向量相乘都仅影响向量的两个分量,不会改变其他分量的值。对于所有分量均不为零的 n 维向量,要达到一次 Householder 变换的消去效果,需做 $n-1$ 次 Givens 旋转,其计算量和存储量都高于 Householder 变换。但对于非常稀疏的向量,采用 Givens 旋转显然更有效。

5.3.3 矩阵的 QR 分解

虽然讨论特征值问题时考虑的矩阵都是 n 阶方阵,但为了不失一般性,本节介绍 $m\times n$

矩阵的正交约化和 QR 分解，主要讨论基于 Householder 变换的方法。

设矩阵 $\boldsymbol{A}\in\mathbb{R}^{m\times n}$，$m\geqslant n$，考虑构造一系列初等反射阵 $\boldsymbol{H}_1,\boldsymbol{H}_2,\cdots,\boldsymbol{H}_k$，使 $\boldsymbol{H}_k\cdots\boldsymbol{H}_2\boldsymbol{H}_1\boldsymbol{A}$ 为上三角矩阵的问题。上三角矩阵的非零元分布情况如图 5-8 所示。

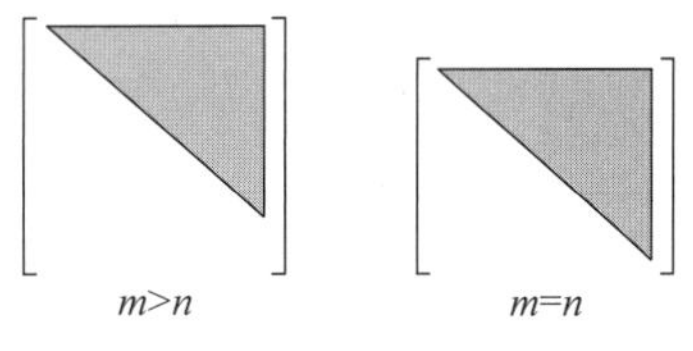

图 5-8 上三角矩阵的非零元分布情况

将矩阵 $\boldsymbol{A}$ 看成由多个列向量组成，设 $\boldsymbol{A}=[\boldsymbol{a}_1,\boldsymbol{a}_2,\cdots,\boldsymbol{a}_n]$，其中，$\boldsymbol{a}_j(1\leqslant j\leqslant n)$ 为 m 维向量。根据定理 5.19，存在初等反射矩阵 $\boldsymbol{H}_1\in\mathbb{R}^{m\times m}$，使 $\boldsymbol{H}_1\boldsymbol{a}_1=-\sigma_1\boldsymbol{e}_1^{(m)}$，这里上标$(m)$表示 m 维向量，则得

$$\boldsymbol{A}^{(2)}=\boldsymbol{H}_1\boldsymbol{A}=\begin{bmatrix}-\sigma_1 & a_{12}^{(2)} & \cdots & a_{1n}^{(2)}\\ 0 & a_{22}^{(2)} & \cdots & a_{2n}^{(2)}\\ \vdots & \vdots & & \vdots\\ 0 & a_{m2}^{(2)} & \cdots & a_{mn}^{(2)}\end{bmatrix}=\begin{bmatrix}-\sigma_1 & | & & |\\ 0 & \boldsymbol{H}_1\boldsymbol{a}_2 & \cdots & \boldsymbol{H}_1\boldsymbol{a}_n\\ \vdots & | & & |\\ 0 & | & & |\end{bmatrix}$$

接下来希望构造初等反射矩阵 $\boldsymbol{H}_2$，通过它将矩阵 $\boldsymbol{A}^{(2)}$ 第二列的对角线下方元素消为 0，即

$$\boldsymbol{H}_2\boldsymbol{H}_1\boldsymbol{a}_2=\begin{bmatrix}*\\ *\\ 0\\ \vdots\\ 0\end{bmatrix}\text{，同时还应保证 }\boldsymbol{H}_2\begin{bmatrix}-\sigma_1\\ 0\\ 0\\ \vdots\\ 0\end{bmatrix}=\begin{bmatrix}*\\ 0\\ 0\\ \vdots\\ 0\end{bmatrix}\text{，这里 * 表示非零矩阵元素。}$$

令 $\boldsymbol{H}_2=\begin{bmatrix}1 & \boldsymbol{0}^{\mathrm{T}}\\ \boldsymbol{0} & \boldsymbol{H}_2'\end{bmatrix}$，$\boldsymbol{0}$ 表示全 0 的列向量，相应地记 $\boldsymbol{A}^{(2)}=\begin{bmatrix}-\sigma_1 & \boldsymbol{r}_1^{\mathrm{T}}\\ \boldsymbol{0} & \boldsymbol{A}'^{(2)}\end{bmatrix}$，则

$$\boldsymbol{H}_2\boldsymbol{A}^{(2)}=\begin{bmatrix}1 & \boldsymbol{0}^{\mathrm{T}}\\ \boldsymbol{0} & \boldsymbol{H}_2'\end{bmatrix}\begin{bmatrix}-\sigma_1 & \boldsymbol{r}_1^{\mathrm{T}}\\ \boldsymbol{0} & \boldsymbol{A}'^{(2)}\end{bmatrix}=\begin{bmatrix}-\sigma_1 & \boldsymbol{r}_1^{\mathrm{T}}\\ \boldsymbol{0} & \boldsymbol{H}_2'\boldsymbol{A}'^{(2)}\end{bmatrix}$$

只需让 $\boldsymbol{H}_2'\boldsymbol{A}'^{(2)}$ 的第一列只有第一个元素非零，这可用类似于前面消矩阵 $\boldsymbol{A}$ 的第一列的做法达到。构造初等反射矩阵 $\boldsymbol{H}_2'\in\mathbb{R}^{(m-1)\times(m-1)}$，使 $\boldsymbol{H}_2'\boldsymbol{a}_1'^{(2)}=-\sigma_2\boldsymbol{e}_1^{(m-1)}$，其中 $\boldsymbol{a}_1'^{(2)}$ 表示 $\boldsymbol{A}'^{(2)}$ 的第一个列向量，那么

$$\boldsymbol{A}^{(3)}=\boldsymbol{H}_2\boldsymbol{A}^{(2)}=\left[\begin{array}{c:cccc}-\sigma_1 & & & \boldsymbol{r}_1^{\mathrm{T}} & \\ \hdashline 0 & -\sigma_2 & | & & |\\ 0 & 0 & \boldsymbol{H}_2'\boldsymbol{a}_2'^{(2)} & \cdots & \boldsymbol{H}_2'\boldsymbol{a}_{n-1}'^{(2)}\\ \vdots & \vdots & | & & |\\ 0 & 0 & | & & |\end{array}\right]$$

这样就实现了矩阵 $\boldsymbol{A}$ 第二列对角线下方元素的消去。注意，这样构造的 $\boldsymbol{H}_2$ 也是 $m\times m$ 的 Householder 矩阵，将构造 $\boldsymbol{H}_2'$使用的 $\boldsymbol{v}$ 向量的最开始增加一个 0 分量即得到 $\boldsymbol{H}_2$ 对应的 $\boldsymbol{v}$ 向量。

同理，对矩阵 $\boldsymbol{A}$ 的后续各列，若不满足上三角矩阵的要求，可类似地构造出 Householder 变换矩阵，实现消元操作。如果当前列满足要求，可认为变换矩阵为单位矩阵 $\boldsymbol{I}$。这样，最多做 n 次 Householder 变换，可得到矩阵 $\boldsymbol{A}^{(n+1)}$ 为上三角矩阵。

例 5.11(用 Householder 变换做正交约化)：通过 Householder 变换将矩阵 $\boldsymbol{A}$ 化为上三角矩阵

$$\boldsymbol{A} = \begin{bmatrix} 1 & 0 & 0 \\ 0 & 1 & 0 \\ 0 & 0 & 1 \\ -1 & 1 & 0 \\ -1 & 0 & 1 \\ 0 & -1 & 1 \end{bmatrix}$$

【解】 为消去 $\boldsymbol{A}$ 的第一列对角线以下的元素，取 $\sigma_1 = \| [1 \quad 0 \quad 0 \quad -1 \quad -1 \quad 0]^{\mathrm{T}} \|_2 = 1.7321$，向量 $\boldsymbol{v}_1$ 为

$$\boldsymbol{v}_1 = \boldsymbol{a}_1 + \sigma_1 \boldsymbol{e}_1 = \begin{bmatrix} 1 \\ 0 \\ 0 \\ -1 \\ -1 \\ 0 \end{bmatrix} + \begin{bmatrix} 1.7321 \\ 0 \\ 0 \\ 0 \\ 0 \\ 0 \end{bmatrix} = \begin{bmatrix} 2.7321 \\ 0 \\ 0 \\ -1 \\ -1 \\ 0 \end{bmatrix}$$

使用向量 $\boldsymbol{w}_1 = \boldsymbol{v}_1 / \| \boldsymbol{v}_1 \|_2$ 构造 Householder 矩阵 $\boldsymbol{H}_1$，经过 Householder 变换后得到

$$\boldsymbol{H}_1 \boldsymbol{A} = \begin{bmatrix} -1.7321 & 0.5774 & 0.5774 \\ 0 & 1 & 0 \\ 0 & 0 & 1 \\ 0 & 0.7887 & -0.2113 \\ 0 & -0.2113 & 0.7887 \\ 0 & -1 & 1 \end{bmatrix}$$

为消去 $\boldsymbol{H}_1\boldsymbol{A}$ 的第二列对角线下方元素，类似地取 $\sigma_2 = \| [1 \quad 0 \quad 0.7887 \quad -0.2113 \quad -1]^{\mathrm{T}} \|_2 = 1.6330$，向量 $\boldsymbol{v}_2$ 为

$$\boldsymbol{v}_2 = \begin{bmatrix} 0 \\ 1 \\ 0 \\ 0.7887 \\ -0.2113 \\ -1 \end{bmatrix} + \begin{bmatrix} 0 \\ 1.6330 \\ 0 \\ 0 \\ 0 \\ 0 \end{bmatrix} = \begin{bmatrix} 0 \\ 2.6330 \\ 0 \\ 0.7887 \\ -0.2113 \\ -1 \end{bmatrix}$$

使用向量 $\boldsymbol{w}_2 = \boldsymbol{v}_2 / \| \boldsymbol{v}_2 \|_2$ 构造 Householder 矩阵 $\boldsymbol{H}_2$，经过 Householder 变换后得到

$$\boldsymbol{H}_2 \boldsymbol{H}_1 \boldsymbol{A} = \begin{bmatrix} -1.7321 & 0.5774 & 0.5774 \\ 0 & -1.6330 & 0.8165 \\ 0 & 0 & 1 \\ 0 & 0 & 0.0332 \\ 0 & 0 & 0.7231 \\ 0 & 0 & 0.6899 \end{bmatrix}$$

为消去 $\boldsymbol{H}_2\boldsymbol{H}_1\boldsymbol{A}$ 的第三列对角线以下的元素，取 $\sigma_3 = \| [1 \quad 0.0332 \quad 0.7231 \quad 0.6899]^{\mathrm{T}} \|_2 = 1.4142$，向量 $\boldsymbol{v}_3$ 为

$$
\boldsymbol{v}_3=\begin{bmatrix}0\\0\\1\\0.0332\\0.7231\\0.6899\end{bmatrix}+\begin{bmatrix}0\\0\\1.4142\\0\\0\\0\end{bmatrix}=\begin{bmatrix}0\\0\\2.4142\\0.0332\\0.7231\\0.6899\end{bmatrix}
$$

使用向量 $\boldsymbol{w}_3=\boldsymbol{v}_3/\|\boldsymbol{v}_3\|_2$，以及相应的 Householder 变换 $\boldsymbol{H}_3$，有

$$
\boldsymbol{H}_3\boldsymbol{H}_2\boldsymbol{H}_1\boldsymbol{A}=\begin{bmatrix}-1.7321 & 0.5774 & 0.5774\\0 & -1.6330 & 0.8165\\0 & 0 & -1.4142\\0 & 0 & 0\\0 & 0 & 0\\0 & 0 & 0\end{bmatrix}
$$

这样就将矩阵 **A** 变成了上三角矩阵。■

定理 5.20(矩阵的 QR 分解)：设矩阵 $\boldsymbol{A}\in\mathbb{R}^{m\times n}(m\geqslant n)$，

(1) 存在 m 阶正交矩阵 $\boldsymbol{H}_1,\boldsymbol{H}_2,\cdots,\boldsymbol{H}_n$，其中 $\boldsymbol{H}_j(j=1,2,\cdots,n)$ 为初等反射矩阵或单位矩阵，使得 $\boldsymbol{H}_n\cdots\boldsymbol{H}_2\boldsymbol{H}_1\boldsymbol{A}=\boldsymbol{R}$，$\boldsymbol{R}\in\mathbb{R}^{m\times n}$ 为上三角矩阵。

(2) 矩阵 **A** 有 QR 分解式

$$
\boldsymbol{A}=\boldsymbol{Q}\boldsymbol{R}
$$

其中 $\boldsymbol{Q}\in\mathbb{R}^{m\times m}$ 为正交矩阵，$\boldsymbol{R}\in\mathbb{R}^{m\times n}$ 为上三角矩阵。若 **A** 为非奇异方阵，且 **R** 的对角线元素均为正，则此分解唯一。

【证明】 (1) 前面的推导过程即证明了结论(1)。

(2) $\boldsymbol{H}_n\cdots\boldsymbol{H}_2\boldsymbol{H}_1\boldsymbol{A}=\boldsymbol{R}\quad\Rightarrow\quad\boldsymbol{A}=\boldsymbol{H}_1^{-1}\cdots\boldsymbol{H}_{n-1}^{-1}\boldsymbol{H}_n^{-1}\boldsymbol{R}=\boldsymbol{H}_1\cdots\boldsymbol{H}_{n-1}\boldsymbol{H}_n\boldsymbol{R}$。

这里利用了初等反射阵的逆矩阵为自身的结论。设矩阵 $\boldsymbol{Q}=\boldsymbol{H}_1\cdots\boldsymbol{H}_{n-1}\boldsymbol{H}_n$，由于正交矩阵的乘积仍是正交矩阵，**Q** 为正交矩阵，得 $\boldsymbol{A}=\boldsymbol{Q}\boldsymbol{R}$。关于分解唯一性的结论，留给读者思考。■

注意：矩阵的 QR 分解是普遍成立的，但只有当满足特定条件时，该分解才唯一。更进一步的分析表明，若要求矩阵 **R** 的对角线元素均为正，则不同方法得到的 QR 分解有相同的 **R** 矩阵。此外，矩阵 **R** 的对角线元素也可能为 0，此种情况对应的原矩阵 **A** 不是列满秩的，即矩阵 **A** 的列向量线性相关。下面给出实现矩阵正交三角化过程的算法。

算法 5.3：基于 Householder 变换的矩阵正交三角化
输入：$\boldsymbol{A}=[\boldsymbol{a}_1,\boldsymbol{a}_2,\cdots,\boldsymbol{a}_n]$；输出：$\boldsymbol{A}$；$\boldsymbol{v}_1,\boldsymbol{v}_2,\cdots,\boldsymbol{v}_n$.
For $k=1,2,\cdots,n$

　　$\sigma_k:=\text{sign}(a_{kk})\sqrt{\sum_{j=k}^{m}a_{jk}^2}$；　　{下三角部分第 k 列的 2-范数 }

　　If $\sigma_k=a_{kk}$ **then**　　{第 k 列对角线下方已经全为 0 }

　　　　Continue with next k;

　　End

```
        v_k := [0,⋯,0,a_kk,⋯,a_mk]^T + σ_k e_k; { 构造 H_k 的向量,e_k 为 m 维向量 }
        β_k := v_k^T v_k;
        For j=k, k+1, ⋯, n                 { 对剩余各列做 Householder 变换 }
            γ_j := v_k^T a_j;
            a_j := a_j - (2γ_j/β_k) v_k;   { H_k a_j^(k) = a_j^(k) - 2(v_k^T a_j^(k) / v_k^T v_k) v_k }
        End
End
```

算法 5.3 描述了如何使用 Householder 变换将矩阵 $\boldsymbol{A}$ 约化为上三角矩阵 $\boldsymbol{R}$ 的过程,算法执行结束后矩阵 $\boldsymbol{A}$ 变成了 $\boldsymbol{R}$。该算法并没有生成 QR 分解中的矩阵 $\boldsymbol{Q}$,而得到形成一系列 Householder 矩阵所需的 $\boldsymbol{v}$ 向量(它与定义 5.8 中的 $\boldsymbol{w}$ 的关系为 $\boldsymbol{w}=\boldsymbol{v}/\|\boldsymbol{v}\|_2$),因为实际涉及的计算都是 $\boldsymbol{H}$ 与某个向量 $\boldsymbol{x}$ 的乘积,使用式(5.15)进行高效率的计算。另外,经过变换后矩阵 $\boldsymbol{A}$ 的对角线下方全为 0,为了节约存储空间,可进一步改进算法将 $\boldsymbol{v}$ 向量的非零元素存于其中。

算法 5.3 中乘除法的计算次数约为 $mn^2-\frac{n^3}{3}$,详细的分析留给感兴趣的读者思考。最后说明一点,采用一系列 Givens 旋转变换也可进行 QR 分解,它适用于对稀疏矩阵进行处理。

5.4 所有特征值的计算与 QR 算法

本节介绍计算矩阵所有特征值的方法,对部分难度较大的内容,仅讨论其主要思想以及具体做法。

要计算矩阵的全部特征值,可通过下述两个问题启发思路。

问题 1:什么样的矩阵易于求出全部特征值?

问题 2:对一般矩阵做怎样的变换能保持特征值不变?

根据定理 5.3、定理 5.4 我们知道,对角矩阵、上(下)三角矩阵的全部特征值容易求得(就是它们的对角线元素),而对于分块对角矩阵、分块上(下)三角矩阵,若对角块维数较小,也易求出所有特征值。这回答了问题 1。对于问题 2,易知相似变换 $\boldsymbol{X}^{-1}\boldsymbol{AX}$ 保持矩阵特征值不变。在实际计算中,若 $\boldsymbol{X}$ 为正交矩阵,则更好,因为正交矩阵易于求逆,而且其中元素的数量级差别不大,有关的计算是数值稳定的。

通过上述讨论,我们发现如果能通过正交相似变换将一般的矩阵转换为三角矩阵或分块三角矩阵,则可求出原矩阵的所有特征值。下面首先介绍一种收缩技术(deflation technique),它通过正交相似变换得到分块上三角矩阵,降低了待处理矩阵的阶数,从而逐步求出所有特征值,然后介绍 QR 算法,以及相关的一些实用技术。

5.4.1 收缩技术

假设已知矩阵 $\boldsymbol{A}$ 的一个特征向量 $\boldsymbol{x}_1$(如通过幂法或反幂法),可以构造正交变换将 $\boldsymbol{x}_1$ 转换为只有第一个分量不为零的向量,易知它是用上述正交变换对 $\boldsymbol{A}$ 作正交相似变换得到矩阵的特征向量。考虑到这个特征向量的特殊性,会发现 $\boldsymbol{A}$ 正交相似变换后得到的矩阵是一个分块上三角矩阵。设$\boldsymbol{x}_1$相应的特征值为λ_1，上述正交变换对应正交矩阵 $\boldsymbol{H}$，则

$$\boldsymbol{H}\boldsymbol{x}_1=\sigma\boldsymbol{e}_1$$
$$\Rightarrow\quad \boldsymbol{HAH}^{\mathrm{T}}\boldsymbol{e}_1=\boldsymbol{HA}\left(\frac{1}{\sigma}\boldsymbol{x}_1\right)=\frac{1}{\sigma}\boldsymbol{HAx}_1=\frac{1}{\sigma}\boldsymbol{H}\lambda_1\boldsymbol{x}_1=\frac{\lambda_1}{\sigma}(\sigma\boldsymbol{e}_1)=\lambda_1\boldsymbol{e}_1$$

由于 $\boldsymbol{e}_1=[1,0,\cdots,0]^{\mathrm{T}}$，上式中 $\boldsymbol{HAH}^{\mathrm{T}}\boldsymbol{e}_1$ 即矩阵 $\boldsymbol{HAH}^{\mathrm{T}}$的第一列。因此有

$$\boldsymbol{HAH}^{\mathrm{T}}=\begin{bmatrix}\lambda_1 & \boldsymbol{r}_1^{\mathrm{T}}\\ \boldsymbol{0} & \boldsymbol{A}_1\end{bmatrix}$$

其中 $\boldsymbol{A}_1\in\mathbb{R}^{(n-1)\times(n-1)}$，$\boldsymbol{r}_1\in\mathbb{R}^{(n-1)}$。因为正交相似变换不改变矩阵特征值，所以求矩阵 $\boldsymbol{A}$ 的其余特征值变为求 $n-1$ 阶矩阵 $\boldsymbol{A}_1$ 的特征值。更进一步，若 λ_2 是 $\boldsymbol{A}_1$ 的一个特征值(假设 $\lambda_2\neq\lambda_1$)，且对应的特征向量为 $\boldsymbol{y}_2$，则可证明

$$\boldsymbol{x}_2=\boldsymbol{H}\begin{bmatrix}\alpha\\ \boldsymbol{y}_2\end{bmatrix},\quad 其中\ \alpha=\frac{\boldsymbol{r}_1^{\mathrm{T}}\boldsymbol{y}_2}{\lambda_2-\lambda_1}$$

是 $\boldsymbol{A}$ 的与 λ_2 对应的特征向量。

例 5.12(收缩技术)：已知矩阵

$$\boldsymbol{A}=\begin{bmatrix}3 & -1 & 1\\ 2 & 0 & 1\\ 1 & -1 & 2\end{bmatrix}$$

的一个特征值和特征向量分别是 $\lambda_1=2$，$\boldsymbol{x}_1=[1,1,0]^{\mathrm{T}}$，求它的其他特征值。

使用 Householder 变换对 $\boldsymbol{x}_1$ 进行消元，相应的 $\sigma=\sqrt{2}=1.4142$，所以构造 Householder 矩阵 $\boldsymbol{H}$ 所需的向量$\boldsymbol{v}$ 为

$$\boldsymbol{v}=\boldsymbol{x}_1+\sigma\boldsymbol{e}_1=\begin{bmatrix}2.4142\\ 1\\ 0\end{bmatrix}\quad\Rightarrow\quad \boldsymbol{w}=\boldsymbol{v}/\|\boldsymbol{v}\|_2=\begin{bmatrix}0.9239\\ 0.3827\\ 0\end{bmatrix}$$
$$\Rightarrow\boldsymbol{H}=\begin{bmatrix}-0.7072 & -0.7072 & 0\\ -0.7072 & 0.7072 & 0\\ 0 & 0 & 1\end{bmatrix}$$

所以可求出

$$\boldsymbol{HAH}^{\mathrm{T}}=\begin{bmatrix}2 & 3 & -1.4142\\ 0 & 1 & 0\\ 0 & -1.4142 & 2\end{bmatrix}$$

矩阵 $\boldsymbol{A}$ 的其他特征值通过矩阵 $\boldsymbol{A}_1=\begin{bmatrix}1 & 0\\ -1.4142 & 2\end{bmatrix}$求得，通过定义易知矩阵 $\boldsymbol{A}_1$ 的特征值分别为 1 和 2。所以，矩阵 $\boldsymbol{A}$ 的特征值为 $\lambda_1=2$(二重特征值)，$\lambda_2=1$。■

注意：计算 $\boldsymbol{HAH}^{\mathrm{T}}$ 时实际上不需要真正生成 Householder 矩阵，可先计算 $\boldsymbol{B}=\boldsymbol{HA}$，然后计算 $\boldsymbol{HAH}^{\mathrm{T}}=(\boldsymbol{HB}^{\mathrm{T}})^{\mathrm{T}}$。这样，基本的计算都转换为对若干列向量做 Householder 变换，因此只要得到构造 Householder 矩阵所需的向量$\boldsymbol{v}$ 即可，然后利用式(5.15)计算。

5.4.2　基本 QR 算法

虽然幂法与收缩技术结合后能够求出矩阵的所有特征值，但每算一个特征值都需要迭

代很多步,效率不高(甚至可能迭代不收敛),而且随着计算误差的积累,得到的特征值会越来越不准确。下面介绍的QR算法是计算中小规模矩阵所有特征值的稳定、有效的方法,也是"20世纪十大算法"之一。

QR算法的基本思路是:通过一系列正交相似变换 $\boldsymbol{B}=\boldsymbol{Q}^{\mathrm{T}}\boldsymbol{A}\boldsymbol{Q}$,逐渐将一般矩阵 $\boldsymbol{A}$ 化为上三角或对角块阶数很小的分块上三角矩阵,然后求出所有特征值。首先介绍QR算法的理论基础。

定义 5.10:设 $\boldsymbol{A}\in\mathbb{R}^{n\times n}$,若 $\boldsymbol{A}$ 为分块上三角矩阵,且对角块为1阶或2阶矩阵,则称 $\boldsymbol{A}$ 为拟上三角矩阵(quasi-upper triangular matrix),也称为实Schur型(real Schur form)。

定理 5.21(实Schur分解):设 $\boldsymbol{A}\in\mathbb{R}^{n\times n}$,则存在正交矩阵 $\boldsymbol{Q}\in\mathbb{R}^{n\times n}$,使

$$\boldsymbol{Q}^{\mathrm{T}}\boldsymbol{A}\boldsymbol{Q}=\boldsymbol{S}$$

其中 $\boldsymbol{S}\in\mathbb{R}^{n\times n}$ 为拟上三角矩阵,并且 $\boldsymbol{S}$ 的1阶对角块就是 $\boldsymbol{A}$ 的实特征值,2阶对角块的特征值是 $\boldsymbol{A}$ 的两个共轭复特征值。等式 $\boldsymbol{A}=\boldsymbol{Q}\boldsymbol{S}\boldsymbol{Q}^{\mathrm{T}}$ 称为矩阵 $\boldsymbol{A}$ 的实Schur分解(舒尔分解)。

定理5.21表明了正交相似变换可能达到的最佳效果,实际的QR算法则通过迭代计算过程求出拟上三角矩阵 $\boldsymbol{S}$,其基本计算过程如下。

取 $\boldsymbol{A}_0=\boldsymbol{A}$,则迭代计算的第 k 步为($k=0, 1, 2, \cdots$):首先将 $\boldsymbol{A}_k$ 做QR分解

$$\boldsymbol{A}_k=\boldsymbol{Q}_k\boldsymbol{R}_k \tag{5.18}$$

得到矩阵 $\boldsymbol{Q}_k$、$\boldsymbol{R}_k$,将它们颠倒次序相乘,得到新的矩阵

$$\boldsymbol{A}_{k+1}=\boldsymbol{R}_k\boldsymbol{Q}_k \tag{5.19}$$

这样生成一个矩阵序列 $\{\boldsymbol{A}_k\}$。由式(5.18)、式(5.19)推出

$$\boldsymbol{A}_{k+1}=\boldsymbol{Q}_k^{\mathrm{T}}\boldsymbol{A}_k\boldsymbol{Q}_k$$

因此,序列 $\{\boldsymbol{A}_k\}$ 中所有矩阵都是正交相似的。下面的定理说明了QR算法的收敛性。

定理 5.22:设 $\boldsymbol{A}\in\mathbb{R}^{n\times n}$,如果同时满足下面3个条件:

(1) $\boldsymbol{A}$ 为非亏损矩阵(有完备的特征向量集合)。

(2) $\boldsymbol{A}$ 的等模特征值只有实重特征值,或多重复的共轭特征值两种情况(除非是复共轭特征值对,否则值不同的特征值其模也不相等)。

(3) 设 $\boldsymbol{A}$ 的特征值分解为 $\boldsymbol{A}=\boldsymbol{X}\Lambda\boldsymbol{X}^{-1}$,$\boldsymbol{X}^{-1}$ 的各阶顺序主子式均不为0。

那么,QR算法[式(5.18)、式(5.19)]产生的序列 $\{\boldsymbol{A}_k\}$"基本收敛"于拟上三角矩阵。这里,"基本收敛"的含义是:$\boldsymbol{A}_k$ 对角线或2阶对角块的下方元素收敛到0,而对角线或对角块元素有极限。

事实上,如果 $\boldsymbol{A}$ 的特征值为绝对值各不相同的实数,则QR算法产生的序列 $\{\boldsymbol{A}_k\}$"基本收敛"于上三角矩阵,对角线元素即为 $\boldsymbol{A}$ 的特征值。容易证明,正交相似变换是保持矩阵的对称性的,因此若 $\boldsymbol{A}$ 为满足定理5.22条件的实对称矩阵(自然满足条件(1)),则QR算法产生的序列 $\{\boldsymbol{A}_k\}$ 收敛到对角矩阵。

定理5.21、定理5.22的证明超出了本书的讲解范围。下面给出基本的QR算法。

算法 5.4:计算矩阵特征值的QR算法

输入:$\boldsymbol{A}$;输出:$\lambda_1, \lambda_2, \cdots, \lambda_n$.

While $\boldsymbol{A}$ 不是拟上三角阵 **do**

  计算 $\boldsymbol{A}$ 的QR分解,得到矩阵 $\boldsymbol{Q}$ 和 $\boldsymbol{R}$

$\boldsymbol{A}:=\boldsymbol{RQ}$;

End

根据 $\boldsymbol{A}$ 的对角线元素或 2 阶对角块求特征值 $\lambda_1,\lambda_2,\cdots,\lambda_n$

例 5.13(QR 算法):为说明如何使用 QR 算法求矩阵特征值,对实对称矩阵

$$\boldsymbol{A}=\begin{bmatrix}2.9766 & 0.3945 & 0.4198 & 1.1159\\ 0.3945 & 2.7328 & -0.3097 & 0.1129\\ 0.4198 & -0.3097 & 2.5675 & 0.6079\\ 1.1159 & 0.1129 & 0.6079 & 1.7231\end{bmatrix}$$

进行 QR 迭代。已知矩阵 $\boldsymbol{A}$ 的特征值为 $\lambda_1=4,\lambda_2=3,\lambda_3=2,\lambda_4=1$。计算其 QR 分解并交换顺序相乘得

$$\boldsymbol{A}_1=\begin{bmatrix}3.7703 & 0.1745 & 0.5126 & -0.3934\\ 0.1745 & 2.7675 & -0.3872 & 0.0539\\ 0.5126 & -0.3872 & 2.4019 & -0.1241\\ -0.3934 & 0.0539 & -0.1241 & 1.0603\end{bmatrix}$$

再做几次迭代,依次得到

$$\boldsymbol{A}_2=\begin{bmatrix}3.9436 & 0.0143 & 0.3046 & 0.1038\\ 0.0143 & 2.8737 & -0.3362 & -0.0285\\ 0.3046 & -0.3362 & 2.1785 & 0.0083\\ 0.1038 & -0.0285 & 0.0083 & 1.0042\end{bmatrix}$$

$$\boldsymbol{A}_3=\begin{bmatrix}3.9832 & -0.0356 & 0.1611 & -0.0262\\ -0.0356 & 2.9421 & -0.2432 & 0.0098\\ 0.1611 & -0.2432 & 2.0743 & 0.0047\\ -0.0262 & 0.0098 & 0.0047 & 1.0003\end{bmatrix}$$

$$\boldsymbol{A}_4=\begin{bmatrix}3.9941 & -0.0430 & 0.0823 & 0.0066\\ -0.0430 & 2.9748 & -0.1660 & -0.0032\\ 0.0823 & -0.1660 & 2.0311 & -0.0037\\ 0.0066 & -0.0032 & -0.0037 & 1.0000\end{bmatrix}$$

$$\boldsymbol{A}_5=\begin{bmatrix}3.9976 & -0.0378 & 0.0415 & -0.0016\\ -0.0378 & 2.9892 & -0.1113 & 0.0010\\ 0.0415 & -0.1113 & 2.0132 & 0.0021\\ -0.0016 & 0.0010 & 0.0021 & 1.0000\end{bmatrix}$$

$$\boldsymbol{A}_6=\begin{bmatrix}3.9988 & -0.0302 & 0.0209 & 0.0004\\ -0.0302 & 2.9954 & -0.0742 & -0.0003\\ 0.0209 & -0.0742 & 2.0006 & 0.0011\\ -0.004 & 0.0003 & -0.0011 & 1.0000\end{bmatrix}$$

可以看出,此时大多数非对角元素的值都已很小,而对角元素已非常接近 $\boldsymbol{A}$ 的特征值。 ■

5.4.3 实用 QR 算法的有关技术

为了进一步提高 QR 算法的计算效率和适用范围,还需考虑以下 3 个问题。

(1) 如何减小每步迭代的计算量(尤其当 $\boldsymbol{A}$ 为稠密矩阵时)?

(2) 如何提高序列$\{\boldsymbol{A}_k\}$的收敛速度?

(3) 对不满足定理 5.22 特征值分布要求的矩阵,能否保证算法"收敛"?

下面介绍两个与 QR 算法结合使用的实用技术。

1. 将矩阵化简为上 Hessenberg 矩阵

基本思路是:先通过 Householder 变换将一般的矩阵 $\boldsymbol{A}$ 正交相似变换为上 Hessenberg 矩阵,然后用 QR 算法求上 Hessenberg 矩阵的特征值,便得到原矩阵的特征值。

定义 5.11:对于矩阵 $\boldsymbol{A}=(a_{kj})_{n\times n}$,若 $k>j+1$ 时,$a_{kj}=0$,则称矩阵 $\boldsymbol{A}$ 为上 Hessenberg 矩阵(上黑森伯格矩阵)。

上 Hessenberg 矩阵与上三角矩阵的区别在于,其紧邻主对角线下方的副对角线上的元素不全为 0。图 5-9 显示了一个 4 阶上 Hessenberg 矩阵的威尔金森图。

由于上 Hessenberg 矩阵的非零元分布特点,对它进行 QR 分解时应使用 Givens 旋转变换。可以证明,对上 Hessenberg 矩阵 $\boldsymbol{A}_k$ 执行 QR 算法的一步迭代,得到的 $\boldsymbol{A}_{k+1}$ 仍为上 Hessenberg 矩阵。因此,QR 算法每步迭代的计算复杂度将由 $O(n^3)$降为 $O(n^2)$,n 为矩阵的阶数。

$$\begin{bmatrix} \times & \times & \times & \times \\ \times & \times & \times & \times \\ & \times & \times & \times \\ & & \times & \times \end{bmatrix}$$

图 5-9 一个上 Hessenberg 矩阵的威尔金森图

下面看如何使用 Householder 变换将一般矩阵化为上 Hessenberg 矩阵(此方法也称为"Householder 方法")。具体步骤如下。

第(1)步,将矩阵 $\boldsymbol{A}$ 看成 2×2 分块阵,$\boldsymbol{A}=\begin{bmatrix} a_{11} & \boldsymbol{r}_1^{\mathrm{T}} \\ \boldsymbol{c}_1 & \boldsymbol{A}_{22}^{(1)} \end{bmatrix}$,其中 $\boldsymbol{c}_1$、$\boldsymbol{r}_1$ 为 $n-1$ 维向量,可用 $n-1$ 阶初等反射矩阵 $\boldsymbol{H}_1'$将 $\boldsymbol{c}_1$ 变为 $\gamma_1\boldsymbol{e}_1^{(n-1)}$,这里上标$(n-1)$标记 $\boldsymbol{e}_1^{(n-1)}$ 为 $n-1$ 维向量。构造 n 阶初等反射矩阵 $\boldsymbol{H}_1$ 为 2×2 分块阵,$\boldsymbol{H}_1=\begin{bmatrix} 1 & \boldsymbol{0}^{\mathrm{T}} \\ \boldsymbol{0} & \boldsymbol{H}_1' \end{bmatrix}$,则

$$\boldsymbol{H}_1\boldsymbol{A}=\begin{bmatrix} a_{11} & \boldsymbol{r}_1^{\mathrm{T}} \\ \gamma_1\boldsymbol{e}_1^{(n-1)} & \boldsymbol{H}_1'\boldsymbol{A}_{22}^{(1)} \end{bmatrix}$$

$$\boldsymbol{H}_1\boldsymbol{A}\boldsymbol{H}_1=\begin{bmatrix} a_{11} & \boldsymbol{r}_1^{\mathrm{T}}\boldsymbol{H}_1' \\ \gamma_1\boldsymbol{e}_1^{(n-1)} & \boldsymbol{H}_1'\boldsymbol{A}_{22}^{(1)}\boldsymbol{H}_1' \end{bmatrix}$$

令 $\boldsymbol{A}^{(2)}=\boldsymbol{H}_1\boldsymbol{A}\boldsymbol{H}_1$,它的第一列已符合上 Hessenberg 矩阵的要求:

$$\boldsymbol{A}^{(2)}=\begin{bmatrix} a_{11} & a_{12}^{(2)} & a_{13}^{(2)} & \cdots & a_{1n}^{(2)} \\ \gamma_1 & a_{22}^{(2)} & a_{23}^{(2)} & \cdots & a_{2n}^{(2)} \\ 0 & a_{32}^{(2)} & a_{33}^{(2)} & \cdots & a_{3n}^{(2)} \\ \vdots & \vdots & \vdots & \ddots & \vdots \\ 0 & a_{n2}^{(2)} & a_{n3}^{(2)} & \cdots & a_{nn}^{(2)} \end{bmatrix}$$

第(2)步，将矩阵 $\boldsymbol{A}^{(2)}$ 看成 2×2 分块矩阵，$\boldsymbol{A}^{(2)}=\begin{bmatrix}\boldsymbol{A}_{11}^{(2)} & \boldsymbol{A}_{12}^{(2)}\\ \boldsymbol{A}_{21}^{(2)} & \boldsymbol{A}_{22}^{(2)}\end{bmatrix}$，其中 $\boldsymbol{A}_{11}^{(2)}$ 为 2×2 矩阵，$\boldsymbol{A}_{21}^{(2)}$ 的两列向量中只有第二列不是零向量，可通过一个 $n-2$ 阶初等反射阵 $\boldsymbol{H}'_2$ 将其变为 $\gamma_2\boldsymbol{e}_1^{(n-2)}$，由此构造出 Householder 矩阵 $\boldsymbol{H}_2=\begin{bmatrix}\boldsymbol{I}_2 & \boldsymbol{O}^{\mathrm{T}}\\ \boldsymbol{O} & \boldsymbol{H}'_2\end{bmatrix}$，

$$\boldsymbol{H}_2\boldsymbol{A}^{(2)}\boldsymbol{H}_2=\begin{bmatrix}\boldsymbol{A}_{11}^{(2)} & \boldsymbol{A}_{12}^{(2)}\boldsymbol{H}'_2\\ \boldsymbol{H}'_2\boldsymbol{A}_{21}^{(2)} & \boldsymbol{H}'_2\boldsymbol{A}_{22}^{(2)}\boldsymbol{H}'_2\end{bmatrix}=\left[\begin{array}{cc:ccccc} a_{11} & a_{12}^{(2)} & a_{13}^{(3)} & \cdots & \cdots & a_{1n}^{(3)}\\ \gamma_1 & a_{22}^{(2)} & a_{23}^{(3)} & \cdots & \cdots & a_{2n}^{(3)}\\ \hdashline 0 & \gamma_2 & a_{33}^{(3)} & \cdots & \cdots & a_{3n}^{(3)}\\ 0 & 0 & \vdots & \ddots & & \vdots\\ \vdots & \vdots & \vdots & & \ddots & \vdots\\ 0 & 0 & a_{n3}^{(3)} & \cdots & \cdots & a_{nn}^{(3)}\end{array}\right]$$

令 $\boldsymbol{A}^{(3)}=\boldsymbol{H}_2\boldsymbol{A}^{(2)}\boldsymbol{H}_2$，则它的前两列已符合上 Hessenberg 矩阵的要求。依此类推，共经过 $n-2$ 步正交相似变换，可得到上 Hessenberg 矩阵 $\boldsymbol{A}^{(n-1)}$。应注意的是，若原始矩阵 $\boldsymbol{A}$ 为实对称矩阵，则经过上述 Householder 方法的结果是对称的三对角矩阵。

对于上 Hessenberg 矩阵或对称三对角矩阵，执行 QR 迭代算法时并不需要算出 QR 分解中的矩阵 $\boldsymbol{Q}$，而应通过一系列 Givens 旋转变换得到下一步迭代矩阵。假设将上 Hessenberg 矩阵 $\boldsymbol{A}_k$ 变换为上三角矩阵的过程为(设 $\boldsymbol{G}_1,\boldsymbol{G}_2,\cdots,\boldsymbol{G}_{n-1}$ 为 Givens 旋转矩阵)

$$\boldsymbol{G}_{n-1}\cdots\boldsymbol{G}_2\boldsymbol{G}_1\boldsymbol{A}_k=\boldsymbol{R}_k\quad\Rightarrow\quad\boldsymbol{Q}_k=(\boldsymbol{G}_{n-1}\cdots\boldsymbol{G}_2\boldsymbol{G}_1)^{\mathrm{T}}$$

那么，

$$\begin{aligned}\boldsymbol{A}_{k+1}&=\boldsymbol{R}_k\boldsymbol{Q}_k=\boldsymbol{G}_{n-1}\cdots\boldsymbol{G}_2\boldsymbol{G}_1\boldsymbol{A}_k(\boldsymbol{G}_{n-1}\cdots\boldsymbol{G}_2\boldsymbol{G}_1)^{\mathrm{T}}\\&=\boldsymbol{G}_{n-1}\cdots\boldsymbol{G}_2\boldsymbol{G}_1\boldsymbol{A}_k\boldsymbol{G}_1^{\mathrm{T}}\boldsymbol{G}_2^{\mathrm{T}}\cdots\boldsymbol{G}_{n-1}^{\mathrm{T}}\end{aligned}$$

也就是说，从左边和右边对 $\boldsymbol{A}_k$ 做第一系列 Givens 旋转变换，得到下一步迭代矩阵 $\boldsymbol{A}_{k+1}$。因此，实际计算时只需记录用到的 Givens 旋转变换的参数。

将矩阵化简为上 Hessenberg 矩阵具有如下两点好处。

(1) 大大减少 QR 算法每步迭代的计算量。若 $\boldsymbol{A}$ 为对称矩阵，则化简后的结果为三对角矩阵，后续 QR 迭代的计算量更节省。

(2) 由于只需使少量的非零元收敛到 0，QR 迭代所需的迭代步数也将减小。

2. 带原点位移的 QR 算法

可将原点位移技术与 QR 算法结合，通过原点位移改变做 QR 分解的矩阵，它一方面能提高迭代收敛速度，另一方面也使 QR 算法对更一般的矩阵收敛。

原点位移技术分为“单位移”和“双位移”两种，分别适合于实对称矩阵与一般的非对称矩阵。下面简要介绍面向实对称矩阵的单位移技术。

设 $s_k\in\mathbb{R}$，$k=0,1,2,\cdots$，为第 k 步迭代的位移因子，则带位移的 QR 算法迭代计算公式为

$$\begin{cases}\boldsymbol{Q}_k\boldsymbol{R}_k=\boldsymbol{A}_k-s_k\boldsymbol{I} & (\text{做 QR 分解})\\ \boldsymbol{A}_{k+1}=\boldsymbol{R}_k\boldsymbol{Q}_k+s_k\boldsymbol{I}\end{cases},\quad(k=1,2,\cdots)\tag{5.20}$$

由于 $\boldsymbol{A}_{k+1}=\boldsymbol{R}_k\boldsymbol{Q}_k+s_k\boldsymbol{I}=\boldsymbol{Q}_k^{\mathrm{T}}(\boldsymbol{A}_k-s_k\boldsymbol{I})\boldsymbol{Q}_k+s_k\boldsymbol{I}=\boldsymbol{Q}_k^{\mathrm{T}}\boldsymbol{A}_k\boldsymbol{Q}_k$，因此得到的矩阵序列 $\{\boldsymbol{A}_k\}$ 仍是两两正交相似的。此时考虑的矩阵 $\boldsymbol{A}_k$ 是经过 Householder 方法约化得到的三对角矩阵，实践中发现，矩阵元素 $a_{n,n-1}\to 0$ 的速度最快，因此 $a_{n,n}$ 最先收敛到特征值。类似于反幂法中位

移值的选取,一种简单的策略是取 $s_k = \boldsymbol{A}_k(n,n)$,即 $\boldsymbol{A}_k$ 的第 n 行、第 n 列元素。采用这种技术将加快矩阵元素 $a_{n,n-1}$ 的收敛,一旦它足够接近 0,迭代矩阵就变为分块对角矩阵,只需对删除了第 n 行、第 n 列而得到的子矩阵求所有特征值。

例 5.14(简单原点位移策略):使用简单原点位移策略重新计算例 5.13。采用式(5.20)进行迭代,并且取 $s_k = \boldsymbol{A}_k(n,n)$,则得到矩阵序列的前几项为

$$\boldsymbol{A}_1 = \begin{bmatrix} 3.8816 & -0.0179 & 0.2355 & 0.5065 \\ -0.0179 & 2.9528 & -0.2134 & -0.1602 \\ 0.2355 & -0.2134 & 2.0404 & -0.0950 \\ 0.5065 & -0.1602 & -0.0950 & 1.1252 \end{bmatrix}$$

$$\boldsymbol{A}_2 = \begin{bmatrix} 3.9945 & -0.0606 & 0.0499 & 0.0233 \\ -0.0606 & 2.9964 & -0.0882 & -0.0103 \\ 0.0499 & -0.0882 & 2.0081 & -0.0252 \\ 0.0233 & -0.0103 & -0.0252 & 1.0009 \end{bmatrix}$$

$$\boldsymbol{A}_3 = \begin{bmatrix} 3.9980 & -0.0426 & 0.0165 & 0.0000 \\ -0.0426 & 3.0000 & -0.0433 & -0.0000 \\ 0.0165 & -0.0433 & 2.0020 & -0.0000 \\ 0.0000 & -0.0000 & -0.0000 & 1.0000 \end{bmatrix}$$

与例 5.13 中的结果进行对比,采用原点位移技术后,只迭代三步,最后一个对角元就收敛到了特征值。接下来只需考虑左上角部分的 3 阶主子阵,求其他的特征值。

总结上述讨论,给出一种采用简单的单位移策略的实用 QR 算法。

算法 5.5:一种计算实对称矩阵特征值的实用 QR 算法

输入:$\boldsymbol{A}, n$;输出:$\lambda_1, \lambda_2, \cdots, \lambda_n$.

利用 Householder 变换将矩阵 $\boldsymbol{A}$ 化简为三对角矩阵;

$k := n$;　　　　{对 $\boldsymbol{A}$ 的前 k 行、k 列执行 QR 算法}

While $k > 1$ 并且 $a_{k,k-1} \neq 0$ **do**

　　$s := a_{kk}$;

　　For $j = 1, 2, \cdots, k$　{计算 $\boldsymbol{A}(1:k,1:k) - s\boldsymbol{I}$, $\boldsymbol{A}(1:k,1:k)$ 为 $\boldsymbol{A}$ 的 k 阶顺序主子矩阵}

　　　　$a_{jj} := a_{jj} - s$;

　　End

　　用 Givens 旋转将 $\boldsymbol{A}(1:k,1:k)$ 化为上三角矩阵,得到旋转矩阵 $\boldsymbol{G}_j (j = 1, \cdots, k-1)$ 的参数 c_j, s_j;

　　For $j = 1, 2, \cdots, k-1$　　　　{计算 $\boldsymbol{RQ} = \boldsymbol{RG}_1^{\mathrm{T}} \cdots \boldsymbol{G}_{n-1}^{\mathrm{T}}$}

　　　　$\boldsymbol{A}(1:k,1:k) := \boldsymbol{A}(1:k,1:k)\boldsymbol{G}_j^{\mathrm{T}}$;　　{执行列的 Givens 旋转}

　　End

　　For $j = 1, 2, \cdots, k$　　　　{计算 $\boldsymbol{A}(1:k,1:k) + s\boldsymbol{I}$}

　　　　$a_{jj} := a_{jj} + s$;

　　End

　　If $a_{k,k-1} = 0$, **then**

　　　　$k := k-1$;

　　End

End

$\boldsymbol{A}$ 的对角元就是待求的特征值 $\lambda_1, \lambda_2, \cdots, \lambda_n$

原点位移技术还能改善 QR 算法的适用范围。对于实对称矩阵，Wilkinson 给出了一种单位移策略，并证明了使用它后 QR 迭代过程一定能收敛到对角矩阵。对于实非对称矩阵，可能存在一对复共轭特征值，因此要使用双位移技术，一般总能使 QR 迭代算法收敛到拟上三角矩阵。关于 QR 迭代中使用的位移技术的更多介绍，参见文献[9]、[15]、[16]、[35]。

将 QR 算法计算实矩阵特征值的过程总结为图 5-10，其中包括实矩阵 $\boldsymbol{A}$ 为非对称矩阵和对称矩阵两种情况。图 5-10 显示，整个计算过程分为两个阶段：第一阶段使用 Householder 方法将矩阵变换为上 Hessenberg 矩阵（或三对角矩阵）；第二阶段通过 QR 迭代逐渐使矩阵变为拟上三角矩阵（或对角矩阵）。

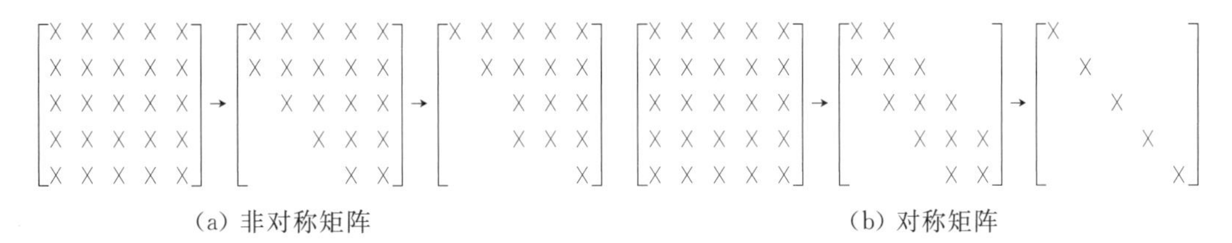

图 5-10　用 QR 算法计算实矩阵特征值的过程示意图（以 5×5 矩阵为例）

一旦算出了矩阵的特征值，可使用反幂法求出对应的特征向量，也可以在 QR 迭代计算过程中记录 $\boldsymbol{Q}$ 矩阵，将它们连乘起来就得到所有的特征向量。有关的详细讨论参见文献[15]、[16]、[21]。

5.5　奇异值分解简介

矩阵的奇异值分解号称数值计算领域的“瑞士军刀”，用途非常广泛。奇异值分解的相关概念可以看作是特征值相关概念在一般矩阵上的推广，其计算方法也可由算矩阵特征值的方法导出。本节将介绍有关的重要概念和定理，并简略介绍计算奇异值分解的算法。

5.5.1　基本概念与奇异值分解定理

定义 5.12：矩阵 $\boldsymbol{A}=(a_{kj})\in\mathbb{R}^{m\times n}$，若非负实数 σ 和相应的一对非零向量 $\boldsymbol{u}\in\mathbb{R}^m$，$\boldsymbol{v}\in\mathbb{R}^n$ 满足

$$\begin{cases}\boldsymbol{A}\boldsymbol{v}=\sigma\boldsymbol{u}\\ \boldsymbol{A}^{\mathrm{T}}\boldsymbol{u}=\sigma\boldsymbol{v}\end{cases}\tag{5.21}$$

则称 σ 为 $\boldsymbol{A}$ 的奇异值(singular value)，向量 $\boldsymbol{u}$ 和 $\boldsymbol{v}$ 分别为矩阵 $\boldsymbol{A}$ 对应于 σ 的*左奇异向量*(left singular vector)和*右奇异向量*(right singular vector)。

对这个定义说明两点。

(1) 式(5.21)的第二个方程等价于$\boldsymbol{u}^{\mathrm{T}}\boldsymbol{A}=\sigma\,\boldsymbol{v}^{\mathrm{T}}$，其中行向量$\boldsymbol{u}^{\mathrm{T}}$乘在矩阵$\boldsymbol{A}$的左边。这也是我们称$\boldsymbol{u}$为左奇异向量的原因。

(2) 将任意一对左/右奇异向量乘以一个相同的数,式(5.21)仍然成立。因此,一个奇异值对应的左/右奇异向量有无穷多对,与特征向量的情形类似,它们各自形成线性子空间。一般地,我们总是考虑(2-范数)单位长度的奇异向量,即$\|\boldsymbol{u}\|=\|\boldsymbol{v}\|=1$。

下面的奇异值分解定理告诉我们,任意实矩阵$\boldsymbol{A}\in\mathbb{R}^{m\times n}$都有$\min\{m,n\}$个奇异值及其对应的左/右奇异向量对,且这些左奇异向量相互正交,右奇异向量也相互正交。

定理5.23(奇异值分解):任意矩阵$\boldsymbol{A}\in\mathbb{R}^{m\times n}$一定可以分解为

$$\boldsymbol{A}=\boldsymbol{U}\boldsymbol{\Sigma}\boldsymbol{V}^{\mathrm{T}} \tag{5.22}$$

其中$\boldsymbol{U}\in\mathbb{R}^{m\times m}$，$\boldsymbol{V}\in\mathbb{R}^{n\times n}$都是正交矩阵,$\boldsymbol{\Sigma}\in\mathbb{R}^{m\times n}$为对角矩阵,其对角元$\sigma_k\geqslant 0$, $k=1, 2, \cdots, \min\{m, n\}$，且按递减顺序排列。

【证明】 不失一般性,只需要对$m\geqslant n$的情况进行证明。考虑矩阵$\boldsymbol{A}^{\mathrm{T}}\boldsymbol{A}$，它是一个$n$阶实对称矩阵,由定理3.3知它有特征值分解:

$$\boldsymbol{A}^{\mathrm{T}}\boldsymbol{A}=\boldsymbol{V}\boldsymbol{\Lambda}\boldsymbol{V}^{\mathrm{T}}$$

其中,$\boldsymbol{V}\in\mathbb{R}^{n\times n}$为正交矩阵,因为$\boldsymbol{A}^{\mathrm{T}}\boldsymbol{A}$也是对称半正定的,对角矩阵$\boldsymbol{\Lambda}$的对角元均非负。显然,可以调整矩阵$\boldsymbol{V}$各列的顺序,使得$\boldsymbol{\Lambda}$的对角元按数值递减的顺序排列,不妨设前$r$个对角元大于0,而其他为0。下面分两种情况讨论。

(1) $r=n$,即$\boldsymbol{\Lambda}$为非奇异对角矩阵。

设$\boldsymbol{\Lambda}=\boldsymbol{\Sigma}_r^2$，其中$\boldsymbol{\Sigma}_r$为$r\times r$对角矩阵,且其对角元为$\sigma_1\geqslant\sigma_2\geqslant\cdots\geqslant\sigma_r>0$,则

$$\boldsymbol{A}^{\mathrm{T}}\boldsymbol{A}=\boldsymbol{V}\,\boldsymbol{\Sigma}_r\,\boldsymbol{\Sigma}_r\,\boldsymbol{V}^{\mathrm{T}}\quad\Rightarrow\quad\boldsymbol{\Sigma}_r^{-1}\,\boldsymbol{V}^{\mathrm{T}}\,\boldsymbol{A}^{\mathrm{T}}\boldsymbol{A}\boldsymbol{V}\,\boldsymbol{\Sigma}_r^{-1}=\boldsymbol{I}$$

设$m\times n$矩阵

$$\boldsymbol{U}_1=\boldsymbol{A}\boldsymbol{V}\,\boldsymbol{\Sigma}_r^{-1} \tag{5.23}$$

则$\boldsymbol{U}_1^{\mathrm{T}}\boldsymbol{U}_1=\boldsymbol{I}$，这表明$\boldsymbol{U}_1$各列的2-范数为1且相互正交(即为列正交矩阵,orthonormal matrix)。那么,根据$\boldsymbol{U}_1$各列可以再扩充出$m-n$个单位正交向量,得到m阶正交矩阵$\boldsymbol{U}=[\boldsymbol{U}_1\quad\boldsymbol{U}_2]$。构造$m\times n$矩阵$\boldsymbol{\Sigma}=\begin{bmatrix}\boldsymbol{\Sigma}_r\\\boldsymbol{O}\end{bmatrix}$，利用式(5.23)可推出:

$$\boldsymbol{U}\boldsymbol{\Sigma}\boldsymbol{V}^{\mathrm{T}}=\boldsymbol{U}_1\,\boldsymbol{\Sigma}_r\,\boldsymbol{V}^{\mathrm{T}}=\boldsymbol{A}$$

(2) $r<n$,即$\boldsymbol{\Lambda}$为奇异对角矩阵。

设$\boldsymbol{\Lambda}=\begin{bmatrix}\boldsymbol{\Sigma}_r^2 & \\ & \boldsymbol{O}\end{bmatrix}$，其中$\boldsymbol{\Sigma}_r$为$r\times r$对角矩阵,且其对角元为$\sigma_1\geqslant\sigma_2\geqslant\cdots\geqslant\sigma_r>0$。设矩阵$\boldsymbol{V}$的前$r$列组成矩阵$\boldsymbol{V}_1$,其他列组成矩阵$\boldsymbol{V}_2$，则

$$\boldsymbol{A}^{\mathrm{T}}\boldsymbol{A}=[\boldsymbol{V}_1\quad\boldsymbol{V}_2]\begin{bmatrix}\boldsymbol{\Sigma}_r^2 & \\ & \boldsymbol{O}\end{bmatrix}\begin{bmatrix}\boldsymbol{V}_1^{\mathrm{T}}\\\boldsymbol{V}_2^{\mathrm{T}}\end{bmatrix}\quad\Rightarrow\quad\begin{bmatrix}\boldsymbol{V}_1^{\mathrm{T}}\\\boldsymbol{V}_2^{\mathrm{T}}\end{bmatrix}\boldsymbol{A}^{\mathrm{T}}\boldsymbol{A}[\boldsymbol{V}_1\quad\boldsymbol{V}_2]=\begin{bmatrix}\boldsymbol{\Sigma}_r^2 & \\ & \boldsymbol{O}\end{bmatrix}$$

因此,

$$\begin{cases}\boldsymbol{\Sigma}_r^{-1}\,\boldsymbol{V}_1^{\mathrm{T}}\,\boldsymbol{A}^{\mathrm{T}}\boldsymbol{A}\,\boldsymbol{V}_1\,\boldsymbol{\Sigma}_r^{-1}=\boldsymbol{I}\\\boldsymbol{V}_2^{\mathrm{T}}\,\boldsymbol{A}^{\mathrm{T}}\boldsymbol{A}\,\boldsymbol{V}_2=\boldsymbol{O}\end{cases}$$

设$m\times r$矩阵$\boldsymbol{U}_1=\boldsymbol{A}\,\boldsymbol{V}_1\boldsymbol{\Sigma}_r^{-1}$，则$\boldsymbol{U}_1^{\mathrm{T}}\boldsymbol{U}_1=I$，这表明$\boldsymbol{U}_1$各列2-范数为1且相互正交，可以再扩充$m-r$个单位正交向量，得到$m$阶正交矩阵$\boldsymbol{U}=[\boldsymbol{U}_1\quad\boldsymbol{U}_2]$。从上式还可以看出,$\boldsymbol{A}\,\boldsymbol{V}_2$的

各列的 2-范数都等于 0,因此 $\boldsymbol{A}\boldsymbol{V}_2$为零矩阵。计算$\boldsymbol{U}^{\mathrm{T}}\boldsymbol{A}\boldsymbol{V}$, 得

$$\boldsymbol{U}^{\mathrm{T}}\boldsymbol{A}\boldsymbol{V}=\begin{bmatrix}\boldsymbol{U}_1^{\mathrm{T}}\\\boldsymbol{U}_2^{\mathrm{T}}\end{bmatrix}\boldsymbol{A}[\boldsymbol{V}_1\quad\boldsymbol{V}_2]=\begin{bmatrix}\boldsymbol{U}_1^{\mathrm{T}}\boldsymbol{A}\boldsymbol{V}_1 & \boldsymbol{U}_1^{\mathrm{T}}\boldsymbol{A}\boldsymbol{V}_2\\\boldsymbol{U}_2^{\mathrm{T}}\boldsymbol{A}\boldsymbol{V}_1 & \boldsymbol{U}_2^{\mathrm{T}}\boldsymbol{A}\boldsymbol{V}_2\end{bmatrix}=\begin{bmatrix}\boldsymbol{U}_1^{\mathrm{T}}\boldsymbol{U}_1\boldsymbol{\Sigma}_r & \boldsymbol{O}\\\boldsymbol{U}_2^{\mathrm{T}}\boldsymbol{U}_1\boldsymbol{\Sigma}_r & \boldsymbol{O}\end{bmatrix}=\begin{bmatrix}\boldsymbol{\Sigma}_r & \boldsymbol{O}\\\boldsymbol{O} & \boldsymbol{O}\end{bmatrix}$$

令 $m\times n$ 对角矩阵 $\boldsymbol{\Sigma}=\begin{bmatrix}\boldsymbol{\Sigma}_r & \boldsymbol{O}\\\boldsymbol{O} & \boldsymbol{O}\end{bmatrix}$, 则有 $\boldsymbol{A}=\boldsymbol{U}\boldsymbol{\Sigma}\boldsymbol{V}^{\mathrm{T}}$, 定理得证。 ■

对这个定理说明几点。

(1) 如果有了矩阵 $\boldsymbol{A}$ 的奇异值分解 $\boldsymbol{U}\boldsymbol{\Sigma}\boldsymbol{V}^{\mathrm{T}}$,则$\boldsymbol{A}^{\mathrm{T}}=\boldsymbol{V}\boldsymbol{\Sigma}^{\mathrm{T}}\boldsymbol{U}^{\mathrm{T}}$, 也就得到了$\boldsymbol{A}^{\mathrm{T}}$的奇异值分解,只不过矩阵 $\boldsymbol{U}$、$\boldsymbol{V}$ 的位置对调了。这也就是为什么我们在证明时可以仅考虑 $\boldsymbol{A}$ 的行数不少于列数的情况。

(2) 根据奇异值分解,有

$$\boldsymbol{A}\boldsymbol{V}=\boldsymbol{U}\boldsymbol{\Sigma},\quad 即\quad \boldsymbol{A}\boldsymbol{v}_k=\sigma_k\boldsymbol{u}_k,\quad k=1,2,\cdots,n \tag{5.24}$$

同时,

$$\boldsymbol{A}^{\mathrm{T}}\boldsymbol{U}=\boldsymbol{V}\boldsymbol{\Sigma}^{\mathrm{T}},\quad 即\quad \boldsymbol{A}^{\mathrm{T}}\boldsymbol{u}_k=\sigma_k\boldsymbol{v}_k,\quad k=1,2,\cdots,n \tag{5.25}$$

这表明由奇异值分解中的对角元σ_k为 $\boldsymbol{A}$ 的奇异值,它们一共有 $\min\{m,n\}$个,而矩阵 $\boldsymbol{U}$、$\boldsymbol{V}$ 的列向量则为相应的左奇异向量、右奇异向量。

(3) 由奇异值分解定理的证明过程知,奇异值分解中的对称矩阵 $\boldsymbol{\Sigma}$ 是唯一确定的。

(4) 对于实对称矩阵,比较其特征值分解(定理 3.3)和奇异值分解,可以发现两者形式非常相像。特别地,若 $\boldsymbol{A}$ 是实对称半正定矩阵,其特征值分解就是奇异值分解。

(5) 从上述证明可以看出,非零奇异值的数目 r 就是矩阵 $\boldsymbol{A}$ 的秩。根据式(5.24)和式(5.25)以及$\sigma_k=0$, ($k=r+1$, $r+2,\cdots$, n),还可以看出矩阵 $\boldsymbol{U}$、$\boldsymbol{V}$ 的列向量实际上是 4 个重要的线性子空间的单位正交基,如图 5-11 所示[40]。

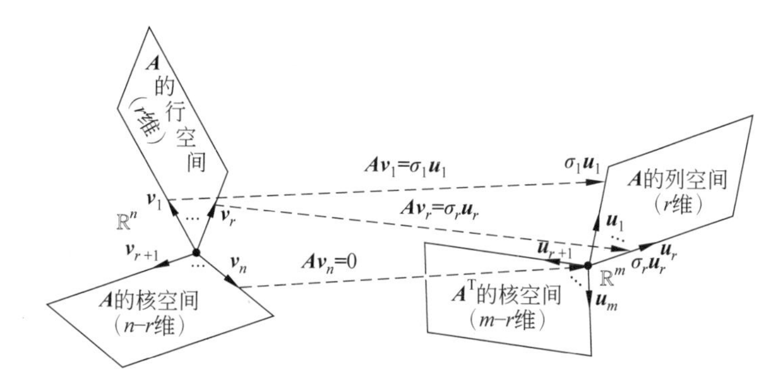

图 5-11　矩阵 $\boldsymbol{A}\in\mathbb{R}^{m\times n}$的左/右奇异向量形成 4 个重要线性子空间的单位正交基

如果矩阵 $\boldsymbol{A}$ 的行数和列数不相等,则它还有“精简”的奇异值分解形式。以行数 m 大于列数 n 的情况为例,

$$\boldsymbol{A}=\boldsymbol{U}\boldsymbol{\Sigma}\boldsymbol{V}^{\mathrm{T}}=[\boldsymbol{U}(:,1:n)\quad \boldsymbol{U}(:,n+1:m)]\begin{bmatrix}\boldsymbol{\Sigma}(1:n,:)\\\boldsymbol{O}\end{bmatrix}\boldsymbol{V}^{\mathrm{T}}=\boldsymbol{U}(:,1:n)\boldsymbol{\Sigma}(1:n,:)\boldsymbol{V}^{\mathrm{T}}$$

其中采用 MATLAB 软件中的写法表示矩阵的部分行或列。在结果中,$\boldsymbol{U}(:,1:n)$为矩阵 $\boldsymbol{U}$ 的前n 列,$\boldsymbol{\Sigma}(1:n,:)$为矩阵 $\boldsymbol{\Sigma}$ 的前 n 行,这样就得到了 $\boldsymbol{A}$ 的精简奇异值分解(economy-size SVD)。

5.5.2 有关性质与计算方法

矩阵的奇异值分解与特征值分解不同,它相当于使用两组单位正交基实现了矩阵 $\boldsymbol{A}$ 的对角化,而且这种分解是一定存在的。同时,两者也有一定的联系,如奇异值就是矩阵 $\boldsymbol{A}\boldsymbol{A}^{\mathrm{T}}$(当 $m \leqslant n$ 时)或$\boldsymbol{A}^{\mathrm{T}}\boldsymbol{A}$(当 $m > n$ 时)的特征值的算术平方根。由于奇异值分解普遍存在,它有很重要的理论意义和实用价值。

基于奇异值分解,可以很容易推导出矩阵 2-范数的计算公式。假设 $\boldsymbol{A}=\boldsymbol{U}\boldsymbol{\Sigma}\boldsymbol{V}^{\mathrm{T}}$,则

$$\|\boldsymbol{A}\|_2 = \max_{\boldsymbol{x}\neq\boldsymbol{0}} \frac{\|\boldsymbol{A}\boldsymbol{x}\|_2}{\|\boldsymbol{x}\|_2} = \max_{\boldsymbol{x}\neq\boldsymbol{0}} \frac{\|\boldsymbol{U}\boldsymbol{\Sigma}\boldsymbol{V}^{\mathrm{T}}\boldsymbol{x}\|_2}{\|\boldsymbol{x}\|_2} = \max_{\boldsymbol{x}\neq\boldsymbol{0}} \frac{\|\boldsymbol{\Sigma}\boldsymbol{V}^{\mathrm{T}}\boldsymbol{x}\|_2}{\|\boldsymbol{V}^{\mathrm{T}}\boldsymbol{x}\|_2} = \max_{\boldsymbol{y}\neq\boldsymbol{0}} \frac{\|\boldsymbol{\Sigma}\boldsymbol{y}\|_2}{\|\boldsymbol{y}\|_2} = \sigma_1 \tag{5.26}$$

推导中使用了正交矩阵的性质,最后一个等号可在 $\boldsymbol{y}=[y_1 \quad 0 \quad \cdots \quad 0]^{\mathrm{T}}$时取得。这个结论与定理 3.10 的结论一致,但适合于更一般的矩阵。

矩阵的弗罗贝尼乌斯范数(Frobenius 范数)也与奇异值有关。

定义 5.13: 矩阵 $\boldsymbol{A}=(a_{kj})\in\mathbb{R}^{m\times n}$,其 Frobenius 范数为

$$\|\boldsymbol{A}\|_{\mathrm{F}} = \sqrt{\sum_{k=1}^{m}\sum_{j=1}^{n} a_{kj}^2}$$

容易证明 Frobenius 范数满足$\mathbb{R}^{m\times n}$线性空间上一般范数应满足的 3 个条件(见定义 3.6),同时它也满足定义矩阵范数的条件(见定义 3.9)和相容性条件(式(3.4))。根据矩阵的迹的定义和定理 5.1,有

$$\|\boldsymbol{A}\|_{\mathrm{F}} = \sqrt{\mathrm{tr}(\boldsymbol{A}^{\mathrm{T}}\boldsymbol{A})} = \sqrt{\sum_{k=1}^{n}\lambda_k(\boldsymbol{A}^{\mathrm{T}}\boldsymbol{A})} = \sqrt{\sum_{k=1}^{\min\{m,n\}}\sigma_k^2} \tag{5.27}$$

其中σ_k表示矩阵 $\boldsymbol{A}$ 的第 k 个奇异值。将此公式与式(5.26)比较,容易看出$\|\boldsymbol{A}\|_{\mathrm{F}} \geqslant \|\boldsymbol{A}\|_2$。

当 $\boldsymbol{A}$ 为非奇异方阵时,$\boldsymbol{A}^{-1}$的奇异值分解很容易由 $\boldsymbol{A}$ 的奇异值分解得到。因此,根据式(5.26),

$$\|\boldsymbol{A}^{-1}\|_2 = \frac{1}{\sigma_n} \quad \Rightarrow \quad \mathrm{cond}\,(\boldsymbol{A})_2 = \frac{\sigma_1}{\sigma_n}$$

这说明,奇异值的最大比值等于矩阵 $\boldsymbol{A}$ 的 2-范数条件数,它反映了矩阵接近奇异阵的程度。这也是奇异值这个名称的由来。

基于奇异值分解还可以将矩阵的逆推广到一般矩阵的伪逆(pseudo inverse)。

定义 5.14: 矩阵 $\boldsymbol{A}=(a_{kj})\in\mathbb{R}^{m\times n}$,其伪逆$\boldsymbol{A}^{+}$为 $n\times m$ 矩阵,具体定义如下:

(1) 若 $\boldsymbol{A}$ 为对角矩阵,则$\boldsymbol{A}^{+}$也是对角矩阵,并且它的对角元为 $\boldsymbol{A}$ 中相应对角元的倒数(这里假定 0 的倒数还是 0)。

(2) 若 $\boldsymbol{A}$ 为一般矩阵,它的奇异值分解为 $\boldsymbol{A}=\boldsymbol{U}\boldsymbol{\Sigma}\boldsymbol{V}^{\mathrm{T}}$,则

$$\boldsymbol{A}^{+} = \boldsymbol{V}\boldsymbol{\Sigma}^{+}\boldsymbol{U}^{\mathrm{T}} \tag{5.28}$$

矩阵的伪逆满足$(\boldsymbol{A}^{+})^{+}=\boldsymbol{A}$,$(\boldsymbol{A}^{+})^{\mathrm{T}}=(\boldsymbol{A}^{\mathrm{T}})^{+}$等性质,但不一定满足$\boldsymbol{A}^{+}\boldsymbol{A}=\boldsymbol{I}$和$\boldsymbol{A}\boldsymbol{A}^{+}=\boldsymbol{I}$。更多伪逆有关的知识,请看参考文献[1]、[21]等。

矩阵的奇异值分解除了表示为式(5.22)外,还有一种向量外积和的形式。用$\boldsymbol{u}_1,\boldsymbol{u}_2,\cdots,\boldsymbol{u}_m$表示 $\boldsymbol{U}$ 矩阵的各列,$\boldsymbol{v}_1,\boldsymbol{v}_2,\cdots,\boldsymbol{v}_n$表示 $\boldsymbol{V}$ 矩阵的各列,不妨设 $m\geqslant n$,则

$$\boldsymbol{A}=\boldsymbol{U}\boldsymbol{\Sigma}\boldsymbol{V}^{\mathrm{T}}=[\boldsymbol{u}_1\quad\cdots\quad\boldsymbol{u}_m]\begin{bmatrix}\sigma_1 & & \\ & \ddots & \\ & & \sigma_n\end{bmatrix}\begin{bmatrix}\boldsymbol{v}_1^{\mathrm{T}}\\ \vdots \\ \boldsymbol{v}_n^{\mathrm{T}}\end{bmatrix}=\sum_{k=1}^{n}\sigma_k\boldsymbol{u}_k\boldsymbol{v}_k^{\mathrm{T}}$$

其中的求和的每一项$\sigma_k\boldsymbol{u}_k\boldsymbol{v}_k^{\mathrm{T}}$都是一个秩为 1 的矩阵。而且,易知

$$\|\sigma_k\boldsymbol{u}_k\boldsymbol{v}_k^{\mathrm{T}}\|_2=\|\sigma_k\boldsymbol{u}_k\boldsymbol{v}_k^{\mathrm{T}}\|_{\mathrm{F}}=\sigma_k$$

由于奇异值的排列顺序,越大的 k 值对应的奇异值越小。因此,对这个求和截断到前 r 项,可能是对矩阵 $\boldsymbol{A}$ 的比较好的近似。事实上,这样得到的矩阵在所有秩为 r 的矩阵中确实是最接近 $\boldsymbol{A}$ 的,具体结果见下面的定理[41]。

定理 5.24(Eckart-Young 定理):任意矩阵 $\boldsymbol{A}\in\mathbb{R}^{m\times n}$,它的奇异值分解为 $\boldsymbol{A}=\boldsymbol{U}\boldsymbol{\Sigma}\boldsymbol{V}^{\mathrm{T}}$,用 $\boldsymbol{U}_r$和$\boldsymbol{V}_r$分别表示 $\boldsymbol{U}$ 的前 r 列和 $\boldsymbol{V}$ 的前 r 列形成的矩阵,$\boldsymbol{\Sigma}_r$为 $\boldsymbol{\Sigma}$ 的 r 阶顺序主子阵,则下述秩-r 的最优近似问题:

$$\begin{cases}\min\limits_{\boldsymbol{Z}}\|\boldsymbol{A}-\boldsymbol{Z}\|_2\\ \text{s.t. rank}(\boldsymbol{Z})=r\end{cases}\quad\text{和}\quad\begin{cases}\min\limits_{\boldsymbol{Z}}\|\boldsymbol{A}-\boldsymbol{Z}\|_{\mathrm{F}}\\ \text{s.t. rank}(\boldsymbol{Z})=r\end{cases}$$

的解均为

$$\boldsymbol{Z}_{\mathrm{opt}}=\boldsymbol{A}_r\equiv\boldsymbol{U}_r\boldsymbol{\Sigma}_r\boldsymbol{V}_r^{\mathrm{T}}=\sum_{k=1}^{r}\sigma_k\boldsymbol{u}_k\boldsymbol{v}_k^{\mathrm{T}}\tag{5.29}$$

这个$\boldsymbol{A}_r$矩阵称为$\boldsymbol{A}$ 的 r-截断奇异值分解。并且它与 $\boldsymbol{A}$ 的矩阵差满足:

$$\|\boldsymbol{A}-\boldsymbol{A}_r\|_2=\sigma_{r+1},\quad\|\boldsymbol{A}-\boldsymbol{A}_r\|_{\mathrm{F}}=\sqrt{\sum_{k=r+1}^{\min\{m,n\}}\sigma_k^2}$$

定理 5.24 的证明留给感兴趣的同学思考。这个定理给出了利用奇异值分解进行数据近似、数据压缩的理论依据,因此奇异值分解被广泛用于主成分分析、数据降维等场合。

计算奇异值分解的算法与算矩阵特征值分解的 QR 迭代法关系密切,理论上讲,对$\boldsymbol{A}^{\mathrm{T}}\boldsymbol{A}$做 QR 迭代法即可求出矩阵 $\boldsymbol{V}$ 和 $\boldsymbol{\Sigma}$,再由式(5.23)及求正交基的方法可得到矩阵 $\boldsymbol{U}$。在实际的算法设计上,为了减少计算量,一般先在 $\boldsymbol{A}$ 的左右两边各乘以一个正交矩阵(类似 5.4.3 节的 Householder 方法),将它化为双对角矩阵,然后考虑双对角矩阵的转置乘以自身(对称三对角矩阵)的特征值计算问题。更多的算法细节,请感兴趣的读者参考文献[21]。总体上,计算奇异值分解的计算复杂度为 $O(mn\cdot\min\{m,n\})$,算法的数值稳定性很好,但计算量一般比矩阵的 QR 分解大好几倍。

例 5.15(计算矩阵的特征值分解与奇异值分解):设矩阵

$$\boldsymbol{A}=\begin{bmatrix}-147 & -50 & -154\\ 537 & 180 & 546\\ -27 & -9 & -25\end{bmatrix}$$

用 MATLAB 软件计算它的特征值分解和奇异值分解。

MATLAB 中,计算特征值分解的命令是 eig,计算奇异值分解的命令是 svd。计算特征值分解一般使用的命令格式为:[V, D]= eig(A),返回值 D 为特征值组成的对角矩阵、V 为特征向量组成的矩阵,它们满足 A * V=V * D。如果 A 是非亏损矩阵,则 V 为非奇异矩阵,否则 V 为奇异矩阵。对题目中的矩阵,执行的结果如下。

```
>>[X, D]= eig(A)
X=
    0.3162   -0.4041   -0.1391
   -0.9487    0.9091    0.9740
   -0.0000    0.1010   -0.1789
D=
    1.0000         0         0
         0    2.0000         0
         0         0    3.0000
```

计算奇异值分解一般使用命令[U, S, V]= svd(A),返回值 U、S、V 分别为矩阵 $\boldsymbol{U}$、$\boldsymbol{\Sigma}$ 和 $\boldsymbol{V}$。执行结果如下。

```
>>[U, S, V]=svd(A)
U=
   -0.2691   -0.6798    0.6822
    0.9620   -0.1557    0.2243
   -0.0463    0.7167    0.6959
S=
  817.7597         0         0
         0    2.4750         0
         0         0    0.0030
V=
    0.6823   -0.6671    0.2990
    0.2287   -0.1937   -0.9540
    0.6944    0.7193    0.0204
```

对比两个结果看出,算出的特征值与奇异值完全不一样,而且奇异值按递减顺序排列,第 2、3 个奇异值比第 1 个奇异值小很多。

5.6 有关数值软件

传统的特征值计算软件主要处理稠密矩阵,表 5-4 列出了一些这样的软件和程序。EISPACK 是 20 世纪 70 年代开发的计算矩阵特征值的著名软件(由 FORTRAN 语言编写),在 Netlib 上能够找到。后续的 LAPACK 软件包也提供计算矩阵特征值的标准程序,而其他一些软件包的程序大多数以它们为基础。这些标准程序都基于 QR 算法以及矩阵化简和位移技术,程序比较复杂。一般都调用两个单独的程序,一个先将矩阵约化为上 Hessenberg 矩阵或三对角矩阵,另一个用 QR 算法计算特征值,是否计算特征向量决定了是否需要形成正交变换矩阵。

表 5-4 列出的是最一般的特征值计算程序,也只适合于实矩阵。这些软件包中还有其他的附加程序,包括对复矩阵的处理,或者只计算特征值,而不计算特征向量,只计算几个特征值等。对于带状矩阵,或者广义特征值问题,还有相应的程序。特征值计算程序的输入一

表 5-4　稠密矩阵特征值计算和 QR 分解的标准程序

软件/程序包	特征值/特征向量计算		QR 分解
	一般矩阵	对称矩阵	
EISPACK	rg	rs	
HSL	eb06	ea06	
LAPACK	sgeev	ssyev	sgeqrf
LINPACK			sqrdc
MATLAB	eig	eig	qr
NAG	f02ebf	f02faf	f08aef
NR	elmhes/hqr	tred2/tqli	qrdcmp

般是存储矩阵的二维数组以及矩阵大小的信息，而根据特征值是否为复数，输出为一个或两个一维数组。如果还计算特征向量，则规格化的特征向量也由一个或两个二维数组返回。

在 MATLAB 软件中，计算稠密矩阵特征值的命令是 eig，常用的命令格式有两种：d=eig(A)和[V, D]=eig(A)。前者返回所有特征值；后者得到矩阵 $\boldsymbol{A}$ 的特征值和完备特征向量组，分别存储为对角矩阵 $\boldsymbol{D}$ 和矩阵 $\boldsymbol{V}$。与求解线性方程组的"\"算法一样，eig 命令也会先判断矩阵的类型，然后采用最适合的算法处理。除了将矩阵约化为上 Hessenberg 型和进行 QR 迭代外，它可能还会对矩阵元素进行比例调整，以保证计算的数值稳定性。对这些细节感兴趣的读者，可查看 MATLAB 的在线帮助文档。另外，MATLAB 中的命令 hess 可将矩阵正交相似变换为上 Hessenberg 矩阵，而命令 schur 计算矩阵的 Schur 标准型，jordan 计算矩阵的约当标准型，svd 计算矩阵的奇异值分解。

对于大型稀疏矩阵的特征值计算问题，主要算法是 Lanczos 算法(对称矩阵)和 Arnoldi 算法(非对称矩阵)，它们虽也属于 Krylov 子空间方法，但超出了本书的范围。NAPACK[4] 中的 lancz 程序和 Netlib 中的 laso 程序实现了 Lanczos 算法，而 Arnoldi 算法在 ARPACK(参见文献[17])和 Netlib 中都能找到，它是 MATLAB 中 eigs 命令的基础。在 MATLAB 中，命令 eigs 计算稀疏矩阵的特征值和特征向量，一般计算最大的前 k 个特征值(默认 $k=6$)，而不是所有特征值。对于这类问题，算法会考虑稀疏矩阵的表示结构，并且主要做矩阵与向量乘法，从而提高计算效率。计算稀疏矩阵奇异值分解的命令是 svds，其内部算法基于 eigs 命令的算法，可以计算前若干个奇异值以及它对应的左/右奇异向量。

表 5-4 中也列出了实现矩阵 QR 分解的软件和程序。QR 分解的一个主要用途是求解线性最小二乘问题(见第 6 章)，因此很多软件包中也提供了求解线性最小二乘问题的程序，与 QR 分解配套使用。在实际的软件包中，应考虑矩阵 $\boldsymbol{A}$ 列不满秩的情况，此时的 QR 分解还要采用列重排的技术，并返回一些反映矩阵秩的信息，这方面的内容超出了本书的要求。在 MATLAB 中，命令 qr 也会根据矩阵的类型采用不同的方法进行 QR 分解。对稠密矩阵，它使用 Householder 变换技术；对稀疏矩阵，则可采用 Givens 旋转技术。

评 述

矩阵特征值问题与线性方程组求解问题一样,都是数值计算中的经典问题,本章只讨论最基本的矩阵特征值计算和相关算法。早在 1829 年,柯西(Cauchy)在一篇论文中就讨论了特征向量的概念,并证明了实对称矩阵不同特征值对应的特征向量是正交的。1855 年,凯莱(Cayley)明确提出了特征值的概念,但特征值(eigenvalue)这个名字直到 20 世纪中期才被通用。1846 年,雅可比提出了著名的雅可比算法,它通过一种旋转变换迭代地将对称矩阵转换为对角矩阵,从而实现了特征值的计算。1909 年,舒尔证明,任何矩阵都相似于上三角矩阵(即复 Schur 分解),但它的重要性直到 50 年后 QR 算法的成功才被人们所认可。

雅可比算法是处理对称矩阵的迭代算法,收敛速度较慢,但在某些情况下可能比 QR 算法更准确。幂法也很早就出现了,但其实际使用是从 20 世纪早期开始的。反幂法在 1944 年由 Wielandt 提出。QR 算法是在 1961 年由 Francis 和 Kublanovskaya 两个人独立提出的,它改进了早期 Rutishauser 的 LR 方法。Wilkinson 对 QR 算法做了首次完整的实现和重要的收敛性分析,包括在他的经典著作中:

- J. H. Wilkinson, *The Algebraic Eigenvalue Problem*, Clarendon Press, 1965.(中译本由石钟慈等译,科学出版社)

较新的一种求特征值的算法是分治(divide-and-conquer)算法,它处理对称矩阵,迭代收敛速度一般比 QR 算法更快。感兴趣的读者可参考:

- J. J. M. Cuppen, *A divide and conquer method for the symmetric eigenproblem*, *Numerische Mathematik*, Vol. 36, pp. 177-195, 1981.

第 4 章提到的 Krylov 子空间迭代法并不只用于线性方程组求解,还用于矩阵特征值的计算。1931 年,苏联数学家 Krylov 利用幂法生成的序列(称为 Krylov 序列)求出了矩阵的特征多项式。1950 年,Lanczos 算法被提出,用于求对称矩阵的特征值,1951 年又出现了处理非对称矩阵的 Arnoldi 算法。近些年,Krylov 子空间迭代法还有很多进展,成为求大型(稀疏)矩阵特征值问题的主要方法。要了解更多的情况,读者可参考下面的 3 本书:

- G. H. Golub, C. F. van Loan. *Matrix Computations*. 3rd ed. Johns Hopkins University Press, 1996.(袁亚湘,译,矩阵计算,科学出版社,2001)
- Z. Bai, J. Demmel, J. Dongarra, A. Ruhe, H. van der Vorst, *Templates for the Solution of Algebraic Eigenvalue Problems: A Practical Guide*, SIAM Press, 2000.
- Y. Saad, *Numerical Methods for Large Eigenvalue Problems*, PWS Publishing Co., 1996. http://ww-users.cs.umn.edu/~saad/books.html.

与矩阵特征值计算有关的内容非常多,也有很广泛的应用,本章介绍的只是其中很小一部分。关于广义特征问题、特征值问题的敏感性分析和条件数以及算法稳定性的讨论,这里都没有涉及;本章没有讨论复数矩阵的处理,但主要的算法基本上都相同,只需将正交矩阵的概念换成酉阵(unitary matrix)。关于矩阵奇异值分解,本章只做了简略的介绍,它的应用以及更多的矩阵计算在数据挖掘领域的应用可参见文献[42]。近年来,由于应用的驱动,大矩阵、张量的分解算法受到关注,随机化算法在牺牲少量准确度的同时能比传统算法快一个数量级以上，在现实的大数据分析问题中有一定的应用价值[43, 44]。

最后，对 QR 分解做一些评述。QR 分解的思想最早由 Schmidt 于 1907 年提出，其矩阵形式和实用的算法是由 Householder 总结的，他于 1958 年发表了计算 QR 分解的 Householder 变换方法。同年，Givens 也提出了实现 QR 分解的 Givens 旋转变换方法。本章介绍了实现矩阵 QR 分解的算法，并讨论了对 n 阶方阵进行 QR 分解的一个应用——求其特征值。第 6 章还将介绍 QR 分解在求解线性最小二乘问题中的应用。另外，本章给出的是 QR 分解的基本形式，它还有一种矩阵 $\boldsymbol{R}$ 为方阵的"精简"形式。

【本章知识点】 矩阵特征值的主要性质；特征值的几何重数与代数重数；非亏损矩阵(亏损矩阵)；圆盘定理；特征值分布情况的估计；主特征值(主特征向量)；幂法；规格化向量；实用的幂法；原点位移技术；瑞利商技术；Householder 矩阵；用 Householder 变换消元；Givens 旋转变换；矩阵的 QR 分解；矩阵正交三角化的算法；求特征值的收缩技术；拟上三角矩阵；实 Schur 分解；QR 迭代算法；上 Hessenberg 矩阵；将矩阵约化为上 Hessenberg 矩阵的 Householder 方法；对上 Hessenberg 矩阵进行 QR 迭代的算法；带原点位移(单位移)的 QR 迭代算法；矩阵的奇异值、左/右奇异向量和奇异值分解；列正交阵；精简奇异值分解；弗罗贝尼乌斯(Frobenius)范数；伪逆；Eckart-Young 定理；截断奇异值分解。

算法背后的历史：A. Householder 与矩阵分解

阿尔斯通·豪斯霍尔德(Alston Scott Householder，1904 年 5 月 5 日—1993 年 7 月 4 日，见图 5-12)是美国艺术和科学院院士，著名的应用数学家、生物数学、数值计算专家。Householder 生于美国伊利诺伊州的洛克福特(Rockford)，卒于加利福尼亚州的马里布(Malibu)。他分别于 1925 年、1927 年获得美国西北大学的学士和美国康奈尔大学的硕士学位，专业都是哲学。随后，他在一些学校担任数学教师，同时攻读数学博士学位，1937 年他取得芝加哥大学博士学位之后在芝加哥大学从事与生物学有关的应用数学研究，1944 年离开芝加哥大学在美国海军研究实验室担任数学顾问，研究兴趣转向数值计算。第二次世界大战结束后的 1946 年，他加入美国橡树岭国家实验室(Oak Ridge National Laboratory, ORNL)数学部，从事数值计算有关的研究，1948 年他开始担任数学部的主任。当时，由于计算机的兴起，数值计算变得非常重要，在各种研究课题中迫切需要有效求解线性方程组和矩阵特征值。1969 年，他离开 ORNL，成为美国田纳西大学数学教授，同年获得 IEEE 计算机分会的 Harry H. Goode Memorial 奖，以表彰他在应用计算机求解大规模问题的数值方法方面所做的贡献。他曾担任美国数学会主席、SIAM 主席和 ACM 主席。

图 5-12　Householder

Householder 的主要贡献

1951 年左右，Householder 在线性代数算法分类方面做出的一系列研究工作具有重要意义。他发现当时很多算法的内在本质都是相同或等价的，都可以用几种矩阵分解形式表示，即将矩阵表示为三角矩阵、对角矩阵或正交矩阵的乘积。这种分解方法的提出使得软件开发者可以开发灵活而有效的矩阵计算软件包，也大大推进了数值线性代数中的舍入误差分析的有关研究。因此,他的这项成果被评为“20世纪十大算法”之一。Householder 还是系统地使用范数作为数值方法理论分析工具的先驱者。他于1958年提出了矩阵的 Householder 变换,这是一种非常有用的对称、正交矩阵,基于它实现了高效、稳定的矩阵QR分解。他的研究成果反映在如下著作中:

A. S. Householder. *Principles of Numerical Analysis*. McGraw-Hill, New York, 1953.

A. S. Householder. *The Theory of Matrices in Numerical Analysis*. Dover, New York, 1964.

除了在学术研究上取得成功,Householder 还积极组织数值线性代数方面的研讨会,于1961年组织召开了第一届盖特林堡数值线性代数研讨会(Gatlinburg Symposium on Numerical Linear Algebra),该会议此后不间断地召开。1980年后,为了表彰 Householder 做出的贡献,该研讨会改名为 Householder Symposium on Numerical Linear Algebra,一直持续召开。此外,Householder 的研究贡献还包括数据处理技术、生物数学,以及计算机在生物医学和生理学方面的应用等方面。

练 习 题

1. 设 $\boldsymbol{A}=\begin{bmatrix}\boldsymbol{A}_{11} & \boldsymbol{A}_{12}\\ \boldsymbol{O} & \boldsymbol{A}_{22}\end{bmatrix}$,其中 $\boldsymbol{A}_{11}$ 为 3×3 矩阵,$\boldsymbol{A}_{22}$ 为 2×2 矩阵,又设 λ_j 为 $\boldsymbol{A}_{11}$ 的特征值,$\boldsymbol{x}_j=[\alpha_1,\alpha_2,\alpha_3]^{\mathrm{T}}$ 为对应的特征向量,λ_k 为 $\boldsymbol{A}_{22}$ 的特征值,$\boldsymbol{y}_k=[\beta_1,\beta_2]^{\mathrm{T}}$ 为对应的特征向量。试证明:

(1) λ_j、λ_k 为 $\boldsymbol{A}$ 的特征值。

(2) $\boldsymbol{x}_j'=[\alpha_1,\alpha_2,\alpha_3,0,0]^{\mathrm{T}}$ 为矩阵 $\boldsymbol{A}$ 对应于 λ_j 的特征向量。

2. 用圆盘定理估计矩阵 $\boldsymbol{A}=\begin{bmatrix}0.5 & -0.6 & 0.6\\ 1 & -1.2 & -0.8\\ 0 & -0.6 & 3\end{bmatrix}$ 的 $\rho(\boldsymbol{A})$ 和 $\mathrm{cond}(\boldsymbol{A})_2$ 的范围(提示:仿照例5.3做即可,不用对矩阵做相似变换后再用圆盘定理)。

3. 设

$$\boldsymbol{A}=\begin{bmatrix}4 & -1 & & & \\ -1 & 4 & -1 & & \\ & \ddots & \ddots & \ddots & \\ & & -1 & 4 & -1\\ & & & -1 & 4\end{bmatrix}\in\mathbb{R}^{n\times n}$$

试确定 $\boldsymbol{A}$ 及 $\boldsymbol{A}^{-1}$ 特征值的界(提示:用圆盘定理估计)。

4. 用幂法计算下列矩阵的主特征值及对应的特征向量:

$$\boldsymbol{A}=\begin{bmatrix}7 & 3 & -2\\ 3 & 4 & -1\\ -2 & -1 & 3\end{bmatrix}$$

当特征值的小数点后3位的数值稳定时终止迭代。

5. 求矩阵

$$\begin{bmatrix} 4 & 0 & 0 \\ 0 & 3 & 1 \\ 0 & 1 & 3 \end{bmatrix}$$

与特征值 4 对应的特征向量。

6. 利用反幂法求矩阵

$$\begin{bmatrix} 6 & 2 & 1 \\ 2 & 3 & 1 \\ 1 & 1 & 1 \end{bmatrix}$$

的最接近 2 的特征值及对应的特征向量，特征值前三位有效数字不变时停止迭代。

7. 试用 Householder 变换对矩阵 $\boldsymbol{A}$ 做 QR 分解，求出矩阵 $\boldsymbol{Q}$ 和 $\boldsymbol{R}$。

$$\boldsymbol{A} = \begin{bmatrix} 1 & 1 & 1 \\ 2 & -1 & -1 \\ 2 & -4 & 5 \end{bmatrix}$$

8. 用 Householder 变换将下述矩阵进行正交三角化，写出计算步骤，包括 Householder 变换对应的 $\boldsymbol{v}$ 向量以及结果 $\boldsymbol{R}$ 矩阵。

$$\boldsymbol{A} = \begin{bmatrix} 4 & 0 & 0 \\ 4 & 5 & 5 \\ 2 & 5 & 5 \end{bmatrix}$$

9. 用一系列 Givens 旋转变换将矩阵

$$\boldsymbol{A} = \begin{bmatrix} 1 & 0 & 0 \\ 0 & 1 & 0 \\ 0 & 0 & 1 \\ -1 & 1 & 0 \\ -1 & 0 & 1 \\ 0 & -1 & 1 \end{bmatrix}$$

化为上三角矩阵，将结果与例 5.11 的结果进行比较。

10. 若 $\boldsymbol{A} \in \mathbb{R}^{n \times n}$ 为非奇异矩阵，

$$\boldsymbol{A} = \boldsymbol{QR}$$

其中，$\boldsymbol{Q} \in \mathbb{R}^{n \times n}$ 为正交矩阵，$\boldsymbol{R} \in \mathbb{R}^{n \times n}$ 为上三角矩阵，且其对角线元素均为正，证明满足上述条件的矩阵 $\boldsymbol{Q}$ 和 $\boldsymbol{R}$ 是唯一的。

11. 用 Givens 旋转变换对上 Hessenberg 矩阵 $\boldsymbol{A}_1$ 做 QR 分解，然后将得到的矩阵 $\boldsymbol{Q}$ 和 $\boldsymbol{R}$ 颠倒次序相乘得到矩阵 $\boldsymbol{A}_2$，证明 $\boldsymbol{A}_2$ 仍然是上 Hessenberg 矩阵。

12. 利用 Householder 变换将

$$\boldsymbol{A} = \begin{bmatrix} 1 & 3 & 4 \\ 3 & 1 & 2 \\ 4 & 2 & 1 \end{bmatrix}$$

正交相似化为对称三对角矩阵。

13. 假设构造 Householder 变换矩阵 $\boldsymbol{H}$ 将矩阵 $\boldsymbol{A}$ 正交相似变换为

$$\boldsymbol{HAH}^{\mathrm{T}} = \begin{bmatrix} \lambda_1 & \boldsymbol{r}_1^{\mathrm{T}} \\ \boldsymbol{0} & \boldsymbol{A}_1 \end{bmatrix}$$

其中,$\boldsymbol{A}_1 \in \mathbb{R}^{(n-1)\times(n-1)}$,$\boldsymbol{r}_1 \in \mathbb{R}^{n-1}$。设 λ_2 是 $\boldsymbol{A}_1$ 的一个特征值,$\lambda_2 \neq \lambda_1$,对应的特征向量为 $\boldsymbol{y}_2$,试证明:

$$\boldsymbol{x}_2 = \boldsymbol{H}\begin{bmatrix} \alpha \\ \boldsymbol{y}_2 \end{bmatrix}, \quad \text{其中} \quad \alpha = \frac{\boldsymbol{r}_1^{\mathrm{T}} \boldsymbol{y}_2}{\lambda_2 - \lambda_1}$$

是 $\boldsymbol{A}$ 的与 λ_2 对应的特征向量。

14. 设 $n\times n$ 矩阵 $\boldsymbol{A}$ 为非亏损矩阵,设 $P(\lambda)=c_0+c_1\lambda+\cdots+c_{n-1}\lambda^{n-1}+\lambda^n$ 是 $\boldsymbol{A}$ 的特征多项式,试证明:$P(\boldsymbol{A})=c_0\boldsymbol{I}+c_1\boldsymbol{A}+\cdots+c_{n-1}\boldsymbol{A}^{n-1}+\boldsymbol{A}^n=\boldsymbol{O}$ 。

15. 将 $1\sim n^2$ 的正整数填入 n 阶矩阵中,并使每行元素之和相等、每列元素之和相等,这样得到的矩阵称为 n 阶幻方矩阵(magic matrix)。

(1) 下列 3 阶幻方矩阵的主特征值是多少?

$$\boldsymbol{A}_3 = \begin{bmatrix} 8 & 1 & 6 \\ 3 & 5 & 7 \\ 4 & 9 & 2 \end{bmatrix}$$

(2) 一般的 n 阶幻方矩阵 $\boldsymbol{A}_n$ 的主特征值是多少?

(3) 一般的 n 阶幻方矩阵 $\boldsymbol{A}_n$的最大奇异值是多少?

16. 双向对称矩阵(persymmetric matrix)是一种关于正对角线和反对角线都对称的矩阵。一些通信理论问题的解涉及双向对称矩阵的特征值与特征向量。下面的 4×4 双向对称矩阵就是一个例子:

$$\boldsymbol{A} = \begin{bmatrix} 2 & -1 & 0 & 0 \\ -1 & 2 & -1 & 0 \\ 0 & -1 & 2 & -1 \\ 0 & 0 & -1 & 2 \end{bmatrix}$$

(1) 用圆盘定理证明,若 λ 是矩阵 $\boldsymbol{A}$ 的最小特征值,则 $|\lambda-4|=\rho(\boldsymbol{A}-4\boldsymbol{I})$。

(2) 用本章里最适合的方法计算 $\boldsymbol{A}-4\boldsymbol{I}$ 的谱半径(要求结果的 4 位有效数字准确),然后根据它求 $\boldsymbol{A}$ 的最小特征值及相应的特征向量。

17. 一个线性动态系统可通过下述方程描述:

$$\frac{\mathrm{d}\boldsymbol{x}}{\mathrm{d}t} = \boldsymbol{A}(t)\boldsymbol{x}(t) + \boldsymbol{B}(t)\boldsymbol{u}(t), \quad \boldsymbol{y}(t) = \boldsymbol{C}(t)\boldsymbol{x}(t) + \boldsymbol{D}(t)\boldsymbol{u}(t),$$

一般地,$\boldsymbol{A}$ 是一个 $n\times n$ 的时变矩阵,$\boldsymbol{B}$ 是一个 $n\times r$ 的时变矩阵,$\boldsymbol{C}$ 是一个 $m\times n$ 的时变矩阵,$\boldsymbol{D}$ 是一个 $m\times r$ 的时变矩阵,$\boldsymbol{x}$、$\boldsymbol{y}$、$\boldsymbol{u}$ 分别为 n 维、m 维和 r 维的时变向量。要使系统稳定,在任何时刻 t,矩阵 $\boldsymbol{A}$ 的所有特征值都必须有非正的实部。通过尽可能简单的计算回答下述问题:

(1) 如果

$$\boldsymbol{A}(t) = \begin{bmatrix} -1 & 2 & 0 \\ -2.5 & -7 & 4 \\ 0 & 0 & -5 \end{bmatrix}$$

系统稳定吗?

（2）如果

$$A(t)=\begin{bmatrix}-1 & 1 & 0 & 0\\ 0 & -2 & 1 & 0\\ 0 & 0 & -5 & 1\\ -1 & -1 & -2 & -3\end{bmatrix}$$

系统稳定吗?

上　机　题

1. 用幂法求下列矩阵按模最大的特征值 λ_1 及其对应的特征向量 $\boldsymbol{x}_1$，使 $|(\lambda_1)_{k+1}-(\lambda_1)_k|<10^{-5}$。

（1）$\boldsymbol{A}=\begin{bmatrix}5 & -4 & 1\\ -4 & 6 & -4\\ 1 & -4 & 7\end{bmatrix}$。

（2）$\boldsymbol{B}=\begin{bmatrix}25 & -41 & 10 & -6\\ -41 & 68 & -17 & 10\\ 10 & -17 & 5 & -3\\ -6 & 10 & -3 & 2\end{bmatrix}$。

2. 编程实现幂法的算法 5.1。考虑例 5.1 和图 5-1 的弹簧—质点系统，假设 $k_1=k_2=k_3=1, m_1=2, m_2=3, m_3=4$，使用幂法、收缩技术求此系统的 3 个振动的自然频率 ω。使用位移技术和反幂法改进解的准确度。

3. 编程实现基本的 QR 算法（其中 QR 分解可以调用现成的函数），用它计算
$\boldsymbol{A}=\begin{bmatrix}0.5 & 0.5 & 0.5 & 0.5\\ 0.5 & 0.5 & -0.5 & -0.5\\ 0.5 & -0.5 & 0.5 & -0.5\\ 0.5 & -0.5 & -0.5 & 0.5\end{bmatrix}$的所有特征值，观察迭代过程中矩阵序列收敛的情况，然后解释观察到的现象。

4. 采用带原点位移的 QR 算法计算 $\boldsymbol{A}=\begin{bmatrix}0.5 & 0.5 & 0.5 & 0.5\\ 0.5 & 0.5 & -0.5 & -0.5\\ 0.5 & -0.5 & 0.5 & -0.5\\ 0.5 & -0.5 & -0.5 & 0.5\end{bmatrix}$的特征值，观察迭代过程的收敛情况，与上机题 3 的实验结果作比较。

5. 在 MATLAB 中实现算法 5.5，可采用现成的一些命令（如化为上 Hessenberg 矩阵，QR 分解），用它计算例 5.13，看看矩阵收敛到上三角矩阵的快慢情况，将它与例 5.14、例 5.15 观察到的现象作比较。

6. 习题 14 的结论实际上可推广到一般的矩阵，这是 Cayley-Hamilton 定理，即任意 $n\times n$ 矩阵 $\boldsymbol{A}$ 都满足其特征方程。

（1）以例 5.2 中的矩阵为例，编程验证 Cayley-Hamilton 定理（提示：在 MATLAB 中，

poly 命令可直接得到矩阵的特征多项式)。

(2) 根据 Cayley-Hamilton 定理,有

$$P(\boldsymbol{A}) = c_0\boldsymbol{I} + c_1\boldsymbol{A} + \cdots + c_{n-1}\boldsymbol{A}^{n-1} + \boldsymbol{A}^n = \boldsymbol{O}$$

则对任意非零向量 $\boldsymbol{x}_0$,若设 $\boldsymbol{x}_k=\boldsymbol{A}\boldsymbol{x}_{k-1}$,$(k=1,2,\cdots,n)$,则得到方程

$$c_0\boldsymbol{x}_0 + c_1\boldsymbol{x}_1 + \cdots + c_{n-1}\boldsymbol{x}_{n-1} = -\boldsymbol{x}_n$$

这是关于 $c_0,c_1,\cdots,c_{n-1}$ 的线性方程组,通过求解它可得到特征多项式的系数。编程实现这个方法,并用较大的矩阵测试,对比结果与 MATLAB 中的 poly 命令。

第6章 函数逼近与函数插值

本章介绍函数逼近与函数插值的有关理论和算法。函数逼近问题与函数插值问题既有联系，又有区别，它们都是用较简单的函数近似未知的或表达式较复杂的函数。一般来说，函数逼近是要在整个区间或一系列离散点上整体逼近被近似函数，而在进行函数插值时，则须保证在若干自变量点上的函数值与被近似函数相等。

6.1 函数逼近的基本概念

函数逼近问题一般是在较简单的函数类 Φ 中找一个函数 $p(x)$ 近似给定的函数 $f(x)$，以使得在某种度量意义下误差函数 $p(x)-f(x)$ 最小。被逼近函数 $f(x)$ 可能是较复杂的连续函数，也可能是只在一些离散点上定义的*表格函数*，而函数类 Φ 可以是多项式、分段多项式、三角函数、有理函数等。函数逼近问题中度量误差的手段主要是函数空间的范数。下面首先介绍函数空间的范数、内积等有关概念，然后讨论函数逼近问题的不同类型。

6.1.1 函数空间

线性空间的概念大家都很熟悉，其定义中包括一个元素集合和一个数域，以及满足一定运算规则的“加法”和“数乘”运算。简单地说，若这个元素集合对于“加法”和“数乘”运算封闭，则为一*线性空间*。线性空间的元素之间存在线性相关和线性无关两种关系，进而又有空间的基和维数的概念。

这里先考虑实连续函数形成的集合 $C[a,b]$，它按函数加法以及函数与实数乘法构成一个线性空间。对于 $[a,b]$ 区间上所有 k 阶导数连续的函数全体 $C^k[a,b]$，也类似地构成一个线性空间。我们一般讨论实数函数，因此对应的是实数域 $\mathbb{R}$，若讨论复数函数，则相应的是复数域 $\mathbb{C}$。另外，与线性代数中讨论的向量空间 $\mathbb{R}^n$ 不同，连续函数空间是无限维的。

对线性空间可以定义范数的概念(见3.1.2节)。针对实连续函数空间 $C[a,b]$，与向量空间类似，可定义如下3种*函数的范数*(function norm)。

1) ∞-范数

设 $f(x)\in C[a,b]$，则 $\|f(x)\|_\infty=\max\limits_{x\in[a,b]}|f(x)|$ 。

其几何意义如图6-1所示，即函数值绝对值的最大值。

2) 1-范数

$$\|f(x)\|_1=\int_a^b|f(x)|\,\mathrm{d}x$$

其几何意义如图6-2所示，即函数曲线与横轴之间的面积总和。

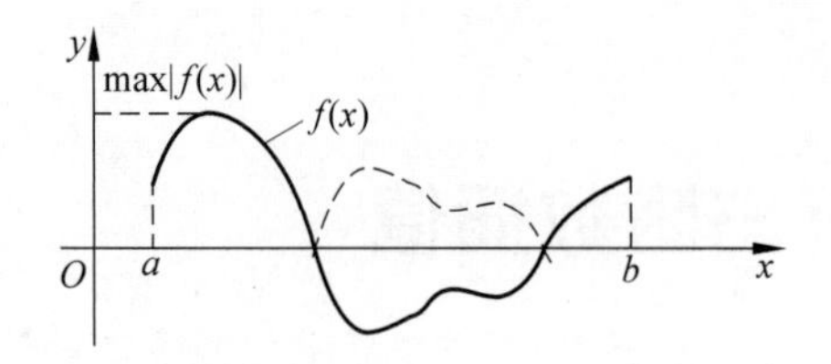

图 6-1　函数 $f(x)$的∞-范数

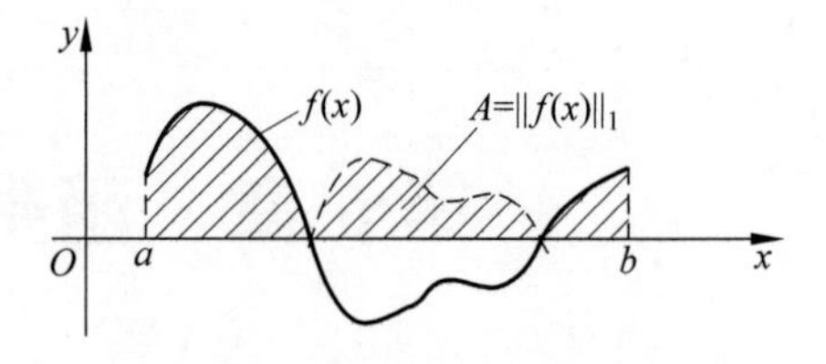

图 6-2　函数 $f(x)$的 1-范数

3) 2-范数

$$\| f(x) \|_2 = \left[\int_a^b f^2(x)\mathrm{d}x\right]^{1/2}$$

2-范数也常称为平方范数,其几何意义与 1-范数类似。

线性空间还有一个重要概念是内积,它定义了空间中两个元素的一种运算。下面给出一般的线性空间内积的定义。

定义 6.1:设 S 为实数域$\mathbb{R}$上的线性空间,$\forall u,v\in S$,定义值域为$\mathbb{R}$的二元运算$\langle u,v\rangle$,若满足

(1) $\langle u,v\rangle=\langle v,u\rangle$, (可交换性)。

(2) $\langle \alpha u,v\rangle=\alpha\langle u,v\rangle,\forall\alpha\in\mathbb{R}$, (线性性 1)。

(3) $\langle u+v,w\rangle=\langle u,w\rangle+\langle v,w\rangle,\forall w\in S$, (线性性 2)。

(4) $\langle u,u\rangle\geqslant 0$,当且仅当 $u=\mathrm{O}$ 时[①],$\langle u,u\rangle=0$, (非负性)。

则称$\langle u,v\rangle$为一种实内积运算(inner product)。定义了实内积的线性空间称为实内积空间。

应说明的是,将定义 6.1 加以扩展可在更一般的复数域$\mathbb{C}$上定义内积,区别只是将第一个条件改为共轭可交换性:

$$\langle u,v\rangle = \overline{\langle v,u\rangle}$$

例如,复向量的内积为$\langle \boldsymbol{u},\boldsymbol{v}\rangle=\boldsymbol{u}^{\mathrm{T}}\bar{\boldsymbol{v}}$,可以验证它满足上述共轭可交换性。考虑实内积得到的结果都可以类似地推广到复内积空间。另外,定义 6.1 的条件 3 还说明零元素与任意元素的内积均等于 0。

根据内积的线性性质可推出

$$\langle \alpha_1 u_1 + \alpha_2 u_2 ,v\rangle = \alpha_1\langle u_1 ,v\rangle + \alpha_2\langle u_2 ,v\rangle,\quad \forall\alpha_1 ,\alpha_2 \in \mathbb{C} \tag{6.1}$$

更一般地,有

$$\left\langle \sum_{j=1}^{n}\alpha_j u_j ,v\right\rangle = \sum_{j=1}^{n}\alpha_j\langle u_j ,v\rangle,\quad \forall\alpha_1 ,\cdots,\alpha_n \in \mathbb{C} \tag{6.2}$$

这里主要考虑函数空间,式(6.2)表明,线性组合函数(与另一函数作)内积等于(相应各个函数)内积的线性组合。

可以规定一种依赖于内积运算的范数:

$$\| u\| \equiv \sqrt{\langle u,u\rangle}$$

易知这种内积导出的范数满足范数定义的 3 个条件(见 3.1.2 节),详细证明过程留给读者思考。注意,在向量空间中,常用的向量内积导出的范数等同于向量的 2-范数。在实函数空间$C[a,b]$中,一般定义内积为

① 这里用正体的字母 O 表示线性空间的零元素,下同。

$$\langle u(x),v(x)\rangle=\int_a^b u(x)v(x)\mathrm{d}x \tag{6.3}$$

因此,由它导出的范数也等同于函数空间的 2-范数。

下面介绍与内积有关的两个重要定理。

定理 6.1：设 S 为实内积空间，$\forall u,v\in S$，有

$$|\langle u,v\rangle|^2\leqslant\langle u,u\rangle\cdot\langle v,v\rangle \tag{6.4}$$

这是著名的柯西-施瓦茨不等式(Cauchy-Schwarz inequality)。

定理 6.1 的证明留给读者思考。若 u、v 为三维向量,请思考该定理有什么几何含义?

定理 6.2：设 S 为实内积空间，$u_1,u_2,\cdots,u_n\in S$，则格拉姆矩阵(Gram matrix)

$$\boldsymbol{G}=\begin{bmatrix}\langle u_1,u_1\rangle & \langle u_2,u_1\rangle & \cdots & \langle u_n,u_1\rangle\\ \langle u_1,u_2\rangle & \langle u_2,u_2\rangle & \cdots & \langle u_n,u_2\rangle\\ \vdots & \vdots & \ddots & \vdots\\ \langle u_1,u_n\rangle & \langle u_2,u_n\rangle & \cdots & \langle u_n,u_n\rangle\end{bmatrix} \tag{6.5}$$

非奇异的充要条件是 $u_1,u_2,\cdots,u_n$ 线性无关。

【证明】 首先用到线性代数中的一个基本结论:

矩阵 $\boldsymbol{G}$ 非奇异　$\Leftrightarrow$　$\det(\boldsymbol{G})\neq0$　$\Leftrightarrow$　齐次线性方程组 $\boldsymbol{Ga}=\boldsymbol{0}$ 只有全零解。

设向量 $\boldsymbol{a}=[a_1,a_2,\cdots,a_n]^{\mathrm{T}}$，则方程 $\boldsymbol{Ga}=\boldsymbol{0}$ 可写成

$$\sum_{j=1}^{n}a_j\langle u_j,u_k\rangle=0,\quad(k=1,2,\cdots,n) \tag{6.6}$$

下面证明方程组(6.6)只有恒零解的充分必要条件是 $u_1,u_2,\cdots,u_n$ 线性无关。先证必要性,即已知方程组(6.6)只有恒零解,要证 $u_1,u_2,\cdots,u_n$ 线性无关。采用反证法,若 u_1，$u_2,\cdots,u_n$ 线性相关,即存在不全为 0 的一组系数 $\{\alpha_j,j=1,2,\cdots,n\}$，使 $\sum_{j=1}^{n}\alpha_j u_j=O$，则

$$\sum_{j=1}^{n}\alpha_j\langle u_j,u_k\rangle=\left\langle\sum_{j=1}^{n}\alpha_j u_j,u_k\right\rangle=\langle O,u_k\rangle=0,\quad(k=1,2,\cdots,n)$$

即这组 $\{\alpha_j\}$ 是方程组(6.6)的解,与已知条件矛盾。

再证充分性,即已知 $u_1,u_2,\cdots,u_n$ 线性无关,要证方程组(6.6)只有全零解。仍采用反证法,若方程组(6.6)存在不全为零的一组解 $\{\alpha_j\}$，则

$$\sum_{j=1}^{n}\alpha_j\langle u_j,u_k\rangle=\left\langle\sum_{j=1}^{n}\alpha_j u_j,u_k\right\rangle=0,\quad(k=1,2,\cdots,n)$$

将上述方程中第 k 个方程乘以 α_k，累加所有方程得到

$$\left\langle\sum_{j=1}^{n}\alpha_j u_j,\sum_{j=1}^{n}\alpha_j u_j\right\rangle=0$$

根据内积的定义,必有 $\sum_{j=1}^{n}\alpha_j u_j=O$。也就是说,存在不全为 0 的一组 $\{\alpha_j\}_{j=1}^{n}$，使 $\sum_{j=1}^{n}\alpha_j u_j=O$，这与 $u_1,u_2,\cdots,u_n$ 线性无关的已知条件矛盾。综上所述,完成了定理的证明。 ■

注意,格拉姆矩阵是实对称矩阵,并且当 $u_1,u_2,\cdots,u_n$ 线性无关时,它是对称正定矩阵。

针对实函数空间 $C[a,b]$，常有权函数、加权内积的概念。

定义 6.2：若函数 $\rho(x)\geqslant0$，$\forall x\in[a,b]$，且满足

(1) $\int_a^b x^k\rho(x)\mathrm{d}x$ 存在($k=0,1,2,\cdots$)，

(2) 对非负连续函数 $g(x)$,若 $\int_a^b g(x)\rho(x)\mathrm{d}x = 0$ 可推出 $g(x)\equiv 0$,

则称 $\rho(x)$ 为区间 $[a,b]$ 上的*权函数*(weight function)。

关于权函数的定义,说明以下 3 点。

(1) 定义中对连续性没有要求,即 $\rho(x)$ 可能不是连续函数;第一个条件要求的是 $\rho(x)$ 与多项式乘积为可积函数。

(2) 定义中第二个条件的意义不是很直观,较直观的一种等价形式为:不存在子区间 $(c,d)\subseteq[a,b]$,使 $\rho(x)=0$, $\forall x\in(c,d)$,即"权函数在 $[a,b]$ 中任一子区间不恒为零"。

(3) 一般遇到的 $C[a,b]$ 中的非负函数(一定有界、可积),若不在某一子区间恒为零,则都可作权函数。

定义 6.3:若 $\rho(x)$ 为区间 $[a,b]$ 上的权函数,则可定义 $C[a,b]$ 上的内积为

$$\langle u(x), v(x)\rangle = \int_a^b \rho(x)u(x)v(x)\mathrm{d}x \tag{6.7}$$

并称其为*加权内积*(weighted inner product)。

容易验证,加权内积满足一般内积的定义,并且常用的函数内积式(6.3)是加权内积的特例,其对应于权函数 $\rho(x)\equiv 1$ 的情况。根据加权内积也可以导出范数,这种范数可看成是广义的 2-范数,其公式为

$$\| f(x) \| = \left[\int_a^b \rho(x) f^2(x)\mathrm{d}x\right]^{1/2}$$

6.1.2 函数逼近的不同类型

在函数逼近问题中,用简单函数 $p(x)$ 近似 $f(x)$,并要求误差最小。这里度量误差大小的标准是范数,采用不同范数时其问题的性质不同。下面分两种情况讨论。

1. ∞-范数

考虑误差函数 $p(x)-f(x)$ 的∞-范数,假设函数的定义域为 $[a,b]$,则可设

$$\varepsilon = \| p(x) - f(x) \|_\infty = \max_{x\in[a,b]} | p(x) - f(x) |$$

因此有 $-\varepsilon \leqslant p(x)-f(x) \leqslant \varepsilon$, $\forall x\in[a,b]$,即

$$p(x) - \varepsilon \leqslant f(x) \leqslant p(x) + \varepsilon, \quad \forall x \in [a,b]$$

图 6-3 显示了函数 $p(x)$、$f(x)$ 以及 $\| p(x)-f(x) \|_\infty$ 之间的关系。从图 6-3 中可以看出,在∞-范数意义下的逼近要求使 ε 尽量小,也就是要 $p(x)$ 在整个区间上"一致地"接近 $f(x)$。因此,采用∞-范数的函数逼近问题常称为*最佳一致逼近*。

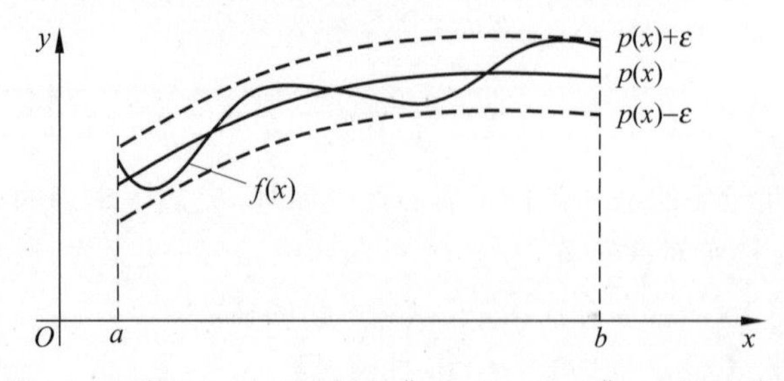

图 6-3 函数 $p(x)$、$f(x)$ 以及 $\| p(x)-f(x) \|_\infty$ 之间的关系

2. 1-范数和 2-范数

先看误差函数 $p(x)-f(x)$的 1-范数，

$$\| p(x)-f(x) \|_1 = \int_a^b | p(x)-f(x) | \mathrm{d}x$$

令 $A=\| p(x)-f(x) \|_1$，则它表示 $p(x)$和 $f(x)$两个函数曲线之间的面积(见图 6-4)。在 1-范数意义上的逼近要求A 尽量小，也就是要 $p(x)$与 $f(x)$曲线之间的总面积尽量小，反映出这种逼近有整个区间上“平均”误差尽量小的含义(在某个子区间上误差可能很大)。

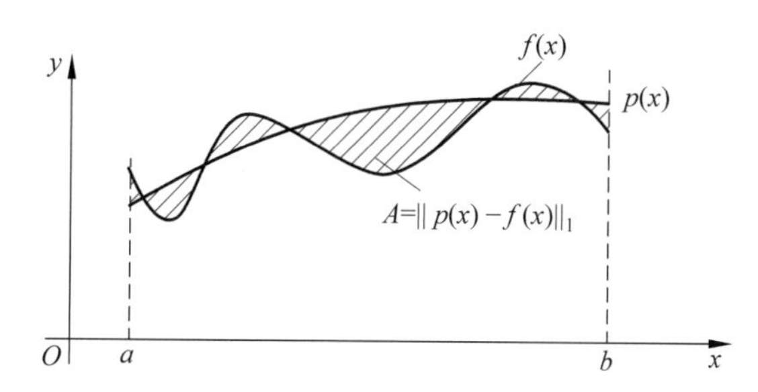

图 6-4　函数 $p(x)$、$f(x)$以及 $\| p(x)-f(x) \|_1$ 之间的关系

2-范数的意义与 1-范数的意义大体上类似，由于它更容易处理，因此在实际的逼近问题中一般采用 2-范数。这种逼近称为*最佳平方逼近*或*最小二乘逼近*(least squares fitting)。

直观上看，采用∞-范数的最佳一致逼近效果更好一些，而最佳平方逼近具有平均误差最小的含义。

除了可采用不同的范数度量误差函数，被逼近函数也可分为连续函数和表格函数两种情况。*表格函数*就是仅在一系列离散自变量点上已知函数值的函数，可通过函数值组成的向量刻画，有关逼近问题的求解有特殊的处理方法。而在逼近函数类方面，多项式函数是最常用的一种。下面给出*魏尔斯特拉斯定理*(Weierstrass theorem)，它是用多项式函数进行逼近的一个重要依据。

定理 6.3：设 $f(x)\in C[a,b]$，则对任何 $\varepsilon>0$，总存在一个多项式 $P(x)$，使 $\| P(x)-f(x) \|_\infty<\varepsilon$ 在$[a, b]$上成立。

该定理的证明已超出本书的要求，因此不做讨论。值得一提的是，若 $f(x)\in C[0,1]$，*伯恩斯坦多项式*(Bernstein polynomial)①

$$B_n(f,x) = \sum_{k=0}^{n} f\left(\frac{k}{n}\right) Q_k(x)$$

其中

$$Q_k(x) = \binom{n}{k} x^k (1-x)^{n-k}$$

就是满足定理要求的多项式 $P(x)$。注意，$B_n(f,x)$为 n 次多项式，并且可以证明$\lim\limits_{n\to\infty} B_n(f,x)=f(x)$在$[0, 1]$上一致成立。因此，$C[0,1]$中的任意函数都可用伯恩斯坦多项式(一致)逼近到任意好的程度。注意，它一般不是多项式函数类$\mathbb{P}_n$中的最佳一致逼近。

① 由苏联数学家伯恩斯坦(1880—1968 年)于 1912 年提出。

最后说明一点,求最佳一致逼近多项式的方法比较复杂,感兴趣的读者请参考文献[5]、[9]。本章后面主要介绍求最佳平方逼近的方法,它有很广泛的应用。

6.2 连续函数的最佳平方逼近

为了记号的方便,在 6.2 节和 6.3 节我们记函数的自变量为 t 。

6.2.1 一般的法方程方法

1. 问题描述

假设对 $f(t)\in C[a,b]$进行函数逼近,逼近函数类 Φ 应是形式简单的函数类,如多项式函数、三角函数、有理函数等,并且它是有限维的线性子空间。设 $\Phi=\text{span}\{\varphi_1(t),\varphi_2(t),\cdots,\varphi_n(t)\}$,则 Φ 的任一元素可表示为

$$S(t)=\sum_{j=1}^{n}x_j\varphi_j(t) \tag{6.8}$$

其中,$x_1,x_2,\cdots,x_n\in\mathbb{R}$ 。

连续函数的最佳平方逼近问题就是求 $S(t)\in\Phi$,使 $\|S(t)-f(t)\|_2$ 达到最小值。利用式(6.8)以及 2-范数的定义,上述问题等价于最小化

$$F=\|S(t)-f(t)\|_2^2=\int_a^b\Big[\sum_{j=1}^{n}x_j\varphi_j(t)-f(t)\Big]^2\mathrm{d}t \tag{6.9}$$

F 是关于实系数 $x_1,x_2,\cdots,x_n$ 的多元函数,需求出 F 的最小值对应的那组系数 x_1,$x_2,\cdots,x_n$。

2. 法方程方法

下面推导如何求式(6.9)的最小值点。为了记号简便,省略函数记号中的"(t)",即直接用 f 表示 $f(t)$。根据 2-范数与内积的关系,

$$F=\|S-f\|_2^2=\Big\langle\sum_{j=1}^{n}x_j\varphi_j-f,\sum_{j=1}^{n}x_j\varphi_j-f\Big\rangle$$

由多元函数取极值的必要条件知,系数 $x_1,x_2,\cdots,x_n$ 应满足方程

$$\frac{\partial F}{\partial x_k}=0,\quad k=1,2,\cdots,n \tag{6.10}$$

即

$$\begin{aligned}\frac{\partial F}{\partial x_k}&=\frac{\partial}{\partial x_k}\Big(\sum_{j=1}^{n}x_j\Big\langle\varphi_j,\sum_{l=1}^{n}x_l\varphi_l\Big\rangle-2\sum_{j=1}^{n}x_j\langle f,\varphi_j\rangle+\langle f,f\rangle\Big)\\&=\frac{\partial}{\partial x_k}\Big(\sum_{j=1}^{n}\sum_{l=1}^{n}x_jx_l\langle\varphi_j,\varphi_l\rangle-2\sum_{j=1}^{n}x_j\langle f,\varphi_j\rangle\Big)\\&=2x_k\langle\varphi_k,\varphi_k\rangle+2\sum_{\substack{j=1\\j\neq k}}^{n}x_j\langle\varphi_j,\varphi_k\rangle-2\langle f,\varphi_k\rangle=0,\quad(k=1,2,\cdots,n)\end{aligned}$$

上述推导得到等价的方程

$$\sum_{j=1}^{n}x_j\langle\varphi_j,\varphi_k\rangle=\langle f,\varphi_k\rangle,\quad(k=1,2,\cdots,n) \tag{6.11}$$

这是关于 $x_1,x_2,\cdots,x_n$ 的一个线性方程组，其矩阵形式为

$$\begin{bmatrix}\langle\varphi_1,\varphi_1\rangle & \langle\varphi_2,\varphi_1\rangle & \cdots & \langle\varphi_n,\varphi_1\rangle\\ \langle\varphi_1,\varphi_2\rangle & \langle\varphi_2,\varphi_2\rangle & \cdots & \langle\varphi_n,\varphi_2\rangle\\ \vdots & \vdots & \ddots & \vdots\\ \langle\varphi_1,\varphi_n\rangle & \langle\varphi_2,\varphi_n\rangle & \cdots & \langle\varphi_n,\varphi_n\rangle\end{bmatrix}\begin{bmatrix}x_1\\ x_2\\ \vdots\\ x_n\end{bmatrix}=\begin{bmatrix}\langle f,\varphi_1\rangle\\ \langle f,\varphi_2\rangle\\ \vdots\\ \langle f,\varphi_n\rangle\end{bmatrix} \tag{6.12}$$

注意，上述方程的系数矩阵为格拉姆矩阵，且 $\varphi_1,\varphi_2,\cdots,\varphi_n$ 是内积空间 Φ 的基，线性无关，因此根据定理6.2，方程(6.12)的系数矩阵非奇异，其解存在并且唯一。设方程(6.12)的解为 $x_1^*,x_2^*,\cdots,x_n^*$，则得到最佳平方逼近函数为

$$S^* = x_1^*\varphi_1 + x_2^*\varphi_2 + \cdots + x_n^*\varphi_n \in \Phi \tag{6.13}$$

线性方程组(6.12)常被称为*法方程*(normal equation)，这种求最佳平方逼近函数的方法称为*法方程方法*。

应当指出，方程(6.10)是多元函数取极值(最值)的必要条件，而非充要条件。因此，上述推导过程得到的 $x_1^*,x_2^*,\cdots,x_n^*$ 未必能保证多元函数 F 取最小值。下面证明得到的函数 S^* 确实与 f 具有最小2-范数距离[①]。

由于 $x_1^*,x_2^*,\cdots,x_n^*$ 是方程(6.11)、方程(6.12)的解，则

$$\sum_{j=1}^{n}x_j^*\langle\varphi_j,\varphi_k\rangle=\langle f,\varphi_k\rangle,\quad (k=1,2,\cdots,n)$$

再根据方程(6.13)，得到

$$\langle S^*,\varphi_k\rangle=\langle f,\varphi_k\rangle \ \Rightarrow\ \langle S^*-f,\varphi_k\rangle=0,\quad (k=1,2,\cdots,n)$$

上式表明，误差 S^*-f 与任一基函数 φ_k 正交，根据内积的线性性，它也正交于任一 $S\in\Phi$，

$$\langle S^*-f,S\rangle=0,\quad S\in\Phi \tag{6.14}$$

方程(6.14)表明了最佳逼近函数 S^* 的一个重要性质，即它对应的误差函数正交(垂直)于 Φ 空间的任一个基，也就是正交于 Φ 中任一元素。在三维向量线性空间中，上述性质的含义如图6-5所示，根据立体几何的知识很容易理解它是成立的。从图6-5也可以看出方程组(6.12)的几何意义，$\langle f,\varphi_1\rangle$是 f 在 φ_1 方向上的投影，而 x_i 是 S^* 在 φ_i 方向的坐标，$\langle\varphi_i,\varphi_1\rangle$是 φ_i 在 φ_1 方向上的投影，于是 $\sum_{i=1}^{n}x_i\langle\varphi_i,\varphi_1\rangle$ 表示 S^* 在 φ_1 方向上的投影。方程组的意义就是 S^* 在这个“平面”的各个基方向上与 f 有相同的投影，因此 S^* 就是 f 在 Φ 对应的“平面”上的投影，是对 f 的最佳逼近。

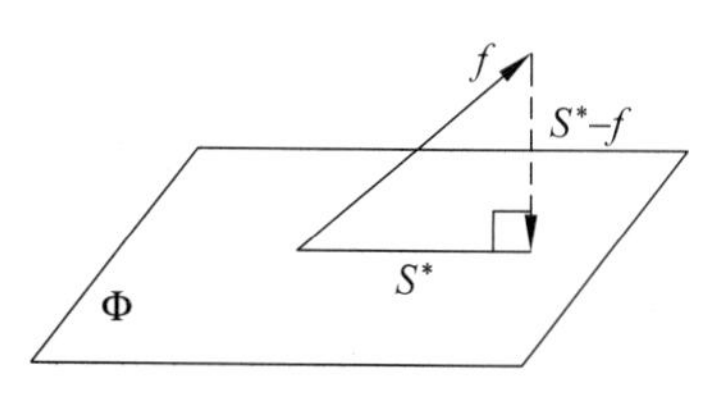

图6-5　若 S^* 为求解法方程得到的对 f 的最佳平分逼近，则 S^*-f 与 Φ 空间正交

下面证明对任意 $S\in\Phi$，都有 $\|S-f\|_2^2\geqslant\|S^*-f\|_2^2$。令 $D=\|S-f\|_2^2-\|S^*-f\|_2^2$，即证明 $D\geqslant 0$ 。

$$\begin{aligned}D&=\|S-f\|_2^2-\|S^*-f\|_2^2\\ &=\langle S-f,S-f\rangle-\langle S^*-f,S^*-f\rangle\end{aligned}$$

① 第4.3.1节中的变分原理也有类似的问题。此外，也有其他方法可证明 F 取到最小值，如根据凸优化理论和黑森矩阵的正定性。

$$=\langle S,S\rangle-2\langle f,S\rangle+\langle f,f\rangle-\langle S^*,S^*\rangle+2\langle f,S^*\rangle-\langle f,f\rangle$$
$$=\langle S,S\rangle-2\langle S,S^*\rangle+\langle S^*,S^*\rangle+2\langle S,S^*\rangle-2\langle S^*,S^*\rangle-2\langle f,S\rangle+2\langle f,S^*\rangle$$
$$=\langle S-S^*,S-S^*\rangle+2\langle S,S^*-f\rangle+2\langle f-S^*,S^*\rangle$$

因为 S^*-f 与 Φ 中的任一元素正交,上式求和的最后两项均为零,所以

$$D=\langle S-S^*,S-S^*\rangle=\|S-S^*\|_2^2\geqslant 0$$

这说明,对 $\forall S\in\Phi$, $\|S-f\|_2^2\geqslant\|S^*-f\|_2^2$,所以法方程方法求出的解是最佳平方逼近解。总结上述推导,得到如下定理。

定理 6.4:假设 f 为实函数空间的某个元素,而 Φ 为该空间的一个有限维子空间,$\Phi=\text{span}\{\varphi_1,\varphi_2,\cdots,\varphi_n\}$,则线性方程组(6.12)存在唯一的解 $x_1^*,x_2^*,\cdots,x_n^*$,并且由它构造的元素

$$S^*=x_1^*\varphi_1+x_2^*\varphi_2+\cdots+x_n^*\varphi_n$$

为 Φ 子空间中对 f 的最佳平方逼近,即

$$\|S^*-f\|_2=\min_{S\in\Phi}\|S-f\|_2$$

注意,定理6.4的结论并不局限于连续函数空间,因为前面的推导过程并没有利用函数的有关性质,这使最佳平方逼近问题和法方程方法可以推广到更一般的线性空间。若仅考虑实内积空间,法方程(6.12)的系数矩阵一定是对称正定的,详细证明留给读者思考。

接下来讨论最佳平方逼近的误差。令 $\delta=S^*-f$,那么

$$\|\delta\|_2^2=\langle S^*-f,S^*-f\rangle=\langle S^*-f,S^*\rangle-\langle S^*-f,f\rangle$$

其中第1项为零,这是由于 S^* 满足的重要性质[式(6.14)],则

$$\|\delta\|_2^2=-\langle S^*-f,f\rangle=\|f\|_2^2-\left\langle\sum_{j=1}^n x_j^*\varphi_j,f\right\rangle=\|f\|_2^2-\sum_{j=1}^n x_j^*\langle\varphi_j,f\rangle \tag{6.15}$$

注意,最后求和式中的 $\langle\varphi_j,f\rangle$ 为法方程(6.12)的右端项元素。这样,用 $\|f\|_2^2$ 减去法方程的解向量与右端项的内积,可算出误差的2-范数,也就是最佳平方逼近的误差

$$\|\delta\|_2=\sqrt{\|f\|_2^2-\sum_{j=1}^n x_j^*\langle\varphi_j,f\rangle} \tag{6.16}$$

下面给出法方程方法的算法描述。

算法 6.1:求实连续函数最佳平方逼近的法方程方法
输入:被逼近函数 f,基函数 $\varphi_1,\varphi_2,\cdots,\varphi_n$;输出:逼近函数 S.
根据式(6.12)形成法方程 $\boldsymbol{Gx}=\boldsymbol{b}$;
用算法3.10对矩阵 $\boldsymbol{G}$ 进行 Cholesky 分解 $\boldsymbol{G}=\boldsymbol{LL}^{\mathrm{T}}$;
依次执行前代过程和回代过程求解方程 $\boldsymbol{LL}^{\mathrm{T}}\boldsymbol{x}=\boldsymbol{b}$,得到 $\boldsymbol{x}$;
$S:=\sum_{i=1}^n x_i\varphi_i$

3. 最佳平方逼近多项式

上面讨论了一般的最佳平方逼近问题,下面考虑如何从多项式函数类中得到最佳平方逼近多项式。

假设要求 $f(t)$的 $n-1$ 次最佳平方逼近多项式，函数的定义域为$[0,1]$。此时取逼近函数空间的基函数为单项式函数，即$\{1,t,\cdots,t^{n-1}\}$，则法方程(6.12)中系数矩阵的元素为

$$\langle \varphi_k,\varphi_j\rangle=\int_0^1 t^{k+j-2}\mathrm{d}t=\frac{1}{k+j-1},\quad (k,j=1,2,\cdots,n)$$

法方程的系数矩阵(格拉姆矩阵)为

$$\boldsymbol{G}_n=\begin{bmatrix}1 & \frac{1}{2} & \cdots & \frac{1}{n}\\ \frac{1}{2} & \frac{1}{3} & \cdots & \frac{1}{n+1}\\ \vdots & \vdots & \ddots & \vdots\\ \frac{1}{n} & \frac{1}{n+1} & \cdots & \frac{1}{2n-1}\end{bmatrix}$$

再推导方程右端项的计算公式，得到完整的法方程为

$$\begin{bmatrix}1 & \frac{1}{2} & \cdots & \frac{1}{n}\\ \frac{1}{2} & \frac{1}{3} & \cdots & \frac{1}{n+1}\\ \vdots & \vdots & \ddots & \vdots\\ \frac{1}{n} & \frac{1}{n+1} & \cdots & \frac{1}{2n-1}\end{bmatrix}\begin{bmatrix}x_1\\ x_2\\ \vdots\\ x_n\end{bmatrix}=\begin{bmatrix}\int_0^1 f(t)\mathrm{d}t\\ \int_0^1 f(t)t\mathrm{d}t\\ \vdots\\ \int_0^1 f(t)t^{n-1}\mathrm{d}t\end{bmatrix}$$

例 6.1(最佳平方逼近多项式)：设 $f(t)=\sqrt{1+t^2}$，求区间$[0,1]$上的一次最佳平方逼近多项式，以及逼近误差的 2-范数。

【解】 由于求一次多项式，要确定两个多项式系数，因此先计算法方程的右端项：

$$\int_0^1 f(t)\mathrm{d}t=\int_0^1\sqrt{1+t^2}\mathrm{d}t=\frac{1}{2}\ln\left(t+\sqrt{1+t^2}\right)+\frac{t}{2}\sqrt{1+t^2}\Big|_0^1$$

$$=\frac{1}{2}\ln(1+\sqrt{2})+\frac{1}{2}\sqrt{2}\approx 1.147$$

$$\int_0^1 f(t)t\mathrm{d}t=\int_0^1 t\sqrt{1+t^2}\mathrm{d}t=\frac{1}{2}\cdot\frac{2}{3}(1+t^2)^{3/2}\Big|_0^1=\frac{1}{3}(2\sqrt{2}-1)\approx 0.609$$

然后求解法方程：

$$\begin{bmatrix}1 & \frac{1}{2}\\ \frac{1}{2} & \frac{1}{3}\end{bmatrix}\begin{bmatrix}x_1\\ x_2\end{bmatrix}=\begin{bmatrix}1.147\\ 0.609\end{bmatrix}$$

解得 $x_1=0.934$，$x_2=0.426$，则一次最佳平方逼近多项式为

$$S_1^*(t)=0.934+0.426t$$

根据式(6.16)，求出误差函数的 2-范数为

$$\|S_1^*(t)-f(t)\|_2=\left[\|f\|_2^2-\sum_{j=1}^{2}x_j\langle t^{j-1},f\rangle\right]^{1/2}$$

$$=\sqrt{\int_0^1(1+t^2)\mathrm{d}t-(0.934\times 1.147+0.426\times 0.609)}$$

$$=0.051$$

■

注意,在上述讨论中,由于被逼近函数的定义域为[0,1],法方程的系数矩阵实际上是Hilbert矩阵(见3.1.3节),当n较大时,它是高度病态的矩阵,实际计算中引起很大的数值误差。事实上,即使被逼近函数的定义域不是[0,1],只要选取单项式函数为基函数,法方程的系数矩阵都具有类似的病态性。

另一方面,上述方法得到的法方程是一个稠密的线性方程组,当n很大时,求解它的计算量很大。6.2.2节将介绍正交函数族的概念,利用它将加速法方程的形成与求解。

6.2.2 用正交函数族进行逼近

1. 正交函数族与正交多项式

定义6.4:设函数$f(t),g(t)\in C[a,b]$,$\rho(t)$为权函数,若

$$\langle f(t),g(t)\rangle=\int_a^b\rho(t)f(t)g(t)\mathrm{d}t=0$$

则称$f(t)$与$g(t)$在$[a,b]$上带权正交。若函数族$\{\varphi_1(t),\varphi_2(t),\cdots,\varphi_k(t),\cdots\}$满足

$$\langle\varphi_j(t),\varphi_k(t)\rangle=\int_a^b\rho(t)\varphi_j(t)\varphi_k(t)\mathrm{d}t=\begin{cases}0, & j\neq k\\ A_k>0 & j=k\end{cases}$$

则称函数族$\{\varphi_k(t)\}$为在$[a,b]$上的带权正交函数族。

定义6.4给出了带权正交和带权正交函数族的概念。为了简便,下面省略“带权”两个字。如不加说明,默认权函数$\rho(t)\equiv1$。

例6.2(正交函数族):$1,\cos t,\sin t,\cos(2t),\sin(2t),\cdots$为$[-\pi,\pi]$上的正交函数族,并且

$$\langle1,1\rangle=2\pi,$$
$$\langle\sin(kt),\sin(kt)\rangle=\langle\cos(kt),\cos(kt)\rangle=\pi,\quad(k=1,2,\cdots)$$ ■

如果限定正交函数族$\{\varphi_1(t),\varphi_2(t),\cdots,\varphi_n(t)\}$的元素均为次数不超过$n-1$的多项式函数,则称它们为一组正交多项式(orthogonal polynomials),是多项式空间$\mathbb{P}_{n-1}$的一组正交基。

下面看看如何构造正交多项式和正交函数族,并利用它们进行最佳平方逼近。

构造正交函数族的基本做法是格拉姆-施密特正交化过程(Gram-Schmidt orthogonalization)。若考虑的是多项式函数空间,由于$\{1,t,t^2,\cdots,t^k,\cdots\}$是一组基函数,则格拉姆-施密特正交化过程就是对它进行逐个正交化的操作。具体地:

$$\varphi_1(t)=1,\quad\varphi_k(t)=t^{k-1}-\sum_{j=1}^{k-1}\frac{\langle t^{k-1},\varphi_j(t)\rangle}{\langle\varphi_j(t),\varphi_j(t)\rangle}\varphi_j(t),\quad(k=2,3,\cdots)\tag{6.17}$$

这样构造出的函数序列$\{\varphi_1(t),\varphi_2(t),\cdots,\varphi_k(t),\cdots\}$为正交多项式序列,且具有如下性质。

(1) $\varphi_k(t)$为$k-1$次多项式,且最高次项系数为1。

(2) 任何$p(t)\in\mathbb{P}_n$都可表示为$\{\varphi_1(t),\varphi_2(t),\cdots,\varphi_{n+1}(t)\}$的线性组合。

(3) $\varphi_k(t)$与任一次数小于$k-1$的多项式正交。

(4) 满足如下递推公式:

$$\begin{cases}\varphi_1(t)=1,\quad\varphi_2(t)=t-\dfrac{\langle t,1\rangle}{\langle1,1\rangle}\\ \varphi_{k+1}(t)=(t-\alpha_k)\varphi_k(t)-\beta_k\varphi_{k-1}(t),\quad(k=2,3,\cdots)\end{cases}\tag{6.18}$$

其中

$$\alpha_k = \frac{\langle t\varphi_k(t), \varphi_k(t)\rangle}{\langle \varphi_k(t), \varphi_k(t)\rangle} \tag{6.19}$$

$$\beta_k = \frac{\langle \varphi_k(t), \varphi_k(t)\rangle}{\langle \varphi_{k-1}(t), \varphi_{k-1}(t)\rangle} \tag{6.20}$$

(5) 方程 $\varphi_k(t)=0(k\geqslant 2)$的 $k-1$ 个根都是区间(a,b)上的实数,且均为单根。

前 3 个性质很直观,第 4 个性质的证明思路是用数学归纳法证明式(6.18)中的函数满足$<\varphi_j, \varphi_k>=0$, $\forall j<k$(参见文献[6]和文献[29]),请感兴趣的读者思考。第 5 个性质超出了本书的范围,其证明及应用可参考文献[8]。

2. 勒让德多项式与其他正交多项式

若函数的定义域为区间$[-1, 1]$,权函数 $\rho(t)\equiv 1$,正交多项式序列中的多项式被称为*勒让德多项式*(Legendre polynomial),用 $P_0(t), P_1(t), \cdots$表示。勒让德多项式有如下两种表达形式。

第一种形式通过式(6.18)～式(6.20)构造,得到的多项式为

$$P_0(t)=1, \quad P_1(t)=t-\frac{\int_{-1}^{1} t\mathrm{d}t}{\int_{-1}^{1}\mathrm{d}t}=t, \quad P_2(t)=t^2-\frac{1}{3}, \cdots \tag{6.21}$$

这样得到的勒让德多项式最高次项系数为 1。

第二种形式是罗德利克(Rodrigul)给出的简洁表达式

$$P_0(t)=1, \quad P_k(t)=\frac{1}{2^k\cdot k!}\cdot\frac{\mathrm{d}^k}{\mathrm{d}t^k}\{(t^2-1)^k\}, \quad (k=1,2,\cdots) \tag{6.22}$$

注意其最高次项系数不为 1。事实上,$P_k(t)$的上述两种形式仅相差一个倍数。

勒让德多项式(6.22)具有重要的理论意义和实用价值,下面再给出它的 3 条重要性质。

(1) 正交性,即

$$\langle P_j(t), P_k(t)\rangle = \begin{cases} 0, & j\neq k \\ \dfrac{2}{2k+1}, & j=k \end{cases} \tag{6.23}$$

(2) 奇偶性,即

$$P_k(-t)=(-1)^k P_k(t)$$

它表明 k 为偶数时,$P_k(x)$为偶函数,否则为奇函数。

(3) 满足较简单的递推公式:

$$(k+1)P_{k+1}(t)=(2k+1)tP_k(t)-kP_{k-1}(t), \quad (k=1,2,\cdots)$$

根据这些性质,得出前几个第二种形式的勒让德多项式为(同式(6.22))

$$P_0(t)=1, \quad P_1(t)=t, \quad P_2(t)=(3t^2-1)/2 \tag{6.24}$$

除了勒让德多项式,考虑不同的权函数和自变量定义域,还有其他几种重要的正交多项式,具体列于表 6-1 中。

下面讨论一个实际应用时常遇到的问题:如何得到任意$[a,b]$上的正交多项式?这需要利用积分变量的变换推导。下面以勒让德多项式为例,看如果将定义域由$[-1,1]$推广到$[a,b]$的情形。

表 6-1　几种重要的正交多项式

名　　称	定义域	权函数	表达式/递推公式
勒让德多项式	$[-1,1]$	$\rho(t)=1$	$\begin{cases}P_0(t)=1, \quad P_1(t)=t,\\(k+1)P_{k+1}(t)=(2k+1)tP_k(t)-kP_{k-1}(t), \quad (k=1,2,\cdots)\end{cases}$
第一类切比雪夫多项式	$[-1,1]$	$\rho(t)=\dfrac{1}{\sqrt{1-t^2}}$	$\begin{cases}T_0(t)=1, \quad T_1(t)=t,\\T_{k+1}(t)=2tT_k(t)-T_{k-1}(t), \quad (k=1,2,\cdots)\end{cases}$
第二类切比雪夫多项式	$[-1,1]$	$\rho(t)=\sqrt{1-t^2}$	$\begin{cases}U_0(t)=1, \quad U_1(t)=2t,\\U_{k+1}(t)=2tU_k(t)-U_{k-1}(t), \quad (k=1,2,\cdots)\end{cases}$
拉盖尔多项式	$[0,+\infty)$	$\rho(t)=\mathrm{e}^{-t}$	$\begin{cases}L_0(t)=1, \quad L_1(t)=1-t,\\L_{k+1}(t)=(1+2k-t)L_k(t)-k^2L_{k-1}(t), \quad (k=1,2,\cdots)\end{cases}$
埃尔米特多项式	$(-\infty,+\infty)$	$\rho(t)=\mathrm{e}^{-t^2}$	$\begin{cases}H_0(t)=1, \quad H_1(t)=2t,\\H_{k+1}(t)=2tH_k(t)-2kH_{k-1}(t), \quad (k=1,2,\cdots)\end{cases}$

区间$[-1,1]$上的勒让德多项式的特点是下面的积分式有特殊的取值：

$$\int_{-1}^{1} P_j(t)P_k(t)\mathrm{d}t, \quad (j,k=0,1,2,\cdots)$$

其中，$P_k(t)$，$k=0,1,\cdots$为勒让德多项式。要考虑一般的$[a,b]$，需将积分限变为从a到b，可对上式中的t做变量代换，令

$$s=\frac{b-a}{2}t+\frac{b+a}{2}$$

即

$$t=\frac{2s-(a+b)}{b-a}$$

此时有

$$\int_{-1}^{1} P_j(t)P_k(t)\mathrm{d}t=\int_a^b P_j\left(\frac{2s-(a+b)}{b-a}\right)P_k\left(\frac{2s-(a+b)}{b-a}\right)\cdot\frac{2}{b-a}\mathrm{d}s$$

令$\widetilde{P}_k(s)=P_k\left(\dfrac{2s-(a+b)}{b-a}\right)$，则序列$\{\widetilde{P}_k(t)\}$满足正交性要求，并且积分变量的变化范围是$[a,b]$。此外，根据式(6.23)还可推出

$$\langle\widetilde{P}_k(t),\widetilde{P}_k(t)\rangle=\frac{b-a}{2}\langle P_k(t),P_k(t)\rangle=\frac{b-a}{2k+1}>0$$

综上讨论，在$[a,b]$区间上的勒让德多项式序列$\{\widetilde{P}_k(t)\}$可根据$[-1,1]$上的勒让德多项式$P_k(t)$得出，即

$$\widetilde{P}_k(t)=P_k\left(\frac{2t-(a+b)}{b-a}\right), \quad (k=0,1,2,\cdots) \tag{6.25}$$

3. 用正交函数族做最佳平方逼近

前面介绍了正交函数族的概念，并给出几种具体的正交多项式。下面考虑将正交函数族作为逼近函数空间Φ的基，则法方程(6.12)的系数矩阵退化为对角矩阵，因此可直接写出方程的解为

$$x_k^*=\frac{\langle f(t),\varphi_k(t)\rangle}{\langle\varphi_k(t),\varphi_k(t)\rangle}, \quad (k=1,2,\cdots,n) \tag{6.26}$$

因此，最佳平方逼近函数为

$$S^*(t) = \sum_{k=1}^{n} \frac{\langle f(t), \varphi_k(t) \rangle}{\langle \varphi_k(t), \varphi_k(t) \rangle} \varphi_k(t)$$

$S^*(t)$是对 $f(t) \in C[a,b]$的一种近似，若考虑逼近函数空间 Φ 为无穷维的子空间，如所有多项式函数或所有三角函数，则可得到展开式

$$f(t) = \sum_{k=1}^{\infty} x_k^* \varphi_k(t) \tag{6.27}$$

方程(6.27)是 $f(t)$的一种无穷级数展开，称为广义傅里叶(Fourier)展开，其中的 x_k^* 为广义傅里叶系数。信号处理中常用的傅里叶展开是一个特例，其中取$\{\varphi_k(t)\}$为正交的三角函数序列。

例 6.3(用正交多项式做逼近)：使用正交多项式求解例 6.1 中的最佳平方逼近问题。

【解】 被逼近函数 $f(t) = \sqrt{1+t^2}$，其定义域为[0,1]，则首先要将勒让德多项式扩展到[0,1]区间上。根据式(6.25)，得正交多项式为

$$\widetilde{P}_0(t) = P_0(t) = 1, \quad \widetilde{P}_1(t) = P_1\left(\frac{2t-(a+b)}{b-a}\right) = P_1(2t-1) = 2t-1$$

直接求出法方程的解为

$$x_1^* = \frac{\langle f(t), \widetilde{P}_0(t) \rangle}{\langle \widetilde{P}_0(t), \widetilde{P}_0(t) \rangle} = \frac{\int_0^1 \sqrt{1+t^2}\,dt}{\int_0^1 dt} \approx 1.147$$

$$x_2^* = \frac{\langle f(t), \widetilde{P}_1(t) \rangle}{\langle \widetilde{P}_1(t), \widetilde{P}_1(t) \rangle} = \frac{\langle f(t), 2t-1 \rangle}{\langle 2t-1, 2t-1 \rangle} = \frac{\int_0^1 \sqrt{1+t^2}(2t-1)\,dt}{1/3} \approx 0.213$$

所以，一次最佳平方逼近多项式

$$S_1^*(t) = 1.147 + 0.213(2t-1) = 0.934 + 0.426t$$

与例 6.1 的计算结果完全一致。■

小结，用正交函数族做最佳平方逼近具有如下两个优点。

(1) 计算方便，算法稳定性好。上面的分析和例子说明了这一点。

(2) 便于基函数的增加、删除。这一点从式(6.26)可以看出，由于系数的计算只与当前的基函数有关，因此在逼近函数表达式中增加、删除基函数不影响其他基函数的项。

最后补充一个定理(证明见参考文献[45])，它说明随着阶次 n 的增大，最佳平方逼近多项式收敛到被逼近函数，并且在被逼近函数具有一定光滑性的前提下，最佳平方逼近多项式还能达到一致逼近(一致收敛)的效果。

定理 6.5：设 $f(t) \in C[a,b]$，$S_n^*(t)$是 $f(t)$的最佳平方逼近多项式，逼近函数空间为 $\mathbb{P}_n$，则

(1) $\lim_{n\to\infty} \| S_n^*(t) - f(t) \|_2 = 0$。

(2) 若 $f''(t) \in C[a,b]$，则对任何 $\varepsilon > 0$，当 n 充分大时，有

$$|S_n^*(t) - f(t)| \leqslant \frac{\varepsilon}{\sqrt{n}}$$

6.3 曲线拟合与最小二乘法

在科学与工程计算中,常常遇到大量带有误差的实验数据,需要将这些数据点拟合成一条函数曲线,从而总结、验证相关物理量之间满足的函数关系。此问题被称为曲线拟合(curve fitting),它要求构造一个不必严格满足所有离散数据的逼近函数(曲线),并使逼近误差达到最小,如图 6-6 所示。这在统计学上也称为回归分析(regression analysis)。

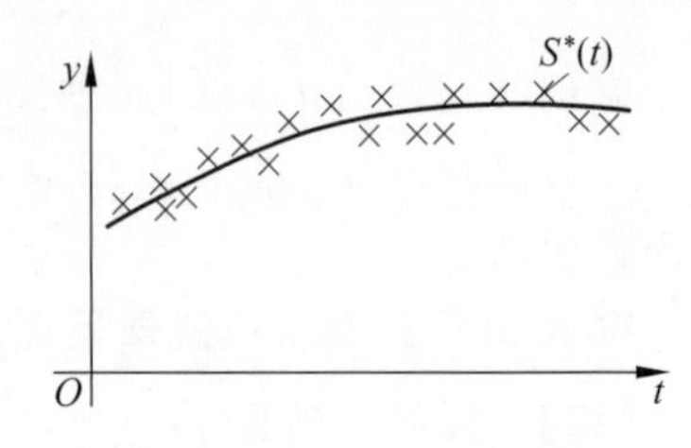

图 6-6 对数据点进行曲线拟合,得到近似函数 S^*

若将离散数据点看成表格函数,并定义表格函数的∞-范数、2-范数,曲线拟合问题即最佳一致逼近和最佳平方逼近问题。根据最佳平方逼近准则进行曲线拟合的方法称为最小二乘法,它使数据点到曲线的误差平方和最小,应用广泛。若逼近函数可表示为一组基函数的线性组合,只需求组合系数,这种问题称为线性最小二乘(linear least square)问题,否则为非线性最小二乘问题。本书仅讨论线性最小二乘问题。

6.3.1 问题的矩阵形式与法方程法

假设离散数据点为(t_i, f_i),$(i=1,2,\cdots,m)$,它对应表格函数 $f(t)$。希望在某个函数类 $\Phi=\mathrm{span}\{\varphi_1(t),\varphi_2(t),\cdots,\varphi_n(t)\}$中寻找一个函数 $S(t)$,使得它与 $f(t)$的误差总体上达到最小。这里要注意 3 点。

(1) 表格函数 $f(t)$的表达式是未知的,当 $t_i(i=1,2,\cdots,m)$固定时,它可用函数值向量 $\boldsymbol{f}=[f_1,f_2,\cdots,f_m]^{\mathrm{T}}$ 表示。

(2) 所有定义在离散自变量点 $t_i(i=1,2,\cdots,m)$上的表格函数构成一个线性空间,不同于连续函数的线性空间,它是有限维空间$\mathbb{R}^m$。

(3) 若只考虑自变量点 t_i 上的取值,函数类 Φ 中的函数也都是表格函数,它们与被逼近函数 $f(t)$的区别是它们的表达式已知,为多项式等较简单的形式。

由于在自变量点 t_i 固定的情况下,表格函数与包含其函数值的向量一一对应,它的内积、2-范数自然就定义为对应向量的内积、2-范数。假设表格函数定义在离散自变量点 t_i $(i=1,2,\cdots,m)$上,则它的内积为

$$\langle\varphi_j(t),\varphi_k(t)\rangle=\sum_{i=1}^{m}\varphi_j(t_i)\varphi_k(t_i)$$

而 2-范数为

$$\|\varphi_j(t)\|_2=\sqrt{\sum_{i=1}^{m}|\varphi_j(t_i)|^2}$$

最小二乘问题是求 $S(t)$,使得 $\|S(t)-f(t)\|_2$ 达到最小,即 $\sum\limits_{i=1}^{m}[S(t_i)-f_i]^2$ 最小,它的直观意义是离散点(t_i,f_i)到解曲线 $S(t)$的 Y 方向距离平方和最小。注意,这个误差与统计学上的均方根误差有关,均方根误差为

$$\sigma=\sqrt{\frac{1}{m}\sum_{i=1}^{m}[S(t_i)-f_i]^2}$$

从向量与矩阵的角度看，上述最佳平方逼近问题有另一种形式。定义矩阵 $\boldsymbol{A}\in\mathbb{R}^{m\times n}$ 为

$$\boldsymbol{A}=\begin{bmatrix}\varphi_1(t_1) & \varphi_2(t_1) & \cdots & \varphi_n(t_1)\\ \varphi_1(t_2) & \varphi_2(t_2) & \cdots & \varphi_n(t_2)\\ \vdots & \vdots & \ddots & \vdots\\ \varphi_1(t_m) & \varphi_2(t_m) & \cdots & \varphi_n(t_m)\end{bmatrix} \tag{6.28}$$

它的第 j 列为表格函数 $\varphi_j(t)$ 对应的向量，则表格函数

$$S(t)=\sum_{j=1}^{n}x_j\varphi_j(t) \tag{6.29}$$

对应的向量为 $\boldsymbol{A}\boldsymbol{x}$，其中 $\boldsymbol{x}=[x_1,x_2,\cdots,x_n]^{\mathrm{T}}$。所以，最小二乘问题就是求向量 $\boldsymbol{x}$，使 $\|\boldsymbol{A}\boldsymbol{x}-\boldsymbol{f}\|_2$ 达到最小值。一般地，$m>n$，数据点比要确定的拟合参数多。若 $m=n$，通常可求出唯一解，使得拟合曲线通过所有数据点，这是后面将介绍的插值问题。

脱离曲线拟合的问题背景，可定义如下一般的线性最小二乘问题。

定义 6.5：设已知矩阵 $\boldsymbol{A}\in\mathbb{R}^{m\times n}(m>n)$，向量 $\boldsymbol{f}\in\mathbb{R}^m$，求向量 $\boldsymbol{x}\in\mathbb{R}^n$，使得 $\|\boldsymbol{f}-\boldsymbol{A}\boldsymbol{x}\|_2$ 达到最小值。这个问题称为线性最小二乘问题，记为

$$\boldsymbol{A}\boldsymbol{x}\cong\boldsymbol{f} \tag{6.30}$$

满足要求的解 $\boldsymbol{x}$ 称为最小二乘解。

6.2.1 节介绍的法方程方法具有普遍性，可用于求解线性最小二乘问题，此时法方程(6.12)中的函数内积为函数值向量的内积。若记表格函数 $\varphi_i(t)$ 对应的向量为 $\boldsymbol{a}_i$，则 $\boldsymbol{a}_i$ 是矩阵 $\boldsymbol{A}$ 的第 i 个列向量($i=1,2,\cdots,n$)，法方程(6.12)的系数矩阵为

$$\boldsymbol{G}=\begin{bmatrix}\langle\boldsymbol{a}_1,\boldsymbol{a}_1\rangle & \langle\boldsymbol{a}_2,\boldsymbol{a}_1\rangle & \cdots & \langle\boldsymbol{a}_n,\boldsymbol{a}_1\rangle\\ \langle\boldsymbol{a}_1,\boldsymbol{a}_2\rangle & \langle\boldsymbol{a}_2,\boldsymbol{a}_2\rangle & \cdots & \langle\boldsymbol{a}_n,\boldsymbol{a}_2\rangle\\ \vdots & \vdots & \ddots & \vdots\\ \langle\boldsymbol{a}_1,\boldsymbol{a}_n\rangle & \langle\boldsymbol{a}_2,\boldsymbol{a}_n\rangle & \cdots & \langle\boldsymbol{a}_n,\boldsymbol{a}_n\rangle\end{bmatrix}=\begin{bmatrix}\boldsymbol{a}_1^{\mathrm{T}}\boldsymbol{a}_1 & \boldsymbol{a}_1^{\mathrm{T}}\boldsymbol{a}_2 & \cdots & \boldsymbol{a}_1^{\mathrm{T}}\boldsymbol{a}_n\\ \boldsymbol{a}_2^{\mathrm{T}}\boldsymbol{a}_1 & \boldsymbol{a}_2^{\mathrm{T}}\boldsymbol{a}_2 & \cdots & \boldsymbol{a}_2^{\mathrm{T}}\boldsymbol{a}_n\\ \vdots & \vdots & \ddots & \vdots\\ \boldsymbol{a}_n^{\mathrm{T}}\boldsymbol{a}_1 & \boldsymbol{a}_n^{\mathrm{T}}\boldsymbol{a}_2 & \cdots & \boldsymbol{a}_n^{\mathrm{T}}\boldsymbol{a}_n\end{bmatrix}=\boldsymbol{A}^{\mathrm{T}}\boldsymbol{A}$$

其右端向量为

$$\boldsymbol{b}=\begin{bmatrix}\langle\boldsymbol{f},\boldsymbol{a}_1\rangle\\ \langle\boldsymbol{f},\boldsymbol{a}_2\rangle\\ \vdots\\ \langle\boldsymbol{f},\boldsymbol{a}_n\rangle\end{bmatrix}=\begin{bmatrix}\boldsymbol{a}_1^{\mathrm{T}}\boldsymbol{f}\\ \boldsymbol{a}_2^{\mathrm{T}}\boldsymbol{f}\\ \vdots\\ \boldsymbol{a}_n^{\mathrm{T}}\boldsymbol{f}\end{bmatrix}=\boldsymbol{A}^{\mathrm{T}}\boldsymbol{f}$$

所以，需求解的法方程为

$$\boldsymbol{A}^{\mathrm{T}}\boldsymbol{A}\boldsymbol{x}=\boldsymbol{A}^{\mathrm{T}}\boldsymbol{f} \tag{6.31}$$

事实上，根据一般的线性最小二乘问题的定义(定义 6.5)，即考虑求多元函数 $F=\|\boldsymbol{A}\boldsymbol{x}-\boldsymbol{f}\|_2^2$ 的最小值问题，也可推出方程(6.31)。而且，定义(6.5)还适用于超出曲线拟合的更一般线性回归分析，如根据一系列自变量和因变量值的组合拟合出公式 $f(x,y)=a+bx+cy+dxy$(其中，a、b、c 和 d 的值待求)。只要拟合公式为待定参数的线性组合，则均可看做线性最小二乘问题，使用本节介绍的方法求解。

做曲线拟合时，只要离散自变量 $t_i(i=1,2,\cdots,m)$ 上定义的表格函数 $\varphi_1(t),\varphi_2(t),\cdots,\varphi_n(t)$ 线性无关，格拉姆矩阵 $\boldsymbol{G}$ 就一定非奇异，且对称正定，因此方程(6.31)的解存在并且唯一。

下面给出用法方程方法求解曲线拟合问题的算法。

算法 6.2：用法方程方法求解曲线拟合的最小二乘问题
输入：$t[1,2,\cdots,m]$，$f[1,2,\cdots,m]$，函数 $\varphi_1(t),\varphi_2(t),\cdots,\varphi_n(t)$；输出：$x[1,2,\cdots,n]$.
根据式(6.28)形成矩阵 $\boldsymbol{A}$；
$\boldsymbol{G}:=\boldsymbol{A}^{\mathrm{T}}\boldsymbol{A}$；
$\boldsymbol{b}:=\boldsymbol{A}^{\mathrm{T}}\boldsymbol{f}$；
用算法 3.10 对矩阵 $\boldsymbol{G}$ 进行 Cholesky 分解 $\boldsymbol{G}=\boldsymbol{L}\boldsymbol{L}^{\mathrm{T}}$；
依次执行前代过程和回代过程求解方程 $\boldsymbol{L}\boldsymbol{L}^{\mathrm{T}}\boldsymbol{x}=\boldsymbol{b}$，得到 $\boldsymbol{x}$

用法方程方法进行最小二乘拟合的前提是表格函数 $\varphi_1(t),\varphi_2(t),\cdots,\varphi_n(t)$线性无关。考虑定义在离散自变量 $t_i(i=1,2,\cdots,m)$上的表格函数形成的线性空间，若 $\alpha_1\varphi_1(t_i)+\alpha_2\varphi_2(t_i)+\cdots+\alpha_n\varphi_n(t_i)=0\ (i=1,2,\cdots,m)$当且仅当 $\alpha_1=\alpha_2=\cdots=\alpha_n=0$ 时成立，称 $\varphi_1(t)$，$\varphi_2(t),\cdots,\varphi_n(t)$关于自变量点 $t_1,t_2,\cdots,t_m$ 线性无关，否则它们线性相关。判断是否线性无关的方程为

$$\begin{bmatrix} \varphi_1(t_1) & \varphi_2(t_1) & \cdots & \varphi_n(t_1) \\ \varphi_1(t_2) & \varphi_2(t_2) & \cdots & \varphi_n(t_2) \\ \vdots & \vdots & \ddots & \vdots \\ \varphi_1(t_m) & \varphi_2(t_m) & \cdots & \varphi_n(t_m) \end{bmatrix} \begin{bmatrix} \alpha_1 \\ \alpha_2 \\ \vdots \\ \alpha_n \end{bmatrix} = \mathbf{0}$$

其中，等号左边的矩阵为 $\boldsymbol{A}$，容易看出表格函数 $\varphi_1(t),\varphi_2(t),\cdots,\varphi_n(t)$线性无关等价于矩阵$\boldsymbol{A}$ 的列向量线性无关，此时称矩阵 $\boldsymbol{A}$ 为列满秩的。在这种条件下，根据矩阵理论容易证明 $\boldsymbol{A}^{\mathrm{T}}\boldsymbol{A}$ 是非奇异的，它与定理 6.2 的结论吻合。

注意，若某个区间上定义的连续函数 $\varphi_1(t),\varphi_2(t),\cdots,\varphi_n(t)$线性无关，则它们在自变量点$\{t_1,t_2,\cdots,t_m\}$上对应的表格函数未必是线性无关的。

例 6.4(线性相关的表格函数)：当 $t\in[0,2\pi]$时，连续函数 $\sin t$、$\sin(2t)$显然是线性无关的，但考查自变量取值$\{t=0,\pi,2\pi\}$，显然这两个函数线性相关，因为它们的函数值均为 0。

要判断一组线性无关函数 $\varphi_1(t),\varphi_2(t),\cdots,\varphi_n(t)$是否关于某组自变量值线性无关，需要考虑哈尔(Haar)条件[8]：$\varphi_1(t),\varphi_2(t),\cdots,\varphi_n(t)$的任意线性组合在一组至少有 n 个不同值的自变量取值$\{t_1,t_2,\cdots,t_m\}$上至多有 $n-1$ 个不同的零点。若这组函数对至少有 n 个不同值的自变量取值$\{t_1,t_2,\cdots,t_m\}$满足 Haar 条件，则其关于该组自变量点就是线性无关的。一般地，考查是否满足 Haar 条件非常困难，但对于多项式函数族$\{1,t,\cdots,t^n\}$，易知它对任意包含至少 n 个不同值的一组自变量点都满足 Haar 条件，因为其线性组合为 n 次多项式，最多有 n 个不同的零点。对于多项式集合$\mathbb{P}_n$的任意一组基函数，在类似条件下也满足 Haar 条件，这说明可以放心地使用多项式函数对离散数据点进行最小二乘拟合。而采用其他函数时，并不总能保证它们对点集是线性无关的，矩阵 $\boldsymbol{A}$ 可能列不满秩，从而导致方程(6.31)的解不唯一。

例 6.5：已知一组实验数据$(t_i,y_i)(i=1,2,\cdots,5)$见表 6-2，用适当的函数对它们进行拟合。

表 6-2　一组实验数据(t_i,y_i)

t_i	1.00	1.25	1.50	1.75	2.00
y_i	5.10	5.79	6.53	7.45	8.46
$\bar{y}_i$	1.6292	1.7561	1.8764	2.0082	2.1353

【解】 将数据点在坐标纸上标出，根据其分布，大体上可确定以指数函数形式描述比较合适：$y\approx x_1 e^{x_2 t}$，待定参数为 x_1、x_2。但是，这个函数形式并非关于参数 x_1、x_2 的线性组合，所以不是线性最小二乘问题。需对上述函数形式加以处理，转换为可由基函数的线性组合表述的形式。两边取对数得 $\ln y\approx\ln x_1+x_2 t$。同时令 $\tilde{y}=\ln y$，$\tilde{x}_1=\ln x_1$，则需拟合的函数形式为 $\tilde{y}=\tilde{x}_1+x_2 t$。在原数据表的基础上添加一行，表示 $\tilde{y}_i(i=1,2,\cdots,5)$的值。

此问题中 $m=5,n=2,\varphi_1(t)=1,\varphi_2(t)=t$，用式(6.28)构造矩阵 $\boldsymbol{A}$ 及向量 $\boldsymbol{f}$ 为

$$\boldsymbol{A}=\begin{bmatrix}1 & 1.00\\1 & 1.25\\1 & 1.5\\1 & 1.75\\1 & 2.00\end{bmatrix},\quad \boldsymbol{f}=\begin{bmatrix}1.6292\\1.7561\\1.8764\\2.0082\\2.1353\end{bmatrix}$$

列法方程 $\boldsymbol{A}^{\mathrm{T}}\boldsymbol{A}\boldsymbol{x}=\boldsymbol{A}^{\mathrm{T}}\boldsymbol{f}$ 为

$$\begin{bmatrix}5 & 7.5\\7.5 & 11.875\end{bmatrix}\begin{bmatrix}\tilde{x}_1\\x_2\end{bmatrix}=\begin{bmatrix}9.4052\\14.4239\end{bmatrix}$$

解得 $\tilde{x}_1=1.1225,x_2=0.5057$，所以得到 $x_1=e^{\tilde{x}_1}=3.0725$，数据的拟合曲线为

$$y=3.0725e^{0.5057t}$$ ■

对上述例子说明几点。

(1) 对于拟合函数表达式不是已知函数的线性组合的情况(如例 6.5)，可将函数表达式进行变换得到基函数线性组合的形式，才能使用线性最小二乘法。

(2) 在例 6.5 中，实际上是对 $\tilde{y}$ 进行了最佳平方逼近，因此首先要对原始数据改造得到 $\tilde{y}$ 的值。同时注意，拟合的结果是某种最佳逼近，但已不再使离散点到解曲线的 Y 方向距离平方和最小。

对于离散数据点中包含重复自变量值(甚至重复数据点)的情况，仍然可以构造如式(6.30)的问题形式，但算法 6.2 是否能解出唯一解取决于矩阵 $\boldsymbol{A}$ 是否列满秩。在某些情况下(如采用多项式逼近函数)，可以根据 Haar 条件得到的结论判断矩阵 $\boldsymbol{A}$ 是否列满秩。

6.3.2　用正交化方法求解最小二乘问题

对于连续函数的最佳平方逼近问题，当 n 较大时，法方程方法的系数矩阵非常病态，而且求解的计算量很大，因此采用正交函数族进行逼近。在曲线拟合问题中，法方程往往也具有类似的病态性，而且计算 $\boldsymbol{A}^{\mathrm{T}}\boldsymbol{A}$ 会放大数值误差，当 n 较大时，其结果准确度受很大影响。本节讨论构造正交基函数进行曲线拟合的问题，重点是利用 5.3 节介绍的矩阵 QR 分解，得到实用、有效的算法。

对于定义在自变量点 $t_i(i=1,2,\cdots,m)$上的表格函数，6.2.2 节介绍的构造正交函数族的 Gram-Schmidt 过程依然适用。在做曲线拟合时，由于内积运算依赖于具体的自变量点集，无法利用勒让德多项式等事先已知的正交函数族，这是与连续函数逼近不同的地方。假设根据初始的表格函数 $\varphi_1(t),\varphi_2(t),\cdots,\varphi_n(t)$，经过正交化过程得到一组单位化的正交函数$\{\psi_1(t),\psi_2(t),\cdots,\psi_n(t)\}$，则曲线拟合的最小二乘解为

$$S(t)=\sum_{i=1}^{n}\langle f(t),\psi_i(t)\rangle\psi_i(t) \tag{6.32}$$

其中涉及的内积、范数是基于自变量点 $t_i(i=1,2,\cdots,m)$ 的表格函数内积、范数。

例 6.6：对例 6.5 中的线性最小二乘问题，通过 Gram-Schmidt 过程构造正交基函数求解。

【解】 对此问题，要拟合的表格函数取值列于表 6-3。

表 6-3　要拟合的表格函数取值

t_i	1.00	1.25	1.50	1.75	2.00
$\tilde{y}_i$	1.6292	1.7561	1.8764	2.0082	2.1353

原始的基函数 $\varphi_1(t)=1,\varphi_2(t)=t$。正交化过程如下：

$$\psi_1(t)=\frac{\varphi_1(t)}{\|\varphi_1(t)\|_2}=\frac{1}{\sqrt{5}}$$

$$\widetilde{\psi}_2(t)=\varphi_2(t)-\langle\varphi_2(t),\psi_1(t)\rangle\psi_1(t)=t-\langle t,1/\sqrt{5}\rangle\frac{1}{\sqrt{5}}=t-\frac{7.5}{5}=t-1.5$$

$$\psi_2(t)=\frac{\widetilde{\psi}_2(t)}{\|\widetilde{\psi}_2(t)\|_2}=\frac{t-1.5}{\sqrt{0.5^2+0.25^2+0.25^2+0.5^2}}=1.264\,911t-1.897\,367$$

再计算

$$\langle f(t),\psi_1(t)\rangle=\sum_{i=1}^{5}\tilde{y}_i\frac{1}{\sqrt{5}}=4.206\,133$$

$$\langle f(t),\psi_2(t)\rangle=\sum_{i=1}^{5}\tilde{y}_i(1.264\,911t_i-1.897\,367)=0.399\,807$$

所以，根据式(6.32)写出拟合公式为

$$\begin{aligned}\tilde{y}&=\tilde{x}_1+x_2t=\frac{4.206\,133}{\sqrt{5}}+0.399\,807\times(1.264\,911t-1.897\,367)\\&=1.1225+0.5057t\end{aligned}$$

这个结果与例 6.5 中的完全相同。■

更一般的、实用的方法是根据定义 6.5，利用矩阵的 QR 分解实现基函数的正交化，也就是表格函数对应的向量的正交化。下面详细介绍。

假设任意采用一组基函数$\{\varphi_1(t),\varphi_2(t),\cdots,\varphi_n(t)\}$，根据式(6.28)得到函数值矩阵 $\boldsymbol{A}$，而被逼近函数对应的向量为 $\boldsymbol{f}$，要求拟合系数 $\boldsymbol{x}$，它使得 $\|\boldsymbol{f}-\boldsymbol{Ax}\|_2$ 达到最小值。借助矩阵 $\boldsymbol{A}$ 的 QR 分解式

$$\boldsymbol{A}=\boldsymbol{QR}$$

其中 $\boldsymbol{Q}$ 为正交矩阵(维数为 $m\times m$)，$\boldsymbol{R}$ 为上三角矩阵(维数为 $m\times n$)，则有

$$\boldsymbol{f}-\boldsymbol{Ax}=\boldsymbol{Q}(\boldsymbol{Q}^{\mathrm{T}}\boldsymbol{f}-\boldsymbol{Rx})$$

由于 $\boldsymbol{Q}$ 为正交矩阵，$\|\boldsymbol{f}-\boldsymbol{Ax}\|_2=\|\boldsymbol{Q}^{\mathrm{T}}\boldsymbol{f}-\boldsymbol{Rx}\|_2$，因此问题转换为求 $\boldsymbol{x}$，使得 $\|\boldsymbol{Q}^{\mathrm{T}}\boldsymbol{f}-\boldsymbol{Rx}\|_2$ 达到最小值。将 $\boldsymbol{Q}$ 写成 1×2 分块矩阵的形式(注意，一般 $m>n$)，$\boldsymbol{Q}=[\boldsymbol{Q}_1\quad\boldsymbol{Q}_2]$，其中 $\boldsymbol{Q}_1\in\mathbb{R}^{m\times n}$，$\boldsymbol{Q}_2\in\mathbb{R}^{m\times(m-n)}$，而将 $\boldsymbol{R}$ 写成 $\boldsymbol{R}=\begin{bmatrix}\boldsymbol{R}_1\\\boldsymbol{R}_2\end{bmatrix}$，其中 $\boldsymbol{R}_1\in\mathbb{R}^{n\times n}$，$\boldsymbol{R}_2$ 为$(m-n)\times n$ 的零矩阵，则

$$\boldsymbol{Q}^{\mathrm{T}}\boldsymbol{f}-\boldsymbol{Rx}=\begin{bmatrix}\boldsymbol{Q}_1^{\mathrm{T}}\\\boldsymbol{Q}_2^{\mathrm{T}}\end{bmatrix}\boldsymbol{f}-\begin{bmatrix}\boldsymbol{R}_1\\\boldsymbol{R}_2\end{bmatrix}\boldsymbol{x}=\begin{bmatrix}\boldsymbol{Q}_1^{\mathrm{T}}\boldsymbol{f}-\boldsymbol{R}_1\boldsymbol{x}\\\boldsymbol{Q}_2^{\mathrm{T}}\boldsymbol{f}\end{bmatrix}$$

根据 2-范数的定义，显然有

$$\|\boldsymbol{Q}^{\mathrm{T}}\boldsymbol{f}-\boldsymbol{R}\boldsymbol{x}\|_2^2=\|\boldsymbol{Q}_1^{\mathrm{T}}\boldsymbol{f}-\boldsymbol{R}_1\boldsymbol{x}\|_2^2+\|\boldsymbol{Q}_2^{\mathrm{T}}\boldsymbol{f}\|_2^2\geqslant\|\boldsymbol{Q}_2^{\mathrm{T}}\boldsymbol{f}\|_2^2 \tag{6.33}$$

当矩阵 $\boldsymbol{A}$ 列满秩时，由于 $\boldsymbol{R}_1$ 的列秩也是 n，它是非奇异方阵，存在唯一的解 $\boldsymbol{x}^*$ 满足方程

$$\boldsymbol{R}_1\boldsymbol{x}^*=\boldsymbol{Q}_1^{\mathrm{T}}\boldsymbol{f} \tag{6.34}$$

此时，$\|\boldsymbol{Q}^{\mathrm{T}}\boldsymbol{f}-\boldsymbol{R}\boldsymbol{x}^*\|_2=\|\boldsymbol{Q}_2^{\mathrm{T}}\boldsymbol{f}\|_2$ 达到了最小值。

从上述推导看出，只需求解方程(6.34)即求出所要的最小二乘解。而根据式(6.33)很容易算出最小二乘拟合的误差。在实际计算中，$\boldsymbol{Q}_1^{\mathrm{T}}\boldsymbol{f}$ 是 $\boldsymbol{Q}^{\mathrm{T}}\boldsymbol{f}$ 的前 n 个分量形成的向量，它在将 $\boldsymbol{A}$ 正交化为上三角矩阵的同时可以得到，而求解上三角矩阵为系数的线性方程组(6.34)采用回代法即可。下面给出利用矩阵的 QR 分解求解曲线拟合问题的算法。

算法 6.3：利用矩阵的 QR 分解求解曲线拟合的最小二乘法

输入：$t[1,2,\cdots,m]$，$f[1,2,\cdots,m]$，函数 $\varphi_1(t),\varphi_2(t),\cdots,\varphi_n(t)$；输出：$x[1,2,\cdots,n]$.

根据式(6.28)形成矩阵 $\boldsymbol{A}$；

用算法 5.3 将 $\boldsymbol{A}$ 正交三角化得到矩阵 $\boldsymbol{R}$，同时将正交变换作用于向量 $\boldsymbol{f}$，得到 $\tilde{\boldsymbol{f}}=\boldsymbol{Q}^{\mathrm{T}}\boldsymbol{f}$；

$\boldsymbol{R}_1:=\boldsymbol{R}[1:n,:]$；　　　　{取矩阵 $\boldsymbol{R}$ 的前 n 行}

$\boldsymbol{b}:=\tilde{\boldsymbol{f}}[1:n]$；　　　　{取 $\boldsymbol{Q}^{\mathrm{T}}\boldsymbol{f}$ 的前 n 个分量}

执行回代算法 3.2 求解方程 $\boldsymbol{R}_1\boldsymbol{x}=\boldsymbol{b}$，得到 $\boldsymbol{x}$

下面用一个例子说明算法 6.3 的实际应用。

例 6.7：对例 6.5 中的线性最小二乘问题，采用算法 6.3 进行求解。

【解】 对此问题，要拟合的函数形式为 $\tilde{y}=\tilde{x}_1+x_2t$，拟合的基函数为 $\varphi_1(t)=1$，$\varphi_2(t)=t$，矩阵 $\boldsymbol{A}$ 和向量 $\boldsymbol{f}$ 为

$$\boldsymbol{A}=\begin{bmatrix}1 & 1.00\\1 & 1.25\\1 & 1.5\\1 & 1.75\\1 & 2.00\end{bmatrix},\quad \boldsymbol{f}=\begin{bmatrix}1.6292\\1.7561\\1.8764\\2.0082\\2.1353\end{bmatrix}$$

用 Householder 变换对 $\boldsymbol{A}$ 做正交三角化，

$$\sigma_1=\sqrt{5}=2.236\,068,\quad \boldsymbol{v}_1=\boldsymbol{a}_1+\sigma_1\boldsymbol{e}_1=\begin{bmatrix}3.236\,068\\1\\1\\1\\1\end{bmatrix},\quad \boldsymbol{v}_1^{\mathrm{T}}\boldsymbol{v}_1=14.472\,136$$

使用向量 $\boldsymbol{w}_1=\boldsymbol{v}_1/\|\boldsymbol{v}_1\|_2$ 构造 Householder 变换，算出 $\boldsymbol{a}_2$ 经过变换后的结果为

$$\boldsymbol{a}_2^{(2)}=\boldsymbol{a}_2-2\frac{\boldsymbol{v}_1^{\mathrm{T}}\boldsymbol{a}_2}{\boldsymbol{v}_1^{\mathrm{T}}\boldsymbol{v}_1}\boldsymbol{v}_1=\begin{bmatrix}-3.354\,102\\-0.095\,491\,5\\0.154\,508\\0.404\,508\\0.654\,508\end{bmatrix}$$

向量 $\boldsymbol{f}$ 变换后结果为

$$\boldsymbol{f}^{(2)}=\boldsymbol{f}-2\frac{\boldsymbol{v}_1^{\mathrm{T}}\boldsymbol{f}}{\boldsymbol{v}_1^{\mathrm{T}}\boldsymbol{v}_1}\boldsymbol{v}_1=\begin{bmatrix}-4.206\,133\\-0.047\,117\,2\\0.073\,182\,8\\0.204\,983\\0.332\,083\end{bmatrix}$$

此时矩阵 $\boldsymbol{A}$ 为

$$\boldsymbol{A}^{(2)}=\begin{bmatrix}-2.236\,068 & -3.354\,102\\0 & -0.095\,491\,5\\0 & 0.154\,508\\0 & 0.404\,508\\0 & 0.654\,508\end{bmatrix}$$

做第二次 Householder 变换，$\sigma_2=-0.790\,569$，

$$\boldsymbol{v}_2=\begin{bmatrix}0\\-0.095\,491\,5\\0.154\,508\\0.404\,508\\0.654\,508\end{bmatrix}+\begin{bmatrix}0\\-0.790\,569\\0\\0\\0\end{bmatrix}=\begin{bmatrix}0\\-0.886\,060\,5\\0.154\,508\\0.404\,508\\0.654\,508\end{bmatrix},\quad \boldsymbol{v}_2^{\mathrm{T}}\boldsymbol{v}_2=1.400\,983$$

向量 $\boldsymbol{f}^{(2)}$ 变换后结果为

$$\tilde{\boldsymbol{f}}=\boldsymbol{f}^{(3)}=\boldsymbol{f}^{(2)}-2\frac{\boldsymbol{v}_2^{\mathrm{T}}\boldsymbol{f}^{(2)}}{\boldsymbol{v}_2^{\mathrm{T}}\boldsymbol{v}_2}\boldsymbol{v}_2=\begin{bmatrix}-4.206\,133\\0.399\,807\\-0.004\,750\,13\\0.000\,951\,283\\0.001\,952\,69\end{bmatrix}$$

此时矩阵 $\boldsymbol{A}$ 变换为

$$\boldsymbol{R}=\boldsymbol{A}^{(3)}=\begin{bmatrix}-2.236\,068 & -3.354\,102\\0 & 0.790\,569\\0 & 0\\0 & 0\\0 & 0\end{bmatrix}$$

根据算法 6.3，需求解方程 $\boldsymbol{R}_1\boldsymbol{x}=\boldsymbol{b}$，其中

$$\boldsymbol{R}_1=\begin{bmatrix}-2.236\,068 & -3.354\,102\\0 & 0.790\,569\end{bmatrix},\quad \boldsymbol{b}=\begin{bmatrix}-4.206\,133\\0.399\,807\end{bmatrix}$$

解得 $\boldsymbol{x}=[1.1225\quad 0.5057]^{\mathrm{T}}$，即拟合公式为 $\tilde{y}=1.1225+0.5057t$，它与例 6.5、例 6.6 得到的结果一样。 ■

根据表格函数与其函数值向量的对应关系可证明，算法 6.3 与通过 Gram-Schmidt 正交化过程求最佳逼近函数的方法在数学上是等价的。不同之处在于：前者不涉及正交函数族，直接得到原基函数对应的拟合系数；前者主要计算矩阵的 QR 分解，它可通过 Householder 变换或 Givens 旋转变换等不同方法实现。由于算法 6.3 直接利用矩阵的

QR 分解的特点，它更易于实现和应用，而且稳定性比算法 6.2 好。最后说明一点，若初始的表格函数 $\varphi_1(t), \varphi_2(t), \cdots, \varphi_n(t)$ 线性相关，矩阵 $\boldsymbol{A}$ 不是列满秩的，QR 分解也能进行，但得到的上三角矩阵 $\boldsymbol{R}_1$ 奇异。可以证明，这种情况下有无穷多个最小二乘解，详细的讨论请参考文献[1]。

应用实例：原子弹爆炸的能量估计

1. 问题背景

1945 年 7 月 16 日，美国科学家在新墨西哥州 Los Alamos 沙漠试爆了世界上第一颗原子弹，这一事件令全球震惊。但在当时，有关原子弹爆炸的任何资料都是保密的，而很多其他国家的科学家非常想知道这次爆炸的威力有多大。

两年之后，美国政府首次公开了这次爆炸的录像带，而其他数据和资料仍然不被外界所知。英国物理学家 G. I. Taylor(1886—1975)通过研究原子弹爆炸的录像带，建立数学模型对爆炸所释放出的能量进行了估计，得到的估计值与若干年后正式公布的爆炸能量 21kt 相当接近(1kt 为 1000 吨 TNT 炸药的爆炸能量)。

Taylor 是如何根据爆炸录像估计的呢？主要是通过测量爆炸形成的“蘑菇云”半径进行估计的(见图 6-7)。因为爆炸产生的冲击波从中心点向外传播，爆炸的能量越大，相同时间内冲击波传播得越远，蘑菇云的半径就越大。Taylor 通过研究录像带，测量了从爆炸开始的不同时刻 t 所对应的蘑菇云半径 $r(t)$，见表 6-4。

图 6-7　原子弹爆炸的蘑菇云

表 6-4　蘑菇云的半径 $r(t)$

t	$r(t)$	t	$r(t)$	t	$r(t)$	t	$r(t)$	t	$r(t)$
0.10	11.1	0.80	34.2	1.50	44.4	3.53	61.1	15.0	106.5
0.24	19.9	0.94	36.3	1.65	46.0	3.80	62.9	25.0	130.0
0.38	25.4	1.08	38.9	1.79	46.9	4.07	64.3	34.0	145.0
0.52	28.8	1.22	41.0	1.93	48.7	4.34	65.6	53.0	175.0
0.66	31.9	1.36	42.8	3.26	59.0	4.61	97.3	62.0	185.0

* t 的单位为 ms，r 的单位为 m。

然后通过量纲分析法建立了蘑菇云半径 r 与时间 t、爆炸能量 E 的关系式，利用上述数据最后求出了爆炸的能量。

2. 数学模型

考虑到原子弹爆炸在极短的时间内释放出巨大的能量，蘑菇云半径 r 主要与时间 t、爆炸能量 E 及空气密度 ρ 等几个参数有关。通过仔细分析这几个量的单位，采用量纲分析法得到如下的蘑菇云半径的近似表达式：

$$r = \left(\frac{t^2 E}{\rho}\right)^{\frac{1}{5}}$$

其中 r、t、E 的单位分别为米(m)、秒(s)和焦耳(J),而空气密度 ρ 的值为 1.25kg/m^3。对这次原子弹爆炸来说,E 为一固定值,因此 r 与 $t^{\frac{2}{5}}$ 成正比。图 6-8 是根据蘑菇云半径与对应时刻的数据画出的散点图,它大体反映了这个趋势。接下来的问题是如何求未知的参数 E。

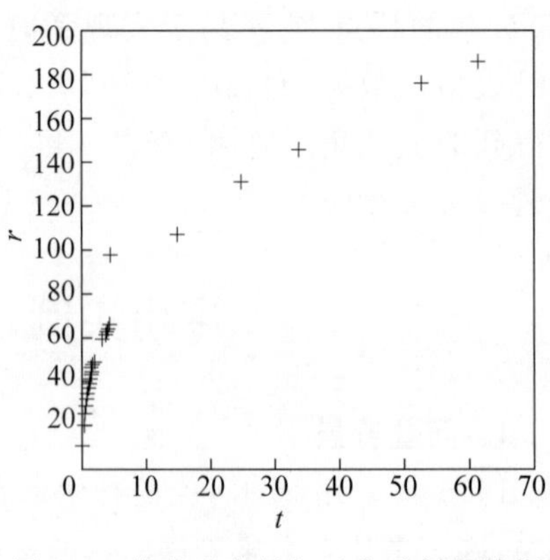

图 6-8 蘑菇云半径与对应时刻的数据

3. 求解过程

首先,改写蘑菇云半径的公式为 $r=at^b$ 的形式,通过测量数据拟合出参数 a 和 b,验证量纲分析法得到的公式。要做线性最小二乘拟合,进一步改写公式为

$$\ln r = \ln a + b\ln t$$

根据测量数据我们得到 $\ln r$ 和 $\ln t$ 的数据,将它们的函数关系拟合为一次多项式,得到系数 $b=0.4094$,其值与前面分析的结果 2/5 非常接近,从而验证了量纲分析得到的公式。

为了更准确地计算爆炸能量 E,将蘑菇云半径公式改写为

$$5\ln r - 2\ln t = \ln\left(\frac{E}{\rho}\right)$$

此时可根据测量数据得到 $5\ln r-2\ln t$ 对应的一组数据,将它拟合为 0 次多项式(常数),设得到的拟合系数为 c,则

$$E \approx \rho \cdot \mathrm{e}^c$$

根据此方法算出 $E\approx 8.6418\times 10^{13}$,单位为焦耳,查表得知 $1\text{kt}=4.184\times 10^{12}\text{J}$,因此爆炸能量约等于 20.65kt。

6.4 函数插值与拉格朗日插值法

函数插值可看作一种"特殊"的函数逼近问题,其逼近采用的"度量"准则是要求在插值节点处误差函数的值为 0。本节先介绍关于插值(interpolation)的一些基本概念,然后讨论一种最简单的多项式插值——拉格朗日插值法。

6.4.1 插值的基本概念

在科学与工程实践中,经常会遇到给离散数据点配曲线的问题,它要求曲线严格通过各个数据点。图 6-9 显示了一个这样的例子,即求连续函数 $y=P(x)$,使它的函数曲线通过离散点 (x_0, y_0),(x_1, y_1),…,(x_n, y_n)。

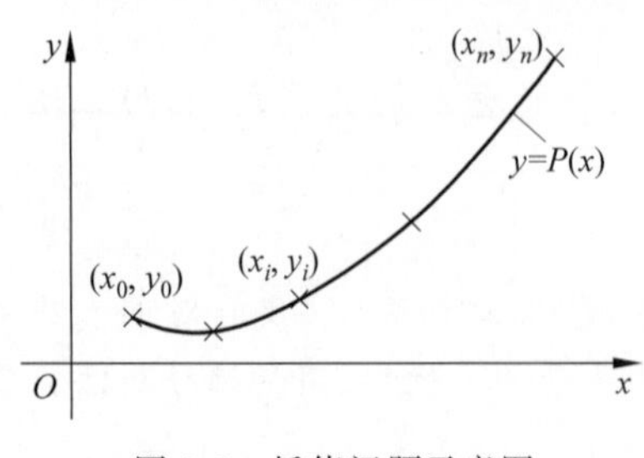

图 6-9 插值问题示意图

归纳起来,插值主要有如下 4 方面用途。

(1) 画出一条通过某些离散点的光滑曲线。

(2) 对于仅给出一些离散点上函数值的表格函数,估算未给出的中间点的函数值。

(3) 快速、方便地估算复杂数学函数的函数值。

(4) 用简单函数近似复杂或未知的函数,从而导

出求解非线性方程、数值积分(或求导)、微分方程等问题的一些方法。

第一方面用途主要在机械设计、精密加工中应用广泛，也是计算机图形学的重要基础；第二、三方面在历史上曾是非常重要的，但由于计算机等其他有效计算机工具的出现，逐渐被人们淡忘(实际上，在计算机的内部程序中仍然使用)；最后一方面用途说明了插值在数值分析、数值计算中的基础地位，它是沟通有限维和无限维问题的一种有效手段，基于它可推导出一些求解无限维空间问题的数值方法。

定义6.6：设 $x_i \in [a,b]$，$(i=0,1,\cdots,n)$两两互不相等，它们对应的函数 $f(x)$的值为 $y_0, y_1, \cdots, y_n$，若存在函数 $P(x) \in C[a,b]$，使得

$$P(x_i) = y_i, \quad (i = 0,1,\cdots,n) \tag{6.35}$$

成立，则 $P(x)$为 $f(x)$的*插值函数*，自变量的值 $x_0, x_1, \cdots, x_n$ 称为*插值节点*，包含插值节点的区间$[a,b]$为*插值区间*，求插值函数 $P(x)$的问题称为插值问题。

不同于曲线拟合问题，插值的定义要求已知数据点的自变量值互不相同，即任意两个插值节点都不重合。与曲线拟合问题的另一个区别是，待求的插值函数必须严格通过给定的离散数据点。

考虑插值问题时，一般插值函数中待定参数的个数等于数据点的个数，此时式(6.35)中方程的数目与未知量的数目相等，往往可求出唯一的插值函数。当然，插值问题的解是否存在并且唯一，还依赖于插值函数的构造方式，若它是待定参数的线性组合，则方程(6.35)转换为线性方程组，其解的存在性、唯一性由系数矩阵的奇异性决定。

表6-5列出了常见的几种插值类型，本章只讨论*多项式插值*与*分段插值*。*三角插值*与函数的离散傅里叶变换有关，是信号处理的重要技术，*有理插值*主要采用帕德(Padé)近似方法，这些内容超出了本书的讨论范围。

表6-5　常见的几种插值类型

插值函数类型	插值问题类型
代数多项式	多项式插值
分段多项式	分段插值
三角函数	三角插值
有理函数(有理分式)	有理插值

6.4.2　拉格朗日插值法

拉格朗日(Lagrange)*插值法*是最基本的多项式插值法，下面首先给出多项式插值问题的描述，然后介绍拉格朗日插值法。

1. 多项式插值

在定义6.6中，若要求插值函数 $P(x)$为次数不超过 n 的多项式

$$P(x) = a_0 + a_1 x + \cdots + a_{n-1} x^{n-1} + a_n x^n \tag{6.36}$$

则相应的插值属于多项式插值，插值函数 $P(x)$称为插值多项式。结合式(6.35)、式(6.36)，得到关于多项式系数 $a_0, a_1, \cdots, a_n$ 的 $n+1$ 阶线性方程组

$$\begin{cases} a_0 + a_1 x_0 + \cdots + a_n x_0^n = y_0 \\ a_0 + a_1 x_1 + \cdots + a_n x_1^n = y_1 \\ \vdots \\ a_0 + a_1 x_n + \cdots + a_n x_n^n = y_n \end{cases} \tag{6.37}$$

其系数矩阵为

$$A = \begin{bmatrix} 1 & x_0 & \cdots & x_0^n \\ 1 & x_1 & \cdots & x_1^n \\ \vdots & \vdots & \ddots & \vdots \\ 1 & x_n & \cdots & x_n^n \end{bmatrix}$$

这种形式的矩阵称为范德蒙德矩阵(Vandermonde matrix),只要插值节点 $x_0, x_1, \cdots, x_n$ 互不相等,则可以证明它是非奇异矩阵。有两种证明思路,简述如下。

(1) 采用反证法,假设 $\boldsymbol{A}$ 为奇异矩阵,则有一组不全为0的系数 $a_0, a_1, \cdots, a_n$(它们组成向量 $\boldsymbol{a}$),使得 $\boldsymbol{Aa}=\boldsymbol{0}$。设这组系数对应的多项式为 $P(x)$,则

$$P(x_i) = 0, \quad (i = 0,1,\cdots,n)$$

这说明次数不超过 n 的多项式 $P(x)$ 有 $n+1$ 个不同的零点:$x_0, x_1, \cdots, x_n$,显然违反了代数基本定理,因此产生矛盾。这证明了矩阵 $\boldsymbol{A}$ 非奇异。

(2) 推导行列式 $\det(\boldsymbol{A})$,不难得到

$$\det(\boldsymbol{A}) = \prod_{0 \leqslant j < i \leqslant n} (x_i - x_j)$$

由于 $x_0, x_1, x_2, \cdots, x_n$ 互不相等,所以有 $\det(\boldsymbol{A}) \neq 0$,矩阵 $\boldsymbol{A}$ 非奇异,且方程(6.37)的解存在且唯一。

由于矩阵 $\boldsymbol{A}$ 非奇异,方程(6.37)存在唯一的解,因此有如下定理。

定理 6.6:在次数不超过 n 的多项式集合 $\mathbb{P}_n$ 中,满足式(6.35)的插值多项式 $P(x) \in \mathbb{P}_n$ 存在并且唯一。

2. 拉格朗日插值法

建立方程(6.37)并求解是求多项式插值的最基本方法,但这需要求解稠密矩阵线性方程组,既不便于计算,也不便于理论分析。下面介绍简便的方法求插值多项式。

先考虑最简单的 $n=1$ 的情形。设两个插值点为 x_k、x_{k+1},对应的函数值为 y_k、y_{k+1},要求多项式函数 $L_1(x) \in \mathbb{P}_1$,满足

$$\begin{cases} L_1(x_k) = y_k \\ L_1(x_{k+1}) = y_{k+1} \end{cases}$$

由于一次多项式 $L_1(x)$ 的几何意义是直线,根据解析几何知识,通过两点的直线可用“两点式”公式表示,即

$$L_1(x) = \frac{x - x_{k+1}}{x_k - x_{k+1}} y_k + \frac{x - x_k}{x_{k+1} - x_k} y_{k+1} \tag{6.38}$$

这就是要求的插值多项式。式(6.38)表明,$L_1(x)$ 为两个一次多项式

$$l_k(x) = \frac{x - x_{k+1}}{x_k - x_{k+1}}, \quad l_{k+1}(x) = \frac{x - x_k}{x_{k+1} - x_k} \tag{6.39}$$

的线性组合,其组合系数分别为函数值 y_k 和 y_{k+1},即

$$L_1(x) = y_k l_k(x) + y_{k+1} l_{k+1}(x)$$

也就是说,对于两个插值节点的一次多项式插值,插值函数 $L_1(x)$ 为两个一次多项式的线性组合,组合系数恰好是插值节点的函数值。这个特点可推广到高次多项式插值,因此得到拉格朗日插值法。

首先列出式(6.39)中的两个函数(称为拉格朗日插值基函数)具有的两个特点。

(1) 为一次多项式函数。

(2) 在两个插值节点上的取值比较特殊，见表 6-6。推广到 $n>1$ 的情况，设$n+1$ 个插值节点为 $x_0,x_1,\cdots,x_n$，它们对应于函数值 $y_0,y_1,\cdots,y_n$，希望求得的插值多项式函数 $L_n(x)$为不超过 n 次的多项式，并且具有如下的线性组合形式：

表 6-6　一次拉格朗日插值基函数在插值节点上的取值

一次多项式	x_k	x_{k+1}
$l_k(x)$	1	0
$l_{k+1}(x)$	0	1

$$L_n(x)=\sum_{k=0}^{n}y_k l_k(x) \tag{6.40}$$

其中插值基函数 $l_k(x)(k=0,1,\cdots,n)$类似地满足条件：

(1) 为 n 次多项式函数。

(2) 在插值点上有特殊的取值，即

$$l_k(x_i)=\begin{cases}1, & i=k\\0, & i\neq k\end{cases} \tag{6.41}$$

显然，如果满足上述两个条件，式(6.40)中的函数 $L_n(x)$称为拉格朗日插值多项式，就自然满足插值要求，成为所求的插值多项式。

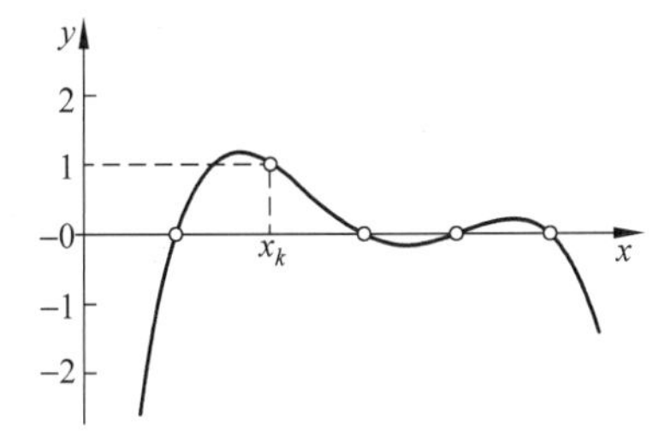

图 6-10　插值基函数 $y=l_k(x)$的示意图

剩下的问题是如何求满足式(6.41)的 n 次多项式函数 $l_k(x)$，它的取值很特殊，如图 6-10 所示。

由于在除 x_k 外的其余插值节点上 $l_k(x)$的函数值均为 0，因此可设它有如下的表达式

$$l_k(x)=K(x-x_0)\cdots(x-x_{k-1})(x-x_{k+1})\cdots(x-x_n)$$

由于$(x-x_0)\cdots(x-x_{k-1})(x-x_{k+1})\cdots(x-x_n)$已经是 n 次多项式，所以 K 为待定常数。注意，参量 K 的引入不影响已满足的条件，因此只需考虑余下的条件，即由 $l_k(x_k)=1$，确定K 的值，可得

$$K=\frac{1}{(x_k-x_0)\cdots(x_k-x_{k-1})(x_k-x_{k+1})\cdots(x_k-x_n)}$$

因此得到插值基函数 $l_k(x)$的表达式为

$$l_k(x)=\frac{(x-x_0)\cdots(x-x_{k-1})(x-x_{k+1})\cdots(x-x_n)}{(x_k-x_0)\cdots(x_k-x_{k-1})(x_k-x_{k+1})\cdots(x_k-x_n)},\quad(k=0,1,2,\cdots,n) \tag{6.42}$$

上述推导用到一种常用的技巧，就是把插值要求(需满足的条件)分为两部分，根据易于满足的那部分条件先构造出一个多项式，再引进少量参数，通过其他条件定出它们的值。

为了简化表达，定义 $n+1$ 次多项式 $\omega_{n+1}(x)$：

$$\omega_{n+1}(x)=\prod_{j=0}^{n}(x-x_j) \tag{6.43}$$

则

$$\omega'_{n+1}(x_k)=(x_k-x_0)\cdots(x_k-x_{k-1})(x_k-x_{k+1})\cdots(x_k-x_n)$$

结合式(6.40)和式(6.42)，得到拉格朗日插值多项式的另一种形式：

$$L_n(x)=\sum_{k=0}^{n}y_k\frac{\omega_{n+1}(x)}{(x-x_k)\omega'_{n+1}(x_k)} \tag{6.44}$$

```
算法 6.4：用拉格朗日插值计算函数值
输入：x[0,…,n],y[0,…,n], xt；输出：yt.
yt :=0;
For i=0, 1, …, n
    temp :=1;
    For j=0, 1,…, n, j≠i,
        temp :=temp * (xt−x[j])/(x[i]−x[j]);
    End
    yt :=yt+temp * y[i];
End
```

算法6.4给出了利用拉格朗日插值计算函数值的过程,其中数组 x、y 表示插值节点和对应的函数值,xt 表示输入的自变量的值,yt 为其对应的函数值。当输入值 xt 有多个时,只重复上述算法过程即可。但当输入值很多时,上述算法的计算效率可能不高,可考虑先算出插值多项式表示为式(6.36)对应的系数,然后使用算法1.1计算多项式函数的值。

6.4.3 多项式插值的误差估计

插值的一个重要用途是估算非插值节点处的函数值。下面讨论利用多项式插值计算这个函数值的误差。

定理 6.7：设 $f(x)$ 为定义在区间 $[a,b]$ 上的实函数,它的 n 阶导数连续,即 $f(x)\in C^n[a,b]$,且 $f^{(n+1)}(x)$ 在 (a,b) 内存在。若插值节点 $x_i\in[a,b](i=0,1,\cdots,n)$,相应的拉格朗日插值多项式为 $L_n(x)$,则对任何 $x\in[a,b]$,插值余项

$$R_n(x)\equiv f(x)-L_n(x)=\frac{f^{(n+1)}(\xi)}{(n+1)!}\omega_{n+1}(x) \tag{6.45}$$

其中,$\xi\in(a,b)$,且依赖于 x,$\omega_{n+1}(x)=(x-x_0)\cdots(x-x_n)$。

【证明】 证明过程可分为两步。

(1) 确定 $R_n(x)$ 的形式。

函数 $R_n(x)$ 在插值节点上的值为0,即 $R_n(x_i)=0,(i=0,1,\cdots,n)$。因此,可设 $R_n(x)$ 为

$$R_n(x)=f(x)-L_n(x)=K(x)(x-x_0)\cdots(x-x_n)=K(x)\omega_{n+1}(x) \tag{6.46}$$

其中,$K(x)$ 为一个待定函数。

(2) 求 $K(x)$。

给定 x 的值,$x\neq x_i,(i=0,1,\cdots,n)$,我们考查一个辅助函数

$$\varphi(t)=f(t)-L_n(t)-K(x)(t-x_0)(t-x_1)\cdots(t-x_n) \tag{6.47}$$

其中,自变量是 $t\in[a,b]$,$\varphi(t)$ 有以下两个性质:

① $\varphi(t)$ 的 n 阶导数连续,即 $\varphi(t)\in C^n[a,b]$,$\varphi^{(n+1)}(t)$ 在 (a,b) 存在。

② $\varphi(t)$ 至少有 $n+2$ 个零点。因为当 $t=x_i(i=0,1,\cdots,n)$,$t=x$ 时,均有 $\varphi(t)=0$。

通过考查 $\varphi(t)$ 各阶导数的特点,可将 $K(x)$ 与结论公式中的 $\frac{f^{(n+1)}(\xi)}{(n+1)!}$ 联系起来。首先复习高等数学中的一个定理——罗尔(Rolle)定理,它的条件是:$f(x)$ 在区间 $[a,b]$ 上连续,

在(a,b)上可导，且 $f(a)=f(b)$，则有结论：至少存在一个点 $\xi\in(a,b)$，使 $f'(\xi)=0$。由罗尔定理可推论，两个函数零点之间存在 1 阶导数零点。因此，根据“$\varphi(t)$至少有 $n+2$ 个零点”的事实，可得到表 6-7 所示的 $\varphi(t)$各阶导函数的零点分布情况。

注意：罗尔定理结论中的导数零点 ξ 属于开区间，因此表 6-7 中 $\varphi^{(k)}(t)(k=1,2,\cdots,n+1)$的零点各不相同。

表 6-7　$\varphi(t)$各阶导函数的零点分布情况

零点满足的方程	零点数目	零　　点
$\varphi'(t)=0$	$n+1$	$\xi_{10},\xi_{11},\cdots,\xi_{1n}$
$\varphi''(t)=0$	n	$\xi_{20},\xi_{21},\cdots,\xi_{2,n-1}$
⋮	⋮	⋮
$\varphi^{(n+1)}(t)=0$	1	$\xi_{n+1,0}$

上述推导表明，$\varphi^{(n+1)}(t)$在(a,b)内有一个零点，下面记其为 ξ。对式(6.47)求 $n+1$ 阶导数，得

$$\varphi^{(n+1)}(t)=f^{(n+1)}(t)-0-K(x)\cdot(n+1)!$$

这里利用了 n 次多项式的 $n+1$ 阶导数为 0 的性质，因此

$$\varphi^{(n+1)}(\xi)=f^{(n+1)}(\xi)-K(x)\cdot(n+1)!=0\quad\Rightarrow\quad K(x)=\frac{f^{(n+1)}(\xi)}{(n+1)!}\qquad(6.48)$$

其中，$\xi\in(a,b)$，且依赖于 x，因为 x 是最初 $\varphi(t)$的 $n+2$ 个零点之一。将式(6.48)的结论代入式(6.46)即得到要证明的式(6.45)。 ■

式(6.45)称为*拉格朗日插值余项*。应注意的是，定理成立的条件对被插值函数 $f(x)$的光滑性有较高的要求，即要求 n 阶导数连续，$n+1$ 阶导数存在。另外，虽然插值余项表达式中无法确切知道 ξ，但它在插值节点的最小值与最大值之间，据此可估计插值误差。

例 6.8(插值误差估计)：已知 $\sin(0.32)=0.314\,567$，$\sin(0.34)=0.333\,487$，$\sin(0.36)=0.352\,274$，用一次和二次多项式插值分别计算 $\sin(0.3367)$，并估计截断误差。

【解】 由题意取 $x_0=0.32$，$y_0=0.314\,567$，$x_1=0.34$，$y_1=0.333\,487$，$x_2=0.36$，$y_2=0.352\,274$。

先做一次多项式插值，仅考虑 x_0、x_1 两点，

$$\sin(0.3367)\approx L_1(0.3367)=y_0+\frac{y_1-y_0}{x_1-x_0}(0.3367-x_0)$$

$$=0.314\,567+\frac{0.018\,92}{0.02}\times0.0167=0.330\,365$$

其截断误差为

$$|R_1(x)|\leqslant\frac{M_2}{2}|(x-x_0)(x-x_1)|$$

其中，$M_2=\max\limits_{x_0\leqslant x\leqslant x_1}|f''(x)|$，因 $f(x)=\sin x$，$f''(x)=-\sin x$，可取 $M_2=\max\limits_{x_0\leqslant x\leqslant x_1}|\sin x|=\sin x_1\leqslant0.34$，于是截断误差

$$|R_1(0.3367)|\leqslant\frac{1}{2}\times0.34\times0.0167\times0.0033\leqslant0.94\times10^{-5}$$

用二次多项式插值计算得

$$\begin{aligned}\sin(0.3367) &\approx L_2(0.3367)\\&= y_0\frac{(x-x_1)(x-x_2)}{(x_0-x_1)(x_0-x_2)}+y_1\frac{(x-x_0)(x-x_2)}{(x_1-x_0)(x_1-x_2)}+y_2\frac{(x-x_0)(x-x_1)}{(x_2-x_0)(x_2-x_1)}\\&=0.314\,567\times\frac{0.7689\times10^{-4}}{0.0008}+0.333\,487\times\frac{3.89\times10^{-4}}{0.0004}\\&\quad+0.352\,274\times\frac{-0.5511\times10^{-4}}{0.0008}\\&=0.330\,374\end{aligned}$$

这个结果与 6 位有效数字的正弦函数表完全一样,这说明用二次插值准确度已相当高。其截断误差

$$|R_2(x)|\leqslant\frac{M_3}{6}|(x-x_0)(x-x_1)(x-x_2)|$$

其中,

$$M_3=\max_{x_0\leqslant x\leqslant x_2}|f'''(x)|=\cos x_0<1$$

于是,

$$|R_2(0.3367)|<\frac{1}{6}\times0.0167\times0.0033\times0.0233<0.21\times10^{-6}$$

■

6.5 牛顿插值法

6.4.2 节介绍的拉格朗日插值法具有两个优点:一是公式结构对称,便于记忆与编程;二是便于进行理论分析。但在实际应用中,如果增加或减少一个插值节点,拉格朗日插值法的公式变化较大,计算不方便。本节介绍另一种构造多项式插值的方法——牛顿插值法。

6.5.1 基本思想

考虑一个动态的插值过程中,插值节点的数目是逐渐增加的。每次增加一个插值节点时,需以某种方式判断计算的准确度,若满意,则停止计算,否则再增加一点或删去刚才那点后再增加。下面介绍的牛顿插值法恰恰可方便地增加或删除插值节点,它是构造插值多项式的另一种重要方法。

先从最简单的情况入手,假设只有一个插值点 x_0,对应的函数值为 $f(x_0)$,则得到的零次插值多项式为

$$P_0(x)=f(x_0)$$

如果增加一节点,即插值点 x_1 和对应的 $f(x_1)$,下面看如何求一次插值多项式 $P_1(x)$ 。

根据动态增减插值点的需要,可以 $P_0(x)$为基础,再根据解析几何中所学的“点斜式”构造直线方程

$$P_1(x)=f(x_0)+\frac{f(x_1)-f(x_0)}{x_1-x_0}(x-x_0)=P_0(x)+c_1(x-x_0)\tag{6.49}$$

c_1 代表一个常系数。$P_1(x)$是在 $P_0(x)$基础上增加一项得到的,若要从 $P_1(x)$变回 $P_0(x)$,则删除一项即可。

将上述插值多项式的构造方式向高次多项式插值推广，则使得增加或删除插值节点非常方便。假设前 n 个插值节点 $x_0,x_1,\cdots,x_{n-1}$ 对应的多项式为 $P_{n-1}(x)$，增加点 x_n 后的插值多项式为 $P_n(x)$，我们希望有类似于式(6.49)的如下关系：

$$P_n(x)=P_{n-1}(x)+c_n(x-x_0)\cdots(x-x_{n-1}) \tag{6.50}$$

根据这个式子的特点可以看出，$P_n(x)$在 $x_0,x_1,\cdots,x_{n-1}$ 处与 $P_{n-1}(x)$有相同的取值，自然就满足了前 n 个点的插值要求。并且，注意式(6.50)中多项式的次数不超过 n。剩下的问题是，如何根据 $P_n(x_n)=f(x_n)$的条件求出待定参数 c_n。

递推地应用关系式(6.50)，可得

$$P_n(x)=c_0+c_1(x-x_0)+\cdots+c_n(x-x_0)\cdots(x-x_{n-1}) \tag{6.51}$$

此插值多项式的形式不同于拉格朗日插值多项式，称其为牛顿(Newton)插值多项式，一般记为 $N_n(x)$。

6.5.2　差商与牛顿插值公式

1. 差商与牛顿插值系数

为了方便地确定牛顿插值多项式(6.51)中的参数 $c_k(k=0,1,\cdots,n)$，下面先介绍*差商*(也称为*均差*)的概念。

定义 6.7：按如下公式定义函数 $f(x)$关于若干插值节点的 k 阶差商($k=0,1,2,\cdots$)。

$f(x)$关于 x_k 的 0 阶差商为 $f[x_k]$：

$$f[x_k]=f(x_k) \tag{6.52}$$

$f(x)$关于 x_0,x_k 的 1 阶差商为 $f[x_0,x_k]$：

$$f[x_0,x_k]=\frac{f(x_k)-f(x_0)}{x_k-x_0} \tag{6.53}$$

$f(x)$关于 $x_0,x_1,\cdots,x_k$ 的 k 阶差商为 $f[x_0,x_1,\cdots,x_k]$，($k=2,3,\cdots$)：

$$f[x_0,x_1,\cdots,x_k]=\frac{f[x_0,x_1,\cdots,x_{k-2},x_k]-f[x_0,x_1,\cdots,x_{k-1}]}{x_k-x_{k-1}} \tag{6.54}$$

关于定义 6.7，应注意下面 4 点。

(1) 0 阶差商是函数自身，1 阶差商 $f[x_0,x_k]$是函数 $f(x)$在区间$[x_0,x_k]$上的平均变化率。

(2) 一般的 k 阶差商通过低 1 阶差商定义[式(6.54)]，这是一种递归定义。

(3) 定义要求差商中的自变量值(插值节点)互不相等，否则公式中分母为 0。

(4) 在式(6.54)中，差商的计算依赖于插值节点的排列顺序。

差商有一个重要的性质，即差商的对称性。例如，式(6.53)表明 1 阶差商中两个自变量的位置是可以交换的。差商的对称性指的就是任意改变差商中自变量的顺序，都不会改变差商的值。类似于 1 阶差商，考查 2 阶差商 $f[x_0,x_1,x_2]$，由相同一组插值节点还可得到其他5 个 2 阶差商：$f[x_0,x_2,x_1]$，$f[x_1,x_0,x_2]$，$f[x_1,x_2,x_0]$，$f[x_2,x_0,x_1]$，$f[x_2,x_1,x_0]$。通过简单的计算，发现这 6 个 2 阶差商是相等的。也就是说，2 阶差商的值与自变量的排列位置无关，即具有对称性。下面通过两个定理说明一般的差商的对称性。

定理 6.8：函数 $f(x)$关于插值节点 $x_0,x_1,\cdots,x_k$ 的 k 阶差商满足

$$f[x_0,x_1,\cdots,x_k]=\sum_{j=0}^{k}\frac{f(x_j)}{\prod\limits_{l=0,l\neq j}^{k}(x_j-x_l)} \tag{6.55}$$

即 $f[x_0,x_1,\cdots,x_k]=\sum\limits_{j=0}^{k}\frac{f(x_j)}{\omega'_{k+1}(x_j)}$，其中 $\omega_{k+1}(x)$ 为式(6.43)定义的 $k+1$ 次多项式。

【证明】 采用数学归纳法。$k=1$ 阶时，式(6.55)显然成立。下面看从 k 阶的结论如何推到 $k+1$ 阶。

考虑定义在点 $x_0,x_1,\cdots,x_{k-1},x_k,x_{k+1}$ 上的 $k+1$ 阶差商的计算，根据定义，它通过两个 k 阶差商 $f[x_0,x_1,\cdots,x_{k-1},x_{k+1}]$ 和 $f[x_0,x_1,\cdots,x_k]$ 计算。若 k 阶差商满足式(6.55)，则

$$f[x_0,x_1,\cdots,x_{k-1},x_{k+1}]=\sum_{\substack{j=0\\ j\neq k}}^{k+1}\frac{f(x_j)}{\prod\limits_{\substack{l=0\\ l\neq j,k}}^{k+1}(x_j-x_l)} \tag{6.56}$$

$$f[x_0,x_1,\cdots,x_k]=\sum_{j=0}^{k}\frac{f(x_j)}{\prod\limits_{\substack{l=0\\ l\neq j}}^{k}(x_j-x_l)} \tag{6.57}$$

再看 $f[x_0,x_1,\cdots,x_{k+1}]$，由它的定义得

$$f[x_0,x_1,\cdots,x_{k+1}]=\frac{f[x_0,x_1,\cdots,x_{k-1},x_{k+1}]}{x_{k+1}-x_k}-\frac{f[x_0,x_1,\cdots,x_k]}{x_{k+1}-x_k} \tag{6.58}$$

其结果可看成是 $f(x_j)$，$j=0,1,\cdots,k+1$ 的线性组合，我们先看 $f(x_j)$，$j=0,1,\cdots,k-1$ 对应的组合系数，将式(6.56)、式(6.57)代入式(6.58)，得到这些组合系数为

$$\frac{1}{\left[\prod\limits_{\substack{l=0\\ l\neq j,k}}^{k+1}(x_j-x_l)\right](x_{k+1}-x_k)}-\frac{1}{\left[\prod\limits_{\substack{l=0\\ l\neq j}}^{k}(x_j-x_l)\right](x_{k+1}-x_k)}$$

$$=\frac{1}{x_{k+1}-x_k}\cdot\frac{(x_j-x_k)-(x_j-x_{k+1})}{\prod\limits_{\substack{l=0\\ l\neq j}}^{k+1}(x_j-x_l)}=\frac{1}{\prod\limits_{\substack{l=0\\ l\neq j}}^{k+1}(x_j-x_l)}$$

符合要证明的目标。

再看结果中 $f(x_k)$ 对应的组合系数(即 $j=k$ 的情况)，它由 $f[x_0,x_1,\cdots,x_k]$ 贡献：

$$\frac{1}{\prod\limits_{\substack{l=0\\ l\neq k}}^{k}(x_k-x_l)}\cdot\frac{-1}{x_{k+1}-x_k}=\frac{1}{\prod\limits_{\substack{l=0\\ l\neq k}}^{k+1}(x_k-x_l)}$$

同理，可求出 $f(x_{k+1})$ 对应的组合系数为

$$\frac{1}{\prod\limits_{\substack{l=0\\ l\neq k+1}}^{k+1}(x_{k+1}-x_l)}$$

它们都符合要证明的公式的形式，即

$$f[x_0,x_1,\cdots,x_{k+1}]=\sum_{j=0}^{k+1}\frac{f(x_j)}{\prod\limits_{\substack{l=0\\ l\neq j}}^{k+1}(x_j-x_l)}$$

由于 $k+1$ 阶差商满足方程(6.55)的表达式，再根据数学归纳法原理，原命题得证。 ■

由于式(6.55)等号右边的值与自变量的顺序无关，因此可证明差商的对称性。

定理 6.9(差商的对称性)：差商的值与其中自变量的顺序无关，即

$$f[x_0,x_1,\cdots,x_k]=f[x_1,x_0,x_2,\cdots,x_k]=\cdots=f[x_k,\cdots,x_1,x_0]$$

根据差商的对称性，以及差商的定义式(6.54)，得到计算差商的重要公式：

$$f[x_0,x_1,\cdots,x_k]=\frac{f[x_1,x_2,\cdots,x_k]-f[x_0,x_1,\cdots,x_{k-1}]}{x_k-x_0} \tag{6.59}$$

更一般地，计算 $k+1$ 个节点的 k 阶差商时，从这 $k+1$ 个节点中任选 k 个得到两个不同的 $k-1$ 阶差商，再类似于式(6.59)进行计算即可。

实际计算差商时，通常按阶次从低到高依次计算，并且根据式(6.59)可列出差商表计算，见表 6-8。

表 6-8　利用差商表的形式计算各阶差商

x_k	$f(x_k)$	1 阶差商	2 阶差商	3 阶差商	4 阶差商
x_0	$\underline{f(x_0)}$				
x_1	$f(x_1)$	$\underline{f[x_0,x_1]}$			
x_2	$f(x_2)$	$f[x_1,x_2]$	$\underline{f[x_0,x_1,x_2]}$		
x_3	$f(x_3)$	$f[x_2,x_3]$	$f[x_1,x_2,x_3]$	$\underline{f[x_0,x_1,x_2,x_3]}$	
x_4	$f(x_4)$	$f[x_3,x_4]$	$f[x_2,x_3,x_4]$	$f[x_1,x_2,x_3,x_4]$	$\underline{f[x_0,x_1,x_2,x_3,x_4]}$
⋮	⋮	⋮	⋮	⋮	⋮

在差商表中，每个表项都根据紧邻的左侧表项和左上方表项计算而得，按从上至下的顺序逐行计算。

基于差商的概念和定理 6.9，下面看如何计算牛顿插值中的参数 c_k。首先，$c_0=f(x_0)=f[x_0]$，为 0 阶差商。而

$$P_1(x)=f[x_0]+c_1(x-x_0)$$

将 $P_1(x_1)=f(x_1)$ 代入式(6.59)可求 c_1，得

$$f[x_1]=f[x_0]+c_1(x_1-x_0) \quad \Rightarrow \quad c_1=f[x_0,x_1]$$

这说明 c_1 为 1 阶差商。

采用同样的推导，可得出 $c_2=f[x_0,x_1,x_2]$，更一般地，易证明

$$c_k=f[x_0,x_1,\cdots,x_k] \tag{6.60}$$

即牛顿插值系数就是差商表 6-8 中那些有下画线的元素，由此得到了 n 次牛顿插值多项式：

$$N_n(x)=f[x_0]+f[x_0,x_1](x-x_0)+\cdots+f[x_0,x_1,\cdots,x_n](x-x_0)\cdots(x-x_{n-1}) \tag{6.61}$$

上述推导过程表明 $N_n(x)$ 满足在点 $x_0,x_1,\cdots,x_n$ 上给定的插值要求。

例 6.9(牛顿插值与拉格朗日插值的计算)：设有 3 个数据点(−2,−27)，(0,−1)，(1,0)，分别采用牛顿插值法与拉格朗日插值法求二次插值多项式。

【解】 首先做牛顿插值，差商表见表 6-9。

表 6-9 差商表

x_k	$f(x_k)$	1阶差商	2阶差商
-2	-27		
0	-1	13	
1	0	1	-4

写出牛顿插值多项式为

$$N_2(x)=-27+13(x+2)-4(x+2)x=-4x^2+5x-1$$

再用拉格朗日公式进行推导,得

$$L_2(x)=-27\times\frac{x(x-1)}{-2\times(-2-1)}-1\times\frac{(x+2)(x-1)}{2\times(-1)}=-4x^2+5x-1$$

上述计算表明两种插值方法得到的结果完全相同。 ■

2. 牛顿插值余项公式

根据牛顿插值公式,还可推出多项式插值余项的另一种形式。设 $x\in[a,b]$,且 $x\neq x_i$ $(i=0,1,\cdots,n)$。根据差商定义及式(6.59),依次列出如下相邻阶差商满足的关系式:

$$\begin{aligned}
&f(x)=f(x_0)+f[x,x_0](x-x_0)\\
&f[x,x_0]=f[x_0,x_1]+f[x,x_0,x_1](x-x_1)\\
&f[x,x_0,x_1]=f[x_0,x_1,x_2]+f[x,x_0,x_1,x_2](x-x_2)\\
&\vdots\\
&f[x,x_0,\cdots,x_{n-1}]=f[x_0,x_1,\cdots,x_n]+f[x,x_0,x_1,\cdots,x_n](x-x_n)
\end{aligned}$$

将上述方程从后往前逐个代入,得

$$\begin{aligned}
f(x)&=f(x_0)+f[x_0,x_1](x-x_0)+f[x_0,x_1,x_2](x-x_0)(x-x_1)+\cdots+\\
&\quad f[x_0,x_1,\cdots,x_n](x-x_0)\cdots(x-x_{n-1})+f[x,x_0,x_1,\cdots,x_n](x-x_0)\cdots(x-x_n)\\
&=N_n(x)+f[x,x_0,\cdots,x_n](x-x_0)\cdots(x-x_n)
\end{aligned}$$

根据插值多项式的存在唯一性(定理6.6)可知,对相同的 $n+1$ 个插值节点,应有 $L_n(x)=N_n(x)$,因此得到多项式插值余项的另一种形式:

$$R_n(x)=f[x,x_0,x_1,\cdots,x_n](x-x_0)\cdots(x-x_n)=f[x,x_0,x_1,\cdots,x_n]\omega_{n+1}(x)\tag{6.62}$$

称其为牛顿插值余项公式。

对比方程(6.45)和方程(6.62),得

$$f[x,x_0,x_1,\cdots,x_n]=\frac{f^{(n+1)}(\xi)}{(n+1)!},\quad \xi\in(a,b)$$

由 x 的任意性还可推论出

$$f[x_0,x_1,\cdots,x_n]=\frac{f^{(n)}(\xi)}{n!}\tag{6.63}$$

其中,$x_i\in[a,b]$,$\xi\in(a,b)$,且依赖于 $x_0,x_1,\cdots,x_n$ 的取值。式(6.63)也是差商的一条重要性质。

关于牛顿插值余项,说明以下两点。

(1) 当函数 $f(x)$ 不够光滑,$f^{(n+1)}(x)$ 不存在时,或 $f(x)$ 本身的表达式未知时,拉格朗日余项公式无意义,而此时用牛顿插值余项公式估计误差是一个可能的选择。

(2) 牛顿插值余项的一个较实际的应用是,根据差商大小判断插值阶数 k 是否合适(若

更高阶差商≈0)，从而自动选一个不太大的阶数，同时保证较高的精度。

例 6.10(牛顿插值余项)：表 6-10 中给出一些离散点上的 $f(x)$ 函数值，求合适阶数的牛顿插值多项式，由它计算 $f(0.596)$ 的近似值，并估计误差。

表 6-10　一些离散点上的 $f(x)$ 的函数值

x_k	$f(x_k)$	1 阶差商	2 阶差商	3 阶差商	4 阶差商	5 阶差商
0.40	<u>0.410 75</u>					
0.55	0.578 15	<u>1.116 00</u>				
0.65	0.696 75	1.186 00	<u>0.280 00</u>			
0.80	0.888 11	1.275 73	0.358 93	<u>0.197 33</u>		
0.90	1.026 52	1.384 10	0.433 48	0.213 00	<u>0.031 34</u>	
1.05	1.253 82	1.515 33	0.524 93	0.228 63	0.031 26	−0.000 12

【解】 按差商计算表的形式将各阶差商填入表中。从中看到 4 阶差商近似常数，5 阶差商的值非常接近 0，故取 4 次插值多项式 $N_4(x)$ 做近似，得到

$$\begin{aligned}N_4(x) =&\, 0.410\,75 + 1.116(x-0.4) + 0.28(x-0.4)(x-0.55) + \\ &\, 0.197\,33(x-0.4)(x-0.55)(x-0.65) + \\ &\, 0.031\,34(x-0.4)(x-0.55)(x-0.65)(x-0.8)\end{aligned}$$

于是

$$f(0.596) \approx N_4(0.596) = 0.631\,92$$

对它估计截断误差，

$$|R_4(x)| \approx |f[x_0, x_1, \cdots, x_5]\omega_5(0.596)| \leqslant 3.63 \times 10^{-9}$$

这说明截断误差很小，可忽略不计。■

在这个例子中，被插值函数是以表格的形式给出的，因此无法根据拉格朗日插值余项估计多项式插值的误差。而由于 $f(x)$ 未知，牛顿插值余项实际上也不能计算出来，但可以进行大概的估计。有两种策略估计牛顿插值余项。

(1) 设 $N_5(x)$ 是准确值，则 $N_4(x)$ 的误差为

$$N_5(x) - N_4(x) = f[x_0, x_1, \cdots, x_5](x-x_0)(x-x_1)(x-x_2)(x-x_3)(x-x_4)$$

此时若 $f[x_0, x_1, \cdots, x_5] \approx 0$，则说明误差很小，可根据它选择插值的阶次 k 。

(2) 先根据 $N_4(x)$ 算出 $f(x)$ 的近似值，再由它算 $f[x, x_0, \cdots, x_n]$，从而得到余项估计。

这两种策略都有一定的合理性，但结果可能差别很大。例题 6.10 采用的是策略(1)，若采用策略(2)，则得到不同的结果。

在本节的最后，列出根据 $n+1$ 个插值条件 $f(x_k) = y_k (k=0,1,\cdots,n)$，求插值多项式的 3 种方法，然后进行比较。

(1) 待定系数法。假设插值函数为 $p_n(x) = a_0 + a_1 x + \cdots + a_n x^n$，通过求解 $n+1$ 阶线性方程组得到待定参数的值。

(2) 拉格朗日插值法。直接写出多项式公式：

$$L_n(x) = \sum_{k=0}^{n} y_k l_k(x)$$

(3) 牛顿插值法。先计算差商,然后写出插值公式:

$$N_n(x) = f(x_0) + f[x_0, x_1](x - x_0) + f[x_0, x_1, x_2](x - x_0)(x - x_1) + \cdots + f[x_0, x_1, \cdots, x_n](x - x_0)\cdots(x - x_{n-1})$$

由于多项式插值的唯一性,这3种方法得到的结果是相同的多项式,但结果的形式与求解过程不同。从在多项式函数空间$\mathbb{P}_n$中求某个特定元素的角度看,一旦选定了线性空间的基函数,求插值函数的问题就转换为求解与基函数匹配的一组线性组合系数。待定系数法使用最简单的单项式函数基$\{x^k\}$,而后两种方法使用了不同的基函数。待定系数法构造出的系数矩阵为范德蒙德矩阵,n较大时是病态矩阵,因此不但求解过程计算量大,而且计算误差大;拉格朗日插值法得到的系数矩阵为单位矩阵,因此没有求解线性方程组的计算量,但利用插值多项式求未知点处函数值时计算较复杂;牛顿插值法的基函数使得系数矩阵为下三角矩阵,因此待定参数可按顺序依次求出(不需要高斯消去过程),它还具有便于动态增、减插值节点的优点。感兴趣的读者可进行详细分析,比较拉格朗日插值和牛顿插值在计算未知点处函数值时计算量有何区别。

6.6 分段多项式插值

本节首先分析高次多项式插值的缺点,然后介绍分段线性插值、分段埃尔米特插值和保形分段插值3种分段多项式插值。

6.6.1 高次多项式插值的病态性质

前两节介绍的多项式插值通过构造单个多项式,满足所有的插值要求,得到的插值函数光滑性好,易于进行理论分析。当插值节点较多时,构造出的高次多项式往往有如下3方面缺点。

1. 收敛性差

若不假思索,人们可能认为插值多项式的次数n越高,其逼近$f(x)$的准确度越好,但实际上并非如此。1901年,德国数学家龙格(Runge)发现了一个问题,他给出一个函数(称为龙格函数)

$$f(x) = \frac{1}{1 + x^2}, \quad x \in [-5, 5]$$

在$[-5,5]$上取$n+1$个等距插值节点:$x_k = -5 + 10\dfrac{k}{n}(k = 0, 1, 2, \cdots, n)$,做等距节点的拉格朗日插值

$$L_n(x) = \sum_{j=0}^{n} \frac{1}{1 + x_j^2} l_j(x)$$

通过观察与严格证明,龙格发现了如下现象:

$$\lim_{n \to \infty} L_n(x) = \begin{cases} f(x), & |x| \leqslant c \\ \text{不收敛}, & |x| > c \end{cases}$$

其中常数$c \approx 3.63$。也就是说,对某些x取值,$L_n(x)$并不随着n的增加收敛到$f(x)$。这种现象称为龙格现象。当然,当x的值为插值节点时,一定有$L_n(x) = f(x)$,但对于不是插值节点

的 x，两者之差可能很大，误差不会收敛到 0。图 6-11 显示了龙格函数，以及相应的 5 阶、10 阶拉格朗日插值函数 $L_5(x)$、$L_{10}(x)$。从中看出，在靠近区间两端处，插值多项式的误差非常大。

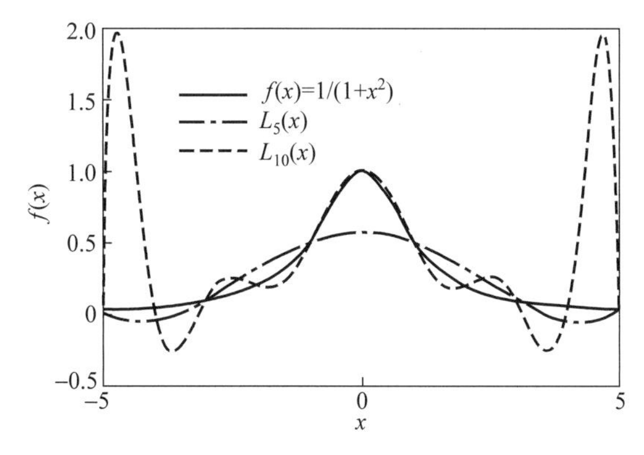

图 6-11　等距节点插值的 Runge 现象

事实上，对很多函数进行等距节点多项式插值都存在类似的不收敛现象。当然，如果可以自由选择插值节点(如切比雪夫点)，像本书后面介绍的数值积分或求解微分方程，还是可能保证高次插值收敛性的。此外，6.1.2 节介绍了伯恩斯坦多项式 $B_n(f,x)$可任意地逼近 $f(x)$，应注意它与多项式插值函数 $L_n(x)$是不同的。$L_n(x)$在 $n+1$ 个插值节点处与 $f(x)$有相同的函数值，但当 $n\to\infty$时未必收敛到 $f(x)$；$B_n(f,x)$并不在一些点上与 $f(x)$取值相同，但当 $n\to\infty$时一致收敛到 $f(x)$，虽然收敛速度很慢。

2. 保凸性差

实际应用中遇到的一些曲线的凸性是确定的，如飞机机翼等的几何造型问题。若根据多个插值点构造高次多项式插值，得到的曲线往往有许多不该有的多余拐点(曲线的起伏)，违背了原有曲线的凸性要求。图 6-12 也能反映这一点。

3. 数值稳定性差

6.4.2 节的分析表明，多项式插值问题在数学上等价于线性方程组求解问题，由于高阶范德蒙德矩阵是病态的，因此求插值多项式系数的问题也是病态的①。它意味着，较小的输入数据扰动将导致较大的结果误差。即便采用拉格朗日插值法，确定基函数组合系数是良态问题(直接等于函数值)，但其计算具体一点函数值的公式也是不稳定的，只要某一个插值节点函数值有误差，就会影响整个区间插值函数的计算值。

6.6.2　分段线性插值

从图 6-12 可看出，如果将 $L_{10}(x)$对应的插值数据点依次连起来，得到的折线显然比 $L_{10}(x)$更能逼近 $f(x)$。这种折线对应的函数就是分段线性插值函数，本节讨论与它有关的问题。

设已知实函数 $f(x)$在插值节点 x_i 上的函数值为 $f_i(i=0,1,2,\cdots,n)$，这里不妨设 $a=x_0<x_1<\cdots<x_n=b$。根据这些插值数据点构造出的分段线性插值函数(piecewise-linear interpolating function)$I_h(x)$在小区间$[x_j,x_{j+1}]$上的值为

$$I_h(x)=\frac{x-x_{j+1}}{x_j-x_{j+1}}f_j+\frac{x-x_j}{x_{j+1}-x_j}f_{j+1},\quad x\in[x_j,x_{j+1}]$$

① 对于插值问题，这里将问题的病态性与算法的稳定性一起加以考虑。

由此可得到 $I_h(x)$ 的分段函数表示形式。在整个区间 $[a,b]$ 上，$I_h(x)$ 也可表示为如下基函数的线性组合形式：

$$I_h(x)=\sum_{j=0}^{n} f_j l_j(x)$$

其中，基函数 $l_j(x)$ 满足条件 $l_j(x_k)=\begin{cases}1, & k=j\\ 0, & k\neq j\end{cases}$，其具体公式如下：

$$l_j(x)=\begin{cases}\dfrac{x-x_{j-1}}{x_j-x_{j-1}}, & x_{j-1}\leqslant x\leqslant x_j (j=0 \text{ 时略去此项})\\ \dfrac{x-x_{j+1}}{x_j-x_{j+1}}, & x_j\leqslant x\leqslant x_{j+1} (j=n \text{ 时略去此项})\\ 0, & x\in[a,b], x\notin[x_{j-1},x_{j+1}]\end{cases} \tag{6.64}$$

图 6-12 显示了基函数 $l_0(x)$ 与 $l_j(x)$，$(j\neq 0,n)$ 的示意图，$l_n(x)$ 的图形与 $l_0(x)$ 的图形类似。显然，分段线性插值函数 $I_h(x)$ 及其基函数有如下性质。

(1) $I_h(x)\in C[a,b]$。

(2) $I_h(x_k)=f_k(k=0,1,\cdots,n)$。

(3) $I_h(x)$ 在每个小区间 $[x_k,x_{k+1}]$ 上是一次多项式。

(4) 分段线性插值的基函数 $l_k(x)$ 只在 x_k 附近不为零，在其他地方均为零，具有局部非零性质。

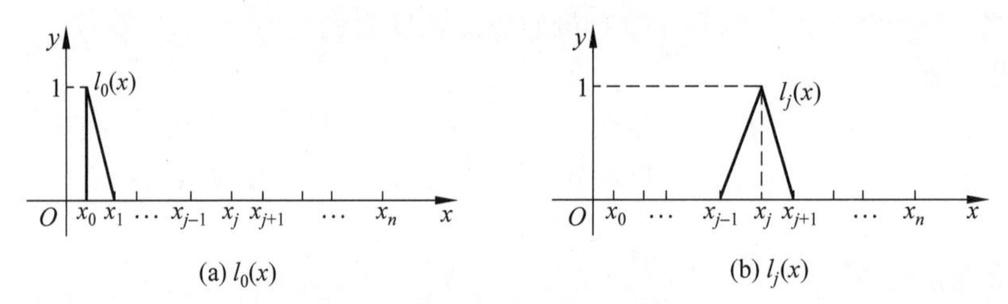

图 6-12 分段线性插值的基函数

因为在每个小区间内，分段线性插值的误差为一次多项式插值的余项(拉格朗日插值余项公式)，因此可得到分段线性插值的误差估计式。对 $\forall x\in[x_k,x_{k+1}]$，

$$|f(x)-I_h(x)|\leqslant\frac{M_2}{2}\max_{x_k\leqslant x\leqslant x_{k+1}}|(x-x_k)(x-x_{k+1})|\leqslant\frac{M_2}{8}h^2$$

其中，$M_2=\max\limits_{a\leqslant x\leqslant b}|f''(x)|$，$h=\max\limits_{k}(x_{k+1}-x_k)$。进一步可得出如下定理，它说明了分段线性插值具有收敛性。

定理 6.10：设实连续函数 $f(x)\in C[a,b]$ 的分段线性插值函数为 $I_h(x)$，插值节点为 $a=x_0<x_1<\cdots<x_n=b$，并令 $h=\max\limits_{k}(x_{k+1}-x_k)$，则有

$$\lim_{h\to 0} I_h(x)=f(x),\quad \forall x\in[a,b]$$

6.6.3 分段埃尔米特插值

分段线性插值克服了高次多项式插值的诸多缺点，但它的导函数在整体上是不连续的。为了提高曲线整体的光滑性，可将分段线性插值加以扩展，这需要引入另一种插值问题：埃尔米特插值(Hermite interpolation)。在之前讨论的插值问题中，插值条件都是节点上的函

数值,如果增加对导数,甚至高阶导数的插值要求,则得到的插值多项式称为埃尔米特插值多项式。下面首先讨论插值要求中函数值与导数值个数相等的埃尔米特插值,然后讨论分段埃尔米特插值。

1. 埃尔米特插值

考虑插值要求中函数值与导数值个数相等的情况。设在插值节点 $x_i(i=0,1,\cdots,n)$上,已知 $f(x_i)=f_i, f'(x_i)=f'_i(i=0,1,\cdots,n)$,要求插值多项式 $H(x)$满足

$$H(x_i)=f_i,\quad H'(x_i)=f'_i,\quad (i=0,1,\cdots,n) \tag{6.65}$$

这个问题属于广义的多项式插值问题,可看成是定义6.6的扩展。

方程(6.65)给出了 $2n+2$ 个条件,可唯一确定一个次数不超过 $2n+1$ 的多项式,记为 $H_{2n+1}(x)$。这个存在性与唯一性的证明类似于定理6.6的证明,详细过程留给读者思考。插值函数 $H_{2n+1}(x)$的几何意义是:函数曲线不但通过已知的离散点,而且在这些地方与被插值函数曲线有相同的斜率。

要推导 $H_{2n+1}(x)$的表达式,除了通过列线性方程组求解多项式系数,也可类似于拉格朗日插值进行推导。不同之处在于,埃尔米特插值应有两种插值基函数:$\alpha_i(x)$与 $\beta_i(x)$,它们分别支持 f_i 与 f'_i的插值要求,即

$$H_{2n+1}(x)=\sum_{i=0}^{n}[f_i\alpha_i(x)+f'_i\beta_i(x)] \tag{6.66}$$

省略复杂的推导过程,直接给出两种插值基函数的公式:

$$\begin{cases}\alpha_i(x)=[1-2(x-x_i)l'_i(x_i)]l_i^2(x)\\ \beta_i(x)=(x-x_i)l_i^2(x)\end{cases},\quad (i=0,1,2,\cdots,n) \tag{6.67}$$

其中,$l_i(x)$为拉格朗日插值基函数。不难验证,式(6.67)中的函数 $\alpha_i(x)$仅当 $x=x_i$ 时值为1,对其他插值节点的函数值以及所有插值节点上的导数值均为0,而 $\beta_i(x)$仅当 $x=x_i$ 时导数值为1,在其他插值节点上的导数值以及所有插值节点上的函数值均为0。因此,式(6.66)是满足要求的 $2n+1$ 次埃尔米特插值多项式。

进一步详细讨论,可得埃尔米特插值余项公式为(参见文献[8])

$$R_{2n+1}(x)=f(x)-H_{2n+1}(x)=\frac{f^{(2n+2)}(\xi)}{(2n+2)!}\omega_{n+1}^2(x)$$

其中,$\xi\in(a,b)$,且依赖于 x。

除了插值要求中函数值与导数值个数相等的情况,对更一般的情况,往往可用待定参数法构造出相应的埃尔米特插值多项式。下面通过一个例子加以说明。

例6.11(特殊埃尔米特多项式的构造):已知函数 $f(x)$充分光滑,求满足插值条件 $P(x_i)=f(x_i)(i=0,1,2)$及 $P'(x_1)=f'(x_1)$的插值多项式 $P(x)$及其余项公式。

【解】 由给定条件,可确定次数不超过3的插值多项式。由于此多项式通过点 $(x_0,f(x_0))$、$(x_1,f(x_1))$、$(x_2,f(x_2))$,利用牛顿插值多项式的构造思路假设其公式为

$$\begin{aligned}P(x)=&f(x_0)+f[x_0,x_1](x-x_0)+f[x_0,x_1,x_2](x-x_0)(x-x_1)+\\&A(x-x_0)(x-x_1)(x-x_2)\end{aligned}$$

其中,A 为待定常数。接下来,由条件 $P'(x_1)=f'(x_1)$确定 A 的值,可得

$$A=\frac{f'(x_1)-f[x_0,x_1]-(x_1-x_0)f[x_0,x_1,x_2]}{(x_1-x_0)(x_1-x_2)}$$

为了求出余项$R(x)=f(x)-P(x)$的表达式,可设

$$R(x)=f(x)-P(x)=K(x)(x-x_0)(x-x_1)^2(x-x_2)$$

其中,$K(x)$为待定函数。构造

$$\varphi(t)=f(t)-P(t)-K(x)(t-x_0)(t-x_1)^2(t-x_2)$$

显然$\varphi(x_i)=0,(j=0,1,2)$,且$\varphi'(x_1)=0,\varphi(x)=0$,故$\varphi(t)$在$(a,b)$有5个零点($x_1$为二重零点)。反复应用罗尔定理,得$\varphi^{(4)}(t)$在$(a,b)$至少有一个零点$\xi$,故

$$\varphi^{(4)}(\xi)=f^{(4)}(\xi)-4!K(x)=0$$

于是

$$K(x)=\frac{1}{4!}f^{(4)}(\xi)$$

余项公式为

$$R(x)=\frac{1}{4!}f^{(4)}(\xi)(x-x_0)(x-x_1)^2(x-x_2)$$

式中,ξ位于x_0、x_1与x_2所界定的范围内。 ■

2. 分段三次埃尔米特插值

考虑埃尔米特插值式(6.66)的最简单情况,即$n=1$的情况,此时两个插值点确定一个三次多项式,其公式称为两点三次埃尔米特插值多项式。对于式(6.67)中的$l_i'(x_i)$,可知

$$l_i'(x_i)=\sum_{\substack{k=0\\k\neq i}}^{n}\frac{1}{x_i-x_k}$$

因此,假设插值节点为x_k、x_{k+1},根据式(6.66)、式(6.67)可得到三次埃尔米特插值多项式$H_3(x)$

$$H_3(x)=f_k\alpha_k(x)+f_{k+1}\alpha_{k+1}(x)+f'_k\beta_k(x)+f'_{k+1}\beta_{k+1}(x)$$

其中

$$\begin{cases}\alpha_k(x)=\left(1+2\dfrac{x-x_k}{x_{k+1}-x_k}\right)\left(\dfrac{x-x_{k+1}}{x_k-x_{k+1}}\right)^2\\\alpha_{k+1}(x)=\left(1+2\dfrac{x-x_{k+1}}{x_k-x_{k+1}}\right)\left(\dfrac{x-x_k}{x_{k+1}-x_k}\right)^2\\\beta_k(x)=(x-x_k)\left(\dfrac{x-x_{k+1}}{x_k-x_{k+1}}\right)^2\\\beta_{k+1}(x)=(x-x_{k+1})\left(\dfrac{x-x_k}{x_{k+1}-x_k}\right)^2\end{cases}\tag{6.68}$$

对于一般的含有$n+1$个插值节点的问题,若插值条件中还包括每个节点上的导数值,则可将分段插值的思想与两点三次埃尔米特插值节合,在每个相邻节点构成的小区间上构造三次多项式,得到的插值曲线将比分段线性插值有更好的光滑性。设通过这种方式构造的分段三次埃尔米特插值多项式为$H_h(x)$,它满足插值条件:$H_h(x_k)=f_k,H_h'(x_k)=f_k',(k=0,1,\cdots,n)$,可以证明,$H_h(x)$在整体上1阶导数连续,这是因为在插值节点上,$H_h'(x_k-0)=f_k'=H_h'(x_k+0)$,即左右导数相等(见图6-13)。

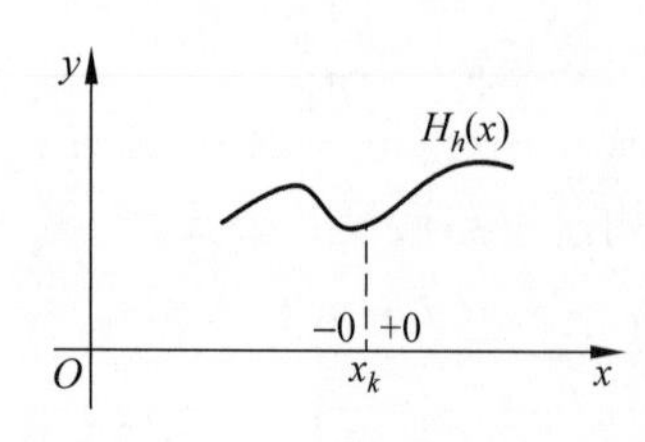

图6-13 分段Hermite插值1阶导数连续

在小区间$[x_k,x_{k+1}]$上,$H_h(x)$的值为

$$H_h(x)=H_3^{(k)}(x)=f_k\widetilde{\alpha}_k(x)+f_{k+1}\widetilde{\alpha}_{k+1}(x)+f'_k\widetilde{\beta}_k(x)+f'_{k+1}\widetilde{\beta}_{k+1}(x)$$

这里用 $\widetilde{\alpha}_k(x)$、$\widetilde{\beta}_k(x)$表示式(6.68)中的两点三次埃尔米特插值基函数 $\alpha_k(x)$、$\beta_k(x)$，而 $H_3^{(k)}(x)$为小区间$[x_k,x_{k+1}]$上的三次埃尔米特插值多项式。

类似于分段线性插值，也可以在整个$[a,b]$区间上将 $H_h(x)$表示成一组插值基函数的线性组合形式

$$H_h(x)=\sum_{j=0}^{n}[f_j\alpha_j(x)+f'_j\beta_j(x)]$$

由于最多在两个小区间上 $H_h(x)$的表达式会用到 f_j，所以整体基函数 $\alpha_j(x)$的表达式为分段函数

$$\alpha_j(x)=\begin{cases}H_3^{(j-1)}(x)\text{ 中的 }\widetilde{\alpha}_j(x), & x\in[x_{j-1},x_j]\\ H_3^{(j)}(x)\text{ 中的 }\widetilde{\alpha}_j(x), & x\in[x_j,x_{j+1}]\\ 0, & \text{其他}\end{cases}$$

具体公式为

$$\alpha_j(x)=\begin{cases}\left(1+2\dfrac{x-x_j}{x_{j-1}-x_j}\right)\left(\dfrac{x-x_{j-1}}{x_j-x_{j-1}}\right)^2, & x\in[x_{j-1},x_j](j=0\text{ 时略去此项})\\ \left(1+2\dfrac{x-x_j}{x_{j+1}-x_j}\right)\left(\dfrac{x-x_{j+1}}{x_j-x_{j+1}}\right)^2, & x\in[x_j,x_{j+1}](j=n\text{ 时略去此项})\\ 0, & \text{其他}\end{cases}$$

同理，可推出 $\beta_j(x)$的表达式，即

$$\beta_j(x)=\begin{cases}(x-x_j)\left(\dfrac{x-x_{j-1}}{x_j-x_{j-1}}\right)^2, & x\in[x_{j-1},x_j](j=0\text{ 时略去此项})\\ (x-x_j)\left(\dfrac{x-x_{j+1}}{x_j-x_{j+1}}\right)^2, & x\in[x_j,x_{j+1}](j=n\text{ 时略去此项})\\ 0, & \text{其他}\end{cases}$$

图 6-14 显示了分段三次埃尔米特插值的整体基函数 $\alpha_j(x)$和 $\beta_j(x)$的图形。根据公式和图形可看出，这些基函数具有局部非零性质。类似于定理 6.10，也可以证明分段三次埃尔米特插值具有收敛性(当插值间距 h 趋于 0 时)。

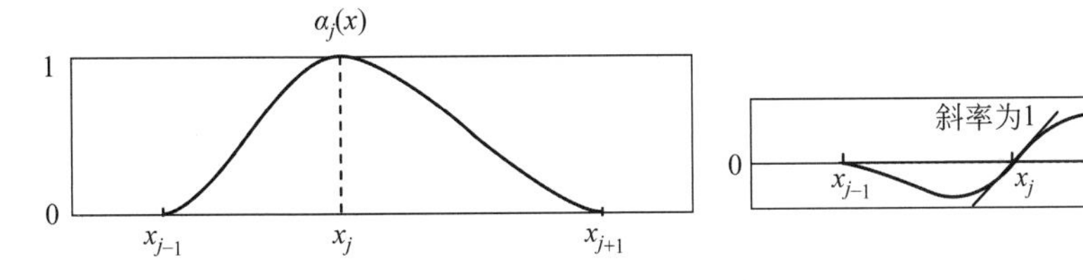

图 6-14　分段三次埃尔米特插值的整体基函数 $\alpha_j(x)$和 $\beta_j(x)$，$j\neq 0,n$

6.6.4　保形分段插值

6.6.3 节介绍的分段三次埃尔米特插值具有整体 1 阶导数连续的性质，但它要求已知插值节点上的导数值，这在实际问题中常常无法办到。一种弥补的办法是根据已知的函数值设定插值节点处的导数值，从而构造出分段三次埃尔米特插值，这样得到的插值又有一个

独特的名字,称为保形分段插值(shape-preserving piecewise interpolation)。

这里的关键是如何设定插值点 x_k 处的 1 阶导数值 f'_k,其几何含义是被插值函数曲线在该处的斜率。在保形分段插值法中,插值点处斜率的设置应使插值函数在局部不过多地偏离给定的插值数据点,因此可利用当前点左右两侧的 1 阶差商(数据点连线的斜率):

$$d_{k-1} = f[x_{k-1}, x_k] = \frac{f(x_k) - f(x_{k-1})}{x_k - x_{k-1}}, \quad d_k = f[x_k, x_{k+1}] = \frac{f(x_{k+1}) - f(x_k)}{x_{k+1} - x_k}$$

然后按如下规则设定插值点处的 1 阶导数值。

(1) 若 d_{k-1} 和 d_k 的正负号相反,或者它们中有一个为 0,那么在 x_k 处函数为离散的极大或极小,于是令 $f'_k=0$。此情况示于图 6-15(a)中,其中的曲线为由两个三次多项式组成的保形插值函数,它在中间连接点处的 1 阶导数为 0。

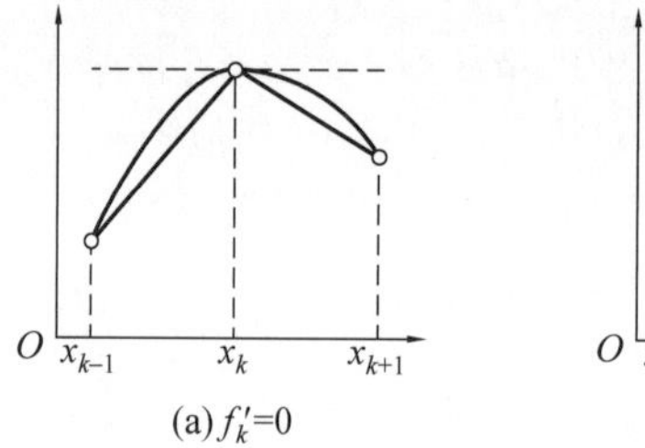

(a) $f'_k=0$

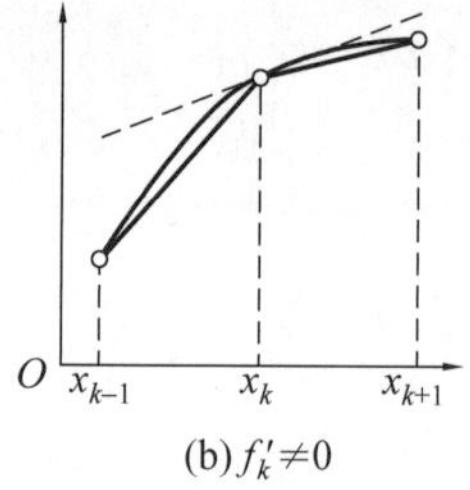

(b) $f'_k \neq 0$

图 6-15 保形分段插值中函数 1 阶导数的设置

(2) 若 d_{k-1} 和 d_k 的正负号相同,则可以令 f'_k 为两侧两个斜率的加权调和平均数,而权重与两个子区间的长度有关,即

$$\frac{w_{k-1} + w_k}{f'_k} = \frac{w_{k-1}}{d_{k-1}} + \frac{w_k}{d_k} \tag{6.69}$$

其中 $w_{k-1} = (x_{k+1} - x_{k-1}) + (x_{k+1} - x_k)$, $w_k = (x_{k+1} - x_{k-1}) + (x_k - x_{k-1})$。此情况示于图 6-15(b)中。注意,若两个子区间长度相等,则

$$\frac{1}{f'_k} = \frac{1}{2}\left(\frac{1}{d_{k-1}} + \frac{1}{d_k}\right)$$

式(6.69)中权重 w_k 的取值是为了放大较短区间上的斜率,使得插值函数曲线较合理地反映插值数据的变化趋势。另外,对于整个数据区间的两个端点处的 1 阶导数值 f'_0 和 f'_n,需要进行稍微不同的单侧方向的分析,具体细节见参考文献[7]。

一旦按上述策略设定了各个插值点处的 1 阶导数值,就可根据 6.6.3 节的分段三次埃尔米特插值得到保形分段插值多项式。更深入的分析表明,保形分段插值还可以保持原始数据的单调性,也就是说,在离散数据点具有单调性(递增或递减)的区间,插值函数也有同样的单调性,而对于离散数据出现极值的点,插值函数也达到极值。保形分段插值已实现于 MATLAB 软件中,函数名为 pchip。

在本节的最后,总结一下所介绍的 3 种分段低次插值,它们与高次多项式插值相比,具有如下 3 个优点。

(1) 收敛性好,因此避免了类似龙格现象的发生。

(2) 保凸性好,因为只使用了较低次数的多项式,因此曲线的拐弯比较少。

(3) 稳定性好,分段低次插值的基函数都具有局部非零性质,因此若节点 x_j 处的函数

值或 1 阶导数值有扰动，它仅影响到局部小区间上的插值函数值，误差不会传播到其他部分。

6.7　样条插值函数

本节介绍样条插值函数，它也属于分段多项式插值，但比前面介绍的几种插值有更高阶的光滑性。“样条”(spline)一词源自早期工程师绘图所用的薄木条，将它固定在一些给定的数据点上，可绘出一条连接各点的光滑曲线。从物理上讲，样条满足插值点约束，同时使势能达到最小，因此对应的曲线必然有连续的 2 阶导数。在数学上，这就是应用广泛的三次样条插值函数。

6.7.1　三次样条插值

首先给出三次样条函数、三次样条插值函数的定义。

定义 6.8：设 $a=x_0<x_1<\cdots<x_n=b$，若函数 $S(x)$ 满足条件：

(1) 2 阶导数连续，即 $S''(x)\in C[a,b]$；

(2) 在每个小区间 $[x_k,x_{k+1}]$，$(k=0,1,\cdots,n-1)$ 上，$S(x)$ 为三次多项式，则称 $S(x)$ 为关于节点 $x_0,x_1,\cdots,x_n$ 的三次样条函数。若给定 $f_j=f(x_j)$，$(j=0,1,\cdots,n)$，且三次样条函数 $S(x)$ 满足 $S(x_j)=f_j$，$(j=0,1,\cdots,n)$，则称 $S(x)$ 为 $f(x)$ 的三次样条插值函数。

定义 6.8 中的三次样条函数可看成是一个新的函数类，其中的函数由分段三次多项式“拼接”而成，并且具有整体的 2 阶光滑性。事实上，由于各个小区间内是三次多项式，2 阶导数显然连续，因此整体光滑性的要求主要针对节点处(见图 6-16)。

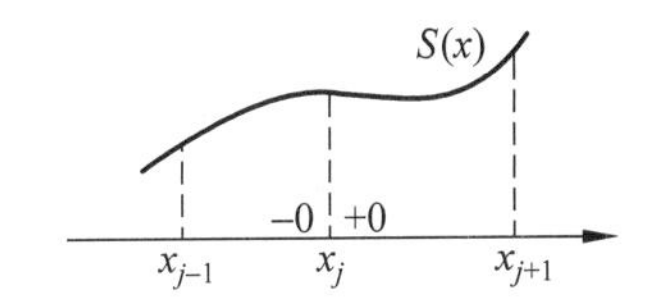

图 6-16　三次样条函数 $S(x)$ 在点 x_j 两侧 1 阶、2 阶导数都连续

下面先分析定义 6.8 是否能唯一地确定三次样条插值函数。假设共有 $n+1$ 个插值节点 $x_0<x_1<\cdots<x_n$，它们形成 n 个小区间 $[x_j,x_{j+1}]$，$(j=0,1,\cdots,n-1)$。每个小区间为三次多项式，表示插值函数 $S(x)$ 共需 $4n$ 个系数。这些系数满足的条件有以下两种。

(1) 对每个小区间，两端处函数值都知道，共 $2n$ 个条件，它们也保证了插值函数整体上是连续的。

(2) 在中间节点 x_j 处 1 阶导数连续、2 阶导数连续，即

$$\begin{cases}S'(x_j-0)=S'(x_j+0)\\S''(x_j-0)=S''(x_j+0)\end{cases},\quad (j=1,2,\cdots,n-1)$$

它对应 $2(n-1)$ 个条件。

因此，根据上述条件一共可列出 $4n-2$ 个方程，无法唯一确定 $4n$ 个系数。在实际问题中，通常在数据区间的两端点处增加一些条件，称为“边界条件”。常用的有以下 4 种边界条件。

(1) 已知两端点处的 1 阶导数：$S'(x_0)=f_0'$，$S'(x_n)=f_n'$；

(2) 已知两端点处的 2 阶导数：$S''(x_0)=f_0''$，$S''(x_n)=f_n''$；

(3) 周期边界条件：假定被插值函数 $f(x)$ 是以 x_n-x_0 为周期的周期函数(同时要求 $f_0=f_n$)，则要求 $S(x)$ 也是相同周期的 2 阶导数连续的函数，即

$$\begin{cases} S'(x_0) = S'(x_n) \\ S''(x_0) = S''(x_n) \end{cases}$$

(4) 非结点(not-a-knot)条件：假定在区间$[x_0,x_2]$上使用统一的三次多项式，在区间$[x_{n-2},x_n]$上使用统一的三次多项式($n\geqslant 3$)。

易知上述4种边界条件的任何一个都带来两个方程，因此使求解三次样条插值时的方程数与变量数匹配。对于第二种边界条件，若$f''_0=f''_n=0$，通常称之为自然边界条件。第四种边界条件是MATLAB软件中spline命令采用的，它不需要额外设置参数，也不假设被插值函数具有周期性。

与分段埃尔米特插值类似，当$f(x)$满足一定光滑性条件时，三次样条插值具有很好的收敛性。因此，三次样条插值具备前面介绍的分段低次插值的优点，而且比它们有更好的整体光滑性(2阶导数连续)。

6.7.2 三次样条插值函数的构造

求三次样条插值函数的常用方法是以插值节点的2阶导数值作为参数构造每个小区间上的表达式，然后利用已知条件列出这些参数满足的线性方程组并求解。也可以根据插值节点的1阶导数值构造每个小区间上的表达式，然后列线性方程组求这些待定参数值。下面详细介绍前一种方法。

设$S''(x_j)=M_j(j=0,1,\cdots,n)$，由于在各小区间上$S''(x)$为一次多项式，则

$$\begin{aligned} S''(x) &= M_j\left(\frac{x-x_{j+1}}{x_j-x_{j+1}}\right)+M_{j+1}\left(\frac{x-x_j}{x_{j+1}-x_j}\right) \\ &= M_j\left(\frac{x_{j+1}-x}{h_j}\right)+M_{j+1}\left(\frac{x-x_j}{h_j}\right), \quad x\in[x_j,x_{j+1}] \quad (j=0,1,\cdots,n-1) \end{aligned}$$

对上式做两次积分，得

$$S(x) = -\frac{M_j}{6h_j}(x-x_{j+1})^3+\frac{M_{j+1}}{6h_j}(x-x_j)^3+a_jx+b_j \tag{6.70}$$

其中，$h_j=x_{j+1}-x_j$。再根据$S(x_j)=f_j$，$S(x_{j+1})=f_{j+1}$定常数a_j、b_j，得到

$$a_j = \frac{f_{j+1}-f_j}{h_j}-\frac{M_{j+1}-M_j}{6}h_j \tag{6.71}$$

$$b_j = \frac{f_jx_{j+1}-f_{j+1}x_j}{h_j}+\frac{M_{j+1}x_j-M_jx_{j+1}}{6}h_j \tag{6.72}$$

将式(6.71)、式(6.72)代入式(6.70)，并整理得到

$$\begin{aligned} S(x) =& M_j\frac{(x_{j+1}-x)^3}{6h_j}+M_{j+1}\frac{(x-x_j)^3}{6h_j}+\left(f_j-\frac{M_jh_j^2}{6}\right)\left(\frac{x_{j+1}-x}{h_j}\right)+ \\ & \left(f_{j+1}-\frac{M_{j+1}h_j^2}{6}\right)\left(\frac{x-x_j}{h_j}\right), \quad x\in[x_j,x_{j+1}], \quad (j=0,1,\cdots,n-1) \end{aligned} \tag{6.73}$$

在上述构造过程中，利用$S(x_j)=f_j(j=0,1,\cdots,n)$的条件，设置节点处2阶导数为$M_j(j=0,1,\cdots,n)$，也隐含了$S(x)$2阶导数连续。因此，接下来应利用节点处1阶导数连续的条件以及边界条件确定M_j的值。

对式(6.73)求1阶导数，得

$$S'(x) = -M_j \frac{(x_{j+1}-x)^2}{2h_j} + M_{j+1}\frac{(x-x_j)^2}{2h_j} + \frac{f_{j+1}-f_j}{h_j} - \frac{M_{j+1}-M_j}{6}h_j$$

$$x \in [x_j, x_{j+1}], \quad (j = 0, 1, \cdots, n-1)$$

考虑节点 x_j 处的左导数，它通过区间 $[x_{j-1}, x_j]$ 上的函数表达式计算，即

$$S'(x_j - 0) = \frac{h_{j-1}}{6}M_{j-1} + \frac{h_{j-1}}{3}M_j + \frac{f_j - f_{j-1}}{h_{j-1}} \tag{6.74}$$

同理，利用 $[x_j, x_{j+1}]$ 上的函数表达式计算节点 x_j 处的右导数

$$S'(x_j + 0) = -\frac{h_j}{3}M_j - \frac{h_j}{6}M_{j+1} + \frac{f_{j+1} - f_j}{h_j} \tag{6.75}$$

节点处 1 阶导数连续的条件意味着式(6.74)和式(6.75)相等，因此得到方程

$$\mu_j M_{j-1} + 2M_j + \lambda_j M_{j+1} = d_j, \quad (j = 1, 2, \cdots, n-1) \tag{6.76}$$

其中，$\mu_j = \frac{h_{j-1}}{h_{j-1}+h_j}$，$\lambda_j = \frac{h_j}{h_{j-1}+h_j}$，$d_j = 6\left[\frac{f_{j-1}}{h_{j-1}(h_{j-1}+h_j)} + \frac{f_{j+1}}{h_j(h_{j-1}+h_j)} - \frac{f_j}{h_{j-1}h_j}\right]$。

注意：式(6.76)给出了 $n-1$ 个线性方程，但未知量的数目是 $n+1$，所以应再利用边界条件。由于最终得到的联立线性方程组的未知量为位移的 2 阶导数，在力学上的意义为"弯矩"，并且每个方程最多包含 3 个"弯矩"变量，所以求参数 $M_j(j=0,1,\cdots,n)$ 的方程常被称为三弯矩方程。

先考虑已知两端点处 1 阶导数的第一种边界条件，根据条件 $S'(x_0)=f'_0$，$S'(x_n)=f'_n$，结合式(6.74)和式(6.75)，得到方程

$$-\frac{h_0}{3}M_0 - \frac{h_0}{6}M_1 + \frac{f_1 - f_0}{h_0} = f'_0 \quad \Rightarrow \quad 2M_0 + M_1 = \frac{6}{h_0}\left(\frac{f_1 - f_0}{h_0} - f'_0\right) \tag{6.77}$$

以及

$$M_{n-1} + 2M_n = \frac{6}{h_{n-1}}\left(f'_n - \frac{f_n - f_{n-1}}{h_{n-1}}\right) \tag{6.78}$$

结合方程(6.76)～方程(6.78)，可得到完整的$(n+1)$阶线性方程组

$$\begin{bmatrix} 2 & \lambda_0 & & & \\ \mu_1 & 2 & \lambda_1 & & \\ & \ddots & \ddots & \ddots & \\ & & \mu_{n-1} & 2 & \lambda_{n-1} \\ & & & \mu_n & 2 \end{bmatrix} \begin{bmatrix} M_0 \\ M_1 \\ \vdots \\ M_{n-1} \\ M_n \end{bmatrix} = \begin{bmatrix} d_0 \\ d_1 \\ \vdots \\ d_{n-1} \\ d_n \end{bmatrix} \tag{6.79}$$

其中，$\lambda_0 = \mu_n = 1$，$d_0 = \frac{6}{h_0}\left(\frac{f_1 - f_0}{h_0} - f'_0\right)$，$d_n = \frac{6}{h_{n-1}}\left(f'_n - \frac{f_n - f_{n-1}}{h_{n-1}}\right)$。还注意到，$\mu_j + \lambda_j = 1$ $(j=1,2,\cdots,n-1)$，因此三弯矩方程(6.79)的系数矩阵为按行严格对角占优的三对角矩阵，必定非奇异，可采用"追赶法"(算法 3.12)有效地求解，且不需要选主元。

对于第二种边界条件，即已知 $M_0 = f''_0$，$M_n = f''_n$，可由式(6.76)直接整理得到方程

$$\begin{bmatrix} 2 & \lambda_1 & & & \\ \mu_2 & 2 & \lambda_2 & & \\ & \ddots & \ddots & \ddots & \\ & & \mu_{n-2} & 2 & \lambda_{n-2} \\ & & & \mu_{n-1} & 2 \end{bmatrix} \begin{bmatrix} M_1 \\ M_2 \\ \vdots \\ M_{n-2} \\ M_{n-1} \end{bmatrix} = \begin{bmatrix} d_1 - \mu_1 f''_0 \\ d_2 \\ \vdots \\ d_{n-2} \\ d_{n-1} - \lambda_{n-1} f''_n \end{bmatrix} \tag{6.80}$$

这是一个$(n-1)$阶的线性方程组,系数矩阵对角占优,仍可采用"追赶法"有效求解。

对于第三种和第四种边界条件,可类似地建立三弯矩方程。应注意的是,这些情况下需求解的线性方程组系数矩阵都为严格对角占优矩阵,因此非奇异,说明了给定边界条件后三次样条插值函数存在并且唯一。

求解三弯矩方程得到节点上的2阶导数后,由式(6.73)即得到三次样条插值函数。应当指出,上述构造三次样条插值函数的方法虽然最终仍要求解线性方程组,但方程组的阶数仅为n,而且可采用"追赶法"或其他快速稀疏矩阵解法求解,因此计算量比直接的待定系数法(含阶数为$4n$的稠密矩阵)小得多。以第一种边界条件为例,下面给出三次样条插值算法。

算法 6.5:用满足第一种边界条件的三次样条插值计算函数值
输入:$x_0, x_1, \cdots, x_n$, f_0, $f_1\cdots$, f_n, f'_0, f'_n, x;输出:y.
用算法3.12求解线性方程组(6.79),得到$M_0, M_1, \cdots, M_n$的值;
判断x所属的插值节点区间编号j,使得$x\in[x_j, x_{j+1}]$;
利用式(6.73)求$S(x)$,则$y := S(x)$

作为对插值方法的总结,下面给出一个例子,将不同插值方法得到的结果进行比较。

例 6.12(几种插值结果的对比):假设有6个插值节点$x_i=i+1(i=0,1,\cdots,5)$,对应的函数值为$f(x_0)=16, f(x_1)=18, f(x_2)=21, f(x_3)=17, f(x_4)=15, f(x_5)=12$。可以比较高次多项式插值、分段线性插值、保形分段插值和三次样条插值的结果。借助MATLAB软件,可以方便地画出插值函数曲线的图形,如图6-17所示。相应的MATLAB命令如下:

```
>>x=1:6; y=[16 18 21 17 15 12]; xi=0.75:0.05:6.25;
>>p=polyfit(x,y,5); v1=polyval(p,xi);
>>v2=interp1(x,y,xi, 'linear');
>>v3=interp1(x,y,xi, 'pchip');
>>v4=interp1(x,y,xi, 'spline');
>>subplot(2, 2, 1); plot(x,y,'o', xi, v1,'-');
>>subplot(2, 2, 2); plot(x,y,'o', xi, v2,'-');
>>subplot(2, 2, 3); plot(x,y,'o', xi, v3,'-');
>>subplot(2, 2, 4); plot(x,y,'o', xi, v4,'-');
```

其中,三次样条插值使用"非结点"边界条件,因此无须提供额外参数。对于高次多项式插值(拉格朗日插值),这里通过多项式最小二乘拟合的命令polyfit实现,当多项式系数个数与拟合数据点数相同时,它的结果就是高次的插值多项式。 ■

从图6-17看出,三次样条插值曲线的光滑性比保形分段插值好,而后者相比前者更能反映离散数据点的变化趋势,而且应注意保形分段插值的计算比三次样条插值简便。因此,选择插值方法时,还应考虑实际应用中的一些要求,如光滑性、数据单调性的要求等。

6.7.3 B-样条函数

三次样条函数仅是样条函数的一种,本节介绍一般的样条函数及其基函数"B-样条"函

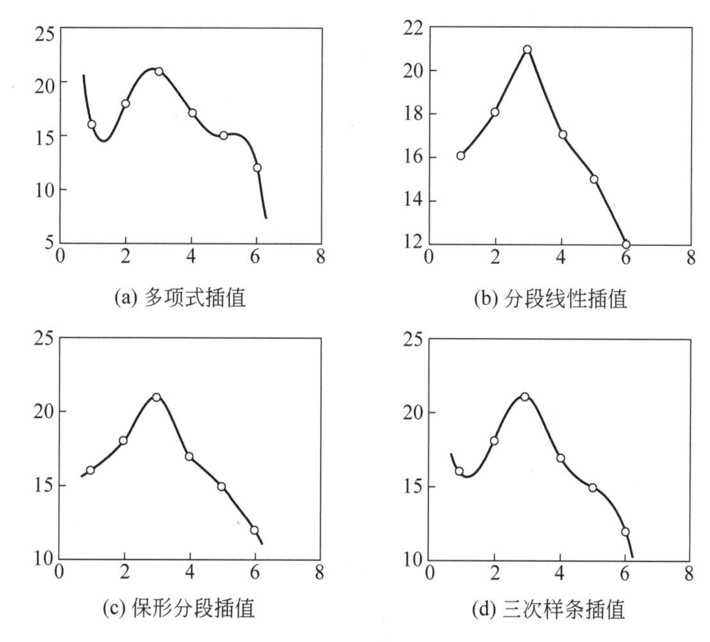

(a) 多项式插值　(b) 分段线性插值

(c) 保形分段插值　(d) 三次样条插值

图 6-17　4 种插值曲线的图形

数，它是计算更普遍的样条函数插值的基础。

一般地，称一个具有 $k-1$ 阶连续导数的分段 k 次多项式为 k 次样条函数。例如，一次（线性）样条函数为分段线性函数，二次样条函数的光滑性与分段埃尔米特插值函数一样，但在每个小区间上具有二次多项式的表达式。

类似于拉格朗日插值法，也可以将样条函数表示为基函数的线性组合。例如，对于一次样条（分段线性函数），我们已推导了其对应的基函数（见 6.6.2 节、图 6-13）。k 次样条函数的这种基函数称为 k 次 B-样条函数[①]，它们可通过递推公式定义。为了表示方便，不妨假设节点是一个无限集合

$$\cdots < x_{-1} < x_0 < x_1 < x_2 < \cdots$$

定义 6.9：设 i 为任意整数，定义 0 次 B-样条函数为

$$B_i^0(x) = \begin{cases} 1, & x_i \leqslant x \leqslant x_{i+1} \\ 0, & \text{其他} \end{cases}$$

同时定义一组辅助的线性函数

$$v_i^k(x) = \frac{x - x_i}{x_{i+k} - x_i}, \quad (k = 1, 2, \cdots)$$

对于 $k>0$，定义 k 次 B-样条函数为

$$B_i^k(x) = v_i^k(x) B_i^{k-1}(x) + [1 - v_{i+1}^k(x)] B_{i+1}^{k-1}(x) \tag{6.81}$$

从定义 6.9 看出，由于 $v_i^k(x)$ 为线性函数，0 次 B-样条为分段常函数，1 次 B-样条为分段线性函数，进而可推出 k 次 B-样条函数为分段 k 次多项式。

例 6.13（1 次 B-样条）：根据 B-样条函数的定义，推导 $B_i^1(x)$ 的表达式。

① 名字中的 B 表示 bell，指函数图形像钟的形状。

【解】 根据式(6.81),得

$$B_i^1(x) = v_i^1(x)B_i^0(x) + [1 - v_{i+1}^1(x)]B_{i+1}^0(x)$$

由于涉及 $B_i^0(x)$、$B_{i+1}^0(x)$两个函数,将自变量的区间分为$[x_i, x_{i+1}]$、$[x_{i+1}, x_{i+2}]$和其他三部分分别讨论。

当 $x \in [x_i, x_{i+1}]$时,$B_i^1(x) = v_i^1(x) = \dfrac{x - x_i}{x_{i+1} - x_i}$;

当 $x \in [x_{i+1}, x_{i+2}]$时,$B_i^1(x) = 1 - v_{i+1}^1(x) = 1 - \dfrac{x - x_{i+1}}{x_{i+2} - x_{i+1}} = \dfrac{x - x_{i+2}}{x_{i+1} - x_{i+2}}$;

当 x 为其他取值时,$B_i^1(x) = 0$。

综合起来,得到

$$B_i^1(x) = \begin{cases} \dfrac{x - x_i}{x_{i+1} - x_i}, & x_i \leqslant x \leqslant x_{i+1} \\ \dfrac{x - x_{i+2}}{x_{i+1} - x_{i+2}}, & x_{i+1} \leqslant x \leqslant x_{i+2} \\ 0, & \text{其他} \end{cases}$$

它与分段线性插值基函数(6.64)完全一致。 ■

图 6-18 显示了二次、三次 B-样条的图形。根据这些直观的函数图形以及更严格的理论分析,可知 B-样条函数 $B_i^k(x)$具有如下重要性质(参见文献[1])。

(1) 当 $x \leqslant x_i$ 或 $x \geqslant x_{i+k+1}$时,$B_i^k(x) = 0$。

(2) 当 $x_i < x < x_{i+k+1}$时,$B_i^k(x) > 0$。

(3) 对所有 x,$\sum\limits_{i=-\infty}^{+\infty} B_i^k(x) = 1$。

(4) 若 $k \geqslant 1$,函数 $B_i^k(x)$的 $k-1$ 阶导数连续。

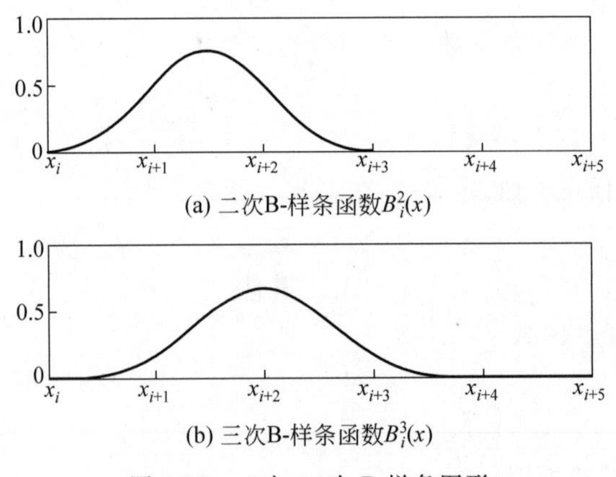

(a) 二次B-样条函数$B_i^2(x)$

(b) 三次B-样条函数$B_i^3(x)$

图 6-18 二次、三次 B-样条图形

这些性质表明 B-样条函数具有局部非零性质,是规范化的,且自身也是样条函数。若对有限个节点 $x_0 < x_1 < \cdots < x_n$ 进行插值,只需将 $B_{-k}^k(x), B_{-k+1}^k(x), \cdots, B_{n-1}^k(x)$这 $n+k$ 个 k 次 B-样条函数进行组合。可以证明,它们在区间$[x_0, x_n]$上的部分组成 $n+k$ 个线性无关的基函数。因此,对于满足额外边界条件的$[x_0, x_n]$上的 k 次样条函数,可唯一用这些基函数的线性组合表示。感兴趣的读者可以推导 $B_i^3(x)$的表达式,然后利用插值条件和边界条

件列方程求这些基函数对应的系数，进而推导出三次样条插值函数的表达式。这个计算过程将与 6.7.2 节的方法得到相同的结果。

利用 B-样条基函数，可得到确定和计算各阶样条插值的有效而稳定的方法。此外，它在计算机图形学、几何建模以及数值求解微分方程等领域都有广泛的应用。

评 述

关于多项式逼近和插值问题的研究历史悠久，应用面也很广。本章只讨论了一元函数的最佳平方逼近，更多的相关内容，包括多元函数的逼近、正交多项式等，可参考下述文献：

- P. J. Davis, *Interpolation and Approximation*, Dover, 1975.
- W. Cheney, *Introduction to Approximation Theory*, AMS Chelsea Publishing, 2nd edition, 1998.
- G. A. Baker, P. R. Graves-Morris, *Pade Approximations*, Cambridge University Press, 2nd edition, 1996.
- W. Gautschi, *Orthogonal polynomials: Applications and computation*, Acta Numerica, Vol. 5, pp. 45-119, 1996.

最佳平方逼近的法方程方法在 1795 年由高斯提出。格拉姆-施密特正交化方法在 1883 年由格拉姆提出，1907 年，施密特给出了现代算法。在求解最小二乘问题中使用 QR 分解方法，特别是使用 Householder 变换的方法是在 1965 年由 G. Golub① 提出的。最小二乘方法是统计学的重要工具，也称为回归分析，很多常用的数据处理软件（如微软公司的 Excel 软件）都具有这个功能。本章讨论的线性最小二乘问题是一种最简化的形式，在回归分析中，只要回归（拟合）表达式为待定参数的线性组合，都可转换为线性最小二乘问题的求解。在实际应用中，还常遇到非线性最小二乘问题，它们有时可通过变量代换转换为线性最小二乘问题，或者归结为一般的非线性优化问题，可参考文献[1]及其他文献。另外，若考虑所有参量都带有随机误差的情形，则成为完全最小二乘问题，有关详细讨论，见文献：

- S. Van Huffel, J. Vandewalle, *The Total Least Squares Problem*, SIAM Press, 1991.

本章也没有讨论拟合的基函数可能线性相关的情况，这在实际中可能由于拟合模型的不合理或数值误差造成，它使得矩阵 $\boldsymbol{A}$ 列不满秩。此时最佳平方逼近解不唯一，要得到实际有用的一个逼近解，需采用列重排的 QR 分解等技术，更多讨论参考文献[1]及其他文献。

很多机器学习方法其实就是解回归分析或曲线拟合问题，最小二乘法是其中的解法。例如，目前广泛使用的神经网络、深度学习模型，其训练过程就是求解一个非线性最小二乘问题，只不过回归表达式非常复杂、通过多层神经网络的形式表示。

多项式插值问题历史非常悠久，牛顿、拉格朗日等都为此方法做出了很多贡献。除了将函数值作为条件的插值问题，插值条件中包括各阶导数值的情况也常见于各种工程应用中。目前，常用的文档编辑软件都已使用保形分段插值绘制曲线，如微软公司的 Word 和

---

① Gene H. Golub(1932—2007)，美国斯坦福大学计算机系教授，美国科学院、工程院、艺术与科学院三院院士，著名的数值计算专家，1996 年出版的著作 *Matrix Computations*[21] 被奉为矩阵计算领域的经典。

PowerPoint 软件。样条函数是 1946 年由 Schoenberg 首先提出的,本章只讨论了一维数据的样条插值和 B-样条函数,实际问题中还有高维的插值问题,尤其在计算机图形学中,二维 B-样条是一个重要的工具。关于样条的参考文献,主要有

- C. de Boor, *A Practical Guide to Splines*, Springer-Verlag, 2nd edition, 1984.
- E. V. Shikin, A. I. Plis, *Handbook on Splines for the User*, CRC Press, 1995.

最后,列表说明 MATLAB 中与本章讨论的函数逼近与插值有关的命令和功能,见表 6-11。

表 6-11 MATLAB 中的有关命令

MATLAB 命令	功能说明
p=polyfit(x, y, n)	(x, y)为离散的数据点,polyfit 命令将它拟合为 n 次多项式,系数存于 p 中。求出多项式系数后,可用命令 polyval 计算某个自变量对应的函数值
\	反斜线运算符"\"可用于求解一般的线性最小二乘问题 $\boldsymbol{Ax}\cong\boldsymbol{b}$,其内部算法主要是算法 6.3
yi=interp1(x, y, xi, method)	(x, y)为插值数据点,xi 为要计算的自变量值,interp1 命令根据不同的 method 选项,将插值结果返回给 yi。method 的选项为 nearest——分段 0 次多项式插值; linear——分段线性插值; spline——三次样条插值; pchip——保形分段插值
yi=pchip(x, y, xi)	保形分段插值,(x, y)为插值数据点,xi 为要计算的自变量值,插值结果返回给 yi。与 interp1 中的相应功能相同
yi=spline(x, y, xi)	三次样条插值,(x, y)为插值数据点,xi 为要计算的自变量值,插值结果返回给 yi。与 interp1 中的相应功能相同
interp2, interp3	分别进行二维、三维数据的插值,其使用的方法及参数与 interp1 类似

另外,MATLAB 中的 Curve Fitting Toolbox 与 Spline Toolbox 两个工具箱分别提供了丰富的曲线拟合与样条插值的功能。

【本章知识点】 连续函数的范数;内积及其性质;内积空间的格拉姆矩阵及其非奇异的充要条件;权函数与加权内积;最佳一致逼近与最佳平方逼近的概念;法方程方法求连续函数的最佳平方逼近;最佳平方逼近的误差;正交函数族与 Gram-Schimdit 正交化过程;勒让德多项式;用正交函数族做最佳平方逼近;曲线拟合的线性最小二乘问题;线性最小二乘问题的矩阵描述;法方程方法解线性最小二乘问题;利用矩阵的 QR 分解解线性最小二乘问题;插值的基本概念;范德蒙德矩阵与多项式插值的存在唯一性;拉格朗日插值公式;拉格朗日插值余项公式;牛顿插值公式;差商的计算;牛顿插值余项公式;高次多项式插值的问题;分段线性插值;埃尔米特插值;分段三次埃尔米特插值;保形分段插值;三次样条插值及边界条件;三次样条插值的构造方法;三弯矩方程;几种插值的比较;B-样条函数的基本概念与性质。

算法背后的历史:拉格朗日与插值法

约瑟夫·路易斯·拉格朗日(Joseph-Louis Lagrange,1736 年 1 月 25 日—1813 年 4 月 10 日)是法国数学家、物理学家。他在数学、力学和天文学 3 个领域中都有巨大的贡献,其

中数学方面的成就最为突出。拉格朗日与同时代的勒让德(Legendre)、拉普拉斯(Laplace)并称为法国的3L。

拉格朗日(见图6-19)于1736年生于意大利西北部的都灵。17岁时,他开始专攻当时迅速发展的数学分析。1756年,受欧拉的举荐,拉格朗日被任命为普鲁士科学院通信院士。1766年,赴柏林任普鲁士科学院数学部主任,居住柏林达20年之久,这是他一生科学研究的鼎盛时期。在此期间,他完成了著作《分析力学》。1786年,加入巴黎科学院成立的研究法国度量衡统一问题的委员会,并出任法国米制委员会主任。1795年,建立了法国最高学术机构——法兰西研究院后,拉格朗日被选为研究院数理委员会主席。1813年4月3日,法国国王拿破仑授予他帝国大十字勋章。

图6-19　拉格朗日

拉格朗日的主要贡献领域

- 变分法(欧拉-拉格朗日方程、拉格朗日乘子法)。
- 微分方程。
- 方程论。
- 数论。
- 函数和无穷级数(拉格朗日插值)。
- 奠定天体力学。
- 创立分析力学。

插值法与招差术

早在公元6世纪,中国隋朝的刘焯已将等距二次插值用于天文计算。17世纪之后,牛顿、拉格朗日分别讨论了等距和非等距的一般插值公式。近代,插值法仍然是数据处理和编制函数表的常用工具,又是数值积分、数值微分、非线性方程求根和微分方程数值解法的重要基础,许多求解方法都是以插值为基础导出的。

在中国古代,将高次内插法称为“招差术”。隋唐时期,已出现等间距和不等间距二次内插法,用于计算日、月、五星的运行速度。元代天文学家和数学家王恂、郭守敬在所编制的《授时历》中,为精确推算日月五星运行的速度和位置,根据“平、定、立”三差创立了三次内插公式。在欧洲,对“招差术”首先加以讨论的是英国数学家格雷戈里(J. Gregory,1670)。此后不久,牛顿得到现在通称牛顿插值公式的一般结果。牛顿插值公式在现代数学和天文学计算中仍然起着重要的作用。在中国,元代数学家朱世杰发现了与牛顿插值公式完全一致的公式,创立较完整的“招差术”,这比西方大约早了300年。“招差术”的创立、发展和应用是中国数学史和天文学史上的重大成就。

拉格朗日名言

- 一个人的贡献和他的自负严格地成反比,这似乎是品行上的一个公理。
- 如果我继承可观的财产,我在数学上可能没有多少价值了。
- 我把数学看成是一件有意思的工作,而不是想为自己建立什么纪念碑。可以肯定地说,我对别人的工作比自己的更喜欢。我对自己的工作总是不满意。
- 对于每一本值得阅读的数学书,必须“前后往返”地阅读。
- 我此生没有什么遗憾,死亡并不可怕,它只不过是我要遇到的最后一个函数。

练 习 题

1. 对于复内积空间，证明定理6.1（柯西-施瓦茨不等式）。

2. 当 $f(x)=x$ 时，求证 $B_n(f,x)=x$。

3. 对于下列线性空间 $C[0,1]$ 中的函数 $f(x)$，计算 $\|f\|_\infty$、$\|f\|_1$ 与 $\|f\|_2$：

(1) $f(x)=(x-1)^3$；　　(2) $f(x)=\left|x-\dfrac{1}{2}\right|$。

4. 对 $f(x),g(x)\in C^2[a,b]$，定义

(1) $\langle f,g\rangle=\int_a^b f'(x)g'(x)\mathrm{d}x$，　　(2) $\langle f,g\rangle=\int_a^b f'(x)g'(x)\mathrm{d}x+f(a)g(a)$，

它们是否构成内积？若是，请证明；若不是，请说明原因。

5. $f(t)=|t|$ 定义在 $[-1,1]$ 上，在子空间 $\Phi=\mathrm{span}\{1,t^2,t^4\}$ 中求它们的最佳平方逼近多项式。

6. 在子空间 $\Phi=\mathrm{span}\{1,t\}$ 中，求下列函数 $f(t)$ 的最佳平方逼近多项式：

(1) $f(t)=e^t,t\in[0,1]$；　　(2) $f(t)=\cos(\pi t),t\in[0,1]$。

7. 证明正交多项式序列 $\{\varphi_1(t),\varphi_2(t),\cdots,\varphi_k(t),\cdots\}$ 满足递推式(6.18)～式(6.20)。

8. 设 $f(t)=\sin\left(\dfrac{\pi}{2}t\right),t\in[-1,1]$，利用勒让德多项式求 $f(t)$ 的三次最佳平方逼近多项式。将函数的定义域改为区间[0, 1]，重新求解这个问题。

9. 已知实验数据见表6-12。

表6-12　实验数据

t_i	19	25	31	38	44
y_i	19.0	32.3	49.0	73.3	97.8

用最小二乘法求形如 $y=a+bt^2$ 的经验公式，并计算均方根误差。

10. 在某化学反应中，由实验得分解物浓度与时间的关系，见表6-13。

表6-13　浓度与时间的关系

时间 t	0	5	10	15	20	25	30	35	40	45	50	55
浓度 $y(\times10^{-4})$	0	1.27	2.16	2.86	3.44	3.87	4.15	4.37	4.51	4.58	4.62	4.64

根据数据趋势选择合适的拟合函数形式，然后用最小二乘法求函数表达式 $y=f(t)$。

11. 已知一组实验数据如表6-14所示，其中 ω_i 为各个数据点的权重，需要根据它们拟合出一条直线。请将该问题转换为标准的线性最小二乘问题式(6.30)，然后使用算法6.2和算法6.3分别求解。

表6-14　一组实验数据

t_i	1	2	3	4	5
f_i	4	4.5	6	8	8.5
ω_i	2	1	3	1	1

12. 已知 $\cos x(0°\leqslant x\leqslant 90°)$的函数表,其中自变量取值的步长 $h=1'=(1/60)°$,函数值具有 5 位有效数字,求利用该函数表以及线性插值技术计算 $\cos x$ 的总误差界(包括截断误差、舍入误差)。

13. 设 $x_j(j=0,1,\cdots,n)$为互异节点,对应的拉格朗日插值多项式为 $L_n(x)$,$l_j(x)$ $(j=0,1,\cdots,n)$为拉格朗日插值基函数。求证:

(1) $\sum_{j=0}^{n} x_j^k l_j(x)\equiv x^k$,　$(k=0,1,\cdots,n)$。

(2) $\sum_{j=0}^{n}(x_j-x)^k l_j(x)\equiv 0$,　$(k=1,2,\cdots,n)$。

14. 设 $f(x)\in C^2[a,b]$且 $f(a)=f(b)=0$,求证:

$$\max_{a\leqslant x\leqslant b}|f(x)|\leqslant\frac{1}{8}(a-b)^2\max_{a\leqslant x\leqslant b}|f''(x)|$$

15. 在$-4\leqslant x\leqslant 4$ 上给出 $f(x)=e^x$ 的等距节点函数表,若用二次多项式插值求 e^x 的近似值,要使截断误差不超过 10^{-6},函数表的步长 h 应取多少?

16. 若 $f(x)=a_0+a_1x+\cdots+a_{n-1}x^{n-1}+a_nx^n$ 有 n 个不同的实零点 $x_1,x_2,\cdots,x_n$,且 $a_n\neq 0$,试证明:

$$\sum_{j=1}^{n}\frac{x_j^k}{f'(x_j)}=\begin{cases}0, & 0\leqslant k\leqslant n-2\\ a_n^{-1}, & k=n-1\end{cases}$$

17. $f(x)=x^7+x^4+3x+1$,求 $f[2^0,2^1,\cdots,2^7]$及 $f[2^0,2^1,\cdots,2^8]$。

18. 不利用埃尔米特插值式(6.67),根据待定参数法推导两点三次埃尔米特插值的基函数式(6.68)。

19. 证明两点三次埃尔米特插值余项是

$$R_3(x)=f^{(4)}(\xi)(x-x_k)^2(x-x_{k+1})^2/4!,\quad \xi\in(x_k,x_{k+1})$$

并由此求出分段三次埃尔米特插值的误差限。

20. 求一个次数不高于 4 次的多项式 $P(x)$,使它满足 $P(0)=P'(0)=0$,$P(1)=P'(1)=1$,$P(2)=1$。

21. 设 $f(x)=1/(1+x^2)$,在$-5\leqslant x\leqslant 5$ 上取 $n=10$,按等距节点求分段线性插值函数 $I_h(x)$,计算各节点间中点处的 $I_h(x)$与 $f(x)$的值(保留小数点后 4 位,结果列于表格中),然后用插值余项公式估计误差,看上述计算值是否符合理论估计。

22. 求 $f(x)=x^2$ 在$[a,b]$上的分段线性插值函数 $I_h(x)$,并估计误差。

23. 求 $f(x)=x^4$ 在$[a,b]$上的分段埃尔米特插值,并估计误差。

24. 函数 $f(x)$的定义域为区间[27.7,30],设插值节点与函数 $f(x)$的值见表 6-15。

表 6-15　插值节点与函数 $f(x)$的值

x_i	27.7	28	29	30
$f(x_i)$	4.1	4.3	4.1	3.0

试求三次样条插值多项式 $S(x)$,满足边界条件 $S'(27.7)=3.0$,$S'(30)=-4.0$(注:可用数值软件求解三弯矩方程,最后写出 $S(x)$表达式时,多项式的系数保留小数点后两位)。

25. 设 $f(x)\in C^2[a,b]$,$S(x)$是三次样条函数,试证明:

(1) $\int_a^b [f''(x)]^2 \mathrm{d}x - \int_a^b [S''(x)]^2 \mathrm{d}x = \int_a^b [f''(x) - S''(x)]^2 \mathrm{d}x + 2\int_a^b S''(x)[f''(x) - S''(x)]\mathrm{d}x$。

(2) 若 $f(x_i)=S(x_i)(i=0,1,\cdots,n)$,式中 x_i 为插值节点,且 $a=x_0<x_1<\cdots<x_n=b$,则

$$\int_a^b S''(x)[f''(x) - S''(x)]\mathrm{d}x = S''(b)[f'(b) - S'(b)] - S''(a)[f'(a) - S'(a)]$$

26. 推导三次样条基函数的表达式 $B_i^3(x)$,利用它构造三次样条插值函数,比较计算过程与6.7.2节方法的异同。

上 机 题

1. 编程实现算法6.2,可利用现成的Cholesky分解算法,用练习题9、10中的问题验证程序的正确性。

2. 编程实现算法6.3,可利用现成的QR分解算法,用练习题9、10中的问题验证程序的正确性。

3. 对物理实验中所得下列数据

t_i	1	1.5	2	2.5	3.0	3.5	4	
y_i	33.40	79.50	122.65	159.05	189.15	214.15	238.65	
t_i	4.5	5	5.5	6	6.5	7	7.5	8
y_i	252.2	267.55	280.50	296.65	301.65	310.40	318.15	325.15

(1) 用公式 $y=a+bt+ct^2$ 做曲线拟合。

(2) 用指数函数 $y=a\mathrm{e}^{bt}$ 做曲线拟合。

(3) 比较上述两条拟合曲线,哪条更好?

4. 在MATLAB中编程实现算法6.4,并利用它绘制图6-12。

5. 对于使用第三种边界条件的三次样条插值,讨论形成的"三弯矩"方程系数矩阵的特点,针对这种稀疏矩阵的特点,编程实现一种有效的高斯消去求解算法。自己构造一组插值数据,测试编写的程序,绘出相应的三次样条插值曲线。

6. 对于使用第四种边界条件的三次样条插值,推导求其表达式的方法。自己构造一组插值数据,测试编写的程序,绘出相应的三次样条插值曲线,与上机题4的结果进行对比。

7. 对$[-5,5]$做等距划分,$x_i=-5+ih$,$h=\frac{10}{n}(i=0,1,\cdots,n)$并对Runge给出的函数

$$y=\frac{1}{1+x^2}$$

做拉格朗日插值和三次样条插值,观察Runge现象的发生与防止。

(1) 取 $n=10,20$,做拉格朗日代数插值 $L_{10}(x)$ 与 $L_{20}(x)$。

(2) 取 $n=10,20$,做第一种边界条件的三次样条插值 $S_{10}(x)$ 与 $S_{20}(x)$。

(3) 考查上述两种插值在 $x=4.8$ 处的误差,并分析。

8. 已知直升机旋转机翼外形曲线的采样点坐标如下:

x	0.520	3.1	8.0	17.95	28.65	39.62	50.65	78	104.6	156.6
y	5.288	9.4	13.84	20.20	24.90	28.44	31.10	35	36.9	36.6

x	208.6	260.7	312.50	364.4	416.3	468	494	507	520
y	34.6	31.0	26.34	20.9	14.8	7.8	3.7	1.5	0.2

以及两端点的 1 阶导数值 $y_0'=1.86548$ 和 $y_n'=-0.046115$。

利用第一种边界条件的三次样条插值函数计算翼型曲线在 $x=2,30,130,350,515$ 各点上的函数值及 1 阶导数、2 阶导数的近似值。

第7章 数值积分与数值微分

积分问题最早来自于几何形体的面积、体积计算，也是经典力学中的重要问题(如计算物体的重心位置)。在现实应用中，很多积分的结果并不能写成解析表达式，因此需要通过数值方法计算。数值微分是利用一些离散点上的函数值近似计算某一点处的函数导数，它针对的是表达式未知的函数。本章介绍一元函数积分(一重积分)和微分的各种数值算法，它们也是数值求解积分方程、微分方程的基础。

7.1 数值积分概论

7.1.1 基本思想

考虑如下定积分的计算：

$$I(f) \equiv \int_a^b f(x)\mathrm{d}x \tag{7.1}$$

其中，函数 $f:\mathbb{R}\to\mathbb{R}$，首先应想到的是微积分中学习过的牛顿-莱布尼兹(Newton-Leibniz)公式

$$\int_a^b f(x)\mathrm{d}x = F(b)-F(a)$$

其中，$F'(x)=f(x)$，即 $F(x)$ 为 $f(x)$ 的原函数。但是，诸如 e^{x^2}、$\frac{\sin x}{x}$、$\sin x^2$ 等表达式很简单的函数却找不到用初等函数表示的原函数，因此必须研究数值方法近似计算积分。另一方面，某些函数的原函数虽然可以解析表示，但其推导、计算非常复杂，此时也需要使用数值积分方法。

一般考虑连续的或在区间 $[a,b]$ 上可积[①]的函数 $f(x)$，则根据积分的定义有

$$\lim_{n\to\infty,h\to 0}\sum_{i=0}^{n}(x_{i+1}-x_i)f(\xi_i) = I(f) \tag{7.2}$$

其中，$a=x_0<x_1<\cdots<x_{n+1}=b$，$\xi_i\in[x_i,x_{i+1}]$，　$(i=0,1,2,\cdots,n)$，$h=\max\limits_{0\leqslant i\leqslant n}(x_{i+1}-x_i)$。式(7.2)实际上也反映了近似计算积分的思路，就是取充分大的 n，用函数值的“加权和”逼近准确的积分值。研究数值积分方法主要是探讨如何用相对较少的计算成本，得到准确度较高的结果，这里的成本常用计算被积函数值的次数衡量。

上述讨论表明，近似计算积分 $I(f)$ 的数值积分方法(numerical quadrature)一般具有如下形式：

$$I_n(f) \equiv \sum_{k=0}^{n} A_k f(x_k) \tag{7.3}$$

---

① 连续函数在闭区间内一定有界、可积，而可积函数则可能不连续。

其中，$a\leqslant x_0<x_1<\cdots<x_n\leqslant b$，$A_k(0\leqslant k\leqslant n)$为一组系数。形如式(7.3)的求积公式称为机械求积公式，其中系数 A_k 称为积分系数，自变量取值 x_k 称为积分节点。根据积分节点和积分系数的不同设置，可得到各种具体的求积公式。对于实际问题，有时需使用多种求积公式构造算法，以达到满意的效果。

推导求积公式的一种方法是用多项式函数 $p(x)$ 近似 $f(x)$，则可期望有以下的近似关系：

$$\int_a^b f(x)\mathrm{d}x \approx \int_a^b p(x)\mathrm{d}x$$

其中，多项式函数的积分很容易通过牛顿-莱布尼兹公式求出。假设使用拉格朗日插值法构造 $p(x)$，区间$[a,\ b]$内的插值节点为 $x_0,x_1,\cdots,x_n$，则

$$p(x)=L_n(x)=\sum_{k=0}^{n} f(x_k)l_k(x)$$

$l_k(x)$为拉格朗日插值基函数。由此得到求积公式为

$$I_n(f)=\int_a^b \sum_{k=0}^{n} f(x_k)l_k(x)\mathrm{d}x=\sum_{k=0}^{n} f(x_k)\int_a^b l_k(x)\mathrm{d}x \tag{7.4}$$

由于 $l_k(x)$为拉格朗日插值基函数，一旦插值节点确定，便可计算出积分 $\int_a^b l_k(x)\mathrm{d}x$ 。这种用多项式插值近似被积函数得到的求积式(7.4)被称为插值型求积公式(interpolatory quadrature)，易知它也是一种机械求积公式，其积分节点就是插值节点，而积分系数

$$A_k=\int_a^b l_k(x)\mathrm{d}x,\quad (k=0,1,\cdots,n) \tag{7.5}$$

下面的例子推导 $n=0$、$n=1$ 两种情况下的插值型求积公式，它们分别称为中矩形公式(midpoint rule)和梯形公式(trapezoid rule)。

例 7.1(中矩形公式与梯形公式)：根据 $n=0$、$n=1$ 两种情况对应的拉格朗日插值推导相应的求积公式，假设插值节点分别为区间$[a,\ b]$的中点和两个端点。

【解】 当 $n=0$ 时，按题意设 $x_0=(a+b)/2$，由于 0 次拉格朗日插值多项式为常数，则

$$L_0(x)=f(x_0)$$

因此，

$$I_0(f)=\int_a^b f(x_0)\mathrm{d}x=(b-a)f\left(\frac{a+b}{2}\right) \tag{7.6}$$

当 $n=1$ 时，按题意设 $x_0=a$，$x_1=b$，利用线性拉格朗日插值基函数和式(7.5)，求出

$$A_0=\int_a^b l_0(x)\mathrm{d}x=\int_a^b \frac{x-b}{a-b}\mathrm{d}x=\frac{b-a}{2}$$

$$A_1=\int_a^b l_1(x)\mathrm{d}x=\int_a^b \frac{x-a}{b-a}\mathrm{d}x=\frac{b-a}{2}$$

因此，

$$I_1(f)=\sum_{k=0}^{1} A_k f(x_k)=\frac{b-a}{2}[f(a)+f(b)] \tag{7.7}$$

中矩形公式(7.6)和梯形公式(7.7)具有很直观的几何意义，即分别用矩形面积和梯形面积近似函数曲线和横轴围成区域的面积(见图 7-1)。 ■

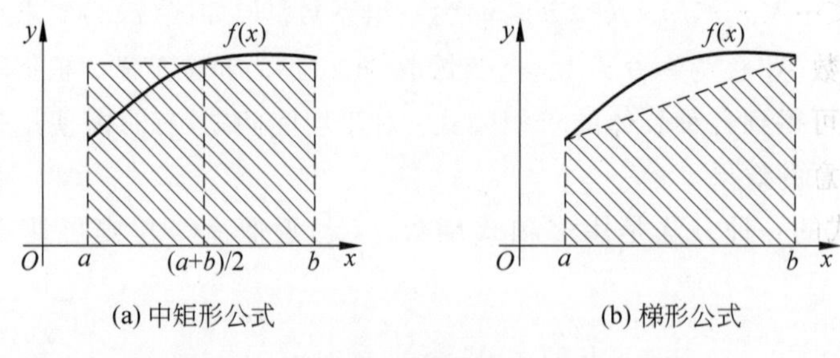

图 7-1 中矩形公式和梯形公式的示意图

7.1.2 求积公式的积分余项与代数精度

定义 7.1：对于计算积分 $I(f)$ 的求积公式 $I_n(f)$，称 $I(f)-I_n(f)$ 为该公式的积分余项，常记为 $R[f]$。

积分余项反映了求积公式的截断误差，是衡量求积公式准确度的重要依据。假设 $I_n(f)$ 为某个插值函数 $p(x)$ 的积分，则

$$R[f]=\int_a^b[f(x)-p(x)]\mathrm{d}x$$

即积分余项等于插值余项的积分。对于插值型求积公式(7.4)，有

$$R[f]=\int_a^b[f(x)-L_n(x)]\mathrm{d}x=\int_a^b\frac{f^{(n+1)}(\xi)}{(n+1)!}\omega_{n+1}(x)\mathrm{d}x \tag{7.8}$$

其中，ξ 依赖于 x。

下面介绍代数精度的概念，它是衡量求积公式准确度的另一个重要标准。

定义 7.2：如果某求积公式对于次数不超过 m 的多项式被积函数均准确成立，但对于 $m+1$ 次多项式可能不准确，则称该求积公式具有 m 次代数精度(degree of exactness)。

上述定义表明，如果一个求积公式具有较高次的代数精度，就意味着它能准确计算次数较高的多项式的积分①。注意，在某些情况下，代数精度并不是越高越好。

要判断一个机械求积公式的代数精度，最直接的方法是考查当被积函数分别为 $1, x, x^2, \cdots, x^m$ 时求积公式的准确性。下面给出一个定理，其证明留给感兴趣的读者思考。

定理 7.1：机械求积公式 $I_n(f)=\sum_{k=0}^{n}A_kf(x_k)$ 至少有 m 次代数精度的充要条件是当 $f(x)$ 分别为 $1, x, x^2, \cdots, x^m$ 时，

$$I(f)=I_n(f)$$

我们讨论的所有求积公式都至少具有 0 次代数精度，因此根据定理 7.1，它们应对 $f(x)=1$ 的积分准确，可推出

$$\sum_{k=0}^{n}A_k=\int_a^b 1\mathrm{d}x=b-a \tag{7.9}$$

这说明积分系数之和等于区间长度。

根据插值型求积公式的含义，容易得出如下定理，其证明留给读者思考。

① 当然，这没有什么实际意义，因为很容易得到多项式函数的原函数。

定理 7.2：机械求积公式 $I_n(f)=\sum_{k=0}^{n}A_kf(x_k)$ 是插值型求积公式(7.4)的充要条件是它至少有 n 次代数精度。

考查例 7.1 中的中矩阵公式和梯形公式，可得出它们都具有一次代数精度。一般地，在部分积分节点、积分系数已知的情况下，利用定理 7.1 可建立方程求解剩余的积分系数或节点，使其达到一定的代数精度。而且定理 7.1 中求积公式的形式还可以更一般，只要是函数值或其导数的线性组合即可。下面的例子说明了这种情况。

例 7.2(求积公式的代数精度)：用形如 $H_2(f)=A_0f(0)+A_1f(1)+B_0f'(0)$ 的求积公式近似积分 $I(f)=\int_0^1 f(x)\mathrm{d}x$，试确定系数 A_0、A_1、B_0，使公式具有尽可能高的代数精确度。

【解】 根据题意，可令 $f(x)=1$，或 x，或 x^2，分别代入求积公式，使 $H_2(f)=I(f)$ 精确成立。

当 $f(x)=1$ 时，得

$$A_0+A_1=\int_0^1 1\cdot \mathrm{d}x=1$$

当 $f(x)=x$ 时，得

$$A_1+B_0=\int_0^1 x\mathrm{d}x=\frac{1}{2}$$

当 $f(x)=x^2$ 时，得

$$A_1=\int_0^1 x^2\mathrm{d}x=\frac{1}{3}$$

联立上述 3 个方程，解得 $A_1=\frac{1}{3}$，$A_0=\frac{2}{3}$，$B_0=\frac{1}{6}$。

当 $f(x)=x^3$ 时，容易验证上述求积公式不准确，因此 $H_2(f)$ 最多具有二次代数精度。■

7.1.3　求积公式的收敛性与稳定性

实际使用的求积公式都是机械求积公式(7.3)，下面针对它给出求积公式的收敛性和稳定性的概念。

定义 7.3：对于 n 的值可为任意正整数的一系列机械求积公式 $I_n(f)=\sum_{k=0}^{n}A_kf(x_k)$，$a\leqslant x_0<x_1<\cdots<x_n\leqslant b$，若

$$\lim_{n\to\infty,h\to 0} I_n(f)=\int_a^b f(x)\mathrm{d}x$$

其中，$h=\max\limits_{1\leqslant k\leqslant n}(x_k-x_{k-1})$，则称这一系列求积公式具有收敛性。

收敛性说明求积公式在积分节点逐渐增多，且节点间距逐渐变小时，其结果收敛到准确的积分值。这个概念不同于式(7.2)，后者反映的是被积函数具有可积性。在实际应用中，求积公式具有收敛性非常重要，后面还将针对具体的公式加以讨论。

在讨论求积公式的稳定性之前，先分析数值积分问题的敏感性和条件数。假设 $f(x)$ 为准确的被积函数，$\tilde{f}(x)$ 为实际计算时受扰动影响的被积函数，扰动的大小为 $\delta=\|f(x)-\tilde{f}(x)\|_\infty=\max\limits_{a\leqslant x\leqslant b}|f(x)-\tilde{f}(x)|$，则扰动对积分计算的影响为

$$\left|\int_a^b f(x)\mathrm{d}x-\int_a^b \tilde{f}(x)\mathrm{d}x\right|\leqslant\int_a^b |f(x)-\tilde{f}(x)|\mathrm{d}x\leqslant(b-a)\delta \tag{7.10}$$

这说明,积分计算结果的误差最多为扰动的$(b-a)$倍,积分区间的长度$(b-a)$是绝对条件数的上限。一般来说,数值积分问题是不太敏感的。这一点不难理解,因为积分运算本身就是一个平均的过程,它不容易受被积函数的小扰动的影响。

求积公式的稳定性反映计算过程中的扰动是否被放大,以及放大的程度。具体来说,在计算机械求积公式时,需考虑积分节点的函数值出现误差时,它对结果产生的影响。假设节点函数值由$f(x_k)$变为$\tilde{f}(x_k)$,则数值积分的结果由$I_n(f)$变为$I_n(\tilde{f})$,两者之差满足

$$\begin{aligned}|I_n(f)-I_n(\tilde{f})|&=\left|\sum_{k=0}^{n}A_k[f(x_k)-\tilde{f}(x_k)]\right|\\&\leqslant\sum_{k=0}^{n}|A_k|\cdot|f(x_k)-\tilde{f}(x_k)|\\&\leqslant\left(\sum_{k=0}^{n}|A_k|\right)\varepsilon\end{aligned} \tag{7.11}$$

其中,$\varepsilon=\max\limits_{0\leqslant k\leqslant n}|f(x_k)-\tilde{f}(x_k)|\leqslant\delta$。根据式(7.9),若同时有$A_k>0(k=0,1,2,\cdots,n)$,则不等式(7.11)变为

$$|I_n(f)-I_n(\tilde{f})|\leqslant(b-a)\varepsilon\leqslant(b-a)\delta \tag{7.12}$$

式(7.12)表明,求积公式的结果受扰动影响的程度与积分问题敏感性的结果式(7.10)一致,这是控制数值计算误差能达到的最佳情况。将它作为一个标准,可定义求积公式的稳定性。

定义 7.4:若对$k=0,1,2,\cdots,n$,均有$A_k>0$,则机械求积公式$I_n(f)=\sum\limits_{k=0}^{n}A_kf(x_k)$是稳定的。

利用定义7.4很容易直接判断求积公式的稳定性。在实际情况中,不稳定的求积公式的积分系数绝对值之和$\sum\limits_{k=0}^{n}|A_k|$可能远大于$b-a$,从而导致函数值的扰动在计算结果上被放大很多。

本节介绍了求积公式的基本形式,以及积分余项、代数精度、收敛性和稳定性的概念,其中收敛性是针对一系列公式(积分节点数目逐渐增多)而言的。后面介绍具体公式时,将考查单个公式的积分余项、代数精度和稳定性,并讨论积分节点数目逐渐增多时的收敛性。此外,还应注意具体公式中计算函数值的次数,它是度量计算量的标准。

7.2 牛顿-柯特斯公式

在积分区间上构造等距节点的多项式插值,对应的插值型求积公式为牛顿-柯特斯公式。

7.2.1 柯特斯系数与几个低阶公式

假设将积分区间n等分,步长$h=(b-a)/n$,插值节点为$x_k=a+kh,(k=0,1,2,\cdots,n)$,

则可得到等距节点的拉格朗日插值多项式。根据式(7.4)、式(7.5)的推导，得到形如 $I_n(f)=\sum_{k=0}^{n}A_k f(x_k)$ 的求积公式，其中，

$$A_k=\int_a^b l_k(x)\mathrm{d}x=\int_a^b \frac{(x-x_0)\cdots(x-x_{k-1})(x-x_{k+1})\cdots(x-x_n)}{(x_k-x_0)\cdots(x_k-x_{k-1})(x_k-x_{k+1})\cdots(x_k-x_n)}\mathrm{d}x$$

这就是 n 阶牛顿-柯特斯(Newton-Cotes)公式。

引入变量代换 $x=a+th, t\in[0,n]$，则

$$A_k=\int_0^n \prod_{j=0,j\neq k}^{n}\left(\frac{t-j}{k-j}\right)h\,\mathrm{d}t=\int_0^n \prod_{j=0,j\neq k}^{n}\left(\frac{t-j}{k-j}\right)\frac{b-a}{n}\mathrm{d}t \tag{7.13}$$

令

$$C_k^{(n)}=\frac{1}{n}\int_0^n \prod_{j=0,j\neq k}^{n}\left(\frac{t-j}{k-j}\right)\mathrm{d}t,\quad (k=0,1,2,\cdots,n) \tag{7.14}$$

它仅与阶数 n 有关，与区间大小无关，则积分系数

$$A_k=(b-a)C_k^{(n)} \tag{7.15}$$

式(7.14)中的 $C_k^{(n)}$ 常被称为柯特斯系数，可以预先计算出不同 n 值对应的柯特斯系数，制成一个表(见表 7-1)，根据它方便地写出各阶牛顿-柯特斯公式。

表 7-1　柯特斯系数表

n	$C_k^{(n)}$								
1	$\frac{1}{2}$	$\frac{1}{2}$							
2	$\frac{1}{6}$	$\frac{2}{3}$	$\frac{1}{6}$						
3	$\frac{1}{8}$	$\frac{3}{8}$	$\frac{3}{8}$	$\frac{1}{8}$					
4	$\frac{7}{90}$	$\frac{16}{45}$	$\frac{2}{15}$	$\frac{16}{45}$	$\frac{7}{90}$				
5	$\frac{19}{288}$	$\frac{25}{96}$	$\frac{25}{144}$	$\frac{25}{144}$	$\frac{25}{96}$	$\frac{19}{288}$			
6	$\frac{41}{840}$	$\frac{9}{35}$	$\frac{9}{280}$	$\frac{34}{105}$	$\frac{9}{280}$	$\frac{9}{35}$	$\frac{41}{840}$		
7	$\frac{751}{17\,280}$	$\frac{3577}{17\,280}$	$\frac{1323}{17\,280}$	$\frac{2989}{17\,280}$	$\frac{2989}{17\,280}$	$\frac{1323}{17\,280}$	$\frac{3577}{17\,280}$	$\frac{751}{17\,280}$	
8	$\frac{989}{28\,350}$	$\frac{5888}{28\,350}$	$\frac{-928}{28\,350}$	$\frac{10\,496}{28\,350}$	$\frac{-4540}{28\,350}$	$\frac{10\,496}{28\,350}$	$\frac{-928}{28\,350}$	$\frac{5888}{28\,350}$	$\frac{989}{28\,350}$

从表 7-1 看出，当 $n=8$ 时，柯特斯系数 $C_k^{(n)}$ 出现负值，因此对应的求积公式是不稳定的。表 7-1 也显示出柯特斯系数的对称性，即 $C_k^{(n)}=C_{n-k}^{(n)}$，其证明留给读者思考。

下面介绍 3 种常用的低阶牛顿-柯特斯公式(对应于 $n=1$，或 2，或 4 的情况)。

(1) 梯形公式(对应于 $n=1$ 的情况)：

$$T(f)=\frac{b-a}{2}[f(a)+f(b)] \tag{7.16}$$

(2) 辛普森(Simpson)公式(对应于 $n=2$ 的情况)：

$$S(f)=\frac{b-a}{6}\left[f(a)+4f\left(\frac{a+b}{2}\right)+f(b)\right] \tag{7.17}$$

(3) 柯特斯公式(对应于 $n=4$ 的情况):

$$C(f)=\frac{b-a}{90}[7f(x_0)+32f(x_1)+12f(x_2)+32f(x_3)+7f(x_4)] \tag{7.18}$$

注意:前面的梯形公式(7.7)就是这里给出的 $T(f)$,而中矩形公式也可看成是牛顿-柯特斯公式的一个特例(对应于 $n=0$ 的情况)。

例 7.3(牛顿-柯特斯公式):用中矩形公式、梯形公式和辛普森公式近似计算积分

$$I(f)=\int_0^1 \mathrm{e}^{-x^2}\,\mathrm{d}x$$

【解】 3 种方法的计算结果如下:

$$I_0(f)=(1-0)\mathrm{e}^{-0.25}\approx 0.778\,801$$

$$T(f)=\frac{1}{2}(\mathrm{e}^{-0}+\mathrm{e}^{-1})\approx 0.683\,940$$

$$S(f)=\frac{1}{6}(\mathrm{e}^{-0}+4\mathrm{e}^{-0.25}+\mathrm{e}^{-1})\approx 0.747\,180$$

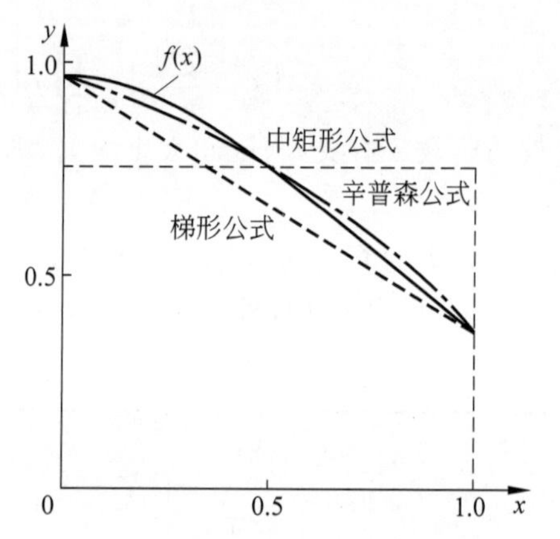

图 7-2 3 种求积方法计算 $\int_0^1 \mathrm{e}^{-x^2}\,\mathrm{d}x$ 的示意图

图 7-2 画出了例 7.3 中被积函数的曲线,以及各个求积公式对应的插值多项式。事实上,这个积分的精确值约为 0.746 824,因此辛普森公式的计算结果最准确,中矩形公式其次。应注意的是,梯形公式的误差(−0.062 884)大约是中矩形公式误差(0.031 977)的两倍。 ■

7.2.2 牛顿-柯特斯公式的代数精度

根据定理 7.2,n 阶牛顿-柯特斯公式至少具有 n 次代数精度。下面的定理进一步讨论了 n 为偶数的情况。

定理 7.3:当 n 为偶数时,n 阶牛顿-柯特斯公式至少有 $n+1$ 次代数精度。

【证明】 只要证明它对 $f(x)=x^{n+1}$ 的积分余项为 0。由于 $f^{(n+1)}(\xi)=(n+1)!$,

$$R[f]=\int_a^b \frac{f^{(n+1)}(\xi)}{(n+1)!}\omega_{n+1}(x)\mathrm{d}x=\int_a^b \omega_{n+1}(x)\mathrm{d}x$$

$$=h^{n+2}\int_0^n \prod_{j=0}^{n}(t-j)\mathrm{d}t$$

这里令 $x=a+th, t\in[0,n]$。再令 $t=u+n/2$,则

$$R[f]=h^{n+2}\int_{-n/2}^{n/2}\prod_{j=0}^{n}\left(u+\frac{n}{2}-j\right)\mathrm{d}u$$

考查上式中被积函数 $H(u)=\prod_{j=0}^{n}\left(u+\frac{n}{2}-j\right)$,由于 n 为偶数,则

$$H(u)=\prod_{j=-n/2}^{n/2}(u-j)$$

易知 $H(u)$是奇函数。例如,$n=0$ 时,$H(u)=u$;$n=2$ 时,$H(u)=(u-1)u(u+1)$。所以 $\int_{-n/2}^{n/2}H(u)\mathrm{d}u=0$,即 $R[f]=0$,根据定理 7.1,原命题得证。 ■

一般来说，偶数阶牛顿-柯特斯公式与比它高一阶的公式有相同的代数精度，但后者计算函数值的次数更多。这也是 7.2.1 节中没有列出 3 阶牛顿-柯特斯公式的原因。

7.2.3　几个低阶公式的余项

牛顿-柯特斯公式的积分余项符合式(7.8)，下面对几个低阶公式进行推导，便于估计积分误差的余项公式。

1. 梯形公式的余项

根据式(7.8)，梯形公式的余项为

$$R_T = I(f) - T(f) = \int_a^b \frac{f''(\xi)}{2!}(x-a)(x-b)\mathrm{d}x \tag{7.19}$$

其中，$\xi\in(a,b)$。由于 $f''(\xi)$处于积分号内，因此无法直接利用式(7.19)估计截断误差。复习微积分中学过的第一积分中值定理：若函数 $f(x)$、$g(x)$在区间$[a,b]$上有界、可积，且 $g(x)$在$[a, b]$内不改变正负号，$f(x)$连续，则至少存在一点 $\xi\in(a,b)$，使

$$\int_a^b f(x)g(x)\mathrm{d}x = f(\xi)\int_a^b g(x)\mathrm{d}x$$

针对式(7.19)，取 $g(x)=(x-a)(x-b)$，易知 $g(x)\leqslant 0$，$\forall x\in[a,b]$。将 $f''(\xi)$看作关于 x 的连续函数，则根据第一积分中值定理，得

$$R_T = \frac{f''(\eta)}{2}\int_a^b (x-a)(x-b)\mathrm{d}x = -\frac{f''(\eta)}{12}(b-a)^3 \tag{7.20}$$

其中，$\eta\in(a,b)$。

2. 辛普森公式的余项

根据式(7.8)，辛普森公式的余项为

$$R_S = I(f) - S(f) = \int_a^b \frac{f^{(3)}(\xi)}{3!}(x-a)\left(x-\frac{a+b}{2}\right)(x-b)\mathrm{d}x$$

由于当 $x\in[a,b]$时，$(x-a)\left(x-\frac{a+b}{2}\right)(x-b)$的值改变符号，无法直接使用积分中值定理将 $f^{(3)}(\xi)$提出积分号。下面利用辛普森公式具有 3 次代数精度的性质以及一些技巧，推导其余项表达式。

设 3 次多项式函数 $H(x)$满足条件 $H(a)=f(a)$，$H\left(\frac{a+b}{2}\right)=f\left(\frac{a+b}{2}\right)$，$H(b)=f(b)$，以及 $H'\left(\frac{a+b}{2}\right)=f'\left(\frac{a+b}{2}\right)$。求函数 $H(x)$的问题是一种埃尔米特插值问题，第 6 章的例 6.11 曾给出求 $H(x)$的方法，并推导出插值余项为$\frac{f^{(4)}(\xi)}{4!}(x-x_0)(x-x_1)^2(x-x_2)$，其中 $\xi\in(a,b)$。由于辛普森公式对于函数 $H(x)$的积分是准确的，

$$\begin{aligned}
R_S &= \int_a^b f(x)\mathrm{d}x - \frac{b-a}{6}\left[f(a)+4f\left(\frac{a+b}{2}\right)+f(b)\right] \\
&= \int_a^b f(x)\mathrm{d}x - \frac{b-a}{6}\left[H(a)+4H\left(\frac{a+b}{2}\right)+H(b)\right] \\
&= \int_a^b f(x)\mathrm{d}x - \int_a^b H(x)\mathrm{d}x = \int_a^b \frac{f^{(4)}(\xi)}{4!}(x-a)\left(x-\frac{a+b}{2}\right)^2(x-b)\mathrm{d}x
\end{aligned}$$

此时,函数$(x-a)\left(x-\frac{a+b}{2}\right)^2(x-b)\leqslant 0, \forall x\in[a,b]$,使用第一积分中值定理,得

$$R_S=\frac{f^{(4)}(\eta)}{4!}\int_a^b(x-a)\left(x-\frac{a+b}{2}\right)^2(x-b)\mathrm{d}x$$
$$=-\frac{f^{(4)}(\eta)}{2880}(b-a)^5 \tag{7.21}$$

其中,$\eta\in(a,b)$。

上述技巧还可用于推导中矩形公式的积分余项,其结果为

$$R_0=I(f)-I_0(f)=\frac{f''(\eta)}{24}(b-a)^3 \tag{7.22}$$

其中,$\eta\in(a,b)$。对比式(7.20)和式(7.22)可看出,若被积函数的2阶导数变化不大,则中矩形公式的误差约为梯形公式的一半,这解释了例7.3中的现象。另外注意,使用上述积分余项公式时,需保证被积函数满足相应的光滑性要求。

牛顿-柯特斯公式是等距节点的插值型求积公式,使用方便。从表7-1看出,$n=8$对应的牛顿-柯特斯公式是不稳定的。实际上,当$n\geqslant 10$时,$C_k^{(n)},(k=0,1,\cdots,n)$中至少有一个是负的,而当$n\to\infty$时,

$$\sum_{k=0}^{n}|C_k^{(n)}|\to\infty$$

因此,随着积分节点个数的增加,高阶牛顿-柯特斯公式是不稳定的,函数值的小扰动将导致结果的很大误差。而由于高次多项式插值存在龙格现象,即插值节点的增加并不能保证插值函数收敛到被积函数上,牛顿-柯特斯公式可能不收敛。所以,实际上只使用低阶($n<8$)的牛顿-柯特斯公式。

7.3 复合求积公式

由于高阶牛顿-柯特斯公式是不稳定的,不能通过提高阶数来提高计算积分的准确度。类似于分段低次插值的做法,可将积分区间分成若干个子区间(通常是等分的),再对每个子区间使用低阶的牛顿-柯特斯公式,通过增加子区间的数目就能提高整个积分的准确度。例如,将区间$[a, b]$等分为n个子区间,对每个子区间采用梯形公式计算,则整个积分的误差为梯形公式积分余项之和$\sum_{k=0}^{n-1}\frac{f''(\eta_k)}{12}\left(\frac{b-a}{n}\right)^3$,它近似等于$\frac{f''(\eta)(b-a)^3}{12n^2}$,随着子区间数目$n$的增大,误差将逐渐减小。这种计算积分的方法称为*复合求积法*(composite quadrature)。

7.3.1 复合梯形公式

假设将积分区间$[a,b]$分为n等分,步长$h=(b-a)/n$,在得到的每个小区间$[x_k, x_{k+1}]$上用梯形公式做近似积分,即

$$\int_{x_k}^{x_{k+1}}f(x)\mathrm{d}x\approx\frac{h}{2}[f(x_k)+f(x_{k+1})]$$

其中,$x_k=a+kh,(k=0,1,\cdots,n)$。再将各小区间的近似积分相加,得到计算$I(f)$的积分公式

$$T_n = \sum_{k=0}^{n-1} \frac{h}{2}[f(x_k)+f(x_{k+1})] = \frac{h}{2}\left[f(a)+2\sum_{k=1}^{n-1}f(x_k)+f(b)\right] \tag{7.23}$$

式(7.23)称为 $n+1$ 个节点的复合梯形公式。

从式(7.23)可以看出,复合梯形公式也属于机械求积公式,并且是稳定的。事实上,它是利用分段线性插值近似被积函数得到的求积公式(见图 7-3)。由于分段线性插值具有收敛性(定理 6.10),容易想到复合梯形公式也是收敛的。下面从另一个思路证明复合梯形公式的收敛性。记 $T'_n = h\sum_{k=0}^{n-1} f(x_k)$,$T''_n = h\sum_{k=1}^{n} f(x_k)$,则

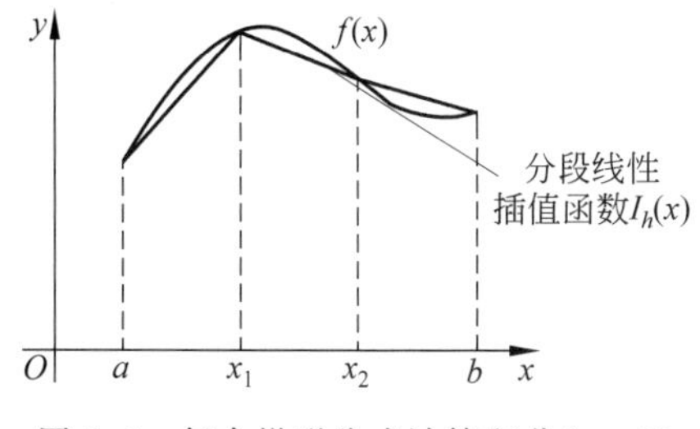

图 7-3 复合梯形公式计算积分($n=3$)

$$T_n = \frac{1}{2}\left[h\sum_{k=0}^{n-1}f(x_k) + h\sum_{k=1}^{n}f(x_k)\right] = \frac{1}{2}(T'_n + T''_n)$$

这说明 T_n 是 T'_n 与 T''_n 的平均值。注意,T'_n 相当于各小区间左端点函数值乘以小区间长度并求和,若 $f(x)$ 是可积函数,则根据积分的定义知 $\lim\limits_{n\to\infty} T'_n = \int_a^b f(x)\mathrm{d}x = I(f)$。同理,$\lim\limits_{n\to\infty} T''_n = I(f)$,所以 $\lim\limits_{n\to\infty} T_n = I(f)$,因此得到下面的定理。

定理 7.4:若 $f(x)$ 是区间$[a,b]$上的可积函数,则复合梯形公式(7.23)具有收敛性,即

$$\lim_{n\to\infty} T_n = I(f)$$

根据复合梯形公式的几何意义(图 7-3),易知它对于 $f(x)=x^2$ 的积分是不准确的,因此具有一次代数精度。下面考虑它的积分余项。

在小区间$[x_k, x_{k+1}]$上,梯形公式的积分余项为 $-\frac{h^3}{12}f''(\eta_k)$,对 $k=0,1,\cdots,n-1$ 对应的 n 段积分求和,得

$$\begin{aligned} I(f) - T_n &= -\sum_{k=0}^{n-1}\left[\frac{h^3}{12}f''(\eta_k)\right] = -\frac{h^3}{12}\cdot n\cdot\frac{\sum\limits_{k=0}^{n-1}f''(\eta_k)}{n} \\ &= -\frac{h^2(b-a)}{12}f''(\eta) \end{aligned} \tag{7.24}$$

其中,$\eta\in(a,b)$。最后一步推导用到连续函数的"中值定理",即当 $f''(x)\in C[a,b]$时,必定存在 η,使 $f''(\eta) = \frac{\sum\limits_{k=0}^{n-1}f''(\eta_k)}{n}$。

下面定义等距节点求积公式的准确度阶数,更明确地区分不同公式的误差大小。

定义 7.5:若一个等距节点求积公式的截断误差为 $O(h^p)$ 小量,h 为节点间距,则称该方法具有 p 阶准确度(order of accuracy)。

根据余项公式(7.24),可以看出复合梯形公式具有 2 阶准确度。一个求积公式的准确度阶数越高,随着 h 的减小,其结果误差减小的速度就越快。

7.3.2 复合辛普森公式

类似于复合梯形公式,对每个小区间$[x_k, x_{k+1}]$使用辛普森公式,便得到复合辛普森公式:

$$S_n = \frac{h}{6}\sum_{k=0}^{n-1}[f(x_k)+4f(x_{k+\frac{1}{2}})+f(x_{k+1})]$$

$$\Rightarrow \quad S_n = \frac{h}{6}\left[f(a)+4\sum_{k=0}^{n-1}f(x_{k+\frac{1}{2}})+2\sum_{k=1}^{n-1}f(x_k)+f(b)\right] \tag{7.25}$$

注意,在式(7.25)中,$f(x_{k+\frac{1}{2}})$表示各个小区间中点的函数值,而 $f(a)+2\sum_{k=1}^{n-1}f(x_k)+f(b)$ 也是复合梯形公式 T_n 所要计算的。

式(7.25)表明,复合辛普森公式属于机械求积公式,并且是稳定的。实际上,它是利用分段二次函数插值近似被积函数得到的求积公式。同样可以证明,复合辛普森公式具有收敛性,以及3次代数精度。

根据辛普森公式的积分余项式(7.21),可推导出复合辛普森公式的积分余项式为

$$I(f)-S_n = -\frac{1}{2880}h^4(b-a)\cdot f^{(4)}(\eta) = O(h^4) \tag{7.26}$$

可以看出,复合辛普森公式具有4阶准确度,因此它的截断误差衰减速度比复合梯形公式快得多。

例7.4(复合求积公式):要计算积分

$$I = \int_0^1 \frac{\sin x}{x}\mathrm{d}x$$

已知 $n=8$ 对应的区间等分点上的被积函数值 $f(x)=\frac{\sin x}{x}$(列于表7-2),求复合梯形公式及辛普森公式的结果,并估计误差。

表7-2 $f(x)$函数值

x	$f(x)$
0	1
1/8	0.997 397 8
1/4	0.989 615 8
3/8	0.976 726 7
1/2	0.958 851 1
5/8	0.936 155 6
3/4	0.908 851 7
7/8	0.877 192 6
1	0.841 471 0

【解】 将积分区间[0,1]划分为8等分,应用复合梯形法,求得

$$T_8 = 0.945\,690\,9$$

将积分区间4等分,应用复合辛普森法,有

$$S_4 = 0.946\,083\,3$$

为了利用余项公式估计误差,要求 $f(x)=\frac{\sin x}{x}$的高阶导数,考虑到

$$f(x) = \frac{\sin x}{x} = \int_0^1 \cos(xt)\mathrm{d}t$$

则

$$f^{(k)}(x) = \int_0^1 \frac{\mathrm{d}^k}{\mathrm{d}x^k}(\cos xt)\mathrm{d}t = \int_0^1 t^k\cos\left(xt+\frac{k\pi}{2}\right)\mathrm{d}t$$

于是,

$$\max_{0\leqslant x\leqslant 1}|f^{(k)}(x)| \leqslant \int_0^1\left|\cos\left(xt+\frac{k\pi}{2}\right)\right|t^k\mathrm{d}t \leqslant \int_0^1 t^k\mathrm{d}t = \frac{1}{k+1}$$

可得复合梯形公式的误差估计

$$|R_{T,8}(f)| = |I-T_n| \leqslant \frac{h^2}{12}\max_{0\leqslant x\leqslant 1}|f''(x)|$$

$$\leqslant \frac{1}{12}\left(\frac{1}{8}\right)^2\frac{1}{3} = 0.434\times 10^{-3}$$

对复合辛普森公式估计误差，可得

$$|R_{S,4}(f)| = |I - S_4| \leqslant \frac{1}{2880}\left(\frac{1}{4}\right)^4 \frac{1}{5} = 0.271 \times 10^{-6}$$

上述分析说明，复合辛普森公式比复合梯形公式的准确度高得多。事实上，积分的准确值约为 $I=0.946\,083\,07$，与它比较，复合梯形法的结果 $T_8=0.945\,690\,9$ 只有两位准确的有效数字，而复合辛普森法的结果 $S_4=0.946\,083\,3$ 却有 6 位有效数字。两种复合求积公式都使用 9 个点上的函数值，计算量基本相同，然而精度却差别很大。■

除了复合梯形公式、复合辛普森公式，还可根据柯特斯公式(7.18)得到复合柯特斯公式。

7.3.3　步长折半的复合求积公式计算

由于积分余项公式包含被积函数的高阶导数，并且使用它往往高估误差，一般的积分问题不能用它估计误差，更不能通过积分余项确定复合求积公式的步长 h。为了自动确定复合求积公式的步长，以满足结果准确度的要求，实际算法常常逐渐减小步长多次计算复合求积公式，直至结果达到预定要求。减小步长一般采用步长折半的做法，这样可利用已计算出的函数值，从而减小计算量。

首先看步长折半后复合梯形公式的计算。考虑将原来的每个小区间二等分得到 $2n$ 个小区间，增加了积分节点 $x_{k+\frac{1}{2}}$，$(k=0,1,\cdots,n-1)$，记步长折半后的复合梯形值为 T_{2n}。此时，原来的区间$[x_k,x_{k+1}]$相当于两个小区间，对它用复合梯形公式算出积分近似值为

$$\begin{aligned}&\frac{h}{4}[f(x_k)+f(x_{k+\frac{1}{2}})]+\frac{h}{4}[f(x_{k+\frac{1}{2}})+f(x_{k+1})]\\=&\frac{1}{2}\left\{\frac{h}{2}[f(x_k)+f(x_{k+1})]\right\}+\frac{h}{2}f(x_{k+\frac{1}{2}})\end{aligned}$$

将 n 个小区间$[x_k,x_{k+1}]$，$k=0,1,\cdots,n-1$ 的结果相加，整理后得到

$$T_{2n}=\frac{1}{2}\sum_{k=0}^{n-1}\left\{\frac{h}{2}[f(x_k)+f(x_{k+1})]\right\}+\frac{h}{2}\sum_{k=0}^{n-1}f(x_{k+\frac{1}{2}})$$

$$\Rightarrow\quad T_{2n}=\frac{1}{2}T_n+\frac{h}{2}\sum_{k=0}^{n-1}f(x_{k+\frac{1}{2}}) \tag{7.27}$$

式(7.27)表明，计算积分步长折半后的复合梯形公式可方便地利用折半前的结果 T_n，只需对新增加的积分节点再计算函数值。式(7.27)称为递推化的复合梯形公式，利用它能快速更新步长折半后的复合梯形值。

○ 计算S_n用到的积分节点
◌ 计算S_{2n}新增的积分节点

x_k　$x_{k+\frac{1}{4}}$　$x_{k+\frac{1}{2}}$　$x_{k+\frac{3}{4}}$　x_{k+1}　x

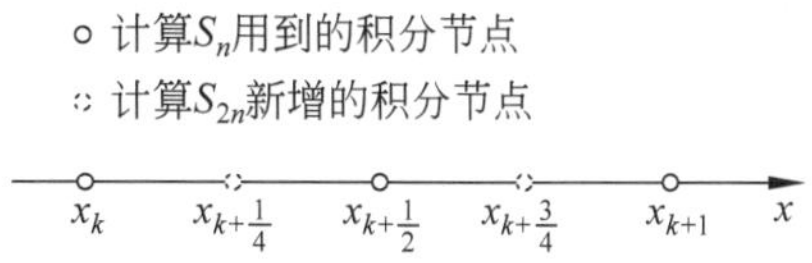

图 7-4　步长折半的复合辛普森公式用到的积分节点

对于复合辛普森公式，步长折半前后的 S_n 和 S_{2n}并不具有像式(7.27)那样的简单关系，但如图 7-4 所示，计算 S_{2n}时原来积分节点处的函数值仍可以重用，只需再计算 $2n$ 个新增节点处的函数值。

与上述两种公式不同，中矩形公式计算区间中点处的函数值，由它导出的复合求积公式在步长折半时无法重用已有的结果。因此，虽然中矩形公式与梯形公式的准确度阶数相同，但实际应用中较少使用。

7.4 龙贝格积分算法与理查森外推

本节基于复合梯形公式的余项展开式,利用理查森外推得到一种快速收敛的龙贝格(Romberg)积分算法。

7.4.1 复合梯形公式的余项展开式

首先给出一个有关复合梯形公式积分余项的定理,它得到复合梯形公式的余项展开式,是 Romberg 算法的基础。

定理 7.5:设被积函数 $f(x)$定义在区间$[a, b]$上,且任意阶导数连续,$T(h)$为积分步长为 h 的复合梯形公式的结果,$h=(b-a)/n$,则有展开式

$$T(h) = I(f) + \alpha_1 h^2 + \alpha_2 h^4 + \cdots + \alpha_l h^{2l} + \cdots \tag{7.28}$$

其中,系数 $\alpha_l(l=1,2,\cdots)$与 h 无关。

【证明】 将 $f(x)$在子区间$[x_k, x_{k+1}]$中点 $x_{k+\frac{1}{2}}$处做泰勒展开,有

$$f(x) = f_{k+\frac{1}{2}} + f'_{k+\frac{1}{2}}(x - x_{k+\frac{1}{2}}) + \frac{f''_{k+\frac{1}{2}}}{2!}(x - x_{k+\frac{1}{2}})^2 + \cdots \tag{7.29}$$

为了记号简便,这里用 $f^{(m)}_{k+\frac{1}{2}}$ 表示 m 阶导数 $f^{(m)}(x_{k+\frac{1}{2}})$。例如,$f'_{k+\frac{1}{2}}$和 $f''_{k+\frac{1}{2}}$分别代表点 $x_{k+\frac{1}{2}}$处的1阶和2阶导数。分别将 $x=x_{k+\frac{1}{2}}-h/2$ 和 $x=x_{k+\frac{1}{2}}+h/2$ 代入式(7.29),就得到 $f(x_k)$和 $f(x_{k+1})$的展开式,两者相加得到

$$f(x_k) + f(x_{k+1}) = 2f_{k+\frac{1}{2}} + 2\frac{f''_{k+\frac{1}{2}}}{2!}\left(\frac{h}{2}\right)^2 + 2\frac{f^{(4)}_{k+\frac{1}{2}}}{4!}\left(\frac{h}{2}\right)^4 + \cdots$$

所以,

$$\frac{h}{2}[f(x_k) + f(x_{k+1})] = hf_{k+\frac{1}{2}} + \frac{h}{2!}\left(\frac{h}{2}\right)^2 f''_{k+\frac{1}{2}} + \frac{h}{4!}\left(\frac{h}{2}\right)^4 f^{(4)}_{k+\frac{1}{2}} + \cdots$$

由于复合梯形公式 $T(h) = \sum\limits_{k=0}^{n-1} \frac{h}{2}[f(x_k) + f(x_{k+1})]$,因此得到如下展开式:

$$T(h) = h\sum_{k=0}^{n-1} f_{k+\frac{1}{2}} + \frac{h}{2!}\left(\frac{h}{2}\right)^2 \sum_{k=0}^{n-1} f''_{k+\frac{1}{2}} + \frac{h}{4!}\left(\frac{h}{2}\right)^4 \sum_{k=0}^{n-1} f^{(4)}_{k+\frac{1}{2}} + \cdots \tag{7.30}$$

另一方面,对 $f(x)$的展开式(7.29)在区间$[x_k, x_{k+1}]$上做积分,得

$$\int_{x_k}^{x_{k+1}} f(x)\mathrm{d}x = hf_{k+\frac{1}{2}} + 0 + \frac{f''_{k+\frac{1}{2}}}{2!}\cdot\frac{2}{3}\left(\frac{h}{2}\right)^3 + 0 + \frac{f^{(4)}_{k+\frac{1}{2}}}{4!}\cdot\frac{2}{5}\left(\frac{h}{2}\right)^5 + \cdots$$

而积分 $I(f) = \int_a^b f(x)\mathrm{d}x$ 为各个子区间上积分的总和,因此,

$$I(f) = h\sum_{k=0}^{n-1} f_{k+\frac{1}{2}} + \frac{h^3}{3!\cdot 2^2}\sum_{k=0}^{n-1} f''_{k+\frac{1}{2}} + \frac{h^5}{5!\cdot 2^4}\sum_{k=0}^{n-1} f^{(4)}_{k+\frac{1}{2}} + \cdots \tag{7.31}$$

比较式(7.30)、式(7.31),得

$$T(h) = I(f) + \frac{2}{3}\cdot\frac{h^3}{2!\cdot 2^2}\sum_{k=0}^{n-1} f''_{k+\frac{1}{2}} + \frac{4}{5}\cdot\frac{h^5}{4!\cdot 2^4}\sum_{k=0}^{n-1} f^{(4)}_{k+\frac{1}{2}} + \cdots \tag{7.32}$$

式(7.32)中的 $x_{k+\frac{1}{2}}$处的各阶导数与 h 有关,还需进一步处理。考虑对 $f''(x)$构造类似于式(7.29)的展开式,然后在各个小区间求积分再求和,可得到类似于式(7.31)的结果。

$$\int_a^b f''(x)\mathrm{d}x = h\sum_{k=0}^{n-1} f''_{k+\frac{1}{2}} + \frac{h^3}{3!\cdot 2^2}\sum_{k=0}^{n-1} f^{(4)}_{k+\frac{1}{2}} + \frac{h^5}{5!\cdot 2^4}\sum_{k=0}^{n-1} f^{(6)}_{k+\frac{1}{2}} + \cdots \tag{7.33}$$

利用式(7.33)消去式(7.32)中的 $\sum_{k=0}^{n-1} f''_{k+\frac{1}{2}}$，并考虑到 $f'(b)-f'(a)=\int_a^b f''(x)\mathrm{d}x$，得

$$T(h) = I(f) + \frac{2}{3}\cdot\frac{h^2}{2!\cdot 2^2}[f'(b)-f'(a)] + c_4 h^5\sum_{k=0}^{n-1} f^{(4)}_{k+\frac{1}{2}} + c_6 h^7\sum_{k=0}^{n-1} f^{(6)}_{k+\frac{1}{2}} + \cdots$$

其中，c_4、c_6 等参数为常数。类似地，对 $f^{(4)}(x)$构造展开式并求积分，然后做相应处理后可替换掉上述公式中的 $\sum_{k=0}^{n-1} f^{(4)}_{k+\frac{1}{2}}$。依此类推，最终得到表达式

$$T(h) = I(f) + \tilde{c}_1[f'(b)-f'(a)]h^2 + \tilde{c}_2[f'''(b)-f'''(a)]h^4 + \cdots + \tilde{c}_k[f^{(2k-1)}(b)-f^{(2k-1)}(a)]h^{2k} + \cdots \tag{7.34}$$

其中，$\tilde{c}_k$，$(k=1,2,\cdots)$为常数。

设 $\alpha_k=\tilde{c}_k[f^{(2k-1)}(b)-f^{(2k-1)}(a)]$，它是与 h 无关的量，则根据式(7.34)原命题得证。■

7.4.2 理查森外推法

基于复合梯形公式的截断误差展开式(7.28)，可以得到更高阶准确度的求积公式。这里需要使用理查森外推(Richardson extrapolation)技术。另外，为了自动确定合适的区间分段数，可将积分区间逐次二等分，逐渐提高结果的准确度。为了表达方便，可做如下符号约定。若步长 $h=(b-a)/2^n$，对应的复合梯形公式计算结果记为 $T_0^{(n)}$，每个小区间二等分后，步长变为$(b-a)/2^{n+1}$，相应的复合梯形公式结果为 $T_0^{(n+1)}=T(h/2)$，这里的下标 0 代表未经过外推的原始复合梯形公式。此外，将 $I(f)$简记为 I。

根据定理 7.5，步长折半前后两个复合梯形公式的误差分别为

$$T_0^{(n)} - I = \alpha_1 h^2 + \alpha_2 h^4 + \cdots \tag{7.35}$$

$$T_0^{(n+1)} - I = \frac{\alpha_1}{4}h^2 + \frac{\alpha_2}{16}h^4 + \cdots \tag{7.36}$$

将式(7.36)乘以 4 再减去式(7.35)，然后将结果除以 3，得到

$$\frac{4T_0^{(n+1)} - 4I - T_0^{(n)} + I}{3} = \frac{\frac{\alpha_2}{4} - \alpha_2}{3}h^4 + \cdots$$

即

$$\frac{4T_0^{(n+1)} - T_0^{(n)}}{3} - I = -\frac{\alpha_2}{4}h^4 + \cdots = O(h^4)$$

这说明$(4T_0^{(n+1)} - T_0^{(n)})/3$ 是具有更高阶准确度的求积公式。这种通过将不同步长对应的结果做线性组合得到更高阶准确度结果的做法就是**理查森外推**。

将上述一次外推的结果记为 $T_1^{(n)}$，则

$$T_1^{(n)} = \frac{4T_0^{(n+1)} - T_0^{(n)}}{3} \tag{7.37}$$

容易看出它的截断误差具有下述展开式

$$T_1^{(n)} - I = \beta_1 h^4 + \beta_2 h^6 + \cdots \tag{7.38}$$

其中,系数 $\beta_l(l=1,2,\cdots)$与 h 无关。

事实上,$T_1^{(n)}$ 就是区间等分为 2^n 个小区间后采用复合辛普森公式的结果,具体证明留给读者思考。这里应注意的是,计算 $T_1^{(n)}$ 的过程不同于直接计算复合辛普森公式,它首先利用复合梯形法的递推化过程算出 $T_0^{(n)}$、$T_0^{(n+1)}$,然后根据式(7.37)算出 $T_1^{(n)}$。

上述计算 $T_1^{(n)}$ 的理查森外推技术可针对不同步长对应的 $T_1^{(n)}$ 继续应用,构造出更高阶准确度的求积公式,这就得到下面的 Romberg 算法。

7.4.3 Romberg 算法

当积分区间逐次二等分时,可得到一系列复合梯形公式的计算结果$\{T_0^{(1)},T_0^{(2)},\cdots,T_0^{(n)},\cdots\}$,通常称其为梯形值序列。按照式(7.37),将梯形值序列中相邻两个值做线性组合产生的值序列记为$\{T_1^{(n)}\}$。式(7.38)表明,$T_1^{(n)}$ 值序列误差展开式的首项是 $\beta_1 h^4$,从 $T_1^{(n)}$ 值序列两个相邻值的如下线性组合得到 $T_2^{(n)}$ 值序列

$$T_2^{(n)} = \frac{16T_1^{(n+1)} - T_1^{(n)}}{15} \tag{7.39}$$

其误差展开式为

$$T_2^{(n)} - I = \gamma_1 h^6 + \gamma_2 h^8 + \cdots = O(h^6) \tag{7.40}$$

以此类推,可继续构造 $T_3^{(n)}$ 值序列、$T_4^{(n)}$ 值序列等。它们的积分误差满足如下公式:

$$T_k^{(n)} - I = O(h^{2k+2}), \quad (k = 0,1,\cdots) \tag{7.41}$$

而由 $T_k^{(n)}$、$T_k^{(n+1)}$ 得到 $T_{k+1}^{(n)}$ 的外推公式为

$$T_{k+1}^{(n)} = \frac{4^{k+1}T_k^{(n+1)} - T_k^{(n)}}{4^{k+1}-1} \tag{7.42}$$

可以证明,$T_2^{(n)}$ 值序列是区间逐次二等分的复合柯特斯公式的结果。但对于 $k>2$ 的 $T_k^{(n)}$ 值序列,它不再是某个牛顿-柯特斯公式对应的复合求积公式。并且,$T_k^{(n)}(k\geqslant 0)$是机械求积公式,且其积分系数均大于0,因此是稳定的。进一步推导可得

$$T_k^{(n)} - I = c_1[f^{(2k+1)}(b) - f^{(2k+1)}(a)]h^{2k+2} + \cdots$$

其中,c_1 为常数。这说明求积公式 $T_k^{(n)}$ 具有 $2k+1$ 次代数精度。关于求积公式 $T_k^{(n)}$ 的收敛性,有如下定理。

定理 7.6:若被积函数 $f(x)$充分光滑,则在区间逐次二等分的复合梯形公式基础上外推得到的 $T_k^{(n)}$ 值序列满足

(1) $\lim\limits_{n\to\infty} T_k^{(n)} = I, k=0,1,\cdots$ 。

(2) $\lim\limits_{k\to\infty} T_k^{(n)} = I$ 。

对定理7.6的证明不做讨论,只需理解其含义。结论(1)说明,当积分节点数目趋于无穷时,$T_k^{(n)}$ 一定收敛到准确的积分值,即求积公式 $T_k^{(n)}$ 具有收敛性。结论(2)说明,随着理查森外推的级别提高,积分值的序列也收敛到准确值。

综上所述,Romberg 求积算法的计算过程可通过表7-3表示,按从上到下的顺序逐行计算。

表 7-3　Romberg 求积算法计算过程表

h	$T_0^{(n)}$	$T_1^{(n)}$	$T_2^{(n)}$	$T_3^{(n)}$	$T_4^{(n)}$	…
$b-a$	$T_0^{(0)}$					
$\frac{b-a}{2}$	$T_0^{(1)}$	$\to T_1^{(0)}$				
$\frac{b-a}{4}$	$T_0^{(2)}$	$\to T_1^{(1)}$	$\to T_2^{(0)}$			
$\frac{b-a}{8}$	$T_0^{(3)}$	$\to T_1^{(2)}$	$\to T_2^{(1)}$	$\to T_3^{(0)}$		
$\frac{b-a}{16}$	$T_0^{(4)}$	$\to T_1^{(3)}$	$\to T_2^{(2)}$	$\to T_3^{(1)}$	$\to T_4^{(0)}$	
⋮	⋮	⋮	⋮	⋮	⋮	⋱

根据定理 7.6 的结论(2),可以使用相邻两个积分近似值之差作为判断收敛的依据。

例 7.5：用 Romberg 算法计算例 7.4 中的积分,判断收敛的阈值设为 $\varepsilon=10^{-4}$。

【解】　使用 Romberg 积分表(也称为"T 数表"),计算结果见表 7-4。

表 7-4　例 7.5 的 Romberg 积分表

h	$T_0^{(n)}$	$T_1^{(n)}$	$T_2^{(n)}$
1	0.920 735 5		
1/2	0.939 793 3	0.946 145 9	
$1/2^2$	0.944 513 5	0.946 086 9	0.946 083 00

从表 7-4 中可以看出,经过两次步长折半后计算出 $T_2^{(0)}$,即满足收敛条件。此时的结果与准确值 $I=0.946\ 083\ 07$ 非常接近。回顾例 7.4,复合辛普森公式的结果 S_4 需要计算 9 次函数值,而 Romberg 算法只需计算 5 次函数值就得到了更准确的结果。■

关于 Romberg 算法,应注意的是定理 7.5 要求被积函数 $f(x)$ 充分光滑,当这个条件不满足时,定理 7.5 的展开形式虽然成立,但系数 a_l 可能是无穷大的量。此时,Romberg 算法得到的高阶外推值未必更准确。下面的例题体现了这一点。

例 7.6：用 Romberg 算法计算积分 $I=\int_0^1 x^{3/2}\mathrm{d}x$ 。

【解】　$f(x)=x^{3/2}$ 在$[0,1]$上仅是一阶导数连续,用 Romberg 算法计算,结果见表 7-5。从表 7-5 中看出,用 Romberg 算法算到 $h=1/2^5$ 时的准确度与复合辛普森求积公式一样。这里,I 的精确值为 0.4。

基于上述分析,使用 Romberg 积分算法要保证计算 $T_k^{(n)}$ 值序列时,$f(x)\in C^{2k}[a,b]$,因此在一些实用的 Romberg 算法中会对这一点进行检查[35]。

表 7-5　例 7.6 的 Romberg 积分表

h	$T_0^{(n)}$	$T_1^{(n)}$	$T_2^{(n)}$	$T_3^{(n)}$	$T_4^{(n)}$	$T_5^{(n)}$
1	0.500 000					
1/2	0.426 777	0.402 369				
$1/2^2$	0.407 018	0.400 432	0.400 302			
$1/2^3$	0.401 812	0.400 077	0.400 054	0.400 050		
$1/2^4$	0.400 463	0.400 014	0.400 009	0.400 009	0.400 009	
$1/2^5$	0.400 118	0.400 002	0.400 002	0.400 002	0.400 002	0.400 002

Romberg 算法的思想可概括为：以复合梯形求积公式的误差展开式(定理 7.5)为依据，在形成步长逐次减半的梯形值序列的同时，通过理查森外推法构造收敛阶更高的值序列。它对被积函数光滑性的要求很高，且适合于只能在等距节点上对被积函数取值的情况。如果允许在非等距节点上求被积函数值，其准确度和效率并不如后面将介绍的几种数值积分方法。

7.5　自适应积分算法

Romberg 求积算法通过逐次外推得到具有高阶准确度的求积公式，但它的前提是被积函数具有充分的光滑性，即各阶导数均连续。另一方面，Romberg 算法使用的积分节点在整个区间上均匀分布(总数约为 2^n)，当积分区间内函数值变化较大时，其计算效率不高。本节介绍一种*自适应积分方法*(adaptive quadrature method)，它能自动适应各种被积函数，非均匀地选取积分节点，计算效率很高。而且，自适应积分算法只做一次理查森外推，适合于被积函数光滑性不高的情况。

7.5.1　自适应积分的原理

自适应积分包括对积分节点的自动选取，希望利用尽可能少的函数值，得到满足精度要求的积分近似值。定积分的可加性是自适应积分的基础，假设 c 是 a 和 b 之间的某个值，那么，

$$\int_a^b f(x)\mathrm{d}x = \int_a^c f(x)\mathrm{d}x + \int_c^b f(x)\mathrm{d}x$$

若能在指定的误差阈值内对等号右边的两个积分分别计算，那么它们之和也将是满意的结果。如果两个积分中的某一个不够准确，则可以将它递归地拆分为更小区间上的积分。这样得到的算法可自动适应各种被积函数，它在函数值变化剧烈的地方使用较多的积分节点，而在函数值变化平缓的地方使用较少的积分节点。

为了判断一个区间是否还要细分，通常对该区间计算两次积分，将两个结果的差作为误差估计。一种简单的做法是使用辛普森公式和复合辛普森公式，后者的子区间个数为 2，相当于计算步长折半前后的复合辛普森公式。假设 S 和 S_2 分别代表辛普森积分和复合辛普森积分的结果，则根据式(7.26)，

$$I - S \approx 2^4(I - S_2)$$

因此，

$$I - S_2 \approx \frac{S_2 - S}{15} \tag{7.43}$$

当积分区间内被积函数的 4 阶导数变化不大时，上述近似相等关系成立，此时 $S_2 - S$ 的大小能很好地反映 S_2 的截断误差。将这个误差与 S_2 相加，还可得到更准确的积分近似值

$$Q = S_2 + \frac{S_2 - S}{15} \tag{7.44}$$

事实上，这个 Q 就是对 S_2 和 S 使用理查森外推得到的结果（见式(7.39)）。

7.5.2　一个具体的自适应积分算法

下面介绍一个具体的自适应积分算法，它是 MATLAB 中命令 quad 的简化版本。这个算法使用辛普森公式和复合辛普森公式计算同一个区间的积分，根据两个结果的差是否小于阈值判断结果的准确度。如果小于阈值，使用式(7.44)算更准确的外推值作为积分的结果，否则将积分区间等分为两个子区间分别递归地执行上述计算过程。

自适应积分算法很容易用递归程序实现，下面给出 MATLAB 程序代码[7]。

```
function [Q,fcount]=quadtx(F,a,b,tol,varargin)
%F 为函数句柄或匿名函数,表示单变量被积函数 f(x),积分区间为[a,b],tol 为误差阈值,默认
%值为 1e-6
%varargin 表示传给函数 F 的额外参数。返回值 Q 为计算出的积分值
%返回值 fcount 为积分计算过程中计算 f(x)的次数,它不是必需的参数
%例子: Q=quadtx(@(x) x^1.5,0,1);
%        [Q,fcount]=quadtx(@humps,0,1,1e-4);
if nargin<4 | isempty(tol)              %设置默认的 tol 值
    tol=1.e-6;
end

c=(a+b)/2;                              %计算 Simpson 公式所需的 3 个函数值
fa=F(a,varargin{:});
fc=F(c,varargin{:});
fb=F(b,varargin{:});

%递归调用,k 为计算函数值的次数
[Q,k]=quadtxstep(F,a,b,tol,fa,fc,fb,varargin{:});
fcount=k+3;

%-------------------------------------------------------------
function [Q,fcount]=quadtxstep(F,a,b,tol,fa,fc,fb,varargin)
%quadtx 使用的递归调用子程序
```

```
h=b-a;
c=(a+b)/2;
fd=F((a+c)/2,varargin{:});
fe=F((c+b)/2,varargin{:});
Q1=h/6 *  (fa+4 * fc+fb);%Simpson公式的值
Q2=h/12 * (fa+4 * fd+2 * fc+4 * fe+fb);%复合 Simpson公式的值
if abs(Q2-Q1)<=tol
    Q  =Q2+(Q2-Q1)/15;%满足阈值条件,返回理查森外推值
    fcount=2;
else %对两个子区间递归地计算积分
    [Qa,ka]=quadtxstep(F,a,c,tol,fa,fd,fc,varargin{:});
    [Qb,kb]=quadtxstep(F,c,b,tol,fc,fe,fb,varargin{:});
    Q  =Qa+Qb;
    fcount=ka+kb+2;
end
```

自适应积分算法的一个重要问题是,细分区间后如何设置误差阈值,才能使最终结果达到希望的准确度?由于子区间长度为原始区间的一半,一种策略是将阈值减小一半,此时如果两个子区间积分的误差都小于tol/2,那么它们之和的误差必然小于tol。这种策略并不是上述程序使用的,因为它有点太保守了。首先,由于返回结果时还进行了理查森外推,实际的误差比阈值小得多。其次,两个子区间的误差都接近阈值的情况非常少,往往是其中一个接近于阈值,而另一个要小得多。因此,子区间的阈值仍可以使用原始的tol,如上述程序中实现的。

例7.7(自适应积分):利用quadtx程序,计算积分

$$I=\int_0^1\left[\frac{1}{(x-0.3)^2+0.01}+\frac{1}{(x-0.9)^2+0.04}-6\right]\mathrm{d}x$$

【解】 被积函数 $f(x)=\frac{1}{(x-0.3)^2+0.01}+\frac{1}{(x-0.9)^2+0.04}-6$,实际上是MATLAB中内置的一个函数,名为humps。如图7-5所示,被积函数在 $x=0.3$ 处有一个剧烈的尖峰,在 $x=0.9$ 处有一个比较缓和的尖峰。

使用quadtx程序计算这个积分的命令如下(假设阈值为 10^{-4}):

```
>>[Q, fcnt]=quadtx(@humps, 0, 1, 1e-4)
```

得到结果为29.8583,计算函数值的次数为93次。这些积分节点的位置示于图7-4中。 ■

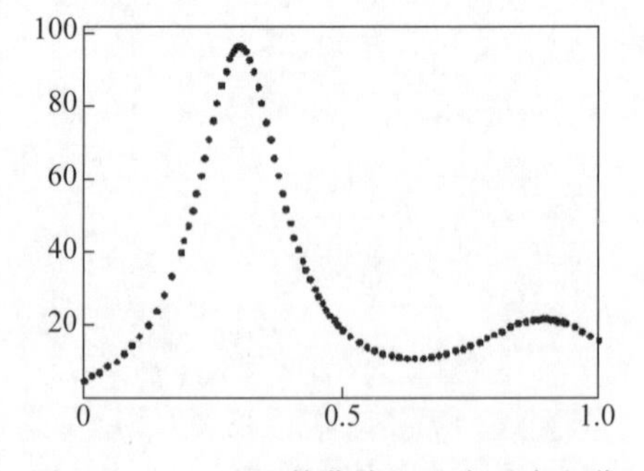

图7-5 humps函数曲线以及自适应积分计算中的积分节点位置

上述例子中的被积函数实际上存在原函数,可以解析地求出定积分值为[①]

① 计算解析积分可以使用MATLAB、Mathematica等软件的符号积分功能,如MATLAB中的命令int。

$$I = \arctan \frac{3\,588\,784}{993\,187} + 11\pi - 6 = 29.858\,325\,395\,498\,67$$

因此，针对例 7.7 可以改变自适应积分中的误差阈值，考查积分的误差与阈值之间的关系。我们让阈值从 10^{-1}、10^{-2} 逐渐变小到 10^{-12}，使用 quadtx 程序计算上述积分，观察计算函数次数以及误差的变化情况，实验结果列于表 7-6 中(fcnt 表示计算函数值的次数)。

表 7-6　自适应积分的计算量与误差随阈值变化的情况

tol	计算值 Q	fcnt	err	err/tol
10^{-1}	29.833 284 441 748 63	25	−2.504e−02	−0.250
10^{-2}	29.857 914 446 299 48	41	−4.109e−04	−0.041
10^{-3}	29.858 342 992 376 36	69	1.760e−05	0.018
10^{-4}	29.858 324 444 375 43	93	−9.511e−07	−0.010
10^{-5}	29.858 325 515 486 43	149	1.200e−07	0.012
10^{-6}	29.858 325 401 940 41	265	6.442e−09	0.006
10^{-7}	29.858 325 394 998 19	369	−5.005e−10	−0.005
10^{-8}	29.858 325 395 526 31	605	2.763e−11	0.003
10^{-9}	29.858 325 395 496 03	1061	−2.640e−12	−0.003
10^{-10}	29.858 325 395 498 90	1469	2.274e−13	0.002
10^{-11}	29.858 325 395 498 66	2429	−7.105e−15	−0.001
10^{-12}	29.858 325 395 498 67	4245	0.000e+00	0.000

从表 7-6 看出，随着指定阈值的减小，求被积函数值的次数逐渐增加，而结果的误差逐渐减小。并且对于这个例子，结果误差总比阈值小得多。

针对实际问题，设置自适应积分中的误差阈值还需要一些经验和技巧。例如，可先用一种简单方法对积分值进行粗略估算(只需与准确值同一个数量级即可)，然后可根据对结果的相对误差要求设置算法中的误差阈值。另外，自适应积分虽然在实际应用时非常有效，但要注意避免使用它计算不连续函数的积分，或积分不存在的情况。例如，积分 $\int_0^1 \frac{1}{3x-1}\mathrm{d}x$ 是存在的，但被积函数并不连续，如果直接使用自适应积分算法，将导致间断点周围出现大量的积分节点，程序运行很长时间才出错停止。因此，在自适应积分程序中最好加入对这些特殊情况的判断。

7.6　高斯求积公式

高斯求积公式是积分节点非均匀分布的插值型求积公式，它可以达到最高的代数精度。

7.6.1 一般理论

前面介绍的牛顿-柯特斯公式基于等距节点的多项式插值,其积分节点的分布情况是确定的,增加节点数目可提高它的代数精度。如果不假设积分节点等距分布,将它们也作为待定参数,则可以构造出具有更高代数精度的求积公式。

考查一般的机械求积公式 $I_n=\sum_{k=0}^{n}A_kf(x_k)$,积分系数和积分节点一共是 $2n+2$ 个待定参数。根据定理7.1,检查当被积函数为 $1,x,x^2,\cdots,x^m$ 时求积公式的准确性,可判断它的代数精度。因此,可列出如下联立方程求积分节点和系数:

$$f(x)=1,\quad \sum_{k=0}^{n}A_k\cdot 1=\int_a^b \mathrm{d}x$$

$$f(x)=x,\quad \sum_{k=0}^{n}A_k\cdot x_k=\int_a^b x\,\mathrm{d}x$$

$$\vdots$$

$$f(x)=x^m,\quad \sum_{k=0}^{n}A_k\cdot x_k^m=\int_a^b x^m\,\mathrm{d}x$$

一般可列出 $2n+2$ 个方程,唯一地确定 $2n+2$ 个参数的值,得到的求积公式至少具有 $2n+1$ 次代数精度。由定理7.2知,它一定是插值型求积公式。这种具有最高代数精度的插值型求积公式称为高斯求积公式(Gaussian quadrature)。

定义7.6:若形如 $I_n=\sum_{k=0}^{n}A_kf(x_k)$ 的求积公式具有 $2n+1$ 次或更高次代数精度,则称为(n阶)*高斯求积公式*,其积分节点称为*高斯点*。

例7.8(高斯求积公式):推导计算积分

$$I=\int_{-1}^{1}f(x)\mathrm{d}x$$

的两点高斯求积公式 $G_2(f)=A_1f(x_1)+A_2f(x_2)$。

【解】 令求积公式对前4个单项式精确成立,则得到方程组

$$\begin{cases}A_1+A_2=\int_{-1}^{1}1\mathrm{d}x=2\\ A_1x_1+A_2x_2=\int_{-1}^{1}x\mathrm{d}x=0\\ A_1x_1^2+A_2x_2^2=\int_{-1}^{1}x^2\mathrm{d}x=\dfrac{2}{3}\\ A_1x_1^3+A_2x_2^3=\int_{-1}^{1}x^3\mathrm{d}x=0\end{cases}$$

解这个非线性方程组,同时要求 x_1、x_2 均为实数,则得到

$$x_1=-1/\sqrt{3},\quad x_2=1/\sqrt{3},\quad A_1=1,\quad A_2=1$$

或者

$$x_1=1/\sqrt{3},\quad x_2=-1/\sqrt{3},\quad A_1=1,\quad A_2=1$$

任取两组解之一,得到两点高斯求积公式为

$$G_2(f) = f(-1/\sqrt{3}) + f(1/\sqrt{3})$$

进一步考查发现，该公式对 $f(x)=x^4$ 的积分不准确，因此它具有 3 次代数精度。 ■

为了讨论的一般性，可将待求的积分扩展为带权积分

$$I = \int_a^b f(x)\rho(x)\mathrm{d}x \tag{7.45}$$

其中，$\rho(x)$是实函数空间 $C[a, b]$中的权函数(定义 6.2)，常见的有 $\rho(x)=1$，$\rho(x)=\frac{1}{\sqrt{1-x^2}}$，$\rho(x)=\mathrm{e}^{-x^2}$ 等情况。对于带权积分，相应的求积公式为

$$I_n = \sum_{k=0}^{n} A_k f(x_k) \tag{7.46}$$

可称为针对权函数 $\rho(x)$的求积公式。这种近似计算积分的方法相当于通过积分节点和积分系数考虑权函数的影响。因此，不同的权函数对应不同的求积公式，而在应用它们计算积分时，可达到减小计算量的效果。对于针对权函数的求积公式(7.46)，也相应地有插值型求积公式、代数精度等概念。并且，当 $f(x)$为次数不超过 $2n+1$ 的多项式时，求积公式(7.46)都能准确地计算带权积分(7.45)，则该公式为与权函数 $\rho(x)$对应的高斯求积公式。

要求出高斯求积公式，一种方法是根据定理 7.1，使用待定系数法联立方程求解高斯点和积分系数。但注意需求解的是 $2n+2$ 阶非线性方程组，当 n 较大时，计算量很大，或者难以求解。下面介绍的方法先确定高斯点的值，再求对应的积分系数。先看一个定理。

定理 7.7：设计算带权积分(7.45)的插值型求积公式为式(7.46)，其积分节点 $x_k\in[a,b]$，$(k=0,1,\cdots,n)$，则式(7.46)为高斯求积公式的充要条件是：以积分节点为零点的多项式 $\omega_{n+1}(x)=(x-x_0)(x-x_1)\cdots(x-x_n)$与任何次数不超过 n 的多项式 $P(x)$在区间 $[a, b]$上带权 $\rho(x)$正交，即

$$\int_a^b P(x)\omega_{n+1}(x)\rho(x)\mathrm{d}x = 0 \tag{7.47}$$

【证明】 先证必要性。假设该求积公式为高斯求积公式，证明式(7.47)成立。由于求积式(7.46)具有 $2n+1$ 次代数精度，注意到 $P(x)\omega_{n+1}(x)$为次数不高于 $2n+1$ 次的多项式，所以

$$\int_a^b P(x)\omega_{n+1}(x)\rho(x)\mathrm{d}x = \sum_{k=0}^{n} A_k P(x_k)\omega_{n+1}(x_k) = 0$$

即 $\omega_{n+1}(x)$与任何次数不超过 n 的多项式 $P(x)$带权正交。

再证充分性。已知对 $\forall P(x)\in\mathbb{P}_n$，$\int_a^b P(x)\omega_{n+1}(x)\rho(x)\mathrm{d}x=0$，要证求积式(7.46)为高斯求积公式，即对它对于任意被积函数 $f(x)\in\mathbb{P}_{2n+1}$的积分都是准确的。首先，用 $\omega_{n+1}(x)$除 $f(x)$，得到

$$f(x) = P_n(x)\omega_{n+1}(x) + Q_n(x)$$

由于 $f(x)\in\mathbb{P}_{2n+1}$，则上式中 $P_n(x)$，$Q_n(x)\in\mathbb{P}_n$。在积分节点处，

$$f(x_k) = P_n(x_k)\omega_{n+1}(x_k) + Q_n(x_k) = Q_n(x_k),\quad (k=0,1,\cdots,n)$$

即 $f(x)$与余式 $Q_n(x)$有相同的函数值。现在来看 $f(x)$的带权积分

$$\int_a^b f(x)\rho(x)\mathrm{d}x = \int_a^b P_n(x)\omega_{n+1}(x)\rho(x)\mathrm{d}x + \int_a^b Q_n(x)\rho(x)\mathrm{d}x$$

$$=\int_a^b Q_n(x)\rho(x)\mathrm{d}x$$

由于式(7.46)为插值型求积公式,它必定对于次数不高于 n 的多项式函数准确,因此

$$\int_a^b f(x)\rho(x)\mathrm{d}x=\sum_{k=0}^n A_kQ_n(x_k)=\sum_{k=0}^n A_kf(x_k)$$

这说明求积公式对任意的 $f(x)\in\mathbb{P}_{2n+1}$ 都准确,因此是高斯求积公式。证毕。 ■

定理 7.7 为求高斯点提供了依据,只需找到一个与任何次数不超过 n 的多项式 $P(x)$ 都带权正交的 $n+1$ 次多项式,则其 $n+1$ 个不重复的零点就是高斯点。很自然地想到第 6 章介绍的正交多项式族。设 $\{\varphi_0(x),\varphi_1(x),\cdots,\varphi_n(x),\varphi_{n+1}(x)\}$ 为 $[a,\ b]$ 上关于权 $\rho(x)$ 的正交多项式族,且 $\varphi_j(x)$ 为 j 次多项式,则 $n+1$ 次多项式 $\varphi_{n+1}(x)$ 就是我们所需要的。注意,6.2.2 节曾介绍构造正交多项式的 Gram-Schmidt 正交化过程,以及正交多项式的几条性质,其中,性质(5)说明 $\varphi_{n+1}(x)=0$ 的 $n+1$ 个根均为区间 $(a,\ b)$ 上的实数,且均为单根。这正好满足作为高斯点的要求,因此求正交多项式 $\varphi_{n+1}(x)$ 的零点即得到高斯点。

求出高斯点后,可根据插值型求积公式的系数公式(7.4)求积分系数,即

$$A_k=\int_a^b l_k(x)\rho(x)\mathrm{d}x,\quad(k=0,1,2,\cdots,n)$$

其中,$l_k(x)$,$k=0,1,\cdots,n$ 为节点 $x_0,x_1,\cdots,x_n$ 对应的拉格朗日插值基函数。

下面讨论高斯求积公式的稳定性、余项和收敛性。由于 n 阶高斯求积公式具有 $2n+1$ 次代数精度,若被积函数 $f(x)=l_j^2(x)$,$l_j(x)$ 为 n 次拉格朗日插值基函数,它也是准确的,即

$$\int_a^b l_j^2(x)\rho(x)\mathrm{d}x=\sum_{k=0}^n A_kl_j^2(x_k)=A_j,\quad(j=0,1,2,\cdots,n)$$

显然 $\int_a^b l_j^2(x)\rho(x)\mathrm{d}x>0$,所以积分系数均大于 0,高斯求积公式是稳定的。

类似于辛普森公式的积分余项,有如下关于高斯求积公式余项的定理。

定理 7.8:若函数 $f(x)$ 足够光滑,则高斯求积公式 $I_n=\sum_{k=0}^n A_kf(x_k)$ 的积分余项为

$$\begin{aligned}R_n[f]&=\int_a^b f(x)\rho(x)\mathrm{d}x-\sum_{k=0}^n A_kf(x_k)\\&=\frac{f^{(2n+2)}(\eta)}{(2n+2)!}\int_a^b\omega_{n+1}^2(x)\rho(x)\mathrm{d}x\end{aligned}$$

其中,$\omega_{n+1}=(x-x_0)\cdots(x-x_n)$。

证明的思路与推导辛普森公式的积分余项非常类似,要利用高斯求积公式有 $2n+1$ 次代数精度的性质。考查满足条件 $P(x_k)=f(x_k)$,$P'(x_k)=f'(x_k)(k=0,1,\cdots,n)$ 的 $2n+1$ 次多项式函数 $P(x)$,高斯积分余项就是 $P(x)-f(x)$ 的积分。注意,$P(x)$ 实际上是针对节点 $x_0,x_1,\cdots,x_n$ 的 $f(x)$ 的高次埃尔米特插值函数,其插值余项为 $\frac{f^{(2n+2)}(\xi)}{(2n+2)!}\omega_{n+1}^2(x)$。然后使用第一积分中值定理就可证明结论,详细过程留给读者思考。值得一提的是,这里的函数 $\omega_{n+1}(x)$ 为正交多项式,$\int_a^b\omega_{n+1}^2(x)\rho(x)\mathrm{d}x$ 实际上是其广义 2-范数的平方(参见第 6 章有关内容)。

关于高斯求积公式的收敛性，不加证明地给出如下定理。

定理 7.9：设 $f(x)\in C[a,b]$，则高斯求积公式 $I_n=\sum\limits_{k=0}^{n}A_k f(x_k)$ 是收敛的，即

$$\lim_{n\to\infty}I_n=\int_a^b f(x)\rho(x)\mathrm{d}x$$

7.6.2　高斯-勒让德积分公式及其他

7.6.1 节指出，高斯点为正交多项式的零点。对于第 6.2.2 节介绍的各种正交多项式，相应地有不同的高斯求积公式。我们重点关注勒让德多项式对应的公式，它的积分区间为 $[-1,1]$，权函数为 $\rho(x)=1$，这个求积公式称为*高斯-勒让德求积公式*。

求解勒让德多项式对应的方程可得到高斯-勒让德公式的积分节点，然后再求对应的积分系数。实际应用中常常预先算出这些值，见表 7-7，应注意高斯-勒让德公式的积分节点是关于原点对称的，而互为相反数的两个高斯点有相同的积分系数。另外，$n=1$ 时的高斯-勒让德求积公式就是前面例 7.8 中求出的结果。

表 7-7　高斯-勒让德求积公式的积分节点和系数

n	x_k	A_k
0	0.000 000 0	2.000 000 0
1	±0.577 350 3	1.000 000 0
2	±0.774 596 7 0.000 000 0	0.555 555 6 0.888 888 9
3	±0.861 136 3 ±0.339 981 0	0.347 854 8 0.652 145 2
4	±0.906 179 8 ±0.538 469 3 0.000 000 0	0.236 926 9 0.478 628 7 0.568 888 9
5	±0.932 469 5 ±0.661 209 4 ±0.238 619 2	0.171 324 5 0.360 761 6 0.467 913 9

对于一般区间上的积分 $I=\int_a^b f(x)\mathrm{d}x$，可通过变量代换将其转换为 $[-1,1]$ 上的积分，再利用高斯-勒让德求积公式计算。

例 7.9（高斯-勒让德积分）：用高斯-勒让德公式计算积分 $I=\int_0^1\frac{\sin x}{x}\mathrm{d}x$，将结果与 Romberg 积分算法做比较（结果见例 7.5）。

【解】　设 $x=0.5+0.5t$，则 $I=\frac{1}{2}\int_{-1}^{1}\frac{\sin x}{x}\mathrm{d}t$。根据高斯-勒让德积分表，可先计算

$$\int_{-1}^{1}\frac{\sin(0.5+0.5t)}{0.5+0.5t}\mathrm{d}t$$

然后再得到 I 的值。假设 n 阶高斯-勒让德积分的积分节点与系数分别为 x_k、$A_k(k=0,1,2,\cdots,n)$，则

$$I_n=\sum_{k=0}^{n}A_k\frac{\sin(0.5+0.5x_k)}{0.5+0.5x_k}$$

取 $n=4$，根据表 7-7 计算出 I_n，进而得到 I 的近似值 $\tilde{I}=I_n/2=0.946\,083\,12$，与例 7.5 的结果相比，高斯积分使用同样的 5 个节点，但结果的准确度比 Romberg 算法更高。 ■

不同的权函数对应不同的高斯求积公式，只需求出相应正交多项式的零点即得到相应

的高斯点,然后再求积分系数。例如,区间[$-1,1$]上权函数 $\rho(x)=\dfrac{1}{\sqrt{1-x^2}}$ 的求积公式为高斯-切比雪夫公式,而区间($-\infty,+\infty$)上权函数 $\rho(x)=\mathrm{e}^{-x^2}$ 的求积公式为高斯-埃尔米特公式。利用高斯-埃尔米特公式可计算形如 $I=\int_{-\infty}^{+\infty} f(x)\mathrm{e}^{-x^2}\mathrm{d}x$ 的无界区间积分,它在涉及随机属性的问题中应用较广。由于标准正态分布的随机变量 X 遵循的概率密度函数为 $N(0,1)=\dfrac{1}{\sqrt{2\pi}}\mathrm{e}^{-\frac{x^2}{2}}$,因此可用高斯-埃尔米特求积公式计算随机函数 $F(X)$ 的数学期望

$$E[F(X)]=\int_{-\infty}^{+\infty} F(x)\frac{1}{\sqrt{2\pi}}\mathrm{e}^{-\frac{x^2}{2}}\mathrm{d}x=\int_{-\infty}^{+\infty} F(\sqrt{2}x)\frac{1}{\sqrt{\pi}}\mathrm{e}^{-x^2}\mathrm{d}x$$

由于高斯积分的特点,对于较高次的多项式函数 $F(x)$,它也能得到准确的结果。

计算高斯求积公式的积分节点,需使用非线性方程求解算法,如牛顿法等技术。对于高斯-勒让德、高斯-切比雪夫、高斯-拉盖尔、高斯-埃尔米特等常用公式,文献[5]给出了计算积分节点和系数的程序。一般的数学手册中也包括这些积分节点和系数的值。

一旦有了预先计算好的高斯点和系数,高斯积分的程序编制非常简单。对于特定的应用问题,常常根据经验可定出合适的阶数 n,因此用高斯积分可达到很高的效率与准确度的折中。然而,节点数不同的高斯公式一般没有公共节点,这导致与一组节点对应的函数值在用另一组节点计算积分时不能被利用。因此,有人提出扩展的高斯积分公式,它们在自适应积分、区间折半的复合积分等需要两组求积公式的场合非常有用。

扩展的高斯积分公式的基本思想是限定一些积分节点的位置,再确定其他一些积分节点和所有积分系数,使整体代数精度尽量高。例如,Lobatto 公式限定区间端点为积分节点,这样的 n 阶公式可达到 $2n-1$ 次代数精度;另一种 Kronrod 公式与常规的高斯公式成对使用,一个含 n 个节点的高斯公式与 $2n+1$ 个节点的 Kronrod 公式对应。通过限定使用这 n 个高斯点,然后按求积公式达到最高代数精度的要求确定其他 $n+1$ 个节点和 $2n+1$ 个系数,这样得到的 Kronrod 公式有 $3n+1$ 次代数精度[1]。

介绍了各种数值积分方法后,下面简单讨论二维、三维积分的计算。实际上,只需将多重积分写成累次积分的形式,例如:

$$I=\int_a^b\int_{c(x)}^{d(x)} f(x,y)\mathrm{d}y\mathrm{d}x \tag{7.48}$$

就可以使用前面介绍的一维积分方法计算。假设第一重积分使用形如 $\sum_{k=0}^{n} A_k g(x_k)$ 的数值求积公式,其中 $g(x)$ 为被积函数,则式(7.48)成为

$$I\approx\sum_{k=0}^{n} A_k\int_{c(x_k)}^{d(x_k)} f(x_k,y)\mathrm{d}y$$

待求解问题转换为若干个一维积分的计算。对于实际问题中的二、三维积分,为了提高计算效率,常常采用高斯积分方法。

应用实例:探月卫星轨道长度计算

1. 问题背景

2007 年 10 月 24 日 18 时 05 分,中国第一颗探月卫星"嫦娥一号"在西昌卫星发射中心

发射升空。卫星首先进入地球同步轨道围绕地球运动，轨道为通过地球中心的平面上的椭圆(见图7-6)。长征三号甲运载火箭提供给卫星在近地点的速度大约为10.3km/s。这一速度比较低，不足以将卫星送往月球轨道，需要将速度提高到约10.9km/s，才能使卫星奔向月球。为了达到奔月速度，需要使用卫星变轨调速技术。

根据一些相关知识，若知道卫星的近地点、远地点距离，便可以计算卫星轨道的周长，这是一个椭圆积分问题。进一步，若知道卫星绕地球运行的周期，还可计算卫星运行的平均速度以及近地点速度，验证它是否满足奔月所需的速度要求。

2. 方法原理

图7-7显示了卫星轨道平面图，其中 R 为地球半径，h_1 为近地点距离，h_2 为远地点距离，c 为椭圆焦距。根据描述天体运动规律的开普勒第一定律，地球位于椭圆轨道的焦点上。椭圆的曲线方程为(设椭圆中心为坐标原点)

$$\frac{x^2}{a^2}+\frac{y^2}{b^2}=1$$

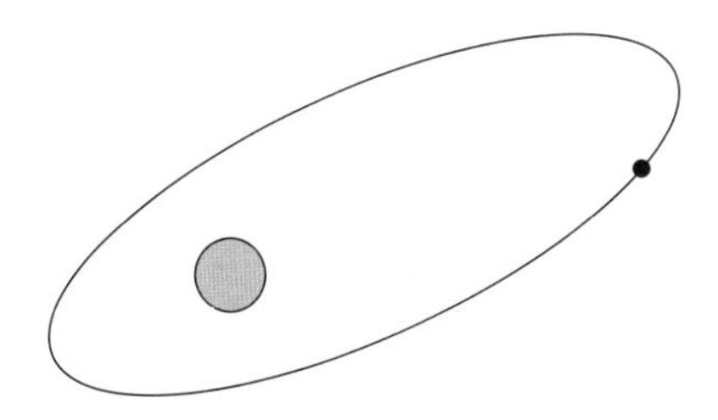

图7-6　地球与人造地球卫星轨道

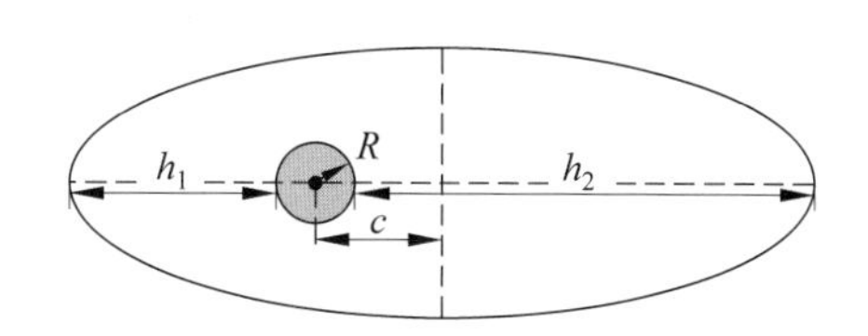

图7-7　卫星轨道平面图

其中，a、b 分别为长半轴长度和短半轴长度。根据图7-7易知，

$$a=\frac{h_1+h_2+2R}{2}$$

而

$$c=h_2+R-a=\frac{h_2-h_1}{2}$$

根据椭圆焦距的计算公式，可求出短半轴长度

$$b=\sqrt{a^2-c^2}$$

要求椭圆周长 L，可通过积分计算，做变量代换，$x=a\cos\theta, y=b\sin\theta$，则

$$L=4\int_0^{\pi/2}\sqrt{x^2+y^2}\,\mathrm{d}\theta=4\int_0^{\pi/2}\sqrt{a^2\cos^2\theta+b^2\sin^2\theta}\,\mathrm{d}\theta$$

根据它可计算卫星运动的平均速度 v。

要计算卫星的近地点速度，需使用开普勒第二定律的知识，即椭圆轨道上运行的卫星速度不是常数，但在相等时间内，卫星与地球连线扫过的面积相等。设卫星的轨道周期为 T，由于椭圆面积为 πab，则单位时间卫星与地球连线扫过的面积为

$$s=\frac{\pi ab}{T}$$

根据开普勒第二定律，在近地点处，卫星速度最大，为

$$v_{\max}=\frac{2s}{h_1+R}$$

3. 数值实验

在 MATLAB 中可进行数值实验，计算数值积分采用命令 quad。已知“嫦娥一号”卫星初始轨道的近地点距离 $h_1=200\text{km}$，远地点距离 $h_2=51\,000\text{km}$，地球半径 $R=6378\text{km}$，轨道周期为 16h，则计算轨道长度和近地点速度的程序如下。

```
>>h1=200; h2=51 000; R=6378;
>>a=(h1+h2)/2+R;
>>c=(h2-h1)/2;
>>b=sqrt(a^2-c^2);
>>f=@(x) sqrt(a^2*cos(x).^2+b^2*sin(x).^2);
>>L=4*quad(f, 0, pi/2)
>>T=16*3600;
>>v=L/T
>>vmax=2*pi*a*b/T/(h1+R)
```

计算结果显示，轨道周长约为 163 911km，平均速度为 2.846km/s，近地点速度为 10.302km/s。默认设置下，quad 程序计算积分时算了 149 次函数值。此外，注意上述程序中被积函数的定义，它使用了匿名函数，而采用逐项运算符也是很必要的。

7.7 数值微分

一般而言，计算函数的微分是一个敏感问题，数据的小扰动可能使结果变化很大。这一点和积分正好相反，因为两者是互逆的过程。图 7-8 显示了一个函数扰动前后的两条曲线，可以看出，两个函数的积分值变化不大，但导数却差别很大。

数值微分一般是利用函数在离散点集上的值近似计算其导数，基本做法是通过插值或最小二乘拟合得到光滑且便于求导的近似函数，然后计算近似函数的导数。若给定的数据带有干扰，需使用最小二乘拟合才能得到较准确的结果。若不考虑数据扰动，则使用插值比较方便。除了数值微分，对于解析式已知的函数，还可使用计算机程序自动求导的方法(automatic differentiation)，它将被求导函数看成一些简单函数的组合，然后使用简单函数的求导公式以及链法得到解析的结果。已有一些有效的自动求导软件包，这方面内容超出了本书范围。

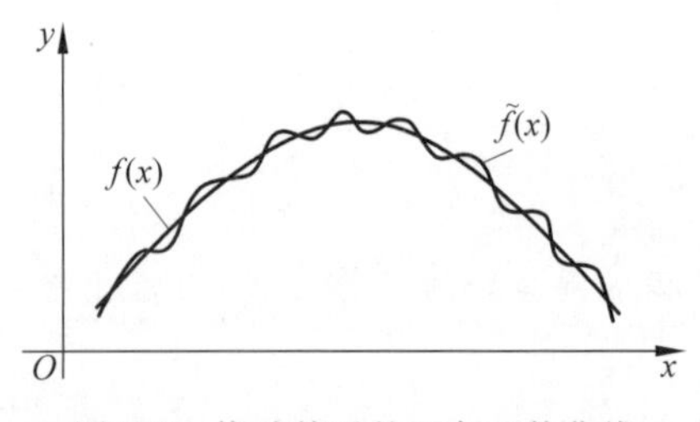

图 7-8　扰动前后的两条函数曲线

下面介绍几种简单的数值微分方法，它们常用于处理表达式未知的函数，也是微分方程数值解法的基础。

7.7.1 基本的有限差分公式

几种基本的近似求导公式可通过函数的差商导出，常称为有限差分公式(finite difference formula)，它们可以近似理论上光滑函数的导数，并用于微分方程的数值解法。

给定一个光滑函数 $f:\mathbb{R}\to\mathbb{R}$，要计算它在某点 x 的 1、2 阶导数的近似值，考虑该点和

邻近点构成的 1、2 阶差商，假设邻近点为 $x+h$ 和 $x-h$，h 称为步长，则

$$f[x,x+h]=\frac{f(x+h)-f(x)}{h} \tag{7.49}$$

$$f[x,x-h]=\frac{f(x)-f(x-h)}{h} \tag{7.50}$$

$$f[x+h,x-h]=\frac{f(x+h)-f(x-h)}{2h} \tag{7.51}$$

由于差商与函数导数的关系(式(6.63))，式(7.49)～式(7.51)都可用于近似 $f'(x)$，其截断误差可使用泰勒展开进行分析。考虑泰勒展开式

$$f(x+h)=f(x)+hf'(x)+\frac{h^2}{2}f''(x)+\cdots \tag{7.52}$$

$$f(x-h)=f(x)-hf'(x)+\frac{h^2}{2}f''(x)-\cdots \tag{7.53}$$

则

$$D_f(h)=\frac{f(x+h)-f(x)}{h}=f'(x)+O(h) \tag{7.54}$$

$$D_b(h)=\frac{f(x)-f(x-h)}{h}=f'(x)+O(h) \tag{7.55}$$

这里将式(7.49)和式(7.50)分别记为 $D_f(h)$ 和 $D_b(h)$，常称为*向前差分公式*(forward difference formula)和*向后差分公式*(backward difference formula)。式(7.54)、式(7.55)表明它们都具有 1 阶准确度。将式(7.52)减去式(7.53)再处理，得到

$$D_c(h)=\frac{f(x+h)-f(x-h)}{2h}=f'(x)+O(h^2) \tag{7.56}$$

$D_c(f)$称为*中心差分公式*(centered difference formula)或*中点公式*，它具有 2 阶准确度。

使用 2 阶差商，得到 2 阶导数的近似公式

$$G_c(h)=2f[x-h,x,x+h]=\frac{f(x+h)-2f(x)+f(x-h)}{h^2} \tag{7.57}$$

$G_c(h)$称为 *2 阶中心差分公式*(2nd-order centered difference formula)。将泰勒展开式(7.52)、式(7.53)相加，整理得

$$G_c(h)=f''(x)+O(h^2) \tag{7.58}$$

因此，2 阶中心差分公式也具有 2 阶准确度。中心差分公式 $D_c(h)$和 2 阶中心差分公式 $G_c(h)$的准确度阶数较高，因此比较常用。

通过减小 h 的值，可减小上述差分公式的截断误差。但应注意，当 h 很小时，舍入误差对最终结果也有较大影响。因此，并非 h 越小，结果越准确。第 1 章的例 1.4 就说明了这一点。下面再举例分析中心差分公式的计算误差。

例 7.10(中心差分的计算)：用中心差分公式计算 $f(x)=\sqrt{x}$在 $x=2$ 处的 1 阶导数，并分析不同步长 h 取值对结果准确度的影响。

【解】 取 $h=0.1$，用中心差分公式计算

$$D_c(h)=\frac{f(x+h)-f(x-h)}{2h}=\frac{\sqrt{2.1}-\sqrt{1.9}}{2\times 0.1}$$
$$=0.353\,663\,997\,0$$

为了分析不同步长设置下中心差分公式的准确度,计算出准确的导数为 $f'(2)=\frac{1}{2\sqrt{2}}=0.353\,553\,390\,5$。可看出取 $h=0.1$ 时有3位准确的有效数字。下面逐渐减小 h,得到的中心差分结果列于表7-8中(计算采用IEEE双精度浮点数)。

表7-8中的数据说明,当 h 减小到一定程度后,舍入误差变得很大,使得结果的误差反而增大。实际上,假设 M 为 $|f'''(\xi)|$ 的上界,ε 为计算 $f(x)$ 的误差界,则总误差限为 $\varepsilon_{\text{tot}}=\frac{h^2M}{6}+\frac{\varepsilon}{h}$,可估算出 $h=\sqrt[3]{\frac{3\varepsilon}{M}}$ 时,使总误差 ε_{tot} 最小。进一步分析知 $M\approx0.075\,36$,$\varepsilon\approx10^{-16}$,则估算出误差最小时 $h\approx1.6\times10^{-5}$,这与表7-8显现的现象基本符合。■

表7-8 步长逐渐减小时中心差分的结果

h	$D_c(h)$	准确数字位数
10^{-2}	0.353 554 495 5	5
10^{-3}	0.353 553 401 6	6
10^{-4}	0.353 553 390 7	9
10^{-5}	0.353 553 390 6	9
10^{-6}	0.353 553 390 6	9
10^{-7}	0.353 553 389 9	7
10^{-8}	0.353 553 397 7	8
10^{-9}	0.353 553 408 8	6
10^{-10}	0.353 553 852 9	6
10^{-11}	0.353 550 522 2	5
10^{-12}	0.353 606 033 3	3

7.7.2 插值型求导公式

与利用差商构造数值微分公式不同,可根据一些离散点上 $f(x)$ 的值构造插值多项式 $P(x)$,然后用 $P(x)$ 的各阶导数近似 $f(x)$ 的各阶导数。这种方法可得到更一般的近似求导公式,它们被称为插值型求导公式。

设被求导函数 $f(x)$ 在节点 $x_0,x_1,\cdots,x_n$ 处的函数值为 $f(x_0),f(x_1),\cdots,f(x_n)$,构造 n 次拉格朗日插值多项式

$$P_n(x)=\sum_{k=0}^{n}f(x_k)l_k(x)$$

其中,$l_k(x)$ 为拉格朗日插值基函数,那么

$$P_n^{(i)}(x)=\sum_{k=0}^{n}f(x_k)l_k^{(i)}(x)\approx f^{(i)}(x),\quad(i=1,2,\cdots)\tag{7.59}$$

其中,$l_k^{(i)}(x)$ 的计算没有实质性困难。

1. 两点插值

设拉格朗日插值的阶数 $n=1$,有两个插值节点 x_0、x_1(设 $h=x_1-x_0$),则可得到一次拉格朗日插值多项式

$$\begin{aligned}P_1(x)&=\frac{x-x_1}{x_0-x_1}f(x_0)+\frac{x-x_0}{x_1-x_0}f(x_1)\\&=\frac{x-x_1}{-h}f(x_0)+\frac{x-x_0}{h}f(x_1)\end{aligned}$$

那么,

$$P_1'(x)=-\frac{1}{h}f(x_0)+\frac{1}{h}f(x_1)=\frac{f(x_1)-f(x_0)}{h}\tag{7.60}$$

当 x 取值为 x_0 或 x_1 时,这就是近似 $f'(x)$ 的向前差分公式或向后差分公式。分析它的截断误差,可利用拉格朗日插值余项公式,则

$$f'(x)-P_n'(x)=\frac{f^{(n+1)}(\xi)}{(n+1)!}\omega_{n+1}'(x)+\frac{\omega_{n+1}(x)}{(n+1)!}\cdot\frac{\mathrm{d}}{\mathrm{d}x}f^{(n+1)}(\xi) \tag{7.61}$$

其中，$\omega_{n+1}(x)=(x-x_0)\cdots(x-x_n)$。由于 $\omega_{n+1}(x_k)=0$，则

$$f'(x_k)-P_n'(x_k)=\frac{f^{(n+1)}(\xi)}{(n+1)!}\omega_{n+1}'(x_k),\quad (k=0,1,\cdots,n) \tag{7.62}$$

利用式(7.62)，有

$$f'(x_0)-P_1'(x_0)=-\frac{f''(\xi)}{2}h=O(h) \tag{7.63}$$

$$f'(x_1)-P_1'(x_1)=\frac{f''(\xi)}{2}h=O(h) \tag{7.64}$$

这分别是向前、向后差分公式的截断误差，与式(7.54)、式(7.55)的结果一致。

2. 三点插值

设拉格朗日插值的阶数 $n=2$，3 个等距插值节点为 $x_0, x_1=x_0+h, x_2=x_0+2h$，则可得到二次拉格朗日插值多项式

$$P_2(x)=\frac{(x-x_1)(x-x_2)}{(x_0-x_1)(x_0-x_2)}f(x_0)+\frac{(x-x_0)(x-x_2)}{(x_1-x_0)(x_1-x_2)}f(x_1)+\frac{(x-x_0)(x-x_0)}{(x_2-x_0)(x_2-x_1)}f(x_2)$$

做变量代换 $x=x_0+th$，有

$$P_2(x_0+th)=\frac{1}{2}(t-1)(t-2)f(x_0)-t(t-2)f(x_1)+\frac{t(t-1)}{2}f(x_2)$$

两端对 t 求导，得

$$\frac{\mathrm{d}}{\mathrm{d}t}P_2(x_0+th)=\left(t-\frac{3}{2}\right)f(x_0)-(2t-2)f(x_1)+\left(t-\frac{1}{2}\right)f(x_2)$$

$$\Rightarrow\quad P_2'(x)=\frac{\mathrm{d}}{\mathrm{d}x}P_2(x_0+th)$$

$$=\frac{\left(t-\frac{3}{2}\right)f(x_0)-(2t-2)f(x_1)+\left(t-\frac{1}{2}\right)f(x_2)}{h} \tag{7.65}$$

考查在各插值点处的值，得到如下的近似求导公式：

$$P_2'(x_0)=\frac{-3f(x_0)+4f(x_1)-f(x_2)}{2h} \tag{7.66}$$

$$P_2'(x_1)=\frac{-f(x_0)+f(x_2)}{2h} \tag{7.67}$$

$$P_2'(x_2)=\frac{f(x_0)-4f(x_1)+3f(x_2)}{2h} \tag{7.68}$$

其中，式(7.67)就是计算 $f'(x_1)$的中心差分公式，它少计算一次函数值。利用式(7.62)可类似地分析上述三点公式的截断误差，结果表明它们都具有 2 阶准确度。

对三点插值函数还可以求 2 阶甚至高阶导数。例如，对式(7.65)再求一次导数，得

$$f''(x)\approx P_2''(x)=\frac{f(x_0)-2f(x_1)+f(x_2)}{h^2} \tag{7.69}$$

当 $x=x_1$ 时，这就是近似 $f''(x_1)$的 2 阶中心差分公式 $G_c(h)$。式(7.69)也可近似

$f''(x_0)$和$f''(x_2)$,通过泰勒展开可分析它们的截断误差,得

$$f''(x_k)=\frac{f(x_0)-2f(x_1)+f(x_2)}{h^2}+O(h),\quad k=0,2$$

这说明它们仅有1阶准确度。式(7.69)近似$f''(x_1)$时的准确度最高(即2阶中心差分),具有2阶准确度。

从上述讨论看出,只增加插值节点即可构造出更高精度或求更高阶导数的近似公式。而对于节点不等距的情况,用多项式插值可类似地构造出适合实际问题的近似求导公式。更复杂的数值微分方法,可利用三次样条插值计算近似导数。

7.7.3 数值微分的外推算法

基于中心差分公式的误差展开式

$$f'(x)-D_c(h)=\alpha_1h^2+\alpha_2h^4+\cdots+\alpha_kh^{2k}+\cdots \tag{7.70}$$

其中,$\alpha_k(k=1,2,\cdots)$是与h无关的量,也可以使用理查森外推技术得到更准确的导数值。这个过程与由梯形求积公式外推出更高阶的近似积分公式完全类似。假设将h变为$h/2$,则

$$f'(x)-D_c\left(\frac{h}{2}\right)=\frac{\alpha_1}{4}h^2+\frac{\alpha_2}{16}h^4+\cdots \tag{7.71}$$

根据式(7.70)和式(7.71),得

$$f'(x)-\frac{4D_c\left(\frac{h}{2}\right)-D_c(h)}{3}=O(h^4)$$

记

$$D_c^{(1)}\left(\frac{h}{2}\right)=\frac{4D_c\left(\frac{h}{2}\right)-D_c(h)}{3}$$

则它是更高阶准确度的近似求导公式。将步长h逐次减半,可反复进行理查森外推。一般地,若记$D_c^{(0)}(h)=D_c(h)$,则通过公式

$$D_c^{(m)}\left(\frac{h}{2}\right)=\frac{4^mD_c^{(m-1)}\left(\frac{h}{2}\right)-D_c^{(m-1)}(h)}{4^m-1},\quad (m=1,2,\cdots) \tag{7.72}$$

可构造出高阶准确的值序列$D_c^{(m)}(h)$,其近似$f'(x)$的误差阶为$O(h^{2(m+1)})$。

与Romberg求积算法一样,也可构造逐次外推的数值求导算法。但应注意的是,考虑到计算中的舍入误差,外推的次数m不能太多,否则计算$D_c\left(\frac{h}{2^m}\right)$时,由于步长太小,造成很大的舍入误差,而且计算量也会成比例增大。

例7.11(数值微分的外推计算):用逐次外推方法计算$f(x)=x^2\mathrm{e}^{-x}$在$x=0.5$处的导数。

【解】 依次取$h=0.1,0.05,0.025$计算中心差分的值$D_c(0.1)$、$D_c(0.05)$、$D_c(0.025)$,类似于Romberg求积算法使用的T数表,可显示结果以及根据式(7.72)得到的外推值列表。做两级外推得到的结果见表7-9。

表 7-9　做两级外推得到的结果

h	$D_c(h)$	$D_c^{(1)}(h)$	$D_c^{(2)}(h)$
0.1	0.451 604 908 1		
0.05	0.454 076 169 4	0.454 899 923 1	
0.025	0.454 692 628 8	0.454 898 115 2	0.454 897 994 7
准确的有效数字位数	3	5	9

$f'(0.5)$的准确值为 0.454 897 994 8,因此,$h=0.025$ 的中心差分结果有 3 位准确的有效数字,外推一次后的结果有 5 位准确数字,外推两次达到 9 位正确的有效数字。 ■

应当指出,理查森外推方法是很普遍的方法。例如,根据不同步长,对应的向前差分结果也可以通过外推提高准确度。上述讨论中考虑中心差分公式,是因为它有更高阶准确度,因此外推后的结果也更准确。

评　述

1676 年,牛顿在给莱布尼兹的信中提出了基于等距节点多项式插值的求积思想。1711 年,柯特斯系统地研究了牛顿的方法,给出了点数不超过 10 的所有牛顿-柯特斯公式。1743 年,辛普森发表了以他名字命名的求积公式,实际上在这之前,柯特斯等其他人已对该公式有所了解。高斯提出,选择积分节点的最佳位置可以得到更准确的求积公式,并于 1814 年发表了首个高斯求积公式。1927 年,Richardson 提出了以他名字命名的外推方法,1955 年,Romberg 将它应用于数值积分中,得到 Romberg 求积算法。第一个自适应求积程序由 McKeeman 于 1962 年发表。1964 年,Kronrod 提出了一种求积公式,后来得到较广泛的应用。

本章讨论的数值积分方法主要针对一元函数,与之相关的还有如下内容。

(1) 一维表格函数积分与广义积分。前者通过离散数据点的插值函数计算积分,常用的是分段线性插值和样条插值;后者包括被积函数无界和积分区间无界两种情况:一种做法是通过变量代换去掉奇异点或将无界区间变为有界区间;另一种做法是多次计算有限区间的积分,结合外推方法近似广义积分。

(2) 使用高斯求积公式的自适应积分。这需要将高斯积分的思想加以扩展,如前面提到的 Lobatto 公式和 Kronrod 公式。自适应积分需要一对求积公式,它们的差将作为误差估计,而且为使函数调用次数最少,求积公式之间必须共用一些积分节点。因此,使用高阶 Lobatto 公式、Kronrod 公式的自适应高斯求积算法被很多数值积分软件所使用(如 MATLAB 中的函数 quadl 和 quadgk)。

(3) 多重积分。通过累次积分可将一维积分的方法推广到二维以上的多重积分,但随着维数增加,计算量也迅速增加。计算高维积分(重数大于 3)的有效方法是蒙特卡洛(Monte Carlo)方法,它在积分区域中随机选取采样点,然后将它们对应函数值的平均值与积分区域"体积"相乘得到积分的估计值。蒙特卡洛方法的特点是收敛速度与维数无关,因此特别适合维数很高的积分计算。有关蒙特卡洛方法的更多内容,可参考文献[1]。

表7-10列出一些数值积分程序或命令,其中,很多一维求积程序使用基于高斯公式的自适应积分算法。除了表7-10中列出的,还有一些计算高斯求积公式中节点和系数(也称为权值)的程序,如Netlib中的gaussg、发表在TOMS上的orthpol包(#726)中的gauss和gqrat(#793)等。数值积分软件一般要求用户输入被积函数求值的程序名、积分区间端点以及误差阈值,而输出还可能有误差估计值、警告或错误标志以及计算函数值的次数等。

表7-10 一些数值积分程序或命令

软件/程序包	一维积分	二维积分	更高维积分
HSL	qa02/qa04/qa05		qb01/qm01
MATLAB	quad/quadl/quadgk	dblquad/quad2d	triplequad
NAG	d01ajf	d01daf	d01fcf
NR		vegas/miser	dfridr
TOMS	squank(#379)	cubtri(#584)	dcuhre(#698)
TOMS	qxg/qxgs(#691)	triex(#612)	dcutet(#720)
TOMS	quad(#699)	dcutri(#706)	
TOMS		cubpack(#764)	

数值微分的软件主要有HSL中的tdol、MATLAB中的diff、NAG中的d04aaf等。此外,还有很多自动求导的软件包,有关信息可参考网站www. mcs. anl. gov/adifor,以及文献:

- Griewank, *Evaluating Derivatives: Principles and Techniques of Algorithmic Differentiation*, SIAM Press, 2000.

除了数值积分、微分方法,MATLAB中的符号数学工具箱(Symbolic Math Toolbox)提供了精确积分与求导的功能,进行解析积分的命令为int,而求导的命令为diff。使用命令syms定义了符号变量以及函数的符号表达式后,就可以用它们求原函数与各阶导数,这在实际应用中有时是很方便的。

关于外推方法的全面介绍,见文献:

- C. Brezinski, M. Redivo Zaglia, *Extrapolation Methods: Theory and Practice*, *Elsevier Press*, New York, 1991.

对于积分方程、微分方程的数值求解,有大量专门的书籍讨论。

【本章知识点】 机械求积公式;积分余项;代数精度;插值型求积公式及其代数精度;中矩形公式、梯形公式;求积公式的稳定性;求积公式的收敛性;牛顿-柯特斯公式及其代数精度;柯特斯系数;辛普森公式、柯特斯公式;梯形公式、辛普森公式的积分余项;复合梯形公式;等距节点求积公式的准确度阶数;复合辛普森公式;步长折半情况下的复合求积公式计算;复合梯形公式的余项展开式;理查森外推法;龙贝格积分算法;自适应积分算法的原理;高斯求积公式;带权积分的高斯求积公式;高斯点的性质以及高斯求积公式的构造;高斯-勒让德公式;向前、向后、中心差分公式;2阶中心差分公式;有限差分公式的准确度阶数;插值型求导公式;数值微分的外推算法。

算法背后的历史："数学王子"高斯

约翰·卡尔·弗里德里希·高斯(Johann Carl Friedrich Gauss,1777 年 4 月 30 日—1855 年2 月 23 日,见图 7-9)是德国著名数学家、物理学家、天文学家、大地测量学家。高斯的成就遍及数学的各个领域,在数论、非欧几何、微分几何、超几何级数、复变函数论及椭圆函数论等方面均有开创性贡献。高斯被公认为是 19 世纪最伟大的数学家,与阿基米德、牛顿并列为世界三大数学家。

图 7-9　高斯

高斯于 1777 年 4 月 30 日生于布伦瑞克的一个工匠家庭。1792 年,15 岁的高斯进入布伦瑞克学院,在那里独立发现了二项式定理的一般形式、证明了"质数分布定理"、数论上的"二次互反律"。1795 年,高斯进入哥廷根大学。1796 年,19 岁的高斯取得了一个数学史上极重要的成果,即论文"正十七边形尺规作图之理论与方法"。1801 年,高斯又证明了"Fermat 素数"边数的正多边形可以由尺规法作出。高斯从 1807 年起担任哥廷根大学教授兼哥廷根天文台台长,直至逝世。

高斯的主要贡献举例

- 高斯消去法。
- 质数分布定理和最小二乘法。
- 高斯分布(标准正态分布)。
- 高斯求积公式。
- 无穷级数的高斯判敛法。
- 发现了谷神星的运行轨迹。
- 证明代数基本定理。
- 微分几何的创始人之一。

高斯的故事

一天,德国哥廷根大学,一个 19 岁的青年吃完晚饭,开始做导师单独布置给他的数学题。正常情况下,他总是在两个小时内完成这项作业。像往常一样,前两道题目在两个小时内顺利完成了。第三道题写在一张小纸条上,要求只用圆规和一把没有刻度的直尺做正十七边形,他没多想,埋头做起来。然而,做着做着,他感到越来越吃力。困难激起了他的斗志:我一定要把它做出来!天亮时,他终于做出了这道难题。导师看了他的作业后惊呆了。他用颤抖的声音对青年说:"这真是你自己做出来的?你知不知道,你解开了一道有 2000 多年历史的数学悬案?阿基米德、牛顿都没有解出来,你竟然一个晚上就解出来了!……我最近正在研究这道难题,昨天不小心把写有这个题目的小纸条夹在了给你的题目里。"多年以后,这个青年回忆起这一幕时,总是说:"如果有人告诉我,这是一道有 2000 多年历史的数学难题,我不可能在一个晚上解决它。"这个青年就是数学王子高斯。

高斯在 1810 年提出了消去法,他的这个方法是为了简化二次型,而不是为了矩阵分解。实际上,求解线性方程组中的高斯消去法是 20 世纪 40 年代由 Dwyer、冯·诺依曼(von Neumann)等人提出的。高斯最早提出,通过积分点的最佳分布可得到更精确的数值积分方法,并于 1814 年发表了第一个这样的求积公式,高斯求积公式因此得名。

高斯名言

- 数学是科学里的皇后,数论是数学中的女王。
- 宁可少些,但要好些。
- 数学中的一些美丽定理具有这样的特性:它们极易从事实中归纳出来,但证明却隐藏得极深。
- 给我最大快乐的,不是已懂得的知识,而是不断地学习;不是已有的东西,而是不断地获取;不是已达到的高度,而是继续不断地攀登。

练　习　题

1. 确定下列求积公式中积分系数或积分节点的待定值,使其代数精度尽量高,并指明所构造的求积公式具有的代数精度。

(1) $\int_{-2h}^{2h} f(x)\mathrm{d}x \approx A_{-1}f(-h)+A_0f(0)+A_1f(h)$。

(2) $\int_{-1}^{1} f(x)\mathrm{d}x \approx [f(-1)+2f(x_1)+3f(x_2)]/3$。

2. 若积分节点 $x_k, k=0,1,2,\cdots,n$ 已给定,要求机械求积公式的积分系数,使得求积公式至少具有 n 次代数精度。请根据定理 7.1 列出待求解的线性方程组,并判断解的存在性和唯一性。

3. 直接验证柯特斯公式

$$C=\frac{b-a}{90}[7f(x_0)+32f(x_1)+12f(x_2)+32f(x_3)+7f(x_4)]$$

具有 5 次代数精度。

4. 用辛普森公式求积分 $\int_0^1 \mathrm{e}^{-x}\mathrm{d}x$ 并估计误差。

5. 证明下列等式,它们分别说明了 3 种矩形求积公式及其余项公式。

(1) $\int_a^b f(x)\mathrm{d}x=(b-a)f(a)+\frac{f'(\eta)}{2}(b-a)^2, \eta\in(a,b)$。

(2) $\int_a^b f(x)\mathrm{d}x=(b-a)f(b)-\frac{f'(\eta)}{2}(b-a)^2, \eta\in(a,b)$。

(3) $\int_a^b f(x)\mathrm{d}x=(b-a)f\left(\frac{a+b}{2}\right)+\frac{f''(\eta)}{24}(b-a)^3, \eta\in(a,b)$。

6. 对下列积分,分别用复合梯形公式和复合辛普森公式计算。其中,n 表示计算中使用 $n+1$ 个区间等分点上的函数值,然后比较两种方法计算结果的准确度。

(1) $\int_0^1 \frac{x}{4+x^2}\mathrm{d}x,\quad n=8$。

(2) $\int_1^9 \sqrt{x}\mathrm{d}x,\quad n=4$。

7. 若用复合梯形公式计算积分 $I=\int_0^1 \mathrm{e}^x\mathrm{d}x$,区间[0,1]应该分成多少等分,才能使截断误差不超过$\frac{1}{2}\times10^{-5}$？若改用复合辛普森公式，达到同样精度区间[0,1]，应分多少等分？

8. 如果 $f''(x)>0$，证明用梯形公式计算积分 $I=\int_a^b f(x)\mathrm{d}x$ 所得结果比准确值 I 大，并说明其几何意义。

9. 用龙贝格求积算法计算下列积分，误差阈值设为 10^{-5}：

$$\frac{2}{\sqrt{\pi}}\int_0^1 \mathrm{e}^{-x}\mathrm{d}x$$

10. 证明等式

$$n\sin\frac{\pi}{n}=\pi-\frac{\pi^3}{3!n^2}+\frac{\pi^5}{5!n^4}-\cdots$$

试依据 $n\sin(\pi/n)(n=3,6,12)$的值，用理查森外推方法求 π 的近似值。

11. 用 $n=1,2$ 的高斯-勒让德公式分别计算积分

$$\int_1^3 \mathrm{e}^x\sin x\mathrm{d}x$$

12. 将积分区间分为 4 等分，用复合两点高斯公式计算积分 $\int_1^3\frac{\mathrm{d}y}{y}$。

13. 假定 $h=0.2$ 时用向前差分公式得到导数的近似值为 -0.8333，在 $h=0.1$ 时用向前差分公式得到导数的近似值为 -0.9091，用理查森外推方法求导数的更好的近似值。

上　机　题

1. 编程实现龙贝格求积算法 7.1，用它计算 π 的近似值

$$\int_0^1\frac{4}{1+x^2}\mathrm{d}x=\pi$$

(1) 改变不同的步长 h，看结果误差怎么变化(根据已知的 π 值)，是否存在一个最小的 h，结果准确度不再改善。

(2) 用自适应求积的 MATLAB 程序 quadtx，设置不同的误差阈值计算上述积分，画出积分节点的分布情况。

(3) 比较(1)、(2)两种方法的计算量，包括计算函数的次数和实际计算时间。

2. 对下述积分重新做上机题 1：

$$\int_0^1\sqrt{x}\ln x\mathrm{d}x=-\frac{4}{9}$$

注意：$\lim\limits_{x\to0}\sqrt{x}\ln x=\lim\limits_{y\to\infty}-\frac{\ln y}{y^{1/2}}=0$。

3. 修改自适应积分程序 quadtx，使用中矩阵公式和梯形公式计算同一个积分，根据它们的结果进行误差估计。使用修改后的程序重新计算例 7.7，与原始的 quadtx 程序比较计算效率。

4. 用数值积分方法近似计算

$$\ln2=\int_1^2\frac{1}{x}\mathrm{d}x$$

及圆周率

$$\pi = 4\int_0^1 \frac{1}{1+x^2}\mathrm{d}x$$

(1) 用复合 Simpson 求积公式计算,要求绝对误差小于$\frac{1}{2}\times 10^{-8}$,试根据积分余项估计步长 h 的取值范围。按要求选择一个步长进行计算,观察数值结果与误差要求是否相符。

(提示:可以利用 MATLAB 的符号运算工具箱求函数的高阶导数表达式,详见命令 diff、syms 的帮助文档。)

(2) 用下面的复合 Gauss 公式计算近似积分

$$\int_a^b f(x)\mathrm{d}x = \frac{h}{2}\sum_{i=0}^{n-1}\left[f\left(x_{i+\frac{1}{2}} - \frac{h}{2\sqrt{3}}\right) + f\left(x_{i+\frac{1}{2}} + \frac{h}{2\sqrt{3}}\right)\right] + \frac{(b-a)h^4}{4320}f^{(4)}(\xi_1),\quad \xi_1\in(a,b)$$

其中,$h=(b-a)/n$,$x_{i+\frac{1}{2}}=x_i+\frac{h}{2}$。复合 Gauss 积分的思想是:将$[a,b]$做等距划分,即 $x_i=a+ih$,$(i=0,1,2,\cdots,n)$,然后在每个子区间内应用两点 Gauss 公式。试对步长 h 做先验估计(误差要求与(1)同),并计算近似积分。

第8章 常微分方程初值问题的解法

在科学与工程问题中,常微分方程描述物理量的变化规律,应用非常广泛。本章介绍最基本的常微分方程初值问题的解法,主要针对单个常微分方程,也讨论常微分方程组的有关技术。

8.1 引 言

本节介绍常微分方程以及初值问题的基本概念,并对常微分方程初值问题的敏感性进行分析。

8.1.1 问题分类与可解性

很多科学与工程问题在数学上都用微分方程描述,例如,天体运动的轨迹、机器人控制、化学反应过程的描述和控制以及电路瞬态过程分析等。这些问题中要求解随时间变化的物理量,即未知函数 $y(t)$,t 表示时间,而微分方程描述了未知函数与它的1阶或高阶导数之间的关系。由于未知函数是单变量函数,这种微分方程被称为*常微分方程*(ordinary differential equation,ODE),它具有如下的一般形式[①]:

$$g(t,y,y',\cdots,y^{(k)})=0 \tag{8.1}$$

其中,函数 $g:\mathbb{R}^{k+2}\to\mathbb{R}$。类似地,如果待求的物理量为多元函数,则由它及其偏导函数构成的微分方程称为*偏微分方程*(partial differential equation,PDE)。偏微分方程的数值解法超出了本书范围,但其基础是常微分方程的解法。

在实际问题中,往往有多个物理量相互关联,它们构成的一组常微分方程决定了整个系统的变化规律。首先针对单个常微分方程的问题介绍一些基本概念和求解方法,然后在第8.5节讨论常微分方程组的有关问题。

如式(8.1),若常微分方程包含未知函数的最高阶导数为 $y^{(k)}$,则称为*k 阶常微分方程*。大多数情况下,可将常微分方程(8.1)写成如下的等价形式:

$$y^{(k)}=f(t,y,y',\cdots,y^{(k-1)}) \tag{8.2}$$

其中,函数 $f:\mathbb{R}^{k+1}\to\mathbb{R}$。这种等号左边为未知函数的最高阶导数 $y^{(k)}$ 的方程称为*显式常微分方程*,对应的形如式(8.1)的方程称为*隐式常微分方程*。

通过简单的变量代换,可将一般的 k 阶常微分方程转换为*1阶常微分方程组*。例如,对于方程(8.2),设 $u_1(t)=y(t)$,$u_2(t)=y'(t)$,$\cdots$,$u_k(t)=y^{(k-1)}(t)$,则得到等价的1阶显式常微分方程组为

$$\begin{cases} u_1'=u_2 \\ u_2'=u_3 \\ \quad\vdots \\ u_k'=f(t,u_1,u_2,\cdots,u_k) \end{cases} \tag{8.3}$$

---

① 为了表达式简洁,在常微分方程中一般省略函数的自变量,即将 $y(t)$ 简记为 y,$y'(t)$ 简记为 y',等等。

本书仅讨论显式常微分方程,并且不失一般性,只需考虑1阶常微分方程或方程组。

例 8.1(1 阶显式常微分方程):试用微积分知识求解如下1阶常微分方程:

$$y' = y\text{。}$$

【解】 采用分离变量法进行推导

$$\frac{\mathrm{d}y}{\mathrm{d}t} = y \quad \Rightarrow \quad \frac{\mathrm{d}y}{y} = \mathrm{d}t$$

对两边积分,得到原方程的解为

$$y(t) = c \cdot \mathrm{e}^t$$

其中,c 为任意常数。 ■

从例8.1看出,仅根据常微分方程一般无法得到唯一的解。要确定唯一解,还要在一些自变量点上给出未知函数的值,称为边界条件。一种边界条件的设置方法是给出 $t=t_0$ 时未知函数的值

$$y(t_0) = y_0$$

在合理的假定下,从 t_0 时刻对应的初始状态 y_0 开始,常微分方程决定了未知函数在 $t>t_0$ 时的变化情况。也就是说,这个边界条件可以确定常微分方程的唯一解(见定理8.1)。相应地,称 $y(t_0)=y_0$ 为初始条件,而带初始条件的常微分方程问题

$$\begin{cases} y' = f(t,y), & t \geqslant t_0 \\ y(t_0) = y_0 \end{cases} \tag{8.4}$$

为*初值问题*(initial value problem,IVP)。

定理 8.1:若函数 $f(t,y)$ 关于 y 满足利普希茨(Lipschitz)条件,即存在常数 $L>0$,使得对任意 $t\geqslant t_0$,任意的 y 与 $\hat{y}$,有

$$| f(t,y) - f(t,\hat{y}) | \leqslant L | y - \hat{y} | \tag{8.5}$$

则常微分方程初值问题(8.4)存在唯一的解。

一般情况下,定理8.1的条件总是满足的,因此常微分方程初值问题的解总是唯一存在的。为了更清楚地理解这一点,考虑 $f(t,y)$ 的偏导数 $\frac{\partial f}{\partial y}$ 存在,则它在求解区域内可推出利普希茨条件(8.5),因为

$$f(t,y) - f(t,\hat{y}) = \frac{\partial f}{\partial y}(t,\xi) \cdot (y - \hat{y})$$

其中,ξ 为介于 y 和 $\hat{y}$ 之间的某个值。设 L 为 $\left|\frac{\partial f}{\partial y}(t,\xi)\right|$ 的上界,式(8.5)即得以满足。

对式(8.4)中的1阶常微分方程还可进一步分类。若 $f(t,y)$ 是关于 y 的线性函数,

$$f(t,y) = a(t)y + b(t) \tag{8.6}$$

其中,$a(t)$、$b(t)$ 表示自变量为 t 的两个一元函数,则对应的常微分方程为*线性常微分方程*,若 $b(t)\equiv 0$,则为线性齐次常微分方程。例8.1中的方程属于线性、齐次、常系数微分方程,这里的"常系数"是强调 $a(t)$ 为常数函数。

8.1.2 问题的敏感性

对常微分方程初值问题,可分析它的敏感性,即考虑初值发生扰动对结果的影响。注意这里的结果(解)是一个函数,而不是一个或多个值。由于实际应用的需要,分析常微分方程

初值问题的敏感性时主要关心 $t\to\infty$ 时 $y(t)$ 受影响的情况，并给出有关的定义。此外，考虑到常微分方程的求解总与数值算法交织在一起以及历史的原因，一般用“稳定”“不稳定”等词汇说明问题的敏感性。

定义 8.1：对于常微分方程初值问题(8.4)，考虑初值 y_0 的扰动使问题的解 $y(t)$ 发生偏差的情形。若 $t\to\infty$ 时，$y(t)$ 的偏差被控制在有界范围内，则称该初值问题是稳定的(stable)，否则该初值问题是不稳定的(unstable)。特别地，若 $t\to\infty$ 时，$y(t)$ 的偏差收敛到 0，则称该初值问题是渐进稳定的(asymptotically stable)。

关于定义 8.1，说明以下两点。

(1) 渐进稳定是比稳定更强的结论，若一个问题是渐进稳定的，它必然是稳定的。

(2) 对于不稳定的常微分方程初值问题，初始数据的扰动将使 $t\to\infty$ 时的结果误差无穷大。因此，为了保证数值求解的有效性，常微分方程初值问题具有稳定性是非常重要的。

例 8.2（**初值问题的稳定性**）：考查如下“模型问题”的稳定性：

$$\begin{cases} y' = \lambda y, & t \geqslant t_0 \\ y(t_0) = y_0 \end{cases} \tag{8.7}$$

【解】 易知此常微分方程的准确解为 $y(t)=y_0\mathrm{e}^{\lambda(t-t_0)}$。假设初值经过扰动后变为 $y_0+\Delta y_0$，对应的扰动后解为

$$\hat{y}(t) = (y_0 + \Delta y_0)\mathrm{e}^{\lambda(t-t_0)}$$

所以扰动带来的误差为

$$\Delta y(t) = \Delta y_0 \mathrm{e}^{\lambda(t-t_0)}$$

根据定义 8.1，需考虑 $t\to\infty$ 时 $\Delta y(t)$ 的值，它取决于 λ。易知，若 $\lambda\leqslant 0$，则原问题是稳定的；若 $\lambda>0$，则原问题不稳定；而且当 $\lambda<0$ 时，原问题渐进稳定。 ■

图 8-1 分 3 种情况显示了初值扰动对问题(见式(8.7))的解的影响，从中可以看出不稳定、稳定、渐进稳定的不同含义。

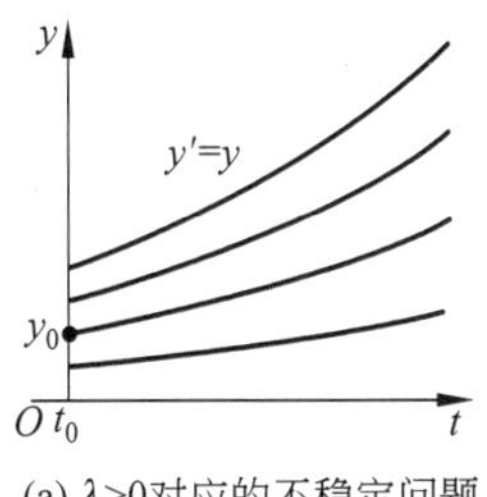

(a) λ>0对应的不稳定问题

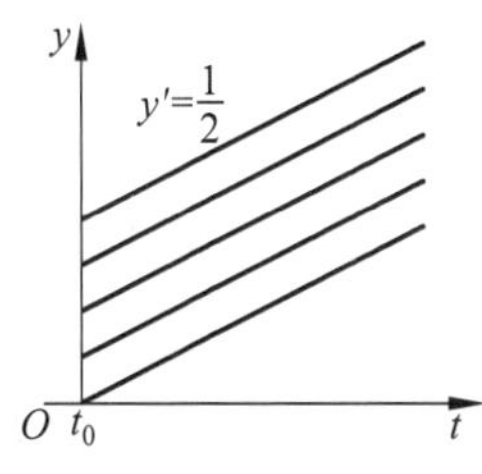

(b) λ=0对应的稳定问题

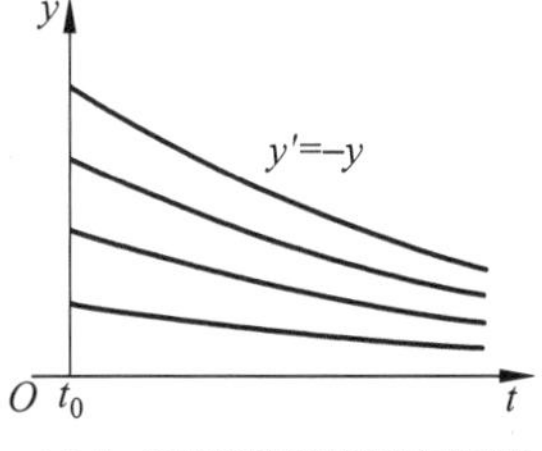

(c) λ<0对应的渐进稳定问题

图 8-1　初值扰动对问题(见式(8.7))的解的影响

对例 8.2 中的模型问题，若考虑参数 λ 为一般的复数，则问题的稳定性取决于 λ 的实部，若 $\mathrm{Re}(\lambda)\leqslant 0$，则问题是稳定的，否则不稳定。例 8.2 的结论还可推广到线性、常系数常微分方程，即根据 $f(t,y)$ 中 y 的系数可确定初值问题的稳定性。对于一般的线性常微分方程(8.6)，由于方程中 y 的系数为关于 t 的函数，因此仅能分析 t 取某个值时的局部稳定性。

例 8.3（**局部稳定性**）：考查如下常微分方程初值问题的稳定性：

$$\begin{cases} y' = -10ty, & t \geqslant 0 \\ y(0) = 1 \end{cases} \tag{8.8}$$

【解】 此常微分方程为线性常微分方程,其中 y 的系数为 $a(t)=-10t$。当 $t\geqslant 0$ 时,$a(t)\leqslant 0$,在定义域内每个时间点上该问题都是局部稳定的。 ■

事实上,方程(8.8)的解析为 $y(t)=\mathrm{e}^{-5t^2}$,初值扰动 Δy_0 造成的结果误差为 $\Delta y(t)=\Delta y_0\mathrm{e}^{-5t^2}$。这说明初值问题(见式(8.8))是稳定的。

对于更一般的1阶常微分方程(8.4),由于其中 $f(t,y)$ 可能是非线性函数,分析它的稳定性非常复杂。一种方法是通过泰勒展开用一个线性常微分方程近似它,再利用线性常微分方程稳定性分析的结论了解它的局部稳定性。具体地说,在某个解函数 $y^*(t)$ 附近用1阶泰勒展开近似 $f(t,y)$,

$$f(t,y)\approx f(t,y^*)+\frac{\partial f}{\partial y}(t,y^*)(y-y^*)$$

则原微分方程被局部近似为(用符号 z 代替 y)

$$z'=\frac{\partial f}{\partial y}(t,y^*)(z-y^*)+f(t,y^*)$$

这是关于未知函数 $z(t)$ 的1阶线性常微分方程,可分析 t 取某个值时的局部稳定性。因此,对于具体的 $y^*(t)$ 和 t 的取值,常微分方程初值问题(见式(8.4))的局部稳定性取决于 $\frac{\partial f}{\partial y}(t,y^*)$ 的实部的正负号。应注意的是,这样得到的关于稳定性的结论只是局部有效的。

实际遇到的大多数常微分方程初值问题都是稳定的,因此在后面讨论数值解法时,这常常是默认的条件。

8.2 简单的数值解法与有关概念

大多数常微分方程都无法解析求解(尤其是常微分方程组),只能得到解的数值近似。数值解与解析解有很大差别,它是解函数在离散点集上近似值的列表,因此求解常微分方程的数值方法也称为离散变量法。本节先介绍最简单的常微分方程初值问题解法——欧拉法(Euler method),然后给出数值解法的稳定性和准确度的概念,最后介绍两种隐格式解法。

8.2.1 欧拉法

数值求解常微分方程初值问题,一般都是"步进式"的计算过程,即从 t_0 开始依次算出离散自变量点上的函数近似值。这些离散自变量点和对应的函数近似值记为

$$t_0<t_1<\cdots<t_n<t_{n+1}<\cdots$$

$$y_0,y_1,\cdots,y_n,y_{n+1},\cdots$$

其中,y_0 是根据初值条件已知的。相邻自变量点的间距为 $h_n=t_{n+1}-t_n$,称为步长。

数值解法通常使用形如

$$y_{n+1}=G(y_{n+1},y_n,y_{n-1},\cdots,y_{n-k})\tag{8.9}$$

的计算公式,其中,G 表示某个多元函数。式(8.9)是若干个相邻时间点上函数近似值满足的关系式,利用它以及较早时间点上的函数近似值可算出 y_{n+1}。若式(8.9)中 $k=0$,则对应

的解法称为单步法(single-step method)，其计算公式为

$$y_{n+1} = G(y_{n+1}, y_n) \tag{8.10}$$

否则，称为多步法(multiple-step method)。另一方面，若函数 G 与 y_{n+1} 无关，即

$$y_{n+1} = G(y_n, y_{n-1}, \cdots, y_{n-k})$$

则称为显格式方法(explicit method)，否则称为隐格式方法(implicit method)。显然，显格式方法的计算较简单，只将已得到的函数近似值代入等号右边，即可算出 y_{n+1}。

欧拉法是一种显格式单步法，对初值问题(见式(8.4))，其计算公式为

$$y_{n+1} = y_n + h_n f(t_n, y_n), \quad (n = 0,1,2,\cdots) \tag{8.11}$$

它可根据数值微分的向前差分公式(第 7.7 节)导出。由于 $y' = f(t, y)$，则

$$y'(t_n) = f(t_n, y(t_n)) \approx \frac{y(t_{n+1}) - y(t_n)}{h_n}$$

得到近似公式 $y(t_{n+1}) \approx y(t_n) + h_n f(t_n, y(t_n))$，将其中的函数值换为数值近似值，则得到欧拉法的递推计算式(8.11)。还可以从数值积分的角度进行推导，由于

$$y(t_{n+1}) = y(t_n) + \int_{t_n}^{t_{n+1}} y'(s)\mathrm{d}s = y(t_n) + \int_{t_n}^{t_{n+1}} f(s, y(s))\mathrm{d}s$$

用左矩形公式近似计算其中的积分(矩形的高为 $s = t_n$ 时被积函数值)，有

$$y(t_{n+1}) \approx y(t_n) + h_n f(t_n, y(t_n))$$

将其中的函数值换为数值近似值，便得到欧拉法的计算公式。

例 8.4 (欧拉法)：用欧拉法求解初值问题

$$\begin{cases} y' = t - y + 1 \\ y(0) = 1 \end{cases}$$

求 $t = 0.5$ 时 $y(t)$ 的值，计算中将步长分别固定为 0.1 和 0.05。

【解】 在本题中，$f(t, y) = t - y + 1$，$t_0 = 0$，$y_0 = 1$，则欧拉法计算公式为

$$y_{n+1} = y_n + h(t_n - y_n + 1), \quad (n = 0,1,2,\cdots)$$

当步长 $h = 0.1$ 时，计算公式为 $y_{n+1} = 0.9y_n + 0.1t_n + 0.1$；当步长 $h = 0.05$ 时，计算公式为 $y_{n+1} = 0.95y_n + 0.05t_n + 0.05$。两种情况的计算结果都列于表 8-1 中，同时也给出了准确解 $y(t) = t + \mathrm{e}^{-t}$ 的结果。

表 8-1　欧拉法计算例 8.4 的结果

$h=0.1$			$h=0.05$			
t_n	y_n	$y(t_n)$	t_n	y_n	t_n	y_n
0.1	1.000 000	1.004 837	0.05	1.000 000	0.3	1.035 092
0.2	1.010 000	1.018 731	0.10	1.002 500	0.35	1.048 337
0.3	1.029 000	1.040 818	0.15	1.007 375	0.4	1.063 420
0.4	1.056 100	1.070 320	0.20	1.014 506	0.45	1.080 249
0.5	**1.090 490**	**1.106 531**	0.25	1.023 781	0.5	**1.098 737**

从计算结果可以看出，步长取 0.05 时，计算的误差较小。■

在常微分方程初值问题的数值求解过程中,步长 $h_n(n=0,1,2,\cdots)$ 的设置对计算的准确性和计算量都有影响。一般地,步长越小,计算结果越准确,但计算步数也越多(对于固定的计算区间右端点),因此总计算量就越大。在实际的数值求解过程中,如何设置合适的步长达到准确度与效率的最佳平衡是很重要的一个问题。

8.2.2 数值解法的稳定性与准确度

使用数值方法求解初值问题时,还应考虑数值方法的稳定性。实际的计算过程中都存在误差,若某一步的解函数近似值 y_n 存在误差,在后续递推计算过程中,它会如何传播呢?会不会恶性增长,以至于"淹没"准确解?通过数值方法的稳定性分析,可以回答这些问题。首先给出稳定性的定义。

定义 8.2:采用某个数值方法求解常微分方程初值问题(见式(8.4)),若在节点 t_n 上的函数近似值存在扰动 δ_n,由它引起的后续各节点上的误差 $\delta_m(m>n)$ 均不超过 δ_n,即 $|\delta_m|\leqslant|\delta_n|(m>n)$,则称该方法是稳定的。

在大多数实际问题中,截断误差是常微分方程数值求解中的主要计算误差,因此我们忽略舍入误差。此外,仅考虑稳定的常微分方程初值问题。

考虑单步法的稳定性,需要分析扰动 δ_n 对 y_{n+1} 的影响,推导 δ_{n+1} 与 δ_n 的关系式。以欧拉法为例,先考虑模型问题(见式(8.7)),并且设 $\mathrm{Re}(\lambda)\leqslant 0$,此时欧拉法的计算公式为[①]

$$y_{n+1}=y_n+h\lambda y_n=(1+h\lambda)y_n$$

由 y_n 上的扰动 δ_n 引起 y_{n+1} 的误差为

$$\delta_{n+1}=(1+h\lambda)\delta_n$$

要使 δ_{n+1} 的大小不超过 δ_n,要求

$$|1+h\lambda|\leqslant 1 \tag{8.12}$$

式(8.12)是欧拉法求解模型问题(见式(8.7))保证稳定性的充要条件。假设 λ 为复数,则 $h\lambda$ 在复平面里落在如图 8-2 所示的单位圆中,才能保证计算的稳定性。这个 $h\lambda$ 在复平面内的取值范围称为稳定区域,而稳定区域与实数轴的交称为稳定区间。欧拉法的稳定区域就是如图 8-2 所示的阴影区域。

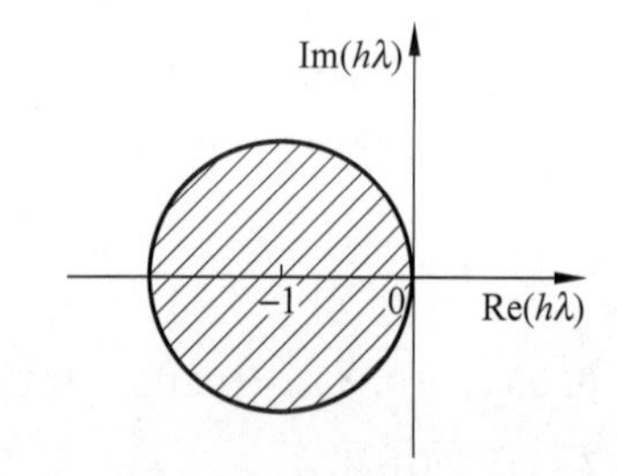

图 8-2 欧拉法解模型问题的稳定区域

考虑稳定的问题,且 λ 为非零实数的情况(即 $\lambda<0$),则由式(8.12)可推出

$$h\leqslant\frac{-2}{\lambda} \tag{8.13}$$

这说明使用欧拉法计算时,为保证稳定性,步长 h 不能取得太大。

对于一般的常微分方程(8.4),采用欧拉法求解,

$$y_{n+1}=y_n+hf(t_n,y_n)$$

则

$$\delta_{n+1}=\delta_n+h[f(t_n,y_n+\delta_n)-f(t_n,y_n)]=\delta_n\left[1+h\frac{\partial f}{\partial y}(t_n,y_n)\right]+O(\delta_n^2)$$

① 对于稳定性分析以及后面的一些场合,由于只考虑一步的计算,因此将步长 h_n 记为 h。

忽略扰动量 δ_n 的 2 阶小量，则欧拉法稳定的条件是

$$\left|1+h\frac{\partial f}{\partial y}(t_n,y_n)\right|\leqslant 1 \tag{8.14}$$

式(8.14)中 $h\dfrac{\partial f}{\partial y}(t_n,y_n)$ 的取值范围也是如图 8-2 所示的阴影部分。考虑到问题满足局部稳定性要求，一般有 $\mathrm{Re}\left(\dfrac{\partial f}{\partial y}(t_n,y_n)\right)<0$，则要保证欧拉法稳定，步长 h 的值不能太大。

例 8.5（不稳定的算法）：用欧拉法求解初值问题

$$\begin{cases}y'=-100y\\y(0)=1\end{cases}$$

固定步长 $h=0.025$，求 $t=0.15$ 时 $y(t)$ 的值。

【解】 欧拉法的计算公式为 $y_{n+1}=y_n+h(-100y_n)=-1.5y_n$，计算结果见表 8-2，其中也给出了准确解 $y(t)=\mathrm{e}^{-100t}$ 的结果。

表 8-2　欧拉法计算例 8.5 的结果

t_n	0	0.025	0.05	0.075	0.1	0.125	0.15
y_n	1	−1.50	2.25	−3.375	5.0625	−7.593 75	11.3906
$y(t_n)$	1	0.082 085	0.006 738	0.000 553	4.54×10^{-5}	3.73×10^{-6}	3.06×10^{-7}

从表 8-2 中可以看出，欧拉法的计算结果在准确值的上下波动，而且误差越来越大，是一种不稳定的现象。事实上，根据欧拉法求解模型问题的稳定性条件式(8.13)，$h\leqslant\dfrac{-2}{\lambda}=0.02$ 才能保证计算稳定，而此题设置的 $h=0.025$ 不在稳定区域内。■

除了保证稳定性，还应了解数值方法准确度与步长的关系，从而根据需求灵活地设定计算步长，达到最高的计算效率。下面先介绍局部截断误差的概念。

定义 8.3：设常微分方程初值问题（见式(8.4)）的数值解法为 $y_{n+1}=G(y_{n+1},y_n,y_{n-1},\cdots,y_{n-k})$，假设其中 $y_{n-i}(0\leqslant i\leqslant k)$ 均等于准确的解函数值 $y(t_{n-i})$，则

$$l_{n+1}=y(t_{n+1})-y_{n+1}$$

为该方法的*局部截断误差*（local truncation error）。

局部截断误差突出了当前这一步计算产生的误差，对于欧拉法来说，

$$l_{n+1}=y(t_{n+1})-y(t_n)-hf(t_n,y(t_n)) \tag{8.15}$$

先考虑简单的模型问题（见式(8.7)），则

$$l_{n+1}=y(t_{n+1})-y(t_n)-h\lambda y(t_n)$$

利用模型问题的解析解 $y(t_{n+1})=y(t_n)\mathrm{e}^{h\lambda}$，则

$$l_{n+1}=y(t_n)[\mathrm{e}^{h\lambda}-1-h\lambda]=\frac{(h\lambda)^2}{2}y(t_n)+O(h^3)=O(h^2) \tag{8.16}$$

式(8.16)说明欧拉法的局部截断误差是步长 h 的 2 阶小量。若对于一般的常微分方程，由式(8.15)推出

$$l_{n+1}=y(t_{n+1})-y(t_n)-hy'(t_n)=\frac{h^2}{2}y''(t_n)+O(h^3)=O(h^2) \tag{8.17}$$

也可得出相同的结论。

式(8.16)中的$\frac{1}{2}y(t_n)(h\lambda)^2$和式(8.17)中的$\frac{h^2}{2}y''(t_n)$称为*截断误差主项*。根据局部截断误差可定义一个方法的准确度阶数。

定义 8.4：若一个求解常微分方程初值问题的数值方法，其局部截断误差 $l_{n+1}=O(h^{p+1})$，则称该方法具有 p *阶准确度*。

根据定义，可以看出欧拉法具有1阶准确度。应当说明，求解常微分方程时实际上关心的是整体误差

$$e_n = y_n - y(t_n),$$

但能估计和控制的只有局部截断误差 l_n，因此须了解两者的关系。可以证明，在适当条件下，若局部截断误差为 $O(h^{p+1})$，则整体误差 $e_n=O(h^p)$，其中 h 为平均步长，这解释了准确度阶数的意义。基于这个结论，只要阶数 $p\geqslant 1$，随着步长 h 的减小，结果误差将逐渐收敛到0，这称为常微分方程数值解法的*收敛性*。我们讨论的所有数值方法都有至少1阶的准确度，因此都是收敛的。

8.2.3 向后欧拉法与梯形法

本节介绍另两种重要的数值解法：向后欧拉法和梯形法，并分析它们的稳定性和准确度阶数。

从数值积分的角度推导欧拉法的过程中，若使用右矩阵公式近似计算积分，则

$$y(t_{n+1}) = y(t_n) + \int_{t_n}^{t_{n+1}} f(s, y(s))\mathrm{d}s \approx y(t_n) + h_n f(t_{n+1}, y(t_{n+1})) \tag{8.18}$$

将其中的函数值替换为数值近似值，得到

$$y_{n+1} = y_n + h_n f(t_{n+1}, y_{n+1}) \tag{8.19}$$

这就是*向后欧拉法*(backward Euler method)的计算公式。

若使用梯形求积公式近似式(8.18)中的积分，则得到*梯形法*(trapezoid method)：

$$y_{n+1} = y_n + \frac{1}{2}h_n[f(t_n, y_n) + f(t_{n+1}, y_{n+1})] \tag{8.20}$$

从式(8.19)和式(8.20)看出，向后欧拉法和梯形法都是单步隐格式方法。一般地，f 函数可能是非线性函数，因此采用隐格式方法时每步计算都要求解一个非线性方程，这涉及第2章所学的不动点迭代法、牛顿法等内容。显然，隐格式方法每步的计算量比显格式方法大得多，那么它有什么优势呢？先看一个例子。

例 8.6（**向后欧拉法**）：用向后欧拉法求解例8.5中的例子，采用相同的步长。

【解】 向后欧拉法的计算公式为 $y_{n+1}=y_n+h(-100y_{n+1})$，即 $y_{n+1}=\frac{1}{3.5}y_n$，计算结果列于表8-3中，同时给出解的准确值。

表 8-3 用向后欧拉法计算例 8.5 中方程的结果

t_n	0	0.025	0.05	0.075	0.1	0.125	0.15
y_n	1	0.285 714	0.081 632 7	0.023 323	0.006 663	0.001 904	0.000 544
$y(t_n)$	1	0.082 085	0.006 738	0.000 553	4.54×10^{-5}	3.73×10^{-6}	3.06×10^{-7}

将准确的解函数曲线和向后欧拉法的计算结果绘于图 8-3 中，从中看出，随着 n 的增大，向后欧拉法的误差越来越小，而且也没有出现在准确值上下波动的现象。这直观地说明，向后欧拉法比例 8.5 中使用的欧拉法好得多。■

上例实际上反映了向后欧拉法的计算稳定性，下面仔细分析。先考虑模型问题（见式(8.7)），并且设 $\mathrm{Re}(\lambda)\leqslant 0$，向后欧拉法的计算公式为

$$y_{n+1}=y_n+h\lambda y_{n+1}\quad\Rightarrow\quad y_{n+1}=\frac{1}{1-h\lambda}y_n$$

假设 y_n 存在扰动 δ_n，则由它引起 y_{n+1} 的误差为

$$\delta_{n+1}=\frac{1}{1-h\lambda}\delta_n$$

因此要保证稳定性，则要求

$$\left|\frac{1}{1-h\lambda}\right|\leqslant 1$$

即

$$|1-h\lambda|\geqslant 1 \tag{8.21}$$

式(8.21)反映了向后欧拉法的稳定区域为复平面上某个单位圆外的区域，即如图 8-4 所示的阴影区域。而且，由于 $\mathrm{Re}(\lambda)\leqslant 0$，对任意步长 h，式(8.21)均得到满足。向后欧拉法的这种性质称为*无条件稳定*(unconditionally stable)。对更一般的常微分方程，可做类似分析，只要常微分方程本身是稳定的，则对任意的计算步长，向后欧拉法都是无条件稳定的。

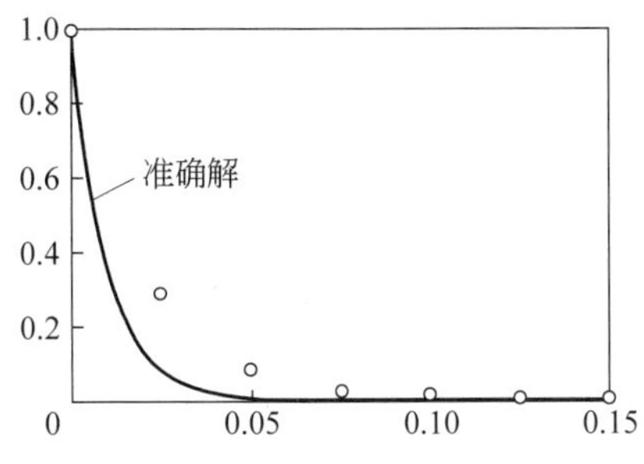

图 8-3　例 8.6 中向后欧拉法的计算结果

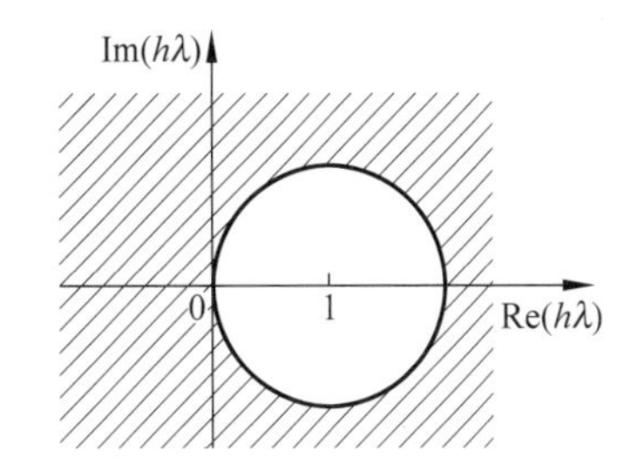

图 8-4　向后欧拉法解模型问题的稳定区域

关于梯形法的稳定性分析，也可得出无条件稳定的结论，具体细节留给读者思考。由此看出，隐格式方法虽然每步的计算量大，但由于其稳定性很好，可以取较大的步长，因此总的计算量可能有优势。后面还将介绍其他的隐格式方法，它们不一定都是无条件稳定的，但稳定区域总比相应的显格式公式大，因此对步长的限制较小。

下面分析向后欧拉法的准确度阶数。直接考虑一般的常微分方程 $y'=f(t,y)$，则局部截断误差

$$\begin{aligned}l_{n+1}&=y(t_{n+1})-y_{n+1}\\&=y(t_{n+1})-y(t_n)-hf(t_{n+1},y_{n+1})\\&=hf(t_{n+1},y(t_{n+1}))+O(h^2)-hf(t_{n+1},y_{n+1})\\&=hf'_y(t_{n+1},\xi)[y(t_{n+1})-y_{n+1}]+O(h^2)\\&=hf'_y(t_{n+1},\xi)l_{n+1}+O(h^2)\end{aligned}$$

$$\Rightarrow \quad l_{n+1} = \frac{1}{1 - hf_y'(t_{n+1}, \xi)} O(h^2) = O(h^2) \tag{8.22}$$

式(8.22)说明,向后欧拉法具有 1 阶准确度。

对梯形法进行类似的推导,可知其局部截断误差 $l_{n+1} = O(h^3)$,因此具有 2 阶准确度。梯形法是 2 阶隐格式方法,并且是无条件稳定的。

最后,说明以下两点。

(1) 若一个方法是无条件稳定的,或稳定区域较大,则意味着步长 h 很大时它仍能保证计算的稳定性。

(2) 一个方法准确度阶数越高,意味着其计算误差随步长减小而减小的速度越快,这一点与等距节点求积公式的准确度阶数(定义 7.5)有相同的含义。因此,在同等计算量和稳定性的前提下,应尽量选择高阶的方法。

8.3 龙格-库塔方法

有一大类求解常微分方程初值问题的单步法,统称为龙格-库塔(Runge-Kutta, R-K)方法。本节首先介绍显格式龙格-库塔方法的构造思想,以及几种重要的计算公式,然后分析龙格-库塔方法的稳定性和收敛性,最后介绍自动变步长的龙格-库塔方法。

8.3.1 基本思想

类似于前面几种简单的数值解法,龙格-库塔法也可通过数值积分推导。对于常微分方程初值问题(见式(8.4)),相邻两个自变量点上的未知函数值满足公式

$$y(t_{n+1}) = y(t_n) + \int_{t_n}^{t_n+h} f(s, y(s)) \mathrm{d}s$$

采用某个机械求积公式(见第 7.1 节)计算其中的积分,则函数近似值 y_n 和 y_{n+1} 满足

$$y_{n+1} = y_n + h \sum_{i=1}^{r} c_i f(t_n + \lambda_i h, y(t_n + \lambda_i h)) \tag{8.23}$$

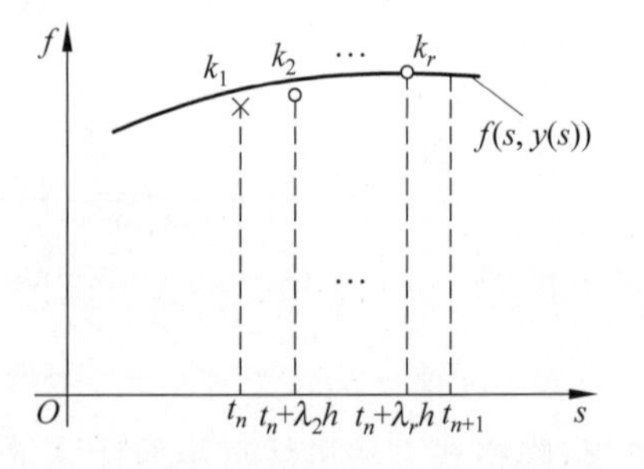

图 8-5 通过数值积分推导龙格-库塔法的示意图

其中,$t_n + \lambda_i h$ $(i = 1, 2, \cdots, r)$ 为积分节点,且 $\lambda_i \in [0,1]$(见图 8-5)。由于不知道 $y(t_n + \lambda_i h)$ 的值,式(8.23)无法直接使用。解决这个问题的思路是:希望用若干个 y 函数的近似值(如 y_n 是 $y(t_n)$ 的近似值)估算 $y(t_n + \lambda_i h)$,进而得到所需的 f 函数值。由于初值问题数值求解过程的特点,一般利用较早时间点上的函数近似值计算后续时间点上的函数近似值,进而得到式(8.23)所需的被积函数值。另外,考虑到 y_n 是已知条件,第一个积分节点就取 t_n,即 $\lambda_1 = 0$。基于这个思路,可构造显格式龙格-库塔方法,近似计算式(8.23)中积分所需的积分节点和被积函数,计算公式列于表 8-4 中(对照图 8-5)。

表 8-4　计算式(8.23)中积分所需的积分节点和被积函数近似值

积分节点	y 函数近似值	f 函数近似值
t_n	y_n	$f(t_n, y_n) \equiv k_1$
$t_n + \lambda_2 h$	$y_n + \lambda_2 h k_1$	$f(t_n + \lambda_2 h, y_n + \lambda_2 h k_1) \equiv k_2$
$t_n + \lambda_3 h$	$y_n + h\sum_{j=1}^{2}\mu_{3,j}k_j$	$f\left(t_n + \lambda_3 h, y_n + h\sum_{j=1}^{2}\mu_{3,j}k_j\right) \equiv k_3$
…	…	…

一般将计算积分用的被积函数值依次记为 k_i,($i=1,2,\cdots$),它们表示了各个节点上 y' 函数的近似值。此外,积分节点按从小到大顺序排列,即 $0=\lambda_1<\lambda_2<\lambda_3<\cdots$。计算 k_2 时,由于只有 k_1 可以被利用,因此使用欧拉法计算 $y(t_n+\lambda_2 h)$的近似值,即 $y(t_n+\lambda_2 h)\approx y_n+\lambda_2 hk_1$。而在计算 $y(t_n+\lambda_3 h)$的近似值时,用到了前两个时间点上的 y'近似值的线性组合。对后续积分节点,采用类似的做法。结合式(8.23)和表 8-4,可写出一般的龙格-库塔法公式:

$$\begin{cases} y_{n+1} = y_n + h\sum_{i=1}^{r} c_i k_i \\ k_1 = f(t_n, y_n) \\ k_2 = f(t_n + \lambda_2 h, y_n + \lambda_2 h k_1) \\ k_i = f\left(t_n + \lambda_i h, y_n + h\sum_{j=1}^{i-1}\mu_{ij}k_j\right), \quad i = 3,4,\cdots,r \end{cases} \tag{8.24}$$

式(8.24)被称为 r 级龙格-库塔公式,r 为数值积分中积分点的个数,也就是计算 f 函数的次数。公式中,除了参数 λ_i($i=2,3,\cdots,r$),还有两组待定参数 c_i($i=1,2,\cdots,r$)和 μ_{ij}($i=3,4,\cdots,r,j<i$)。这些待定参数的总数为

$$N_r = r + (r-1) + \sum_{i=3}^{r}(i-1) = \frac{r^2}{2} + \frac{3r}{2} - 2 \tag{8.25}$$

为了叙述方便,下面将龙格-库塔式(8.24)简称为 R-K 公式。对于 r 级 R-K 公式中的待定参数,并不按照具体的数值积分公式进行设置,往往采用待定系数法加以确定。根据所需要达到的准确度阶数,可求出 R-K 方法中这些待定参数的值。

8.3.2　几种显式 R-K 公式

根据不同的级数,本节给出几种常用的显式 R-K 公式及其参数计算方法。首先看 2 级 R-K 方法,其公式为

$$\begin{cases} y_{n+1} = y_n + h(c_1 k_1 + c_2 k_2) \\ k_1 = f(t_n, y_n) \\ k_2 = f(t_n + \lambda_2 h, y_n + \lambda_2 h k_1) \end{cases} \tag{8.26}$$

需要确定 3 个待定参数 c_1、c_2、λ_2 的值,以使它达到尽可能高的准确度阶数。下面针对模型问题(见式(8.7))推导其局部截断误差,先写出 y_{n+1}的表达式(这里的 $f(t,y)=\lambda y$):

$$y_{n+1} = y_n + h(c_1 k_1 + c_2 k_2) = y_n + c_1 h\lambda y_n + c_2 h\lambda(y_n + \lambda_2 h\lambda y_n)$$

基于 $y_n=y(t_n)$的前提假设,则

$$y_{n+1} = y(t_n)[1 + (c_1 + c_2)h\lambda + c_2\lambda_2(h\lambda)^2] \tag{8.27}$$

再看 $y(t_{n+1})$，在 $t=t_n$ 处进行泰勒展开，得

$$\begin{aligned} y(t_{n+1}) &= y(t_n) + hy'(t_n) + \frac{h^2}{2}y''(t_n) + \frac{h^3}{3!}y'''(t_n) + \cdots \\ &= y(t_n)\left[1 + h\lambda + \frac{(h\lambda)^2}{2} + \frac{(h\lambda)^3}{3!} + \cdots\right] \end{aligned} \tag{8.28}$$

由于局部截断误差 $l_{n+1}=y(t_{n+1})-y_{n+1}$，对比式(8.27)和式(8.28)可以看出，最多达到2阶准确度，即

$$l_{n+1} = O(h^3)$$

此时要求待定参数满足方程

$$\begin{cases} c_1 + c_2 = 1 \\ c_2\lambda_2 = 1/2 \end{cases} \tag{8.29}$$

方程组(8.29)没有唯一的解，将任一个解代入式(8.26)，都得到一个2阶R-K公式。例如，$c_1=c_2=1/2, \lambda_2=1$，则得到公式

$$\begin{cases} y_{n+1} = y_n + \dfrac{h}{2}(k_1 + k_2) \\ k_1 = f(t_n, y_n) \\ k_2 = f(t_n + h, y_n + hk_1) \end{cases} \tag{8.30}$$

该公式被称为*Heun方法*，也称为*改进的欧拉法*。

式(8.30)可以改写为如下形式：

$$\begin{cases} \bar{y}_{n+1} = y_n + hf(t_n, y_n) & (8.31) \\ y_{n+1} = y_n + \dfrac{h}{2}[f(t_n, y_n) + f(t_{n+1}, \bar{y}_{n+1})] & (8.32) \end{cases}$$

它说明Heun方法可看成是欧拉法与梯形方法的组合，即将欧拉法的结果作为初始解代入梯形法对应的不动点迭代法中迭代一次，得到 y_{n+1} 的近似解。这就是“改进的欧拉法”名字的由来。另外，也可将式(8.31)得到的 $\bar{y}_{n+1}$ 看成是预测值，它的精度较差，式(8.32)的作用就是对它进行一次校正。这种使用两个公式构成一对“预测-校正”公式也是常见的常微分方程初值问题求解方法。

另一种具有2阶准确度的2级公式是

$$\begin{cases} y_{n+1} = y_n + hk_2 \\ k_1 = f(t_n, y_n) \\ k_2 = f\left(t_n + \dfrac{h}{2}, y_n + \dfrac{h}{2}k_1\right) \end{cases} \tag{8.33}$$

它对应于方程(8.29)的解：$c_1=0, c_2=1, \lambda_2=1/2$。式(8.33)也称为*中点公式*，相当于用中矩形公式计算式(8.23)中的积分。

在上述推导中，仅考虑了模型问题，而对于一般的问题(见式(8.4))，使用多元函数泰勒展开等技巧也可得出相同的结论，即2级公式最多达到2阶准确度，且要求参数满足方程(8.29)。

对于3级、4级R-K公式，省略推导过程，直接给出达到最高阶准确度时有关参数所满足的方程。

3 级 R-K 公式为

$$\begin{cases} y_{n+1} = y_n + h(c_1k_1 + c_2k_2 + c_3k_3) \\ k_1 = f(t_n, y_n) \\ k_2 = f(t_n + \lambda_2 h, y_n + \lambda_2 hk_1) \\ k_3 = f(t_n + \lambda_3 h, y_n + \mu_{31}hk_1 + \mu_{32}hk_2) \end{cases} \tag{8.34}$$

它最多能达到 3 阶准确度，相应地要求参数满足方程

$$\begin{cases} c_1 + c_2 + c_3 = 1 \\ \lambda_3 = \mu_{31} + \mu_{32} \\ c_2\lambda_2 + c_3\lambda_3 = 1/2 \\ c_2\lambda_2^2 + c_3\lambda_3^2 = 1/3 \\ c_3\lambda_2\mu_{32} = 1/6 \end{cases} \tag{8.35}$$

显然，方程(8.35)的解不唯一。下面给出两种常见的 3 阶 R-K 公：一种是

$$\begin{cases} y_{n+1} = y_n + \dfrac{h}{6}(k_1 + 4k_2 + k_3) \\ k_1 = f(t_n, y_n) \\ k_2 = f\left(t_n + \dfrac{h}{2}, y_n + \dfrac{h}{2}k_1\right) \\ k_3 = f(t_n + h, y_n - hk_1 + 2hk_2) \end{cases} \tag{8.36}$$

它被称为 3 阶 Kutta 公式；另一种是 Ralston 公式[18]：

$$\begin{cases} y_{n+1} = y_n + \dfrac{h}{9}(2k_1 + 3k_2 + 4k_3) \\ k_1 = f(t_n, y_n) \\ k_2 = f\left(t_n + \dfrac{h}{2}, y_n + \dfrac{h}{2}k_1\right) \\ k_3 = f\left(t_n + \dfrac{3h}{4}, y_n + \dfrac{3h}{4}k_2\right) \end{cases} \tag{8.37}$$

对于 4 级 R-K 公式，可以证明它最多达到 4 阶准确度。下面给出一种常用的 4 级、4 阶 R-K 公式

$$\begin{cases} y_{n+1} = y_n + \dfrac{h}{6}(k_1 + 2k_2 + 2k_3 + k_4) \\ k_1 = f(t_n, y_n) \\ k_2 = f\left(t_n + \dfrac{h}{2}, y_n + \dfrac{h}{2}k_1\right) \\ k_3 = f\left(t_n + \dfrac{h}{2}, y_n + \dfrac{h}{2}k_2\right) \\ k_4 = f(t_n + h, y_n + hk_3) \end{cases} \tag{8.38}$$

它被称为 4 阶经典 R-K 公式。事实上，若 f 函数只与 t 有关，则式(8.38)就是辛普森求积公式。

例 8.7(R-K 公式)：求解常微分方程初值问题

$$
\begin{cases} y' = t^3 - \dfrac{y}{t}, & t \geqslant 1 \\ y(1) = \dfrac{2}{5} \end{cases}
$$

取 $h=0.1$,计算 $y(2)$的值,比较 2 阶 Heun 公式、3 阶 Ralston 公式、4 阶经典 Runge-Kutta 公式的结果。

【解】 易知此问题的精确解为 $y(t)=\dfrac{1}{5}t^4+\dfrac{1}{5t}$。将 2 阶 Heun 公式、3 阶 Ralston 公式、4 阶经典 Runge-Kutta 公式的计算结果列于表 8-5 中,并与准确解对比。从表 8-5 中可以看出,方法的精度阶数越高,它们计算的结果也越接近准确解(当然,计算量也越大)。4 阶经典 Runge-Kutta 公式的结果有 7 位准确的有效数字。

表 8-5 2 阶、3 阶、4 阶 Runge-Kutta 公式的计算结果

t_n	2 阶 Heun	3 阶 Ralston	4 阶 Runge-Kutta	准确值
1	0.4	0.4	0.4	0.4
1.1	0.475 641	0.474 626	0.474 638 3	0.474 638 2
1.2	0.583 408	0.581 364	0.581 386 8	0.581 386 7
1.3	0.728 135	0.725 034	0.725 066 3	0.725 066 2
1.4	0.915 329	0.911 137	0.911 177 3	0.911 177 1
1.5	1.151 110	1.145 785	1.145 833 6	1.145 833 3
1.6	1.442 169	1.435 664	1.435 720 3	1.435 720 0
1.7	1.795 738	1.788 004	1.788 067 4	1.788 067 1
1.8	2.219 578	2.210 561	2.210 631 5	2.210 631 1
1.9	2.721 961	2.711 606	2.711 683 6	2.711 683 2
2.0	3.311 665	3.299 916	3.300 000 4	3.300 000 0

当 $r=2,3,4$ 时,经过合适的参数设置,r 级 R-K 公式能取得的最高准确度阶数也是 r。这意味着,公式中计算函数的次数增加 1,准确度阶数也增加 1。那么,是否任意的 r 级公式都可以达到 r 阶准确度呢?答案是否定的。表 8-6 列出了各级 R-K 公式能达到的最高准确度阶数。

表 8-6 各级 R-K 公式能达到的最高准确度阶数

级数 r	2	3	4	5	6	7	8	9
最高准确度阶数	2	3	4	4	5	6	6	7

从表 8-6 看出,$r>4$ 对应的 r 级 R-K 公式已达不到 r 阶准确度,因此为了提高 1 阶准确度,需要增加较多的函数计算次数。所以,基于计算效率上的考虑,高于 4 级的 R-K 公式

很少被单独使用。

8.3.3　显式 R-K 公式的稳定性与收敛性

下面分析 2 阶 R-K 式(8.30)的稳定性,考虑模型问题可推出

$$y_{n+1} = y_n\left[1 + h\lambda + \frac{(h\lambda)^2}{2}\right]$$

因此稳定区域由

$$\left|1 + h\lambda + \frac{(h\lambda)^2}{2}\right| \leqslant 1 \tag{8.39}$$

决定。若假设 λ 为复数,稳定区域的推导比较复杂,这里考虑 λ 为实数的简单情况,可推出(假设 $\lambda<0$)

$$h \leqslant \frac{-2}{\lambda},$$

这是稳定性对步长的限制,恰好与欧拉法一样。另外,对于其他的参数满足方程(8.29)的 2 阶 R-K 公式,它对模型问题的稳定区域都由式(8.39)确定,详细证明请感兴趣的读者思考。

对于 3 阶、4 阶 R-K 公式,其保持稳定所需满足的不等式分别为(针对模型问题)

$$\left|1 + h\lambda + \frac{(h\lambda)^2}{2} + \frac{(h\lambda)^3}{3!}\right| \leqslant 1 \tag{8.40}$$

$$\left|1 + h\lambda + \frac{(h\lambda)^2}{2} + \frac{(h\lambda)^3}{3!} + \frac{(h\lambda)^4}{4!}\right| \leqslant 1 \tag{8.41}$$

若 λ 为实数,则得到稳定性对步长的限制分别近似为

$$h \leqslant \frac{-2.51}{\lambda}$$

和

$$h \leqslant \frac{-2.78}{\lambda}$$

事实上,显式 R-K 公式都不是无条件稳定的。为提高稳定区域的范围,还可构造出隐式 R-K 方法,相关的讨论超出了本书的范围。

前面曾指出,一般只需准确度阶数 $p\geqslant1$,就能保证常微分方程数值解法的收敛性,即误差随步长减小而收敛到 0。下面介绍一种相容性条件,可方便地判断一般的龙格-库塔式(8.24)是否具有收敛性。

考虑求解初值问题(见式(8.4))的一般的显式单步法:

$$y_{n+1} = y_n + h\varphi(t_n, y_n, h) \tag{8.42}$$

其局部截断误差为

$$\begin{aligned} l_{n+1} &= y(t_{n+1}) - y_{n+1} \\ &= y(t_{n+1}) - [y(t_n) + h\varphi(t_n, y(t_n), h)] \\ &= hy'(t_n) + O(h^2) - h[\varphi(t_n, y(t_n), 0) + O(h)] \\ &= hy'(t_n) - h\varphi(t_n, y(t_n), 0) + O(h^2) \end{aligned}$$

$l_{n+1}=O(h^{p+1}), p\geqslant1$ 的充要条件是上式中 h 的一次项系数为 0,即

$$y'(t_n) = f(t_n, y(t_n)) = \varphi(t_n, y(t_n), 0)$$

由于 t_n 的一般性,上式说明了如下的函数等式

$$\varphi(t,y,0)=f(t,y) \tag{8.43}$$

它被称为显式单步法的相容性条件。

实际上,相容性条件(见式(8.43))也很直观,它表明 $h\to 0$ 时,单步法中的增量函数 $\varphi(t,y,h)$ 的极限是 $y'(t)$。这正好与"差分的极限为导数"的观念吻合。对于一些表达式复杂的单步法,判断相容性比分析局部截断误差简单,可利用它分析是否满足收敛性这个基本条件。例如,对于式(8.24)表示的 R-K 公式,根据相容性条件可推出

$$\sum_{i=1}^{r}c_i=1 \tag{8.44}$$

这正是所有可用的 R-K 公式都应满足的条件。

8.3.4 自动变步长的 R-K 方法

R-K 方法的一个重要优点是计算 y_{n+1} 时不需要 t_n 时刻以前的函数值,这使得计算是"自启动"的,在计算过程中很容易改变步长。因此,R-K 方法易于编程实现,也得到了普遍使用。另一方面,虽然对 R-K 方法可进行稳定性分析和局部截断误差分析,但在实际应用中很难提供与步长有关的误差估计,如何自动改变计算步长达到最佳计算效率成为迫切需要解决的问题。

本节介绍一种自动变步长的 R-K 方法,也称为嵌入式(embeded)R-K 方法,它使用一对不同阶 R-K 公式计算结果的差作为误差估计,自动控制步长的大小,从而使整体计算达到较高的效率。MATLAB 中求解常微分方程初值问题的命令 ode23、ode45 都采用了自动变步长的 R-K 方法,其中 ode23 的算法由 Bogachi 和 Shampine 于 1989 年发表,简称为 BS23 算法。下面对它做一些介绍。

自动变步长 R-K 方法的基本思想是:若两个公式分别具有 p 和 $p+1$ 阶准确度,则它们的差可作为误差估计。假设 p 和 $p+1$ 阶准确度的两个公式的值分别为 $\bar{y}_n$ 和 y_n,根据准确度的含义,若假设第 n 步的值是准确的,则

$$\bar{y}_{n+1}-y(t_{n+1})=O(h^{p+1})=c_{p+1}h^{p+1}+O(h^{p+2}) \tag{8.45}$$

$$y_{n+1}-y(t_{n+1})=O(h^{p+2}) \tag{8.46}$$

其中,c_{p+1} 为与步长 $h=t_{n+1}-t_n$ 无关的系数。对于 p 阶准确度的值 $\bar{y}_{n+1}$,若忽略高阶小量,则其局部截断误差为

$$\bar{l}_{n+1}\approx c_{p+1}h^{p+1} \tag{8.47}$$

而将式(8.45)减去式(8.46),忽略高阶小量,得

$$\bar{y}_{n+1}-y_{n+1}\approx c_{p+1}h^{p+1} \tag{8.48}$$

对比式(8.47)和式(8.48)可以看出,两个公式之差可作为局部截断误差的估计。实际使用时,由于 y_{n+1} 准确度更高,一般将它作为 t_{n+1} 时刻的近似解,这种做法也称为局部外推(local extrapolation)。

另外,由于 y_{n+1} 的整体误差一般为 $O(h^{p+1})$,对于用不同步长 h 和 h' 算出的两个值 $y_{n+1}^{(h)}$ 和 $y_{n+1}^{(h')}$,它们的误差满足关系式

$$\left|\frac{\mathrm{e}_{n+1}^{(h)}}{\mathrm{e}_{n+1}^{(h')}}\right|\approx\left(\frac{h}{h'}\right)^{p+1} \tag{8.49}$$

因此，当 $e_{n+1}^{(h)}$ 超过阈值时，可利用式(8.49)估算出 h'，使改变步长后的计算结果满足精度要求。

在 BS23 算法中，使用了具有 2 阶、3 阶准确度的一对公式。其中，3 阶公式是 Ralston 公式(8.37)，而 2 阶公式为

$$\begin{cases}\bar{y}_{n+1}=y_n+\dfrac{h}{24}(7k_1+6k_2+8k_3+3k_4)\\ k_1=f(t_n,y_n)\\ k_2=f\left(t_n+\dfrac{h}{2},y_n+\dfrac{h}{2}k_1\right)\\ k_3=f\left(t_n+\dfrac{3h}{4},y_n+\dfrac{3h}{4}k_2\right)\\ k_4=f\left(t_n+h,y_n+\dfrac{h}{9}(2k_1+3k_2+4k_3)\right)\end{cases} \tag{8.50}$$

注意，式(8.50)比较特殊，它是 4 级公式，但只有 2 阶准确度。而且式(8.50)中的前 3 个导数近似值与式(8.37)中的一样，只是增加了一个 k_4。由于计算 k_4 时的时间自变量为 t_{n+1}，因此除第一步外，k_1 总与上一步的 k_4 相同。基于 BS23 算法，下面给出自动变步长龙格-库塔方法的算法描述。

算法 8.1：求解常微分方程初值问题的自动变步长 BS23 算法

输入：函数 $f(t,y)$，t_0，y_0，终点 b，误差阈值 tol；输出：$y_n(n=1,2,\cdots)$.

$k_1 := f(t_0, y_0)$;

$h :=$ 初始步长;

$n := 0$;

While $t_n \leqslant b$, **do**

　$k_2 := f\left(t_n+\frac{h}{2}, y_n+\frac{h}{2}k_1\right)$;

　$k_3 := f\left(t_n+\frac{3h}{4}, y_n+\frac{3h}{4}k_2\right)$;

　$t_{n+1} := t_n + h$;

　$y_{n+1} := y_n + \frac{h}{9}(2k_1+3k_2+4k_3)$;

　$k_4 := f(t_{n+1}, y_{n+1})$;

　$\text{err} := \left|\frac{h}{72}(-5k_1+6k_2+8k_3-9k_4)\right|$;

　If err $\leqslant$ tol **then**

　　$k_1 := k_4$;

　　$n := n+1$;

　End

　$h := \alpha \cdot \sqrt[3]{\frac{\text{tol}}{\text{err}}}h$;　　　{$\alpha$ 为小于 1 的某个值，如 0.9}

End

从算法 8.1 看出，针对每个步长 h，只计算 3 次 f 函数的值，可得到 2 阶和 3 阶 R-K 公

式的结果。为了避免抵消现象,实际上并不用算出2阶公式的结果后再与3阶公式结果相减,而是直接计算它们的差

$$\bar{y}_{n+1}-y_{n+1}=\frac{h}{72}(-5k_1+6k_2+8k_3-9k_4) \tag{8.51}$$

作为误差的估计。另外,由于具有3阶准确度,通过计算 $\alpha\sqrt[3]{\frac{\text{tol}}{\text{err}}}h$ 调整步长可以使新步长满足精度要求。一般情况下,在每个时间点上最多只需调整一次步长。

实际的程序要比算法8.1复杂一些。例如,初始步长的选取、估计相对误差以及步长变化都需要一些经验上的考虑。文献[7]给出了一个BS23算法的简化实现:ode23tx程序,它进行了相对误差估计,默认的相对误差阈值为 10^{-3}。采用该程序求解例8.5、例8.6中的常微分方程初值问题,得到的结果曲线示于图8-6中,从中可以看出自动变步长的效果。关于ode23tx的更多细节,感兴趣的读者可参考文献[7]以及相关的文献。

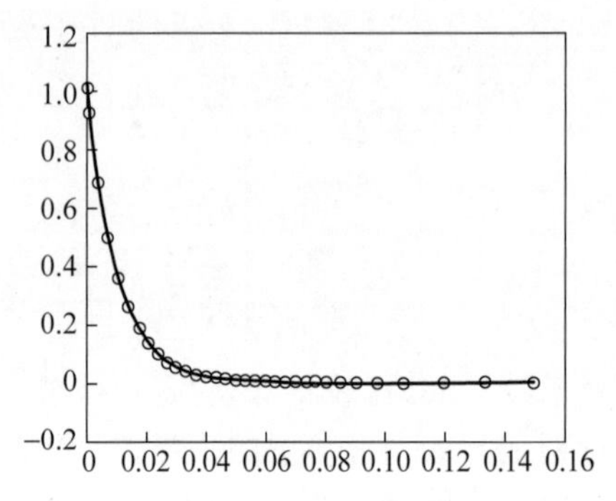

图8-6 自动变步长R-K算法求解例8.5、例8.6中的问题

8.4 多步法

前面介绍的方法都是单步法,只利用了前一个时间点的信息 y_n 计算 y_{n+1}。多步法(multiple-step method)则不同,它利用前面若干点的信息得到下一点的函数近似值,也称为记忆法(method with memory)。求解常微分方程初值问题(见式(8.4))的多步法一般是线性多步法,具有如下形式:

$$y_{n+1}=\sum_{i=1}^{m}\alpha_i y_{n+1-i}+h\sum_{i=0}^{m}\beta_i f(t_{n+1-i},y_{n+1-i}) \tag{8.52}$$

其中,h 为步长,$\alpha_i(i=1,2,3,\cdots,m)$,$\beta_i(i=0,1,2,\cdots,m)$为待定参数。由于公式中包含前 m 点的函数近似值,式(8.52)称为线性 m 步法。若 $\beta_0\neq 0$,则为隐格式方法,否则为显格式方法。注意,这里假设步长是不变的,从而简化公式的推导。

8.4.1 多步法公式的推导

类似于龙格-库塔方法,通过使式(8.52)具有尽可能高阶的准确度,可求出多步法计算公式中的参数 α_i 和 β_i。本节介绍两种推导多步法公式、确定其中待定参数的方法:一种采用泰勒展开;另一种假设未知函数为单项式函数,它们都得到参数满足的线性方程组。

1. 泰勒展开法

根据局部截断误差的定义(定义8.3),对于多步法公式(8.52),其局部截断误差为

$$\begin{aligned}l_{n+1}&=y(t_{n+1})-y_{n+1}\\&=y(t_{n+1})-\sum_{i=1}^{m}\alpha_i y(t_{n+1-i})-h\sum_{i=0}^{m}\beta_i f(t_{n+1-i},y(t_{n+1-i}))\\&=y(t_{n+1})-\sum_{i=1}^{m}\alpha_i y(t_{n+1-i})-h\sum_{i=0}^{m}\beta_i y'(t_{n+1-i})\end{aligned} \tag{8.53}$$

对于 $y(t_{n+1-i})$和 $y'(t_{n+1-i})(i=0,1,\cdots,m)$,在 $t=t_{n+1}$处进行泰勒展开,

$$\begin{aligned}y(t_{n+1-i}) &= y(t_{n+1}-ih)\\ &= y(t_{n+1})-ihy'(t_{n+1})+\frac{(ih)^2}{2!}y''(t_{n+1})-\frac{(ih)^3}{3!}y^{(3)}(t_{n+1})+\cdots\end{aligned}$$

$$y'(t_{n+1-i}) = y'(t_{n+1})-ihy''(t_{n+1})+\frac{(ih)^2}{2!}y^{(3)}(t_{n+1})-\frac{(ih)^3}{3!}y^{(4)}(t_{n+1})+\cdots$$

将它们代入式(8.53),整理后得到

$$\begin{aligned}l_{n+1} =& y(t_{n+1})\left[1-\sum_{i=1}^{m}\alpha_i\right]+hy'(t_{n+1})\left[\sum_{i=1}^{m}i\alpha_i-\sum_{i=0}^{m}\beta_i\right]+\\ & h^2y''(t_{n+1})\left[-\sum_{i=1}^{m}\alpha_i\frac{i^2}{2!}+\sum_{i=1}^{m}i\beta_i\right]+\cdots\end{aligned}\tag{8.54}$$

一般地,$h^ky^{(k)}(t_{n+1})$的系数为

$$c_k=\begin{cases}1-\displaystyle\sum_{i=1}^{m}\alpha_i, & k=0\\ \displaystyle\sum_{i=1}^{m}i\alpha_i-\sum_{i=0}^{m}\beta_i, & k=1\\ (-1)^{k+1}\left[\displaystyle\sum_{i=1}^{m}\frac{i^k}{k!}\alpha_i-\sum_{i=1}^{m}\frac{i^{(k-1)}}{(k-1)!}\beta_i\right], & k\geqslant 2\end{cases}\tag{8.55}$$

则

$$l_{n+1}=c_0y(t_{n+1})+c_1hy'(t_{n+1})+c_2h^2y''(t_{n+1})+\cdots\tag{8.56}$$

只需令 $c_k=0,k=0,1,2,\cdots,p$,则 $l_{n+1}=O(h^{p+1})$,多步法(见式(8.52))达到 p 阶准确度。所以,确定多步法中参数 α_i 和 β_i 的线性方程依次为

$$\begin{cases}\alpha_1+\alpha_2+\cdots+\alpha_m=1\\ \alpha_1+2\alpha_2+\cdots+m\alpha_m=\beta_0+\beta_1+\cdots+\beta_m\\ \dfrac{1}{2}(\alpha_1+4\alpha_2+\cdots+m^2\alpha_m)=\beta_1+2\beta_2+\cdots+m\beta_m\\ \cdots\end{cases}\tag{8.57}$$

其中,前两个方程代表了线性多步法的相容性条件(准确度阶数 $p\geqslant1$),只有满足它们,才能有数值求解的收敛性。

例 8.8(通过泰勒展开推导多步法):假设有形如[①]

$$y_{n+1}=\alpha_1y_n+h(\beta_1f_n+\beta_2f_{n-1})$$

的两步法公式,试确定其中的参数,使其具有较高的准确度。

【解】 在本题的公式中,多步法系数 $\beta_0=0$,要确定 3 个参数 α_1、β_1、β_2。列出方程组(8.57)中的前 3 个方程

$$\begin{cases}\alpha_1=1\\ \alpha_1=\beta_1+\beta_2\\ \dfrac{1}{2}\alpha_1=\beta_1+2\beta_2\end{cases}$$

① 为了表达简便,用 f_{n+1-i}表示 $f(t_{n+1-i},y_{n+1-i}),i=0,1,2,\cdots$。

解得：$\alpha_1=1,\beta_1=\frac{3}{2},\beta_2=-\frac{1}{2}$。得到公式

$$y_{n+1}=y_n+h\left(\frac{3}{2}f_n-\frac{1}{2}f_{n-1}\right) \tag{8.58}$$

具有2阶准确度。 ■

从例8.8看出，若多步法公式中包含 p 个待定参数，至少可达到 $p-1$ 阶准确度，只需求解线性方程组(8.57)中的前 p 个方程。

2. 单项式函数代入法

根据上述泰勒展开法的推导过程，也可以另一种更直观的方式得到确定系数的方程。假设要使 $l_{n+1}=O(h^{p+1})$，即式(8.52)达到 p 阶准确度，这要求式(8.54)中前 $p+1$ 项都等于0，则

$$l_{n+1}=c_{p+1}h^{(p+1)}y^{(p+1)}(t_{n+1})+\cdots$$

其中包含了 y 函数的 $p+1$ 阶及更高阶导数。如果假设 $y(t)=t^i,(i=0,1,2,\cdots,p)$，将它们代入上式，易知均使得 $l_{n+1}=0$。这恰好也构成了 $p+1$ 个方程，可通过它求解待定参数 α_i 和 β_i。可以总结出如下定理。

定理8.2：对于求解常微分方程初值问题的多步法(见式(8.52))，若当 $y(t)=t^i,(i=0,1,2,\cdots,p)$ 时，均有局部截断误差 $l_{n+1}=0$，则多步法(见式(8.52))至少具有 p 阶准确度。若同时在 $y(t)=t^{p+1}$ 时 $l_{n+1}\neq0$，则多步法(见式(8.52))恰好有 p 阶准确度。

这种方法的具体做法就是，将 $y(t)=t^i,(i=0,1,2,\cdots,p)$ 依次代入方程

$$l_{n+1}=y(t_{n+1})-y_{n+1}=0$$

得到关于参数 α_i 和 β_i 的方程，求解后即得到满足准确度要求的多步法公式。

例8.9(利用单项式函数推导多步法)：对例8.8中的两步法，利用单项式函数代入法求待定参数的值。

【解】 计算局部截断误差时，假设前几步的近似解均准确，则

$$\begin{aligned} l_{n+1}&=y(t_{n+1})-y_{n+1}\\ &=y(t_{n+1})-\{\alpha_1y(t_n)+h[\beta_1y'(t_n)+\beta_2y'(t_{n-1})]\} \end{aligned}$$

将 $y(t)=1,y(t)=t,y(t)=t^2$ 依次代入上式，并令 $l_{n+1}=0$，得到如下的方程组：

$$\begin{cases} 1-\alpha_1=0\\ t_{n+1}-\alpha_1t_n-h(\beta_1+\beta_2)=0\\ t_{n+1}^2-\alpha_1t_n^2-h(2\beta_1t_n+2\beta_2t_{n-1})=0 \end{cases}$$

考虑到 t_n、h 的取值可以任意，得到如下的线性方程组

$$\begin{cases} 1-\alpha_1=0\\ 1-(\beta_1+\beta_2)=0\\ 1+2\beta_2=0 \end{cases}$$

其解为 $\alpha_1=1,\beta_1=\frac{3}{2},\beta_2=-\frac{1}{2}$，与例8.8的结果相同。 ■

从例8.9可以看出，采用单项式函数代入局部截断误差公式的方法也能获得满意的效果，而且不需要记忆式(8.57)或者利用泰勒展开进行烦琐的推导，因此常被使用。

由于线性多步法涉及线性差分理论，其收敛性的概念与判定有一些特别，下面简略

介绍。

定义 8.5：设初值问题(见式(8.4))有精确解 $y(t)$。使用线性多步法(见式(8.52))求解此初值问题，多步法的启动计算条件为：$y_i=\eta_i(h)$，$i=0,1,2,\cdots,m-1$，其中 h 为步长。若有

$$\lim_{h\to 0}\eta_i(h)=y_0,\quad i=0,1,2,\cdots,m-1$$

且 $\lim\limits_{h\to 0,n\to\infty} y_n=y(t_0+nh)$，则称线性 m 步法(见式(8.52))是收敛的。

线性多步法的相容性条件并不能保证其收敛性。例如，用线性二步法

$$\begin{cases}y_{n+1}=3y_n-2y_{n-1}+h(f_n-2f_{n-1})\\ y_0=0,\quad y_1=0\end{cases}$$

解初值问题 $y'(t)=2t$，$y(0)=0$ 满足相容性条件，但并不收敛。详细讨论留给读者推导、思考。下面的定理给出了线性多步法收敛的充要条件。

定理 8.3：线性多步法(见式(8.52))是相容的，则按计算公式

$$\begin{cases}y_{n+1}=\sum\limits_{i=1}^{m}\alpha_i y_{n+1-i}+h\sum\limits_{i=0}^{m}\beta_i f(t_{n+1-i},y_{n+1-i})\\ y_i=\eta_i(h),\quad i=0,1,\cdots,m-1\end{cases}$$

解初值问题(见式(8.4))的线性多步法收敛的充分必要条件是特征方程

$$\rho(x)=x^m-\sum_{i=1}^{m}\alpha_i x^{m-i}=0$$

的根都在复平面的单位圆内或单位圆上，且在单位圆上的根为单根。

定理 8.3 的证明可见参考文献[39]。

8.4.2　Adams 公式

有一类多步法称为 Adams(亚当斯)公式，它具有如下的形式：

$$y_{n+1}=y_n+h\sum_{i=0}^{m}\beta_i f(t_{n+1-i},y_{n+1-i})\tag{8.59}$$

对比多步法的一般形式(见式(8.52))，Adams 公式中只包含前一个时间点上的函数近似值。由方程组(8.57)中的第一个方程看出，形如式(8.59)的 Adams 公式已满足该方程，因此至少具有 0 阶准确度。根据 β_0 是否为 0，又分为 Adams 显格式公式和 Adams 隐格式公式两种，一般通过选取适当的 β_i 参数使式(8.59)具有最高阶的准确度。

首先考虑 Adams 显格式公式，即 $\beta_0=0$ 的情况。根据方程组(8.57)可进一步看出，参数 $\beta_i(i=1,2,\cdots,m)$ 满足的线性方程组的系数矩阵为

$$\begin{bmatrix}1&1&1&\cdots\\1&2&3&\cdots\\1^2&2^2&3^2&\cdots\\\cdots&\cdots&\cdots&\cdots\end{bmatrix}$$

它是某个范德蒙德矩阵(见 6.4.2 节)的转置，必定非奇异。因此，可唯一地解出 $\beta_i(i=1,2,\cdots,m)$ 的值，使得 m 步 Adams 显格式公式满足方程组(8.57)中的前 $m+1$ 个方程，达到 m 阶准确度。对于 Adams 隐格式公式，待定的参数为 $\beta_i(i=0,1,\cdots,m)$，可类似地证明它满足的线性方程组的系数矩阵也是非奇异的，因此有唯一的一组 $\beta_i(i=0,1,\cdots,m)$ 的取值使

得方程组(8.57)中的前 $m+2$ 个方程成立。换句话说,m 步 Adams 隐格式公式最多可达到 $m+1$ 阶准确度。总结上述讨论,得到如下定理。

定理 8.4：形如式(8.59)的 m 步 Adams 公式,若是隐格式公式,则可达到 $m+1$ 阶准确度;若是显格式公式,则可达到 m 阶准确度。

在无特殊说明的情况下,Adams 公式即形如式(8.59)的具有最高阶准确度的显格式公式和隐格式公式。

若通过求解线性方程组推导 Adams 公式中的系数 $\beta_i(i=0,1,\cdots,m)$,计算比较复杂,因此一般并不使用。实际上,根据 Adams 公式的特点可通过对前面若干个点上的导函数 $y'=f$ 做插值,然后对插值多项式积分进行推导。假设用插值多项式 $P(s)$ 近似公式

$$y(t_{n+1}) = y(t_n) + \int_{t_n}^{t_n+h} f(s,y(s))\mathrm{d}s$$

中的被积函数 $f(s,y(s))$,插值节点为连续的时间点 $t_{n+1},t_n,\cdots,t_{n+1-m}$,而被插值函数值为对应的 f 函数近似值 $f(t_{n+1},y_{n+1}),f(t_n,y_n),\cdots,f(t_{n+1-m},y_{n+1-m})$,则得到计算公式为

$$y_{n+1} = y_n + \int_{t_n}^{t_n+h} P(s)\mathrm{d}s \tag{8.60}$$

准确计算多项式积分后,则得到形如式(8.59)的公式。若插值节点包括 $s=t_{n+1}$,则为隐式公式,否则为显式公式。

应当指出,上述利用拉格朗日插值的推导方法不需要求解线性方程组,非常方便。此外,如果被插值函数为多项式函数,则插值得到插值函数是准确的,再结合定理 8.2 的结论,也可分析出 Adams 公式的准确度阶数。具体地说,推导 Adams 隐格式公式时使用 $m+1$ 个插值点,因此,对于不超过 m 次多项式的被插值函数都是准确的。这意味着在分析局部截断误差时,若 $f(t,y)=y'=1,t,\cdots,t^m$,则均有 $l_{n+1}=0$。也就是说,对于 $y(t)=t^i(i=0,1,\cdots,m+1)$,局部截断误差均为 0,所以根据定理 8.2 知隐格式公式至少有 $m+1$ 阶准确度。而对于显格式公式,使用了 m 个插值节点,因此得到的公式至少有 m 阶准确度。这样的分析得到与定理 8.3 一致的结论。

下面通过一个例子说明利用插值多项式的积分推导 Adams 公式的过程。

例 8.10(Adams 公式的推导)：推导 $m=4$ 对应的显式 Adams 公式。

【解】 由于是显式公式,取插值节点为 $t_n,t_{n-1},t_{n-2},t_{n-3}$,利用拉格朗日公式得到插值多项式

$$\begin{aligned}
P(s) = & f_n \frac{(s-t_{n-1})(s-t_{n-2})(s-t_{n-3})}{(t_n-t_{n-1})(t_n-t_{n-2})(t_n-t_{n-3})} + \\
& f_{n-1} \frac{(s-t_n)(s-t_{n-2})(s-t_{n-3})}{(t_{n-1}-t_n)(t_{n-1}-t_{n-2})(t_{n-1}-t_{n-3})} + \\
& f_{n-2} \frac{(s-t_n)(s-t_{n-1})(s-t_{n-3})}{(t_{n-2}-t_n)(t_{n-2}-t_{n-1})(t_{n-2}-t_{n-3})} + \\
& f_{n-3} \frac{(s-t_n)(s-t_{n-1})(s-t_{n-2})}{(t_{n-3}-t_n)(t_{n-3}-t_{n-1})(t_{n-3}-t_{n-2})} \\
= & f_n \frac{(s-t_{n-1})(s-t_{n-2})(s-t_{n-3})}{6h^3} + \\
& f_{n-1} \frac{(s-t_n)(s-t_{n-2})(s-t_{n-3})}{-2h^3} +
\end{aligned}$$

$$f_{n-2}\frac{(s-t_n)(s-t_{n-1})(s-t_{n-3})}{2h^3}+$$

$$f_{n-3}\frac{(s-t_n)(s-t_{n-1})(s-t_{n-2})}{-6h^3}$$

代入式(8.60)，对多项式函数积分即得到 $\beta_i(i=1,2,\cdots,4)$。先看 f_n 的系数

$$\begin{aligned}\beta_1 h &=\int_{t_n}^{t_n+h}\frac{(s-t_{n-1})(s-t_{n-2})(s-t_{n-3})}{6h^3}\mathrm{d}s\\&=\frac{1}{6h^3}\int_h^{2h}t(t+h)(t+2h)\mathrm{d}t\\&=\frac{1}{6h^3}\cdot\left(\frac{t^4}{4}+ht^3+h^2t^2\right)\Bigg|_h^{2h}\\&=\frac{1}{6h^3}\cdot\frac{55}{4}h^4\\&=\frac{55}{24}h\end{aligned}$$

经过类似的计算，得到其他几个系数为

$$\beta_2 h=-\frac{59}{24}h,\quad \beta_3 h=\frac{37}{24}h,\quad \beta_4 h=-\frac{9}{24}h$$

因此，$m=4$ 对应的显式 4 阶、4 步 Adams 公式为

$$y_{n+1}=y_n+\frac{h}{24}(55f_n-59f_{n-1}+37f_{n-2}-9f_{n-3})\qquad ■ \tag{8.61}$$

式(8.61)具有 4 阶准确度，被称为显式 4 阶 Adams-Bashforth 公式。类似地，可推导出具有 4 阶准确度的 Adams 隐格式公式，称为隐式 4 阶 Adams-Moulton 公式

$$y_{n+1}=y_n+\frac{h}{24}(9f_{n+1}+19f_n-5f_{n-1}+f_{n-2})\tag{8.62}$$

注意，隐式 4 阶公式是三步法公式。另外，前面学过的欧拉法、向后欧拉法以及梯形法公式都可看成是 Adams 公式的特例，分别对应于 $m=1$ 的显式公式和 $m=0$、$m=1$ 的隐式公式。

可根据模型问题分析多步法的稳定性。例如，对于显式 2 阶 Admas 公式(8.58)，对模型问题 $y'=\lambda y$ 的计算公式为

$$y_{n+1}=y_n+h\left(\frac{3}{2}\lambda y_n-\frac{1}{2}\lambda y_{n-1}\right)=\left(1+\frac{3h\lambda}{2}\right)y_n-\frac{1}{2}h\lambda y_{n-1}$$

经过推导得

$$y_{n+1}=\frac{1+\frac{3h\lambda}{2}+\sqrt{1+h\lambda+\frac{9(h\lambda)^2}{4}}}{2}y_n$$

或

$$y_{n+1}=\frac{1+\frac{3h\lambda}{2}-\sqrt{1+h\lambda+\frac{9(h\lambda)^2}{4}}}{2}y_n$$

因此，要使算法稳定，必须要求(假设 λ 为实数，且 $\lambda<0$)

$$\frac{1+\frac{3h\lambda}{2}+\sqrt{1+h\lambda+\frac{9(h\lambda)^2}{4}}}{2}<1$$

且

$$\frac{1+\frac{3h\lambda}{2}-\sqrt{1+h\lambda+\frac{9(h\lambda)^2}{4}}}{2}>-1$$

经过推导得到

$$-1<h\lambda<0 \tag{8.63}$$

不等式(8.63)刻画了显式 2 阶 Admas 公式(8.58)的稳定区间。为了说明稳定区间的大小,也常称区间的左端点值为稳定阈值。例如,对于公式(8.58),其稳定阈值为-1。

一般地,多步法的稳定区间(稳定区域)的推导比较复杂,不要求掌握其中的细节。特别地,某些多步法的稳定区间可能是空集,即对任意步长 $h>0$,它都不稳定,因此不能用于实际计算中(如后面给出的 Milne 公式)。表 8-7 和表 8-8 中列出了几种 Adams 公式的参数值、稳定阈值以及误差常数。其中,误差常数指局部截断误差主项(见 8.2.2 节)前面的系数。

表 8-7 几种显式 Adams 公式的参数值、稳定阈值及误差常数

阶数	β_1	β_2	β_3	β_4	稳定阈值	误差常数
1	1				-2	1/2
2	3/2	$-1/2$			-1	5/12
3	23/12	$-16/12$	5/12		$-6/11$	3/8
4	55/24	$-59/24$	37/24	$-9/24$	$-3/10$	251/720

表 8-8 几种隐式 Adams 公式的参数值、稳定阈值及误差常数

阶数	β_0	β_1	β_2	β_3	稳定阈值	误差常数
1	1				$-\infty$	$-1/2$
2	1/2	1/2			$-\infty$	$-1/12$
3	5/12	8/12	$-1/12$		-6	$-1/24$
4	9/24	19/24	$-5/24$	1/24	-3	$-19/720$

从表 8-7 和表 8-8 看出,随着准确度阶数的增大,稳定阈值也变大,意味着稳定区间越来越小。对比同阶的显式公式和隐式公式,隐式公式的稳定性和准确度(看误差常数)都好于显式公式。

使用隐式公式时,求解关于 y_{n+1} 的方程(一般是非线性方程)需要估计初始解,它一般由显式公式提供,所以显式公式和隐式公式一般作为预测-校正对使用。可以反复使用校正公式,直到迭代解满足给定的误差限(相当于不动点迭代法),但这样做可能并不划算。所以,一般将校正的次数固定,如只校正一次,这样得到的方法就是预测-校正公式(也称为 PECE 格式[①])。

一种常用的预测-校正格式为 Adams 预测-校正公式,它使用显式 4 阶 Adams-Bashforth 公式(8.61)进行预测,使用隐式 4 阶 Adams-Moulton 公式(8.62)进行校正。

① PECE 是英文 predict、evaluate、correct、evaluate 的首字母缩写,其中 evaluate 是指计算 f 函数的值。

8.4.3　更多讨论

除了 Adams 公式，另一类常用的多步法为 BDF(backward differentiation formula)格式。它是一类隐式多步法，具有如下形式：

$$y_{n+1}=\sum_{i=1}^{m}\alpha_i y_{n+1-i}+h\beta_0 f(t_{n+1},y_{n+1}) \tag{8.64}$$

其特点是公式中只针对 t_{n+1} 时刻计算 f 函数。例如，3 阶 BDF 公式为

$$y_{n+1}=\frac{1}{11}(18y_n-9y_{n-1}+2y_{n-2})+\frac{6h}{11}f_{n+1} \tag{8.65}$$

BDF 方法的推导也基于拉格朗日插值，其基本思想是：根据 $y_{n+1},y_n,y_{n-1},\cdots$ 构造近似 $y(t)$ 函数的多项式 $P(t)$，再利用

$$f_{n+1}\approx y'(t_{n+1})\approx P'(t_{n+1})$$

推导出式(8.64)中的参数 $\alpha_i(i=1,2,\cdots,m)$ 和 β_0。这里省略具体的过程，感兴趣的读者可自己思考。

还有两种著名的多步法公式是 Milne(米尔恩)公式和 Hamming(海明)公式，它们分别为

$$y_{n+1}=y_{n-3}+\frac{4h}{3}(2f_n-f_{n-1}+2f_{n-2}) \tag{8.66}$$

$$y_{n+1}=\frac{1}{8}(9y_n-y_{n-2})+\frac{3h}{8}(f_{n+1}+2f_n-f_{n-1}) \tag{8.67}$$

Milne 公式是四步显式公式，具有 4 阶准确度。Hamming 公式是三步隐式公式，也具有 4 阶准确度。这两个公式常常构成预测-校正格式加以应用。

关于多步法，最后说明几点。

(1) 由于可利用前面已计算的 f 函数值，采用多步法求解初值问题时，每前进一步，只需计算一次 f 函数值，因此计算效率较高。而且计算量几乎不随准确度阶数的提高而增大，这是相比 R-K 方法(单步法)最明显的优势。

(2) 由于需要前面若干点上的函数值，所以多步法不是“自启动”的，开始时必须使用单步法或者低阶的多步法产生足够的初始值。

(3) 相比 R-K 方法(单步法)，多步法的编程较复杂，尤其是考虑步长可以改变的情况更加复杂。

(4) 对于预测-校正格式，可用预测值与校正值的差作为局部误差估计，构造自动变步长的解法。

(5) 虽然隐式方法比显式方法更稳定，但它并不是无条件稳定的。事实上，超过 2 阶的多步法都不是无条件稳定的。

(6) 为了方便，本节只讨论步长固定的多步法，实际的软件包中一般采用变步长的多步法，其计算公式的推导过程与 Adams 方法和 BDF 方法类似。

8.5　常微分方程组与实用技术

实际问题中往往包括多个相互关联的系统量，而高阶常微分方程也可化成 1 阶常微分方程组，因此常微分方程组的数值求解非常重要。本节对有关问题进行介绍，同时结合

MATLAB的相关功能介绍求解常微分方程(组)初值问题的实用技术。

8.5.1 1阶常微分方程组

通过变量代换,可将高阶常微分方程化成多个1阶常微分方程,因此只需考虑1阶常微分方程组,同时仅考虑显式方程,即

$$\boldsymbol{y}' = \boldsymbol{f}(t, \boldsymbol{y})$$

其中,函数 $\boldsymbol{f}: \mathbb{R}^{n+1} \to \mathbb{R}^n$, $\boldsymbol{y}' = [y_1'(t) \quad \cdots \quad y_n'(t)]^{\mathrm{T}}$, $\boldsymbol{y} = [y_1(t) \quad \cdots \quad y_n(t)]^{\mathrm{T}}$。得到相应的初值问题为

$$\begin{cases} \boldsymbol{y}' = \boldsymbol{f}(t, \boldsymbol{y}), & t \geqslant t_0 \\ \boldsymbol{y}(t_0) = \boldsymbol{y}_0 \end{cases} \tag{8.68}$$

其中,$\boldsymbol{y}_0 \in \mathbb{R}^n$,为已知量。

将定理8.1推广到高维情况,可建立常微分方程组初值问题(见式(8.68))可解性的理论,这里不详细讨论。与单个常微分方程的情况类似,一般情况下,问题(见式(8.68))的解总是存在并且唯一。

若函数 $\boldsymbol{f}$ 是关于 $\boldsymbol{y}$ 的线性函数,则得到线性常微分方程组

$$\boldsymbol{y}' = \boldsymbol{A}(t)\boldsymbol{y} + \boldsymbol{b}(t) \tag{8.69}$$

其中,$\boldsymbol{A}(t)$ 为 $n \times n$ 矩阵,每个矩阵元素均为 t 的函数,$\boldsymbol{b}(t)$ 为 n 维列向量。更特殊的一种情况是线性、齐次、常系数常微分方程组

$$\boldsymbol{y}' = \boldsymbol{A}\boldsymbol{y} \tag{8.70}$$

其中,$\boldsymbol{A} \in \mathbb{R}^{n \times n}$。

分析常微分方程组初值问题的敏感性时,定义8.1仍然适用。一般地,分析较困难,只对方程(8.70)进行讨论,并假定矩阵 $\boldsymbol{A}$ 可对角化。设矩阵 $\boldsymbol{A}$ 的 n 个特征值为 $\lambda_1, \lambda_2, \cdots, \lambda_n$,对应的特征向量为 $\boldsymbol{v}_1, \boldsymbol{v}_2, \cdots, \boldsymbol{v}_n$,则可将初值 $\boldsymbol{y}_0$ 表示为特征向量的线性组合:

$$\boldsymbol{y}_0 = \sum_{i=1}^{n} \alpha_i \boldsymbol{v}_i$$

易知,方程(8.70)对应的初值问题的解为

$$\boldsymbol{y}(t) = \sum_{i=1}^{n} \alpha_i \boldsymbol{v}_i e^{\lambda_i (t - t_0)} \tag{8.71}$$

由此可见,原问题的稳定性由特征值 $\lambda_i (i=1,2,\cdots,n)$ 决定。若存在某个 λ_i 的实部大于0,它使 $\boldsymbol{y}(t)$ 包含一个随时间指数增长的成分,当初值发生扰动时,带来的误差将随 $t \to \infty$ 而发散。反之,若对每个特征值都有 $\mathrm{Re}(\lambda_i) \leqslant 0$,则初值的扰动不会使得解的误差发散。根据定义8.1我们知道,方程(8.70)对应的初值问题稳定的充要条件是 $\forall i, \mathrm{Re}(\lambda_i) \leqslant 0$,这说明分析它的稳定性须考查矩阵 $\boldsymbol{A}$ 的特征值。

对一般的非线性常微分方程组 $\boldsymbol{y}' = \boldsymbol{f}(t, \boldsymbol{y})$,只能分析某个给定解 $\boldsymbol{y}(t)$ 附近的局部稳定性。通过泰勒展开将常微分方程局部线性化,产生形如

$$\boldsymbol{z}' = \boldsymbol{J}_f(t, \boldsymbol{y})\boldsymbol{z} \tag{8.72}$$

的线性常微分方程组,其中 $\boldsymbol{J}_f$ 是 $\boldsymbol{f}$ 关于 $\boldsymbol{y}$ 的雅可比矩阵(第2.7节中的定义2.4),未知函数为 $\boldsymbol{z}$。根据前面的讨论,分析式(8.72)的稳定性只需看矩阵 $\boldsymbol{J}_f$ 的特征值。一般地,雅可比矩阵的值还依赖于自变量 t 的取值,所以根据它可分析具体点附近的稳定性,得到的结论是局部有效的。

例 8.11（**牛顿第二运动定律**）：$F=ma$，即力 F 等于质量 m 乘以加速度 a，它可能是最著名的常微分方程。这个方程建立了物体的空间位置与其 2 阶导数之间的关系。若考虑一维空间内的运动，物体位置为单个函数 $y(t)$，则微分方程为

$$my''(t) = F(t, y, y'(t))$$

其中，力 F 通常与时间 t、位置 $y(t)$ 和速度 $y'(t)$ 有关。试写出等价的 1 阶方程组，并分析当 F 与 $y(t)$、$y'(t)$ 无关时，相应初值问题的稳定性。

【解】　记 $y_1=y(t)$，$y_2=y'(t)$，则等价的 1 阶方程组为

$$\begin{cases} y_1' = y_2 \\ y_2' = \dfrac{F(t, y_1, y_2)}{m} \end{cases}$$

若 F 与 $y(t)$、$y'(t)$ 无关，则此方程组为线性、常系数常微分方程组，系数矩阵为

$$\boldsymbol{A} = \begin{bmatrix} 0 & 1 \\ 0 & 0 \end{bmatrix}$$

矩阵 $\boldsymbol{A}$ 可对角化，且两个特征值均为 0，因此初值问题是稳定的。■

例 8.12（**化学反应建模**）：假设 3 种化学物质的浓度随时间变化的函数为 $y_1(t)$、$y_2(t)$、$y_3(t)$。如果在化学反应中第一种物质变为第二种物质的速度与 y_1 成正比，第二种物质变为第三种物质的速度与 y_2 成正比，试建立这 3 个浓度所满足的常微分方程组，分析其类型和初值问题的稳定性。

【解】　根据题意，可建立如下微分方程组：

$$\begin{cases} y_1' = -k_1 y_1 \\ y_2' = k_1 y_1 - k_2 y_2 \\ y_3' = k_2 y_2 \end{cases}$$

其中，k_1、k_2 为反映反应速度的比例常数，均大于 0。该方程组为线性、齐次、常系数微分方程组，系数矩阵为

$$\boldsymbol{A} = \begin{bmatrix} -k_1 & 0 & 0 \\ k_1 & -k_2 & 0 \\ 0 & k_2 & 0 \end{bmatrix}$$

矩阵 $\boldsymbol{A}$ 的特征值均不大于 0，因此它是稳定的问题。■

本章前面几节介绍的方法都可用于常微分方程组的求解，只要把 y 和 f 都理解为向量，则各种计算公式都可以应用。例如，欧拉法的计算公式为

$$\boldsymbol{y}_{n+1} = \boldsymbol{y}_n + h\boldsymbol{f}(t_n, \boldsymbol{y}_n)$$

4 阶经典 R-K 公式为

$$\begin{cases} \boldsymbol{y}_{n+1} = \boldsymbol{y}_n + \dfrac{h}{6}(\boldsymbol{k}_1 + 2\boldsymbol{k}_2 + 2\boldsymbol{k}_3 + \boldsymbol{k}_4) \\ \boldsymbol{k}_1 = \boldsymbol{f}(t_n, \boldsymbol{y}_n) \\ \boldsymbol{k}_2 = \boldsymbol{f}\left(t_n + \dfrac{h}{2}, \boldsymbol{y}_n + \dfrac{h}{2}\boldsymbol{k}_1\right) \\ \boldsymbol{k}_3 = \boldsymbol{f}\left(t_n + \dfrac{h}{2}, \boldsymbol{y}_n + \dfrac{h}{2}\boldsymbol{k}_2\right) \\ \boldsymbol{k}_4 = \boldsymbol{f}(t_n + h, \boldsymbol{y}_n + h\boldsymbol{k}_3) \end{cases}$$

例 8.13(求解常微分方程组):试用欧拉法求解常微分方程组

$$\begin{cases} y_1' = y_2 \\ y_2' = -2y_1 - 3y_2 \end{cases}$$

的初值问题。初值为 $y_1(0)=1, y_2(0)=2$,取步长 $h=0.1$,计算两步。

【解】 用欧拉法计算一步的公式为

$$\boldsymbol{y}_{n+1} = \boldsymbol{y}_n + h\boldsymbol{f}(t_n, \boldsymbol{y}_n)$$

本题中,$\boldsymbol{y}_0 = \begin{bmatrix} 1 \\ 2 \end{bmatrix}, \boldsymbol{f} = \begin{bmatrix} 0 & 1 \\ -2 & -3 \end{bmatrix} \boldsymbol{y}_n$,所以

$$\boldsymbol{y}_1 = \boldsymbol{y}_0 + h\begin{bmatrix} 0 & 1 \\ -2 & -3 \end{bmatrix}\boldsymbol{y}_0 = \begin{bmatrix} 1 \\ 2 \end{bmatrix} + 0.1\begin{bmatrix} 2 \\ -8 \end{bmatrix} = \begin{bmatrix} 1.2 \\ 1.2 \end{bmatrix}$$

$$\boldsymbol{y}_2 = \boldsymbol{y}_1 + h\begin{bmatrix} 0 & 1 \\ -2 & -3 \end{bmatrix}\boldsymbol{y}_1 = \begin{bmatrix} 1.2 \\ 1.2 \end{bmatrix} + 0.1\begin{bmatrix} 1.2 \\ -6 \end{bmatrix} = \begin{bmatrix} 1.32 \\ 0.6 \end{bmatrix}$$

即计算出 $t=0.2$ 时的数值解为 $\tilde{y}_1(0.2)=1.32, \tilde{y}_2(0.2)=0.6$。

容易验证此问题的准确解为 $y_1(t)=4\mathrm{e}^{-t}-3\mathrm{e}^{-2t}, y_2(t)=-4\mathrm{e}^{-t}+6\mathrm{e}^{-2t}$。因此,$t=0.2$ 时的准确解为 $y_1(0.2)=1.264, y_2(0.2)=0.747$,与数值解相差不大。■

在常微分方程组的求解过程中,也要注意数值解法的稳定性。以方程组(8.70)为例,考虑欧拉法的稳定性,计算公式为

$$\boldsymbol{y}_{n+1} = \boldsymbol{y}_n + h\boldsymbol{A}\boldsymbol{y}_n = (\boldsymbol{I} + h\boldsymbol{A})\boldsymbol{y}_n$$

假设 $\boldsymbol{y}_n$ 存在扰动$\boldsymbol{\delta}_n$,则由它引起 $\boldsymbol{y}_{n+1}$ 的误差为

$$\boldsymbol{\delta}_{n+1} = (\boldsymbol{I} + h\boldsymbol{A})\boldsymbol{\delta}_n$$

要使$\boldsymbol{\delta}_{n+1}$的大小不超过$\boldsymbol{\delta}_n$,或者随着 n 的增大,误差不会发散为无穷大,则要求矩阵 $\boldsymbol{I}+h\boldsymbol{A}$ 的特征值均不超过 1,即谱半径

$$\rho(\boldsymbol{I} + h\boldsymbol{A}) \leqslant 1 \tag{8.73}$$

也就是说,对矩阵 $\boldsymbol{A}$ 的任一个特征值 λ_i,都应满足

$$|1 + h\lambda_i| \leqslant 1 \tag{8.74}$$

这给出了用欧拉法求解常微分方程组(8.70)保证稳定的充要条件。一般地,特征值 λ_i 为复数,则 $h\lambda_i$ 在复平面的稳定区域如图 8-7 所示。注意,它与描述欧拉法求解模型问题稳定区域的图 8-2 几乎一样。更进一步,若特征值 λ_i 为实数,则得到稳定性对步长的限制条件

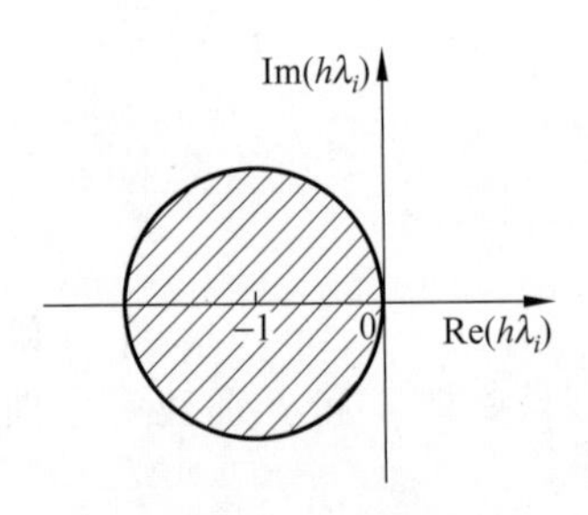

图 8-7 欧拉法解常微分方程组的稳定区域

$$h \leqslant \frac{-2}{\lambda_i}$$

根据这个要求看例 8.13,由于两个特征值分别为 -1 和 -2,欧拉法的步长应满足 $h \leqslant \frac{-2}{-2} = 1$,采用 $h=0.1$ 是满足稳定性要求的。

对更一般的常微分方程组,上述分析仍然有效,只需将 λ_i 看成是雅可比矩阵 $\boldsymbol{J}_f$ 的特征值,然后根据具体方法求解单个常微分方程模型问题时的稳定性要求,可确定步长的稳定区间。

8.5.2 MATLAB 中的实用 ODE 求解器

MATLAB 软件包含了多个实用的常微分方程初值问题求解器，如前面提到的 ode23 命令(见 8.3.4 节)。表 8-9 列出了这些命令，并简要说明了它们的特点。实际上，这些求解器分为两类：前 3 个为显格式方法，为了保证计算的稳定性，对某些问题效率很低(这类问题称为“刚性问题”)；后 4 个为隐格式方法，稳定性对步长的限制较小，因此适合于求解“刚性问题”。

表 8-9　MATLAB 中求解常微分方程初值问题的命令

函数名	内部算法	说明
ode23	显格式，单步法，采用 BS23 算法的自动变步长 R-K 方法	对于精度要求不高的情况，效率好于 ode45
ode45	显格式，单步法，包含一个 4 阶和 5 阶公式的自动变步长 R-K 方法	一般情况下，首先尝试使用它求解
ode113	显格式，多步法，采用变阶数的 Adams-Bashforth-Moulton 预测校正公式	适合于精度要求高或计算 f 函数代价高的情况
ode15s	隐格式，多步法，采用变阶数的 NDF 或 BDF 公式	适合于刚性问题
ode23s	隐格式，单步法，采用改进的 2 阶 Rosenbrock 公式	在精度要求不高的情况，效率可能高于 ode15s
ode23t	隐格式，单步法，采用基于“自由”插值基函数实现的梯形法	精度要求不高的适度刚性问题
ode23tb	隐格式，单步法，采用两级隐式 R-K 方法	适用情况类似于 ode23s

下面简要说明什么样的常微分方程初值问题是“刚性问题”。

定义 8.6：若一个常微分方程初值问题的准确解函数随时间变化缓慢，但经过其附近点(且满足原微分方程)的解是随时间变化很快的函数，则这类问题称为**刚性问题**(stiff problem)。

刚性问题可能是单个常微分方程，也可能是常微分方程组。求解刚性问题时，由于准确解附近的解变化很快，所以实际计算中必须采用很小的步长，才能防止数值解过大地偏离准确解。实际上，刚性问题反映的是求解过程的计算效率问题，它可以通过数值解法的稳定性分析解释，即由于稳定性要求，使得步长必须很小。一般采用显式方法求解刚性问题的计算效率很低，而采用无条件稳定或稳定区间很大的隐式方法时，可取较大的步长。

例 8.14 (**刚性问题**)：考虑常微分方程初值问题

$$\begin{cases} y' = -100y + 100t + 101, & t \geqslant 0 \\ y(0) = 1.01 \end{cases}$$

假设步长 $h=0.1$，使用欧拉法进行求解的结果列于表 8-10 中。

表 8-10　例 8.14 的计算结果

t	0.0	0.1	0.2	0.3	0.4
准确解	1.01	1.100 000	1.200 000	1.300 000	1.400 000
欧拉法	1.01	1.01	2.01	−5.99	67.0
向后欧拉法	1.01	1.100 909	1.200 083	1.300 008	1.400 001

该微分方程的通解为

$$y(t)=1+t+ce^{-100t}$$

代入初值得到原问题的准确解为

$$y(t)=1+t+0.01e^{-100t}$$

表 8-10 中也列出了准确解。通过对比看出,欧拉法的解严重偏离准确解。事实上,准确解的曲线如图 8-8 所示,变化非常缓慢,但由于通解中包含项 e^{-100t},附近的解变化很快,所以一旦数值解稍稍偏离准确解,采用局部斜率的显式方法就会使误差迅速放大。本例题就是一个典型的刚性问题。

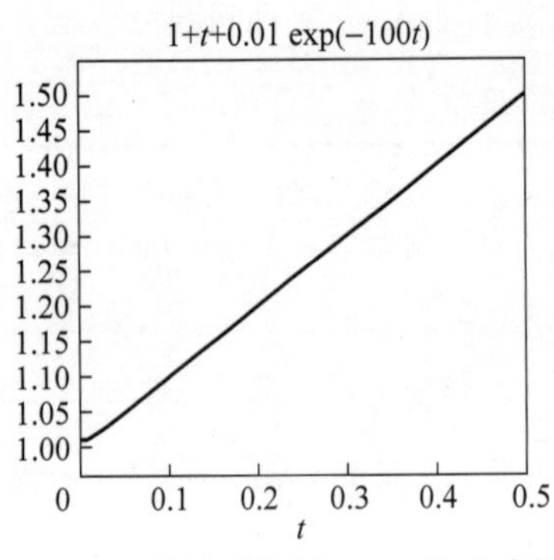

图 8-8 刚性问题(例 8.14)的准确解

作为对比,我们也采用向后欧拉法进行求解,步长也取 $h=0.1$,结果列于表 8-10 的最后一行。可以看出,向后欧拉法的结果更准确。

从算法稳定的角度看,本问题的雅可比矩阵 $\boldsymbol{J}_f=-100$,其特征值也就是 -100,因此,为保证稳定,欧拉法的步长应满足 $h\leqslant\frac{-2}{-100}=0.02$。上面计算中没有满足此条件,才出现不稳定的情况。对于这种刚性问题,用欧拉法等显格式方法求解,必须采用很小的步长,才能保证准确,因此效率很低。而向后欧拉法等隐格式方法稳定区间大,因此很适合求解刚性问题。■

从上述例子看出,刚性问题实际上就是不适合使用显式方法求解,或显式方法效率很低的问题。了解到这一点,可指导我们选择使用合适的 ODE 求解器。下面通过几个例子说明 MATLAB 中有关命令的使用。

例 8.15(**火焰燃烧问题**):BS23 算法的作者 L. Shampine 提出过一个描述火焰燃烧的微分方程,刻画点燃一根火柴时火焰半径迅速增大的动态过程。假设 $y(t)$为火焰半径,半径增大的速度应该与净供应的氧气量成正比,后者等于表面供应的氧气减去内部消耗的氧气,分别与 y^2 和 y^3 成正比。根据上述分析,采用适当的单位,可得到如下的常微分方程:

$$\begin{cases}y'=y^2-y^3, & t\geqslant 0\\ y(0)=\eta\end{cases}$$

其中,η 为初始的火焰半径,取 $\eta=0.0001$,求 $y(t)$的变化曲线。

MATLAB 中任何一种 ODE 求解器都有 3 个必需的输入参数,即 f 函数、求解时间范围和 y 函数的初始值。定义函数有多种方法,对本例可采用简单的匿名函数:

```
>>f=@(t,y) y^2-y^3;
```

它说明了 f 是关于 t 和 y 的二元函数。假设求解时间范围为[0,15 000],则使用 ode45 求解器的命令为

```
>>ode45(f,[0,15000],0.0001);
```

在不加返回值的情况下,ODE 求解器自动画出 $y(t)$的变化曲线,并标记出计算过程中的结点。上述命令生成的 $y(t)$函数曲线如图 8-9 所示。从图 8-9 中看出,$t=10\,000$ 时,火焰半径迅速增大并达到一个稳定的值,这与现实情况相符,这种稳定状态表明火焰内部燃烧耗

费的氧气和其表面现存的氧气达到了一种平衡。

从图 8-9 还可以看出，这是一个刚性问题，在 $y(t)$ 达到稳定值 1 后，仍然需要很小的步长，导致计算效率很低。采用刚性求解器 ode23s 重新计算此例，得到的结果如图 8-10 所示。可以看出，刚性求解器所需的计算步数少得多，而且通过统计计算时间发现，ode23s 求解该问题的时间大约是 ode45 的 1/6。■

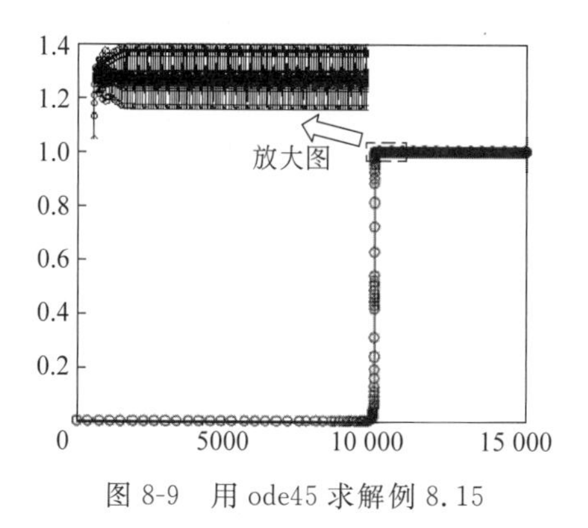

图 8-9　用 ode45 求解例 8.15

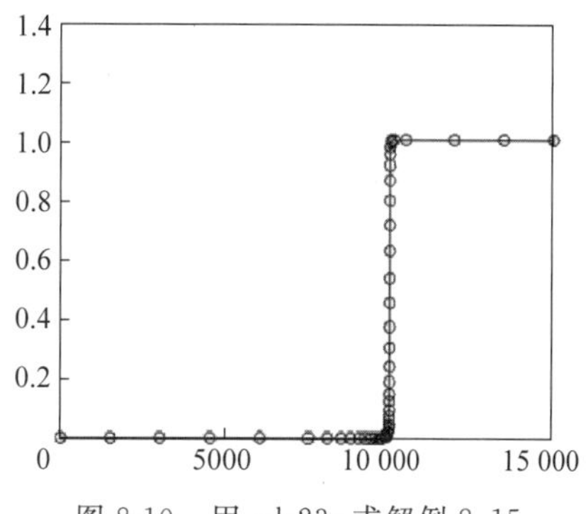

图 8-10　用 ode23s 求解例 8.15

例 8.16（**常微分方程组**）：用 MATLAB 中的 ode23 命令求解例 8.11 中的常微分方程组，假设 $F(t,y,y'(t))/m=6t$，初始值为 $y_1(0)=0, y_2(0)=1$。

【解】 待求解的常微分方程组为

$$\begin{cases} y_1' = y_2 \\ y_2' = 6t \end{cases}$$

为了定义向量函数 $\boldsymbol{f}(t,\boldsymbol{y})$，使用 MATLAB 中的 .m 文件。

```
function ydot=ffun(t,y);
ydot=[y(2); 6*t];                  %列向量
```

然后假设时间范围为[0,1]，求解的命令如下：

```
>>ode23(@ffun,[0,1],[0;1]);
```

注意函数名前的@符号，最后一个参数是初始值，这里是一个列向量，得到的两条解函数曲线如图 8-11 所示。本题有解析解，为 $y_1(t)=t^3+t, y_2(t)=3t^2+1$，它与数值解是吻合的。■

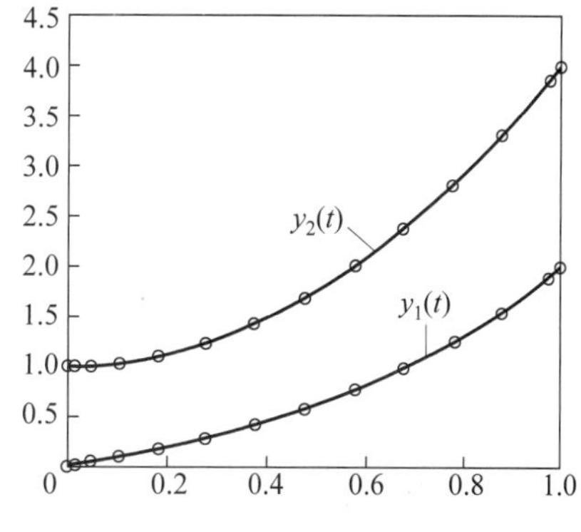

图 8-11　用 ode23 求解例 8.16 得到的两条解函数曲线

从这个例子可以看出，用 MATLAB 求解常微分方程组和求解单个常微分方程没有多大区别，只将使用到的一些量设为向量即可。

除了上述介绍的功能，MATLAB 的 ODE 求解器还可以自定义计算的节点和步长，并且在输入参数中增加 options 参数，可灵活地设置误差控制、输出、事件、定义雅可比矩阵、隐式常微分方程等功能。这些功能通过单独的 odeset 命令实现。而采用标准的命令格式

```
[T,Y]=solver(odefun,tspan,y0,options)
```

还可以返回离散的时间点 T 和对应的未知函数值 Y。关于这些功能的详细介绍,感兴趣的读者可查询 MATLAB 的联机帮助文档。

应用实例: 洛伦兹吸引子

1. 问题背景

世界上研究得最广泛的常微分方程问题之一是洛伦兹吸引子(Lorenz attractor)问题,它最先由美国 MIT 大学的数学家和气象学家 Edward Lorenz 在 1963 年提出。Lorenz 提出的方程是大气流体动力学的一个简化模型,它模拟大气的对流,可用于长期天气预报。Lorenz 方程是一个常微分方程组,可写成

$$\mathbf{y}' = \mathbf{A}\mathbf{y}$$

其中,$\mathbf{y}=[y_1(t), y_2(t), y_3(t)]^{\mathrm{T}}$,而

$$\mathbf{A} = \begin{bmatrix} -\beta & 0 & y_2 \\ 0 & -\sigma & \sigma \\ -y_2 & \rho & -1 \end{bmatrix}$$

解的第一个分量 $y_1(t)$和大气的对流相关,另外两个分量分别与温度的水平和竖直变化相关。参数 σ 称为普兰特数,ρ 是规范化的瑞利数,β 和模拟区域的几何形状相关。

由于矩阵 $\mathbf{A}$ 中有两个元素是 y_2 和 $-y_2$,看起来简单的 Lorenz 方程是一个非线性常微分方程,没有解析解。Lorenz 用数值方法对其进行求解,揭示了解函数 $\mathbf{y}(t)$的奇特性质,它是最早发现的混沌现象之一。

2. 吸引子的位置

Lorenz 方程组中没有随机的因素,因此解 $\mathbf{y}(t)$完全由上面的参数和初始条件确定。数值仿真的结果表明,当这些参数取某些值时,三维空间中 $\mathbf{y}(t)$的轨迹混乱地在两个点(吸引子)之间往返,有界但无周期,不收敛也不自交(见图 8-12 和图 8-13)。这是一种"混沌"现象。而对于参数的另外一些值,解可能会收敛于一个固定点,发散到无穷远或周期性振荡。

图 8-13 显示的是随时间 t 的变化,y_2 和 y_3 构成的相位投影图,其中明显地看到有两个

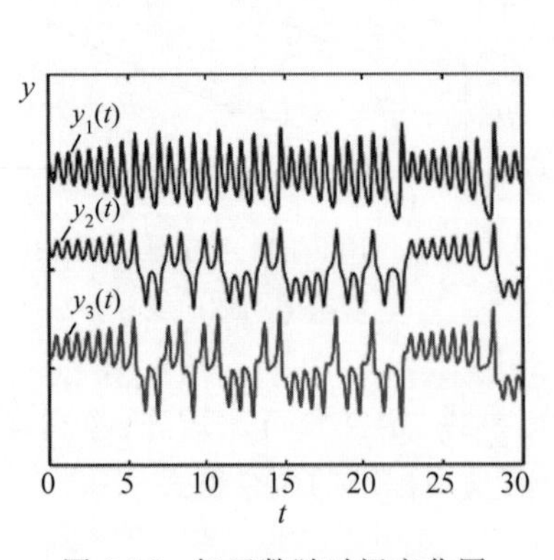

图 8-12 解函数随时间变化图

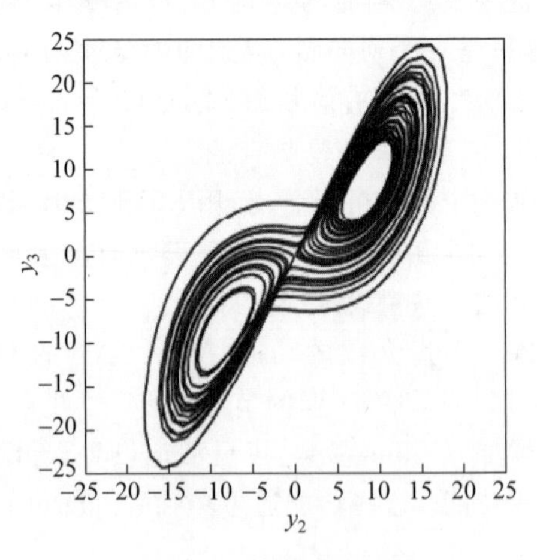

图 8-13 相位投影图

奇异吸引子,它们其实是常微分方程的两个固定点(或不动点)。为了求这两个吸引子的位置,需考虑初始值 $\boldsymbol{y}(t_0)$ 为何值时 $\boldsymbol{A}\boldsymbol{y}(t_0)=\boldsymbol{0}$。

根据矩阵 $\boldsymbol{A}$,可以证明它为奇异阵的充要条件是

$$y_2 = \pm\sqrt{\beta(\rho-1)}$$

进一步求矩阵 $\boldsymbol{A}$ 的化零向量,并使其第二个分量等于 y_2,则得到这样的化零向量为

$$\boldsymbol{z} = \begin{bmatrix} \rho-1 \\ y_2 \\ y_2 \end{bmatrix}$$

容易验证 $\boldsymbol{Az}=\boldsymbol{0}$。因此,若 $\boldsymbol{y}(t_0)=[\rho-1, \sqrt{\beta(\rho-1)}, \sqrt{\beta(\rho-1)}]^{\mathrm{T}}$,或 $[\rho-1, -\sqrt{\beta(\rho-1)}, -\sqrt{\beta(\rho-1)}]^{\mathrm{T}}$,对所有的 t,都有 $\boldsymbol{y}'=\boldsymbol{0}$,因此 $\boldsymbol{y}(t)$ 保持不变。这两个初始值就是两个吸引子。事实上,这两个不动点是不稳定的,只要轨迹不从它们开始,就永远不会达到其中任何一个,轨迹在它们附近将受到排斥。

Lorenz 方程中典型的参数取值是 $\rho=28$,$\beta=8/3$,则算出吸引子的位置为 $[27,8.49,8.49]^{\mathrm{T}}$ 和 $[27,-8.49,-8.49]^{\mathrm{T}}$。

3. MATLAB 实验

利用本章所学知识可以编写程序来数值求解 Lorenz 方程,从而观察 Lorenz 吸引子解曲线和相位轨迹。下面使用 MATLAB 自带的 ODE 求解器进行求解,假设初始值 $\boldsymbol{y}(t_0)$ 稍稍偏离吸引子 $[27,8.49,8.49]^{\mathrm{T}}$。具体的程序如下。

```
function ydot=Lorenzydot(t,y,sig,b,r)
  ydot=[y(2)*y(3)-b*y(1);sig*(y(3)-y(2));r*y(2)-y(3)-y(2)*y(1)];
end
>>sig=10;b=8/3;r=28;
>>yc=[r-1;sqrt(b*(r-1));sqrt(b*(r-1))];
>>y0=yc+[0;0;3];
>>tspan=[0,50];
>>opts=odeset('outputfcn',@odephas2,'OutputSel',[1,2]);
>>ode23(@Lorenzydot,tspan,y0,opts,sig,b,r);                %y1-y2 相位图
>>figure(2)
>>opts=odeset('outputfcn',@odephas2,'OutputSel',[1,3]);
>>ode23(@Lorenzydot,tspan,y0,opts,sig,b,r);                %y1-y3 相位图
>>figure(3)
>>opts=odeset('outputfcn',@odephas2,'OutputSel',[2,3]);
>>ode23(@Lorenzydot,tspan,y0,opts,sig,b,r);                %y2-y3 相位图
```

这个程序通过 odeset 设置 ODE 求解器的选项,方便实现二维的相位图输出,得到的前两个相位图如图 8-14 和图 8-15 所示,最后一个与图 8-15 类似。

文献[7]提供了一个功能更强大的 Lorenz 吸引子演示程序,感兴趣的读者可以参考。

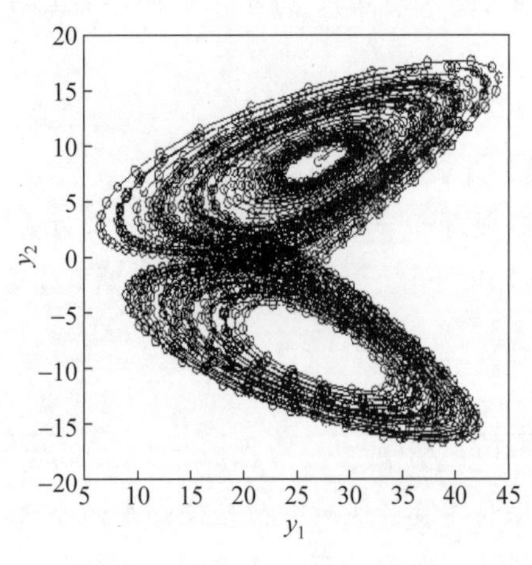

图 8-14　y_1-y_2 相位投影图

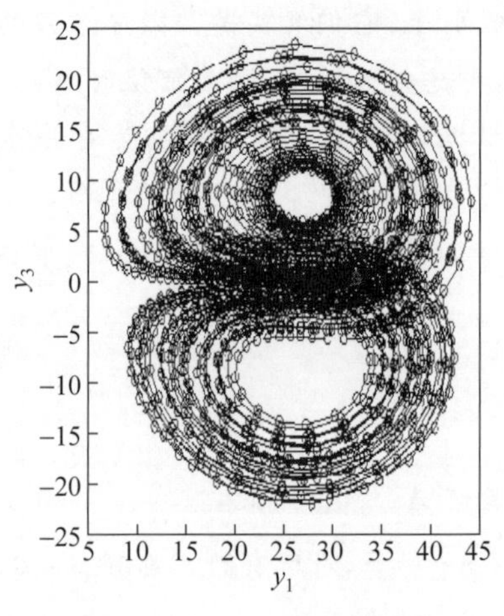

图 8-15　y_1-y_3 相位投影图

评　　述

1768 年,欧拉研究了常微分方程初值问题,提出了现在大家熟知的欧拉法。对欧拉法的更详细分析和应用是由柯西于 1840 年完成的。在后续工作中,亚当斯(Adams)做出了较大贡献。他于 1846 年和 Le Verrier 一起根据天王星轨道的摄动预测计算出了海王星的轨道。1883 年,他提出了 Adams-Bashforth 和 Adams-Moulton 两种多步法。龙格、Heun 和库塔在 1895—1901 年提出了多种方法,形成龙格-库塔方法。Fehlberg 于 1970 年发表了一种自动变步长 R-K 方法,类似于 ode45 的算法使用 4 阶和 5 阶的 R-K 公式,而 ode45 采用的 Dormand、Prince 公式对在 1980 年才被提出。1952 年,Curtis 和 Hirschfelder 提出了多步法中的隐式 BDF 方法,这种方法由于 Gear 在 1971 年出版的书得到普及和推广:

- C. W. Gear, *Numerical Initial Value Problems in Ordinary Differential Equations*. Prentice Hall, Englewood Cliffs, NJ. 1971.

目前,BDF 方法已成为求解刚性常微分方程有效的方法。关于常微分方程数值解法的稳定性分析,是由 Dahlquist 于 20 世纪 50 年代研究提出的。

除了本章介绍的方法,还有多值法和基于外推的方法等,它们都是 20 世纪 60 年代以后被提出的。除了初值问题,实际应用中需求解常微分方程的还有边值问题(boundary value problem)、延迟微分方程(delay differential equation)等。下面的书结合 MATLAB 介绍了这些方面的实用技术:

- L. F. Shampine, I. Gladwell, S. Thompson, *Solving ODEs with MATLAB*, Cambridge University Press, 2003.

该书的作者 Shampine 也是 MATLAB 中 ODE 求解器软件的开发者[19]。MATLAB 中,符号运算工具箱提供了求解常微分方程的命令 dsolve,它可求出简单常微分方程的通解和初值问题的特解,也可求线性常微分方程组的通解和特解。当然,对于复杂的方程,dsolve 命令就无能为力了。

微分代数方程组(differential algebraic equations, DAE)是与常微分方程存在联系的一类问题，关于它的求解方法，可参考：

- U. M. Ascher, L. R. Petzold, *Computer Methods for Ordinary Differential Equations and Differential-Algebraic Equations*, SIAM Press, 1998.

而高度振荡的常微分方程需要一些特殊的求解技术，可参考：

- L. R. Petzold, L. O. Jay, J. Yen, *Numerical solution of highly oscillatory ordinary differential equations*, Acta Numerica, Vol. 6, pp. 437-484, 1997.

【本章知识点】 显式常微分方程；高阶常微分方程转换为 1 阶常微分方程组；常微分方程的初值问题；线性常微分方程；初值问题的稳定性（稳定、不稳定、渐进稳定）；局部稳定性分析；单步法/多步法；显格式方法/隐格式方法；单步法的稳定性；稳定区域/稳定区间；局部截断误差；准确度阶数、收敛性；欧拉法；向后欧拉法；梯形法；龙格-库塔方法；显式 R-K 公式的推导；r 级 R-K 公式的准确度、稳定性；自动变步长的 R-K 方法；多步法公式的推导；Adams 公式；预测-校正格式；1 阶常微分方程组；线性常微分方程组初值问题的稳定性分析；常微分方程组的解法及其稳定性；MATLAB 中的 ODE 求解器；刚性问题。

算法背后的历史："数学家之英雄"欧拉

欧拉（Leonhard Euler，1707 年 4 月 15 日—1783 年 9 月 18 日，见图 8-16），瑞士数学家及自然科学家，出生于瑞士的巴塞尔，卒于俄国圣彼得堡。欧拉被一些数学史学者称为历史上最伟大的两位数学家之一（另一位是卡尔·弗里德里希·高斯），他不但为数学界做出贡献，更把数学推广到几乎整个物理领域。他是历史上最多产的数学家，平均每年写出 800 多页的论文，还写了大量有关力学、分析学、几何学、变分法的课本。在许多数学的分支中经常能见到以他的名字命名的重要常数、公式和定理。

图 8-16　欧拉

欧拉生于牧师家庭，15 岁在巴塞尔大学获学士学位，翌年得硕士学位。1727 年，欧拉应圣彼得堡科学院的邀请到俄国，1731 年接替丹尼尔第一·伯努利成为物理教授。在俄国的 14 年，他以旺盛的精力投入研究中，在分析学、数论和力学等方面做了大量出色的工作。1741 年，欧拉受普鲁士腓特烈大帝的邀请到柏林科学院工作达 25 年之久。在柏林期间，他的研究内容更加广泛，涉及行星运动、刚体运动、热力学、弹道学、人口学。1766 年，他又回到了圣彼得堡。

欧拉的主要贡献举例

- 在微积分方面，对函数概念进行了系统探讨，是复变函数论的先驱者。
- 在微分方程方面，提出了求解初值问题的欧拉方法，开拓性地研究了偏微分方程。
- 在数论方面，首先发现二次互反律，提出欧拉函数（RSA 公钥密码算法的基础）。
- 在几何方面，引入曲线的参数表示，奠定了曲面理论。
- 是变分法的奠基人。
- 为图论奠定了基础。
- 是理论流体动力学的创始人。

数学家之英雄——欧拉

欧拉具有坚忍的毅力。如计算彗星轨道,这是需要用好几个月时间进行计算,才能完成的工作,但欧拉用自己创立的方法,奋战三日就完成了。由于在天文研究中长期观测太阳和过度工作,他患了眼疾,右眼不幸失明,但他不顾眼疾,毅然回到寒冷的圣彼得堡工作。之后左眼视力很快衰退,他深知自己的双目将完全失明,但并没有消沉,而是抓紧还能朦胧看见东西的最后时光,在黑板上疾书他发现的公式,口述其内容,让人笔录。后来,欧拉双目都失明了,不幸的事又接踵而来:1771年,彼得堡失火殃及欧拉的住宅,书籍和大量手稿焚毁;1776年,爱妻柯黛玲娜病故,在这些不幸面前,欧拉仍没有退缩,而是以坚忍的毅力奋斗着、拼搏着。他凭借惊人的记忆力和罕见的心算能力,艰苦卓绝地从事研究,继续让人笔录他的发现,直到他生命的最后一刻。在双目失明的17年中,他竟口述了400篇左右的论文和好几本专著,并透彻地研究了曾使牛顿头痛的关于月球运行的理论。因此,纽曼称欧拉是"数学家之英雄"。

欧拉名言

- 如果命运是一块顽石,我就化为大锤,将它砸得粉碎!
- 虽然不允许我们看透自然界本质的秘密,从而认识现象的真实原因,但仍可能发生这样的情形:一定的虚构假设足以解释许多现象。
- 一个科学家如果做出了给科学宝库增加财富的发现,而不能坦率阐述那些引导他做出发现的思想,那么他就没有给科学做出足够的工作。

练 习 题

1. 写出与下列常微分方程等价的1阶常微分方程组。

(1) van der Pol 方程:

$$y'' = y'(1 - y^2) - y$$

(2) Blasius 方程:

$$y^{(3)} = -y'y''$$

(3) 两体运动的牛顿第二运动定律:

$$\begin{cases} y_1'' = -\dfrac{GMy_1}{(y_1^2 + y_2^2)^{\frac{3}{2}}} \\ y_2'' = -\dfrac{GMy_2}{(y_1^2 + y_2^2)^{\frac{3}{2}}} \end{cases}$$

2. 将下述积分的计算看成常微分方程初值问题:

$$\int_0^x e^{t^2}\,\mathrm{d}t$$

利用欧拉方法计算 $x=0.5,1,1.5,2$ 时该积分的近似值(步长任取)。

3. 用梯形法解初值问题

$$\begin{cases} y' + y = 0 \\ y(0) = 1 \end{cases}$$

证明其近似解为

$$y_n=\left(\frac{2-h}{2+h}\right)^n$$

并证明当 $h\to 0$ 时，它收敛于原初值问题的准确解 $y=\mathrm{e}^{-t}$。

4. 在向后欧拉法的计算中，一般需求解关于 y_{n+1} 的非线性方程(8.19)，若使用牛顿法求解，试推导相应的递推计算公式。

5. 对模型问题(8.7)，分析梯形法的稳定性，推导其稳定区域。

6. 对模型问题(8.7)，分别推导向后欧拉法、梯形法的局部截断误差，判断其准确度阶数。

7. 证明对任意参数 α，下列龙格-库塔公式都是 2 阶的：

$$\begin{cases}y_{n+1}=y_n+\dfrac{h}{2}(K_2+K_3)\\ K_1=f(t_n,y_n)\\ K_2=f(t_n+\alpha h,y_n+\alpha hK_1)\\ K_3=f(t_n+(1-\alpha)h,y_n+(1-\alpha)hK_1)\end{cases}$$

8. 根据模型问题(8.7)，验证 4 阶经典龙格-库塔公式(8.38)具有 4 阶准确度，并推导其保持稳定时满足的不等式(8.41)。

9. r 级龙格-库塔法的另一种表达式为

$$\begin{cases}y_{n+1}=y_n+h\displaystyle\sum_{i=1}^{r}c_ik_i\\ k_1=f(t_n,y_n)\\ k_i=f\left(t_n+\lambda_ih,y_n+h\displaystyle\sum_{j=1}^{i-1}\mu_{i,j}k_j\right),\quad(i=2,3,\cdots,r)\end{cases}$$

试证明要有至少 2 阶准确度，必定有

$$\lambda_2=\mu_{21}$$

即它与式(8.24)是等价的。

10. 判断下述单步法公式是否满足相容性。

(1) $\begin{cases}y_{n+1}=y_n+hk_2\\ k_1=f(t_n,y_n)\\ k_2=f\left(t_n+\dfrac{h}{2},y_n+\dfrac{h}{2}k_1\right)\end{cases}$

(2) $\begin{cases}y_{n+1}=y_n+\dfrac{h}{2}(3k_1-k_2)\\ k_1=f(t_n,y_n)\\ k_2=f\left(t_n+\dfrac{h}{2},y_n+\dfrac{h}{2}k_1\right)\end{cases}$

(3) $\begin{cases}y_{n+1}=y_n+\dfrac{h}{4}(k_1+6k_2+2k_3)\\ k_1=f(t_n,y_n)\\ k_2=f\left(t_n+\dfrac{h}{2},y_n+\dfrac{h}{2}k_1\right)\\ k_3=f\left(t_n+\dfrac{3h}{4},y_n+\dfrac{3h}{4}k_2\right)\end{cases}$

11. 对于初值问题

$$\begin{cases}y'=-100(y-t^2)+2t\\ y(0)=1\end{cases}$$

(1) 用欧拉法求解,步长 h 取什么范围的值,才能使计算稳定?

(2) 若用4阶龙格-库塔法计算,步长 h 如何选取?

(3) 若用梯形公式计算,对步长 h 有无限制?

12. 使用中点求积公式,可得到求解常微分方程初值问题的隐式中点方法

$$y_{n+1} = y_n + hf\left(t_n + \frac{h}{2}, \frac{y_n + y_{n+1}}{2}\right)$$

确定这个方法的准确度阶数和稳定区间。

13. 分析两步跳跃法

$$y_{n+1} = y_{n-1} + 2hf(t_n, y_n)$$

的准确度阶数和稳定区间。

14. 使用拉格朗日多项式插值推导 BDF 公式(8.65),并证明它具有3阶准确度。

15. 证明存在一个 α 值,使线性多步法

$$y_{n+1} + \alpha(y_n - y_{n-1}) - y_{n-2} = \frac{1}{2}(3+\alpha)h(f_n + f_{n-1})$$

是4阶的,其中,$f_n = f(t_n, y_n)$,$f_{n-1} = f(t_{n-1}, y_{n-1})$

上 机 题

1. 编程实现算法8.1。用它求解例8.3、例8.4和例8.5,绘出数值解的曲线,并与准确解进行比较。

2. 用欧拉公式解常微分方程初值问题:

$$\begin{cases} y' = -y + t + 1, & 0 \leqslant t \leqslant 1 \\ y(0) = 1 \end{cases}$$

求 $y(1)$ 的近似值。积分步长分别取 $h=0.1, 0.01, 0.001$。此问题的准确解为 $y(t)=t+e^{-t}$。

3. 设有常微分方程初值问题

$$\begin{cases} y' = -y + 2\cos t \\ y(0) = 1 \end{cases}$$

其精确解为 $y(t)=\cos t+\sin t$。选取步长 h,使得4阶经典 R-K 公式和4阶 Adams-Bashforth 公式均稳定,分别用这两种方法在区间 $[0,\pi]$ 上求解微分方程,将数值解与精确解进行比较,输出结果。同时比较两种数值方法的计算效率和准确度。多步法的初值由4阶经典 R-K 公式提供。

4. 分别用4阶经典 R-K 公式及 Hamming 公式与同阶 Milne 公式建立的预测-校正系统(可用4阶经典 R-K 公式提供必要的开始值)计算如下初值问题:

$$\begin{cases} y' = -20y + 20\sin t + \cos t \quad t \in [0,1] \\ y(0) = 1 \end{cases}$$

求 $y(1)$ 的近似值。计算时,用以下两种方法选取积分步长 h。

方法1: $t\in[0,1]$,$h=0.075$。

方法2: $t\in[0,0.2]$,$h=0.01$;$t\in[0.2,1]$,$h=0.075$ 。

本题目会遇到两个问题:①按给定步长积分时,积分终点与区间端点不重合;②多步

法改变步长。试提出相应解决办法并实现之(本题的准确解为 $y(t)=\mathrm{e}^{-20t}+\sin t$)。

5. 追击问题。设甲向正北方向运动,乙从它的侧面追击,他们均做匀速运动,速度分别为 v_1、v_2,$v_1<v_2$。如图 8-17 所示,初始时刻甲位于坐标原点 O,乙位于点 $A(a,0)$。在时刻 t,甲运动到点 $B(0,v_1t)$,乙追击到点 $P(x,y)$。乙的运动方向始终沿甲乙位置的连线,因此,直线 BP 总与乙的追击路径 $y=y(x)$ 在P 点相切。

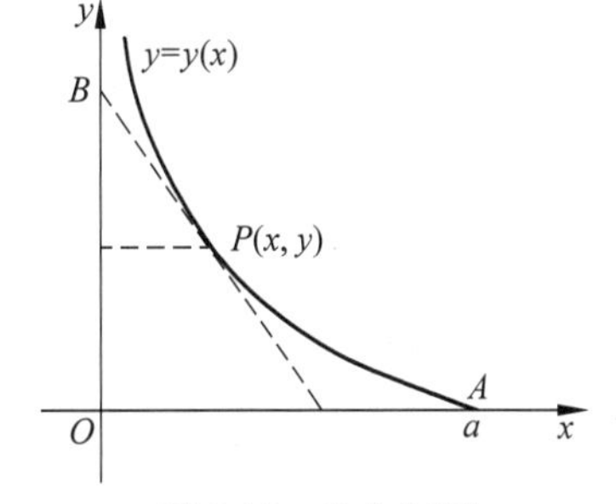

图 8-17　追击问题

(1) 建立 x、y 关于时间 t 满足的常微分方程组。

(2) 设 $a=100\mathrm{m}$,$v_1=1\mathrm{m/min}$,分别取 $v_2=1.5\mathrm{m/min}$,$2\mathrm{m/min}$,$2.5\mathrm{m/min}$,用 4 阶经典 R-K 方法求解该微分方程组,并绘出追击曲线 $y(x)$。

(3) 根据数值解求甲运动到何处时能被乙追上?需要多少时间?追击路径的准确解为

$$y(x)=\frac{a}{2}\left[\frac{v_2}{v_1+v_2}\left(\frac{x}{a}\right)^{\frac{v_1+v_2}{v_2}}-\frac{v_2}{v_2-v_1}\left(\frac{x}{a}\right)^{\frac{v_2-v_1}{v_2}}\right]+\frac{av_1v_2}{v_2^2-v_1^2}$$

根据它考查数值解得到答案的误差。

(4) 用 MATLAB 中的 ode45 命令求解该问题,比较结果的准确度。

附录A　有关数学记号的说明

1. 变量字体与标记

本书使用的变量都采用斜体字母表示，并且遵循下述原则(除非在程序代码或算法描述中)。

- 粗体大写字母表示矩阵，如 $\boldsymbol{A}$、$\boldsymbol{B}$。
- 粗体小写字母表示列向量，如 $\boldsymbol{x}$、$\boldsymbol{y}$。
- 正常字体的符号表示标量，如 n、x、α、A。
- 带下标的正常字体小写字母表示向量或矩阵的元素，如 x_i、a_{ij}。
- 通过增加下标表示向量或矩阵序列中的向量或矩阵，下标为序号，如 $\boldsymbol{x}_k$、$\boldsymbol{A}_k$。
- 若既要用序列中的序号，又要用分量编号，则用带括号的上标表示序号，如 $x_i^{(k)}$ 表示第 k 个向量 $\boldsymbol{x}^{(k)}$ 的第 i 个分量。

2. 与数、向量、矩阵有关的符号

- $\mathbb{R}$ 表示实数集合，$\mathbb{R}^n$ 表示 n 维实向量空间，$\mathbb{R}^{m\times n}$ 表示 $m\times n$ 实矩阵的集合。复数域对应的表示分别为 $\mathbb{C}$、$\mathbb{C}^n$ 和 $\mathbb{C}^{m\times n}$。$\mathbb{F}$ 表示计算机能表示的浮点数集合。
- i 表示单位虚数 $\sqrt{-1}$，在不混淆的情况下，i 常用于表示整数编号。
- $\binom{n}{k}$ 表示从 n 个数中选 k 个组合数。
- 在列出向量和矩阵的分量形式时，使用中括号[ ]。向量元素之间用空格或逗号分隔，矩阵元素分行、分列排列，且不用逗号分隔。
- (a_{ij}) 表示第 i 行、第 j 列位置上元素为 a_{ij} 的矩阵。
- $\boldsymbol{A}^{\mathrm{T}}$ 表示矩阵 $\boldsymbol{A}$ 的转置，$\boldsymbol{A}^{-1}$ 表示矩阵 $\boldsymbol{A}$ 的逆，$\det(\boldsymbol{A})$ 为 $\boldsymbol{A}$ 的行列式，$\mathrm{rank}(\boldsymbol{A})$ 为矩阵 $\boldsymbol{A}$ 的秩，$\rho(\boldsymbol{A})$ 为 $\boldsymbol{A}$ 的谱半径。
- 由若干个向量 $(\boldsymbol{a}_1,\boldsymbol{a}_2,\cdots,\boldsymbol{a}_n)$ 张成的线性空间，即 $\left\{\sum_{i=1}^{n} x_i\boldsymbol{a}_i : x_i\in\mathbb{R}, i=1,2,\cdots,n\right\}$，记为 $\mathrm{span}(\boldsymbol{a}_1,\boldsymbol{a}_2,\cdots,\boldsymbol{a}_n)$。矩阵 $\boldsymbol{A}$ 的列向量张成的线性空间简记为 $\mathrm{span}(\boldsymbol{A})$。
- 零向量和零矩阵分别用 $\boldsymbol{0}$ 和 $\boldsymbol{O}$ 表示；$n\times n$ 的单位矩阵记为 $\boldsymbol{I}_n$，在不至于混淆维数情况下用 $\boldsymbol{I}$ 表示；用 $\boldsymbol{e}_i$ 表示单位矩阵的第 i 列，也称为第 i 个标准单位向量。
- 内积运算用“$\langle,\rangle$”表示，范数用 $\|\cdot\|$ 表示，条件数用 $\mathrm{cond}(\cdot)$ 表示，不同种类的范数用下标加以区分，默认情况为欧氏范数(2-范数)。
- $\lfloor x\rfloor$ 表示对实数 x 下取整得到的整数，$\lceil x\rceil$ 表示对实数 x 上取整得到的整数。
- $\mathrm{Re}(Z)$ 与 $\mathrm{Im}(Z)$ 分别表示复数 Z 的实部与虚部。
- $\mathrm{fl}(x)$ 表示实数 x 对应的机器数，flop 表示某种浮点运算。

3. 与函数、关系有关的符号

- $C(X)$ 表示定义在集合 X 上的所有连续函数，如 $C[a,b]$ 表示区间 $[a,b]$ 上的所有连续函数。$C^n(X)$ 表示集合 X 上的所有 n 阶导数连续的函数，$C^\infty(X)$ 表示集合 X 上的所有任意阶导数都连续的函数。若无特殊说明，它们都是实值函数。

- $\mathbb{P}_n$表示次数不高于 n 次的所有实多项式的集合。
- 自然对数函数用 ln 表示，其底数为 e≈2.718，一般的对数函数用 log 表示，底数通过下标显示。在不造成混淆的情况下，用 lg 表示以 10 为底的对数。
- 多变量函数的梯度符号为∇，如 $u(t,x)$的梯度$\nabla u=\left[\frac{\partial u}{\partial t},\frac{\partial u}{\partial x}\right]^{\mathrm{T}}$。
- 用≃表示最小二乘近似，用≡表示“定义为”或“恒等于”。
- 用⇔表示等价关系，即符号左右两边的命题互为充分必要条件，用⇒表示由左边的命题可以推出右边的命题，而用⇐表示从右边的命题可以推出左边的命题。
- 用→表示趋近于或极限为。

4. 算法描述中的符号

- 用 :=表示赋值操作，用=表示相等关系。
- 循环语句有 **For…End**、**While…do…End**、**Repeat…Until…**3 种形式。
- 分支语句有 **If…then…Else…End** 和 **If…then…End** 两种，对于后一种情况，也可简写为 **If…then…**的一行语句。
- 一对“{”“}”符号包含的内容为算法注释。

5. 计算复杂度与 *O*(·)记号

- 数值算法的时间复杂度主要用其中包含的代数运算次数衡量。由于当前的计算机中加法和乘法的 CPU 耗时差不多(很多 CPU 可用单指令 multiply-add 完成一对乘法和加法运算)。因此，评价一个算法的时间复杂度时应同时考虑乘法与加法的运算次数(一般除法次数少得多，而减法也看成是加法)。
- 与较大的 n 相关的 $O(\cdot)$记号。在统计运算次数时，需要用大 O 记号表示函数值的阶，此时关心的是代表问题的规模的量 n 变大时的情形。如果存在正常数 K，使对较大的 n 都有

$$|f(n)|\leqslant K|g(n)|$$

则记

$$f(n)=O(g(n))$$

例如，$f(n)=3n^3+2n^2+n+90=O(n^3)$，若一个算法的浮点运算次数是 $f(n)$，则它的时间复杂度为 $O(n^3)$。

- 与较小的 h 相关的 $O(\cdot)$记号。在估计近似值的准确度时，主要关心的是代表步长或离散间隔的量 h 变小时的情形。如果存在正常数 K，使对较小的 h 都有

$$|f(h)|\leqslant K|g(h)|$$

则记

$$f(h)=O(g(h))$$

例如，$e^h=1+\frac{h}{1!}+\frac{h^2}{2!}+\frac{h^3}{3!}+\cdots=1+h+O(h^2)$。因为随 h 值的变小，h^2 之后的项可忽略不计，此时称 e^h 与 $1+h$ 的差为 $O(h^2)$小量。值得一提的是，如果 $h=1/n$，此时 $O(\cdot)$记号的含义与上面的情况一致。

附录B　MATLAB简介

MATLAB(矩阵实验室,Matrix Laboratory 的简称)是一款著名的数学软件,由美国MathWorks公司出品。MATLAB可以进行矩阵运算、绘制函数和数据、实现算法、创建用户界面、连接其他编程语言的程序等,主要应用于工程计算、控制设计、信号处理与通信、图像处理、信号检测、金融建模设计与分析等领域。MATLAB对许多专门的领域都开发了功能强大的模块集和工具箱(toolbox),如信号处理、图像处理、系统辨识、金融分析、地图工具、电力系统仿真等。事实上,MathWorks公司还有另一个重要的产品Simulink,它原本是MATLAB中的一部分,目前已独立出来,成为实现动态系统建模与仿真、功能更丰富的一个独立软件。图B-1是MATLAB软件的启动画面。

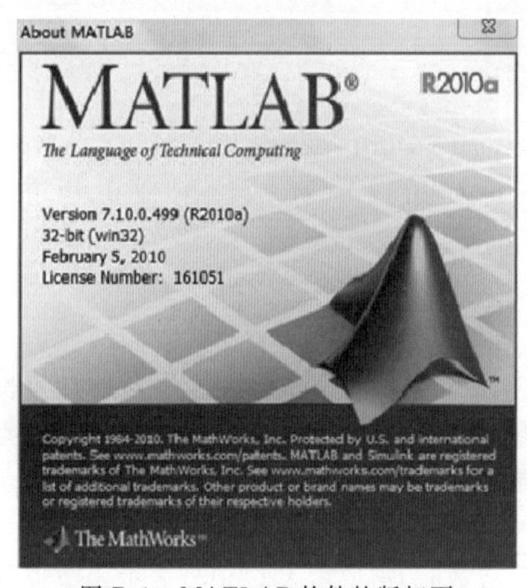

图B-1　MATLAB软件的版权页

除了MATLAB,还有其他著名的数学软件,如Wolfram Research公司的Mathematica。Mathematica的特点是符号计算能力非常突出,便于进行解析计算和公式的推导。相比这些数学软件,MATLAB在数值计算,尤其是矩阵计算方法方面性能优越,因此,了解、使用它的一些功能对学习数值分析等有关课程很有帮助。

MATLAB是跨平台的软件,适用于Windows、UNIX/Linux以及MAC操作系统。MathWorks公司每年进行两次产品发布,时间分别在3月和9月,以a和b区分版本号,如2010a和2010b。每个版本都包含32位和64位两种格式,安装时会根据计算机的情况自动选择。本附录以在32位PC、Windows 7环境下运行的MATLAB 2010a为例介绍MATLAB的基本功能。

B.1　用户界面

MATLAB软件(可执行程序为matlab。exe)启动后,用户界面如图B-2所示,其中包含了多个不同功能的子窗口。在命令窗口中输入edit命令,将弹出程序编辑窗口,可在其中编写程序。在命令窗口中按↑键会出现以往输入过的命令,而输入命令的前几个字符后再按↑键将从历史命令中找到匹配的命令。通过这个快捷键,可方便地调用以前输入过的命令,或在其基础上进行修改。在主程序界面中,通过菜单Help|Product Help可调出帮助文档,其中包含了丰富的信息。程序编辑窗口和帮助窗口如图B-3所示。

MATLAB的命令窗口和程序编辑窗口中的字体可以通过菜单项File|Preferences|Fonts设置,用户可将字体调整为合适的大小。另外,通过菜单项File|Set Paths可设置命

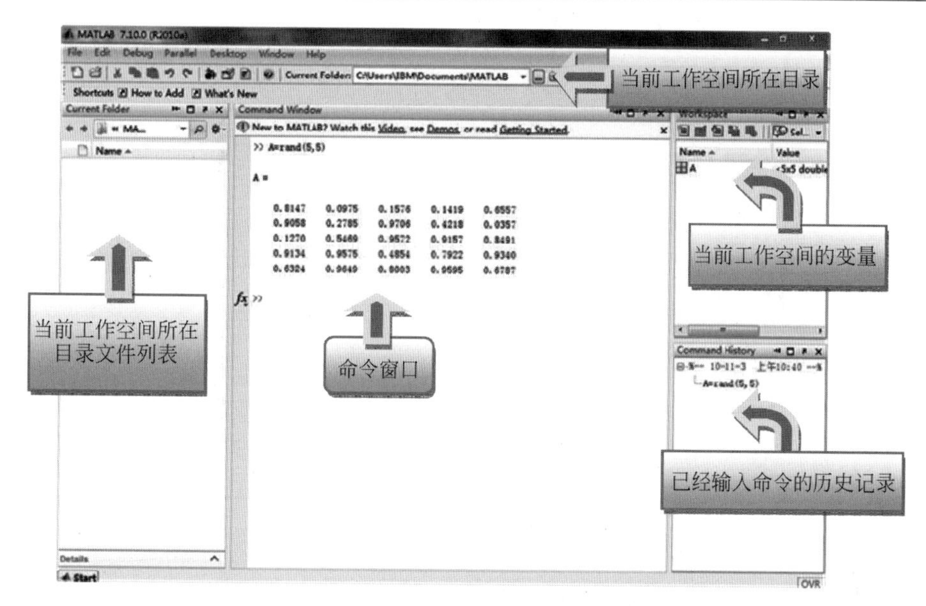

图 B-2　Windows 下的 MATLAB 使用界面

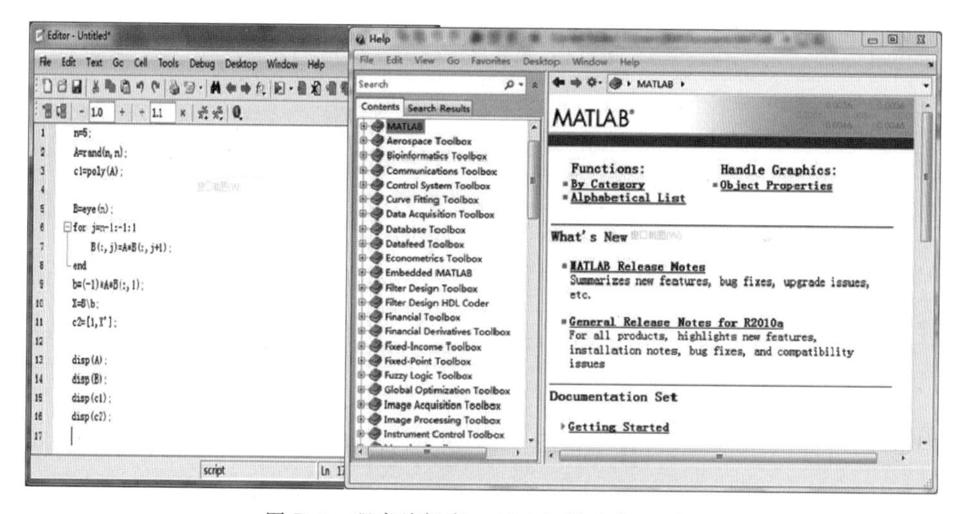

图 B-3　程序编辑窗口(左)和帮助窗口(右)

令路径,便于 MATLAB 自动搜索到不在当前目录下的文件和程序。

B.2　基本数据格式

默认情况下,MATLAB 采用 IEEE 双精度浮点数进行数据的存储与计算。MATLAB 中还有一些预先定义的保留字,用来表示常数,见表 B-1。

MATLAB 变量名是以字母开头,由字母、数字和下画线组成的字符串,并且字母区别大小写。表 B-1 中的特殊变量也可以当作一般的变量使用,如 i 和 j。MATLAB 中的变量的基本数据格式是矩阵,单个变量也默认为是单个元素的矩阵,并且不需要事先定义,一个变量在给它赋值时自动定义(但运算表达式中不允许出现未定义的变量)。clear 命令可以清空所有已经合法定义了的变量。

表 B-1 MATLAB 中预定义的常数

名　称	说　明
pi	圆周率 π
Inf(或 inf)	无穷大
NaN(或 nan)	不定量,如 0/0
realmax	最大的正浮点数
realmin	最小的正规范浮点数
eps	机器精度的两倍,2.2204e−16
i(或 j)	虚数单位,定义为 $\sqrt{-1}$
ANS(或 ans)	默认变量名,表示最近一次有效操作的运算结果

数据结果的显示格式由 format 命令控制,用法见表 B-2。

表 B-2 控制数据显示格式的命令

命　令	显 示 格 式
format	默认值,数据显示格式与 short 格式相同
format short	短格式,仅显示 5 位有效数字
format long	长格式,显示 15 位有效数字
format short e	对任意小数,显示仅带 5 位有效数字和 3 位指数的数据
format long e	对任意小数,显示带 15 位有效数字和 3 位指数的数据
format hex	以十六进制显示
format rat	以有理数显示

B.3 基本数学函数

MATLAB 支持的部分常用数学函数见表 B-3。这些函数的自变量可以是标量,也可以是矩阵(包括向量)。

表 B-3 常用数学函数

函数名	数 学 运 算	函数名	数 学 运 算
abs(x)	数或向量的模	gcd(x,y)	整数 x 和 y 的最大公约数
angle(z)	复数的辐角(弧度)	log(x)	以 e 为底的对数
real(z)	复数的实部	log2(x)	以 2 为底的对数
round(x)	四舍五入至最近整数	exp(x)	e 的 x 次幂
floor(x)	不超过 x 的最大整数	sin(x)	正弦函数

续表

函数名	数学运算	函数名	数学运算
cos(x)	余弦函数	lcm(x,y)	整数 x 和 y 的最小公倍数
tan(x)	正切函数	log10(x)	以 10 为底的对数
sinh(x)	双曲正弦函数	pow2(x)	2 的 x 次幂
cosh(x)	双曲余弦函数	sign(x)	符号函数
tanh(x)	双曲正切函数	asin(x)	反正弦函数
sqrt(x)	开方	acos(x)	反余弦函数
conj(z)	复数的共轭	atan(x)	反正切函数
imag(z)	复数的虚部	asinh(x)	反双曲正弦函数
fix(x)	舍去小数部分至最近整数	acosh(x)	反双曲余弦函数
cell(x)	不小于 x 的最小整数	atanh(x)	反双曲正切函数

B.4　矩阵运算

B.4.1　矩阵的输入

生成小矩阵的常用方法是直接从命令窗口输入。整个矩阵以[]为首尾,矩阵的行与行之间用分号(;)或者回车相隔,每行中的元素用逗号(,)或者空格分隔(注意,不要输入中文标点,确保输入法在英文状态)。例如,在命令窗口输入

```
>>a=[8 1 6;3 5 7;4 9 2]
```

命令窗口显示的结果为

```
a=
   8  1  6
   3  5  7
   4  9  2
```

如果在上述命令后加上“;”,则同样生成矩阵,但并不在命令窗口显示结果。

另外,MATLAB 中矩阵的数据存储顺序是列优先的。例如,在上述命令之后再输入

```
>>a(4)
```

命令窗口显示的结果为

```
ans=
     1
```

较大规模的矩阵可以使用 load 命令从文件串读入。例如,在当前工作空间的文件夹下创建文本文档 input.txt,包括如下内容:

```
1  2  3
```

```
4  5  6
7  8  9
```

然后在命令窗口输入

```
>>b=load('input.txt')
```

命令窗口显示的结果为

```
b=
   1  2  3
   4  5  6
   7  8  9
```

类似地,Windows 下的 MATLAB 也可以从 Excel 数据表格中读取数据,使用 xlsread 命令,如在命令窗口输入

```
>>a=xlsread('test.xls')
```

则读出 test.xls 文件中的数据表格,命令窗口显示的结果为

```
a=
   1  2  3
   4  5  6
   7  8  9
```

还有一些命令可生成特殊矩阵,具体列于表 B-4 中。

表 B-4　生成特殊矩阵的命令

命　令	功　　能
zeros(m,n)	生成 m 行 n 列全零矩阵
ones(m,n)	生成 m 行 n 列全 1 矩阵
eye(m,n)	生成 m 行 n 列对角线元素(行标等于列标)为 1 的矩阵
rand(m,n)	生成 m 行 n 列随机矩阵
diag(x,d)	生成一个以向量 x 的元素为距主对角线距离 d 的对角线元素的矩阵(主对角线以上 $d>0$,反之 $d<0$)

注意:diag 命令也可以反过来使用,即如果下面的命令中 $\boldsymbol{A}$ 是矩阵

```
>>x=diag(A,d)
```

那么结果是将矩阵 $\boldsymbol{A}$ 距主对角线距离 d 的对角线的元素存储在向量 $\boldsymbol{x}$ 中,这里的 $\boldsymbol{x}$ 默认是列向量。

向量(数组)是一种特殊的矩阵,可以用输入矩阵的方式建立。常用的是数值为等差数列的数组,它方便地通过“:”创建,例如:

```
>>x=-5:1:5
```

其中两个“:”之间的是等差间隔(若省略它,表示间隔为 1)。执行该命令后,命令窗口显示的结果为(得到一个行向量)

```
x=
   -5  -4  -3  -2  -1  0  1  2  3  4  5
```

B.4.2　矩阵的代数运算

矩阵的加、减、乘等运算与标量的没什么区别。表 B-5 列出了一些常见的矩阵运算。

表 B-5　常见的矩阵运算

命　令	功　　能	命　令	功　　能
[m,n]=size(A)	m 为行数，n 为列数	rank(A)	矩阵的秩
det(A)	方阵的行列式	eig(A)	求出矩阵 A 的所有特征值
inv(A)	矩阵的逆	cond(A)	矩阵的条件数
A'	矩阵的共轭转置	A.'	元素转置不求共轭

关于稀疏矩阵和线性方程组求解，以及相关函数的使用，参见本书第 3 章有关内容。下面介绍通过“:”符号取矩阵的部分元素的功能。例如，命令

```
>>B=A(m:n,p:q)
```

得到的结果将是 A 的第 m 行到第 n 行，第 p 列到第 q 列的子矩阵。而 $A(:,n)$和$A(m,:)$分别表示矩阵 A 的第 n 列和第 m 行向量。例如，对于前面定义的矩阵 a，输入

```
>>b=a(2,:)
```

得到的结果为

```
b=
   4  5  6
```

除这些基本的运算，表 B-6 列出了一些较复杂的矩阵算法的命令。

表 B-6　较复杂的矩阵算法的命令

命　令	功　　能
[V,J]=jordan(A)	J 是 A 的约当标准型，V 是相似变换矩阵，A=V * J * inv(V)，默认复数域
[L,U,P]=lu(A)	求矩阵 A 的 LU 分解，P * A=L * U
R=chol(A)	Cholesky 分解，A=R′ * R，R 为上三角矩阵
[Q,R]=qr(A)	QR 分解，A=Q * R
[V,D]=eig(A)	特征值分解，D 对角线元素为 A 的特征值，A * V=V * D
[U,S,V]=svd(A)	奇异值分解，A=U * S * V′

B.4.3　逐项运算符

MATLAB 中有一个特殊的逐项运算符(.)，它的功能通过表 B-7 说明，其中 A 和 B 是维数相同的矩阵或向量。

表 B-7　逐项运算符

命　令	说　　明
P=A. * B	得到与 A 维数相同的矩阵 P,P(i,j)=A(i,j) * B(i,j)
Q=A. ^B	得到与 A 维数相同的矩阵 Q,Q(i,j)=A(i,j)^B(i,j)
R=A. /B	得到与 A 维数相同的矩阵 R,R(i,j)=A(i,j)/B(i,j)
S=A. \B	得到与 A 维数相同的矩阵 S,S(i,j)=B(i,j)/A(i,j)

值得一提的是,线性代数中还有一些方阵函数,如指数函数

$$\mathrm{e}^{\boldsymbol{A}} = \sum_{k=0}^{\infty} \frac{1}{k!}\boldsymbol{A}^k$$

在 MATLAB 中,它们对应 expm、logm、sqrtm 等命令,其名字是对应的标量函数后面加上 m。例如,输入

```
>>A=[1,0;0,1];
```

则

```
>>expm(A)
```

结果为

```
ans=
     2.7183  0
     0       2.7183
```

而输入

```
>>exp(A)
```

的结果为(注意这个命令的不同含义)

```
ans=
     2.7183  1.0000
     1.0000  2.7183
```

B.4.4　向量的函数

向量是特殊的矩阵。表 B-8 列出了一些常用于向量的函数。

表 B-8　常用于向量的函数

命　令	功　能	命　令	功　能
min(x)	向量 x 元素的最小值	sort(x)	对向量 x 的元素升序排序
max(x)	向量 x 元素的最大值	norm(x)	向量 x 的模
mean(x)	向量 x 元素的平均值	sum(x)	向量 x 的元素总和
median(x)	向量 x 元素的中位数	prod(x)	向量 x 的元素总乘积
std(x)	向量 x 元素的标准差	diff(x)	向量 x 相邻元素的差
dot(x,y)	向量 x 和 y 的内积	cross(x,y)	向量 x 和 y 的外积

B.5　其他常用的数学计算

B.5.1　逻辑运算

在 MATLAB 中，任何数值都可以参与逻辑运算，并且在逻辑运算中，把所有非零值看作逻辑真，零值看作逻辑假。一般的数值可以用 logic 命令转换为逻辑变量。常用的逻辑运算符和关系运算符列于表 B-9 中。

表 B-9　常用的逻辑运算符和关系运算符

逻辑运算符	功　能	关系运算符	功　能
&	逻辑与运算	==	等于
|	逻辑或运算	~=	不等于
~	逻辑非运算	<,<=	小于、小于或等于
xor	逻辑异或运算	>,>=	大于、大于或等于

B.5.2　多项式

在 MATLAB 中，可用行向量表示多项式，其元素为按照降幂排列的多项式系数。例如：

$$p(x) = x^3 - x + 1$$

在 MATLAB 中可表示为

```
p=[1,0,-1,1]
```

MATLAB 中的 roots 命令用于求多项式的零点，其输入就是上面表示的多项式。

```
>>roots(p)
```

结果为

```
ans=
    -1.3247
     0.6624+0.5623i
     0.6624-0.5623i
```

一个相关的命令是 poly，它的输入是多项式零点组成的向量，而输出是多项式对应的向量，如果输入是一个矩阵，则得到矩阵的特征多项式。另一个相关的命令是 polyval，它的输入是多项式对应的向量和自变量 x 的值，输出是将这个 x 代入多项式计算的结果。

B.5.3　函数极值和最值

在实际应用中经常会遇到求函数极小值的情况，常用的命令是 fminuc。有两种使用方式：

```
fminunc(f,x1,x2)
```

功能是求函数 f 在 $x1$ 和 $x2$ 之间的最小值。

还有一种是:

```
fminunc(f,x0)
```

功能是求函数 f 从初始解 $x0$ 出发的最小值。这个命令中的函数可以是下面要讲到的自定义函数。MATLAB 没有求最大值的函数,求最大值时,转换为求这个函数相反数的最小值。

B.6 程序设计

MATLAB 中的程序都保存为扩展名为.m 的文件,称为 M 文件。M 文件有脚本文件和函数文件两种。脚本文件是简单执行一系列的 MATLAB 语句,按照文件中指定的顺序执行命令序列。函数文件中有函数定义语句——function,用户可以用自己编写的函数扩充函数库。在编程语句中,字符%之后的内容是注释语句。

B.6.1 结构控制语句

1. 选择结构

选择结构常使用 if 语句,例如:

```
if rem (a,2)==0                %判断 a 是否是偶数,其中 rem 为取余数的函数
     a=a/2;
end
```

if 可以和 else 一起使用,成为 if…else…end 语句,例如:

```
if a>b
   y=a;
else
   y=b;
end
```

另一种选择结构使用 if…elseif…elseif…else…end 语句,稍有不同。当然,选择语句可嵌套使用,但应注意关键字 end 的匹配。

和 C 语言类似,MATLAB 也实现了多路分支选择的结构,即 switch 语句。下面是一个例子:

```
switch var                        %对 var 分情况讨论
   case 1
       y=a;
   case 2
       y=b;
   case 3
       y=c;
   otherwise
       y=0;
end
```

2. 循环结构

最基础的循环是 while 循环，例如：

```
while i<n
      i=i+1;
end
```

也有 for 循环，例如：

```
for i=1:n
      sum=sum+1/i;
end
```

对于 while 循环和 for 循环，都可以使用 continue 语句，含义是结束本次循环，跳过循环体中下面未执行的语句，直接进入下一次循环。

MATLAB 中虽然有循环结构，但是实际编程中要尽可能利用 MATLAB 高效的矩阵运算，减少不必要的循环。

例如，表达式

$$\sum_{i=1}^{n}[(x_i-u_i)^2+(y_i-v_i)^2]$$

涉及向量 $\boldsymbol{x}$、$\boldsymbol{u}$、$\boldsymbol{y}$、$\boldsymbol{v}$。用前面的逐项运算符，它对应的命令为

```
sum((x-u).^2+(y-v).^2)
```

又如，$\boldsymbol{u}$ 是列向量，u * ones(1,n)就得到一个有 n 列的矩阵，矩阵的每一列都是 $\boldsymbol{u}$。类似地，ones(m,1) * v 把行向量 $\boldsymbol{v}$ 扩展成一个有 m 行的矩阵。

再举一个例子，说明利用 Kronecker 张量积命令 kron 简化计算。kron(A,B)就是把 B 放到 A 的每个元素处，如 X 是一个 2×3 的矩阵，那么 kron(X,Y)表示

```
[X(1,1) * Y  X(1,2) * Y  X(1,3) * Y
 X(2,1) * Y  X(2,2) * Y  X(2,3) * Y ]
```

利用这个可以简化很多操作，如(x,y 为两个列向量)：

```
P=zeros(121,2);
for i=0:10
    for j=1:11
          P(11 * i+j,1)=x(i+1);
          P(11 * i+j,2)=y(j);
    end
end
```

这里有两重循环，如果用 Kronecker 积写，就是

```
P(:,1)=kron(x,ones(11,1));
P(:,2)=kron(ones(11,1),y);
```

这样就省去了循环。

B.6.2 字符串

1. 字符串的基本操作

和其他高级程序设计语言一样,MATLAB中也有字符和字符串。字符串的命名和变量相同。建立字符串命令的一个例子是:

```
>>a='a b c'
a=
a b c
```

注意,空格是一个字符,而且字符串中的空格是算字符串长度的,如对于上例:

```
>>length(a)
ans=
     5
```

可以用方括号把多个字符串合并,可以合并成单行或者多行字符串(多行字符串为字符型矩阵)。例如:

```
>>a='a b c ';
>>b='c d e';
>>c= [a b]
c=
a b c c d e
```

下面是合并成为多行字符串的例子(此时要求两个字符串的长度必须相同):

```
>>a='a b c';
>>b='d e f';
>>c=[a; b]
c=
a b c
d e f
```

2. 字符串的操作函数

常用的字符串操作函数见表B-10,实际上和C/C++语言非常类似。

表B-10 常用的字符串操作函数

命　令	功　　能
strcmp(a,b)	比较 a 和 b 是否相同,若相同,则返回逻辑"真",否则返回逻辑"假"
strncmp(a,b,n)	比较 a 和 b 的前 n 个字符是否相同
strcat(a,b)	合并 a 和 b(合并成为新的字符串,并不像C语言中连接到 a 后面)

B.6.3　人机交互和输入输出

1. 命令窗口函数

常用的命令窗口输出函数是 disp 函数。使用 disp 函数的例子如下：

```
disp(x);                            %在命令窗口显示 x 的值
disp('Hello World!');               %在命令窗口显示“Hello World!”
```

disp 命令也可以同时显示字符和数字。注意，要把数字转换为字符显示，例如：

```
x=1.5
disp(['The value of x is  ',num2str(x)]);
```

其中，num2str(x)的功能是把 x 转换为字符，输出结果是

```
The value of x is  1.5
```

input 命令可以用来提示用户从键盘输入数据，利用 input 命令输入数据的例子如下：

```
x=input('input data x:');
```

这个代码运行的结果是命令窗口显示

```
input data x:
```

提示用户输入数据 x。

2. 文件操作函数

除前面讲到的 load 函数外，MATLAB 还有类似 C 语言的文件输入函数 fscanf 和文件输出函数 fprintf。使用时先用 fopen 函数打开文件，然后用 fclose 函数关闭文件。这些函数如何使用，可结合下面的例子具体说明。

```
fp1=fopen('input1.txt','r');        %指向文件 input1.txt,以'r'只读方式打开
fp2=fopen('output1.txt','w');       %指向文件 output1.txt,以'w'只写方式打开
x=fscanf(fp1,'%f');                 %利用 fp1 从 input1.txt 读入数据到 x
fprintf(fp2,'%9.8f',x);             %利用 fp2 输出数据到 output1.txt
fclose(fp1);                        %关闭文件 input1.txt
fclose(fp2);                        %关闭文件 output1.txt
```

输入函数 fscanf 括号中的引号中的 f 代表数据是实数。

输出函数 fprintf 括号中的引号中的符号代表了输出格式，有多种形式，下面是两个例子。

(1) %p. qf：小数形式输出，总字长 p 位，其中小数点后 q 位。

(2) %p. qe：指数形式输出，总字长 p 位，其中指数部分 q 位。

MATLAB 也支持 Excel 等格式文件的数据读写，详见帮助文档。

B.6.4　用户自定义函数

用户可以将自定义函数写成函数式的 M 文件，第一行以 function 关键词开始，说明此文件是一个函数。默认情况下，函数式 M 文件中的变量都是局部变量，仅在函数运行期间有效，函数运行结束，这些变量将从工作空间中清除。下面是一个简单的自定义函数的

例子:

```
function f=myfun(x)
f=2*x+512/x;
```

用户在命令窗口输入

```
>>fminunc(@myfun,1)
```

结果为

```
ans =
    15.9991
```

除了写成M文件,还可以用匿名函数的方式定义函数。例如,上面的函数可以这样定义:myfun=@(x) 2*x+512/x;再使用它时不需要加@符号。例如:fminunc(myfun, 1)。

和C/C++等高级语言一样,MATLAB中也有结构体类型数据,可以实现更复杂的数据结构。不仅如此,MATLAB中还有类似C/C++中指针的机制,用以传递数据,有类和对象,可以进行面向对象的程序设计(OOP),可以进行MATLAB和C++的混合编程,还可以开发图形界面的程序(GUI),感兴趣的读者可以参考进一步的资料。

B.7 符号计算

MATLAB也具有相当不错的符号计算能力,这里仅作简要介绍。符号计算最常用的两个命令是sym和syms。

sym常用的是两种功能。

(1) S=sym(A),把表达式A转换为符号对象S。

(2) x=sym('x'),以'x'为名创建符号变量,并将结果存储到x。

下面是一个用sym函数定义符号表达式的例子。

```
>>a=sym('a');
>>b=sym('b');
>>c=sym('c');
>>x=sym('x');
>>f=a*x^2+b*x+c
f=
a*x^2+b*x+c
>>h=sym('a*x^2+b*x+c')
h=
a*x^2+b*x+c
```

MATLAB还可以用syms函数创建符号对象,调用语法如下:

```
syms arg1 arg2;                %等同于 arg1=sym('arg1'); arg2=sym('arg2');
```

符号多项式运算的常用命令见表B-11。

表 B-11　符号多项式运算的常用命令

命　令	功　能	命　令	功　能
collect(表达式,'v')	指定 v 为独立变量,合并同类项	factor(表达式)	将表达式进行因式分解
expand(表达式)	将表达式展开为多项式	simply(表达式)	将表达式简化

用符号运算求解方程和方程组的函数是 solve,使用格式如下:

```
solve('f')                              %解方程 f
solve('f1',…,'fn','x1',…,'xn')          %对指定的自变量 x1,…,xn 解方程组 f1,…,fn
```

下面通过两个例子简单说明。输入:

```
>>syms a b c x
>>S=a*x^2+b*x+c;
>>solve(S,'x')
```

结果是

```
ans=
-1/2*(b-(b^2-4*a*c)^(1/2))/a
-1/2*(b+(b^2-4*a*c)^(1/2))/a
```

正好是求根公式。

输入:

```
>>syms u v a
>>S=solve('u^2-v^2=a^2','u+v=1','u','v')
```

结果是

```
S=
    u: [1x1 sym]
    v: [1x1 sym]
```

若需要具体查看,输入

```
>>S.u
```

读者从这里可以看出,S 其实是一个"结构体",结果是

```
ans=
1/2+1/2*a^2
```

B.8　绘图功能

MATLAB 具有强大的图形编辑功能,拥有大量灵活、易用的二维和三维图形命令,这里介绍最基本的应用。

B.8.1 二维图形

对于离散实函数 $y_i=f(x_i)(i=1,2,\cdots,n)$,对于自变量组成的向量,求出对应函数值的向量,将对应的点列在直角坐标系中画出,就实现了离散函数的可视化。对于连续的函数,也是先计算出在一组离散自变量上的函数值,并把这些点列在图中表示,为表现出函数的连续性,可对区间做出很细的分割。

plot 是最基本的绘图命令。例如,输入:

```
>>t=-1:0.05:1;
>>y=2*t.^2-1;
>>plot(t,y,'b')
```

则显示出图形窗口,如图 B-4 所示。

这里使用了"."操作符,表示对向量的各个元素逐个进行计算,这是绘图中常用到的操作符之一;单引号中的 b 代表 blue,表示用蓝色绘制曲线。plot 命令还有多种使用格式,详见表 B-12。

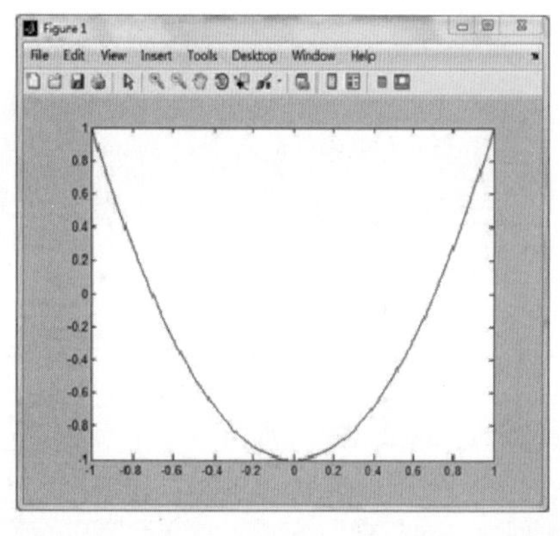

图 B-4 抛物线 $y=2t^2-1$ 在$[-1,1]$上的图像

表 B-12 plot 命令的使用格式

命 令	功 能
plot(x,y)	以 x 为横坐标,y 为纵坐标,按照坐标(x_i,y_i)的有序排列绘制曲线
plot(y)	以 i 为横坐标,y_i 为纵坐标,按照坐标(i,y_i)的有序排列绘制曲线
plot(z)	以横轴为实轴,纵轴为虚轴,在复平面上绘制复数序列 z_i
plot(x,y,'s')	功能基本同 $\text{plot}(x,y)$,但按 s 指定的样式绘制曲线
plot(x,y1,'s1',x,y2,'s2',…)	将多条曲线画在同一个坐标系中,分别绘成 s1,s2,…的颜色

表 B-12 中的 s、s1、s2 等样式字符串可以是颜色和线型标识符的组合,具体的这两类标识符列于表 B-13 中。

表 B-13 plot 命令中的颜色、线型设置参数

线型	功 能	线型	功 能	颜色	功 能	颜色	功 能
—	实线	o	小圆圈	r	红色	k	黑色
——	虚线	*	星号	b	蓝色	w	白色
:	点线	×	叉号	g	绿色	m	品红色
—·	点画线	+	加号	y	黄色	c	青色

MATLAB 中可以对图形和坐标进行操作和修改。对绘图区的一些属性修改的命令见表 B-14。

表 B-14　对绘图区的一些属性修改的命令

命　令	功　　能
subplot(m,n,k)	在一个窗口中绘制 $m\times n$ 个图形，其后 plot 的图位于位置 k
title('s')	在图形上方显示标题 s
xlabel('s')	用 s 标记 x 轴
ylabel('s')	用 s 标记 y 轴
text(x,y,'s')	将 s 显示在(x,y)决定的位置上
gtext('s')	将 s 显示在鼠标确定的位置上
hold on	保留现有图形，随后的图形叠在此图上
hold off	解除 hold on，随后的图形覆盖现有图形
grid on	显示坐标网格
axis auto	坐标使用默认设置
axis(xmin,xmax,ymin,ymax)	设定 x 和 y 坐标的刻度显示范围
axis equal	横纵坐标采用等长刻度

下面看一个综合性的例子。由于命令较多，这里写成脚本式的 m 文件，写好后，在命令窗口运行。设文件名为 Che. m，内容如下：

```
x=-1:0.05:1;
t0=1.0+0*x;
t1=x;
t2=2*x.*t1-t0;
t3=2*x.*t2-t1;
title('Chebyshev Poly');
xlabel('x');ylabel('y');
hold on;
plot(x,t0);gtext('T0');
plot(x,t1);gtext('T1');
plot(x,t2);gtext('T2');
plot(x,t3);gtext('T3');
```

在命令窗口输入 Che，输出图形如图 B-5(a)所示。

如果程序改写成 subplot 的形式，即

```
x=-1:0.05:1;
t0=1.0+0*x;
t1=x;
t2=2*x.*t1-t0;
t3=2*x.*t2-t1;
subplot(2,2,1);plot(x,t0);title('Chebyshev T0');xlabel('x');ylabel('y');
subplot(2,2,2);plot(x,t1);title('Chebyshev T1');xlabel('x');ylabel('y');
subplot(2,2,3);plot(x,t2);title('Chebyshev T2');xlabel('x');ylabel('y');
```

```
subplot(2,2,4);plot(x,t3);title('Chebyshev T3');xlabel('x');ylabel('y');
```

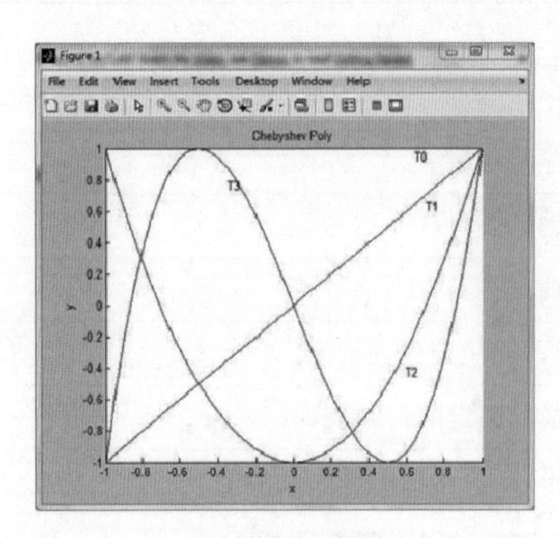

(a) 在同一坐标系

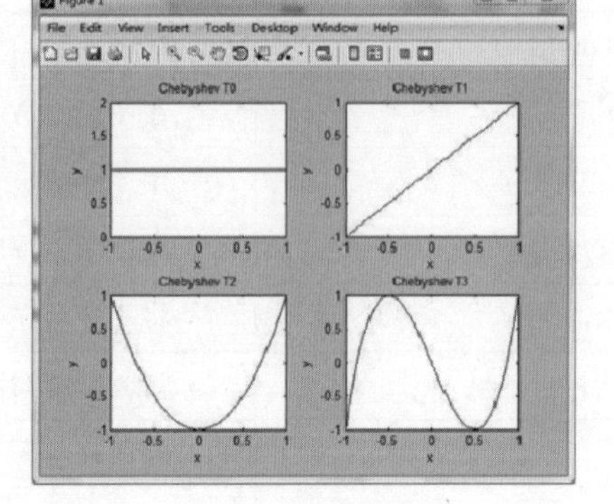

(b) 在不同坐标系

图 B-5　0～3 次第一类切比雪夫多项式在区间[−1,1]上的曲线

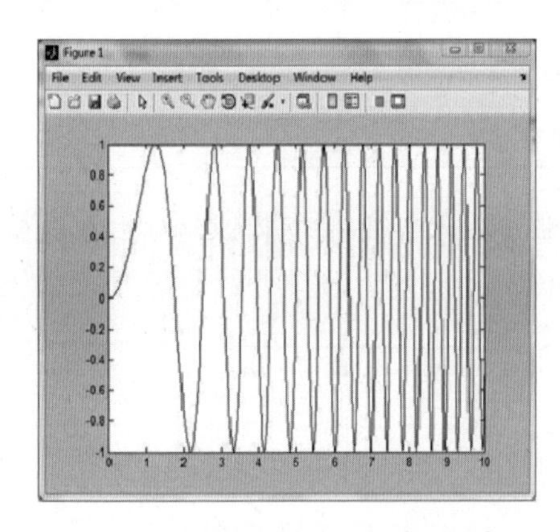

图 B-6　函数 $f(x)=\sin(x^2)$在区间[0,10]上的图像

输出的图形如图 B-5(b)所示。

fplot 命令可以方便地绘出自定义函数的图形。下面看一个简单的例子,输入

```
>>fplot('sin(x.^2)',[0,10])
```

得到函数 $f(x)=\sin(x^2)$在区间[0,10]上的图像,如图 B-6 所示。

和 plot 命令的区别是,fplot 并不需要给出取值点的选取,实际上,它是根据函数值自适应地选取取值点的。

plot 命令使用的是笛卡儿坐标系。MATLAB 中也可以绘制其他坐标系的图形,如极坐标、半对数坐标、双对数坐标。针对不同坐标系的绘图命令见表 B-15。

表 B-15　针对不同坐标系的绘图命令

命　令	功　　能
polar(x,r)	在极坐标中绘图,x 代表极角,单位弧度,r 代表极径
semilogx(x,y)	在半对数坐标系中绘图,x 轴用以 10 为底的对数刻度标定,类似于 plot($\log_{10}$(x),y)
semilogy(x,y)	在半对数坐标系中绘图,y 轴用以 10 为底的对数刻度标定,类似于 plot(x,$\log_{10}$(y))
loglog(x,y)	x 轴、y 轴均用以 10 为底的对数刻度标定,类似于 plot($\log_{10}$(x),$\log_{10}$(y))

下面看一个例子,它以极坐标绘制函数

$$r = e^{\cos t} - 2\cos 4t + \left(\sin \frac{t}{12}\right)^5。$$

输入:

```
>>t=linspace(0,22*pi,1100);
>>r=exp(cos(t))-2*cos(4*t)+(sin(t./12)).^5;
>>p=polar(t,r)
```

图形如图 B-7(a)所示。其中，linspace(x1,x2,N)的功能是在 $x1$ 和 $x2$ 之间均匀地产生 N 个取值点。在上述命令之后输入：

```
>>[x,y]=pol2cart(t,r);                %算出对应的笛卡儿坐标
>>plot(x,y)                           %在笛卡儿坐标系中绘图
```

得到笛卡儿坐标系中的图形如图 B-7(b)所示。

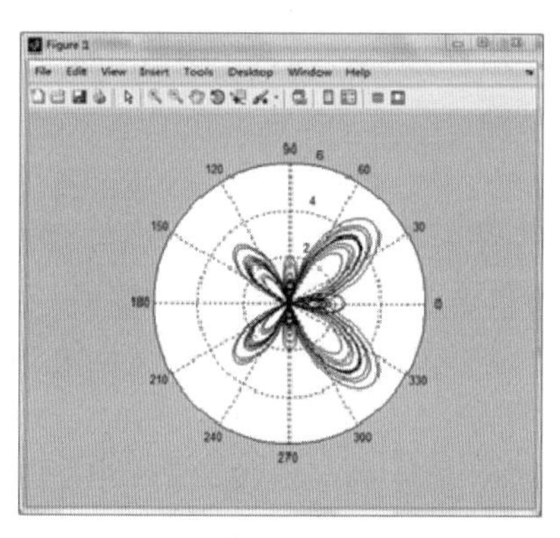

(a) 示例图形1

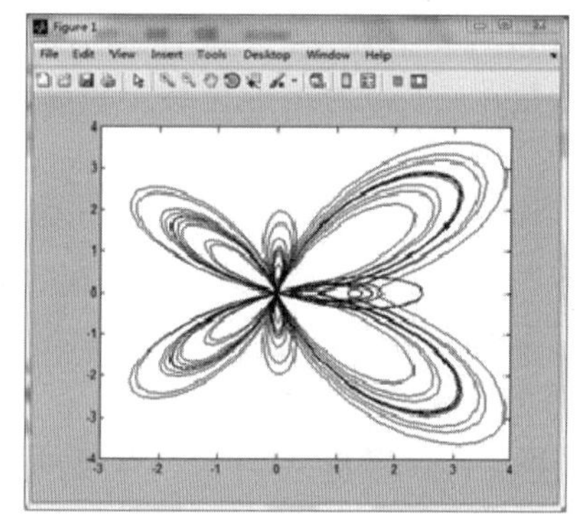

(b) 示例图形2

图 B-7　以极坐标绘制函数图像示例

B.8.2　三维图形

1. 曲线的绘制

三维空间里的曲线绘制通过 plot3 命令实现，命令格式和对应功能见表 B-16。

表 B-16　三维空间里的曲线绘制

命　令	功　　能
plot3(x,y,z)	按照坐标(x_i,y_i,z_i)的有序排列绘制曲线
plot3(x,y,z,'s')	功能基本同上，把曲线绘制成 s 指定的样式
plot3(x1,y1,z1,'s1',x2,y2,z2,'s2'…)	在同一坐标系内，用 s1 的样式绘制曲线 1，用 s2 的样式绘制曲线 2

这里，3 个坐标的数组 x、y 和 z 必须有相同的元素个数，s、s1、s2 可以按照表 B-13 选择。下面看一个三维空间的曲线的例子。输入：

```
>>t=0:pi/100:5*pi;
>>plot3(3*sin(t),2*cos(t),t)
```

图形如图 B-8 所示，这是一个椭圆螺旋线。

2. 曲面的绘制

MATLAB 可以在三维坐标中绘制曲面。MATLAB 中通过矩形网格组合描绘曲面，即

将(x,y)定义的区域划分为多个矩形区域，然后计算在这些矩形区域的顶点处的 z 值，显示时，把邻接的顶点互相连接起来，组合出曲面。组合这些网格显示整个曲面的时候，MATLAB 可以采用两种方式：一种是只用线条将各个临近顶点连接，网格区域内部显示为空白，通过网格边框显示整个曲面，这种曲面图称为网线图；另一种不但显示网格线边框，而且将其内部填充着色，从而通过一个个矩形平面组合显示整个曲面，这种曲面图称为表面图。

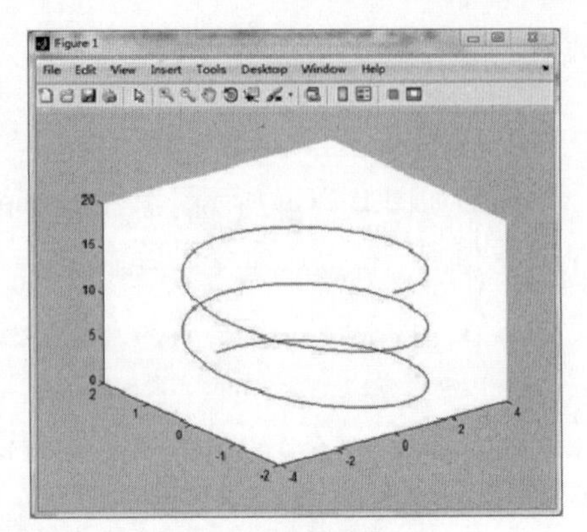

图 B-8　椭圆螺旋线

在 MATLAB 中绘制三维曲面图，先使用 meshgrid 函数在(x,y)的矩形区域上创建网格，调用格式如下：

[X,Y]=meshgrid(x,y)，

其中，x 和 y 为一维数组，通过数据重复在 x 和 y 的每个交叉点上创建网格点。当 x 是长度为 m 的一维数组，y 是长度为 n 的一维数组时，X 和 Y 就是一个 $m\times n$ 的二维数组，每一个对应的(X,Y)就是一个网格点。

绘制网格图的命令是 mesh(z)，表面图的命令是 surf(z)。在命令窗口输入：

```
>>x=-15:0.5:15;
>>y=-15:0.5:15;
>>[X,Y]=meshgrid(x,y);
>>r=sqrt(X.^2+Y.^2)+eps;              % 为什么要加上 eps,原因请读者思考
>>z=sin(r)./r;
>>mesh(z)
```

可以看出，这里生成的 z 其实是一个和网格结点矩阵维数相同的矩阵，得到的图形如图 B-9(a)所示，如果把 mesh(z)换成 surf(z)，得到的图形如图 B-9(b)所示。

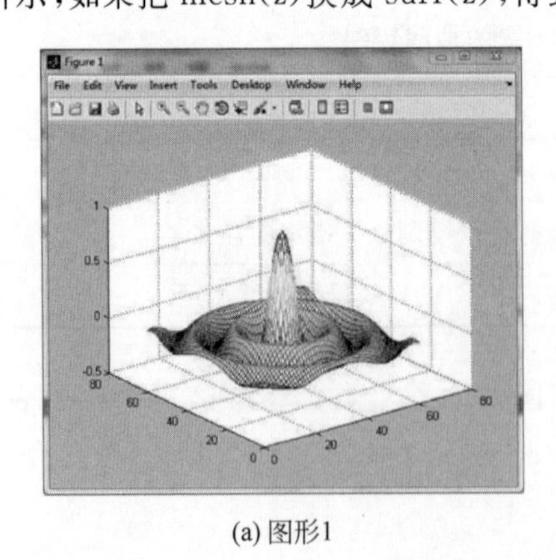

(a) 图形1　　(b) 图形2

图 B-9　三维曲面绘图示例

还有一个命令 contour(z)，可绘出矩阵 z 的等高线，如图 B-10 所示。

限于篇幅，这里只介绍了 MATLAB 最基本、最常用的功能，用户使用时最好养成使用

help 命令、doc 命令的习惯。

doc 命令将打开帮助窗口，显示相关的帮助文档，内容更全面、丰富。

对于自定义的 m 文件，如果用户在开头用%标记写上注释，然后在命令窗口输入 help 对应的 m 文件名称（不包括扩展名），就会显示这部分注释。例如，用户的自定义函数如下：

```
function f=myfun(x)
%return sin(x)
f=sin(x);
```

在命令窗口输入：

```
>>help myfun
```

结果是

```
return sin(x)
```

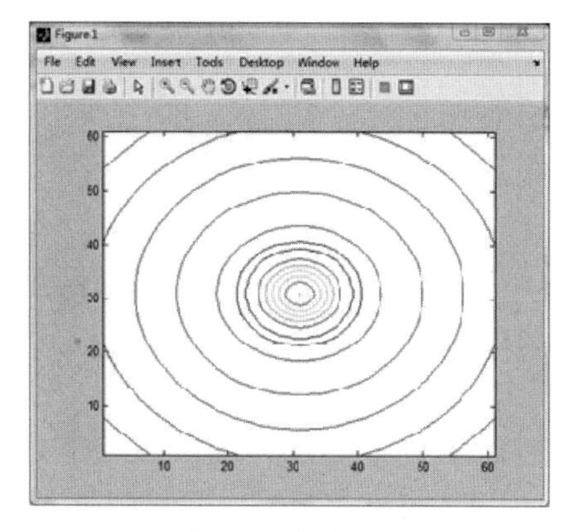

图 B-10　等高线图

附录C　Python数值计算简介

C.1　Python简介

Python是一个高层次的结合了解释性、交互性和面向对象的脚本语言。Python是一种解释型语言，这意味着开发过程中没有了编译这个环节，类似于PHP和Perl语言。Python是交互式语言：这意味着可以在一个Python提示符＞＞＞后直接执行代码。Python是面向对象的语言，这意味着Python支持面向对象的风格或代码封装在对象的编程技术。

Python是Guido van Rossum于20世纪80年代末和90年代初在荷兰国家数学和计算机科学研究所设计出来的。Python本身也是由诸多其他语言发展而来的，包括ABC、Modula-3、C、C++、Algol-68、SmallTalk、UNIX Shell和其他脚本语言等。像Perl语言一样，Python源代码同样遵循GPL(GNU General Public License)协议。现在Python由一个核心开发团队维护，Guido van Rossum仍然占据着至关重要的作用，指导其进展。

Python主要有Python 2.x和Python 3.x两个版本。相对于Python的早期版本，Python 3.x是一个较大的升级，而且为了不带入过多的累赘，Python 3.x在设计的时候没有考虑向下兼容。本附录以在64位PC、Windows 10环境下运行的Python 3.7.2为例，介绍Python数值计算的基本功能。

除Python外，MATLAB作为在数值计算方面首屈一指的商业数学软件，同样可用于实现算法、数据分析、矩阵运算等。相比于MATLAB，Python的主要优势在于：免费、开源、更好的可移植性和第三方生态。Python作为一门通用编程语言，功能必定更加灵活和丰富。MATLAB的主要优势在于：它是专门给数值计算开发的，在数值计算领域社区更加活跃并且性能更加优越。本附录在介绍Python数值计算基本功能的同时，也会列出相应的MATLAB命令进行对比。

C.2　基本数学函数

Python支持的部分常用数学函数见表C-1。

表C-1　Python支持的部分常用数学函数

Python命令	MATLAB命令	数学运算说明
abs(x)	abs(x)	数的绝对值(模)
z.real	real(x)	复数的实部
z.imag	imag(z)	复数的虚部
z.conjugate()	conj(z)	复数的共轭

续表

Python 命令	MATLAB 命令	数学运算说明
round(x)	round(x)	四舍五入到最近整数
math. ceil(x)	ceil(x)	不小于 x 的最小整数,需要 import math
math. floor(x)	floor(x)	不超过 x 的最大整数,需要 import math
math. gcd(x,y)	gcd(x,y)	整数 x 和 y 的最大公约数,需要 import math
math. log(x)	log(x)	以 e 为底的对数,需要 import math
math. log2(x)	log2(x)	以 2 为底的对数,需要 import math
math. exp(x)	exp(x)	e 的 x 次方,需要 import math
math. pow(2,x)	pow2(x)	2 的 x 次方,需要 import math
math. sin(x)	sin(x)	正弦函数,需要 import math
math. sinh(x)	sinh(x)	双曲正弦函数,需要 import math
math. asin(x)	asin(x)	反正弦函数,需要 import math
math. cos(x)	cos(x)	余弦函数,需要 import math
math. cosh(x)	cosh(x)	双曲余弦函数,需要 import math
math. acos(x)	acos(x)	反余弦函数,需要 import math
math. tan(x)	tan(x)	正切函数,需要 import math
math. tanh(x)	tanh(x)	双曲正切函数,需要 import math
math. atan(x)	atan(x)	反正切函数,需要 import math
math. sqrt(x)	sqrt(x)	开方,需要 import math
numpy. sign(x)	sign(x)	符号函数,需要 import numpy

C.3　矩阵运算

Python 中生成矩阵主要使用 numpy. array 对象,如下所示。

```
>>>
>>> import numpy
>>> A=numpy.array([[8,1,6],[3,5,7],[4,9,2]])
>>> print(A)
[[8 1 6]
 [3 5 7]
 [4 9 2]]
>>> print(A[0][0])
8
>>>
```

还有一些命令可用于生成特殊矩阵,具体列于表 C-2 中。

表 C-2 生成特殊矩阵的命令

Python 命令	MATLAB 命令	数学运算说明
numpy. zeros((m,n))	zeros(m,n)	生成 m 行 n 列的全零矩阵,需要 import numpy
numpy. ones((m,n))	ones(m,n)	生成 m 行 n 列的全 1 矩阵,需要 import numpy
numpy. eye(m,n)	eye(m,n)	生成 m 行 n 列对角线全 1 的矩阵,需要 import numpy
numpy. random. rand(m,n)	rand(m,n)	生成 m 行 n 列的随机矩阵,需要 import numpy
numpy. diag(x,d)	diag(x,d)	生成一个以向量 x 的元素为距主对角线距离 d 的对角线元素的矩阵,需要 import numpy

Python 中矩阵间直接运算就是逐项运算,如图所示。

```
>>> B=numpy.ones((3,3))
>>> print(A+B)
[[ 9.  2.  7.]
 [ 4.  6.  8.]
 [ 5. 10.  3.]]
>>> print(A*B)
[[8. 1. 6.]
 [3. 5. 7.]
 [4. 9. 2.]]
>>>
```

表 C-3 列出了一些常见的矩阵运算命令。

表 C-3 常见的矩阵运算命令

Python 命令	MATLAB 命令	数学运算说明
(m,n)=numpy. shape(A)	[m,n]=size(A)	m 为行数,n 为列数,需要 import numpy
numpy. linalg. matrix_rank(A)	rank(A)	矩阵的秩,需要 import numpy
numpy. linalg. det(A)	det(A)	方阵的行列式,需要 import numpy
numpy. linalg. eigvals(A)	eig(A)	矩阵的所有特征值,需要 import numpy
numpy. linalg. inv(A)	inv(A)	矩阵的逆,需要 import numpy
numpy. linalg. cond(A)	cond(A)	矩阵的条件数,需要 import numpy
A. T	A. '	矩阵的转置,需要 import numpy
A. T. conj()	A'	矩阵的共轭转置,需要 import numpy
numpy. linalg. cholesky(A)	chol(A)	Cholesky 分解,Python 命令得到的是下三角矩阵,MATLAB 命令得到的是上三角矩阵,需要 import numpy
(Q,R)=numpy. linalg. qr(A)	[Q,R]=qr(A)	QR 分解,$\boldsymbol{A}=\boldsymbol{QR}$,需要 import numpy
(U,S,V)=numpy. linalg . svd(A)	[U,S,V]=svd(A)	SVD 分解,Python 命令得到的 $\boldsymbol{S}$ 是一个向量,MATLAB 命令得到的 $\boldsymbol{S}$ 是一个对角矩阵,需要 import numpy
(P,L,U)=scipy. linalg. lu(A)	[L,U,P]=lu(A)	LU 分解,$\boldsymbol{PA}=\boldsymbol{LU}$,需要 import scipy. linalg
A * B	A. * B	逐项乘法

续表

Python 命令	MATLAB 命令	数学运算说明
numpy. dot(A,B)	A * B	矩阵乘法,需要 import numpy
scipy. linalg. expm(A)	expm(A)	矩阵的指数函数,需要 import scipy. linalg

向量是特殊的矩阵,表 C-4 列出了一些常见的用于向量的函数。

表 C-4　常见的向量函数命令

Python 命令	MATLAB 命令	数学运算说明
numpy. min(x)	min(x)	向量 x 元素的最小值,需要 import numpy
numpy. max(x)	max(x)	向量 x 元素的最大值,需要 import numpy
numpy. mean(x)	mean(x)	向量 x 元素的平均值,需要 import numpy
numpy. median(x)	median(x)	向量 x 元素的中位数,需要 import numpy
numpy. std(x)	std(x)	向量 x 元素的标准值,需要 import numpy
numpy. sort(x)	sort(x)	对向量 x 的元素升序排序,需要 import numpy
numpy. linalg. norm(x)	norm(x)	向量 x 的模,需要 import numpy
numpy. sum(x)	sum(x)	向量 x 元素的和,需要 import numpy
numpy. prod(x)	prod(x)	向量 x 元素的积,需要 import numpy
numpy. diff(x)	diff(x)	向量 x 相邻元素的差,需要 import numpy
numpy. dot(x,y)	dot(x,y)	向量 x 和 y 的内积,需要 import numpy
numpy. cross(x,y)	cross(x,y)	向量 x 和 y 的外积,需要 import numpy

C.4　其他数学运算

Python 也支持简单的多项式运算,主要用到 numpy. poly1d 对象。下图展示的是用 Python 求解多项式 x^3-2x+1 的零点的过程。

```
>>> import numpy
>>> a=numpy.array([1,0,-2,1])
>>> p=numpy.poly1d(a)
>>> r=numpy.roots(p)
>>> print(r)
[-1.61803399  1.          0.61803399]
```

表 C-5 列出了常见的多项式运算命令。

表 C-5　常见的多项式运算命令

Python 命令	MATLAB 命令	数学运算说明
numpy. roots(p)	roots(p)	求多项式 p 的根,需要 import numpy
numpy. polyval(p,x)	polyval(p,x)	求多项式 p 在 x 的值,需要 import numpy
numpy. poly(r)	poly(r)	将根转换为多项式系数,需要 import numpy

附录 D　部分习题答案

第 1 章

1. 相对误差限为 0.0033。

2. (4) 当 $x=k\pi, k\neq 0$ 时，这个问题高度敏感。

4. Y_{100} 的误差限为 $\frac{1}{2}\times 10^{-3}$。

5. 测量边长的误差应不超过 0.005cm。

6. 5×10^{7}，稳定。

7. 第三个公式，即 $\frac{1}{(3+2\sqrt{2})^{3}}$ 得到的结果相对最好。

9. (2) $\text{UFL}=\beta^{L-p+1}$

11. 0.1 的 IEEE 单精度二进制浮点数表示是 0.000110011001100110011001101，注意它有 24 位二进制有效数字。采用截断舍入保留 4 位有效数字的结果是 0.0001100。采用最近舍入保留 4 位有效数字的结果是 0.0001101。

第 2 章

1. 迭代公式(1)和(3)都收敛，得到 4 位有效数字的近似根为 1.466。

5. 所求的极限值为 $\frac{1}{4a}$。

第 3 章

1. $\boldsymbol{A}$ 的 ∞-范数、1-范数及 2-范数分别为 1.1、0.8 和 0.8279。

11. 乘除法次数为 $\frac{n(n+1)}{2}$。

12. 矩阵 $\boldsymbol{A}$ 对应的因子矩阵为

$$\boldsymbol{L}=\begin{bmatrix}1 & 0 & 0\\ 0 & 1 & 0\\ 2 & -1 & 1\end{bmatrix},\quad \boldsymbol{U}=\begin{bmatrix}1 & 1 & 1\\ 0 & 4 & -1\\ 0 & 0 & -2\end{bmatrix}$$

矩阵 $\boldsymbol{B}$ 对应的因子矩阵为

$$\boldsymbol{L}=\begin{bmatrix}1 & 0 & 0\\ 2 & 1 & 0\\ 3 & -5 & 1\end{bmatrix},\quad \boldsymbol{U}=\begin{bmatrix}1 & 2 & 3\\ 0 & 1 & -4\\ 0 & 0 & -24\end{bmatrix}$$

矩阵 $\boldsymbol{C}$ 对应的因子矩阵为

$$L=\begin{bmatrix}1&0&0&0\\1&1&0&0\\1&0&1&0\\1&1&1&1\end{bmatrix},\quad U=\begin{bmatrix}1&1&1&1\\0&1&1&1\\0&0&1&1\\0&0&0&1\end{bmatrix}$$

13. 矩阵 $\boldsymbol{A}$ 对应的因子矩阵为

$$L=\begin{bmatrix}1&&\\2/3&1&\\1/3&1/2&1\end{bmatrix},\quad U=\begin{bmatrix}3&5&6\\&2/3&1\\&&1/2\end{bmatrix},\quad P=\begin{bmatrix}&&1\\&1&\\1&&\end{bmatrix}$$

矩阵 $\boldsymbol{B}$ 对应的因子矩阵为

$$L=\begin{bmatrix}1&&&\\\frac{1}{2}&1&&\\&&1&\\\frac{1}{2}&&-\frac{1}{6}&1\end{bmatrix},\quad U=\begin{bmatrix}4&2&4&3\\&1&&\frac{3}{2}\\&&6&-1\\&&&\frac{1}{3}\end{bmatrix},\quad P=\begin{bmatrix}&&1&\\&1&&\\&&&1\\1&&&\end{bmatrix}$$

15. 矩阵 $\boldsymbol{A}$ 的 Cholesky 分解因子为

$$L=\begin{bmatrix}1.7321&&\\0.5774&1.6330&\\&0.6124&1.6202\end{bmatrix}$$

16. 解出 $\boldsymbol{x}=\begin{bmatrix}\frac{5}{6}&\frac{2}{3}&\frac{1}{2}&\frac{1}{3}&\frac{1}{6}\end{bmatrix}^{\mathrm{T}}$。

17. 矩阵 $\boldsymbol{A}$ 不能进行 LU 分解;矩阵 $\boldsymbol{B}$ 可以进行 LU 分解,但分解不唯一。

第 4 章

3. (1) 雅可比迭代法、高斯-赛德尔迭代法解此方程组时都收敛。

(2) 雅可比迭代法经过 17 步迭代,得到近似解$[-4.000\,02\quad 3.000\,00\quad 2.000\,00]^{\mathrm{T}}$;

高斯-赛德尔迭代法经过 8 步迭代,得到近似解$[-4.000\,02\quad 3.000\,00\quad 2.000\,00]^{\mathrm{T}}$。

4. SOR 方法经过 5 步迭代,得到近似解$[-3.9967\quad 3.0000\quad 1.9994]^{\mathrm{T}}$。

6. (1) $-1<\alpha<1$ 时,矩阵 $\boldsymbol{A}$ 正定。

第 5 章

2. $2.4\leqslant\rho(\boldsymbol{A})\leqslant 3.6$;$\mathrm{cond}(\boldsymbol{A})_2\geqslant 1.3068$。

3. $\boldsymbol{A}$ 的特征值的界为 $2\leqslant\lambda\leqslant 6$; $\boldsymbol{A}^{-1}$ 的特征值的界为$\frac{1}{6}\leqslant\lambda\leqslant\frac{1}{2}$。

4. 主特征值为 9.6056,主特征向量为$[1\quad 0.6056\quad -0.3944]^{\mathrm{T}}$。

7. $$Q=\begin{bmatrix}-\frac{1}{3}&-\frac{2}{3}&-\frac{2}{3}\\-\frac{2}{3}&-\frac{1}{3}&\frac{2}{3}\\-\frac{2}{3}&\frac{2}{3}&-\frac{1}{3}\end{bmatrix},\quad R=\begin{bmatrix}-3&3&-3\\0&-3&3\\0&0&-3\end{bmatrix}$$

9. 计算结果如下:

$$
\boldsymbol{R}=\begin{bmatrix}\sqrt{3} & -\frac{\sqrt{3}}{3} & -\frac{\sqrt{3}}{3}\\ 0 & -\frac{2\sqrt{6}}{3} & -\frac{\sqrt{6}}{3}\\ 0 & 0 & \sqrt{2}\\ 0 & 0 & 0\\ 0 & 0 & 0\\ 0 & 0 & 0\end{bmatrix}
$$

12. 得到的对称三对角矩阵为$\begin{bmatrix}1 & -5 & 0\\ -5 & \frac{73}{25} & \frac{14}{25}\\ 0 & \frac{14}{25} & -\frac{23}{25}\end{bmatrix}$。

15. (1) 15，　(2) $\frac{n(n^2+1)}{2}$，　(3) $\frac{n(n^2+1)}{2}$。

第6章

3. (1) $\|f\|_\infty$、$\|f\|_1$与$\|f\|_2$分别为1、1/4、$\sqrt{7}/7$。

   (2) $\|f\|_\infty$、$\|f\|_1$与$\|f\|_2$分别为1/2 、1/4、$\sqrt{3}/6$。
5. 最佳平方逼近多项式为$S(t)=0.117\,187\,5+1.640\,625t^2-0.820\,312\,5t^4$。
6. (1) 最佳平方逼近多项式为$S(t)=4e-10+(18-6e)t$。

   (2) 最佳平方逼近多项式为$S(t)=\frac{12}{\pi^2}-\frac{24}{\pi^2}t$。
8. $S_3(t)^*\approx1.553191t-0.562228t^3$。
9. 得到的经验公式为$y=0.972\,604\,6+0.050\,035\,1t^2$,均方根误差为0.0548。
10. 得到的函数表达式为$y=f(t)=5.215\,153\times10^{-4}\times e^{-\frac{7.496\,347}{t}}$。
11. 解为f(t)=2.5648+1.2037t 。
12. $0.501\,06\times10^{-5}$。
15. $h\leqslant0.006\,585$。
17. 分别为1和0。
20. $P(x)=\frac{1}{4}x^2(x-3)^2$。
21. 估计出的误差上限为0.25。
22. 误差不超过$h^2/4$。
23. 误差不超过$h^4/16$。

第7章

1. (1) $A_{-1}=A_1=\frac{8}{3}h,A_0=-\frac{4}{3}h$,3次代数精度。

   (2) 具有2次代数精度。
4. 误差限为$3.472\,22\times10^{-4}$。
6. (1) $T=0.1114024$，$S=0.1115718$。

(2) $T=17.2277402$，$S=17.3320873$。

7. 复合梯形公式等分 213 份，复合辛普森公式等分 4 份。

9. 计算结果为 0.713 27。

11. 结果分别为 11.1415 和 10.948 4。

12. 1.098 537 6。

13. −0.9344。

第 8 章

4. 公式如下：

$$y_{k+1} = y_k - \frac{y_k - y_n - h_n f(t_{n+1}, y_k)}{1 - h_n \dfrac{\partial f(t_{n+1}, y_k)}{\partial y}}$$

10. (1)满足，(2)满足，(3)不满足。

11. (1) $h\leqslant 0.02$。

(2) $h\leqslant 0.0287$。

(3) 对步长 h 没有限制。

算法索引

算法 1.1：计算多项式 $P_n(x)$的算法 25

算法 2.1：二分法 33

算法 2.2：基于函数 $\varphi(x)$的不动点迭代法 36

算法 2.3：解单个非线性方程的牛顿迭代法 42

算法 2.4：解单个非线性方程的割线法 46

算法 2.5：牛顿下山法 48

算法 2.6：解非线性方程组的牛顿法 54

算法 3.1：求解线性方程组的高斯消去过程 72

算法 3.2：求解上三角形方程组的回代过程 73

算法 3.3：求解线性方程组的高斯-约当消去法 75

算法 3.4：矩阵求逆算法 76

算法 3.5：用高斯消去过程进行 LU 分解 81

算法 3.6：矩阵的直接 LU 分解算法 84

算法 3.7：求解单位下三角方程组的前代过程 85

算法 3.8：利用 LU 分解求解多右端方程组 85

算法 3.9：部分主元高斯消去法进行 LU 分解 89

算法 3.10：对称正定矩阵的 Cholesky 分解算法 96

算法 3.11：三对角矩阵的不选主元 LU 分解 98

算法 3.12：三对角线性方程组的“追赶法”解法 99

算法 4.1：1 阶定常迭代法 114

算法 4.2：雅可比迭代法 121

算法 4.3：高斯-赛德尔迭代法 122

算法 4.4：SOR 迭代法 124

算法 4.5：解对称正定方程组的最速下降法 132

算法 4.6：解对称正定方程组的共轭梯度法 134

算法 4.7：解对称正定方程组的实用共轭梯度法 135

算法 4.8：解对称正定方程组的预条件共轭梯度法 136

算法 5.1：计算主特征值 λ_1 和主特征向量 $\boldsymbol{x}_1$ 的实用幂法 157

算法 5.2：计算最小特征值 λ_n 和特征向量 $\boldsymbol{x}_n$ 的反幂法 161

算法 5.3：基于 Householder 变换的矩阵正交三角化 171

算法 5.4：计算矩阵特征值的 QR 算法 174

算法 5.5：一种计算实对称矩阵特征值的实用 QR 算法 178

算法 6.1：求实连续函数最佳平方逼近的法方程方法 200

算法 6.2：用法方程方法求解曲线拟合的最小二乘问题 208
算法 6.3：利用矩阵的 QR 分解求解曲线拟合的最小二乘法 211
算法 6.4：用拉格朗日插值计算函数值 218
算法 6.5：用满足第一种边界条件的三次样条插值计算函数值 236
算法 8.1：求解常微分方程初值问题的自动变步长 BS23 算法 299

术语索引

Adams(亚当斯)公式 303
BLAS(基本代数子程序) 108
Brent 算法(zeroin 算法) 49
B-样条函数 236
  k 次 B-样条 237
  k 次样条函数 237

Cholesky(楚列斯基)分解 95
  Cholesky 分解算法 96
Eckart-Young 定理 183
Givens 旋转变换(平面旋转变换) 167
Householder 变换(初等反射变换) 165
LAPACK 106,107

LDL^T 分解 94

LU 分解(三角分解) 80
  LU 分解算法 81
  部分主元高斯消去法进行 LU 分解
  (列主元 LU 分解) 89
  杜利特尔(Doolittle)方法 84
  克劳特(Crout)方法 84
  直接三角分解方法 84

Krylov 子空间迭代法 2,135
  变分原理 130
  共轭梯度法 133,134
  预条件技术 136
  最速下降法 131

MATLAB 5,324
  \(mldivide) 106,240
  chol 106
  cond 107
  diff 278
  eig 153,183
  eigs 185
  eps 20, 27
  fsolve 55
  fzero 49,55
  hess 185
  int 278
  interp1 240
  interp2 240
  interp3 240
  jordan 185
  lu 106
  ode113 311
  ode15s 311
  ode23 298,311
  ode23s 311
  ode23t 311
  ode23tb 311
  ode45 311
  pcg 142
  pchip 232,240
  polyfit 240
  qr 185
  quad 263,278
  quadgk 278
  quadl 278
  realmax 27
  realmin 27
  roots 49,56
  schur 185
  sparse 105
  spline 240
  sprand 105
  svd 183
  svds 185
  syms 278
  vpa 27

Netlib 4

PageRank 算法 162

QR 分解 168,171

QR 算法 2,172
- 带原点位移的 QR 算法 177
- 单位移技术 177
- 基本 QR 算法 173
- 将矩阵化简为上 Hessenberg 阵 176

Romberg(龙贝格)算法 260

阿贝尔(Abel)定理 2

埃尔米特插值 229
- 埃尔米特插值余项 229
- 两点三次埃尔米特插值多项式 230

保形分段插值 231

伯恩斯坦多项式 197,227

不动点迭代法 36
- 全局收敛 38
- 局部收敛 39
- 判停准则 44
- 收敛阶 40

残差判据 44

差商(均差) 10,221
- k 阶差商 221

插值 214
- 保形分段插值 232
- 插值函数 215
- 插值节点 215
- 插值区间 215
- 多项式插值 215
- 分段插值 215,226
- 分段三次埃尔米特插值函数 230
- 分段线性插值函数 227
- 龙格(Runge)现象 226
- 三次样条插值 233
- 三角插值 215
- 数值稳定性 227
- 有理插值 215

插值型求导公式 274

插值型求积公式 247
- Kronrod 公式 270
- Lobatto 公式 270
- 高斯-勒让德求积公式 269
- 高斯点 266
- 高斯求积公式 266
- 柯特斯公式 252
- 牛顿-柯特斯公式 252
- 梯形公式 247,251
- 辛普森公式 251
- 中矩形公式 247

常微分方程 283
- 初值问题 284
- 利普希茨条件 37,284
- k 阶常微分方程 283
- 显式常微分方程 283
- 线性常微分方程 284
- 一阶常微分方程组 283
- 隐式常微分方程 283

常微分方程初值问题
- 不稳定 285
- 刚性问题 311
- 渐进稳定 285
- 局部稳定性 285
- 稳定 285

常微分方程初值问题的解法
- MATLAB 的 ODE 求解器 311
- 单步法 287
- 多步法 287,300
- 截断误差主项 290
- 局部截断误差 289
- 龙格-库塔方法 292
- 欧拉法 287

收敛性 290
梯形法 290
稳定区间 288
稳定区域 288
稳定阈值 306
稳定 288
无条件稳定 291
显格式方法 287
向后欧拉法 290
隐格式方法 287
预测-校正公式(PECE格式) 306
准确度阶数 290

超定方程组 61

大数吃掉小数 23

代数基本定理 31,216

抵消(cancellation) 21

第一积分中值定理 253

迭代法基本定理 117

多步法 300
Adams(亚当斯)公式 303
BDF格式 307
Hamming (海明)公式 307
Milne(米尔恩)公式 307
收敛 303
显式4阶Adams-Bashforth公式 305
线性m步法 300
线性多步法 300
相容性条件 301
隐式4阶Adams-Moulton公式 305

多项式的友阵(companion matrix) 49

二分法 32

20世纪十大算法 2

法方程方法 199
法方程 199,207

反幂法 160

范德蒙德(Vandermonde)矩阵 216,303

范数 64
p-范数 64
函数的范数 193
矩阵的算子范数 66
矩阵范数 66
内积范数 64,194
相容性条件 66
向量范数 64

非线性方程 31
重根 31
单根 31
多项式方程求根 48
非线性方程组 53
函数的不动点 36
函数的零点 31
问题的敏感性 32
雅可比(Jacobi)矩阵 54
有根区间 32

复合梯形公式 254

复合辛普森公式 255

刚性问题 311

高斯-赛德尔迭代法 121

高斯求积公式 266

高斯消去法 71
部分主元消去法(列主元消去法) 88
乘数 78
高斯-约当消去法 74
矩阵求逆算法 76
全主元技术 92

算法的稳定性 93
填入元 104
向后误差分析法 15,93
消去矩阵 78
选主元 87
增长因子 93
主元 73

割线法 46

格拉姆-施密特正交化过程 165,202

格拉姆(Gram)矩阵 195

格什戈林(Gerschgorin)圆盘 152

共轭梯度法 133

固定格式迭代法 114

广义傅里叶展开 205

哈尔(Haar)条件 208

函数逼近问题 193
表格函数 193,197
带权正交函数族 202
广义傅里叶展开 205
哈尔(Haar)条件 208
均方误差(均方根误差) 206
曲线拟合(回归分析) 206
魏尔斯特拉斯定理 197
线性最小二乘 206,207
最佳平方逼近(最小二乘逼近) 197
最佳平方逼近多项式 200
最佳一致逼近 196
最小二乘法 206

回代过程 72

机器精度 11,18,19

计算机浮点数系统 16
IEEE 单精度 17
IEEE 双精度 17
次规范化 18
规范化 16
精度 9
上溢值 17
舍入 18
尾数 16
下溢值 17
小数 16
指数 16

矩阵 62
不可约矩阵 126
初等变换矩阵 75,78
对称半正定矩阵 62
对称正定矩阵 62
对角占优矩阵 100
范德蒙德(Vandermonde)矩阵 216,303
非亏损矩阵 151
弗罗贝尼乌斯(Frobenius)范数 182
格什戈林圆盘 152
迹 150
可对角化 151
可约矩阵 126
亏损矩阵 151
列满秩矩阵 171,208
列正交矩阵 180
拟上三角矩阵(实 Schur 型) 174
排列矩阵(置换矩阵) 89
谱半径 116
三对角矩阵 62
上黑森伯格阵 176
上三角矩阵 62
顺序主子式 63
顺序主子矩阵 63
特征多项式 148
特征方程 63,148
特征向量 63,148
特征值 63,148
特征值谱 148
特征子空间 148
下三角矩阵 62

相似变换 150
严格对角占优矩阵 180
正交矩阵 62

矩阵的特征值
代数重数 151
几何重数 151
主特征值 154

矩阵的正交三角化 165
Givens 旋转变换(平面旋转变换) 167
Givens 旋转矩阵 167
Householder 变换(初等反射变换) 165
Householder 矩阵(初等反射矩阵) 165

矩阵求逆算法 76

均方根误差 206

柯西-施瓦茨(Cauchy-Schwarz)不等式 195

拉格朗日(Lagrange)插值法 216
拉格朗日插值多项式 217
拉格朗日插值基函数 217
拉格朗日插值余项 219

拉普拉斯(Laplace)方程 137

理查森外推法 259
数值积分的外推算法 259
数值微分的外推算法 276

利普希茨(Lipschitz)条件 37,284

龙格-库塔方法 292
3 阶 Kutta 公式 295
4 阶经典 R-K 公式 295
BS23 算法 298
r 级龙格-库塔公式 293
Ralston 公式 295
改进的欧拉法(Heun 方法) 294
相容性条件 298
自动变步长 R-K 方法 298
中点公式 294

龙格(Runge)现象 226

罗尔(Rolle)定理 218,230

洛伦兹(Lorenz)吸引子 314

幂法 154
反幂法 160
规格化向量 156
瑞利商(Rayleigh quotient) 159
实用幂法 157
原点位移技术 158
主特征向量 154
主特征值 154

拟牛顿法(quasi-Newton method) 47

逆二次插值法 47

牛顿-柯特斯公式 250

牛顿(Newton)插值法 220
牛顿插值多项式 223
牛顿插值余项 224

牛顿迭代法(Newton-Raphson method) 42
牛顿下山法 48

欧拉法 286

抛物线法 47
二次插值法 47
逆二次插值法 47

平方根法 95

平行弦法 46

奇异值分解 179
截断奇异值分解 183

精简奇异值分解 181
奇异值 179
右奇异值向量 179
左奇异值向量 179

伪逆(pseudo inverse) 182

前代过程 85

秦九韶算法 25

曲线拟合 206

瑞利商(Rayleigh quotient)加速 159

三次样条插值 233
非结点(not-a-knot)条件 234
三次样条函数 233
三次样条插值函数 233
三弯矩方程 235
周期边界条件 233
自然边界条件 234

收敛阶 40,119
超线性收敛 40
平方收敛(2 阶收敛) 40
收敛速度(渐进收敛速度) 119
线性收敛(1 阶收敛) 40

收缩技术 172

实 Schur 分解(舒尔分解) 174
实 Schur 型 174

实用幂法 155

适定的(well-posed)问题 3

数值积分方法 246
quadtx 程序 263
Romberg(龙贝格)算法 260
插值型求积公式 247
代数精度 248
等距节点公式的 p 阶准确度 255
复合求积法 254
高斯求积公式 266
积分节点 247
积分系数 247
积分余项 248
机械求积公式 247
柯特斯(Cotes)系数 251
牛顿-柯特斯公式 251
收敛性 249
稳定的 250
自适应积分方法 262

数值计算软件 4

数值微分方法 272
插值型求导公式 274
2 阶中心差分公式 273
数值微分的外推算法 276
向后差分公式 273
向前差分公式 273
有限差分公式 272
中心差分公式 273

算法的稳定性(数值稳定性) 14

特征值分解(谱分解) 151

梯形法 290

梯形公式 247,251

填入元 104

条件数 11
病态矩阵 68
矩阵的条件数 68
绝对条件数 13,32
良态矩阵 68

威尔金森(Wilkinson)图 62,102

魏尔斯特拉斯(Weierstrass)定理 197

问题的敏感性(病态性) 11
- 不敏感(良态) 11
- 敏感(病态) 11

误差 7
- 计算误差 10
- 截断误差(方法误差) 6,10
- 绝对误差 7
- (绝对)误差限 7
- 舍入误差 6,10
- 数据传递误差 10
- 相对误差 7
- 相对误差限 7
- 向后误差 15

误差判据 44

希尔伯特(Hilbert)矩阵 69,202

稀疏矩阵 62,102
- 半带宽 98
- 稠密矩阵 102
- 带状矩阵 98
- 三元组结构 102
- 威尔金森图 62
- 稀疏度 102
- 压缩稀疏行结构 103
- 追赶法 99

线性方程组 61
- 残差 118,131
- 超定方程组 60
- 迭代解法 114
- 多右端方程组 85
- 解的存在性与唯一性 62
- 问题的敏感性 68
- 系数矩阵 60
- 相对残差 118
- 右端项(右端向量) 60
- 直接解法 60

线性空间 193
- A正交(共轭正交) 134
- 带权正交 202
- 复内积 64,194
- 复内积空间 194
- 赋范线性空间 64
- 格拉姆-施密特正交化过程 165,202
- 格拉姆矩阵 195
- 函数的范数 193
- 加权内积 196
- 矩阵的算子范数 66
- 矩阵范数 66
- 柯西-施瓦茨不等式 195
- 内积范数 64, 194
- 权函数 196
- 实内积 64,194
- 实内积空间 194
- 线性无关 62
- 线性相关 62
- 向量的p-范数 64
- 向量范数 64
- 正交 64

相容性条件 66,298,301

向后欧拉法 290

向后误差分析法 15,93
- 向后误差 15

向量范数 64
- p-范数 64
- 曼哈顿范数(1-范数) 64
- 内积范数 64
- 欧式范数(2-范数) 64

辛普森(Simpson)公式 251

雅可比(Jacobi)迭代法 120

雅可比(Jacobi)矩阵 54,118,308

样条函数
- B-样条函数 237
- k次B-样条 237

k 次样条函数 237
三次样条函数 233

一阶定常迭代法 114
迭代法的基本定理 117
迭代矩阵 114
分裂法 120
高斯-赛德尔迭代法 121
固定格式迭代法 114
收敛速度(渐进收敛速度) 119
松弛因子 123
雅可比迭代法 110
逐次超松弛迭代法(SOR 迭代法) 123

有限差分公式 272
2 阶中心差分公式 273
向后差分公式 273
向前差分公式 273
中心差分公式 273

有效数字 7

原点位移技术 158,177

圆盘定理 152

约当(Jordan)分解 151
约当标准型 151
约当块 151

正交多项式 202
埃尔米特多项式 204
第二类切比雪夫多项式 204
第一类切比雪夫多项式 204
拉盖尔多项式 204
勒让德多项式 203

中值定理
第一积分中值定理 253
连续函数的中值定理 255

逐次超松弛迭代法(SOR 迭代法) 123
追赶法 99

自适应积分方法 262

最佳平方逼近(最小二乘逼近) 197

最速下降法 130

最小二乘法 206

参考文献

[1] Heath M T. Scientific computing: An introductory survey [M]. 2nd ed. New York: McGraw Hill, 2001. ①

[2] Sources of mathematical software [EB/OL]. [2019-08-28]. http://heath. cs. illinois. edu/scicomp/software/index. html.

[3] Forsythe G E, Malcolm M A, Moler C B. Computer Methods for Mathematical Computations [M]. New York: Prentice Hall, 1977.

[4] Hager W. Applied Numerical Linear Algebra [M]. New York: Prentice Hall, 1988.

[5] Press W H, Teukolsky S A, Vetterling W T, et al. Numerical Recipes [M]. 3rd ed. New York: Cambridge University Press, 2007. ②

[6] 关治,陆金甫. 数值分析基础[M]. 北京:高等教育出版社,1998.

[7] Moler C B. Numerical Computing with MATLAB (Revised version) [EB/OL]. Philadelphia: SIAM Press, 2013. [2019-08-28]. https://www. mathworks. com/moler/index_ncm. html③

[8] 李庆扬,王能超,易大义. 数值分析[M]. 4版. 北京:清华大学出版社,2001.

[9] 徐士良. 数值分析与算法[M]. 北京:机械工业出版社,2007.

[10] Wilkinson J H. Error analysis of direct methods of matrix inversion [J]. Journal of ACM, 1961, 8: 281-330.

[11] Davis T A. Direct Methods for Sparse Linear Systems [M]. Philadelphia: SIAM Press, 2006.

[12] Davis T. SuiteSparse: A suite of sparse matrix software [EB/OL]. [2019-08-28]. http://faculty. cse. tamu. edu/davis/suitesparse. html.

[13] Barrett R, Berry M, Chan T, et al. Templates for the Solution of Linear Systems Building Blocks for Iterative Methods [M]. Philadelphia: SIAM Press, 1994.

[14] Saad Y. Iterative Method for Sparse Linear Systems [M]. 2nd ed. Philadelphia: SIAM Press, 2003.

[15] Trefethen L N, Bau D III. Numerical Linear Algebra [M]. Philadelphia: SIAM Press, 1997. ④

[16] 徐树方,高立,张平文. 数值线性代数[M]. 北京:北京大学出版社,2000.

[17] Lehoucq R B, Sorensen D C, Yang C. ARPACK Users'Guide: Solution of Large-Scale Eigenvalue Problems with Implicitly Restarted Arnoldi Methods [M]. Philadelphia: SIAM Press, 1998.

[18] Shampine L F. Numerical Solution of Ordinary Differential Equations [M]. New York: Chapman and Hall, 1994.

[19] Shampine L F, Reichelt M W. The Matlab ODE Suite [J]. SIAM J. Sci. Comput., 1997, 18: 1-22.

[20] 周铁,徐树方,张平文,等. 计算方法[M]. 北京:清华大学出版社,2006.

[21] Gloub G H, Van Loan C F. Matrix Computations [M]. 3rd ed. Maryland: Johns Hopkins University Press, 1996. ⑤

[22] 白峰杉. 数值计算引论[M]. 北京:高等教育出版社,2004.

[23] 吴鹤龄,崔林. ACM 图灵奖(1966—1999):计算机发展史的缩影[M]. 北京:高等教育出版社,2000.

---

① 中译本:张威,贺华,冷爱萍,译. 科学计算导论. 清华大学出版社,2005.

② 已译为中文,书名为《C 数值算法》《C++ 数值算法》. 电子工业出版社. 2004,2005.

③ 中译本:张志涌,译. MATLAB 数值计算. 北京航空航天大学出版社, 2015.

④ 中译本:陆金甫,关治,译. 数值线性代数. 人民邮电出版社,2006.

⑤ 中译本:袁亚湘,译. 矩阵计算. 科学出版社,2001.

[24] Stewart G W. The decompositional approach to matrix computation [J]. Computing in Science and Engineering, 2000, 2(1): 50-59.

[25] Knuth D E. The Art of Computer Programming [M]. 3rd ed. Massachusetts: Addison-Wesley Inc., 1997.

[26] Cipra B A. The best of the 20th century: Editors name top 10 algorithms [J]. SIAM News, 2000, 33(4). 不详.

[27] Wikipedia. The free encyclopedia [EB/OL]. [2019-08-28]. http://en.wikipedia.org/.

[28] 孟大志,刘伟. 现代科学与工程计算[M]. 北京:高等教育出版社,2009.

[29] 丁丽娟,程杞元. 数值计算方法[M]. 北京:北京理工大学出版社,2010.

[30] Householder A S. The Theory of Matrices in Numerical Analysis [M]. New York: Dover, 1964. ①

[31] Rui-Sheng Ran, Ting-Zhu Huang. An inversion algorithm for a banded matrix [J]. Computers and Mathematics with Applications, 2009, 58: 1699-1710.

[32] Chen Ke. Matrix Preconditioning Techniques and Applications [M]. Cambridge: Cambridge University Press, 2005.

[33] Shewchuk J. An introduction to the conjugate gradient method without the agonizing pain. Carnegie Mellon University, Technical Report CMU-CS-94-125, 1994. [EB/OL]. [2019-08-28]. https://www.cs.cmu.edu/~quake-papers/painless-conjugate-gradient.pdf.

[34] Weisstein E W. Concise Encyclopedia of Mathematics [M]. Boca Raton: CRC Press, 1999.

[35] Burden R L, Faires J D. Numerical Analysis [M]. 7th ed. Singapore: Cengage Learning Inc., 2001. ②

[36] 胡晓东,董辰辉. MATLAB 从入门到精通[M]. 北京:人民邮电出版社,2010.

[37] 王正林,刘明. 精通 MATLAB 7[M]. 北京:电子工业出版社,2006.

[38] 袁媛,杨建伟. 求解非线性方程重根的二阶迭代法[J]. 南京信息工程大学学报(自然科学版),2010, 2(1): 71-73.

[39] 李庆扬. 常微分方程数值解法(刚性问题与边值问题)[M]. 北京:高等教育出版社,1992.

[40] Strang G. Differential Equations and Linear Algebra [M]. Wellesley: Cambridge Press, 2014.

[41] Eckart C, Young G. The approximation of one matrix by another of lower rank [J]. Psychometrika, 1936, 1: 211-218.

[42] Eldén L. Matrix Methods in Data Mining and Pattern Recognition [M]. Philadelphia: SIAM Press, 2007.

[43] Yu WJ, Gu Y, Li YH. Efficient randomized algorithms for the fixed-precision low-rank matrix approximation [J]. SIAM Journal on Matrix Analysis and Applications, 2018, 39(8): 1339-1359.

[44] Kim Batselier, Yu WJ, Luca Daniel, et al. Computing low-rank approximations of large-scale matrices with the tensor network randomized SVD [J]. SIAM Journal on Matrix Analysis and Applications, 2018, 39(8): 1221-1244.

[45] 沈燮昌. 多项式最佳逼近的实现[M]. 上海:上海科学技术出版社, 1984.

[46] Van Loan C F, Fan K Y D. Insight Through Computing: A MATLAB Introduction to Computational Science and Engineering [M]. Philadelphia: SIAM Press, 2010. ③

---

① 中译本:孙家昶,译. 数值分析中的矩阵论. 科学出版社,1986.

② 高等教育出版社曾出版影印版。

③ 中译本:喻文健,马昱春,译. 面向计算科学与工程的 MATLAB 编程. 清华大学出版社, 2012.